KB072880

2021년 최신판

전기(산업)기사 / 전기철도(산업)기사
전기직 공사·공단·공무원 대비

전 기 자 기 학

기본서+최근 5년간 기출문제

테스트나라 검정연구회 편저

이노books

전기(산업)기사/전기철도(산업)기사/전기직 공사·공단·공무원 대비
2021 전기자기학 기본서+최근 5년간 기출문제

초판 1쇄 발행 ┃ 2021년 2월 15일
편저자 ┃ 테스트나라 검정연구회 편저
발행인 ┃ 송주환

발행처 ┃ 이노Books
출판등록 ┃ 301-2011-082
주소 ┃ 서울시 중구 퇴계로 180-15(필동1가 21-9번지 뉴동화빌딩 119호)
전화 ┃ (02) 2269-5815
팩스 ┃ (02) 2269-5816
홈페이지 ┃ www.innobooks.co.kr

ISBN 978-89-97897-94-0 [13560]
정가 15,000원

목 차

핵심 **01** **벡터의 이해**

1. 벡터의 표시 방법

스칼라 A와 구분하기 위하여 특이한 표시를 한다.

$$\dot{A} = \vec{A} = \hat{A}$$

예 남으로 10[m] → (거리 10[m]는 스칼라)

2. 벡터의 성분 표시 방법

· $\dot{A} = Aa$에서 A : 크기, a : 성분(단위 벡터)

3. 직교 좌표계

① 단위벡터 : 크기가 1인 단지 방향만을 제시해 주는
벡터, 수직으로 만나는 x축과 y축으로부터의 거
리인 x좌표와 y좌표로 점을 나타내는 좌표계
② 방향 벡터의 표시 방법

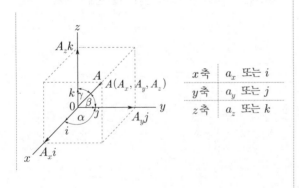

x축	a_x 또는 i
y축	a_y 또는 j
z축	a_z 또는 k

4. 벡터의 크기 계산

① 벡터 $\dot{A} = A_x i + A_y j + A_z k$

② 크기 $|A| = \sqrt{A_x^2 + A_y^2 + A_z^2}$

③ 벡터 A의 단위 벡터 a

$$a = \frac{\dot{A}}{|A|} = \frac{A_x i + A_y j + A_z k}{\sqrt{A_x^2 + A_y^2 + A_z^2}}$$

5. 벡터의 연산

(1) 벡터의 덧셈 및 뺄셈

두 벡터 $\dot{A} = A_x i + A_y j + A_z k$

$\dot{B} = B_x i + B_y j + B_z k$에서

① $\dot{A} + \dot{B} = (A_x + B_x)i + (A_y + B_y)j + (A_z + B_z)k$

② $\dot{A} - \dot{B} = (A_x - B_x)i + (A_y - B_y)j + (A_z - B_z)k$

(2) 벡터의 곱(Dot product, 내적)

① $\vec{A} \cdot \vec{B} = |A||B| \cos\theta$

(벡터에서 각 계산, A, B 수직 조건 $\vec{A} \cdot \vec{B} = 0$)

② $\vec{A} \cdot \vec{B} = A_x B_x + A_y B_y + A_z B_z$

$$\begin{cases} i \cdot i = 1 \\ j \cdot j = 1 \\ k \cdot k = 1 \end{cases} \qquad \begin{cases} i \cdot j = 0 \\ j \cdot k = 0 \\ k \cdot i = 0 \end{cases}$$

(3) 벡터의 곱(Cross Product, 외적)

① $\vec{A} \times \vec{B} = |A||B| \sin\theta$

② $\vec{A} \times \vec{B} = \begin{vmatrix} i & j & k \\ A_x & A_y & A_z \\ B_x & B_y & B_z \end{vmatrix}$

$= (A_y B_z - A_z B_y)i + (A_z B_x - A_x B_z)j + (A_x B_y - A_y B_x)k$

$$\begin{cases} i \times i = 0 \\ j \times j = 0 \\ k \times k = 0 \end{cases} \quad \begin{cases} i \times j = k \\ j \times k = i \\ k \times i = j \end{cases} \quad \begin{cases} j \times i = -k \\ k \times j = -i \\ i \times k = -j \end{cases}$$

6. 벡터의 미분연산

(1) 스칼라 함수의 기울기(gradint) → (경도, 구배)

① $grad\ f = \nabla f = \dfrac{\partial f}{\partial x}i + \dfrac{\partial f}{\partial y}j + \dfrac{\partial f}{\partial z}k$

② $\nabla = \dfrac{\partial}{\partial x}i + \dfrac{\partial}{\partial y}j + \dfrac{\partial}{\partial z}k$ → (편미분함수)

(2) 벡터 $\dot{A}$ 의 발산(DIVERGENCE)

$div\ \vec{A} = \nabla \cdot \vec{A}$

$\quad = \left(\dfrac{\partial}{\partial x}i + \dfrac{\partial}{\partial y}j + \dfrac{\partial}{\partial z}k \right) \cdot (A_x i + A_y j + A_z k)$

$\quad = \dfrac{\partial A_x}{\partial x} + \dfrac{\partial A_y}{\partial y} + \dfrac{\partial A_z}{\partial z}$

(3) 벡터 $\dot{A}$ 의 회전(ROTATION, CURL)

$rot\ \vec{A} = \nabla \times \vec{A}$

$\quad = \left(\dfrac{\partial}{\partial x}i + \dfrac{\partial}{\partial y}j + \dfrac{\partial}{\partial z}k \right) \times (A_x i + A_y j + A_z k)$

$\quad = \left(\dfrac{\partial A_z}{\partial y} - \dfrac{\partial A_y}{\partial z} \right)i + \left(\dfrac{\partial A_x}{\partial z} - \dfrac{\partial A_z}{\partial x} \right)j + \left(\dfrac{\partial A_y}{\partial x} - \dfrac{\partial A_x}{\partial y} \right)k$

$\quad = \begin{vmatrix} i & j & k \\ \dfrac{\partial}{\partial x} & \dfrac{\partial}{\partial y} & \dfrac{\partial}{\partial z} \\ A_x & A_y & A_z \end{vmatrix}$

(4) LAPLACIAN (∇^2)

$div\ grad\ f = \triangle \cdot \triangle f$

$\quad = \triangle^2 f = \dfrac{\partial^2 f}{\partial x^2} + \dfrac{\partial^2 f}{\partial y^2} + \dfrac{\partial^2 f}{\partial z^2}$

(5) 발산정리(면적적분 ⇄ 체적적분)

$\displaystyle \int_s \vec{A}\,ds = \int_v div\ \vec{A}\,dv = \int_v \nabla \cdot \vec{A}\,dv$

(6) STOKES정리(선적분 ⇄ 면적적분)

$\displaystyle \int_l \vec{A}\,dl = \int_v div\ \vec{A}\,dv = \int_v \nabla \cdot \vec{A}\,ds$

---

1. 쿨롱의 법칙

$$F = \dfrac{Q_1 Q_2}{4\pi\epsilon_0 r^2} = 9 \times 10^9 \dfrac{Q_1 Q_2}{r^2}[N]$$

$$\to \left(\dfrac{1}{4\pi\epsilon_0} = 9 \times 10^9 \right)$$

두 점전하간 작용력으로 힘은 항상 일직선상에 존재, 거리 제곱에 반비례

2. 전계의 세기(E)

전계내의 임의의 점에 "단위정전하(+1[C])"를 놓았을 때 단위정전하에 작용하는 힘 [N/C=V/m]

$$E = \dfrac{F}{Q}[V/m] = \dfrac{Q \times 1}{4\pi\epsilon_0 r^2} = 9 \times 10^9 \dfrac{Q}{r^2}[V/m]$$

3. 도체 모양에 따른 전계의 세기

(1) 원형 도체 중심에서 직각으로 r[m] 떨어진 지점의 전계 세기

$$E = \dfrac{\lambda ar}{2\epsilon_0 (a^2 + r^2)^{\frac{3}{2}}}[V/m] \qquad \to (\lambda[C/m] : \text{선전하밀도})$$

(2) 구도체 전계의 세기(E)

① 도체 외부 전하($r > a$)의 전계의 세기(E)

$Q_1 = Q[C],\ Q_2 = +1[C]$

$$E = \dfrac{Q}{4\pi\epsilon_0 r^2}[V/m]$$

② 구(점) 표면 전하($r = a$)의 전계의 세기(E)

$$E = \dfrac{Q}{4\pi\epsilon_0 a^2}[V/m]$$

③ 구 내부의 전하($r < a$)]의 전계의 세기(E)

(단, 전하가 내부에 균일하게 분포된 경우)

$$E = \dfrac{Q}{4\pi\epsilon_0 r^2} \times \dfrac{\text{체적}'(r)}{\text{체적}(a)} = \dfrac{rQ}{4\pi\epsilon_0 a^3}[V/m]$$

(3) 무한장 직선 도체에서의 전계의 세기

$$E = \frac{\lambda}{2\pi\epsilon_0 r}\,[\text{V/m}] \qquad \rightarrow (\lambda[C/m] : 선전하밀도)$$

(4) 동축 원통(무한장 원주형)의 전계

① 원주 외부 $(r > a)$

(길이 l, 반지름 r인 원통의 표면적 $S = 2\pi rl$)

전계 $E(외부) = \dfrac{\lambda}{2\pi\epsilon_0 r}\,[V/m]$

② 원주 내부 $(r < a)$

(단, 전하가 내부에 균일하게 분포된 경우)

(길이 l, 반지름 r인 원통의 체적 $v = \pi r^2 l$)

전계 $E(내부) = \dfrac{r\lambda}{2\pi\epsilon_0 a^2}\,[V/m]$

③ 원주 평면 $(r = a)$

전계 $E = \dfrac{\lambda}{2\pi\epsilon_0 r}\,[\text{V/m}]$

(5) 무한 평면 도체에 의한 전계 세기

$$E = \frac{D}{\epsilon_0} = \frac{\rho}{2\epsilon_0}\,[\text{V/m}]$$

$$\rightarrow (전속밀도\ D = \frac{\rho}{2}\,[C/m^2])$$

$$\rightarrow (\rho[C/m^2] : 무한 평면의 면전하밀도)$$

(6) 임의 모양의 도체에 의한 전계 세기

$$E = \frac{\rho}{\epsilon_0}\,[V/m]$$

4. 전기력선의 성질

① 정전하(+)에서 시작하여 부전하(−)에서 끝난다.
② 전위가 높은 곳에서 낮은 곳으로 향한다.
③ 그 자신만으로 폐곡선이 되지 않는다.
④ 도체 표면에서 수직으로 출입한다.
⑤ 서로 다른 두 전기력선은 서로 반발력이 작용하여 교차하지 않는다.
⑥ 전기력선 밀도는 그 점의 전계의 세기와 같다.
⑦ 전하가 없는 곳에서는 전기력선이 존재하지 않는다.

⑧ 도체 내부에서의 전기력선은 존재하지 않는다.
⑨ $Q[C]$의 전하에서 나오는 전기력선의 개수는 $\dfrac{Q}{\epsilon_0}$ 개

(단위 전하에서는 $\dfrac{1}{\epsilon_0}$ 개의 전기력선이 출입한다.)

⑩ 전기력선의 방향은 그 점의 전계의 방향과 일치한다.

5. 전기력선의 방정식

① $\dfrac{dx}{E_x} = \dfrac{dy}{E_y} = \dfrac{dz}{E_z}$

② $V = x^2 + y^2$, $E = E_x i + E_y j$ 에서

· V와 E가 + 이면 $\dfrac{x}{y} = c$ 형태

           − 이면 $xy = c$ 형태

※ x, y값이 주어지면 대입하여 성립하면 답

6. 전하의 성질

① 전하는 "도체 표면에만" 존재한다.
② 도체 표면에서 전하는 곡률이 큰 부분, 곡률 반경이 작은 부분에 집중한다.

7. 전속밀도(D)

유전체 중 어느 점의 단위 면적 중을 통과하는 전속선 개수, 단위 $[C/m^2]$

① $D = \dfrac{전속수}{면적} = \dfrac{Q}{S}[C/m^2] = \dfrac{Q}{4\pi r^2}[C/m^2]$

② $D = \epsilon_0 E[C/m^2] \qquad \rightarrow (E = \dfrac{D}{\epsilon_0}[V/m])$

8. 등전위면

① 전위가 같은 점을 연결하여 얻어지는 면, 에너지의 증감이 없으므로 일(W)은 0이다.
② 서로 다른 등전위면은 교차하지 않는다.
③ 등전위면과 전기력선은 수직 교차한다.

9. 전위경도($grad$ V)

① $grad$ V $= \nabla V = -E$

전위경도와 전계의 세기는 크기는 같고 방향은 반대이다.

② 전위(V) 주어진 경우 전계의 세기(E) 계산식

$E = -\nabla V$

$= -\dfrac{\partial V}{\partial x}i - \dfrac{\partial V}{\partial y}j - \dfrac{\partial V}{\partial z}k\,[V/m]$

10. 가우스법칙

임의의 폐곡면을 통하여 나오는 전기력선은 폐곡면 내 전하 총합의 $\dfrac{1}{\epsilon_0}$배와 같다.

$\displaystyle \int_s E\,ds = \dfrac{Q}{\epsilon_0} \quad \rightarrow (전기력선수)$

11. 전기쌍극자

① 전위 $V = \dfrac{M\cos\theta}{4\pi\epsilon_0 r^2}\,[V]$

② 전계 $E = \dfrac{M\sqrt{1+3\cos^2\theta}}{4\pi\epsilon_0 r^3}\,[V/m] \propto \dfrac{1}{r^3}$

③ $M = Q\cdot\delta\,[C\cdot m] \rightarrow (M : 전기쌍극자\ 모우멘트)$

12. 자기쌍극자

① 자위 $U = \dfrac{M\cos\theta}{4\pi\mu_0 r^2}\,[A\,T]$

② 자계 $H = \dfrac{M\sqrt{1+3\cos^2\theta}}{4\pi\mu_0 r^3}\,[A\,T/m] \propto \dfrac{1}{r^3}$

③ $M = m\cdot l\,[Wbm] \rightarrow (M : 자기\ 쌍극자\ 모우멘트)$

※ 크기가 같고 극성이 다른 두 점전하가 아주 미소한 거리에 있는 상태를 전기쌍극자 상태라 한다.

13. POISSON(포아송) 방정식

① $div\,E = \nabla\cdot E = \dfrac{\rho}{\epsilon_0}$

$\rightarrow$ (E가 주어진 경우 체적전하 $\rho\,[C/m^3]$ 계산식)

② $div\,D = \nabla\cdot D = \rho$

$\rightarrow$ (D가 주어진 경우 체적전하 $\rho\,[C/m^3]$ 계산식)

③ $\nabla^2 V = -\dfrac{\rho}{\epsilon_0}$ $\rightarrow$ (포아송 방정식)

$\rightarrow$ (전위가 주어진 경우 체적전하 $\rho\,[C/m^3]$ 계산식)

14. LAPLACE(라플라스) 방정식($\rho = 0$)

$\nabla^2 V = 0$ $\rightarrow$ (라플라스 방정식)

전하가 없는 곳에서 전위(V) 계산식

15. 정전응력

도체 표면에 단위 면적당 작용하는 힘

$f_e = \dfrac{1}{2}\epsilon_0 E^2 = \dfrac{1}{2}DE = \dfrac{D^2}{2\epsilon_0}\,[N/m^2] = w_e\,[J/m^3]$

16. 전기 이중층

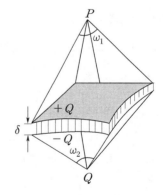

① P점의 전위 $V_p = \dfrac{M}{4\pi\epsilon_0}\omega_1$

② Q점의 전위 $V_Q = \dfrac{-M}{4\pi\epsilon_0}\omega_2$

③ P, Q점의 전위차 $V_{PQ} = \dfrac{M}{\epsilon_0}$

④ 이중층의 세기 $M = \sigma\delta[\omega b/m]$

(σ : 면전하 밀도$[C/m^2]$, δ : 판의 두께$[m]$)

17. 자기 이중층(판자석)

① P점의 전위 $U_p = \dfrac{M}{4\pi\epsilon_0}\omega_1[A\,T]$,

② Q점의 전위 $U_Q = \dfrac{-M}{4\pi\mu_0}\omega_2[A\,T]$

③ P, Q점의 전위차 $U_{PQ} = \dfrac{M}{\mu_0}$

④ 판자석 세기 $M = \sigma\delta[\omega b/m]$

18. 전계의 세기가 0 되는 점

① 두 전하의 극성이 같으면 : 두 전하 사이에 존재
② 두 전하의 극성이 다르면: 크기가 작은 측의 외측에 존재

핵심 03 진공 중의 도체계와 정전용량

1. 정전용량의 종류

① 반지름 $a[m]$인 고립 도체구의 정전용량

$C = \dfrac{Q}{V} = 4\pi\epsilon_0 a[F]$

② 동심구 콘덴서의 정전용량

→ (중심이 같은 두 개의 구)

$C = \dfrac{Q}{V} = \dfrac{4\pi\epsilon_0}{\left(\dfrac{1}{a} - \dfrac{1}{b}\right)} = \dfrac{4\pi\epsilon_0 ab}{b-a}[F]$

③ 평행판 콘덴서의 정전용량

$C = \dfrac{Q}{V} = \dfrac{\epsilon_0 \cdot S}{d}[F]$

④ 두 개의 평행 도선(선간 정전용량)

$C = \dfrac{\pi\epsilon_0}{\ln\dfrac{d}{r}}l[F] = \dfrac{\pi\epsilon_0}{\ln\dfrac{d}{r}}[F/m]$

→ (단위 길이당 정전용량)

⑤ 동축원통 콘덴서의 정전용량

$C = \dfrac{2\pi\epsilon_0}{\ln\dfrac{b}{a}}l[F] = \dfrac{2\pi\epsilon_0}{\ln\dfrac{b}{a}}[F/m]$

2. 전위계수

① 전위계수

· $V_1 = \dfrac{Q_1}{4\pi\epsilon_0 R_1} + \dfrac{Q_2}{4\pi\epsilon_0 r} = P_{11}Q_1 + P_{12}Q_2[V]$

· $V_2 = \dfrac{Q_1}{4\pi\epsilon_0 r} + \dfrac{Q_2}{4\pi\epsilon_0 R_2} = P_{21}Q_1 + P_{22}Q_2[V]$

② 전위계수 성질

· P_{rr} $(P_{11},\ P_{22},\ P_{33},\ ....) \geq 0$
· P_{rs} $(P_{12},\ P_{23},\ P_{34},\ ....) \geq 0$
· $P_{rs} = P_{sr}$ $(P_{12} = P_{21})$
· $P_{rr} = P_{sr}$ $(P_{11} = P_{21})$

→ (s도체가 r도체 내부에 있다.)

3. 용량계수 및 유도계수

· $Q_1 = q_{11}V_1 + q_{12}V_2$
· $Q_2 = q_{21}V_1 + q_{22}V_2$

여기서, q_{rr} $(q_{11},\ q_{22},\ .....,\ q_{rr}) > 0$: 용량계수

q_{rs} $(q_{12},\ q_{23},\ .....,\ q_{rs}) \leq 0$: 유도계수

· $Q = CV$ →(정전용량 $C = \dfrac{Q}{V}[F] = [C/V]$)

4. 콘덴서에 축적되는 에너지(저장에너지)

$W = \dfrac{1}{2}CV^2 = \dfrac{1}{2}QV = \dfrac{Q^2}{2C}[J]$

5. 유전체에 축적되는 에너지(저장에너지)

$$\omega = \frac{W}{v} = \frac{\rho_s^2}{2\epsilon_0} = \frac{D^2}{2\epsilon_0} = \frac{1}{2}\epsilon_0 E^2 = \frac{1}{2}ED\,[J/m^3]$$

$$\rightarrow \left(E = \frac{D}{\epsilon_0}[V/m]\right)$$

6. 정전 흡인력(단위 면적당 받는 힘)

① V 일정 : $F = \dfrac{\frac{1}{2}CV^2}{d} = \dfrac{\epsilon SV^2}{2d^2} \rightarrow \left(C = \dfrac{\epsilon S}{d}\right)$

② Q 일정 $= F = \dfrac{\frac{Q^2}{2C}}{d} = \dfrac{Q^2}{2\epsilon S}\,[N/m^2]$

핵심 **04** **유전체**

1. 유전율 ($\epsilon = \epsilon_0\epsilon_s$)

① $\epsilon = \epsilon_0\epsilon_s\,[F/m]$

② $\epsilon_0 = 8.855 \times 10^{-12}\,[F/m]$: 진공중의 유전율

③ ϵ_s : 비유전율(진공시, 공기중 $\epsilon_s = 1$)

※유전율의 단위는 $[C^2/N \cdot m^2]$ 또는 [F/m]이다.

2. 비유전율(ϵ_s)

· 비유전율은 물질의 매질에 따라 다르다.

· 모든 유전체는 비유전율(ϵ_s)이 1보다 크거나 같다.

  즉, $\epsilon_s \geq 1$

· 공기중이나 진공 상태에서의 비유전율(ϵ_s)은 1이다.

  (진공중, 공기중 $\epsilon_s = 1$

※비유전율은 단위가 없다.

3. 전기분극의 종류

① 이온분극 : 염화나트륨(NaCl)의 양이온(Na^+)과 음이온(Cl^-) 원자

② 전자분극 : 헬륨과 같은 단 결정에서 원자 내의 전자와 핵의 상대적 변위로 발생

③ 쌍극자분극 : 유극성 분자가 전계 방향에 의해 재배열한 분극

4. 분극의 세기

$$P = D - \epsilon_0 E = \epsilon_0\epsilon_s E - \epsilon_0 E = \epsilon_0(\epsilon_s - 1)E\,[C/m^2]$$

$$\rightarrow (D = \epsilon E = P + \epsilon_0 E\,[C/m^2])$$

5. 유전체의 경계 조건

① 전속 밀도의 법선 성분의 크기는 같다.

  $(D_1' = D_2' \rightarrow D_1\cos\theta_1 = D_2\cos\theta_2) \rightarrow$ 수직성분

② 전계의 접선 성분의 크기는 같다.

  $(E_1' = E_2' \rightarrow E_1\sin\theta_1 = E_2\sin\theta_2) \rightarrow$ 평행성분

③ 굴절의 법칙

· $\dfrac{E_1\sin\theta_1}{D_1\cos\theta_1} = \dfrac{E_2\sin\theta_2}{D_2\cos\theta_2}$, $\dfrac{E_1\sin\theta_1}{\epsilon_1 E_1\cos\theta_1} = \dfrac{E_1\sin\theta_1}{\epsilon_2 E_2\cos\theta_2}$

· $\dfrac{\tan\theta_1}{\epsilon_1} = \dfrac{\tan\theta_2}{\epsilon_2}$, $\dfrac{\epsilon_2}{\epsilon_1} = \dfrac{\tan\theta_2}{\tan\theta_1}$

6. 전속 및 전기력선의 굴절

· $\epsilon_1 > \epsilon_2$일 때 유전율의 크기와 굴절각의 크기는 비례한다.

· $\epsilon_1 > \epsilon_2$이면, $\theta_1 > \theta_2$, $D_1 > D_2$, $E_1 < E_2$

7. 유전체가 경계면에 작용하는 힘

① 전계가 경계면에 수직한 경우($\epsilon_1 > \epsilon_2$)

  전계 및 전속밀도가 경계면에 수직 입사하면(인장응력)

작용하는 힘 $f = \dfrac{1}{2}(E_2 - E_1)D^2$

$\qquad\qquad = \dfrac{1}{2}\left(\dfrac{1}{\epsilon_2} - \dfrac{1}{\epsilon_1}\right)D^2[\mathrm{N/m^2}]$

② 전계가 경계면에 평행한 경우$(\epsilon_1 > \epsilon_2)$

전계 및 전속밀도가 경계면에 평행 입사하면(압축 응력)

작용하는 힘 $f = \dfrac{1}{2}(\epsilon_1 - \epsilon_2)E^2[\mathrm{N/m^2}]$

핵심 05 전기영상법

1. 무한 평면도체와 점전하 간 작용력

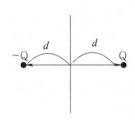

흡인력

$F = \dfrac{1}{4\pi\epsilon_0}\dfrac{Q \times (-Q)}{(2d)^2} = -\dfrac{Q^2}{16\pi\epsilon_0 d^2}[\mathrm{N}] \rightarrow (- : \text{흡인력})$

2. 무한 평면 도체와 선전하간 작용력

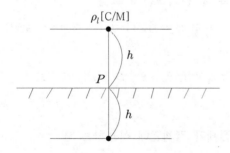

$F = \rho_l \cdot E = \dfrac{-\rho_l^2}{4\pi\epsilon_0 h}[\mathrm{N/m}] \quad \rightarrow (\rho_l \; ; \; \text{선전하밀도})$

---

3. 접지 구도체와 점전하

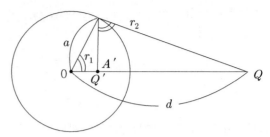

① 영상전하의 위치 $x = \dfrac{a^2}{d}[m]$

② 영상전하의 크기 $Q' = -\dfrac{r_1}{r_2}Q = -\dfrac{a}{d}Q[\mathrm{C}]$

③ 접지구도체와 점전하간 작용력 (쿨롱의 힘)

$F = \dfrac{Q_1 Q_2}{4\pi\epsilon_0 r^2} = \dfrac{Q\left(-\dfrac{a}{b}Q\right)}{4\pi\epsilon_0\left(d - \dfrac{a^2}{d}\right)^2}$

$\quad = -\dfrac{adQ^2}{4\pi\epsilon_0(d^2 - a^2)^2}[\mathrm{N}] \quad \rightarrow (\text{흡입력})$

핵심 06 전류

1. 전류

$I = \dfrac{Q}{t} = \dfrac{ne}{t}[C/\sec = A]$

2. 전하량

$Q = I \cdot t = ne[C]$

여기서, n : 전자의 개수

$\qquad e[C]$: 기본 전하량$(e = 1.602 \times 10^{-19}[C])$

$\qquad$ (전자의 전하량 $-e = -1.602 \times 10^{-19}[C])$

3. 전기저항

(1) 저항

$R = \rho\dfrac{1}{S} = \dfrac{1}{kS}[\varOmega] \rightarrow (\text{저항률 } \rho = \dfrac{1}{k} \;(k : \text{도전율}))$

(2) 콘덕턴스

$$G = \frac{1}{R} = \frac{S}{\rho l} = k\frac{S}{l}[\mho]$$

여기서, ρ : 고유 저항 $[\Omega \cdot m]$

k : 도전율 $[\mho/m][S/m]$

l : 도선의 길이 $[m]$

S : 도선의 단면적 $[m^2]$

(3) 온도계수와 저항과의 관계

① 온도 T_1 및 T_2일 때 저항이 각각 R_1, R_2, 온도 T_1에서의 온도계수 a_1

$$R_2 = R_1[1 + a_1(T_2 - T_1)][\Omega]$$

② 동선에서 저항 온도 계수 $a_1 = \dfrac{a_0}{1 + a_0 T_1}$

$(0[{}^\circ C]$에서 $a_1 = \dfrac{1}{234.5}$, $t[{}^\circ C]$에서 $a_2 = \dfrac{1}{234.5 + t})$

※온도가 올라가면 저항은 증가한다.

(4) 합성 온도계수

$$\alpha = \frac{a_1 R_1 + a_2 R_2}{R_1 + R_2}$$

4. 전력과 전력량

(1) 전력

$$P = VI = I^2 R = \frac{V^2}{R}[W = J/\sec]$$

(2) 전력량

$$W = Pt = VIt = I^2 Rt = \frac{V^2}{R}t[W \cdot \sec = J]$$

5. 저항과 정전용량과의 관계

(1) 평행판 콘덴서에서의 저항과 정전용량

$$RC = \rho\epsilon$$

(2) 콘덴서에 흐르는 누설전류

$$I = \frac{V}{R} = \frac{V}{\dfrac{\epsilon\rho}{C}} = \frac{CV}{\epsilon\rho}[A]$$

6. 열전현상

① 제백 효과 : 두 종류 금속 접속 면에 온도차가 있으면 기전력이 발생하는 효과이다. 열전온도계에 적용된다.

② 펠티에 효과 : 두 종류 금속 접속 면에 전류를 흘리면 접속점에서 열의 흡수(온도 강하), 발생(온도 상승)이 일어나는 효과. 제벡 효과와 반대 효과이며 전자 냉동 등에 응용

③ 톰슨 효과 : 동일한 금속 도선의 두 점간에 온도차를 주고, 고온 쪽에서 저온 쪽으로 전류를 흘리면 도선 속에서 열이 발생되거나 흡수가 일어나는 이러한 현상을 톰슨효과라 한다.

핵심 07 진공 중의 정자계

1. 정자계의 쿨롱의 법칙

자기력 $F = \dfrac{m_1 m_2}{4\pi\mu_0 r^2} = 6.33 \times 10^4 \times \dfrac{m_1 m_2}{r^2}[N]$

$$\rightarrow (\mu_0 = 4\pi \times 10^{-7}[H/m])$$

2. 자계의 세기

$$H = \frac{m_1 \cdot m_2}{4\pi\mu_0 r^2} = 6.33 \times 10^4 \times \frac{m \times 1}{r^2}[AT/m]$$

$$\rightarrow (F = mH[N])$$

3. 자기력선의 성질

- 자기력선은 정(+)자극(N극)에서 시작하여 부(−)자극(S극)에서 끝난다.
- 자기력선은 반드시 자성체 표면에 수직으로 출입한다.
- 자기력선은 자신만으로 폐곡선을 이룰 수 없다.
- 자장 안에서 임의의 점에서의 자기력선의 접선방향은 그 접점에서의 자기장의 방향을 나타낸다.
- 자장 안에서 임의의 점에서의 자기력선 밀도는 그 점에서의 자장의 세기를 나타낸다.
- 두 개의 자기력선은 서로 반발하며 교차하지 않는다.
- 자기력선은 등자위면과 수직이다.
- $m[\mathrm{Wb}]$의 자하에서 나오는 자기력선의 개수는 $\dfrac{m}{\mu_0}$ 개다.

4. 자속과 자속밀도

① 자속 $\varnothing = m[\mathrm{Wb}]$

② 자속밀도(단위 면적당의 자속선 수)

$$B = \frac{\varnothing}{S} = \frac{m}{S}[\mathrm{Wb/m^2}]$$

③ 자속밀도와 자계의 세기 $B = \mu_0 H[\mathrm{Wb/m^2}]$

$\rightarrow$ (m : 자속선 수, H : 자계의 세기)

5. 가우스(GAUSS)의 법칙

(1) 전계

① 전기력선의 수 $N = \displaystyle\int_s E\,ds = \dfrac{Q}{\epsilon_0}$

② 전속선수 $\varnothing = \displaystyle\int_s D\,ds = Q$

(2) 자계

① 자기력선의 수 $N = \displaystyle\int_s H\,ds = \dfrac{m}{\mu_0}$

② 자속선수 $\varnothing = \displaystyle\int_s B\,ds = m$

6. 자계의 세기

① $H = \dfrac{m_1 \cdot m_2}{4\pi\mu_0 r^2}[A/m] = 6.33 \times 10^4 \times \dfrac{m \times 1}{r^2}[\mathrm{AT/m}]$

② $H = \dfrac{F}{m}[\mathrm{N/Wb}]$

7. 자위

① 점자극 m에서 거리 r인 점의 자위 $U = \dfrac{m}{4\pi\mu_0 r}[\mathrm{AT}]$

② $U = Hr[A]$

8. 자기 쌍극자

자기 쌍극자에서 r만큼 떨어진 한 점에서의 자위

$$U = \frac{M\cos\theta}{4\pi\mu_0 r^2}[\mathrm{AT}]$$

9. 자기 이중층(판자석)

① 판자석의 자위 $U = \pm \dfrac{P}{4\pi\mu_0}\omega[AT]$

② ω의 무한 접근시 $\omega = 2\pi(1 - \cos\theta)[sr]$

$\cos\theta = -1$이므로 $\omega = 4\pi$ $\therefore U = \dfrac{P}{\mu_0}[\mathrm{AT}]$

③ 판자석의 세기 $P = \sigma \times \delta[\mathrm{Wb/m}]$

여기서, P : 판자석의 세기[Wb/m]

σ : 판자석의 표면 밀도[Wb/m^2]

δ : 두께[m], ω : 입체각

10. 막대자석의 회전력(회전력(T)]

① 자기모멘트 $M = m \cdot l[\mathrm{Wb/m}]$

② 회전력 $T = M \times H[\text{N·m}] = MH \sin\theta$
$$= m \cdot l H \sin\theta[\text{N·m}]$$

여기서, T : 회전력, M : 자기모멘트

θ : 막대자석과 자계가 이루는 각

11. 전기의 특수한 현상

① 핀치 효과 : 액체 상태의 원통상 도선 내부에 균일하게 전류가 흐를 때 도체 내부에 자장이 생겨 전류가 원통 중심 방향으로 수축하려는 효과

② 홀 효과(Hall effect) : 도체에 전류를 흘리고 이것과 직각 방향으로 자계를 가하면 도체 내부의 전하가 횡방향으로 힘을 모아 도체 측면에 전하가 나타나는 현상

③ 스트레치 효과 : 자유로이 구부릴 수 있는 도선에 대전류를 통하면 도선 상호간에 반발력에 의하여 도선이 원을 형성하는 현상

④ 파이로 전기 : 압전 현상이 나타나는 결정을 가열하면 한 면에 정(+)의 전기가, 다른 면에 부(−)의 전기가 나타나 분극이 일어나며, 반대로 냉각하면 역분극이 생기는 현상

12. 전류에 의한 자계의 계산

(1) 암페어(Amper)의 법칙

전류에 의한 자계의 방향을 결정하는 법칙

(2) 암페어(Amper)의 주회 적분 법칙

전류에 의한 자계의 크기를 구하는 법칙

$$\oint H dl = \sum NI$$

(3) 비오-사바르의 법칙 (전류와 자계 관계)

$$dH = \frac{Idl\sin\theta}{4\pi r^2}[A\,T/m]$$

(4) 여러 도체 모양에 따른 자계의 세기

① 반지름이 a[m]인 원형코일 중심의 자계

$$H = \frac{NI}{2a}[A\,T/m]$$

② 원형코일 중심축상의 자계

$$H = \frac{Ia^2}{2(a^2+x^2)^{\frac{3}{2}}}[A\,T/m]$$

③ 유한 직선 전류에 의한 자계

$$H = \frac{I}{4\pi a}(\cos\theta_1 + \cos\theta_2)$$
$$= \frac{I}{4\pi a}(\sin\beta_1 + \sin\beta_2)[A/m]$$

④ 반지름 a[m]인 원에 내접하는 정 n변형의 자계

㉮ 정삼각형 중심의 자계 $H = \frac{9I}{2\pi l}$[AT/m]

㉯ 정사각형 중심의 자계 $H = \frac{2\sqrt{2}\,I}{\pi l}$[AT/m]

㉰ 정육각형 중심의 자계 $H = \frac{\sqrt{3}\,I}{\pi l}$[AT/m]

㉱ 정 n 각형 중심의 자계 $H = \frac{nI}{2\pi a}\tan\frac{\pi}{n}$[AT/m]

$\rightarrow$ (a는 반지름)

(5) 솔레노이드에 의한 자계의 세기

① 환상 솔레노이드에서 자계의 세기

㉮ $Hl = NI$

㉯ 내부자계 $H = \frac{NI}{2\pi a}$[AT/m]

㉰ 외부자계 H=0

② 무한장 솔레노이드에서 자계의 세기

㉮ 단위 길이당 권수 $n = \frac{N}{l}$

㉯ 암페어의 주회적분 법칙 $Hl = NI$

㉰ 내부자계 $H = \frac{NI}{l} = nI$[AT/m]

㉱ 외부자계 H=0

13. 플레밍 왼손법칙 →(전동기 원리)

자계 내에서 전류가 흐르는 도선에 작용하는 힘
$$F = IBl \sin\theta = qv \sin\theta\,[N]$$

14. 플레밍 오른손법칙 →(발전기 원리)

자계 내에서 도선을 왕복 운동시키면 도선에 기전력이 유기된다.

$$e = vBl\sin\theta\,[V]$$

15. 로렌쯔의 힘

전계(E)와 자속밀도(B)가 동시에 존재 시

$$F = q[E + (v \times B)]\,[N]$$

16. 두개의 평행 도선 간 작용력

$$F = \frac{\mu_0 I_1 I_2}{2\pi r}[N/m]$$

$$= \frac{4\pi \times 10^{-7}}{2\pi r} I_1 I_2 = \frac{2I_1 I_2}{r} \times 10^{-7}[N/m]$$

※두 전류의 방향이 같으면 : 흡인력
　두 전류의 방향이 반대면 : 반발력

핵심 08 자성체와 자기회로

1. 자성체의 종류

강자성체 $\mu_s \geq 1$	·인접 영구자기 쌍극자의 방향이 동일 방향으로 배열하는 재질 ·철, 니켈, 코발트	
상자성체 (약자성체) $\mu_s > 1$	·인접 영구자기 쌍극자의 방향이 규칙성이 없는 재질 ·알루미늄, 망간, 백금, 주석, 산소, 질소등	
역자성체	반자성체 $\mu_s < 1$	·영구자기 쌍극자가 없는 재질 ·비스무트, 탄소, 규소, 납, 수소, 아연, 황, 구리, 동선, 게르마늄, 안티몬 등
	반강자성체 $\mu_s < 1$	·인접 영구자기 쌍극자의 배열이 서로 반대인 재질 ·자성체의 스핀 배열 (자기쌍극자 배열)

2. 자화의 세기

$$J = \frac{m}{s} = \frac{m \cdot l}{S \cdot l} = \frac{M}{V}$$

$$= \lambda_m H = \mu_0(\mu_s - 1)H[\text{wb}/m^2]$$

$$\rightarrow (\lambda_m = \mu_s - 1)$$

3. 히스테리시스 곡선

① 영구자석 : $B_r(大)$, $H_c(大)$

　　　　　　→ (철 , 텅스텐 , 코발트)

② 전자석 : $B_r(大)$, $H_c(小)$

③ 히스테리시스손 $P_h = f v \eta B_m^{1.6}[W]$

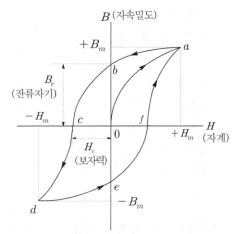

여기서, B_r : 잔류 자속밀도(종축과 만나는 점)

H_e : 보자력(횡축과 만나는 점)

4. 자성체의 경계면 조건

(1) 자속밀도는 경계면에서 법선 성분은 같다

① $B_{1n} = B_{2n}$

② $B_1 \cos\theta_1 = B_2 \cos\theta_2 \rightarrow (B_1 = \mu_1 H_1, \ B_2 = \mu_2 H_2)$

(2) 자계의 세기는 경계면에서 접선성분은 같다

① $H_{1t} = H_{2t}$

② $H_1 \sin\theta_1 = H_2 \sin\theta_2 \rightarrow (B_1 > B_2, \ H_1 < H_2)$

(3) 자성체의 굴절의 법칙(굴절각과 투자율은 비례)

① $\dfrac{\tan\theta_1}{\tan\theta_2}=\dfrac{\epsilon_1}{\epsilon_2}=\dfrac{\mu_1}{\mu_2}=\dfrac{k_1}{k_2}$

② $\mu_1>\mu_2$ 일 때

$\theta_1>\theta_2,\ B_1<B_2,\ H_1<H_2$

5. 자기회로

① 기자력 $F=\varnothing R_m=NI[\text{AT}]$

② 자속 $\varnothing=\dfrac{F}{R_m}=BS=\mu HS[\text{Wb}]$

③ 자계의 세기 $H=\dfrac{\varnothing}{\mu S}[\text{AT/m}]$

④ 자기저항 $R_m=\dfrac{F}{\varnothing}=\dfrac{l}{\mu S}[\text{AT/Wb}]$

핵심 09 전자유도

1. 전자유도 법칙

(1) 패러데이 법칙

$e=-\dfrac{d\Phi}{dt}=-N\dfrac{d\phi}{dt}[\text{V}]=-L\dfrac{di}{dt}\ \rightarrow\ (LI=N\phi)$

($\Phi=N\varnothing$ 로 쇄교 자속수, N : 권수)

(2) 렌쯔의 법칙

전자 유도에 의해 발생하는 기전력은 자속 변화를 방해하는 방향으로 전류가 발생한다.

① 유기기전력 $e=-L\dfrac{di}{dt}[V]$

② 자속 ϕ가 변화 할 때 유기기전력

$e=-N\dfrac{d\phi}{dt}[V]=-N\dfrac{dB}{dt}\cdot S[V]$

2. 표피효과

도선에 교류전류가 흐르면 전류는 도선 바깥쪽으로 흐르려는 성질

① 표피 깊이 $\delta=\sqrt{\dfrac{2}{w\cdot\sigma\cdot\mu}}=\sqrt{\dfrac{1}{\pi f\sigma\mu}}[m]$

여기서, μ : 투자율[H/m], ω : 각속도$(=2\pi f)$

δ : 표피두께(침투깊이), f : 주파수

② $\omega,\ \mu,\ \sigma$ 가 大 → 표피 깊이 小 → 표피 효과 大

핵심 10 인덕턴스

1. 자기인덕턴스

인덕턴스 자속 $\varnothing=LI$

권수(N)가 있다면 $N\varnothing=LI$

자기인덕턴스 $L=\dfrac{N\varnothing}{I}$

2. 도체 모양에 따른 인덕턴스의 종류

(1) 동축 원통에서 인덕턴스

① 외부$(a<r<b)$ $L=\dfrac{\mu_0 l}{2\pi}\ln\dfrac{b}{a}[\text{H}]$

② 내부$(r<a)$ $L=\dfrac{\mu l}{8\pi}[\text{H}]$

③ 전 인덕턴스 $L=$외부$+$내부$=\dfrac{\mu_0 l}{2\pi}\ln\dfrac{b}{a}+\dfrac{\mu l}{8\pi}[\text{H}]$

(2) 평행 도선에서 인덕턴스 계산

① 외부 $L=\dfrac{\mu_0 l}{\pi}\ln\dfrac{d}{a}[\text{H}]$

② 내부 $L=\dfrac{\mu l}{4\pi}[\text{H}]$

③ 전 인덕턴스 $L=$외부$+$내부

$=\dfrac{\mu_0 l}{\pi}\ln\dfrac{d}{a}+\dfrac{\mu l}{4\pi}[\text{H/m}]$

(3) 솔레노이드에서 자기인덕턴스

$$L = \frac{\mu S N^2}{l} [\mathrm{H}]$$

3. 상호 인덕턴스

① $M = \dfrac{N_2}{N_1} L_1$

② $M = k\sqrt{L_1 L_2}$ → $(0 \le k(\text{결합계수}) \le 1)$

③ 결합계수 $k = \dfrac{M}{\sqrt{L_1 L_2}}$

4. 인덕턴스 접속

(1) 직렬접속

　① 가동접속(가극성) $L = L_1 + L_2 + 2M$

　② 차동접속 (감극성) $L = L_1 + L_2 - 2M$

(2) 병렬접속

　① 가동접속(가극성) $L = \dfrac{L_1 L_2 - M^2}{L_1 + L_2 - 2M}$

　② 차동접속(감극성) $L = \dfrac{L_1 L_2 - M^2}{L_1 + L_2 + 2M} [H]$

5. 인덕턴스(코일)에 축적되는 에너지

$$W = \frac{1}{2} L I^2 = \frac{1}{2} \varnothing I = \frac{1}{2}(L_1 + L_2 \pm 2M) I^2 [J]$$

$$\rightarrow (\varnothing = L I),\ (L = L_1 + L_2 \pm 2M[H])$$

6. 변위전류(Displacement Current)

유전체에 흐르는 전류

① 전류 $I = \dfrac{\partial Q}{\partial t} = \dfrac{\partial (S\sigma)}{\partial t} = \dfrac{\partial D}{\partial t} S$

② 변위전류밀도 $J_d = \dfrac{I_d}{S} = \dfrac{\partial D}{\partial t} [A/m^2]$

1. 변위전류밀도(i_d)

① 변위전류밀도 $i_d = \dfrac{\partial D}{\partial t} = \epsilon \dfrac{\partial E}{\partial t} \rightarrow (D = \epsilon E)$

$\qquad = \epsilon \dfrac{V}{d} [A/m^2] \rightarrow (E = \dfrac{V}{d})$

$\qquad = \dfrac{\epsilon}{d} \dfrac{\partial V}{\partial t} \rightarrow (V = V_m \sin\omega t)$

$\qquad = \dfrac{\epsilon}{d} \dfrac{\partial}{\partial t} V_m \sin\omega t$

$\qquad = \omega \dfrac{\epsilon}{d} V_m \cos\omega t [A/m^2]$

② 변위전류 $I_d = i_d \times S = \omega \dfrac{\epsilon S}{d} V_m \cos\omega t [A]$

$\qquad = \omega C V_m \cos\omega t [A]$

$\qquad \rightarrow (\text{정전용량} \ C = \dfrac{\epsilon S}{d})$

2. 전자계의 파동방정식

① (전계) $\nabla^2 E = \epsilon\mu \dfrac{\partial^2 E}{\partial t^2}$

② (자계) $\nabla^2 H = \epsilon\mu \dfrac{\partial^2 H}{\partial t^2}$

3. 전자파의 특징

·전계(E)와 자계(H)는 공존하면서 상호 직각 방향으로 진동을 한다.

·진공 또는 완전 유전체에서 전계와 자계의 파동의 위상차는 없다.

·전자파 전달 방향은 $E \times H$ 방향이다.

·전자파 전달 방향의 E, H 성분은 없다.

·전계 E와 자계 H의 비는 $\dfrac{E_x}{H_y} = \sqrt{\dfrac{\mu}{\epsilon}}$

·자유공간인 경우 동일 전원에서 나오는 전파는 자파보다 377배($E = 377H$)로 매우 크기 때문에 전자파를 간단히 전파라고도 한다.

4. 전파속도

① 전파속도(매질(ϵ, μ)중인 경우)

$$v = \frac{\lambda}{T} = f\lambda = \frac{\omega}{\beta}$$
$$= \sqrt{\frac{1}{\epsilon\mu}} = \frac{c}{\sqrt{\epsilon_s \mu_s}} = \frac{3 \times 10^8}{\sqrt{\epsilon_s \mu_s}} [\mathrm{m/s}]$$

② 전파속도(진공(공기))인 경우

$$v_0 = \frac{1}{\sqrt{\epsilon_0 \mu_0}} = 3 \times 10^8 = c[\mathrm{m/s}]$$

③ 진동시 주파수 $f = \frac{1}{2\pi\sqrt{LC}} [Hz]$

④ 파장 $\lambda = \frac{v}{f} = \frac{1}{f} \frac{1}{\sqrt{\epsilon\mu}}$

$$= \frac{1}{f} \frac{1}{\sqrt{\epsilon_0 \mu_0 \times \epsilon_s \mu_s}} = \frac{3 \times 10^8}{f\sqrt{\epsilon_s \mu_s}} [m]$$

5. 전자파의 고유 임피던스

① 진공시 고유 임피던스

$$\eta_0 = \frac{E}{H} = \sqrt{\frac{\mu_0}{\epsilon_0}} = \sqrt{\frac{4\pi \times 10^{-7}}{8.855 \times 10^{-12}}} = 377[\Omega]$$

$$\rightarrow (진공시 \ \epsilon_s = 1, \ \mu_s = 1)$$

② 고유 임피던스 $\eta = \frac{E}{H} = \sqrt{\frac{\mu_0}{\epsilon_0} \frac{\mu_s}{\epsilon_s}} = 377\sqrt{\frac{\mu_s}{\epsilon_s}} [\Omega]$

6. 특성 임피던스

① 특성 임피던스 $Z_0 = \sqrt{\frac{Z}{Y}} [\Omega] = \sqrt{\frac{R + jwL}{G + jwC}} [\Omega]$

② 특성 임피던스 (무손실의 경우 ($R = G = 0$))

$$Z_0 = \sqrt{\frac{L}{C}} [\Omega]$$

③ 동축 케이블 (고주파 사용)

$$Z_0 = \sqrt{\frac{L}{C}} = \frac{1}{2\pi} \sqrt{\frac{\mu}{\epsilon}} \ln\frac{b}{a} = 60\sqrt{\frac{\mu_s}{\epsilon_s}} \ln\frac{b}{a} [\Omega]$$

7. 맥스웰(MAXWELL) 방정식

(1) 맥스웰의 제1방정식(암페어의 주회적분 법칙)

① 미분형 $rot\,H = J + \frac{\partial D}{\partial t}$

여기서, J : 전도 전류 밀도, $\frac{\partial D}{\partial t}$: 변위 전류 밀도

② 적분형 $\oint_c H \cdot dl = I + \int_s \frac{\partial D}{\partial t} \cdot dS$

(2) 맥스웰의 제2방정식(패러데이 전자 유도 법칙)

① 미분형 $rot\,E = -\frac{\partial B}{\partial t} = -\mu\frac{\partial H}{\partial t}$

② 적분형 $\oint_c E \cdot dl = -\int_s \frac{\partial B}{\partial t} \cdot dS$

(3) 맥스웰의 제3방정식(전기장의 가우스의 법칙)

① 미분형 $div\,D = \rho[\mathrm{c/m^3}]$

② 적분형 $\int_s D \cdot dS = \int_v \rho\,dv = Q$

(4) 맥스웰의 제4방정식(자기장의 가우스의 법칙)

① 미분형 $div\,B = 0$

② 적분형 $\int_s B \cdot dS = 0$

여기서, D : 전속밀도, ρ : 전하밀도
B : 자속밀도, E : 전계의 세기
J : 전류밀도, H : 자계의 세기

8. 포인팅벡터

단위 시간에 진행 방향과 직각인 단위 면적을 통과하는 에너지

① $P = \frac{W}{S} = E \cdot H[W/m^2]$

② $\vec{P} = \dot{E} \times \dot{H}[W/m^2]$

Memo

02

전기자기학

01 벡터의 정의

1. 벡터와 스칼라의 차이

(1) 스칼라
- 크기(양)만으로 표시할 수 있는 물리량
- 전위[V], 일[J], 에너지, 전계, 자계, 무게, 길이, 온도, 체적 등
- 예 거리 10[m]

(2) 벡터
- 크기와 방향으로 표시할 수 있는 물리량
- 전계(E[v/m]), 자계(H[A/m]), 힘, 속도, 가속도 등
- 예 남으로 10[m]

2. 벡터의 표현 방법 및 벡터의 도시 방법

(1) 벡터의 표시방법

$\dot{A} = \vec{A} = \hat{A}$ 등으로 표현

(2) 벡터의 성분 표시 방법

$\dot{A} = Aa \quad \rightarrow \quad A$: 크기, a : 방향(단위 벡터)

3. 직각 좌표계

(1) 직각 좌표계

x, y, z축이 서로 수직(90[˚])으로 교차하는 좌표축을 기준점으로 점이나 벡터의 좌표를 표시하는 좌표계를 말한다.

(2) 단위 벡터

크기가 1이고 오직 방향만 갖는 방향 벡터이다.

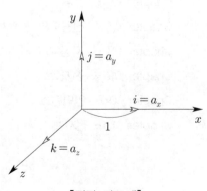

【직각 좌표계】

단위벡터 i, j, k 또는 a_x, a_y, a_z를 기본 벡터라 한다.

① $i(=a_x)$: + 방향의 x축의 단위벡터$(1,0,0)$

② $j(=a_y)$: + 방향의 y축의 단위벡터$(0,1,0)$

③ $k(=a_z)$: + 방향의 z축의 단위벡터$(0,0,1)$

(3) 벡터의 직각 좌표 표현의 예

① 벡터 $\vec{A}=A_x i + A_y j + A_z k = A_x a_x + A_y a_y + A_z a_z$

② 벡터의 크기 $|A| = \sqrt{A_x^2 + A_y^2 + A_z^2}$

   예 $\vec{A}=(1,\ 2,\ 3) = 1i + 2j + 3k \quad \rightarrow \quad$ 크기 $|A| = \sqrt{1^2 + 2^2 + 3^2}$

(4) 단위 벡터 계산

단위 벡터는 벡터를 벡터의 크기로 나눈다.

① $\dot{A} = A a \quad \rightarrow \quad$ 단위벡터 $a = \dfrac{\dot{A}}{|A|}$

② $\dot{A} = A_x i + A_y j + A_z k = A_x a_x + A_y a_y + A_z a_z$의 단위 벡터 $a = \dfrac{\dot{A}}{|A|} = \dfrac{A_x a_x + A_y a_y + A_z a_z}{\sqrt{A_x^2 + A_y^2 + A_z^2}}$

핵심기출　【기사】 15/2(유사)

원점에서 점 $(-2,\ 1,\ 2)$로 향하는 단위벡터 a를 구하시오는?

① $a = \dfrac{-2a_x + a_y + 2a_z}{3}$　　　　② $a = -2a_x + a_y + 2a_z$

③ $a = \dfrac{-a_x + 2a_y + 2a_z}{3}$　　　　④ $a = \dfrac{-a_x + 2a_y - a_z}{3}$

정답 및 해설　[단위백터] 점$(-2,\ 1,\ 2)$이므로 위치벡터 $\dot{A}_1 = -2a_x + a_y + 2a_z$이다.

　단위 벡터를 구하면 $a = \dfrac{\dot{A}}{|A|} = \dfrac{-2a_x + a_y + 2a_z}{\sqrt{(-2)^2 + 1^2 + 2^2}} = \dfrac{-2a_x + a_y + 2a_z}{3}$

【정답】①

02 벡터의 연산

1. 벡터의 가감

(1) 벡터의 덧셈

두 벡터가 주어졌을 때 두 벡터의 덧셈은 항상 같은 방향 성분의 합으로 계산한다.

두 벡터 $\dot{A} = A_x i + A_y j + A_z k$, $\dot{B} = B_x i + B_y j + B_z k$

$$\vec{A} + \vec{B} = (A_x + B_x)i + (A_y + B_y)j + (A_z + B_z)k$$

(2) 벡터의 뺄셈

두 벡터가 주어졌을 때 두 벡터의 뺄셈은 항상 같은 방향 성분의 차로 계산한다.

두 벡터 $\dot{A} = A_x i + A_y j + A_z k$, $\dot{B} = B_x i + B_y j + B_z k$

$$\vec{A} - \vec{B} = (A_x - B_x)i + (A_y - B_y)j + (A_z - B_z)k$$

2. 벡터의 곱셈

두 벡터의 곱셈에는 내적과 외적 두 가지 방법이 있다.

(1) 스칼라와 벡터의 곱셈

$$F = QE = Q(E_x i + E_y j + E_z k) = QE_x i + QE_y j + QE_z k$$

(2) 벡터의 내적(스칼라 곱)

벡터 A와 B의 스칼라 곱

내적은 $\dot{A} \cdot \dot{B}$로 표시, 최종 결과식이 스칼라, 즉 크기만 나타냄

① $\dot{A} \cdot \dot{B} = |\dot{A}||\dot{B}|\cos\theta = A_x B_x + A_y B_y + A_z B_z$

② 내적의 성질

$\cdot i \cdot i = 1, \ j \cdot j = 1, \ k \cdot k = 1$

$\cdot i \cdot j = 0, \ j \cdot k = 0, \ k \cdot i = 0$

$\cdot i \cdot i = j \cdot j = k \cdot k = |i| \, |i| \cos 0^o = 1 \ \rightarrow (평형)$

$\cdot i \cdot j = j \cdot k = k \cdot i = |i| \, |j| \cos 90^o = 0 \ \rightarrow (수직)$

③ $\vec{A} \cdot \vec{B} = (A_x i + A_y j + A_z k) \cdot (B_x i + B_y j + B_z k)$

$\qquad = A_x B_x (i \cdot i) + A_x B_y (i \cdot j) + A_x B_z (i \cdot k) +$

$\qquad\quad A_y B_x (j \cdot i) + A_y B_y (j \cdot j) + A_y B_z (j \cdot k) +$

$\qquad\quad A_z B_x (k \cdot i) + A_z B_y (k \cdot j) + A_z B_z (k \cdot k)$

$\qquad = (A_x B_x + A_y B_y + A_z B_z)$

(3) 백터의 외적(벡터의 곱)

두 벡터의 사이 각 바깥으로 곱하는 계산 방법

A와 B를 두 변으로 하는 평형사변형의 면적, 최종 결과식이 벡터

① $\dot{A} \times \dot{B} = |\dot{A}| |\dot{B}| \sin\theta$

② 외적의 성질

· $i \times j = k$, $j \times i = -k$ → $i \times j = -j \times i = k$

· $j \times k = i$, $k \times j = -i$ → $j \times k = -k \times j = i$

· $k \times i = j$, $i \times k = -j$ → $i \times i = j \times j = k \times k = 0$

· $i \times i = j \times j = k \times k = |i| |i| \sin 0^o = 0$

③ 두 벡터 $\dot{A} = A_x i + A_y j + A_z k$, $\dot{B} = B_x i + B_y j + B_z k$

$$\dot{A} \times \dot{B} = (A_x i + A_y j + A_z k) \times (B_x i + B_y j + B_z k)$$
$$= A_x B_x (i \times i) + A_x B_y (i \times j) + A_x B_z (i \times k) + A_y B_x (j \times i) + A_y B_y (j \times j) + A_y B_z (j \times k)$$
$$+ A_z B_x (k \times i) + A_z B_y (k \times j) + A_z B_z (k \times k)$$
$$= i(A_y B_z - A_z B_y) + j(A_z B_x - A_x B_z) + k(A_x B_y - A_y B_x)$$

핵심기출 【기사】 15/2

원점에서 점 (−2, 1, 2)로 향하는 단위 벡터를 a_1이라 할 때 $y = 0$인 평면에 평행이고, a_1에 수직인 단위벡터 a_2는?

① $a_2 = \pm \left(\dfrac{1}{\sqrt{2}} a_x + \dfrac{1}{\sqrt{2}} a_z \right)$ ② $a_2 = \pm \left(\dfrac{1}{\sqrt{2}} a_x - \dfrac{1}{\sqrt{2}} a_y \right)$

③ $a_2 = \pm \left(\dfrac{1}{\sqrt{2}} a_x + \dfrac{1}{\sqrt{2}} a_y \right)$ ④ $a_2 = \pm \left(\dfrac{1}{\sqrt{2}} a_y - \dfrac{1}{\sqrt{2}} a_z \right)$

정답 및 해설 [위치벡터] $A_1 = -2a_x + a_y + 2a_z$에서

단위벡터 $a_1 = \dfrac{\dot{A}}{|\dot{A}|} = \dfrac{-2a_x + a_y + 2a_z}{\sqrt{(-2)^2 + 1^2 + 2^2}} = \dfrac{-2a_x + a_y + 2a_z}{\sqrt{9}}$

단위벡터 a_2는 $y = 0$인 평면($x - z$ 평면)에서 벡터성분 A_x, A_z 또한 a_1과 수직에서 $a_1 \cdot a_2 = 0$을 만족해야 하므로 $a_2 = \pm \dfrac{A_x a_x + A_z a_z}{\sqrt{A_x^2 + A_z^2}}$

$a_1 \cdot a_2 = \dfrac{-2a_x + a_y + 2a_z}{\sqrt{10}} \cdot \left(\pm \dfrac{A_x a_x + A_z a_z}{\sqrt{A_x^2 + A_z^2}} \right) = 0$

$(-2a_x + a_y + 2a_z) \cdot (A_x a_x + A_z a_z) = -2A_x + 2A_z = 0$에서 $A_x = A_z$

$\therefore a_2 = \pm \dfrac{A_x a_x + A_x a_z}{\sqrt{A_x^2 + A_x^2}} = \pm \dfrac{(a_x + a_z)A_z}{\sqrt{2} A_z} = \pm \left(\dfrac{1}{\sqrt{2}} a_x + \dfrac{1}{\sqrt{2}} a_z \right)$

【정답】①

03 벡터의 미분

(1) **벡터의 미분 연산자 (∇ (나블라(Nabla))**

x, y, z 방향으로의 변화율과 방향을 표시

$$\nabla = \frac{\partial V}{\partial x}i + \frac{\partial V}{\partial y}j + \frac{\partial V}{\partial z}k$$

(2) **스칼라 V의 구배(기울기) : $grad\,V$**

V의 x, y, z 각 방향의 거리에 대한 변화율, 즉 기울기(구배, 경도, gradient)의 물리적 의미

① $grad\,V = \nabla V = (\frac{\partial}{\partial x}i + \frac{\partial}{\partial y}j + \frac{\partial}{\partial z}k)\,V = \frac{\partial V}{\partial x}i + \frac{\partial V}{\partial y}j + \frac{\partial V}{\partial z}k$

② $\nabla V = grad\,V = -E$ (∇ 대신 grad 사용)

※ 전위경도와 전계의 세기는 크기는 같고 방향은 반대이다.

핵심기출 【기사】 17/3

점전하에 의한 전위 함수가 $V = \dfrac{1}{x^2 + y^2}\,[V]$일 때 $grad\,V$는?

① $-\dfrac{x\,i + y\,j}{(x^2 + y^2)^2}$ ② $-\dfrac{2x\,i + 2y\,j}{(x^2 + y^2)^2}$

③ $-\dfrac{2x\,i}{(x^2 + y^2)^2}$ ④ $-\dfrac{2y\,j}{(x^2 + y^2)^2}$

정답 및 해설 [기울기 : grad V] $grad\,V = \nabla V = i\dfrac{\partial V}{\partial x} + j\dfrac{\partial V}{\partial y} + k\dfrac{\partial V}{\partial z}$

$V = \dfrac{1}{x^2 + y^2} = (x^2 + y^2)^{-1}$

$\dfrac{\partial V}{\partial x} = \dfrac{\partial}{\partial x}[(x^2 + y^2)^{-1}] = -(x^2 + y^2)^{-2} \cdot 2x = -\dfrac{2x}{(x^2 + y^2)^2}$

$\dfrac{\partial V}{\partial y} = \dfrac{\partial}{\partial y}[(x^2 + y^2)^{-1}] = -(x^2 + y^2)^{-2} \cdot 2y = -\dfrac{2y}{(x^2 + y^2)^2}$

$\dfrac{\partial V}{\partial z} = \dfrac{\partial}{\partial z}[(x^2 + y^2)^{-1}] = 0$

$\therefore grad\,V = -\dfrac{2x\,i}{(x^2 + y^2)^2} - \dfrac{2y\,j}{(x^2 + y^2)^2} = -\dfrac{2x\,i + 2y\,j}{(x^2 + y^2)^2}$

【정답】②

04 벡터의 발산과 회전

(1) 벡터 $\dot{A}$의 발산, $div\,\dot{A}$

양적인 변동량을 나타낸다.

벡터의 발산 → 미분 연산자와 벡터와의 스칼라곱 → 최종 결과식이 스칼라

① $div\,\overrightarrow{E} = \nabla \cdot \overrightarrow{E} = \left(\dfrac{\partial}{\partial x}i + \dfrac{\partial}{\partial y}j + \dfrac{\partial}{\partial z}k\right) \cdot (Exi + Eyj + Ezk) = \dfrac{\partial Ex}{\partial x} + \dfrac{\partial Ey}{\partial y} + \dfrac{\partial Ez}{\partial z}$

② 적용 예

㉮ 가우스 법칙 : $div\,D = \rho$

㉯ 자속의 비발산성 : $div\,B = 0$

㉰ 키르히호프 전류법칙 : $div\,J = 0$

(2) 벡터 $\dot{A}$의 회전, $rot\,\dot{A}$

벡터의 회전 → 미분 연산자와 벡터와의 벡터곱 → 최종 결과식이 벡터

① $rot\,\overrightarrow{A} = \nabla \times \overrightarrow{A} = curl\,\overrightarrow{A} = (\dfrac{\partial}{\partial x}i + \dfrac{\partial}{\partial y}j + \dfrac{\partial}{\partial z}k) \times (A_x i + A_y j + A_z k)$

$= \begin{vmatrix} i & j & k \\ \dfrac{\partial}{\partial x} & \dfrac{\partial}{\partial y} & \dfrac{\partial}{\partial z} \\ A_x & A_y & A_z \end{vmatrix} = i\left(\dfrac{\partial A_z}{\partial y} - \dfrac{\partial H_y}{\partial z}\right) + j\left(\dfrac{\partial A_x}{\partial z} - \dfrac{\partial A_z}{\partial x}\right) + k\left(\dfrac{\partial A_y}{\partial x} - \dfrac{\partial A_x}{\partial y}\right)$

② 적용 예

㉮ 암페어 주회법칙 : $\nabla \times \dot{A} = J$

㉯ 정전계에서 전계의 비 회전성 : $\nabla \times \dot{A} = 0$

핵심기출 【기사】 06/1

전계 $E = i\,2e^{3x}\sin 5y - je^{3x}\cos 5y + k3ze^{4z}$ 일 때, 점 $(x = 0,\ y = 0,\ z = 0)$에서의 발산은?

① 0   ② 3   ③ 6   ④ 10

정답 및 해설 [발산] $div\,A$

$$Div E = \nabla \cdot E = \dfrac{\partial}{\partial x}E_x + \dfrac{\partial}{\partial y}E_y + \dfrac{\partial}{\partial z}E_z \text{에서}$$

$$E = i\,2e^{3x}\sin 5y - je^{3x}\cos 5y + k3ze^{4z} \text{ 이므로}$$

$$Div E = \dfrac{\partial}{\partial x}(2e^{3x}\sin 5y) + \dfrac{\partial}{\partial y}(-e^{3x}\cos 5y) + \dfrac{\partial}{\partial z}(3ze^{4z})$$

$$= 6e^{3x}\sin 5y + 5e^{3x}\sin 5y + (3e^{4z} + 4ze^{4z}) = 11e^{3x}\sin 5y + (3 + 4z)e^{4z}$$

$$[div\,E]_{x=0,\ y=0,\ z=0} = 3$$

【정답】 ②

05 라플라시안(∇^2)

(1) 라플라시안(∇^2)

① $\nabla \cdot \nabla = \nabla^2 = \dfrac{\partial^2}{\partial x^2} + \dfrac{\partial^2}{\partial y^2} + \dfrac{\partial^2}{\partial z^2} = div\ grad$

② $\nabla \cdot \nabla V = \left(\dfrac{\partial}{\partial x}i + \dfrac{\partial}{\partial y}j + \dfrac{\partial}{\partial z}k\right) \cdot \left(\dfrac{\partial}{\partial x}i + \dfrac{\partial}{\partial y}j + \dfrac{\partial}{\partial z}k\right)V = \dfrac{\partial^2 V}{\partial x^2} + \dfrac{\partial^2 V}{\partial y^2} + \dfrac{\partial^2 V}{\partial z^2} = \nabla^2 V$

③ 포아송 방정식 : 전하량이 있을 때, 그 전하량이 만들어내는 전위차의 관계

$$\nabla^2 V = \dfrac{\partial^2 V}{\partial x^2} + \dfrac{\partial^2 V}{\partial y^2} + \dfrac{\partial^2 V}{\partial z^2} = -\dfrac{\rho}{\epsilon} \qquad \rightarrow (V : \text{전위차}, \ \epsilon : \text{유전상수}, \ \rho : \text{전하밀도})$$

④ 라플라스 방정식 : 2차 편미분 방정식의 하나로, 고유값이 0인 라플라스 연산자의 고유함수가 만족시키는 방정식이다.

$$\nabla^2 V = \dfrac{\partial^2 V}{\partial x^2} + \dfrac{\partial^2 V}{\partial y^2} + \dfrac{\partial^2 V}{\partial z^2} = 0$$

06 벡터의 적분

(1) 스토크스 정리

선(l) 적분을 면적(s) 적분으로 변환할 때 사용하는 적분법이다.

$$\oint_c \dot{E}\,dl = \int_s rot\ \dot{E}\,\dot{ds} \qquad \rightarrow (\oint_c dl : \text{선 적분}, \int_s \dot{ds} : \text{면적 적분})$$

(2) 가우스의 발산 정리

면적 적분을 체적 적분으로 변환할 때 사용하는 적분법

$$\int_s \dot{E}\dot{ds} = \int_v div\ \dot{E}\,dv \qquad \rightarrow (\int_c \dot{ds} : \text{면적 적분}, \int ds : \text{체적 적분})$$

【기사】 13/1 19/2
다음 중 스토크스(strokes)의 정리는?

① $\oint H \cdot dS = \iint_s (\nabla \cdot H) \cdot dS$ ② $\int B \cdot dS = \int_s (\nabla \times H) \cdot dS$

③ $\oint_c H \cdot dS = \int (\nabla \cdot H) \cdot dL$ ④ $\oint_c H \cdot dL = \int_s (\nabla \times H) \cdot dS$

정답 및 해설 [스토크스의 정리] 스토크스의 정리는 선 적분을 면 적분으로 변환하는 정리이다.

$$\cdot \oint_c \dot{H}\cdot dl = \int_s rot\ \dot{H}\cdot ds \qquad \rightarrow (\cdot rot\ H = \nabla \times H) \qquad \text{【정답】 ④}$$

단원 핵심 체크

01 x, y, z축이 서로 수직(90[˚])으로 교차하는 좌표축을 기준점으로 점이나 벡터의 좌표를 표시하는 좌표계를 (   )라고 말한다.

02   크기가 1이고 오직 방향만 갖는 방향 벡터로 i, j, k 또는 a_x, a_y, a_z로 표시 하는 벡터를 (   )라고 한다.

03   벡터의 내적(스칼라 곱)

· $\dot{A} \cdot \dot{B} = |\dot{A}||\dot{B}|($ ① $) = A_x B_x + A_y B_y + A_z B_z$

· $i \cdot i = j \cdot j = k \cdot k = ($ ② $)$

· $i \cdot j = j \cdot k = k \cdot i = ($ ③ $)$

04   백터의 외적(벡터의 곱)

· 벡터의 외적은 $\dot{A} \times \dot{B} = |\dot{A}||\dot{B}|($ ① $)$

· $i \times i = j \times j = k \times k = ($ ② $)$

· 두 벡터 $\dot{A} = A_x i + A_y j + A_z k$, $\dot{B} = B_x i + B_y j + B_z k$

     $\dot{A} \times \dot{B} = i(A_y B_z - A_z B_y) + j($ ③ $) + k(A_x B_y - A_y B_x)$

05   스토크스(strokes)의 정리에서 $\oint_c \dot{E} dl = ($ $)$

정답   (1) 직각 좌표계   (2) 단위 벡터   (3) ① $\cos\theta$, ② 1, ③ 0

       (4) ① $\sin\theta$, ② 0, ③ $A_z B_x - A_x B_z$ (5) $\int_s rot \dot{E} ds$

적중 예상문제

1. $A = -7i - j$, $B = -3j - 4j$의 두 벡터가 이루는 각은 몇 도인가?

① 30　　　　　② 45

③ 60　　　　　④ 90

|정|답|및|해|설|

[백터의 내적] $\dot{A} \cdot \dot{B} = |\dot{A}||\dot{B}|\cos\theta$

$\dot{A} \cdot \dot{B} = |\dot{A}||\dot{B}|\cos\theta$

$$\cos\theta = \frac{\dot{A} \cdot \dot{B}}{|\dot{A}||\dot{B}|} = \frac{A_x B_x + A_y B_y}{\sqrt{A_x^2 + A_y^2 + A_z^2} \cdot \sqrt{B_x^2 + B_y^2 + B_z^2}}$$

$$= \frac{(-7) \times (-3) + (-1) \times (-4)}{\sqrt{(-7)^2 + (-1)^2} \times \sqrt{(-3)^2 + (-4)^2}}$$

$$= \frac{1}{\sqrt{2}} \qquad \therefore \theta = 45°$$

【정답】②

2. $A = A_x i + 2j + 3k$, $B = -2i + j + 2k$의 두 벡터가 서로 직교한다면 A_x의 값은?

① 10　　　　　② 8

③ 6　　　　　④ 4

|정|답|및|해|설|

[백터의 내적] $\dot{A} \cdot \dot{B} = |\dot{A}||\dot{B}|\cos\theta$

두 벡터가 서로 직교(수직)하므로 두 벡터의 사이각은 $90°$

따라서, $\dot{A} \cdot \dot{B} = |\dot{A}||\dot{B}|\cos 90° = 0$

$\dot{A} \cdot \dot{B} = (A_x i + 2j + 3k) \cdot (-2i + j + 2k)$

$\quad = (A_x \times -2) + (2 \times 1) + (3 \times 2) = 0$

$\quad = -2A_x + 8 \rightarrow 2A_x = 8$

$\rightarrow \therefore A_x = \dfrac{8}{2} = 4$

【정답】④

3. 두 벡터 $A = 2i + 2j + 4k$, $B = 4i - 2j + 6k$일 때 $A \times B$는? (단, i, j, k는 x, y, z 방향의 단위 벡터이다.)

① 28　　　　　② $8i - 4j + 24k$

③ $6i + j10k$　　　④ $20i + 4j - 12k$

|정|답|및|해|설|

[두 벡터의 외적]

$\dot{A} \times \dot{B} = i(A_y B_z - A_z B_y) + j(A_z B_x - A_x B_z) + k(A_x B_y - A_y B_x)$

$\quad = i(12 + 8) + j(16 - 12) + k(-4 - 8)$

$\quad = 20i + 4j - 12k$ 　　　　【정답】④

4. $A = 2i - 5j + 3k$일 때 $k \times A$를 구한 것 중 옳은 것은?

① $-5i + 2j$　　　② $5i - 2j$

③ $-5i - 2j$　　　④ $5i + 2j$

|정|답|및|해|설|

[외적의 성질] $k \times i = j$, $k \times j = -i$, $k \times k = 0$이므로

$k \times A = k \times (2i - 5j + 3k) = 2j - 5(-i) + 3(0)$

$\quad = 5i + 2j$ 　　　　【정답】④

5. 두 단위 벡터 간의 각을 θ라 할 때 벡터 곱 (vector product)과 관계없는 것은?

① $i \times j = -j \times i = k$

② $k \times i = -i \times k = j$

③ $i \times i = j \times j = k \times k = 0$

④ $i \times j = 0$

[벡터의 외적] 벡터의 곱((vector product)은 벡터의 외적
외적의 성질은 $i \times j = k = -j \times i$
$$j \times k = i = -k \times j$$
$$k \times i = j = -i \times k$$
$$i \times i = j \times j = k \times k = 0$$
【정답】④

6. 다음 중 옳지 않는 것은?

① $i \cdot i = j \cdot j = k \cdot k = 0$

② $i \cdot j = j \cdot k = k \cdot i = 0$

③ $\dot{A} \cdot \dot{B} = |\dot{A}||\dot{B}| \cos\theta$

④ $i \times i = j \times j = k \times k = 0$

[내적의 성질] 동일한 방향의 에너지가 최대값을 갖는다.
$\cdot i \cdot i = j \cdot j = k \cdot k = 1$
$\cdot i \cdot j = j \cdot k = k \cdot i = 0$
$\cdot i \times i = j \times j = k \times k = 0$ 　　　　【정답】①

7. V를 임의 스칼라라 할 때 $grad$V의 직각 좌표에 있어서의 표현은?

① $\dfrac{\partial V}{\partial x} + \dfrac{\partial V}{\partial y} + \dfrac{\partial V}{\partial z}$

② $i\dfrac{\partial V}{\partial x} + j\dfrac{\partial V}{\partial y} + k\dfrac{\partial V}{\partial z}$

③ $\dfrac{\partial^2 V}{\partial x^2} + \dfrac{\partial^2 V}{\partial y^2} + \dfrac{\partial^2 V}{\partial z^2}$

④ $i\dfrac{\partial^2 V}{\partial x^2} + j\dfrac{\partial^2 V}{\partial y^2} + k\dfrac{\partial^2 V}{\partial z^2}$

[grad V] $grad$는 결과식이 벡터이므로 i, j, k로 나타낸다.
$$grad V = \nabla V = \left(\dfrac{\partial}{\partial x}i + \dfrac{\partial}{\partial y}j + \dfrac{\partial}{\partial z}k\right)V$$
$$= \dfrac{\partial V}{\partial x}i + \dfrac{\partial V}{\partial y}j + \dfrac{\partial V}{\partial z}k \qquad 【정답】②$$

8. 해밀톤의 미분 연산자를 $\nabla = \dfrac{\partial}{\partial x}i + \dfrac{\partial}{\partial y}j + \dfrac{\partial}{\partial z}k$라 할 때 스칼라량 T와 ∇의 곱 ∇T를 나타낸 물리적 의미는 다음 중 어느 것인가?

① $grad\, T$　　　　② $div\, T$

③ $rot\, T$　　　　④ $\mathrm{vector}\, T$

[grad V] 스칼라량을 취하는 것은 $grad$ 밖에 없다.
【정답】①

9. 임의 점의 전계가 $E = iE_x + jE_y + kE_z$로 표시되었을 때 $\dfrac{\partial E_x}{\partial x} + \dfrac{\partial E_y}{\partial y} + \dfrac{\partial E_z}{\partial z}$ 와 같은 의미를 갖는 것은?

① $\nabla \times E$　　　　② $rotE$

③ $gradE$　　　　④ $\nabla \cdot E$

[div] 벡터를 미분해서 스칼라를 얻었다면 div이다.
$$\nabla \cdot E = \left(\dfrac{\partial}{\partial x}i + \dfrac{\partial}{\partial y}j + \dfrac{\partial}{\partial z}k\right) \cdot (E_x i + E_y j + E_z k)$$
$$= \dfrac{\partial E_x}{\partial x} + \dfrac{\partial E_y}{\partial y} + \dfrac{\partial E_z}{\partial z} \qquad 【정답】④$$

10. 전계 $E = i3x^2 + j2xy^2 + kx^2yz$의 $divE$는 얼마인가?

① $-i6x + jxy + kx^2y$

② $-i6x + j6xy + kx^2y$

③ $-(6x + 6xy + x^2y)$

④ $6x + 4xy + x^2y$

[div] div는 스칼라이므로 i, j, k가 없는 미분값이다.

$$div E = \nabla \cdot E = \frac{\partial E_x}{\partial x} + \frac{\partial E_y}{\partial y} + \frac{\partial E_z}{\partial z}$$

$$= \frac{\partial}{\partial x}(3x^2) + \frac{\partial}{\partial y}(2xy^2) + \frac{\partial}{\partial z}(x^2 yz)$$

$$= 6x + 4xy + x^2 y$$

【정답】④

---

11. $f \equiv xyz$, $A = xi + yj + zk$일 때, 점(1, 1, 1)에서의 $div(fA)$는?

① 3   ② 4

③ 5   ④ 6

[div] 나블라 $\nabla = \frac{\partial}{\partial x}i + \frac{\partial}{\partial y}j + \frac{\partial}{\partial z}k$

$div(fA) = x^2 yzi + xy^2 zj + xyz^2 k$에서

$div(fA) = \nabla(fA)$

$$= \frac{\partial}{\partial x}(x^2 yz) + \frac{\partial}{\partial y}(xy^2 z) + \frac{\partial}{\partial z}(xyz^2)$$

$$= 2xyz + 2xyz + 2xyz$$

$$= 6\,xyz = 6 \quad \rightarrow (x=1,\ y=1,\ z=1)$$

【정답】④

---

12. 벡터의 미분 연산자 ∇와 벡터 A와의 벡터적과 관계없는 것은?

① $curl\,A$ ② $\nabla \times A$

③ $div\,A$ ④ $rot\,A$

[div] ①, ②, ④는 같은 표현이다.

$curl$은 나선형으로 회전하는 것을 나타낸다.

$div\,A = \nabla \cdot A \quad \rightarrow$ (스칼라곱)

$rot\,A = \nabla \times A = curl\,A \quad \rightarrow$ (벡터곱)

【정답】③

---

13. 다음 중 Stokes의 정리는?

① $\oint H \cdot dS = \iint_s (\nabla \cdot H) \cdot dS$

② $\iint B \cdot dS = \iint_s (\nabla \cdot H) \cdot dS$

③ $\oint_c H \cdot dS = \int (\nabla \cdot H) \cdot dl$

④ $\oint_c H \cdot dl = \iint_s (\nabla \times H) \cdot dS$

[스토크스 정리] 스토크스 정리는 선적분을 면적분으로 바꾼다. 따라서 선적분을 나타내는 C에서 면적분을 나타내는 S로 바뀌는 것을 찾는다. 적분 기호가 한 개 있으면 선적분이고 두 개 있으면 가로적분, 세로적분이므로 면적분한 것이 된다. 적분 가운데 동그란 표시는 폐곡선을 따라 적분했다는 의미이다.

【정답】④

---

14. $\int_s E\,ds = \int_{vol} \nabla E\,dv$은 다음 중 어느 것에 해당되는가?

① 발산의 정리

② 가우스의 정리

③ 스토크스의 정리

④ 암페어의 법칙

[발산정리] 가우스 발산정리는 면적 적분과 체적 적분의 변환식이다.

$$\int_s E\,ds = \int_v \nabla \cdot E\,dv = \int_v div\,E\,dv$$

【정답】①

15. $P(xyz)$점에 3개의 힘 $F_1 = -2i + 5j - 3k$, $F_2 = 7i + 3j - k$, F_3이 작용하여 0이 되었다. $|F_3|$을 구하면?

① 5

② 7

③ 8

④ 10

|정|답|및|해|설|

힘의 합력이 0이라는 것은 평형상태를 의미한다.

$F_1 + F_2 + F_3 = 0$에서

$F_3 = -(F_1 + F_2) = -[(-2+7)i + (5+3)j + (-3-1)k]$
$\quad = -5i - 8j + 4k$

$\therefore |F_3| = \sqrt{(-5)^2 + (-8)^2 + 4^2} = \sqrt{105} \fallingdotseq 10$

【정답】④

16. $f = x^2 + y^2 + z^2$일 때 $\nabla \times \nabla f$의 값을 구하면 얼마인가?

① 0

② 1

③ 2

④ 0.1

|정|답|및|해|설|

$$\nabla \times \nabla f = \begin{vmatrix} i & j & k \\ \frac{\partial}{\partial x} & \frac{\partial}{\partial y} & \frac{\partial}{\partial z} \\ \frac{\partial f}{\partial x} & \frac{\partial f}{\partial y} & \frac{\partial f}{\partial z} \end{vmatrix} = \begin{vmatrix} i & j & k \\ \frac{\partial}{\partial x} & \frac{\partial}{\partial y} & \frac{\partial}{\partial z} \\ 2x & 2y & 2z \end{vmatrix}$$

$= i\left[\frac{\partial}{\partial y}(2z) - \frac{\partial}{\partial z}(2y)\right] + j\left[\frac{\partial}{\partial z}(2x) - \frac{\partial}{\partial x}(2z)\right]$

$\quad + k\left[\frac{\partial}{\partial x}(2y) - \frac{\partial}{\partial y}(2x)\right] = 0 \quad \rightarrow (\nabla \times \nabla f = 0)$

【정답】①

01 정전계의 기본 개념

1. 정전계의 정의

(1) 정전계

정지하고 있는 전하에 의해서 발생하는 전기력이 작용하는 장소

전계 에너지가 최소로 분포되어 안정된 상태

(2) 정전력

힘의 방향은 두 점전하를 연결하는 직선 방향을 취한다.

양전하와 음전하 사이에 작용하는 흡인력, 같은 부호의 전하 사이에 작용하는 반발력을 총칭하여
정전력이라고 한다.

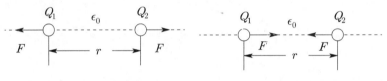

[동종 전하이면 F는 반발력]　　　　[이종 전하이면 F는 흡인력]

2. 전하와 유전율

(1) 전하

· 물체가 띠고 있는 정전기의 양으로 모든 전기현상의 근원이 되는 실체로 양전하와 음전하가 있다.

· 전하가 이동하는 것이 전류이다.

· 같은 전하 사이에는 반발력, 서로 다른 전하 사이에는 흡인력

· 전하 간 힘의 크기는 쿨롱의 법칙으로 구할 수 있다.

· 전하의 단위는 [C]이다.

① 양자의 전하(전기량) : $+1.602 \times 10^{-19} [C]$

② 전자의 전하(전기량) : $-1.602 \times 10^{-19} [C]$

③ 전하의 무게 : $9.1 \times 10^{-31} [kg]$

(2) 유전율($\epsilon = \epsilon_0 \epsilon_s$)

· 유전율은 유전체가 외부 전기장에 반응하여 만드는 편극의 크기를 나타내는 물질상수이다.

· 유전율 $\epsilon = \epsilon_0 \epsilon_s [F/m]$로 표시한다.

· 유전율의 단위는 [F/m]이다.

· 진공중의 유전율 $\epsilon_0 = 8.855 \times 10^{-12} [F/m]$

· 비유전율 ϵ_s(공기중, 진공시 $\epsilon_s \rightleftharpoons 1$)

· 비유전율은 단위가 없다.

· 모든 유전체는 비유전율(ϵ_s)이 1보다 크다.

· $\epsilon_s = \dfrac{C}{C_0} \quad \rightarrow (C > C_0)$

여기서, C_0 : 절연체 삽입 전(진공) 콘덴서의 정전용량

C : 절연체 삽입 후 콘덴서의 정전용량

[단위 환산 및 기본량]

M(메가)	$1[M\Omega] = 10^6 [\Omega]$
k(킬로)	$1[kV] = 10^3 [V]$
m(밀리)	$1[mA] = 10^{-3} [A]$
μ(마이크로)	$1[\mu C] = 10^{-6} [C]$
n(나노)	$1[nC] = 10^{-9} [C]$
p(피코)	$10[pC] = 10^{-12} [C]$

핵심기출 【기사】 14/3 【산업기사】 04/2 08/2 11/2 16/1

정전계에 대한 설명으로 옳은 것은?

① 전계 에너지가 항상 ∞인 전기장을 의미한다.

② 전계 에너지가 항상 0인 전기장을 의미한다.

③ 전계 에너지가 최소로 되는 전하분포의 전계이다.

④ 전계 에너지가 최대로 되는 전하분포의 전계이다.

정답 및 해설 [정전계] 정전계는 전계에너지가 최소로 되는 전하분포의 전계로서 에너지가 최소라는 것은 안정적 상태를 말한다. 【정답】③

쿨롱의 법칙

(1) 쿨롱의 법칙

정지해 있는 두 개의 점전하 사이에 작용하는 힘을 기술한 물리법칙

두 개의 전하 사이에 작용하는 힘은 전하의 곱한 것에 비례하고 전하 간 거리의 제곱에 반비례한다.

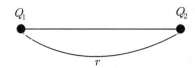

(2) 쿨롱의 힘(정전력)

① $F = \dfrac{Q_1 Q_2}{4\pi\epsilon r^2} = \dfrac{Q_1 Q_2}{4\pi\epsilon_0 \epsilon_s r^2} = 9 \times 10^9 \times \dfrac{Q_1 Q_2}{\epsilon_s r^2}[\text{N}]$ $\rightarrow$ ($\dfrac{1}{4\pi\epsilon_0} = \dfrac{1}{4 \times 3.14 \times 8.855 \times 10^{-12}} = 8.99 \times 10^9 = 9 \times 10^9$)

② 진공시 $F = \dfrac{Q_1 Q_2}{4\pi\epsilon r^2} = \dfrac{Q_1 Q_2}{4\pi\epsilon_0 r^2} = 9 \times 10^9 \times \dfrac{Q_1 Q_2}{r^2}[\text{N}]$ $\rightarrow$ (공기중, 진공시 $\epsilon_s = 1$)

여기서, F : 쿨롱의 힘[N], Q_1, Q_2 : 전하량[C], r : 양 전하간의 거리[m], ϵ : 유전율($\epsilon_0 \epsilon_s$)

ϵ_0 : 진공중의 유전율($\epsilon_0 = 8.855 \times 10^{-12}$[F/m])

ϵ_s : 비유전율(공기중, 진공시 $\epsilon_s = 1$)

핵심기출 【기사】 15/1

진공 중에 $+20[\mu C]$과 $-3.2[\mu C]$인 2개의 점전하가 1.2[m] 간격으로 놓여 있을 때 두 전하 사이에 작용하는 힘[N]과 작용력은 어떻게 되는가?

① 0.2[N], 반발력   ② 0.2[N], 흡인력

③ 0.4[N], 반발력   ④ 0.4[N], 흡인력

정답 및 해설 [쿨롱의 힘] 진공시 $F = \dfrac{Q_1 Q_2}{4\pi\epsilon_0 r^2}[N]$

$= \dfrac{1}{4\pi\epsilon_0} \times \dfrac{Q_1 Q_2}{r^2} = 9 \times 10^9 \times \dfrac{20 \times 10^{-6} \times (-3.2 \times 10^{-6})}{1.2^2} = -0.4[N]$

※ (−)는 흡인력을 나타낸다.   【정답】 ④

03 전계(전장)의 세기

(1) 전계의 세기란?

① 전계(전기장, 전장)란 전기력이 미치는 공간

② 거리 r[m] 떨어진 P점에 단위전하 +1[C]을 놓았을 때, 작용하는 힘(전기력) F는 전계의 세기 E가 된다. 즉, $F = QE = 1E$이다.

③ 전계의 세기는 기호로서 E라고 하고 단위는 [N/C] 또는 [V/m]를 사용한다.

(2) 전계의 세기 공식

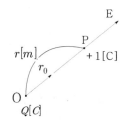

전계의 세기 $E = \dfrac{1}{4\pi\epsilon_0} \times \dfrac{Q_1 Q_2}{r^2}$ 에서 단위 전하($Q = +1[C]$)를 놓았을 때의 힘이므로

$$= \dfrac{1}{4\pi\epsilon_0} \times \dfrac{Q \times 1}{r^2} = 9 \times 10^9 \dfrac{Q}{r^2}[\text{V/m}] \qquad \rightarrow (F = QE[N])$$

여기서, E : 전계의 세기, Q : 전하, r : 거리

(3) 전계와 전위와의 관계

전계의 세기 $E = -\,grad\,V = \nabla V = (\dfrac{\partial}{\partial x}i + \dfrac{\partial}{\partial y}j + \dfrac{\partial}{\partial z}k)\,V = \dfrac{\partial V}{\partial x}i + \dfrac{\partial V}{\partial y}j + \dfrac{\partial V}{\partial z}k$

$$\rightarrow (grad\,V : \text{전위경도})$$

전계의 세기는 전위경도의 세기와 같고, 방향은 반대

핵심기출 【기사】 13/1

전위 함수가 $V = 2x + 5yz + 3$일 때, 점(2, 1, 0)에서의 전계의 세기는?

① $-2i - 5j - 3k$ ② $i + 2j + 3k$

③ $-2i - 5k$ ④ $4i + 3k$

정답 및 해설 [전계의 세기] $E = -\,grad\,V = -\nabla \cdot V = -(\dfrac{\partial V}{\partial x}i + \dfrac{\partial V}{\partial y}j + \dfrac{\partial V}{\partial z}k) = -2i - 5zj - 5yk$

(2, 1, 0)에서 전계 $E = -2i + 0j + 5k = -2i - 5k[V/m]$ 【정답】③

04 여러 도체에서의 전계(전장)의 세기

1. 도체의 모양에 따른 전하(전기량)의 종류

(1) 점전하 $Q[C]$

   점(구) 도체

(2) 선전하밀도 $\lambda = \rho_l[C/m]$

   직선 도체

   단위 길이당 전하량

$$dl[m]$$

   여기서, $dl[m]$: 미소 길이. dQ : 미소 길이에 존재하는 전하량

   선전하밀도 $\rho_l = \dfrac{dQ}{dl}$이므로 $\displaystyle\int dQ = \int_l \rho_l\,dl \quad \rightarrow \quad \therefore Q = \int_l \rho_l\,dl$

(3) 면전하밀도 $\rho_s[C/m^2]$

   면 도체

   단위 면적당 전하량

   면전하밀도 $\rho_s = \dfrac{dQ}{dS}$이므로 $\displaystyle\int dQ = \int_s \rho_s\,dS \quad \rightarrow \quad \therefore Q = \oint \rho_s\,dS$

   $\rightarrow (\oint$: 폐경로 적분(선), 폐곡면 적분(면적))

   여기서, $dS[m^2]$: 미소 면적, $dQ[C]$: 미소 면적에 존재하는 전하량

(4) 체적전하밀도 $\rho_v[C/m^3]$

   미소 체적을 갖는 도체

   단위 체적당 전하량

   체적전하밀도 $\rho_v = \dfrac{dQ}{dV}$이므로 $\displaystyle\int dQ = \oint \rho_v\,dV \quad \rightarrow \quad \therefore Q = \oint_v \rho_v\,dV$

   여기서, $dV[m^2]$: 미소 체적, $dQ[C]$: 미소 체적에 존재하는 전하량

2. 도체의 모양에 따른 전계의 세기

(1) 원형 도체 중심에서 직각으로 r[m] 떨어진 지점의 전계의 세기

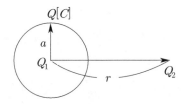

전계의 세기 $E = \dfrac{\lambda a r}{2\epsilon_0 (a^2 + r^2)^{\frac{3}{2}}} [V/m]$ → $(\lambda = \rho_l [C/m]$: 선전하밀도$)$

(2) 구도체의 전계 세기

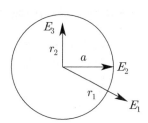

① 도체 외부 전하$(r > a)$의 전계 세기

㉮ $Q_1 = Q[C]$, $Q_2 = +1[C]$

㉯ 전계의 세기 $E_1 = \dfrac{Q}{4\pi\epsilon_0 r_1^2} [V/m]$

② 구(점) 표면 전하$(r = a)$의 전계의 세기 $E_2 = \dfrac{Q}{4\pi\epsilon_0 a^2} [V/m]$

③ 구 내부의 전하$(r < a)$]의 전계 세기 (단, 전하가 내부에 균일하게 분포된 경우)

전계의 세기 $E_3 = \dfrac{Q}{4\pi\epsilon_0 r_2^2} \times \dfrac{체적'(r)}{체적(a)} = \dfrac{r_2 Q}{4\pi\epsilon_0 a^3} [V/m]$

※실제(도체 내부에 전하가 없는 경우) 도체 내부의 전계의 세기 $E = 0$

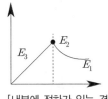

[내부에 전하가 있는 경우]

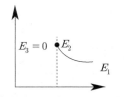

[내부에 전하가 없는 경우]

(3) 무한장 직선 도체에서의 전계의 세기

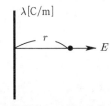

[무한장 직선 도체]

전계의 세기 $E = \dfrac{\lambda}{2\pi\epsilon_0 r} [V/m]$ → $(\lambda = \rho_l [C/m]$: 선전하밀도$)$

(4) 동축 원통(무한장 원주형)의 전계

① 원주 외부 $(r > a)$

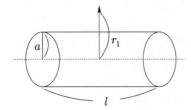

(길이 l, 반지름 r인 원통의 표면적 $S = 2\pi r l$)

전계 E_1(외부)$= \dfrac{\lambda}{2\pi\epsilon_0 r_1}[V/m]$ $\rightarrow (\lambda = \rho_l [C/m]$: 선전하밀도)

② 원주 내부 $(r < a)$ (단, 전하가 내부에 균일하게 분포된 경우)

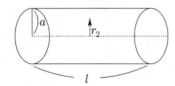

(길이 l, 반지름 r인 원통의 체적 $v = \pi r^2 l$)

전계 E_2(내부)$= \dfrac{r_2 \lambda}{2\pi\epsilon_0 a^2}[V/m]$

※실제(도체 내부에 전하가 없는 경우) 도체 내부의 전계의 세기 $E_2 = 0$

③ 원주 평면 $(r = a)$

전계 $E_3 = \dfrac{\lambda}{2\pi\epsilon_0 r}[V/m]$

(5) 무한 평면 도체에 의한 전계 세기

① 한 장의 무한 평면 도체

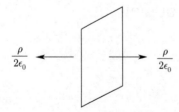

$$\frac{\rho}{2\epsilon_0} \longleftarrow \quad \longrightarrow \frac{\rho}{2\epsilon_0}$$

전계의 세기 $E = \dfrac{D}{\epsilon_0} = \dfrac{\rho}{2\epsilon_0}[V/m]$

여기서, $D(= \dfrac{\rho}{2})[C/m^2]$: 전속밀도, $\rho[C/m^2]$: 무한 평면의 면전하밀도

② 두 장의 무한 평면 도체

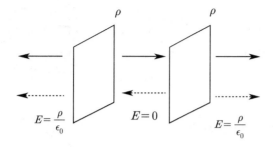

면전하밀도 $\rho[C/m^2]$이 간격 $d[m]$로 양면에 분포된 경우의 전계의 세기

㉮ $E(외부) = \dfrac{\rho}{2\epsilon_0} + \dfrac{\rho}{2\epsilon_0} = \dfrac{\rho}{\epsilon_0}[V/m]$

㉯ $E(내부) = \dfrac{\rho}{2\epsilon_0} - \dfrac{\rho}{2\epsilon_0} = 0$

③ $+\rho, -\rho[C/m^2]$이 간격 $d[m]$로 양면에 분포된 경우의 전계의 세기

㉮ $E(외부) = \dfrac{\rho}{2\epsilon_0} + \dfrac{(-\rho)}{2\epsilon_0} = 0$

㉯ $E(내부) = \dfrac{\rho}{2\epsilon_0} - \dfrac{(-\rho)}{2\epsilon_0} = \dfrac{\rho}{\epsilon_0}[V/m]$

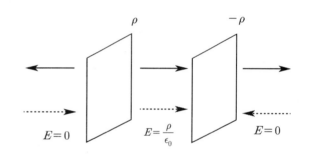

(6) 임의 모양의 도체에 의한 전계의 세기

$E = \dfrac{\rho}{\epsilon_0}[V/m]$

3. 동심 도구체에서의 전계의 세기

(1) 도체 A의 전하 Q, 도체 B의 전하 0인 경우

① 도체 B의 외측$(r \geq c)$ $E = \dfrac{D}{\epsilon_0} = \dfrac{Q}{4\pi\epsilon_0 r^2} \rightarrow (D = \dfrac{Q}{4\pi r^2})$

② 도체 A와 B의 사이$(a \leq r \leq b)$ $E = \dfrac{D}{\epsilon_0} = \dfrac{Q}{4\pi\epsilon_0 r^2}$

여기서, $D[c/m^2]$: 전하밀도

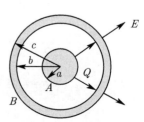

(2) 도체 A의 전하 0, 도체 B의 전하 Q인 경우

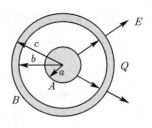

① 도체 B의 외측 $(r \geq c)$ $E = \dfrac{D}{\epsilon_0} = \dfrac{Q}{4\pi\epsilon_0 r^2}$ $\rightarrow (D = \dfrac{Q}{4\pi r^2})$

② 도체 A와 B의 사이$(a \leq r \leq b)$ $E = 0$ $\rightarrow (D = 0)$

(3) 도체 A의 전하 Q, 도체 B의 전하 $-Q$인 경우

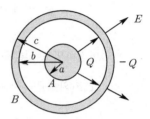

① 도체 B의 외측 $(r \geq c)$ $E = 0 \rightarrow (D = 0)$

② 도체 A와 B의 사이$(a \leq r \leq b)$

$E = \dfrac{D}{\epsilon_0} = \dfrac{Q}{4\pi\epsilon_0 r^2}$ [V] $\rightarrow (D = \dfrac{Q}{4\pi r^2})$

핵심기출

【기사】 06/1 08/2 【산업기사】 07/1 10/2 15/1

거리 r에 반비례하는 전계의 크기를 주는 대전체는?

① 점전하   ② 선전하

③ 구전하   ④ 무한평면전하

정답 및 해설 ① 구도체(점전하)에 의한 전계 $E = \dfrac{1}{4\pi\epsilon_0} \times \dfrac{Q}{r^2} \propto \dfrac{1}{r^2}$

② 선전하에 의한 전계 $E = \dfrac{\rho l}{2\pi\epsilon_0 r} \propto \dfrac{1}{r}$

③ 구 전하의 전계의 세기 $E = \dfrac{Q}{4\pi\epsilon_0 r^2} [V/m] \propto \dfrac{1}{r^2}$

④ 무한 평면 도체의 전계의 세기 $E = \dfrac{D}{\epsilon_0} = \dfrac{\rho}{2\epsilon_0} [V/m] \rightarrow$ (거리 r과는 관계가 없다.)

【정답】 ②

05 전기력선

(1) 전기력선이란?

전기력선은 두 전하 사이에 작용하는 힘의 선을 가상으로 그려놓은 선을 의미한다.

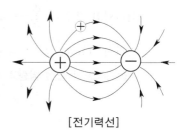

[전기력선]

(2) 전기력선의 성질

- 양전하(+)에서 음전하(−) 방향으로 연결된다.
- 전기력선은 도체의 표면에서 수직으로 출입한다.
- 2개의 전기력선은 서로 반발력이 작용하여 교차하지 않는다.
- 대전, 평형 상태 시 전하는 표면에만 분포한다(도체 내부에는 전기력선이 없다).
- 전기력선은 스스로 폐곡선을 만들지 않는다.
- 전기력선의 방향은 전계의 방향과 일치한다.
- 전기력선의 밀도는 전계의 세기와 같다.
- 단위전하(1[C])에서는 $\dfrac{1}{\epsilon_0} = 36\pi \times 10^9 = 1.13 \times 10^{11}$개의 전기력선이 발생한다.
- Q[C]의 전하에서(진공시) 전기력선의 수 $N = \dfrac{Q}{\epsilon_0}$개의 전기력선이 발생한다.

  (단위 전하시 $N = \dfrac{1}{\epsilon_0}$)

- 전하가 없는 곳에서는 전기력선의 발생과 소멸이 없고 연속이다.
- 전기력선은 전위가 높은 곳에서 낮은 곳으로 향한다.
- 전기력선은 등전위면과 직교한다.
- 무한 원점에 있는 전하까지 합하면 전하의 총량은 0이다.

(3) 전기력선의 방정식

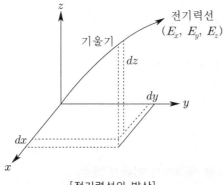

[전기력선의 발산]

어떤 전하에서 나오는 전기력선을 표현한 방정식

x, y, z축에서 나오는 전기력선 표현 방정식 $E_y dz - E_z dy = 0$, $E_z dx - E_x dz = 0$, $E_x dy - E_y dx = 0$에서

전기력선 방정식 $\dfrac{dx}{E_x} = \dfrac{dy}{E_y} = \dfrac{dz}{E_z}$

여기서, E_x, E_y, E_z : x, y, z 방향의 전계 세기, dx, dy, dz : x, y, z 방향의 미소 거리

※전기력선의 접선 방향과 전계의 세기 방향은 항상 일치한다.

핵심기출

【기사】 06/1 06/3 07/1 11/3 14/2 15/3 18/3　【산업기사】 04/1 06/3 07/1 07/2 08/3 09/3 10/1 11/2 11/3 15/2 17/2

전기력선에 관한 다음 설명 중 틀린 것은?

① 전기력선은 도체 표면에 수직으로 출입한다.

② 도체 내부에는 전기력선이 다수 존재한다.

③ 단위전하에서는 진공 중에서 $\dfrac{1}{\epsilon_0}$개의 전기력선이 출입한다.

④ 전기력선은 전계가 0이 아닌 곳에서는 등전위면과 직교한다.

정답 및 해설 [전기력선의 성질] ② 도체 내부에는 전기력선이 존재하지 않는다.

【정답】②

---

06 전속과 전속밀도

(1) 전속(∅)의 정의

· 전계의 상태를 나타내기 위한 가상의 선

· 단위는 쿨롱(C)

· 매질에 관계없이 +Q[C]의 전하에서 Q[C]의 전속이 나온다.

· 점전하 $Q[C]$을 포함하고 있는 폐곡면 위로 나오는 전속선수는 $\varnothing = Q[C]$이다.

※ 전기력선의 수 $\left(N = \dfrac{Q}{\epsilon_0} = \dfrac{\varnothing}{\epsilon_0} \right)$는 매질에 따라서 그 값이 달라진다.

(단위 전하(1[C])에서는 $\dfrac{1}{\epsilon_0} = 36\pi \times 10^9$개의 전기력선이 발생한다.)

(2) 전속밀도(D)의 정의

· 유전체 중 어느 점의 단위 면적 중을 통과하는 전속선 개수

· 전속밀도의 기호는 D를 사용하고 단위는 $[C/m^2]$이다.

(3) 전속밀도(D)의 계산식

$$D = \frac{전속수}{면적} = \frac{Q}{S}[C/m^2] = \frac{Q}{4\pi r^2}[C/m^2] \quad \rightarrow \text{(반지름이 } r \text{인 구의 표면적 } S = 4\pi r^2)$$

(4) 전속밀도(D)와 전계의 세기(E)와의 관계

$$D = \epsilon_0 E = \epsilon_0 \times \frac{Q}{4\pi\epsilon_0 r^2} = \frac{Q}{4\pi r^2}[C/m^2] \quad \rightarrow (E = \frac{Q}{4\pi\epsilon_0 r^2}[V/m])$$

핵심기출 【산업기사】04/3 09/1

합성수지의 절연체에 $5 \times 10^3 [V/m]$의 전계를 가했을 때, 이때의 전속밀도를 구하면 약 몇 $[C/m^2]$이 되는가? (단, 이 절연체의 비유전율은 10으로 한다.)

① 1.1×10^{-4} ② 2.2×10^{-5}

③ 3.3×10^{-6} ④ 4.4×10^{-7}

정답 및 해설 [전속밀도] $D = \epsilon E = \epsilon_0 \epsilon_s E$
$$= 8.855 \times 10^{-12} \times 10 \times 5 \times 10^3 = 4.4 \times 10^{-7}[C/m^2]$$

【정답】④

---

07 가우스의 법칙

(1) 가우스 법칙의 정의

가우스 법칙(Gauss's law)은 닫혀진 곡면에 대해서 그 곡면을 지나는 전기력선의 수(전기장)와 곡면으로 둘러싸인 공간 안의 전하량과의 관계를 나타내는 물리법칙이다.

임의의 폐곡면의 표면 S를 통과하는 총전기력선의 총수는 그 폐곡면 속에 포함된 총 전하량 Q의 $\frac{1}{\epsilon_0}$배이다. $\oint_A E \cdot dS = E \times S = \frac{Q}{\epsilon_0}$

(2) 가우스 법칙을 이용한 전계의 세기

① 구(점) 전하 $Q[C]$

$$\int E ds = \frac{Q}{\epsilon_0} \quad \rightarrow (\int dx = x + C, \quad \int ds = s + C)$$

$$E \cdot S = \frac{Q}{\epsilon_0} \text{에서} \quad \therefore E = \frac{Q}{4\pi\epsilon_0 r^2}[V/m] \quad \rightarrow \text{(반지름이 } r \text{인 구의 표면적 } S = 4\pi r^2)$$

② 동축 원통(무한장 직선, 원주)

$$\int Eds = \frac{Q}{\epsilon_0} = \frac{\lambda \cdot l}{\epsilon_0} \rightarrow E \cdot S = \frac{\lambda \cdot l}{\epsilon_0} \text{에서} \quad \therefore E(\text{외부}) = \frac{\lambda \cdot l}{S \cdot \epsilon_0} = \frac{\lambda \cdot l}{2\pi r l \cdot \epsilon_0} = \frac{\lambda}{2\pi \epsilon_0 r} [V/m]$$

$$\rightarrow (\text{길이 } l, \text{ 반지름 } r \text{인 원통의 표면적 } S = 2\pi r l)$$

(3) 가우스의 법칙 (전계)

① 전기력선의 수 $N = \int_s \dot{E} \cdot \dot{d}s = \frac{Q}{\epsilon_0}$

② 전속선수 $\varnothing = \int_s \dot{D} \cdot \dot{d}s = Q$

(4) 가우스 법칙의 미분형

① 전속선의 수 $div \dot{D} = \rho_v [c/m^3]$

② 전기력선의 수 $div \dot{E} = \frac{\rho_v}{\epsilon_0}$

핵심기출

【기사】 19/2

전속밀도 $D = X^2 i + Y^2 j + Z^2 k [C/m^2]$를 발생시키는 점(1, 2, 3)에서의 체적 전하밀도는 몇 $[C/m^3]$인가?

① 12

② 13

③ 14

④ 15

정답 및 해설 [가우스의 미분형] $div D = \nabla \cdot D = \rho_v [C/m^3] \rightarrow (\rho_v [c/m^3] : \text{체적 전하밀도})$

$$div D = \nabla \cdot D = \frac{\partial Dx}{\partial x} + \frac{\partial Dy}{\partial y} + \frac{\partial Dz}{\partial z} = \rho_v [C/m^3]$$

$$D = X^2 i + Y^2 j + Z^2 k [C/m^2] \text{에서 } Dx = X^2, \ Dy = Y^2, \ Dz = Z^2$$

$$div D = \frac{\partial X^2}{\partial x} + \frac{\partial Y^2}{\partial y} + \frac{\partial Z^2}{\partial z}$$

$$= 2X + 2Y + 2Z \rightarrow (X = 1, \ Y = 2, \ Z = 3)$$

$$= 2 + 4 + 6 = 12$$

【정답】 ①

08 전위와 전위차

1. 전위

(1) 전위의 정의

전계의 세기가 0인 무한 원점으로부터 임의의 점까지 단위 점전하(+1[C])을 이동시킬 때 필요한 일 전위는 V로 표시하고 단위는 [V]를 사용한다.

(2) 도체 모양에 따른 전위 공식

① 무한 원점에 대한 임의의 점(r)의 전위 $V = -\int_{\infty}^{r} E \cdot dl$

② 전계 내에서 전하 Q가 B점에 대한 A점의 전위 $V = -Q\int_{B}^{A} E \cdot dl$

③ 구(점)의 전위

㉮ 외부($r > a$) 전위 $V = -\int_{\infty}^{r} E \cdot dl = -\int_{\infty}^{r} \dfrac{Q}{4\pi\epsilon_0 r^2} dr = \dfrac{Q}{4\pi\epsilon_0 r}[V]$

㉯ 표면($r = a$) 전위 $V = -\int_{\infty}^{a} E \cdot dl = -\int_{\infty}^{a} \dfrac{Q}{4\pi\epsilon_0 a^2} dr = \dfrac{Q}{4\pi\epsilon_0 a}[V]$

㉰ 내부($r < a$) 전위 $V = \dfrac{Q}{4\pi\epsilon_0 a}\left(\dfrac{3}{2} - \dfrac{r^2}{2a^2}\right)[V]$

④ 무한장 직선 도체에서의 전위 $V_{AB} = \dfrac{\lambda}{2\pi\epsilon_0}\ln\dfrac{r_2}{r_1}$

⑤ 동심 도구체 A의 전하 Q, 도체 B의 전하 0인 경우의 전위

㉮ 도체 A의 표면 전위($r = a$) $V_a = \dfrac{Q}{4\pi\epsilon_0}\left(\dfrac{1}{a} - \dfrac{1}{b} + \dfrac{1}{c}\right)[V]$

㉯ 도체 B의 표면 전위($r = c$) $V_c = \dfrac{Q}{4\pi\epsilon_0 c}$ [V]

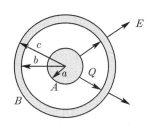

⑥ 도체 A의 전하 0, 도체 B의 전하 Q인 경우

㉮ 도체 A의 표면 전위($r = a$) $V_a = V_c = \dfrac{Q}{4\pi\epsilon_0 c}$, $V_{bc} = 0$

㉯ 도체 B의 표면 전위($r = c$) $V_c = \dfrac{Q}{4\pi\epsilon_0 c}$

㉰ 도체 A와 B 사이의 표면 전위($a \leq r \leq b$) $V_{ab} = 0$

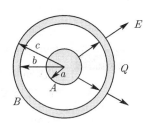

⑦ 도체 A의 전하 Q, 도체 B의 전하 $-Q$인 경우

㉮ 도체 A의 표면 전위($r = a$) $V_a = V_{ab} = \dfrac{Q}{4\pi\epsilon_0}\left(\dfrac{1}{a} - \dfrac{1}{b}\right)[V]$

㉯ 도체 B의 표면 전위($r = c$) $V_c = 0$

㉰ 도체 A와 B 사이의 표면 전위($a \leq r \leq b$)

$V_{ab} = \dfrac{Q}{4\pi\epsilon_0}\left(\dfrac{1}{a} - \dfrac{1}{b}\right)[V] \rightarrow (\dfrac{1}{4\pi\epsilon_0} = 9 \times 10^9)$

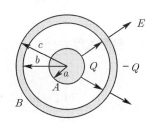

2. 전위차

(1) 전위차의 정의

두 점 사이의 단위 전하가 갖는 전기적인 위치에너지의 차

① 점전하에 의한 두 점 A, B의 전위차

(점전하 Q로부터 거리 r_A, r_B라 하면)

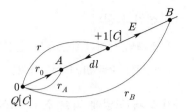

전위차 $V_{AB} = V_A - V_B = -\dfrac{Q}{4\pi\epsilon_0}\displaystyle\int_{r_A}^{r_B}\dfrac{1}{r^2}dr = -\dfrac{Q}{4\pi\epsilon_0}\left[-\dfrac{1}{r}\right]_{r_B}^{r_A}$

$\qquad = -\dfrac{Q}{4\pi\epsilon_0}\left(-\dfrac{1}{r_A}+\dfrac{1}{r_B}\right) = \dfrac{Q}{4\pi\epsilon_0}\left(\dfrac{1}{r_A}-\dfrac{1}{r_B}\right)$

$\qquad\qquad\qquad \to (\text{기본식 } V_{AB} = V_A - V_B = -\displaystyle\int_B^A E\cdot dr = \int_A^B E\cdot dr\,[V])$

② 전하 Q를 B에서 A점으로 이동시킬 때의 일 $W_{AB} = -\displaystyle\int_B^A F\cdot dl = -Q\int_B^A E\cdot dl$

③ 한 점 A에서 전하 Q가 갖는 전기적인 위치에너지 $W_A = -Q\displaystyle\int_\infty^A E\cdot dl$ $\quad \therefore W = QV$

【기사】 04/1 06/2 08/3, 18/1

40[V/m]의 전계 내의 50[V]되는 점에서 1[C]의 전하를 전계 방향으로 80[cm] 이동하였을 때, 그 점의 전위는 몇 [V]인가?

① 18   ② 22   ③ 35   ④ 65

정답 및 해설 [전위차] $V_{BA} = V_B - V_A = -\displaystyle\int_A^B E\cdot dl = -\int_0^{0.7} E\cdot dl$ $\quad\to (E : \text{전계}, \; l : \text{이동거리})$

$\qquad\qquad\qquad = -[40l]_0^{0.6} = -32[V]$

$\qquad V_A = 50[V], \; V_{BA} = -32[V]$이므로 $\therefore V_B = V_A + V_{BA} = 50 - 32 = 18[V]$ 【정답】①

3. 보존장

(1) 보존장의 정의

시점이 일치하고 종점이 일치하면, 끊어지지 않은 임의의 경로에 대해서 잠재함수 f를 갖는 F를 선적분해준 값은 언제나 똑같다. 이러한 벡터장 F를 보존장이라고 한다. 즉, $F = \nabla f$

$$\int_c F \cdot dr = f(r(b)) - f(r(a))$$

(2) 보존장의 조건

보존장에서는 경로와 무관하게 다음의 조건을 만족한다.

① 적분형 $\oint E \cdot dl = 0$

$$\oint_c E \cdot dl = \oint_s \nabla \times E \cdot ds = 0$$

② 미분형 $rot\, E = \nabla \times E = 0$

③ 전위차 $V_{AB} = -\int_B^A E \cdot dl$.

전위차(V_{AB})는 점 A(종점)와 점 B(시점)의 위치만으로 결정되며, 그 값은 경로에 관계없이 일정하다. 이러한 경우를 보존적이라고 하며 또한 본존적인 전계를 정전계라 한다.

4. 등전위면

(1) 등전위면의 정의

· 전기장을 3차원 공간 내에서 표현 할 때, 전위가 같은 모든 점들로 이루어진 면을 등전위면이라고 한다.

· 전기장 내에서 전위가 같은 점을 연결하여 생기는 면(선), 에너지 증감이 없으므로 일(W)은 0이다.

· 등전위면과 전기력선은 항상 서로 직교

· 등전위면의 간격이 밀할수록 전기장의 세기가 더 강하다.

· 등전위면은 폐곡면

· 두 개의 서로 다른 등전위면은 서로 교차하지 않는다.

[전기력선과 등전위면]

5. 전위경도

(1) 전위경도의 정의

· 두 점간의 전위차를 그 거리로 나눈 것을 말한다. 즉, $E = -\dfrac{dV}{dl}[V/m]$

· 전위가 단위 길이 당 변화하는 정도

· 전위경도는 전계의 세기와 같고, 방향은 반대

· 기호로는 g를, 단위는 $[V/m]$을 사용한다.

(2) 전위경도의 계산 공식

$$g = E = - grad\, V = - \nabla V = - (\frac{\partial}{\partial x}i + \frac{\partial}{\partial y}j + \frac{\partial}{\partial z}k)V = - (\frac{\partial V}{\partial x}i + \frac{\partial V}{\partial y}j + \frac{\partial V}{\partial z}k)[V/m]$$

$$\rightarrow (grad\, V \text{는 전위경도이고} - grad\, V \text{는 전계})$$

핵심기출 【기사】 04/3 16/2

전위 $V = 3xy + z + 4$일 때 전계 E[V/m]는?

① $3xi + 3yj + k$ ② $-3yi - 3xj - k$

③ $3xi - 3yj - k$ ④ $3yi + 3xj + k$

정답 및 해설 [전위경도=전계] $g = E = - grad\, V = - \nabla V = - \left(\frac{\partial}{\partial x}i + \frac{\partial}{\partial y}j + \frac{\partial}{\partial z}k\right)(3xy + z + 4) = -3yi - 3xj - k$

【정답】②

---

09 도체의 성질 및 정전응력

(1) 도체의 성질과 전하 분포

· 도체 표면과 내부의 전위는 동일하고(등전위), 표면은 등전위면이다.

· 도체 내부의 전계의 세기는 0이다.

· 전하는 도체 내부에는 존재하지 않고, 도체 표면에만 분포한다.

· 도체 면에서의 전계의 세기 방향은 도체 표면에 항상 수직이다.

· 도체 표면에서의 전하밀도는 곡률이 클수록 높다. 즉, 곡률반경이 작을수록 높다.

· 중공부에 전하가 없고 대전 도체라면, 전하는 도체 외부의 표면에만 분포한다.

· 중공부에 전하를 두면 도체 내부표면에 동량 이부호, 도체 외부표면에 동량 동부호의 전하가 분포한다.

(2) 정전응력(f)

도체에 전하가 분포되어 있을 때, 도체 표면에 작용하는 힘을 정전응력이라 하며, 단위 면적당의 힘($f[N/m^2]$)으로 정의

정전응력 $f = \dfrac{D^2}{2\epsilon_0} = \dfrac{(\epsilon_0 E)^2}{2\epsilon_0} = \dfrac{1}{2}\epsilon_0 E^2 = \dfrac{\epsilon_0 E \cdot D}{2\epsilon_0} = \dfrac{1}{2}ED[N/m^2]$ $\rightarrow (D = \sigma, \ E = \dfrac{\sigma}{\epsilon_0}, \ D = \epsilon_0 E)$

그러므로 $f \propto E^2 \propto D^2 \propto \sigma^2$ $\rightarrow (\sigma[C/m^2]$: 표면전하밀도)

핵심기출

【기사】08/1 12/2 14/3 18/2 19/1　　【산업기사】04/1 09/2 09/3 16/2 18/2

대전된 도체의 특징이 아닌 것은?

① 도체에 인가된 전하는 도체 표면에만 분포한다.

② 가우스법칙에 의해 내부에는 전하가 존재한다.

③ 전계는 도체 표면에 수직인 방향으로 진행된다.

④ 도체표면에서의 전하밀도는 곡률이 클수록 높다.

정답 및 해설 [도체의 성질] ② 전하는 도체 내부에는 존재하지 않고, 도체 표면에만 분포한다.

【정답】②

10　전기 쌍극자 및 전기 이중층

1. 전기 쌍극자

(1) 전기 쌍극자의 정의

정·부의 점전하 $+Q$, $-Q$가 미소 거리 δ만큼 떨어져 있을 때 이한 쌍의 전하를 전기쌍극자(electric dipole)라 한다.

이때 전기 쌍극자를 이루는 쌍극자 모멘트는 $M = Q\delta\,[C\cdot m]$로 나타낸다.

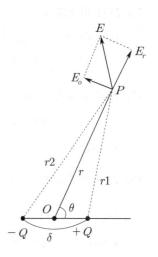

① $\cos\theta = \dfrac{x}{\dfrac{\delta}{2}} \;\rightarrow\; x = \dfrac{\delta}{2}\cos\theta$

② $r_1 = r - \dfrac{\delta}{2}\cos\theta,\; r_2 = r + \dfrac{\delta}{2}\cos\theta \qquad \rightarrow (r_2 \gg (\dfrac{\delta}{2}\cos\theta)^2)$

(2) 전기 쌍극자 모멘트 M

① 전기 쌍극자 모멘트 크기 $M = Q\cdot\delta\,[C\cdot m]$　　　　→ (δ : 두 전하 사이의 거리[m])

② 전기 쌍극자 모멘트 방향은 $-Q$에서 $+Q$로 향한다.

(3) 전기 쌍극자에 의한 전계의 세기 및 전위

① 전계 $E = \dfrac{M}{4\pi\epsilon_0 r^3}\sqrt{1+3\cos^2\theta}\,[\mathrm{V/m}]$

$E \propto \dfrac{1}{r^3}$, $\theta = 0°$에서 최대값, $\theta = 90°$에서 최소값

② 전위 $V = V_1 + V_2 = \dfrac{Q}{4\pi\epsilon_0}\left(\dfrac{1}{r_1} - \dfrac{1}{r_2}\right) = \dfrac{Q}{4\pi\epsilon_0}\cdot\dfrac{\delta\cos\theta}{r^2} = \dfrac{M}{4\pi\epsilon_0 r^2}\cos\theta\,[V] \qquad \rightarrow \left(V \propto \dfrac{1}{r^2}\right)$

【기사】 04/2 16/2 16/3

쌍극자 모멘트가 $M[C\cdot m]$인 전기쌍극자에 의한 임의의 점 P에서의 전계의 크기는 전기쌍극자의 중심에서 축방향과 점 P를 잇는 선분 사이의 각이 얼마일 때 최대가 되는가?

① 0　　　　　② $\dfrac{\pi}{2}$　　　　　③ $\dfrac{\pi}{3}$　　　　　④ $\dfrac{\pi}{4}$

정답 및 해설　[전기 쌍극자에 의한 전계의 세기] $E=\dfrac{M}{4\pi\epsilon_0 r^3}(\sqrt{1+3\cos^2\theta})$

점 P의 전계는 $\theta=0°$일 때 최대이고, $\theta=90°$일 때 최소가 된다.　【정답】①

2. 전기 이중층

(1) 전기 이중층의 정의

얇은 판의 양면에 정(+)부하와 부(−)전하, 즉 전기쌍극자가 무수히 분포되어 있는 것을 전기 이중층이라 한다.

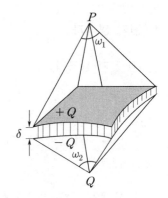

(2) 전기 이중층의 세기

전기 이중층을 이루는 전기 이중층의 세기 $M=\sigma\delta[C/m]$

여기서, σ : 면전하 밀도$[C/m^2]$, δ : 판의 두께[m]

(3) 전기 이중층의 전위

$V_P=\dfrac{M}{4\pi\epsilon_0}\omega_1[V], \quad V_Q=\dfrac{-M}{4\pi\epsilon_0}\omega_2[V]$

여기서, (+) : 판의 정전하측, (−) : 판의 부전하측, ω : 입체각

(4) 전기 이중층 양면의 전위차

$V_{PQ}=\dfrac{M}{4\pi\epsilon_0}\omega_1-\left(-\dfrac{M}{4\pi\epsilon_0}\omega_2\right)=\dfrac{M}{\epsilon_0}[V] \to (\omega=2\pi f)$

※ 자기 이중층(판자석)]

① P점의 자위 $U_p=\dfrac{M}{4\pi\mu_0}\omega_1[AT]$

② Q점의 자위 $U_Q=\dfrac{M}{4\pi\mu_0}\omega_2[AT]$

③ P, Q점의 자위차 $U_{PQ}=\dfrac{M}{\mu_0}$

11 포아송 및 라플라스 방정식

(1) 포아송의 방정식

공간에서의 전하밀도를 구하는 식

① $E = -\operatorname{grad} V = -\nabla V$

② $\operatorname{div} E = \nabla \cdot E = \nabla(-\nabla V) = \dfrac{\rho_v}{\epsilon_0}$　→ (E가 주어진 경우 체적전하($\rho_v[c/m^3]$) 계산식)

③ $\operatorname{div} D = \nabla \cdot D = \rho$　→ (D가 주어진 경우 체적전하($\rho_v[c/m^3]$) 계산식)

④ 포아송 방정식 $\nabla^2 V = \dfrac{\partial^2 V}{\partial x^2} + \dfrac{\partial^2 V}{\partial y^2} + \dfrac{\partial^2 V}{\partial z^2} = -\dfrac{\rho_v}{\epsilon_0}$　→ ($\rho_v[c/m^3]$: 체적 전하밀도)

(2) 라플라스 방정식

전하분포 영역 이외의 한 점의 전위 V를 생각할 때는 그 점에 전하가 없으므로($\rho = 0$)

라플라스 방정식 $\nabla \cdot \nabla V = \nabla^2 V = 0$　→ (∇ : 나블라, ∇^2 : 라플라시안)

01 (　　　　)란 정지하고 있는 전하에 의해서 발생하는 전기력이 작용하는 장소로 전계 에너지가 최소로 분포되어 안정된 상태이다.

02 양전하와 음전하 사이에 작용하는 흡인력, 같은 부호의 전하 사이에 작용하는 반발력을 총칭하여 (　　　　)이라고 한다.

03 유전율은 유전체가 외부 전기장에 반응하여 만드는 편극의 크기를 나타내는 물질상수로 $\epsilon = \epsilon_0 \epsilon_s [F/m]$로 표시하고 여기서 ϵ_s는 비유전율로 공기 중이나 진공 시에 $\epsilon_s = 1$이며, 진공중의 유전율인 ϵ_0의 값은 (　　　　)이다.

04 쿨롱의 법칙이란 정지해 있는 두 개의 점전하 사이에 작용하는 힘을 기술한 물리법칙으로 두 개의 전하 사이에 작용하는 힘은 전하의 곱한 것에 비례하고 전하간 거리의 (　　　　)에 반비례한다.

05 전계의 세기(E)는 거리 r[m] 떨어진 P점에 단위전하 +1[C]을 놓았을 때, 작용하는 힘(전기력)으로 $E = \frac{1}{4\pi\epsilon_0} \times \frac{Q \times 1}{r^2} = (\quad\quad) \frac{Q}{r^2}$[V/m]으로 표시한다.

06 구도체 외부 전하($r > a$)의 전계 세기(E)는 거리(r)의 (　　　　)에 반비례한다.

07 무한장 직선 도체에서의 전계의 세기 $E = ($　　　　$)$[V/m]이다.

08 실제(도체 내부에 전하가 없는 경우) 도체 내부의 전계의 세기 $E = ($　　　　$)$이다.

09 한 장의 무한 평면 도체에 의한 전계 세기(E)는 전속밀도(D)나 (　　　　)에 비례한다.

10 전기력선의 성질은 다음과 같다.

· 양전하(+)에서 음전하(−) 방향으로 연결된다.

· 전기력선은 도체의 표면에서 (①   )으로 출입한다.

· 2개의 전기력선은 서로 반발력이 작용하여 교차하지 않는다.

· 대전, 평형 상태 시 전하는 표면에만 분포한다(도체 내부에는 전기력선이 없다).

· 전기력선은 스스로 폐곡선을 만들지 않는다.

· 전기력선의 방향은 전계의 방향과 (②   )한다.

· Q[C]의 전하에서(진공시) 전기력선의 수 $N=($ ③ $)$개의 전기력선이 발생한다.

· 전기력선은 전위가 높은 곳에서 낮은 곳으로 향한다.

· 전기력선은 등전위면과 (④   )한다.

11 전속밀도(D)는 반지름의 제곱에 (   )한다.

12 도체의 성질과 전하 분포

· 도체 표면과 내부의 전위는 동일하고(등전위), 표면은 등전위면이다.

· 도체 내부의 전계의 세기는 (①   )이다.

· 전하는 도체 내부에는 존재하지 않고, 도체 표면에만 분포한다.

· 도체 면에서의 전계의 세기 방향은 도체 표면에 항상 수직이다.

· 도체 표면에서의 전하밀도는 곡률이 (②   )수록 높다. 즉, 곡률반경이 (③   )수록 높다.

13 전기쌍극자에 의한 임의의 점 P에서의 전계의 크기는 전기쌍극자의 중심에서 축방향과 점 P를 잇는 선분 사이의 각(θ)이 0도 일 때 최대값, (   )도 일 때 최소값을 갖는다.

14 폐곡면을 통하는 전속과 폐곡면 내부의 전하와의 상관관계를 나타내는 법칙은 (   )의 법칙이다.

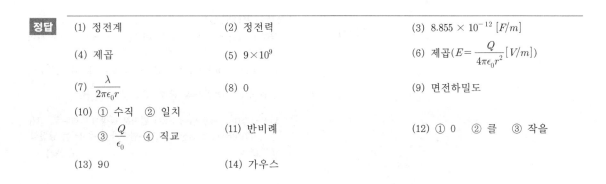

정답

(1) 정전계

(2) 정전력

(3) $8.855 \times 10^{-12}\,[F/m]$

(4) 제곱

(5) 9×10^9

(6) 제곱$(E=\dfrac{Q}{4\pi\epsilon_0 r^2}[V/m])$

(7) $\dfrac{\lambda}{2\pi\epsilon_0 r}$

(8) 0

(9) 면전하밀도

(10) ① 수직   ② 일치

    ③ $\dfrac{Q}{\epsilon_0}$ ④ 직교

(11) 반비례

(12) ① 0   ② 클   ③ 작을

(13) 90

(14) 가우스

적중 예상문제

1. 1[C]의 전하량을 갖는 두 점전하가 공기 중에 1[m] 떨어져 놓여 있을 때 두 점전하 사이에 작용하는 힘은 몇 [N]인가?

① 1
② 3×10^9
③ 9×10^9
④ 10^{-5}

|정|답|및|해|설|⋯⋯⋯⋯⋯⋯⋯⋯⋯⋯⋯⋯⋯⋯⋯⋯⋯

[쿨롱의 힘] $F = 9 \times 10^9 \times \dfrac{Q_1 \times Q_2}{r^2}$

$$= 9 \times 10^9 \times \dfrac{1 \times 1}{1^2} = 9 \times 10^9 [N]$$

【정답】③

2. 진공 중에 2×10^{-5}[C]과 1×10^{-6}[C]인 두 개의 점전하가 50[cm] 떨어져 있을 때 두 전하 사이에 작용하는 힘은 몇 [N]인가?

① 0.72
② 0.92
③ 1.82
④ 2.02

|정|답|및|해|설|⋯⋯⋯⋯⋯⋯⋯⋯⋯⋯⋯⋯⋯⋯⋯⋯⋯

[쿨롱의 힘] $F = 9 \times 10^9 \times \dfrac{Q_1 \times Q_2}{r^2}$

$$= 9 \times 10^9 \times \dfrac{2 \times 10^{-5} \times 1 \times 10^{-6}}{0.5^2} = 0.72 [N]$$

【정답】①

3. 광속도를 C[m/s]로 표시하면 진공의 유전율 [F/m]은?

① $\dfrac{10^7}{4\pi C^2}$
② $\dfrac{10^{-7}}{C^2}$
③ $\dfrac{4\pi C^2}{10^7}$
④ $\dfrac{10^{-7}}{4\pi C}$

|정|답|및|해|설|⋯⋯⋯⋯⋯⋯⋯⋯⋯⋯⋯⋯⋯⋯⋯⋯⋯

[진공중의 유전율]

광속도 $C = 3 \times 10^8 [m/s]$, $\epsilon_0 = 8.855 \times 10^{-12} [F/m]$

$\dfrac{1}{4\pi\epsilon_0} = 9 \times 10^9$에서

$\epsilon_0 = \dfrac{1}{4\pi \times 9 \times 10^9} = \dfrac{1}{360\pi} \times 10^{-8}$

$\quad = \dfrac{1}{120\pi C} = \dfrac{10^7}{4\pi C^2} = 8.855 \times 10^{-12} [F/m]$

【정답】①

4. 폐곡면을 통하는 전속과 폐곡면 내부의 전하와의 상관관계를 나타내는 법칙은?

① 가우스(gauss) 법칙
② 쿠울롱(coulomb) 법칙
③ 포아송(poisson) 법칙
④ 라플라스(laplase) 법칙

|정|답|및|해|설|⋯⋯⋯⋯⋯⋯⋯⋯⋯⋯⋯⋯⋯⋯⋯⋯⋯

② 쿨롱(coulomb)의 법칙 : 정지해 있는 두 개의 점전하 사이에 작용하는 힘을 기술한 물리법칙

③ 포아송(poisson)의 법칙 : 전하량이 있을 때, 그 전하량이 만들어내는 전위차의 관계. 즉, $D^2 V = \dfrac{\rho_v}{\epsilon_0}$

④ 라플라스(laplase) 법칙 : 2차 편미분 방정식의 하나로, 고유값이 0인 라플라스 연산자의 고유함수가 만족시키는 방정식. 즉, $D^2 V = 0$

【정답】①

5. 진공 중에서 전하 밀도가 $25 \times 10^{-9}[C/m]$인 무한히 긴 선전하가 z축상에 있을 때 (3, 4, 0)[m]인 전계의 세기[V/m]는?

① $24i + 36j$ ② $32i + 26j$

③ $42i + 86j$ ④ $54i + 72j$

|정|답|및|해|설|⋯⋯⋯⋯⋯⋯

[전계의 세기] $E =$ 크기 $\times$ 방향

거리(3, 4, 0) $r = 3i + 4j$이므로 $r = \sqrt{3^2 + 4^2} = 5$

직선 도체의 전계의 세기 $E = \dfrac{\lambda}{2\pi\epsilon_0 r}[V/m]$이므로

$E = \dfrac{\lambda}{2\pi\epsilon_0 r} = 18 \times 10^9 \times \dfrac{\lambda}{5} \rightarrow (\lambda :$ 선전하밀도$)$

$= 18 \times 10^9 \times \dfrac{25 \times 10^{-9}}{5} = 90[V/m] \rightarrow$ (크기)

단위벡터 $a = \dfrac{E}{|E|} = \dfrac{r}{|r|} = \dfrac{3i + 4j}{5} \rightarrow$ (방향)

$E =$ 크기 $\times$ 방향 $= 90 \times \dfrac{3i + 4j}{5} = 54i + 72j[V/m]$

【정답】 ④

6. 원점에 $10^{-8}[C]$의 전하가 있을 때 점(1, 2, 2)[m]에서의 전계의 세기는 몇 [V/m]인가?

① 0.1   ② 1

③ 10   ④ 100

|정|답|및|해|설|⋯⋯⋯⋯⋯⋯

[전계의 세기] $E = 9 \times 10^9 \times \dfrac{Q}{r^2}[V/m]$

점(1, 2, 2)는 벡터 $i + 2j + 2k$와 같은 표현이다.

크기 $|\vec{r}| = \sqrt{1^2 + 2^2 + 2^2} = \sqrt{9} = 3$

전계의 세기 $E = 9 \times 10^9 \times \dfrac{Q}{r^2}[V/m]$

$= 9 \times 10^9 \times \dfrac{10^{-8}}{3^2} = 10[V/m]$

【정답】 ③

7. 자유공간에서 정육각형의 꼭지점에 동량, 동질의 점전하 Q가 각각 놓여 있을 때 정육각형 한 변의 길이가 a라 하면 정육각형 중심의 전계의 세기는?

① $\dfrac{Q}{4\pi\epsilon_0 a^2}$ ② $\dfrac{3Q}{2\pi\epsilon_0 a^2}$

③ $6Q$ ④ 0

|정|답|및|해|설|⋯⋯⋯⋯⋯⋯

[정육면체의 전계의 세기] 중심에서의 전하는 각 꼭지점 대칭에 있으므로 중심점에서의 전계는 0이다. 그러나 전위는 Q가 여섯 개이므로 한 개 전하에서의 전위보다 6배 크기가 된다.

【정답】 ④

8. 선전하 밀도가 $\lambda[C/m]$로 균일한 무한직선도선의 전하로부터 거리가 r[m]인 점의 전계의 세기는 몇 [V/m]인가?

① $E = \dfrac{1}{4\pi\varepsilon_0}\dfrac{\lambda}{r}$ ② $E = \dfrac{1}{2\pi\varepsilon_0}\dfrac{\lambda}{r^2}$

③ $E = \dfrac{1}{2\pi\varepsilon_0}\dfrac{\lambda}{r}$ ④ $E = \dfrac{1}{\pi\varepsilon_0}\dfrac{\lambda}{r}$

|정|답|및|해|설|⋯⋯⋯⋯⋯⋯

[직선 도체의 전계의 세기] $E = \dfrac{\lambda}{2\pi\epsilon_0 r}[V/m]$

선전하에서는 전계가 거리에 반비례하고 반지름이 그리는 원 둘레에도 반비례한다.

【정답】 ③

9. 균일하게 대전되어 있는 무한 길이 직선 전하가 있다. 축으로부터 r만큼 떨어진 점의 전계의 세기는?

① r에 비례한다.   ② r에 반비례한다.

③ r^2에 반비례한다.   ④ r^3에 반비례한다.

|정|답|및|해|설|

[직선 도체의 전계의 세기] $E = \dfrac{\lambda}{2\pi\epsilon_0 r}[V/m]$

선전하에서 전계는 거리 r에 반비례한다.

※면전하에서 전계 E는 r과 무관

　쌍극자에서 전계 E는 r^3에 반비례한다.

【정답】②

10. 반지름 a인 원주 대전체에 전하가 균등하게 분포되어 있을 때 원주 대전체의 내외 전계의 세기 및 축으로부터의 거리와 관계되는 그래프는?

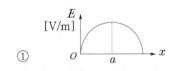
①

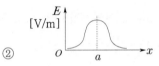
②

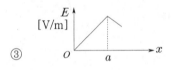
③

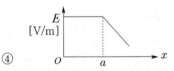
④

|정|답|및|해|설|

[전계의 세기]

① $r < a$(구 내부) : $E = \dfrac{r \cdot \lambda}{2\pi\epsilon_0 a^2}[V/m]$

② $r > a$(구 외부) : $E = \dfrac{r \cdot \lambda}{2\pi\epsilon_0 r}[V/m]$

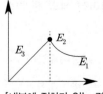
[내부에 전하가 있는 경우]

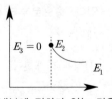
[내부에 전하가 없는 경우]

즉, 전하가 균등하게 분포되어 있을 때는 전계의 세기가 내부에서는 거리에 비례하고 외부에서는 거리에 반비례한다.

【정답】③

11. 중공 도체의 중공부 내 전하를 놓지 않으면 외부에서 준 전하는 외부 표면에만 분포한다. 도체 내의 전계 [V/m]는 얼마인가?

① 0　　　　　　② $\dfrac{Q_1}{4\pi\varepsilon_0 a}$

③ $\dfrac{Q_1}{4\pi\varepsilon_0 b}$　　　　④ $\dfrac{Q_1}{\varepsilon_0}$

|정|답|및|해|설|

도체내의 전계는 0이다.　　　　【정답】①

12. 무한히 넓은 평면에 면밀도 $\delta[C/m^2]$의 전하가 분포되어 있는 경우 전기력선은 면에 수직으로 나와 평행하게 발산한다. 이 평면의 전계의 세기[V/m]는?

① $\dfrac{\delta}{2\varepsilon_0}$　　　　　② $\dfrac{\delta}{\varepsilon_0}$

③ $\dfrac{\delta}{2\pi\varepsilon_0}$　　　　④ $\dfrac{\delta}{4\pi\varepsilon_0}$

|정|답|및|해|설|

[한 장의 무한평면에서 전계의 세기] $E = \dfrac{\delta}{2\epsilon_0}[V/m]$

※만약 도체평면$(+\rho, -\rho[C/m^2])$이라고 했으면 답은 ②

【정답】①

13. $x=0$ 및 $x=a$인 무한 평면에 각각 면전하 $-\rho_s[C/m^2]$, $\rho_s[C/m^2]$가 있는 경우 $x > a$인 영역에서 전계 E는?

① $E=0$

② $E=\dfrac{\rho_s}{2\epsilon_0}a_x$

③ $E=-\dfrac{\rho_s}{2\epsilon_0}a_x$

④ $E=\dfrac{\rho_s}{\epsilon_0}a_x$

|정|답|및|해|설|

[전계의 세기]

$x > a$인 외부의 전계는 $E=0$

내부 전계는 $E=\dfrac{\rho}{\epsilon_0}[V/m]$

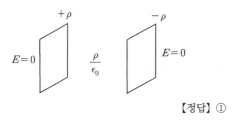

【정답】①

14. 진공 내의 점(3, 0, 0)[m]에 $4 \times 10^{-9}[C]$의 전하가 있다. 이때에 점(6, 4, 0)[m]인 전계의 세기[V/m] 및 전계의 방향을 표시하는 단위 벡터는?

① $\dfrac{36}{25}$, $\dfrac{1}{5}(3i+4j)$

② $\dfrac{36}{125}$, $\dfrac{1}{5}(3i+4j)$

③ $\dfrac{36}{25}$, $(i+j)$

④ $\dfrac{36}{125}$, $\dfrac{1}{5}(i+j)$

|정|답|및|해|설|

거리 r은 두 벡터를 차감해서 구한다. (뒤에서 앞으로)

$r=(6-3)i+(4-0)j=3i+4j$이므로

$|r|=\sqrt{9+16}=5$

① 전계의 세기 E는

$$E=9\times10^9\times\dfrac{Q}{r^2}=9\times10^9\times\dfrac{4\times10^{-9}}{5^2}=\dfrac{36}{25}[V/m]$$

② 전계 방향의 단위 벡터 : 크기가 1이고 방향만을 나타내는 벡터. 거리 벡터 $3i+4j$를 크기 5로 나눈다.

$$r_0=\dfrac{E}{|E|}=\dfrac{r}{|r|}=\dfrac{3i+4j}{5}$$

【정답】①

15. 진공 중 놓인 1[μC]의 점전하에서 3[m] 되는 점의 전계[V/m]는?

① 10^{-3}

② 10^{-1}

③ 10^2

④ 10^3

|정|답|및|해|설|

[전계의 세기] $E=9\times10^9\times\dfrac{Q}{r^2}=9\times10^9\times\dfrac{10^{-6}}{3^2}=10^3[V/m]$

$\rightarrow(\mu=10^{-6})$

【정답】④

16. +1[μC], +2[μC]의 두 점전하가 진공 중에서 1[m] 떨어져 있을 때 이 두 점전하를 연결하는 선상에서 전계의 세기가 0이 되는 점은?

① +1[μC]으로부터 $(\sqrt{2}-1)$[m] 떨어진 점

② +2[μC]으로부터 $(\sqrt{2}-1)$[m] 떨어진 점

③ +1[μC]으로부터 $\dfrac{1}{3}$[m] 떨어진 점

④ +2[μC]으로부터 $\dfrac{1}{3}$[m] 떨어진 점

|정|답|및|해|설|

[전계의 세기]

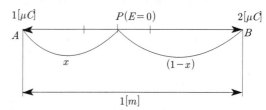

부호가 같을 때 전계의 세기가 0인 점은 두 전하 사이에 있으므로 그림에서 P점의 전계의 세기 0이라면

$$\dfrac{10^{-6}}{4\pi\epsilon_0 x^2}=\dfrac{2\times10^{-6}}{4\pi\epsilon_0(1-x)^2}$$

$$2x^2=(1-x)^2$$

$$\sqrt{2}x=1-x$$

$$x=\dfrac{1}{\sqrt{2}+1}=\sqrt{2}-1[m]$$

∴1[μC]으로부터 $(\sqrt{2}-1)$[m] 떨어진 점

【정답】①

17. 무한점전하 +2Q[C]이 $x=0$, $y=1$인 점에 놓여 있고 −Q[C]의 전하가 $x=0$, $y=-1$인 점에 위치할 때 전계의 세기가 0이 되는 점을 찾아라.

① −Q쪽으로 5.83 $\begin{vmatrix} x=0 \\ y=-5.83 \end{vmatrix}$

② +2Q쪽으로 5.83 $\begin{vmatrix} x=0 \\ y=5.83 \end{vmatrix}$

③ −Q쪽으로 0.17 $\begin{vmatrix} x=0 \\ y=-0.17 \end{vmatrix}$

④ +Q쪽으로 0.17 $\begin{vmatrix} x=0 \\ y=0.17 \end{vmatrix}$

|정|답|및|해|설|..................

[전계의 세기] 두 전하가 다르므로 전계의 세기가 0인 점은 전하의 절대값이 큰 반대편 외측에 존재한다. 그림에 전계의 세기가 0인 점을 a라 하면

$$\frac{Q}{4\pi\epsilon_0 a^2} = \frac{2Q}{4\pi\epsilon_0(2+a)^2}$$

$$2a^2 = (2+a)^2 \rightarrow \sqrt{2}\,a = 2+a \rightarrow (\sqrt{2}-1)a = 2$$

$$a = \frac{1}{\sqrt{2}-1} = 4.83[m]$$

전계의 세기가 0인 점의 좌표는 $x=0$, $y=-5.83[m]$이다. 부호가 다른 전하가 있을 때 전계가 0이 되는 점은 절대값의 크기가 작은 쪽, 즉 −Q 의 바깥쪽에 전계가 0인 점이 위치하게 된다.

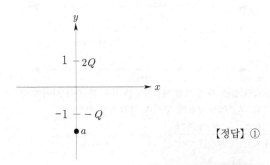

【정답】 ①

18. 그림과 같이 $+q[C/m]$, $+q[C/m]$로 대전된 두 도선이 $d[m]$의 간격으로 평행 가설되었을 때 이 두 도선 간에서 전위 경도가 최소가 되는 점은?

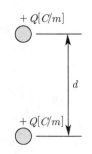

① $d/3$　　　② $d/2$

③ $2/3$　　　④ $3/2$

|정|답|및|해|설|..................

[전위 경도] 전위 경도가 최소가 되는 지점은 전계의 세기가 0인 점을 구하는 문제이므로 부호가 같은 경우 두 선전하 사이에 존재한다. 전계의 세기가 0인 점의 거리를 x라 하면.

$$\frac{Q}{2\pi\epsilon_0 x} = \frac{Q}{2\pi\epsilon_0(d-x)} \rightarrow d-x = x \rightarrow 2x = d$$

$x = \frac{1}{2}d[m]$ 전하량의 크기가 같으므로 거리가 같은 중심점이 0이 되는 점이다.　　　　　　　　　【정답】 ②

19. 어느 점전하에 의하여 생기는 전위를 처음 전위의 $\frac{1}{2}$이 되게 하려면 전하로 부터의 거리를 몇 배로 하면 되는가?

① $\frac{1}{\sqrt{2}}$　　　　② $\frac{1}{2}$

③ $\sqrt{2}$　　　　　④ 2

|정|답|및|해|설|..................

[전위] $V = \frac{Q}{4\pi\epsilon_0 r}$, 즉 전위는 거리에 반비례한다. 전위를 작게하려면 거리를 멀리하면 된다.

$$\frac{1}{2}V = \frac{Q}{4\pi\epsilon_0 r'} = \frac{Q}{4\pi\epsilon_0(2r)} \qquad \therefore r' = 2r$$

【정답】 ④

20. 두께 10[cm]의 공기중에 전압 10[V]를 가했을 때의 전위 경도는 몇 [V/m]인가? (단, 전계는 평등 전계라 한다.)

① 1 ② 10

③ 100 ④ 1000

|정|답|및|해|설|

[전위 경도] 전위경도는 전계의 세기와 같고 방향은 반대이다.

$g = E = -grad\, V = -\nabla V$

$g = \dfrac{V}{d} = \dfrac{10}{0.1} = 100\,[V/m]$　　　　【정답】③

21. 50[V/m]의 평등 전계중의 80[V] 되는 점 A에서 전계 방향으로 80[cm]떨어진 점 B의 전위 [V]는?

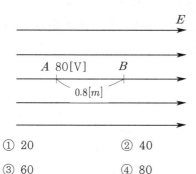

① 20 ② 40

③ 60 ④ 80

|정|답|및|해|설|

[전위] 전위는 높은 곳에서 낮은 곳으로

$V_B = V_A - (E \cdot d) = 80 - (50 \times 0.8) = 40\,[V]$

　　　　【정답】②

22. 그림과 같이 A와 B에 각각 1×10^{-8}[C]과 -3×10^{-8}[C]의 전하가 있다. P점의 전위는 몇[V]인가?

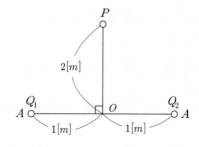

① 40.5 ② -62.5

③ -80.5 ④ 122.4

|정|답|및|해|설|

[전위] A, B와 P점까지의 거리 $r = \sqrt{1+2^2} = \sqrt{5}$

$V = V_A + V_B \quad \rightarrow (V = 9 \times 10^9 \dfrac{Q}{r})$

$= (9 \times 10^9 \times \dfrac{1 \times 10^{-8}}{\sqrt{5}}) + (9 \times 10^9 \times \dfrac{-3 \times 10^{-8}}{\sqrt{5}})$

$= 9 \times 10^9 \times \dfrac{10^{-8}}{\sqrt{5}} \times (1-3) = -80.5\,[V]$

　　　　【정답】③

23. 원점에 전하 0.01[μC]이 있을 때, 두 점 A(0, 2, 0)[m]와 B(0, 0, 3)[m] 간의 전위차 V_{AB}는 몇 [V]인가?

① 10 ② 15

③ 18 ④ 20

|정|답|및|해|설|

[전위차] $V_1 = \dfrac{Q}{4\pi\epsilon_0 r} = 9 \times 10^9 \times \dfrac{10^{-8}}{2}$,

$V_2 = 9 \times 10^9 \times \dfrac{10^{-8}}{3}$

전위차 $V = V_1 - V_2 = 9 \times 10^9 \times 10^{-8} \times (\dfrac{1}{2} - \dfrac{1}{3})$

$= \dfrac{9}{6} \times 10 = 15\,[V]$　　　　【정답】②

24. 무한장 선전하와 무한 평면 전하에서 r[m]떨어 진 점의 전위[V]는 각각 얼마인가? (단, ρ_l은 선전하 밀도, ρ_s는 평면 전하 밀도이다.)

① 무한 직선 : $\dfrac{\rho_l}{2\pi\epsilon_0}$, 무한 평면 도체 : $\dfrac{\rho_s}{\epsilon}$

② 무한 직선 : $\dfrac{\rho_l}{4\pi\epsilon_0}$, 무한 평면 도체 : $\dfrac{\rho_s}{2\pi\epsilon_0}$

③ 무한 직선 : $\dfrac{\rho_l}{c}$, 무한 평면 도체 : ∞

④ 무한 직선 : ∞, 무한 평면 도체 : ∞

[무한장 직선의 전위]

$$V = \int_r^\infty E dx = \int_r^\infty \frac{\rho_l}{2\pi\epsilon_0 x} dx = \frac{\rho_l}{2\pi\epsilon_0}[\ln x]_x^\infty = \infty$$

[무한평면 도체의 전위]

$$V = \int_r^\infty E dx = \frac{\rho_s}{2\epsilon_0}[x]_r^\infty = \infty$$

【정답】④

25. 전기 쌍극자로부터 r만큼 떨어진 점의 전위 크기 V는 r과 어떤 관계가 있는가?

① $V \propto r$ ② $V \propto \dfrac{1}{r^3}$

③ $V \propto \dfrac{1}{r^2}$ ④ $V \propto \dfrac{1}{r}$

[전기 쌍극자] 전기 쌍극자는 전계가 거리 r의 3승에 반비례하고 전위는 거리 r의 2승에 반비례한다.

전계 $E = \dfrac{M}{4\pi\epsilon_0 r^3}\sqrt{1+3\cos^2\theta}$ [V/m]

전위 $V = V_1 + V_2 = \dfrac{M}{4\pi\epsilon_0 r^2}\cos\theta$ [V]

【정답】③

26. 쌍극자 모멘트가 M[C·m]인 전기 쌍극자에서 점 P의 전계는 $\theta = \dfrac{\pi}{2}$일 때 어떻게 되는가? (단, θ는 전기 쌍극자의 중심에서 축방향과 점 P를 잇는 선분의 사이각 이다.)

① 최소   ② 최대

③ 항상 0이다.   ④ 항상 1이다.

[전기 쌍극자에 의한 전계]

$$E = \frac{M}{4\pi\epsilon_0 r^3}\sqrt{1+3\cos^2\theta} \text{ [V/m]}$$

cos값을 취하므로 $0°$에서 최대, $90°$에서 최소의 값을 가진다.   【정답】①

27. 반지름 a인 원판형 전기 2중층(세기 M)의 축 상 x되는 거리에 있는 점 P(정전하측)의 전위 [V]은?

① $\dfrac{M}{2\epsilon_0}\left(1 - \dfrac{a}{\sqrt{x^2+a^2}}\right)$

② $\dfrac{M}{\epsilon_0}\left(1 - \dfrac{a}{\sqrt{x^2+a^2}}\right)$

③ $\dfrac{M}{2\epsilon_0}\left(1 - \dfrac{x}{\sqrt{x^2+a^2}}\right)$

④ $\dfrac{M}{\epsilon_0}\left(1 - \dfrac{x}{\sqrt{x^2+a^2}}\right)$

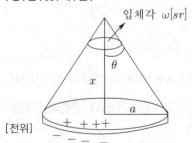

[전위]

전기 이중층에서 점 P의 전위 $V = \dfrac{M}{4\pi\epsilon_0} w [V]$

$\rightarrow$ (입체각 $w = 2\pi(1-\cos\theta)$)

$\omega = 2\pi\left(1 - \dfrac{x}{\sqrt{a^2+x^2}}\right)$를 대입하면 전위 V는

$V = \dfrac{M}{2\epsilon_0} \times \left(1 - \dfrac{x}{\sqrt{a^2+x^2}}\right)[V]$ 【정답】③

28. 전위가 $V = xy^2z$로 표시될 때, 이 원천인 전하 밀도 ρ를 구하면?

① 0
② $-2xy^2z$
③ $-2xz\varepsilon_0$
④ $-\dfrac{2xy^2}{\varepsilon 0}$

|정|답|및|해|설|

[포아송방정식] 공간 전하가 존재할 때의 전위는 푸아송 (Poisson)의 방정식에 의한다.

$\nabla^2 V = \dfrac{\partial}{\partial x}\left(\dfrac{\partial V}{\partial x}\right) + \dfrac{\partial}{\partial y}\left(\dfrac{\partial V}{\partial y}\right) + \dfrac{\partial}{\partial z}\left(\dfrac{\partial V}{\partial z}\right)$

$= \dfrac{\partial^2 V}{\partial x^2} + \dfrac{\partial^2 V}{\partial y^2} + \dfrac{\partial^2 V}{\partial z^2} = -\dfrac{\rho}{\epsilon_0}$ 이므로

$\nabla^2 V = \dfrac{\partial}{\partial x}\left(\dfrac{\partial}{\partial x} xy^2z\right) + \dfrac{\partial}{\partial y}\left(\dfrac{\partial}{\partial y} xy^2z\right) + \dfrac{\partial}{\partial z}\left(\dfrac{\partial}{\partial z} xy^2z\right)$

$= 0 + 2xz + 0 = -\dfrac{\rho}{\epsilon_0}$

$\therefore \rho = -2xz\epsilon_0 [C/m^3]$ 【정답】③

29. 전위분포가 $V = 6x + 3[V]$로 주어졌을 때 점 (12. 0)[m]에서의 전계의 크기는 몇 [V/m]이면 그 방향은 어떻게 되는가?

① $6a_x$
② $-6a_x$
③ $3a_x$
④ $-3a_x$

|정|답|및|해|설|

[전계] $E = -grad V$

$= -\left(\dfrac{\partial V}{\partial x}i + \dfrac{\partial V}{\partial y}j + \dfrac{\partial V}{\partial z}k\right) = -6i = -6a_x$

【정답】②

30. $V(x, y, z) = 3x^2y - y^3z^2$에 대하여 $grad V$의 점 (1, -2, -1)에서의 값을 구하면?

① $12i + 9j + 16k$
② $12i - 9j + 16k$
③ $-12i - 9j - 16k$
④ $-12i + 9j - 16k$

|정|답|및|해|설|

$grad V = \dfrac{\partial V}{\partial x}i + \dfrac{\partial V}{\partial y}j + \dfrac{\partial V}{z}k \rightarrow (grad V : 전위경도)$

$= (3 \cdot 2xy)i + (3x^2 - 3y^2 \cdot z^2)j + (-y^3 \cdot 2z)k$

$\rightarrow (x=1, y=-2, z=-1)$ 대입

$= 2i + (3 \cdot 1 - 3 \cdot 4 \cdot 1)j + (8 \cdot -2)k$

$= -12i - 9j - 16k$ 【정답】③

31. Poisson의 방정식은?

① $div E = -\dfrac{\rho}{\epsilon_0}$
② $\nabla^2 V = -\dfrac{\rho}{\epsilon_0}$
③ $E = -grad V$
④ $div E = \epsilon_0$

|정|답|및|해|설|

[포아송방정식] 전위를 두 번 미분하여(라플라시안) 미소공 간에 분포된 전하량을 구하는 식이다.

【정답】②

32. $E = 7xi - 7yj[V/m]$일 때 점(5, 2)[m]를 통과하는 전기력선의 방정식은?

① $y = 10x$
② $y = \dfrac{10}{x}$
③ $y = \dfrac{x}{10}$
④ $y = 10x^2$

|정|답|및|해|설|

(5, 2)를 지나므로 x 대신 5를 대입하고 y 대신 2를 대입해서 성립하는 답을 찾으면 쉽다.

[전기력선의 방정식] $\dfrac{dx}{E_x} = \dfrac{dy}{E_y} = \dfrac{dz}{E_z}$

$\dfrac{dx}{7x} = \dfrac{dy}{-7y}$, $\dfrac{1}{x}dx = -\dfrac{1}{y}dy$

양변을 적분하면, $\ln x = -\ln y + \ln c$

$\ln x + \ln y = \ln c \rightarrow \ln xy = \ln c$

$xy = C$, x에 5, y에 2를 대입하면, $C = 10$

$\therefore xy = 10$ 【정답】②

33. 전위함수가 $V = 2x + 5yz + 3$일 때 점 $(2, 1, 0)$에서의 전계의 세기는?

① $-i2 - j5 - k3$　　② $i + j2 + k3$

③ $-i2 - k5$　　　　④ $i4 + k3$

[전계 세기] $E = -grad\ V = -\nabla V = -\left(\dfrac{\partial V}{\partial x}i + \dfrac{\partial V}{\partial y}j + \dfrac{\partial V}{\partial z}k\right)$

$\qquad = -(2i + 5zy + 5yk) \to (x = 2,\ y = 1,\ z = 0)$

$\qquad = -[2i + (5\cdot0)j + (5\cdot1)k] = -2i - 5k$

【정답】③

34. $E = \dfrac{3x}{x^2 + y^2}i + \dfrac{3y}{x^2 + y^2}j\,[V/m]$ 일 때 점 $(4, 3, 0)$을 지나는 전기력선의 방정식은?

① $xy = \dfrac{4}{3}$　　　② $xy = \dfrac{3}{4}$

③ $x = \dfrac{4}{3}y$　　　④ $x = \dfrac{3}{4}y$

[전기력선의 방정식] 33번과 같이 x대신 4를 넣고, y대신 3을 넣으면 된다.

$\dfrac{dx}{Ex} = \dfrac{dy}{Ey}$,　$\dfrac{dx}{\dfrac{3x}{x^2 + y^2}} = \dfrac{dy}{\dfrac{3y}{x^2 + y^2}}$

$\dfrac{1}{3x}dy = \dfrac{1}{3y}dy = 1$　$\dfrac{1}{x}dy$에서 양변을 적분하면

$\ln x = \ln y + \ln c \to \ln x - \ln y = \ln c$

$\ln\dfrac{x}{y} = \ln c$

$\dfrac{x}{y} = C = \dfrac{4}{3}$　$\therefore x = \dfrac{4}{3}y$

【정답】③

35. 도체 표면에서 전계 $E = E_x a_x + E_y a_y + E_z a_z$ $[V/m]$이고 도체면과 법선 방향인 미소 길이 $dL = dxa_x + dya_y + dza_z$[m]일 때 다음 중 성립되는 식은?

① $E_x dx = E_y dy$　　② $E_y dz = E_z dy$

③ $E_x dy = E_y dz$　　④ $E_y dy = E_x dz$

[전기력선 방정식] $\dfrac{dx}{E_x} = \dfrac{dy}{E_y} = \dfrac{dz}{E_z}$　　【정답】②

36. 정전계에서 도체에 주어진 전하의 대전 상태에 대한 설명으로 옳지 않은 것은?

① 전하는 도체의 표면에만 분포하고 내부에는 존재하지 않는다.

② 도체 표면은 등전위면을 형성한다.

③ 전계는 도체 표면에 수직이다.

④ 표면 전하밀도는 곡률 반지름이 작으면 작다.

[도체의 성질과 전하 분포] 곡률반지름이 작다는 것은 뾰족한 것이다. 뾰족한 곳으로 전기는 모이기 때문에 전하밀도가 커진다. (곡률반지름이 작다 = 곡률이 크다 = 전하밀도가 크다)

【정답】④

37. 정전계 내에 있는 도체 표면에서 전계의 방향은 어떻게 되는가?

① 임의 방향

② 표면과 접선방향

③ 표면과 45° 방향

④ 표면과 수직방향

[도체의 성질] 도체 표면에서 전계는 수직으로 출입한다.

【정답】④

38. 도체의 성질을 설명한 것 중에서 틀린 것은?

① 도체의 표면 및 내부의 전위는 등전위이다.

② 도체 내부의 전계는 0이다.

③ 전하는 도체 표면에만 존재한다.

④ 도체 표면의 전하 밀도는 표면의 곡률이 큰 부분일수록 작다.

|정|답|및|해|설|⋯⋯⋯⋯⋯⋯⋯⋯⋯⋯⋯⋯⋯⋯⋯⋯

[도체의 성질]

④ 도체 표면의 전하밀도는 곡률이 큰 부분일수록 크다.

【정답】④

39. 전기력선에 관한 다음 설명 중에서 틀린 것은?

① 전기력선은 전하가 없는데서는 연속이다.

② 전기력선은 (+)전하에서 시작하여 (−) 전하에서 그친다.

③ 전기력선은 그 자신만으로 폐곡선이 된다.

④ 전계가 0이 아닌 곳에서는 2개의 전력 선이 만나지 않는다.

|정|답|및|해|설|⋯⋯⋯⋯⋯⋯⋯⋯⋯⋯⋯⋯⋯⋯⋯⋯

[전기력선의 성질]

③ 전기력선은 스스로 폐곡선을 만들지 않는다.

단, 자기력선은 스스로 폐곡선을 만든다.

【정답】③

40. 단위 구면을 통해 나오는 전기력선의 수는? (단, 구 내부의 전하량은 Q[C]이다.)

① 1개 ② 4π개

③ ε_0개 ④ $\dfrac{Q}{\varepsilon_0}$개

|정|답|및|해|설|⋯⋯⋯⋯⋯⋯⋯⋯⋯⋯⋯⋯⋯⋯⋯⋯

[전기력선 수] 진공중이나 공기중에서 전기력선수 = $\dfrac{Q}{\varepsilon_0}$[개]

【정답】④

41. 그림과 같이 등전위면이 존재하는 경우 전계의 방향은?

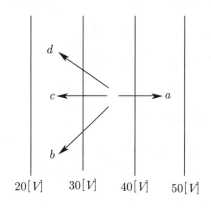

① a의 방향 ② b의 방향

③ c의 방향 ④ d의 방향

|정|답|및|해|설|⋯⋯⋯⋯⋯⋯⋯⋯⋯⋯⋯⋯⋯⋯⋯⋯

[등전위면] 전위가 높은 곳에서 낮은 곳으로 수직방향이다. 그림에서 수직선은 모두 등전위면이다. 【정답】③

42. 진공 중에 놓인 반지름 1[m]의 도체구에 전하 Q[C]가 있다면 그 표면에 있어서의 전속밀도 D는 몇 [C/m^2]인가?

① Q ② $\dfrac{Q}{\pi}$

③ $\dfrac{Q}{2\pi}$ ④ $\dfrac{Q}{4\pi}$

|정|답|및|해|설|⋯⋯⋯⋯⋯⋯⋯⋯⋯⋯⋯⋯⋯⋯⋯⋯

[전속밀도] $D = \dfrac{전속수}{면적} = \dfrac{Q}{S} = \dfrac{Q}{4\pi r^2}[C/m^2]$

$= \dfrac{Q}{4\pi \times 1^2} = \dfrac{Q}{4\pi}[C/m^2]$

【정답】④

43. 표면전하밀도 $\rho_s > 0$인 도체 표면상의 한 점의 전속밀도가 $D = 4a_x - 5a_y + 2a_z [C/m^2]$일 때 ρ_s는 몇 $[C/m^2]$인가?

① $2\sqrt{3}$　　② $2\sqrt{6}$

③ $3\sqrt{3}$　　④ $3\sqrt{5}$

|정|답|및|해|설|

[전속밀도의 크기]
단위를 보니 전속밀도의 크기를 구하는 것이다.
전속밀도 $D = 4a_x - 5a_y + 2a_z = 4i - 5j + 2k[C/m^2]$
$|\rho_s| = \sqrt{4^2 + 5^2 + 2^2} = 3\sqrt{5}$　　【정답】④

44. 진공 중에 있는 임의의 구도체 표면 전하 밀도가 σ일 때의 구도체 표면의 전계 세기[V/m]는?

① $\dfrac{\varepsilon_0 \sigma^2}{2}$　　② $\dfrac{\sigma}{2\varepsilon_0}$

③ $\dfrac{\sigma^2}{\varepsilon_0}$　　④ $\dfrac{\sigma}{\varepsilon_0}$

|정|답|및|해|설|

[도체 평면의 전계] $E = \dfrac{\sigma}{\epsilon_0}[V/m]$

[일반 평면의 전계] $E = \dfrac{\sigma}{2\epsilon_0}[V/m]$

【정답】④

45. 전계 내에서 폐회로를 따라 전하를 일주시킬 때 하는 일은 몇 [J]인가?

① ∞　　② 0

③ 부정　　④ 산출 불능

|정|답|및|해|설|

[정전계] 폐회로(등전위면)를 따라 단위 정전하를 일주시킬 때 전계가 하는 일은 0이다. 즉, 정전계는 에너지가 보존적이라는 것을 나타낸다.

$\oint_c E \cdot dl = 0$　　【정답】②

46. 등전위면을 따라 전하 Q[C]을 운반하는데 필요한 일은?

① 전하의 크기에 따라 변한다.

② 전위의 크기에 따라 변한다.

③ QV

④ 0

|정|답|및|해|설|

[등전위면 $\oint_c QE \cdot dl = Q\oint_c E \cdot dl = 0$

즉, 등전위면을 따라서 전하를 운반할 때 일은 필요하지 않다. 여기서 일이란 에너지크기를 변동시키는 것을 말한다. 등전위면에서는 전위의 변화가 0이기 때문에 에너지의 크기변화가 없다.　　【정답】④

47. 면전하밀도가 $\rho[C/m^2]$인 대전 도체가 진공 중에 놓여 있을 때 도체 표면에 작용하는 정전 응력[N/m^2]은?

① ρ^2에 비례한다.

② ρ에 비례한다.

③ ρ^2에 반비례한다.

④ ρ에 반비례한다.

|정|답|및|해|설|

[정전응력] 도체 표면에 작용하는 힘, 힘은 Q전하 2승에 비례한 것과 같이 면전하밀도에도 언제나 2승에 비례한다.

정전응력 $f = \dfrac{1}{2}\epsilon_0 E^2 = \dfrac{D^2}{2\epsilon_0} = \dfrac{\rho_s^2}{2\epsilon_0}[N/m^2]$

【정답】①

48. 매질이 공기인 경우에 방전이 10[kV/mm]의 전계에서 발생한다고 할 때 도체표면에 작용하는 힘은 몇 [N/m^2]인가?

① 4.43×10^2　　② 5.5×10^{-3}

③ 4.83×10^{-3}　　④ 7.5×10^3

|정|답|및|해|설|

[정전응력] 도체 표면에 작용하는 힘

$$f = \frac{1}{2}\epsilon_0 E^2 = \frac{1}{2} \times 8.855 \times 10^{-12} \times (10 \times 10^6)^2$$

$$= 4.43 \times 10^2 [N/m^2]$$ 【정답】①

49. 정전계란?

① 전계 에너지가 최소로 되는 전하 분포
의 전계이다.

② 전계 에너지가 최대로 되는 전하 분포
의 전계이다.

③ 전계 에너지가 항상 0인 전기장을 말한
다.

④ 전계 에너지가 항상 ∞인 전기장을 말
한다.

|정|답|및|해|설|

[정전계] 정전하분포가 만드는 정전계에서는 에너지가 항상 최소가 되는 분포를 이루고 있으며 그것은 매우 안정적인 상태를 의미한다. 【정답】①

50. 다음 식 중 옳은 것은?

① $E = grad\ V^2$

② $V_P = \int_P^\infty E^2 dx$

③ $\iint E \cdot nds = \frac{Q}{\varepsilon_0}$

④ $grad\ V = \frac{\partial V}{\partial x} + \frac{\partial V}{\partial x} + \frac{\partial V}{\partial x}$

|정|답|및|해|설|

[가우스의 정리] $\iint E \cdot nds = \frac{Q}{\varepsilon_0}$

① $E = -\ grad\ V$

② $V = Ed$이므로 제곱이 틀린 것이다.

④ $i,\ j,\ k$가 빠져있다.

즉, $grad\ V = \nabla V = \frac{\partial V}{\partial x}i + \frac{\partial V}{\partial x}j + \frac{\partial V}{\partial x}k$

【정답】③

51. 10$[cm^3]$의 체적에 3$[\mu c/cm^3]$의 체적전하 분포가 있을 때 이 체적 전체에서 발산하는 전속은?

① $3 \times 10^5 [C]$ ② $3 \times 10^6 [C]$

③ $3 \times 10^{-5} [C]$ ④ $3 \times 10^{-6} [C]$

|정|답|및|해|설|

[전속] $D = Q = \rho_v$

$$= 3[\frac{\mu C}{cm^3}] \times 10[cm^3] = 30[\mu c] = 30 \times 10^{-6}[C]$$

$$= 3 \times 10^{-5}[C]$$ 【정답】③

52. $divD = \rho$와 가장 관계 깊은 것은?

① Ampere의 주회적분 법칙

② Faraday의 전자유도 법칙

③ Laplace의 방정식

④ Gauss의 정리

|정|답|및|해|설|

[가우스 법칙(미분형)] $divD = \rho$ 【정답】④

53. 전속 밀도 $D = x^2 i + y^2 j + z^2 k [C/m^2]$를 발생시키는 점 (1, 2, 3)[m]에서의 공간 전하밀도 $[C/m^3]$는?

① 14 ② 14×10^{-6}

③ 12 ④ 12×10^{-6}

|정|답|및|해|설|

[전하밀도] $div\ D = \rho_v [C/m^3]$

점(1, 2, 3)의 전하 밀도 ρ는

$$\rho = div\ D = \frac{\partial D_x}{\partial x} + \frac{\partial D_u}{\partial y} + \frac{\partial D_z}{\partial z} = 2x + 2y + 2z$$

$$= (2 \times 1) + (2 \times 2) + (2 \times 3) = 12[C/m^3]$$

【정답】③

54. 다음 식들 중에 옳지 않는 것은?

① 라플라스(Laplace)의 방정식 $\nabla^2 V = 0$

② 발산정리 $\int_s E \cdot nds = \int_v \mathrm{div}\ Edv$

③ 포아송(Poisson)의 방정식 $\nabla^2 V = \dfrac{\rho}{\varepsilon_0}$

④ Gauss(가우스)의 정리 $\mathrm{div} D = \rho$

|정|답|및|해|설|

포아송의 방정식은 부호가 - 이다. $\nabla^2 V = -\dfrac{\rho}{\varepsilon_0}$

라플라스방정식은 포아송의 방정식에서 전하의 원천이 없는 경우의 해석이다.　　　　　　　　　　　**【정답】③**

진공중의 도체계

01 중첩의 원리와 전위계수

1. 중첩의 원리

(1) 중첩의 원리란?

여러 개의 전압원과 전류원이 동시에 존재하는 회로망에서 회로전류는 각 전압원이나 전류원이 각각
단독으로 인가될 때 흐르는 전류를 합한 것과 같다.

중첩의 원리는 선형회로인 경우에만 적용한다.

각 도체의 전하가 $Q_i (i = 1, 2, 3...)$일 때 전위 V_i, 전하가 Q'일 때의 전위를 $V_i{'}$라 하면 전하가 $Q_i + Q_i{'}$
일 때의 전위는 $V_i + V_i{'}$로 된다.

2. 전위계수

(1) 전위계수의 정의

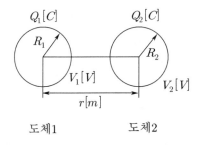

도체1   도체2

전위 $V_i = \sum_{j=1}^{n} P_{ij} Q_j$ → (P_{ij} : 전위계수)

전위계수는 도체 주위의 매질에 따라 정해지는 상수이다.

전위계수는 도체 상호간의 배치상태에 따라 정해지는 상수이다.

전위계수의 단위는 [1/F]이다.

(2) 두 도체의 전위

① 도체1의 전위 $V_1 = \dfrac{Q_1}{4\pi\epsilon_0 R_1} + \dfrac{Q_2}{4\pi\epsilon_0 r} = V_{11} + V_{12} [V]$

② 도체2의 전위 $V_2 = \dfrac{Q_1}{4\pi\epsilon_0 r} + \dfrac{Q_2}{4\pi\epsilon_0 R_2} = V_{21} + V_{22} [V]$

여기서, V_1, V_2 : 도체1과 도체2에 각각 유기되는 전체 전위[V]

V_{11}, V_{22} : 도체1과 도체2의 자기 전하량에 의해 유기되는 각각의 전위[V]

V_{12} : 도체2의 전하 Q_2에 의해 도체1에 유기되는 전위[V]

V_{21} : 도체1의 전하 Q_1에 의해 도체2에 유기되는 전위[V]

(3) 전위계수에 의한 도체의 전위

① 도체1의 전위 $V_1 = \dfrac{Q_1}{4\pi\epsilon_0 R_1} + \dfrac{Q_2}{4\pi\epsilon_0 r} = P_{11}Q_1 + P_{12}Q_2 [V]$

② 도체2의 전위 $V_2 = \dfrac{Q_1}{4\pi\epsilon_0 r} + \dfrac{Q_2}{4\pi\epsilon_0 R_2} = P_{21}Q_1 + P_{22}Q_2 [V]$

여기서, $P_{ij}(P_{11}, P_{12}, P_{21}, P_{22})$: 전위계수

(4) 전위차

① 전위차(V) ($Q_1 \to +1[C]$, $Q_2 \to -1[C]$을 주었을 때)

㉮ 전위 $V_1 = P_{11} - P_{12}$, $V_2 = P_{21} - P_{22}$

㉯ 전위차 $V = V_1 - V_2 = (P_{11} - 2P_{12} + P_{22})Q \qquad \to (P_{12} = P_{21})$

② 전위계수 $= \dfrac{1}{C} = \dfrac{V}{Q}[1/F]$

전위계수는 정전용량의 역수이다.

정전용량 $C = \dfrac{Q}{V_1 - V_2} = \dfrac{1}{P_{ii} - 2P_{ij} + P_{jj}}[F]$

(5) 전위계수의 성질

① $P_{ii} > 0 \qquad\qquad \to (P_{11}, P_{22} > 0)$

② $P_{ij} = P_{ji} \geq 0 \qquad \to (P_{12}, P_{21} \geq 0, P_{12} = P_{21})$

③ $P_{ii} \geq P_{ij} \qquad\qquad \to (P_{11}, P_{22} \geq P_{12}, P_{21})$

3. 용량계수, 유도계수

(1) 도체의 전하량

① 도체의 저하량 $Q_i = \displaystyle\sum_{j=1}^{n} q_{ij} V_j$

여기서, q_{ij} : 도체 j에만 단위전위 +1[V]를 주고 다른 도체에는 영전위(접지)로 하였을 때, 도체 i의 전하를 의미

② 도체1의 전하량 $Q_1 = 4\pi\epsilon_0 R_1 V_1 + 4\pi\epsilon_0 r V_2 = q_{11}V_1 + q_{12}V_2 [C]$

③ 도체2의 전하량 $Q_2 = 4\pi\epsilon_0 r V_1 + 4\pi\epsilon_0 R_2 V_2 = q_{21}V_1 + q_{22}V_2 [C]$

여기서, q_{11}, q_{22} : 용량계수, q_{12}, q_{21} : 유도계수

(2) 용량계수

도체 자체 내의 관계를 나타내는 계수

q_{11}, q_{22}, q_{33}, ……, q_{ii} → 첨자가 같은 것

도체 1은 단위전위로 하고 다른 도체를 양전위로 하였을 때 도체 1의 자기 자신에 축적되는 전하

(3) 유도계수

다른 도체에 의해 영향을 받는 계수

q_{21}, q_{31}, q_{41}, ……, q_{i1} → 첨자가 틀린 것

도체 1은 단위전위로 하고 다른 도체를 양전위로 하였을 때 다른 도체(도체 2)에 유도되는 전하

(4) 용량계수 및 유도계수의 성질

① 용량계수 : $q_{ii} > 0$ → (q_{11}, $q_{22} > 0$)

② 유도계수 : $q_{ij} = q_{ji} \leq 0$ → (q_{12}, $q_{21} \leq 0$)

③ $q_{ij} = q_{ji}$ → ($q_{12} = q_{21}$)

④ q_{ii}, $q_{jj} \geq - q_{ij}$, $- q_{ji}$ → (q_{11}, $q_{22} \geq - q_{12}$, $- q_{21}$)

④ 전위계수 $P_{12} = P_{21}$의 성질이 있으므로 다음의 관계가 성립한다.

㉮ $q_{12} = q_{21}$ 일반적으로 $q_{ij} = q_{ji}$

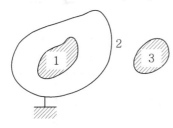

㉯ 위 그림에서 정전차폐 ①도체와 ③도체는 ②도체로 차단되어 전기적인 관계가 없다.

㉰ $q_{21} = - q_{11}$, $q_{31} = 0$, $V_2 = 0$이므로

$Q_1 = q_{11} V_1 [C]$

$Q_2 = q_{21} V_1 + q_{23} V_3 [C]$

$Q_3 = + q_{33} V_3 [C]$

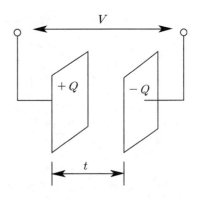

> **핵심기출** 【기사】 09/3 【산업기사】 05/2 13/1
>
> 용량 계수와 유도 계수에 대한 표현 중에서 옳지 않은 것은?
>
> ① 용량계수는 정(+)이다.
>
> ② 유도계수는 정(+)이다.
>
> ③ $q_{rs} = q_{sr}$
>
> ④ 전위계수를 알고 있는 도체계에서는 q_{rr}, q_{rs}를 계산으로 구할 수 있다.
>
> **정답 및 해설** [용량 계수 및 유도 계수의 성질]
>
> ・용량계수(q_{ii}) > 0   ・유도계수(q_{ij}) ≤ 0
>
> 【정답】②

02 정전용량 (커패시턴스 : Capacitance)

1. 정전용량이란?

(1) 정전용량의 정의

절연된 도체 간에서 전위를 주었을 때 전하를 축적하는 것
기호로는 C라 쓰고 단위로는 [F](패럿)을 사용한다.
1[V] 전위를 주었을 때 1[C]의 전하를 축적하는 정전용량을
1패럿이라고 하고 [F]로 나타낸다.

정전용량 $C = \dfrac{Q}{V} = \epsilon \dfrac{A}{t}[F]$

여기서, A : 극판의 면적, ϵ : 극판간 물질의 비유전율
　　　 Q : 전하(전기량)

(2) 엘라스턴스(Elastance)

정전용량의 역수, 단위는 패럿의 역인 다라프(daraf)로 표시한다.

$l = \dfrac{1}{C} = \dfrac{V}{Q}[1/F]$

2. 정전용량의 종류

(1) 구 도체의 정전용량

① 진공 중 고립된 도체의 정전용량
(도체에 전하 Q를 주었을 때 나타나는 전위를 V)

[전기회로에서 역수 소자]
・저항(R) ↔ 컨덕턴스(G)
・리액턴스[X] ↔ 서셉턴스(B)
・임피던스(Z) ↔ 어드미턴스(Y)
・커패시턴스(C) ↔ 엘라스턴스(l)

㉮ 구 도체의 전위 $V = \dfrac{Q}{4\pi\epsilon_0 a}[\text{V}]$

㉯ 구 도체의 정전용량 $C = \dfrac{Q}{V} = \dfrac{Q}{\dfrac{Q}{4\pi\epsilon_0 a}} = 4\pi\epsilon_0 a[\text{F}]$

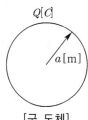

$Q[C]$

$a[\text{m}]$

[구 도체]

※정전용량은 반지름(a)에 비례하고 유전율(ϵ_0)에 비례

② 진공 중 고립된 두 도체 사이의 정전용량

㉮ 전위차 $V_{ab} = \dfrac{Q}{4\pi\epsilon_0}\left(\dfrac{1}{a} - \dfrac{1}{b}\right)[\text{V}]$

㉯ 정전용량 $C = \dfrac{Q}{V_{ab}} = 4\pi\epsilon_0 \dfrac{ab}{b-a}[\text{F}]$

(2) 동심구의 정전용량

① A도체에만 Q[C]의 전하를 준 경우 A도체의 전위

$$V_A = \int_a^b E dx + \int_c^\infty E dx$$

$$= \int_a^b \frac{Q}{4\pi\epsilon_0 x^2} dx + \int_c^\infty \frac{Q}{4\pi\epsilon_0 x^2} dx = \frac{Q}{4\pi\epsilon_0}\left(\frac{1}{a} - \frac{1}{b} + \frac{1}{c}\right)[V]$$

② A도체에 +Q[C], B도체에 −Q[C]의 전하를 준 경우

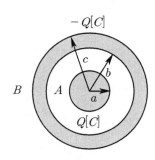

$-Q[C]$

B A

$Q[C]$

[동심구 도체]

㉮ 전위 $V_A = \int_a^b E dx + \int_c^\infty E dx \rightarrow (\, c \sim \infty \,$ 구간 $E = 0)$

$$= \int_a^b \frac{Q}{4\pi\epsilon_0 x^2} dx = \frac{Q}{4\pi\epsilon_0}\left[-\frac{1}{x}\right]_a^b$$

$$= \frac{Q}{4\pi\epsilon_0}\left[-\frac{1}{b} + \frac{1}{a}\right] = \frac{Q}{4\pi\epsilon_0}\left(\frac{1}{a} - \frac{1}{b}\right)$$

㉯ 정전용량 $C = \dfrac{Q}{V_{ab}} = \dfrac{4\pi\epsilon_0}{\dfrac{1}{a} - \dfrac{1}{b}} = 4\pi\epsilon_0 \dfrac{ab}{b-a}[\text{F}]$

$\rightarrow \left((a < b),\ V_{ab} = \dfrac{Q}{4\pi\epsilon_0}\left(\dfrac{1}{a} - \dfrac{1}{b}\right)\right)$

(3) 동축 원통에서의 정전용량

① 원통 사이의 전위차

$$V = \int_a^b E dx = \frac{\lambda}{2\pi\epsilon_0} \ln\frac{b}{a}\ [\text{V}]$$

여기서, $\lambda = \rho_l[\text{C/m}]$: 선전하밀도

② 동축 원통 사이의 단위 길이 당 정전용량

$$C = \frac{\lambda}{V} = \frac{2\pi\epsilon_0}{\ln\dfrac{b}{a}}[\text{F/m}] \quad \rightarrow (a < b)$$

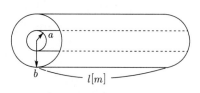

a

b $l[m]$

[동축 원통]

(4) 평행판 도체(콘데서) 정전용량

① 두 극판 간의 전위차 $V = E \cdot d = \dfrac{\rho_s}{\epsilon_0} d$

② 정전용량 $C = \dfrac{Q}{V} = \dfrac{D \cdot S}{V} = \dfrac{\epsilon_0 E \cdot S}{V} = \dfrac{\epsilon_0 \dfrac{V}{d} \cdot S}{V} = \dfrac{\epsilon_0 \cdot S}{d} [\text{F}]$

여기서, d : 극판간의 거리[m], S : 극판 면적[m^2], ρ_s : 면전하 밀도[C/m^2]

핵심기출 【기사】 15/2 【산업기사】 09/1

진공 중에서 내구의 반지름 a=3[cm], 외구의 내반지름 b=9[cm] 인 두 동심구 사이의 정전용량은 몇 [pF]인가?

① 0.5   ② 5   ③ 50   ④ 500

정답 및 해설 [동심구의 정전용량] $C = 4\pi\epsilon_0 \dfrac{ab}{b-a} = \dfrac{1}{9 \times 10^9} \dfrac{0.03 \times 0.09}{0.09 - 0.03} = 5 \times 10^{-12} [\text{F}] = 5[\text{pF}]$

【정답】②

---

3. 정전용량의 합성

(1) 직렬합성

전기량 Q가 일정하고 작은 용량의 콘덴서에 큰 전압이 걸린다.

① 합성 정전용량 $C = \dfrac{1}{\dfrac{1}{C_1} + \dfrac{1}{C_2}} = \dfrac{C_1 \times C_2}{C_1 + C_2} [\text{F}]$

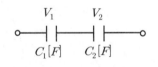

② 전압 및 전하량 $Q_1 = Q_2 = Q_3$

· $Q_1 = C_1 V_1$ · $Q_2 = C_2 V_2$ · $Q_3 = C_3 V_3$

③ 직렬 연결된 콘덴서 최초로 파괴되는 콘덴서

㉮ 콘덴서의 내압이 같은 경우 : 정전용량(C)이 제일 적은 것이 가장 먼저 절연 파괴된다.

㉯ 콘덴서의 내압이 다른 경우 : 전하량(Q)이 가장 적은 것이 가장 먼저 파괴된다.

(전하량=정전용량×내압 $\rightarrow (Q = CV)$)

$Q_1 = C_1 V_1$, $Q_2 = C_2 V_2$, $Q_3 = C_3 V_3$ $\rightarrow$ Q값이 적은 것이 제일 먼저 파괴

(2) 병렬합성

전압이 일정하고 전기량과 정전용량은 합산해서 계산된다.

① 합성 정전용량 $C = C_1 + C_2 [F]$ → (저항 직렬과 동일)

② 전압 및 전하량 $V = \dfrac{Q_1}{C_1} = \dfrac{Q_2}{C_2} = \dfrac{Q_t}{C_1 + C_2}$

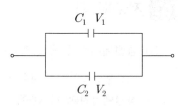

(3) 분배의 법칙

① 정전용량의 전압 분배의 법칙 $V = V_1 + V_2$

$\cdot V_1 = \dfrac{Q_1}{C_1} = \dfrac{C_2}{C_1 + C_2} \cdot V$ $\cdot V_2 = \dfrac{Q_2}{C_2} = \dfrac{C_1}{C_1 + C_2} \cdot V$

② 정전용량의 전류 분배의 법칙

$\cdot I_1 = \dfrac{C_1}{C_1 + C_2} \cdot I[A]$ $\cdot I_2 = \dfrac{C_2}{C_1 + C_2} \cdot I[A]$

> [저항과 컨덕턴스의 관계]
> ① 저항과 인덕턴스의 계산은 동일
> ② 컨덕턴스와 정전용량의 계산은 동일
> ③ ①과 ②는 서로 반대이다.

핵심기출 【산업기사】 17/3

콘덴서를 그림과 같이 접속했을 때 C_x의 정전용량은 몇 $[\mu F]$인가?
단, $C_1 = C_2 = C_3 = 3[\mu F]$이고, $a-b$ 사이의 합성 정전용량은 $5[\mu F]$이다.

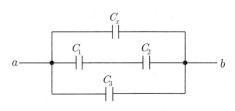

① 0.5   ② 1   ③ 2   ④ 4

정답 및 해설 [합성 정전용량] 직렬 합성 정전용량 $C = \dfrac{1}{\dfrac{1}{C_1} + \dfrac{1}{C_2}} = \dfrac{C_1 C_2}{C_1 + C_2}[F]$

병렬 합성 정전용량 $C = C_1 + C_2 [F]$

합성 정전용량 $C = C_x + \dfrac{C_1 C_2}{C_1 + C_2} + C_3$ → $5 = C_x + \dfrac{3 \times 3}{3 + 3} + 3$ → $\therefore C_x = 5 - 4.5 = 0.5[\mu F]$

【정답】①

03 저장에너지

(1) 정전에너지(콘덴서 축적에너지)

정전용량 C인 콘덴서의 전극에 전압 V를 가하면 Q=CV의 전하가 축적되는데 이때 필요한 에너지를
정전에너지(W)라 한다.

정전(축적)에너지 $W = \dfrac{1}{2}CV^2 = \dfrac{Q^2}{2C} = \dfrac{1}{2}QV[J]$ → (※물체를 이동하는 데 필요한 에너지 $W = QV[J]$)

(2) 평행평판 콘덴서의 정전에너지 W

① 평행판 사이의 전계 및 전위차

㉮ 평행판 사이의 전계 $E = \dfrac{\rho_s}{\epsilon_0}[V/m]$

여기서, ρ_s : 면전하밀도

㉯ 평행판 사이의 전위차 $V = ED = \dfrac{\rho_s}{\epsilon_0}d[V]$

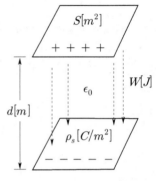

[평행판 콘덴서 내의 유전체]

② 전압 일정 시 정전에너지

$$W = \dfrac{1}{2}CV^2 = \dfrac{\epsilon_0 S}{2d}V^2[J] \quad \rightarrow \left(C = \dfrac{\epsilon_0 S}{d} \right)$$

※전압 일정시라는 의미가 주는 표현
· 병렬 연결 시
· 일정 전압을 가하고 있다.
· 일정 전압으로 충전하고 있는 동안

③ 전하량 일정 시 정전에너지

$$W = \dfrac{Q^2}{2C} = \dfrac{dQ^2}{2\epsilon S}[J] \quad \rightarrow \left(C = \dfrac{2\epsilon S}{d},\ \epsilon = \epsilon_0 \epsilon_s \right)$$

※전하량이 일정 시라는 의미가 주는 표현
· 직렬 연결 시
· 전원을 제거한 후
· 충전이 끝난 후

(3) 단위 체적당 축적되는 정전에너지(W_0) (정전에너지 밀도)

$$W_0 = \dfrac{W}{v} = \dfrac{W}{Sd} = \dfrac{1}{2}\epsilon_0 E^2[\text{J}/\text{m}^3] \quad \rightarrow (v\ :\ 체적(= Sd[\text{m}^3]))$$

$$W_0 = \dfrac{1}{2}DE = \dfrac{1}{2}\epsilon_0 E^2 = \dfrac{D^2}{2\epsilon_0}[J/m^3] \quad \rightarrow (D = \epsilon_0 E)$$

(4) 정전 흡인력(단위 면적당 받는 힘)

평행판 콘덴서에 에너지가 축적이 되면 평행판은 (+)와 (−) 전하밀도에 의해서 단위 면적당 다음과 같은 흡인력이 발생한다.

정전 흡인력 $F = \dfrac{D^2}{2\epsilon_0} = \dfrac{1}{2}\epsilon_0 E^2 = \dfrac{1}{2}ED\,[N/m^2]$

핵심 기출 【기사】13/1

1[kV]로 충전된 어떤 콘덴서의 정전 에너지가 1[J]일 때, 이 콘덴서의 크기는 몇 [μF]인가?

① 2[μF] ② 4[μF]

③ 6[μF] ④ 8[μF]

정답 및 해설 [콘덴서 정전에너지] $W = \dfrac{1}{2}CV^2\,[J]$

$$C = \frac{2W}{V^2} = \frac{2 \times 1}{(10^3)^2} = 2 \times 10^{-6}\,[F] = 2\,[\mu F]$$

【정답】①

---

01 진공 중에서 떨어져 있는 두 도체 A, B가 있다. A, B 두 도체의 전위계수에 의한 전위 [V]는

· 도체1이 진위 $V_1 = P_{11}Q_1 + P_{12}Q_2 [V]$

· 도체2의 전위 $V_2 = ($ $)[V]$

02 · 용량계수 : P_{ii} (①) 0

· 유도계수 : $P_{ij} = P_{ji}$ (②) 0

03 엘라스턴스(Elastance)은 정전용량의 역수로 단위는 패럿의 역인 다라프(daraf)로 표시한다. 즉, 엘라스턴스 $l = \dfrac{1}{C} = ($ $)[1/F]$

04 각각의 도체에 대한 정전용량은 다음과 같다.

· 구 도체의 정전용량 $C = \dfrac{Q}{V} = ($ ① $)[F]$

· 동심구의 정전용량(A도체에 +Q[C], B도체에 -Q[C]의 전하를 준 경우) $C = \dfrac{Q}{V_{ab}} = ($ ② $)[F]$

· 동축 원통에서의 정전용량 $C = \dfrac{\lambda}{V} = ($ ③ $)[F/m]$

· 평행판 도체(콘데서) 정전용량 $C = \dfrac{Q}{V} = ($ ④ $)[F]$

05 직렬 연결된 콘덴서 중 최초로 파괴되는 콘덴서

· 콘덴서의 내압이 같은 경우 : (①)이 제일 적은 것이 가장 먼저 절연 파괴된다.

· 콘덴서의 내압이 다른 경우 : (②)이 가장 적은 것이 가장 먼저 파괴된다.

06 각 도체별 정전에너지(축적 에너지)는 다음과 같다.

· 평행평판 콘덴서의 정전에너지(전압 일정) $W = \dfrac{1}{2} CV^2 = ($ ① $)[J]$

· 평행평판 콘덴서의 정전에너지(전하량 일정) $W = \dfrac{Q^2}{2C} = ($ ② $)[J]$

07 단위 체적당 축적되는 정전에너지 $W_0 = \dfrac{1}{2} DE = \dfrac{1}{2} \epsilon_0 E^2 = ($ $)[J/m^3]$

정답   (1) $V_2 = P_{21}Q_1 + P_{22}Q_2 \, [V]$ (2) ① $>$, ② $\leqq$ (3) $\dfrac{V}{Q}$

(4) ① $4\pi\epsilon_0 a$ ② $4\pi\epsilon_0 \dfrac{ab}{b-a}$

 ③ $\dfrac{2\pi\epsilon_0}{\ln\dfrac{b}{a}}$ ④ $\dfrac{\epsilon_0 \cdot S}{d}$ (5) ① 정전용량(C)   (6) ① $\dfrac{\rho_s^2 Sd}{2\epsilon_0}$ ② $\dfrac{dQ^2}{2\epsilon_0 S}$
② 전하량(Q)

(7) $\dfrac{D^2}{2\epsilon_0}$

1. 전위계수에 있어서 $P_{11} = P_{21}$의 관계가 의미하는 것은?

① 도체 1과 2는 멀리 있다.

② 도체 2가 1속에 있다.

③ 도체 2가 도체 3 속에 있다.

④ 도체 1과 2는 가까이 있다.

|정|답|및|해|설|

[전위 계수] 첨자 11은 전하자체의 전위와 전기량과의 관계를 말해주는 것이다. 첨자 21은 1번 전하에 의한 2번 전위의 관계식이니 다른 것이다. 그것이 같은 경우는 단하나 2번 도체가 1번 도체속에 완전 포위되어 있을 때 뿐이다.

【정답】②

2. 도체 1, 2 및 3이 있을 때 도체 2가 도체 1에 완전 포위되어 있음을 나타내는 것은?

① $P_{11} = P_{21}$ ② $P_{11} = P_{31}$

③ $P_{11} = P_{33}$ ④ $P_{12} = P_{22}$

|정|답|및|해|설|

[전위 계수]

① $P_{11} = P_{21}$: 1도체가 2도체를 포위한 경우

② $P_{11} = P_{31}$: 1도체가 3도체를 포위한 경우

③ $P_{11} = P_{33}$: 1도체와 3도체의 반지름이 같은 경우

④ $P_{12} = P_{22}$: 2도체가 1도체를 포위한 경우

【정답】①

3. 진공 중에서 떨어져 있는 두 도체 A, B가 있다. A에만 1[C]의 전하를 줄 때 도체 A, B의 전위가 각각 3, 2[V]였다. 지금 A, B에 각각 2, 1[C]의 전하를 주면 도체 A의 전위 [V]는?

① 6 ② 7

③ 8 ④ 9

|정|답|및|해|설|

[도체의 전위]

$V_1 = P_{11}Q_1 + P_{12}Q_2$

$V_2 = P_{21}Q_1 + P_{22}Q_2$, $Q_1 = 1[C]$

$Q_2 = 0$, $V_1 = 3$, $V_2 = 2$일 때

$3 = P_{11} \cdot 1$ $\rightarrow P_{11} = 3$

$2 = P_{21} \cdot 1$ $\rightarrow P_{21} = P_{12} = 2$

$Q'_1 = 2[C]$, $Q'_2 = 1[C]$일 때

$\therefore V'_1 = P_{11}Q'_1 + P_{12}Q'_2 = 3 \times 2 + 2 \times 1 = 8[V]$

【정답】③

4. 다음은 도체계에 대한 용량 계수의 성질을 나타낸 것이다. 이 중 맞지 않은 것은? (단, 첨자가 같은 것은 용량계수이며, 첨자가 다른 것은 유도계수이다.)

① $q_{rs} = q_{sr}$

② $q_{rr} > 0$

③ $q_{ss} > q_{rs} > 0$

④ $q_{11} \geq -(q_{21} + q_{31} + \cdots\cdots + q_{n1})$

|정|답|및|해|설|

[전위 계수] 유도계수는 0보다 작은 −값이다.

·$q_{ss} > 0$ → (용량계수)

·$q_{rs} = q_{sr} \leq 0$ → (유도계수)

【정답】③

5. 절연된 두 도체가 있을 때, 그 두 도체의 정전 용량을 각각 $C_1[F]$, $C_2[F]$, 그 사이의 상호 유도계수를 M이라 한다. 지금 두 도체를 가는 도선으로 연결하면 그 정전용량[F]은?

① $C_1 + C_2 + 2M$ ② $C_1 + C_2 - 2M$

③ $\dfrac{2M}{C_1 + C}$ ④ $\dfrac{2M}{C_1 - C}$

|정|답|및|해|설|

[정전용량] 가는 도선 연결은 Q가 합쳐지는 식이다.
$Q_1 = q_{11}V_1 + q_{12}V_2[F]$, $Q_2 = q_{21}V_1 + q_{22}V_2[F]$ 식에서
$q_{11} = C_1$, $q_{22} = C_2$, $q_{12} = q_{21} = M$이고 $V_1 = V_2 = V$이므로
$Q_1 = (q_{11} + q_{12})V = (C_1 + M)V[C]$
$Q_2 = (q_{21} + q_{22})V = (M + C_2)V[C]$가 되어
구하는 정전용량 C는
$$C = \frac{Q_1 + Q_2}{V} = \frac{(C_1 + M)V + (M + C_2)V}{V}$$
$$= C_1 + C_2 + 2M$$ 　　　　　　　　【정답】①

6. 30[F] 콘덴서 3개를 직렬로 연결하면 합성 정전 용량[F]는?

① 10 ② 30

③ 40 ④ 90

|정|답|및|해|설|

[직렬 연결 시 합성정전용량] 정전용량은 직렬로 연결할수록 그 전체적 크기가 감소한다(병렬저항처럼).
$$C = \frac{1}{\dfrac{1}{C_1} + \dfrac{1}{C_2} + \dfrac{1}{C_3}}[F]$$
$$= \frac{1}{\dfrac{1}{30} + \dfrac{1}{30} + \dfrac{1}{30}} = 10[F]$$

※n개 직렬 연결이면 $\dfrac{C}{n}$, m개 병렬 연결이면 mC
　　　　　　　　　　　　　　　　【정답】①

7. $2[\mu F]$, $3[\mu F]$, $4[\mu F]$의 콘덴서를 직렬로 연결하고 양단에 가한 전압을 서서히 상승시킬 때 다음 중 옳은 것은? (단, 유전체의 재질 및 두께는 같다.)

① $2[\mu F]$의 콘덴서가 제일 먼저 파괴된다.
② $3[\mu F]$의 콘덴서가 제일 먼저 파괴된다.
③ $4[\mu F]$의 콘덴서가 제일 먼저 파괴된다.
④ 세 개의 콘덴서가 동시에 파괴된다.

|정|답|및|해|설|

[콘덴서 직렬 연결 시 파괴 손서] 내압이 같은 경우 콘덴서 직렬 연결 시 각 콘덴서 양단간에 걸리는 전압은 용량에 반비례하므로 용량이 제일 작은 $2[\mu F]$의 콘덴서가 제일 먼저 파괴된다. 　　　　　　　　　　　【정답】①

8. 내압이 1[kV]이고, 용량이 0.01[μF], 0.02 [μF], 0.04[μF]인 3개의 콘덴서를 직렬로 연결하였을 때 전체 내압은 몇 [V]가 되는가?

① 1,750 ② 1,950

③ 3,500 ④ 7,00

|정|답|및|해|설|

[직렬 합성정전용량] 전기량 Q가 일정하고 작은 용량의 콘덴서에 큰 전압이 걸린다.
내압 1000[V]이므로

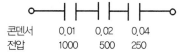

콘덴서	0.01	0.02	0.04
전압	1000	500	250

정전용량 0.01[μF]에 1000[V]가 걸리면 0.02[μF]에는 500[V]가 걸리고 0.04[μF]에는 1/4인 250[V]가 걸린다. 모두 합하면 1750[V]이다. 　　　　　【정답】①

9. 전압 V로 충전된 용량 C의 콘덴서에 용량 2C의 콘덴서를 병렬 연결한 후의 단자 전압은?

① $3V$

② $2V$

③ $\dfrac{V}{2}$

④ $\dfrac{V}{3}$

|정|답|및|해|설|

'충전된'이라는 말에 주의해야 한다. Q가 일정한 것이다. 무조건 병렬이니까 전압이 일정하다고만 생각하면 곤란하다. Q = CV에서 Q가 일정하고 C가 3배가 되었으니 전압 V는 $\dfrac{1}{3}$이 된다. 【정답】④

10. 상당한 거리를 가진 두 개의 절연구가 있다. 그 반지름은 각각 2[m] 및 4[m]이다. 이 전위를 각각 2[V] 및 4[V]로 한 후 가는 도선으로 두 구를 연결하면 전위 [V]는?

① 0.3

② 1.3

③ 2.3

④ 3.3

|정|답|및|해|설|

[고립 도구체의 전위]

고립된 도구체의 정전용량 $C = 4\pi\epsilon_0 a [F]$

공통 전위 $V = \dfrac{Q}{C} = \dfrac{C_1 V_1 + C_2 V_2}{C_1 + C_2}$

$\qquad = \dfrac{4\pi\varepsilon_0 r_1 V_1 + 4\pi\varepsilon_0 r_2 V_2}{4\pi\varepsilon_0 r_1 + 4\pi\varepsilon_0 r_2}$

$\qquad = \dfrac{r_1 V_1 + r_2 V_2}{r_1 + r_2} = \dfrac{2 \times 2 + 4 \times 4}{2+4} = 3.3[V]$

【정답】④

11. 반지름 $r_1 = 2[cm]$, $r_2 = 3[cm]$, $r_3 = 4[cm]$인 3개의 도체구가 각각 전위 $V_1 = 1800[V]$, $V_2 = 1200[V]$, $V_3 = 900[V]$로 대전되어 있다. 이 3개의 구를 가는 선으로 연결했을 때의 공통 전위는 몇 [V] 인가?

① 1100

② 1200

③ 1300

④ 1500

|정|답|및|해|설|

[도구체의 공통 전위] $V = \dfrac{Q}{C}$

가는 도선에서의 공통 전위는 병렬회로와 같다.

$V = \dfrac{Q_1 + Q_2 + Q_3}{C_1 + C_2 + C_3} = \dfrac{r_1 v_1 + r_2 v_2 + r_3 v_3}{r_1 + r_2 + r_3}$

$\quad = \dfrac{(2 \times 1800) + (3 \times 1200) + (4 \times 900)}{2+3+4} = 1200[V]$

【정답】②

12. 그림에서 ab간의 합성정전용량은? (단, 단위는 모두 같다.)

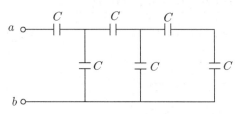

① $\dfrac{8}{13}C$

② $\dfrac{6}{11}C$

③ $\dfrac{9}{17}C$

④ $\dfrac{5}{6}C$

|정|답|및|해|설|

[콘덴서 합성정전용량] C 두 개가 직렬이면 $\dfrac{C}{2}$, 병렬이면 합산하면 되므로 계산하면 $\dfrac{8C}{13}$이 된다.

【정답】①

13. 반지름 1[cm]인 고립 도체구의 정전 용량은?

① 약 $0.1[\mu F]$

② 약 $1[F]$

③ 약 $1[pF]$

④ 약 $1[\mu F]$

|정|답|및|해|설|

[고립 도구체의 정전용량] $C = 4\pi\epsilon_0 a = \dfrac{1}{9 \times 10^9} a$

$\rightarrow (\dfrac{1}{4\pi\epsilon_0} = 9 \times 10^9)$

$$C = \frac{1}{9 \times 10^9} \times 1 \times 10^{-2} = 0.11 \times 10^{-11}$$

$$= 1.1 \times 10^{-12} [F] \fallingdotseq 1 [pF]$$

$$\rightarrow (\because 1[\mu F] = 10^{-6}[F], \quad 1[pF] = 10^{-12}[F])$$

【정답】 ③

14. 동심구형 콘덴서의 내외 반지름을 각각 10배로 증가시키면 정전용량은 몇 배로 증가하는가?

① 5   ② 10

③ 20   ④ 100

|정|답|및|해|설|

[동심구의 정전용량] $C = \dfrac{4\pi\varepsilon_0}{\dfrac{1}{a} - \dfrac{1}{b}} [F]$

$$C = \frac{4\pi\varepsilon_0}{\frac{1}{10}(\frac{1}{a} - \frac{1}{b})} = 10C$$

【정답】 ②

15. 그림과 같은 동심도체구의 정전용량은 몇 [F] 인가?

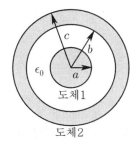

① $4\pi\epsilon_0(b-a)$ ② $\dfrac{4\pi\epsilon_0 ab}{(b-a)}$

③ $\dfrac{ab}{4\pi\epsilon_0(b-a)}$ ④ $4\pi\epsilon_0(\dfrac{1}{a} \cdot \dfrac{1}{b})$

|정|답|및|해|설|

[동심구의 정전용량] $C = \dfrac{4\pi\varepsilon_0}{\dfrac{1}{a} - \dfrac{1}{b}} [F]$

$$C = \frac{4\pi\epsilon_0}{\frac{1}{a} - \frac{1}{b}} = \frac{4\pi\epsilon_0}{\frac{b-a}{ab}} = \frac{4\pi\epsilon_0 ab}{b-a} [F]$$

【정답】 ②

16. 내구의 반지름 a=10[cm], 외구의 반지름 b=20[cm]인 동심 도체구의 정전용량은 약 몇 [pF]인가?

① 16   ② 18

③ 20   ④ 22

|정|답|및|해|설|

[동심구의 정전용량] $C = \dfrac{4\pi\epsilon_0}{\dfrac{1}{a} - \dfrac{1}{b}} [F]$

$$C = \left(\frac{4\pi\epsilon_0}{\frac{1}{a} - \frac{1}{b}} \right) \times 10^{-12} [pF]$$

$$= \left(\frac{1}{9 \times 10^9} \times \frac{1}{\frac{1}{0.1} - \frac{1}{0.2}} \right) \times 10^{-12} = 22 [pF]$$

【정답】 ④

17. 진공 중에 반지름 1/50[m]인 도체구 A와 내외 지름이 1/25[m] 및 1/20[m]인 도체구 B를 동심으로 놓고, 도체구 A에 $Q_A = 2 \times 10^{-10}[C]$의 전하를 대전 시키고 도체구 B의 전하를 0으로 했을 때의 도체구 A의 전위는 몇 [V]인가?

① 9   ② 45

③ 81   ④ 171

|정|답|및|해|설|

[A도체에만 Q[C]의 전하를 준 경우 A도체의 전위]

$$V_A = \frac{Q_A}{4\pi\epsilon_0}(\frac{1}{a} - \frac{1}{b} + \frac{1}{c})$$

$$= 9 \times 10^9 \times 2 \times 10^{-10} \times (50 - 25 + 20) = 81 [V]$$

【정답】 ③

18. 평행판 콘덴서에서 전극 간에 V[V]의 전위차를 가할 때 전계의 세기가 E[V/m](공기의 절연 내력)를 넘지 않도록 하기 위한 콘덴서의 단위 면적 당의 최대 용량은 몇 $[F/m^2]$인가?

① $\dfrac{\epsilon_0 V}{E}$　　　② $\dfrac{\epsilon_0 E}{V}$

③ $\dfrac{\epsilon_0 V^2}{E}$　　　④ $\dfrac{\epsilon_0 E^2}{V}$

|정|답|및|해|설|
[평행판 도체(콘데서) 정전용량]

$$C = \frac{Q}{V} = \frac{D \cdot S}{V} = \frac{\epsilon_0 E \cdot S}{V} = \frac{\epsilon_0 \cdot E}{V} [\text{F}]$$

【정답】②

19. 공기 중에 1변 40[cm]의 정방형 전극을 가진 평행판 콘덴서가 있다. 극판의 간격을 4[mm]로 할 때 극판 간에 100[V]의 전위차를 주면 축적되는 전하[C]는?

① 3.54×10^{-9}　　　② 3.54×10^{-8}

③ 6.56×10^{-9}　　　④ 6.56×10^{-8}

|정|답|및|해|설|
[평행판 도체(콘덴서) 정전용량]

$$C = \frac{Q}{V} = \frac{D \cdot S}{V} = \frac{\epsilon_0 E \cdot S}{V} = \frac{\epsilon_0 \dfrac{V}{d} \cdot S}{V} = \frac{\epsilon_0 \cdot S}{d} [\text{F}]$$

$$C = \frac{\epsilon_0 \cdot S}{d} = \frac{8.855 \times 10^{-12} \times (0.4 \times 0.4)}{4 \times 10^{-3}}$$

$$= 35.42 \times 10^{-11} [F]$$

$$\therefore Q = CV = 35.42 \times 10^{-11} \times 100 = 3.542 \times 10^{-8} [C]$$

【정답】②

20. 콘덴서의 전위차와 축적되는 에너지와의 그림으로 나타내면 다음의 어느 것인가?

① 쌍곡선　　　② 타원

③ 포물선　　　④ 직선

|정|답|및|해|설|
[축적 에너지] $W = \dfrac{Q^2}{2C} = \dfrac{1}{2}QV = \dfrac{1}{2}CV^2[J] \propto V^2$

$\dfrac{1}{2}C$를 상수로 보면 W는 V^2에 비례한다. (포물선)

【정답】③

21. 정전 용량 1[μF], 2[μF]의 콘덴서에 각각 $2 \times 10^{-4}[C]$ 및 $3 \times 10^{-4}[C]$의 전하를 주고 극성을 같게 하여 병렬로 접속할 때 콘덴서에 축적된 에너지[J]는 얼마인가?

① 약 0.025　　　② 약 0.303

③ 약 0.042　　　④ 약 0.525

|정|답|및|해|설|
[평행평판 콘덴서의 정전에너지]

$$W = \frac{1}{2}CV^2 = \frac{1}{2}(C_1 + C_2)\left(\frac{Q_1 + Q_2}{C_1 + C_2}\right)^2$$

$$= \frac{1}{2} \times \frac{(Q_1 + Q_2)^2}{C_1 + C_2} = \frac{1}{2} \times \frac{(2 \times 10^{-4} + 3 \times 10^{-4})^2}{(1 + 2) \times 10^{-6}}$$

$$= 0.042[J]$$

【정답】③

22. 그림에서 2[μF]의 콘덴서에 축적되는 에너지 [J]는?

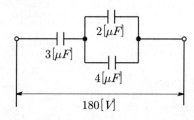

① 6×10^3　　　② 3.6×10^{-3}

③ 4.2×10^{-3}　　　④ 2.8×10^{-3}

[평행평판 콘덴서의 정전에너지]

$$W = \frac{1}{2}QV = \frac{1}{2}CV^2 = \frac{1}{2}\frac{Q^2}{C}[J]$$

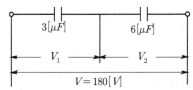

2[μF]에 걸리는 전압 V_2는 (이 회로는 3[μF]와 6[μF]가 직렬 접속된 회로와 등가이고 6[μF]에 걸리는 전압과 같다.)

분배법칙 $V_2 = \frac{C_1}{C_1 + C_2}V = \frac{3}{3+6} \times 180 = 60[V]$

$$\therefore W = \frac{1}{2}CV^2 = \frac{1}{2} \times 2 \times 10^{-6} \times 60^2$$

$$= 3600 \times 10^{-6} = 3.6 \times 10^{-3}[J] \qquad 【정답】②$$

---

23. 20[W]의 전구가 2초 동안 한 일의 에너지를 축적할 수 있는 콘덴서의 용량은 몇 [μF]인가? (단, 충전전압은 100[V]이다.)

① 4000   ② 6000

③ 8000   ④ 10000

[콘덴서의 정전에너지] $W = \frac{1}{2}CV^2 = Pt[J]$

$$C = \frac{2Pt}{V^2} \times 10^6[\mu F] = (\frac{2 \times 20 \times 2}{100^2}) \times 10^6 = 8000[\mu F]$$

【정답】③

---

24. 공기 중에 고립된 지름 1[m]인 반구 도체를 $10^6[V]$로 충전한 다음, 이 에너지를 10^{-5}초 사이에 방전한 경우의 평균 전력 [kW]은?

① 700   ② 1389

③ 2780   ④ 5560

[공기중에 고립된 구 도체구의 정전 용량]

$C = 4\pi\epsilon_0 a[F]$에서 반구도체이므로

$$C = \frac{4\pi\epsilon_0 a}{2} = 2\pi\epsilon_0 a[F]$$

평균전력 $P = \frac{W}{t} = \frac{\frac{1}{2}CV^2}{t}$

$$= \frac{\frac{1}{2} \times 2\pi \times 8.855 \times 10^{-12} \times 0.5 \times (10^6)^2}{10^{-5}}$$

$$\doteqdot 1389[kW]$$

【정답】②

---

25. 공기 콘덴서를 어떤 전압으로 충전한 다음 전극 간에 유전체를 넣어 정전 용량을 2배로 하면 축전된 에너지는 몇 배가 되는가?

① 2배   ② 1/2배

③ $\sqrt{2}$ 배   ④ 4배

[콘덴서의 정전에너지] $W = \frac{Q^2}{2C}[J]$

$$W' = \frac{Q^2}{2(2C)} = \frac{1}{2}W$$

'충전한 다음'은 Q 가 일정한 것이다.

$W = \frac{1}{2}\frac{Q^2}{C}[J]$이므로 에너지는 C에 반비례합니다.

【정답】②

---

26. 정전용량 10[μF], 20[μF]인 두 개의 콘덴서를 직렬로 연결하여 충전하는데 300[J]이 필요하다면 20[μF]의 콘덴서에 저축되는 에너지는 몇 [J]인가?

① 50   ② 100

③ 150   ④ 200

|정|답|및|해|설|

[콘덴서의 정전에너지] $W = \dfrac{Q^2}{2C}[J]$

$$W_2 = \dfrac{\dfrac{1}{C_2}}{\dfrac{1}{C_1}+\dfrac{1}{C_2}}W = \dfrac{C_1}{C_1+C_2}W = \dfrac{10}{10+20}\times 300 = 100[J]$$

직렬회로에서 $W = \dfrac{1}{2}\dfrac{Q^2}{C}[J]$이므로 에너지 W는 정전용량 C에 반비례한다. 【정답】②

27. 정전용량이 30$[\mu F]$와 50$[\mu F]$인 두 개의 콘덴서를 직렬로 연결하여 충전시키는데 400[J]의 일이 필요했다면 50$[\mu F]$에 축적되는 에너지는 몇 [J]인가?

① 150 ② 180
③ 210 ④ 240

|정|답|및|해|설|

[콘덴서의 정전에너지]

$$W_2 = \dfrac{\dfrac{1}{C_2}}{\dfrac{1}{C_1}+\dfrac{1}{C_2}}W = \dfrac{C_1}{C_1+C_2}W = \dfrac{30}{30+50}\times 400 = 150[J]$$

【정답】①

28. 면적 $S[m^2]$, 간격 $d[m]$인 평행판 콘덴서에 전하 $Q[C]$의 전하를 줄 때, 정전력의 크기 [N]은? (단, 진공 중의 유전율 ε_0이다.)

① $\dfrac{Q^2}{2\varepsilon_0 S}$ ② $\dfrac{\varepsilon SQ}{2d}$
③ $\dfrac{Q}{2\varepsilon_0 d}$ ④ $\dfrac{\varepsilon_0 Q^2}{2S}$

|정|답|및|해|설|

[콘덴서의 정전에너지] $W = \dfrac{Q^2}{2C} = \dfrac{dQ^2}{2\varepsilon_0 S}[J]$

힘 $F = \dfrac{W}{d} = \dfrac{Q^2}{2\varepsilon_0 S}[N]$ $\rightarrow (W = F\cdot d[J])$

【정답】①

29. 간격 d=0.3[cm], 면적 S=20$[cm^2]$인 평판 콘덴서에 $V = 220[V]$의 전위차를 가하면 양판 사이에 작용하는 힘[N]은?

① 4.8×10^{-4} ② 4.8×10^{-5}
③ 9.6×10^{-4} ④ 9.6×10^{-5}

|정|답|및|해|설|

[전압이 일정할 때 힘] $F = \dfrac{\varepsilon_0 SV^2}{2d^2}[N]$

$$F = \dfrac{8.855\times 10^{-12}\times 20\times 10^{-4}\times 220^2}{2\times (0.3\times 10^{-2})^2} = 4.8\times 10^{-5}[N]$$

【정답】②

30. 각각 다른 전위차로 충전되어 있는 콘덴서 2개를 병렬로 연결하면 콘덴서군의 에너지는?

① 감소한다. ② 증가한다.
③ 변하지 않는다. ④ 없어진다.

|정|답|및|해|설|

[콘덴서 에너지] 콘덴서를 연결하면 내부에서 에너지가 이동하는 가운데 에너지 손실이 불가피하기 때문에 전체적 에너지는 미소 감소한다고 생각되는 경우이다.

【정답】①

31. 모든 전기장치를 접지시키는 근본적 이유는?

① 편의상 지면을 영전위로 보기 때문에
② 지구의 용량이 커서 전위가 거의 일정하기 때문에
③ 지구는 전류를 잘 통하기 때문에
④ 영상전하를 이용하기 때문에

|정|답|및|해|설|

지구의 용량이 커서 전위를 일정하게 할 수 있기 때문에 접지를 한다. 【정답】②

32. 서로 같은 두 개의 비눗방울에 $Q[C]$의 전하가 대전되어 있다. 만일 두 비눗방울이 하나의 비눗방울로 합해졌을 경우 정전 에너지 W와의 관계는? (단, 처음의 비눗방울의 에너지는 $W_1 = W_2$이다.)

① $W = W_1 + W_2$ ② $W > W_1 + W_2$

③ $W < W_1 + W_2$ ④ $W = W_1 = W_2$

|정|답|및|해|설|
[정전 에너지] 비눗방울이 합쳐지는 경우는 외부에서 에너지를 주어서 이루어진 결과로 생각되기 때문에 결과적으로 미소 에너지 변화는 증가할 것이라는 생각으로 정리할 수 있다.
처음의 비눗방울 반지름을 $a'[m]$라 하고, 합한 후의 비눗방울 반지름을 a'[m]라 하면

$$\frac{4}{3}\pi a'^3 = 2 \times \frac{4}{3}\pi a$$

$$a'^3 = 2a^3, \quad \therefore a' = \sqrt[3]{2}\,a^3$$

처음의 에너지 $(W_1 + W_2)$는

$$(W_1 + W_2) = \frac{1}{2}(QV + QV) = \frac{1}{2} \times 2QV$$

$$= Q \times \frac{Q}{4\pi\varepsilon_0 a} = \frac{Q^2}{4\pi\varepsilon_0 a}[J]$$

합한 후의 에너지 W는

$$W = \frac{1}{2}Q'V = \frac{1}{2} \times 2Q \times \frac{2Q}{4\pi\varepsilon_0 a'}$$

$$= Q \times \frac{2Q}{4\pi\sqrt[3]{2}\,a} = \frac{2Q^2}{4\sqrt[3]{2}\,\pi\varepsilon_0 a}[J]$$

따라서, 합한 후에 증가하는 에너지는

$$W - (W_1 + W_2) = \frac{Q^2}{4\pi\epsilon_0 a}\left(\frac{2}{\sqrt[3]{2}} - 1\right) > 0$$

$$\therefore W > (W_1 + W_2)$$

즉, 합한 후의 에너지는 증가한다.

【정답】②

유전체

01 유전체

(1) 유전체

도전율이 극히 나빠서 전류를 적극적으로 흘릴 수는 없지만 분극현상이 활발해서 전하를 공기보다 월등히 많이 대전시킬 수가 있는 소재
공기, 종이, 나무 등의 부도체를 유전체라고 부른다.

(2) 유전율 ($\epsilon = \epsilon_0 \epsilon_s [F/m]$)

① 유전율 : $\epsilon = \epsilon_0 \epsilon_s [F/m]$ → (유전율의 단위 $[F/m]$)

② 진공 중의 유전율 : $\epsilon_0 = 8.855 \times 10^{-12} [F/m]$

③ 비유전율 : ϵ_s(진공시, 공기중 $\epsilon_s = 1$)

(3) 비유전율($\epsilon_s = \dfrac{\epsilon}{\epsilon_0}$)

비유전율은 물질의 매질에 따라 다르다.

진공이나 공기중에서의 비유전율(ϵ_s)은 1이다. 즉, $\epsilon_s = 1$

모든 유전체는 비유전율(ϵ_s)이 1보다 크거나 같다. 즉, $\epsilon_s \geq 1$

비유전율은 단위가 없다. 즉, $\epsilon_s = \dfrac{\epsilon[F/m]}{\epsilon_0[F/m]}$ → (배수이다.)

비유전율 $\epsilon_s = \dfrac{C}{C_0}$ → $(C > C_0)$

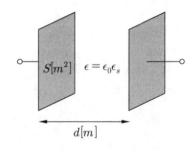

여기서, C_0 : 절연체 삽입 전(진공) 콘덴서의 정전용량 → $(C_0 = \dfrac{\epsilon_0 S}{d}[F])$

C : 절연체 삽입 후 콘덴서의 정전용량 → $(C = \dfrac{\epsilon_0 \epsilon_s S}{d}[F])$

(4) 주요 유전체의 비유전율

유전체	비유전율(ϵ_s)	유전체	비유전율(ϵ_s)
종이	2~2.6	유리	5.4~9.9
변압기 기름	2.2~2.4	운모	5.5~6.6
목제	2.5~2.7	물	81
에보나이트	2.8	산화티탄 자기	500 이상

【기사】 05/1 11/2 　【산업기사】 12/3 16/3

공기 콘덴서의 극판 사이에 비유전율 5인 유전체를 넣었을 때 동일 전위차에 대한 극판의 전하량은 어떻게 되는가?

① $5\epsilon_0$배로 증가한다.　　　　　② 불변이다.

③ 5배로 증가한다.　　　　　　　④ $\frac{1}{5}$로 감소한다.

정답 및 해설 [유전체의 비유전율] $\epsilon_s = \dfrac{C}{C_0}$

여기서, C_0 : 절연체 삽입 전(진공) 콘덴서의 정전용량, C : 절연체 삽입 후 콘덴서의 정전용량

$\dfrac{C}{C_0} = \dfrac{\dfrac{\epsilon_0 \epsilon_s S}{d}}{\dfrac{\epsilon_0 S}{d}} = \epsilon_s$, 문제에서 $\epsilon_s = 5$이므로 5배로 증가한다.

평행 평판 도체의 정전 용량 $C = \dfrac{\epsilon_0 \epsilon_s \cdot S}{d}[F]$　(d : 극판간의 거리 $[m]$, S : 극판 면적 $[m^2]$)

【정답】③

---

02 전기분극

(1) 전기분극의 정의

유전체가 전기장 내에 놓이면 양전하는 전기장의 방향으로 미세한 양만큼 이동하고 음전하는 전기장과 반대 방향으로 이동한다.

전하가 미세하게 분리됨(분극)으로써 유전체 내에서 전기장의 세기를 감소시킨다.

유전체 표면에 나타나는 전하를 분극전하라 하고, 분극전하에 의해 전기쌍극자를 형성하는 현상을 전기분극이라 한다.

※전기쌍극자 : 중심이 일치하지 않는 크기가 같고 극성이 서로 반대인 전하들의 쌍이다.

(2) 전기분극의 종류

① 전자분극 : 헬륨과 같은 단 결정에서 원자 내의 전자와 핵의 상대적 변위로 발생

　　예 다이아몬드와 같은 단결정 물체에 전장을 가할 때 유도되는 분극

② 이온분극 : 양으로 대전된 원자와 음으로 대전된 원자의 상대적 변위에 의하여 일어나는 분극 현상

　　예 염화나트륨(NaCl)의 양이온(Na^+)과 음이온(Cl^-) 원자

③ 배향분극(쌍극자분극) : 영구 쌍극자에서 전계와 반대 방향으로 회전력을 받아 분극을 일으키는 현상이다.

(3) 분극의 세기(분극도)

임의의 한 점에서 전계의 방향에 대하여 수직인 단위 면적에 나타나는 분극전하량(분극전하밀도)을 그 점에 대한 분극도 또는 분극의 세기라고 한다.

① ρ(표면 전하밀도, 자유 전하밀도) = D(전속밀도)　　　→ (전속밀도 $D = P + \epsilon_0 E [\text{C}/\text{m}^2]$)

② ρ'(분극전하밀도)$= P$(분극의 세기)

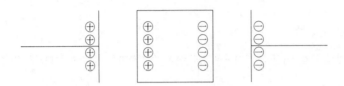

③ $P = \chi E = (\epsilon - \epsilon_0)E = \epsilon E - \epsilon_0 E = \epsilon_0(\epsilon_s - 1)E = D - \epsilon_0 E = D\left(1 - \dfrac{1}{\epsilon_s}\right)[C/m^2]$　　　→ $(D = \epsilon E)$

여기서, P : 분극의 세기, χ : 분극률$(\epsilon - \epsilon_0)$, E : 유전체 내부의 전계, D : 전속밀도

ϵ_0 : 진공시 유전율$(= 8.855 \times 10^{-12}[\text{F}/\text{m}])$

(4) 분극의 방향

부(−)의 분극전하 → 정(+)의 분극전하

핵심기출　【기사】 08/3

비유전율 $\epsilon_s = 5$인 유전체 중에서 전속밀도가 $4 \times 10^{-4}[C/m^2]$일 때 분극의 세기는 몇 $[C/m^2]$인가?

① 1.6×10^{-4}

② 2.4×10^{-4}

③ 3.2×10^{-4}

④ 4.8×10^{-4}

정답 및 해설 [분극의 세기] $P = \left(1 - \dfrac{1}{\epsilon_s}\right)D$　　　→ $(E = \dfrac{D}{\epsilon} = \dfrac{D}{\epsilon_0 \epsilon_s})$

$P = \left(1 - \dfrac{1}{5}\right) \times 4 \times 10^{-4} = 3.2 \times 10^{-4}[C/m^2]$　　　【정답】 ③

03 유전체 콘덴서의 직렬 및 병렬 구조

(1) 유전체의 콘덴서 내에 직렬 삽입

평행하게 같은 면적으로 삽입

콘덴서의 평행판 사이에 유전체를 수평으로 채우는 것

그림처럼 2개의 평행판 콘덴서가 직렬 구조로 된다.

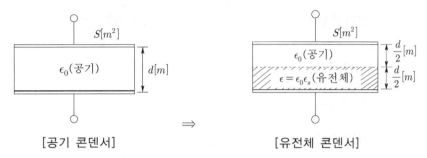

[공기 콘덴서] ⇒ [유전체 콘덴서]

[등가회로]

① 유전체 채우기 전 공기 콘덴서의 경우 $C_0 = \epsilon_0 \dfrac{S}{d}$ [F]

② 유전체 채운 후

㉮ 공기로만 채워진 부분의 정전용량 $C_1 = \epsilon_0 \dfrac{S}{\frac{1}{2}d} = 2C_0$ [F]

㉯ 유전체로 채워진 부분의 정전용량 $C_2 = \epsilon_0\epsilon_s \dfrac{S}{\frac{d}{2}} = 2\epsilon_0\epsilon_s \dfrac{S}{d} = 2\epsilon_s C_0$ [F]

③ 유전체와 공기 콘덴서 합성의 경우의 정전용량

$$C = \frac{1}{\dfrac{1}{C_1} + \dfrac{1}{C_2}} = \frac{C_1 \times C_2}{C_1 + C_2} [F] \quad \rightarrow \text{(직렬 접속이므로)}$$

$$= \frac{2C_0 \times 2\epsilon_s C_0}{2C_0 + 2\epsilon_s C_0} = \frac{2\epsilon_s C_0}{1 + \epsilon_s} [F]$$

(2) 유전체의 콘덴서 내에 병렬 삽입

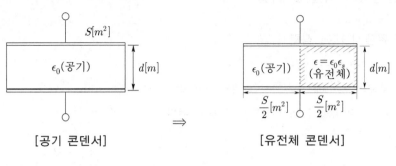

[공기 콘덴서] $\Rightarrow$ [유전체 콘덴서]

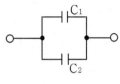

[등가회로]

① 유전체 채우기 전 공기 콘덴서 경우의 정전용량 $C_0 = \epsilon_0 \dfrac{S}{d}$ [F]

② 유전체 채운 후

㉮ 공기로만 채워진 부분의 정전용량 $C_1 = \epsilon_0 \dfrac{\frac{1}{2}S}{d} = \dfrac{1}{2} C_0$ [F]

㉯ 유전체로 채워진 부분의 정전용량 $C_2 = \epsilon_0 \epsilon_s \dfrac{\frac{1}{2}S}{d} = \dfrac{1}{2} \epsilon_s \epsilon_0 \dfrac{S}{d} = \dfrac{1}{2} \epsilon_s C_0$ [F]

③ 유전체와 공기 콘덴서 합성

$C = C_1 + C_2$ [F] → (병렬 접속이므로)

$\quad = \dfrac{1}{2} C_0 + \dfrac{1}{2} \epsilon_s C_0 = \dfrac{1}{2}(1 + \epsilon_s) C_0$ [F]

핵심기출 【기사】 09/1 12/2

그림과 같이 면적 $S[mm^2]$인 평행판 콘덴서의 극판간에 판과 평행으로 두께 $d_1[m]$, $d_2[m]$, 유전율 $\epsilon_1[F/m]$, $\epsilon_2[F/m]$의 유전체를 삽입하면 정전용량[F]은?

① $\dfrac{S}{\dfrac{d_1}{\epsilon_1} + \dfrac{d_2}{\epsilon_2}}$

② $\dfrac{S}{\dfrac{\epsilon_1}{d_1} + \dfrac{\epsilon_2}{d_2}}$

③ $\dfrac{S}{d_1 \epsilon_1 + d_2 \epsilon_2}$

④ $\dfrac{S}{d_1 \epsilon_2 + d_2 \epsilon_1}$

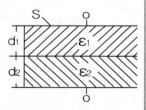

정답 및 해설 [유전율] 유전율이 ϵ_1, ϵ_2인 각 유전체의 정전용량을 C_1, C_2라 하면

$$C_1 = \frac{\epsilon_1 S}{d_1}, \ C_2 = \frac{\epsilon_2 S}{d_2} \text{ 이므로 직렬 합성 용량 } C = \frac{C_1 \times C_2}{C_1 + C_2}[F] \text{ 이다.}$$

$$C = \frac{C_1 \times C_2}{C_1 + C_2} = \frac{\dfrac{\epsilon_1 S \epsilon_2 S}{d_1 d_2}}{\dfrac{\epsilon_1 S}{d_1} + \dfrac{\epsilon_2 S}{d_2}} = \frac{\epsilon_1 \epsilon_2 S}{\epsilon_2 d_1 + \epsilon_1 d_2} = \frac{S}{\dfrac{d_1}{\epsilon_1} + \dfrac{d_2}{\epsilon_2}}$$

【정답】①

04 두 유전체의 경계조건

(1) 경계조건

유전체가 다른 경우 경계면에서는 수직 입사의 경우를 제외하고 굴절 현상이 일어나며 전계가 불연속적으로 변하게 되는 현상이 생긴다.

여기서, θ_1, θ_2 : 법선과 이루는 각, θ_1 : 입사각, θ_2 : 굴절각

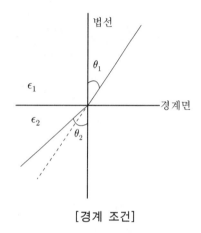

[경계 조건]

(2) 경계면 양측에서 법선 성분의 전속밀도

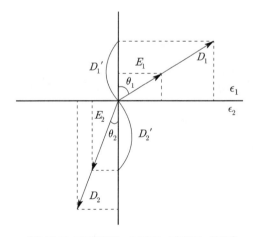

[유전체 경계면에 수직인 전계의 세기]

① 전속밀도의 법선 성분(수직 성분)의 크기는 같다.

$$(D_1 \cos\theta_1 = D_2 \cos\theta_2) \quad \rightarrow \text{(수직성분)}$$

② $\cos\theta_1 = \dfrac{D_1{'}}{D_1}, \ \cos\theta_2 = \dfrac{D_2{'}}{D_2}$

③ $D_1{'} = D_2{'}, \ D_1 \cos\theta_1 = D_2 \cos\theta_2$

(3) 경계면 양측에서 접선 성분의 전계의 세기

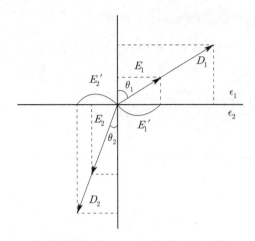

[유전체 경계면에 수평인 전계의 세기]

① 전계의 접선 성분(수평 성분)의 크기는 같다.

$(E_1\sin\theta_1 = E_2\sin\theta_2)$ → (평행성분)

② $\sin\theta_1 = \dfrac{E_1{}'}{E_1}$, $\sin\theta_2 = \dfrac{E_2{}'}{E_2}$

③ $E_1{}' = E_2{}'$, $E_1\sin\theta_1 = E_2\sin\theta_2$

(4) 굴절의 법칙

① $\dfrac{E_1\sin\theta_1}{D_1\cos\theta_1} = \dfrac{E_2\sin\theta_2}{D_2\cos\theta_2}$ → $\dfrac{E_1\sin\theta_1}{\epsilon_1 E_1\cos\theta_1} = \dfrac{E_1\sin\theta_1}{\epsilon_2 E_2\cos\theta_2}$

② $\dfrac{\tan\theta_1}{\epsilon_1} = \dfrac{\tan\theta_2}{\epsilon_2}$ → $\dfrac{\epsilon_2}{\epsilon_1} = \dfrac{\tan\theta_2}{\tan\theta_1}$

(5) $\epsilon_1 > \epsilon_2$일 때의 관계

① 유전율의 크기와 굴절각의 크기는 비례

② $\theta_1 > \theta_2$, $D_1 > D_2$, $E_1 < E_2$이다.

③ 전계 E는 유전율에 반비례한다.

【기사】 04/3 19/1

서로 다른 두 유전체 사이의 경계면에 전하 분포가 없다면 경계면 양쪽에서의 전계 및 전속밀도는?

① 전계의 법선성분 및 전속밀도의 접선성분은 서로 같다.

② 전계의 접선성분이 서로 같고, 전속밀도의 법선성분이 서로 같다.

③ 전계 및 전속밀도의 법선성분은 서로 같다.

④ 전계 및 전속밀도의 접선성분은 서로 같다.

[유전체 경계면의 조건] 유전율이 다른 경계면에 전계(전속)가 입사되면, 경계면 양쪽에서 전계의 경계면에 접선성분(평행)은 서로 같고($E_1\sin\theta_1 = E_2\sin\theta_2$), 전속밀도는 경계면의 <u>법선성분(수직)</u>이 <u>서로 같게</u>($D_1\cos\theta_1 = D_2\cos\theta_2$) 굴절이 된다. 　　　　　　　　　　　　【정답】②

05 유전체의 경계면에 작용하는 힘(맥스웰 응력)

(1) 경계면에 작용하는 힘

힘의 크기 $F = \dfrac{D^2}{2\epsilon_0} = \dfrac{1}{2}\epsilon_0 E^2 = \dfrac{1}{2}ED\,[N/m^2]$

※경계면에 작용하는 힘은 유전율이 큰 쪽에서 작은 쪽으로 작용한다.

(2) 전계가 경계면에 수직한 경우 ($\theta_1 = 0\,^\circ$)

· 작용하는 힘 $[N/m^2]$ → ($\epsilon_1 > \epsilon_2$)

· 경계면에 생기는 힘 F_1과 F_2가 인장력으로 작용

· $\theta = 0\,^\circ$, $D_1\cos 0\,^\circ = D_2\cos 0\,^\circ$ → $D_1 = D_2 = D$

· $F = \dfrac{1}{2}\epsilon E^2 = \dfrac{D^2}{2\epsilon} = \dfrac{1}{2}ED\,[N/m^2]$에서

D(전속밀도)가 일정하므로 $F = \dfrac{D^2}{2\epsilon}$

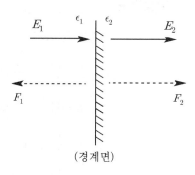

(경계면)

[경계면에 전계가 수직 입사]

그러므로 인장력 $F = F_2 - F_1 = \dfrac{1}{2}(E_2 - E_1)D^2 = \dfrac{1}{2}\left(\dfrac{1}{\epsilon_2} - \dfrac{1}{\epsilon_1}\right)D^2[N/m^2]$

※작용하는 힘은 유전율이 큰 쪽에서 작은 쪽으로 작용

(3) 전계가 경계면에 수평으로 입사한 경우 ($\theta_1 = 90°$)

· 작용하는 힘 $[N/m^2]$ → ($\epsilon_1 > \epsilon_2$)

· 경계면에 생기는 힘 F_1과 F_2가 압축력으로 작용

· $\theta = 90°$, $E_1\sin90° = E_2\sin90°$ → $E_1 = E_2 = E$

E(전계)가 일정하므로 $F = \frac{1}{2}\epsilon E^2$

그러므로 압축력 $F = F_1 - F_2 = \frac{1}{2}(\epsilon_1 - \epsilon_2)E^2[N/m^2]$

※전속선은 유전율이 큰 쪽으로 모이려는 성질이 있다.

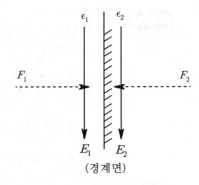

[경계면에 전계가 수평 입사]

핵심기출 【산업기사】 10/1 14/1 15/2 16/1

$\epsilon_1 > \epsilon_2$의 유전체 경계면에 전계가 수직으로 입사할 때 경계면에 작용하는 힘과 방향에 대한 설명으로 옳은 것은?

① $f = \frac{1}{2}\left(\frac{1}{\epsilon_2} - \frac{1}{\epsilon_1}\right)D^2$의 힘이 ϵ_1에서 ϵ_2로 작용

② $f = \frac{1}{2}\left(\frac{1}{\epsilon_1} - \frac{1}{\epsilon_2}\right)E^2$의 힘이 ϵ_2에서 ϵ_1으로 작용

③ $f = \frac{1}{2}(\epsilon_2 - \epsilon_1)E^2$의 힘이 ϵ_1에서 ϵ_2로 작용

④ $f = \frac{1}{2}(\epsilon_1 - \epsilon_2)D^2$의 힘이 ϵ_2에서 ϵ_1으로 작용

정답 및 해설 [경계면] 전계가 경계면에 수직이면 $f = \frac{1}{2}\frac{D^2}{\epsilon}[N/m^2]$ →($\epsilon_1 > \epsilon_2$)

· $f_n = \frac{1}{2}(\frac{1}{\epsilon_2} - \frac{1}{\epsilon_1})D^2[N/m^2]$

· 힘의 방향 : 유전율이 큰 쪽에서 작은 쪽으로 작용한다.

【정답】①

06 패러데이관

(1) 패러데이관의 정의

전기력선속에 의해 형성되는 관상 구조. 관벽도 역선에 의해 형성된다.

패러데이관 수=전속선 수

(2) 패러데이관의 성질

· 패러데이관 내의 전속수는 일정하다.

· 패러데이관 내의 양단에는 정·부 단위 전하가 있다.

· 진전하가 없는 점에서 패러데이관은 연속이다.

· 패러데이관의 밀도는 전속밀도와 같다.

(3) ϵ_s(비유전율)과의 관계

① 비례 관계

㉮ 정전 용량 $C = \dfrac{\epsilon_0 \epsilon_s S}{d}$ $\propto \epsilon_s$

㉯ 전하량 $Q = CV$ $\propto \epsilon_s$ → (V는 일정)

② 반비례 관계

㉮ 전압 $V = \dfrac{Q}{C}$ $\propto \dfrac{1}{\epsilon_s}$ → (Q는 일정)

㉯ 전계 $E = \dfrac{D}{\epsilon_0 \epsilon_s}$ $\propto \dfrac{1}{\varepsilon_s}$ → (D는 일정)

(단, 전압 일정 시 $E = \dfrac{V}{d}$이므로 ϵ_s와 무관)

07 유전체의 특수현상

(1) 접촉전기

도체와 도체, 유전체와 유전체 또는 유전체와 도체를 서로 접촉시키면 한편의 전자가 다른 편으로 이동하여 각각 정(+), 부(−)로 대전하는 현상이 일어난다. 이때 나타나는 전기를 접촉전기라 한다.

(2) 볼타(Volta) 효과

도체와 도체 사이에 접촉 전기가 일어나면 두 도체 사이에 전위차가 생긴다. 이 전위차를 접촉 전위차 라고 하며, 이 현상을 볼타(Volta) 효과라고 한다.

(3) 압전기

① 직접효과 : 수정, 전기석, 로셸염, 티탄산바륨의 결정에 기계적 응력을 가하면 전기분극이 나타나는 현상

② 역효과 : 역으로 결정에 전기를 가하면 기계적 왜형이 나타나는 현상

③ 종효과 : 결정에 가한 기계적 응력과 전기분극이 동일 방향으로 발생하는 경우

④ 횡효과 : 결정에 가한 기계적 응력과 전기분극이 수직 방향으로 발생하는 경우

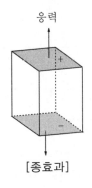

[종효과]

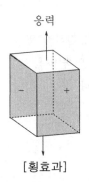

[횡효과]

(4) 파이로 전기

압전 현상이 나타나는 결정을 가열하면 한 면에 정(+)의 전기가, 다른 면에 부(−)의 전기가 나타나 분극이 일어나며, 반대로 냉각하면 역(逆)분극이 생긴다. 이 전기를 파이로 전기라고 한다.

핵심기출 【기사】 09/1 09/2 13/1 13/2

압전기 현상에서 분극이 응력과 같은 방향으로 발생하는 현상을 무슨 효과라 하는가?

① 종효과   ② 횡효과

③ 역효과   ④ 간접 효과

정답 및 해설 [압전기 현상] 결정체에 전기를 가하면 기계적 변형이 나타나는 현상을 압전 효과라 한다. 응력과 전기 분극이 동일 방향으로 발생하는 경우를 종효과, 수직 방형으로 발생하는 경우를 횡효과라 한다.

【정답】 ①

01 유전율(ϵ)은 진공중의 유전율(ϵ_0)과 비유전율(ϵ_s)의 곱으로 나타낸다. 즉, $\epsilon = \epsilon_0 \epsilon_s$로 나타내며, $\epsilon_0 =($)[F/m]이다.

02 (   )은 절연체 삽입 전(진공) 콘덴서의 정전용량(C_0)에 대한 한 절연체 삽입 후 콘덴서의 정전용량(C)의 비를 말한다. 즉, $\epsilon_s = \dfrac{C}{C_0}$

03 절연체 삽입 전(진공) 콘덴서의 정전용량 $C_0 =($ ①   )[F]이고, 절연체 삽입 후 콘덴서의 정전용량 $C=($ ②   )[F]이다. (단, 평행판 콘덴서의 면적은 $S[m^2]$, 평행판 콘덴서 사이의 거리는 $d[m]$, 유전율은 $\epsilon = \epsilon_0 \epsilon_s$이다.)

04 전기 분극의 종류에는 전자분극, 이온분극, 배향분극(쌍극자분극) 등이 있으며, 다이아몬드와 같은 단결정 물체에 전장을 가할 때 유도되는 분극은 (   )이다.

05 임의의 한 점에서 전계의 방향에 대하여 수직인 단위 면적에 나타나는 분극전하량(분극전하밀도를 그 점에 대한 분극도 또는 분극의 세기(P)라고 하며, 전속밀도 D, 전계의 세기 E, 분극의 세기 P의 관계식 $P=($)$[C/m^2]$이다.

06 공기로만 채워진 콘덴서의 극판 사이에 유전율 $\epsilon(\epsilon = \epsilon_0 \epsilon_s)$의 유전체로 채워진 경우 동일 전위차에 대한 극판 간의 정전용량은 (   )배로 증가한다. 단, 유전체 채우기 전 공기 콘덴서의 경우 $C_0 = \epsilon_0 \dfrac{S}{d}$ [F]이다.

07 두 개의 콘덴서 C_1과 C_2를 직렬 및 병렬 연결할 경우의 합성정전용량

· 직렬연결 시의 합성정전용량 $C = ($ ① $)[F]$

· 병렬연결 시의 합성정전용량 $C = ($ ② $)[F]$

08 전속밀도의 (①)성분의 크기는 같다. 즉, $D_1 \cos\theta_1 = D_2 \cos\theta_2$

전계의 (②)성분의 크기는 같다. 즉, $E_1 \sin\theta_1 = E_2 \sin\theta_2$

09 전계가 경계면에 수직한 경우($\theta_1 = 0°$) 경계면에 생기는 각각의 힘 F_1과 F_2가 (①)으로 작용한다.

전계가 경계면에 수평으로 입사한 경우($\theta_1 = 90°$) 경계면에 생기는 각각의 힘 F_1과 F_2가 (②)으로 작용한다.

10 결정에 가한 기계적 응력과 전기 분극이 동일 방향으로 발생하는 경우를 (①)효과, 결정에 가한 기계적 응력과 전기 분극이 수직 방향으로 발생하는 경우를 (②)효과라고 한다.

정답

(1) 8.855×10^{-12} (2) 비유전율   (3) ① $\dfrac{\epsilon_0 S}{d}[F]$, ② $\dfrac{\epsilon_0 \epsilon_s S}{d}[F]$

(4) 전자분극   (5) $D - \epsilon_0 E$ (6) ϵ_s

(7) ① $\dfrac{C_1 \times C_2}{C_1 + C_2}, \dfrac{\rho_s^2 Sd}{2\epsilon_0}$,

② $C_1 + C_2$

(8) ① 수직(법선), ② 수평(접선)   (9) ① 인장력, ② 압축력

(10) ① 종, ② 횡

1. 분극의 세기 P, 전계 E, 전속 밀도 D, 유전율 ϵ 사이의 관계를 옳게 표시한 것은?

① $P = D + \epsilon_0 E$ ② $P = D - \epsilon_0 E$

③ $\epsilon_0 P = D + E$ ④ $\epsilon_0 P = D - E$

|정|답|및|해|설|

[분극세기] $P = \epsilon_0(\epsilon_s - 1)E = \epsilon_0 \epsilon_s E - \epsilon_0 E = D - \epsilon_0 E[C/m^2]$

【정답】②

2. 유전체의 분극도 표현으로 옳지 않은 것은?

① $P = D - \epsilon_0 E$ ② $P = D - \epsilon_0\left(\dfrac{D}{\epsilon}\right)$

③ $P = D\left(1 - \dfrac{1}{\epsilon_s}\right)$ ④ $P = E - \epsilon_0\left(\dfrac{D}{\epsilon}\right)$

|정|답|및|해|설|

[분극세기] 분극도는 전속밀도의 차원을 가지므로 P는 D보다 아주 조금 작은 값이 된다.

$P = \chi E = (\epsilon - \epsilon_0)E = \epsilon E - \epsilon_0 E = \epsilon_0(\epsilon_s - 1)E \rightarrow (D = \epsilon E)$

$= D - \epsilon_0 E = D\left(1 - \dfrac{1}{\epsilon_s}\right)[C/m^2]$ 【정답】④

3. 비유전율 $\epsilon_s = 5$인 유전체 내의 한 점에서 세기가 $E = 10^4[V/m]$일 때, 이점의 분극의 세기 $P[C/m^2]$는?

① $\dfrac{10^{-5}}{9\pi}$ ② $\dfrac{10^{-9}}{9\pi}$

③ $\dfrac{10^{-5}}{18\pi}$ ④ $\dfrac{10^{-9}}{18\pi}$

|정|답|및|해|설|

[분극의 세기] $P = \epsilon_0(\epsilon_s - 1)E[C/m^2]$

$\rightarrow (\dfrac{1}{4\pi\epsilon_0} = 9 \times 10^9$에서 $\epsilon_0 = \dfrac{10^{-9}}{36\pi} = 8.855 \times 10^{-12})$

$P = \dfrac{10^{-9}}{36\pi} \times (5-1) \times 10^4 = \dfrac{10^{-5}}{9\pi}[C/m^2]$

【정답】①

4. 비유전율이 $\epsilon_s = 5$인 등방 유전체의 한 점에 전계의 세기가 $E = 10^4[V/m]$일 때 이 점의 분극률의 세기 $\chi[F/m]$는?

① $\dfrac{10^{-9}}{9\pi}$ ② $\dfrac{10^{-9}}{18\pi}$

③ $\dfrac{10^{-9}}{27\pi}$ ④ $\dfrac{10^{-9}}{36\pi}$

|정|답|및|해|설|

[분극의 세기] $P = \epsilon_0(\epsilon_s - 1)E = \chi E \rightarrow (\chi: 분극률)$

$\therefore \chi = \dfrac{P}{E} = \epsilon_0(\epsilon_s - 1) = \dfrac{10^{-9}}{36\pi} \times (5-1) = \dfrac{10^{-9}}{9\pi}[F/m]$

【정답】①

5. 그림과 같이 상이한 유전체 ϵ_1, ϵ_2의 경계면에서 성립되는 관계로 옳은 것은?

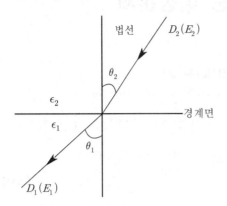

① 전속의 법선성분은 같고 ($D_1\sin\theta_1 = D_2\sin\theta_2$) 전계의 법선성분이 같다($E_1\cos\theta_1 = E_2\cos\theta_2$).

② 전속의 법선성분은 같고($D_1\cos\theta_1 = D_2\cos\theta_2$) 전계의 접선성분이 같다($E_1\sin\theta_1 = E_2\sin\theta_2$).

③ 전속의 접선성분은 같고($D_1\cos\theta_1 = D_2\cos\theta_2$) 전계의 접선성분이 같다($E_1\sin\theta_1 = E_2\sin\theta_2$).

④ 전속의 접선성분은 같고($D_1\cos\theta_1 = D_2\cos\theta_2$) 전계의 법선성분이 같다($E_1\sin\theta_1 = E_2\sin\theta_2$)

|정|답|및|해|설|.............................
[경계 조건] 전속밀도는 법선(수직선)으로 연속이고 전계는 접선(경계면에 평행하게) 연속이다.
【정답】②

6. 그림과 같이 유전체 경계면에서 $\epsilon_1 < \epsilon_2$ 이었을 때, E_1과 E_2의 관계식 중 맞는 것은?

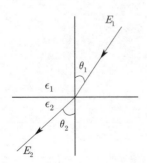

① $E_1 > E_2$　　　② $E_1\cos\theta_1 = E_2\cos\theta_2$

③ $E_1 = E_2$　　　④ $E_1 < E_2$

|정|답|및|해|설|.............................
[유전율과의 관계] 전계 E는 유전율에 반비례한다.
$\epsilon_1 < \epsilon_2$이면 $E_1 > E_2$　　　　　　　【정답】①

7. 유전율 $\epsilon_1 > \epsilon_2$인 두 유전체 경계면에 전속이 수직일 때 경계면 상의 작용력은?

① ϵ_2의 유전체에서 ϵ_1의 유전체 방향

② ϵ_1의 유전체에서 ϵ_2의 유전체 방향

③ 전속 밀도의 방향

④ 전속 밀도의 반대 방향

|정|답|및|해|설|.............................
[경계면에 작용하는 힘] 경계면상의 작용력은 유전율이 큰 쪽에서 작은 쪽으로 작용한다.　　　【정답】②

8. 두 유전체 ㉠, ㉡가 유전율 $\epsilon_1 = 2\sqrt{3}\,\epsilon_0$, $\epsilon_2 = 2\epsilon_0$이며, 경계를 이루고 있을 때 그림과 같이 전계가 입사하여 굴절하였다면 ㉡유전체 내의 전계의 세기[V/m]는?

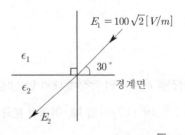

① 100　　　　② $100\sqrt{3}$

③ $100\sqrt{2}$　　④ 98

|정|답|및|해|설|.............................
[굴절의 법칙] $\dfrac{\tan\theta_1}{\tan\theta_2} = \dfrac{\epsilon_1}{\epsilon_2}$

그림과 같이 θ_1, θ_2는 경계면의 수직 벡터와 이루는 입사각이 므로 $\theta_1 = 90° - 30° = 60°$이다.

$$\frac{\tan\theta_1}{\tan\theta_2} = \frac{\epsilon_1}{\epsilon_2} = \frac{2\sqrt{3}\,\epsilon_0}{2\epsilon_0} = \sqrt{3} \;\rightarrow\; \tan\theta_2 = \frac{1}{\sqrt{3}}\tan\theta_1$$

$$\theta_2 = \tan^{-1}\left[\frac{1}{\sqrt{3}}\tan\theta_1\right] = \tan^{-1}\left[\frac{1}{\sqrt{3}}\tan 60°\right]$$

$$= \tan^{-1}\left[\frac{1}{\sqrt{3}} \times \sqrt{3}\right] = 45°$$

$$E_1\sin\theta_1 = E_2\sin\theta_2$$

$$\therefore E_2 = \frac{\sin\theta_1}{\sin\theta_2}E_1 = \frac{\sin 60°}{\sin 45°} \times 100\sqrt{2}$$

$$= \frac{\frac{\sqrt{3}}{2}}{\frac{1}{\sqrt{2}}} \times 100\sqrt{2} = 100\sqrt{3}\,[V/m]$$

【정답】②

9. 공기 중에서 비유전율 $\epsilon_s = \sqrt{3}$인 유전체에 E_1=10[kV/m]의 전계가 45⁰의 각도로 입사할 때, 유전체 속의 전계의 세기[V/m]는?

① $\dfrac{10^4}{\sqrt{2}}$ ② $\dfrac{\sqrt{2}}{\sqrt{3}} \times 10^4$

③ $\sqrt{2} \times 10^4$ ④ $\dfrac{\sqrt{3}}{\sqrt{2}} \times 10^4$

|정|답|및|해|설|⋯⋯⋯⋯⋯⋯⋯⋯⋯⋯⋯⋯⋯⋯

[굴절의 법칙] $\dfrac{\tan\theta_1}{\tan\theta_2} = \dfrac{\epsilon_1}{\epsilon_2} = \dfrac{\epsilon_0}{\epsilon_0\epsilon_s} = \dfrac{1}{\sqrt{3}}$

$$\tan\theta_2 = \sqrt{3}\,\tan\theta_1$$

$$\theta_2 = \tan^{-1}[\sqrt{3}\,\tan\theta_1] = \tan^{-1}[\sqrt{3}\,\tan 45°]$$

$$= \tan^{-1}[\sqrt{3} \times 1] = 60°$$

$$E_1\sin\theta_1 = E_2\sin\theta_2 에서$$

$$\therefore E_2 = \frac{\sin\theta_1}{\sin\theta_2}E_1 = \frac{\sin 45°}{\sin 60°}E_1$$

$$= \frac{\frac{1}{\sqrt{2}}}{\frac{\sqrt{3}}{2}} \times 10 \times 10^3 = \frac{\sqrt{2}}{\sqrt{3}} \times 10^4\,[V/m]$$

【정답】②

10. 다음은 전계 강도와 전속 밀도에 대한 경계 조건을 설명한 것이다. 옳지 않는 것은? (단, 경계면의 진전하 분포는 없으며 $\epsilon_1 > \epsilon_2$)

① 전속은 유전율이 큰 쪽으로 모이려는 성질이 있다.

② 유전율이 큰 ϵ_1의 영역에서 전속 밀도 (D_1)는 유전율이 작은 ϵ_2의 영역에서의 전속밀도 (D_2)와 $D_1 \geqq D_2$의 관계를 갖는다.

③ 경계면 사이의 정전력은 유전율이 작은 쪽에서 큰 쪽으로 작용한다.

④ 전계가 ϵ_1의 영역에서 ϵ_2의 영역으로 입사될 때 ϵ_2에서 전계 강도가 더 커진다.

|정|답|및|해|설|⋯⋯⋯⋯⋯⋯⋯⋯⋯⋯⋯⋯⋯⋯

[유전율과의 관계] $\epsilon_1 > \epsilon_2$이면 $\theta_1 > \theta_2$가 되어 $D_1 > D_2$, $E_1 < E_2$이다.

또한 경계면 사이의 <u>정전력은 유전율이 큰 유전체가 작은 유전체 쪽으로 작용하는 힘을 받는다.</u>

※전속선은 유전율이 큰 쪽으로 모인다.

【정답】③

11. 평행판 사이에 유전율이 ϵ_1, ϵ_2되는 ($\epsilon_2 < \epsilon_1$) 유전체를 경계면이 판에 평행하게 그림과 같이 채우고 그림의 극성으로 극판 사이에 전압을 걸었을 때, 두 유전체 사이에 작용하는 힘은?

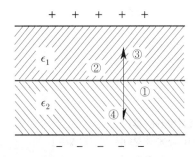

① ①의 방향 ② ②의 방향

③ ③의 방향 ④ ④의 방향

[경계면에 작용하는 힘] 두 유전체 사이에 작용하는 힘. 즉, 정전력은 유전율이 큰 쪽에서 작은 쪽으로 작용한다.
전계가 경계면에 수직이므로

$f = \dfrac{1}{2}(E_2 = E_1)D = \dfrac{1}{2}\left(\dfrac{1}{\epsilon_2} - \dfrac{1}{\epsilon_1}\right)D^2[N/m^2]$의 인장 응력이

작용한다.
$\epsilon_1 > \epsilon_2$ 이므로 작용력 f는 $\epsilon_1 \rightarrow \epsilon_2$의 방향이다.

【정답】④

12. 유전률 ϵ_1, ϵ_2인 두 유전체 경계면에서 전계가 경계면에 수직일 때 그 경계면에 작용하는 힘을 몇 [N/m2]인가? (단, $\epsilon_1 > \epsilon_2$)

① $\left(\dfrac{1}{\epsilon_1} - \dfrac{1}{\epsilon_2}\right)D$ 　② $2\left(\dfrac{1}{\epsilon_2} - \dfrac{1}{\epsilon_1}\right)D^2$

③ $\dfrac{1}{2}\left(\dfrac{1}{\epsilon_2} - \dfrac{1}{\epsilon_1}\right)D$ 　④ $\dfrac{1}{2}\left(\dfrac{1}{\epsilon_2} - \dfrac{1}{\epsilon_1}\right)D^2$

[전계가 경계면에 수직한 경우]
$\theta = 0°$ 일 때, D(전속밀도) 일정(전계가 경계면에 수직)

작용력 $f = \dfrac{1}{2}\left(\dfrac{1}{\epsilon_2} - \dfrac{1}{\epsilon_1}\right)D^2[N/m^2]$ 　【정답】④

13. 전계 E[V/m], 전속 밀도 $D[C/m^2]$, 유전율 $\epsilon[F/m]$인 유전체 내에 저장되는 에너지 밀도 $[J/m^3]$는?

① ED 　② $\dfrac{1}{2}ED$

③ $\dfrac{1}{2\epsilon}E^2$ 　④ $\dfrac{1}{2}\epsilon D^2$

[유전체 내에 저장되는 에너지 밀도]

$W = \dfrac{1}{2}\epsilon E^2 = \dfrac{D^2}{2\epsilon} = \dfrac{1}{2}ED[J/m^3]$ 　　$\rightarrow (D = \epsilon E)$

【정답】②

14. 그림과 같이 면적이 S$[m^2]$인 평행판 도체 사이에 두께가 각각 l_1[m], l_2[m], 유전율이 각각 ϵ_1[F/m], ϵ_2[F/m]인 두 종류의 유전체를 삽입하였을 때의 정전용량은?

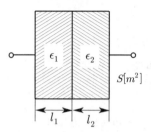

① $\dfrac{\epsilon_2 l_1 + \epsilon_1 l_2}{\epsilon_1 \epsilon_2}$ 　② $\dfrac{\epsilon_2 + \epsilon_1 S}{l_1 + l_2}$

③ $\dfrac{\epsilon_1 \epsilon_2 S}{\epsilon_2 l_1 + \epsilon_1 l_2}$ 　④ $\dfrac{\epsilon_1 \epsilon_2 S}{l_1 + l_2}$

[유전체의 정전용량] 직렬 콘덴서 합성과 같이 계산한다. 절연체 삽입 후 콘덴서의 정전용량 $C = \dfrac{\epsilon_0 \epsilon_s S}{l}[F]$

$C = \dfrac{C_1 C_2}{C_1 + C_2} = \dfrac{\epsilon_1 \dfrac{S}{l_1} \cdot \epsilon_2 \dfrac{S}{l_2}}{\epsilon_1 \dfrac{S}{l_1} + \epsilon_2 \dfrac{S}{l_2}} = \dfrac{\epsilon_1 \epsilon_2 S}{\epsilon_1 l_2 + \epsilon_2 l_1}[F]$

【정답】③

15. 앞 문제의 평행판 콘덴서의 극판간에 판과 평행으로 2층의 유전체를 삽입하면 정전용량은 몇 [F]이겠는가?

① $\dfrac{S}{\dfrac{d_1}{\epsilon_1} + \dfrac{d_2}{\epsilon_2}}$ 　② $\dfrac{S}{\dfrac{\epsilon_1}{d_1} + \dfrac{\epsilon_2}{d_2}}$

③ $\dfrac{S}{d_1 \epsilon_1 + d_2 \epsilon_2}$ 　④ $\dfrac{S}{d_1 \epsilon_2 + d_2 \epsilon_1}$

[유전체의 정전용량] $\epsilon_1 \epsilon_2$로 나누어 준다.

$C = \dfrac{\epsilon_1 \epsilon_2 S}{\epsilon_1 d_2 + \epsilon_2 d_1} \times \dfrac{\dfrac{1}{\epsilon_1 \epsilon_2}}{\dfrac{1}{\epsilon_1 \epsilon_2}} = \dfrac{S}{\dfrac{d_2}{\epsilon_2} + \dfrac{d_1}{\epsilon_1}}[F]$

【정답】①

16. 면적 $S[m^2]$의 평행한 평판전극 사이에 유전율이 $\varepsilon_1[F/m]$, $\varepsilon_2[F/m]$ 되는 두 종류의 유전체를 $\frac{d}{2}[m]$ 두께가 되도록 각각 넣으면 정전용량은 몇 [F]가 되는가?

① $\dfrac{S}{\dfrac{d}{2}(\varepsilon_1+\varepsilon_2)}$

② $\dfrac{S}{\dfrac{ds}{2}(\dfrac{1}{\varepsilon_1}+\dfrac{1}{\varepsilon_2})}$

③ $\dfrac{2S}{d(\dfrac{1}{\varepsilon_1}+\dfrac{1}{\varepsilon_2})}$

④ $\dfrac{S}{2d(\dfrac{1}{\varepsilon_1}+\dfrac{1}{\varepsilon_2})}$

|정|답|및|해|설|

[유전체의 정전용량] $l_1 = l_2 = \dfrac{d}{2}$

$$C = \frac{\varepsilon_1\varepsilon_2 S}{\varepsilon_1 d_2 + \varepsilon_2 d_1} = \frac{\varepsilon_1\varepsilon_2 S}{\varepsilon_1 \frac{1}{2}d + \varepsilon_2 \frac{1}{2}d}$$

$$= \frac{\varepsilon_1\varepsilon_2 S}{\frac{1}{2}d(\varepsilon_1+\varepsilon_2)} \times \frac{\dfrac{1}{\varepsilon_1\varepsilon_2}}{\dfrac{1}{\varepsilon_1\varepsilon_2}} = \frac{2S}{d(\dfrac{1}{\varepsilon_1}+\dfrac{1}{\varepsilon_2})}[F]$$

【정답】③

17. 평행판 공기 콘덴서에 극간 간격의 1/2 두께 되는 종이를 전극에 평행하게 넣으면 처음에 비하여 정전 용량은 몇 배가 되는가? (단, 종이의 비유전율은 $\varepsilon_s = 3$이다.)

① 1

② 1.5

③ 2

④ 2.5

|정|답|및|해|설|

[유전체의 정전용량] 비유전율이 100이 되는 유전체를 공기콘덴서에 넣으면 정전용량이 공기콘덴서의 100배가 되지만 절반만 극판에 평행하게 넣으면 공기콘덴서의 2배 만큼만 된다는 것이다. 지금도 비유전율이 3이므로 절반인 1.5에 가깝게 된다.

$\varepsilon_1 = 2\varepsilon_0$, $d_1 = \dfrac{d}{2}$, $\varepsilon_2 = \varepsilon_0$, $d_2 = \dfrac{d}{2}$

$C_0 = \dfrac{\varepsilon_0 S}{d}$

$$C = \frac{\varepsilon_1\varepsilon_2 S}{\varepsilon_1 d_2 + \varepsilon_2 d_1} = \frac{3\varepsilon_0\varepsilon_0 S}{(3\varepsilon_0 + \varepsilon_0)\dfrac{d}{2}} = \frac{3}{2} \cdot \frac{\varepsilon_0 S}{d} = 1.5 C_0$$

【정답】②

18. 정전용량 $0.06[\mu F]$의 평행판 공기콘덴서가 있다. 전극간 간격의 1/2 두께의 유리판을 전극에 평행하게 놓으면 공기부분의 정전용량과 유리판 부분의 정전용량을 직렬로 접속한 콘덴서와 같게 된다. 유리의 비유전율을 5라고 할 때 새로운 콘덴서의 정전용량은 몇 $[\mu F]$인가?

① 0.01

② 0.05

③ 0.1

④ 0.5

|정|답|및|해|설|

[정전용량] 공기콘덴서의 1/2만 유전체를 채우면 $0.06[\mu F]$의 두 배가 조금 못되는 $0.05[\mu F]$가 답이 된다.

$C_0 = 0.06[\mu F]$, $\varepsilon_1 = \varepsilon_0$, $d_1 = \dfrac{1}{2}d$, $\varepsilon_2 = 5\varepsilon_0$, $d_2 = \dfrac{1}{2}d$

$$C = \frac{\varepsilon_1\varepsilon_2 S}{\varepsilon_1 d_2 + \varepsilon_2 d_1} = \frac{\varepsilon_0 \cdot 5\varepsilon_0 \cdot S}{\varepsilon_0 \frac{1}{2}d + 5\varepsilon_0 \frac{1}{2}d} = \frac{5\epsilon_0 S}{3d}$$

$$= \frac{5}{3}C_0 = \frac{5}{3} \times 0.06 = 0.1[\mu F]$$

【정답】③

19. 그림과 같은 극판간의 간격이 d[m]인 평행판 콘덴서에서 S_1 부분의 유전체의 비유전율이 ε_{s1}, S_2 부분의 비유전율이 ε_{s2}, S_3 부분의 비유전율이 ε_{s3}일 때, 단자 AB사이의 정전용량은?

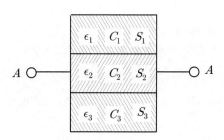

① $\dfrac{1}{d\varepsilon_0}\left(\dfrac{S_1}{\varepsilon_{s1}}+\dfrac{S_2}{\varepsilon_{s2}}+\dfrac{S_3}{\varepsilon_{s3}}\right)$

② $\dfrac{\varepsilon_0}{d}\left(\varepsilon_{s1}S_1+\varepsilon_{s2}S_2+\varepsilon_{s3}S_3\right)$

③ $\dfrac{\varepsilon_0}{d}\left(S_1+S_2+S_3\right)$

④ $\varepsilon_0\left(\varepsilon_{s1}S_1+\varepsilon_{s2}S_2+\varepsilon_{s3}S_3\right)$

|정|답|및|해|설|_____

[유전체의 콘덴서 내에 병렬 삽입] 병렬연결이므로

$C=C_1+C_2+C_3=\dfrac{1}{d}(\varepsilon_1 S_1+\varepsilon_2 S_2+\varepsilon_3 S_3)$

$=\dfrac{\varepsilon_0}{d}(\varepsilon_{s1}S_1+\varepsilon_{s2}S_2+\varepsilon_{s3}S_3)$ 【정답】②

20. 정전 용량이 $C_0[\mu F]$인 평행판 공기 콘덴서가 있다. 지금 그림에서와 같이 판면적의 2/3에 해당하는 부분의 공기 간격을 비유전율 ε_s인 에보나이트판으로 채우면 이 콘덴서의 정전 용량 $[\mu F]$은?

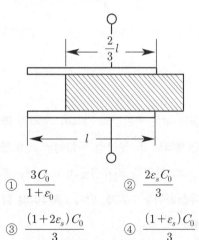

① $\dfrac{3C_0}{1+\varepsilon_0}$ ② $\dfrac{2\varepsilon_s C_0}{3}$

③ $\dfrac{(1+2\varepsilon_s)C_0}{3}$ ④ $\dfrac{(1+\varepsilon_s)C_0}{3}$

|정|답|및|해|설|_____

[유전체의 콘덴서 내에 병렬 삽입] 병렬 연결이므로

$C=C_1+C_2=\dfrac{1}{3}C_0+\dfrac{2}{3}\varepsilon_s C_0=\dfrac{C_0}{3}(1+2\varepsilon_s)[\mu F]$

【정답】③

21. 패러데이관에 관한 설명으로 옳지 않은 것은?

① 패러데이관은 진전하가 없는 곳에서 연속적이다.

② 패러데이관의 밀도는 전속 밀도보다 크다.

③ 진전하가 없는 점에서는 패러데이관이 연속적이다.

④ 패러데이관 양단에 정부에 단위 전하가 있다.

|정|답|및|해|설|_____

[패러데이관의 성질]

① 패러데이관 중에 있는 전속수는 진전하가 없으면 일정하며 연속적이다.

② 패러데이관의 양단에는 정 또는 부의 진전하가 존재하고 있다.

③ 패러데이관의 밀도는 전속 밀도와 같다.

④ 단위 전위차 당 패러데이관의 보유 에너지는 1/2[J]이다.

【정답】②

22. 전속수가 Q개일 경우 패러데이관(Faraday tube)수는 몇 개인가? (단, D는 전속밀도이다.)

① $1/D$ ② Q/D

③ Q ④ DQ

|정|답|및|해|설|_____

[패러데이관의 성질] 패러데이관의 밀도는 전속 밀도와 같다. 즉, 전속수와 패러데이관수는 같다. 【정답】③

23. 일정전압을 가하고 있는 공기 콘덴서에 비유전율 ε_s인 유전체를 채웠을 때 일어나는 현상은?

① 극판의 전하량이 ε_s배 된다.

② 극판의 전하량 $1/\varepsilon_s$배 된다.

③ 극판의 전계가 ε_s배 된다.

④ 극판의 전계가 $1/\varepsilon_s$배 된다.

|정|답|및|해|설|

[비유전율과의 관계] 유전율이 커지면 정전용량과 전하량이 각각 비례해서 증가하게 된다.

일정 전압 V를 가지고 있는 상태에서는 전계 E는 ϵ_s에 관계 없고 거리에만 관계해서 작아진다.

$$E = \frac{V}{d} \rightarrow (V일정), \quad Q = CV \propto \epsilon_s$$

【정답】①

24. 공기 콘덴서의 극판 사이에 비유전율 5인 유전체를 넣었을 때 동일 전위차에 대한 극판의 전하량은?

① $5\epsilon_0$로 증가   ② 불변

③ 5배로 증가   ④ 1/5배로 감소

|정|답|및|해|설|

[비유전율과의 관계] $Q = CV = \frac{\epsilon_0 \epsilon_s S}{d} V[C]$

$$Q' = \frac{\epsilon_0 \cdot 5S}{d} V = 5Q$$

【정답】③

25. V로 충전되어 있는 정전용량 C_0의 공기 콘덴서 사이에 $\epsilon_s = 10$의 유전체를 채운 경우 전계의 세기는 공기인 경우의 몇 배가 되는가?

① 10배   ② 5배

③ 0.2배   ④ 0.1배

|정|답|및|해|설|

[비유전율과의 관계] 비유전율이 10배이면 전계는 1/10으로 감소하게 된다. 전속은 변함없이 1배

$V = \frac{Q}{C} = \frac{dQ}{\epsilon_0 \epsilon_s S}$에서 유전율에 반비례하므로

$\frac{1}{10} = 0.1$배이다.

【정답】④

26. 그림과 같이 평행판 콘덴서의 극판 사이에 유전율이 ε_1, ε_2인 두 유전체를 반반씩 채우고 극판 사이에 일정한 전압을 걸어준다. 이때 매질 (I), (II)내의 전계의 세기 E_1, E_2 사이에는 다음 어느 관계가 성립하는가?

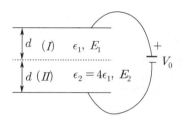

① $E_2 = 4E_1$ ② $E_2 = 2E_1$

③ $E_2 = E_1/4$ ④ $E_2 = E_1$

|정|답|및|해|설|

[전계] $E = \frac{D}{\epsilon_0 \epsilon_s} \propto \frac{1}{\epsilon_s}$

전계는 유전율에 반비례하므로 유전율이 4배되었으므로 전계는 1/4가 된다.

$$E \propto \frac{1}{\epsilon} \rightarrow \frac{E_1}{E_2} = \frac{\epsilon_2}{\epsilon_1} = 4 \qquad \therefore E_2 = \frac{1}{4} E_1$$

【정답】③

27. $\epsilon_s = 10$인 유리 콘덴서와 동일 크기의 $\epsilon_s = 1$인 공기 콘덴서가 있다. 유리 콘덴서에 200[V]의 전압을 가할 때 동일한 전하를 축적하기 위하여 공기 콘덴서에 필요한 전압[V]은?

① 20   ② 200

③ 400   ④ 2000

|정|답|및|해|설|

[콘덴서 전하량(동일한 전하)] $Q = CV$

공기 콘덴서의 전하량과 유리 콘덴서의 전하량이 같아야 되므로 $Q_0 = C_0 V_0 \rightarrow Q = CV$ 동일

$Q = C_0 \epsilon_s V \rightarrow \therefore V_0 = \epsilon_s V = 10 \times 200 = 2000[V]$

【정답】④

28. 공기 중 두 점전하 사이에 작용하는 힘이 5[N] 이었다. 두 전하 사이에 유전체를 넣었더니 힘이 2[N]으로 되었다면 유전체의 비유전율이 얼마인가?

① 15   ② 10

③ 5   ④ 2.5

|정|답|및|해|설|

[공기 중 두 점전하 사이에 작용하는 힘] 힘이나 전계는 모두 유전율에 반비례하기 때문에 힘이 5에서 2로 크기가 감소했다면 유전율은 2.5배만큼 증가한다.

· 공기중에서 $F_0 = \dfrac{1}{4\pi\epsilon_0} \cdot \dfrac{Q_1 Q_2}{r^2}[N]$

· 유전체 중에서 $F = \dfrac{1}{4\pi\epsilon_0\epsilon_s} \cdot \dfrac{Q_1 Q_2}{r^2}[N]$

$$\frac{F_0}{F} = \frac{\dfrac{Q_1 Q_2}{4\pi\varepsilon_0 r^2}}{\dfrac{Q_1 Q_2}{4\pi\varepsilon_0\varepsilon_s r^2}} = \epsilon_s$$

즉, 공기 중에서 작용하는 힘이 유전체 중에서 작용하는 힘의 ϵ_s배가 된다.

$$\therefore \epsilon_s = \frac{F_0}{F} = \frac{5}{2} = 2.5$$

【정답】 ④

29. 공기 중에서 어느 거리를 두고 있는 두 점전하 사이에 작용하는 힘이 1[N]이었다. 이 두 점전하를 액체 유전체 속에 넣었더니 0.2[N]으로 힘이 줄었다. 이 액체 유전체의 비유전율은 얼마인가?

① 0.1   ② 0.4

③ 2.5   ④ 5

|정|답|및|해|설|

[두 점전하 사이에 작용하는 힘]

$$\frac{F}{F_0} = \frac{\dfrac{Q_1 Q_2}{4\pi\varepsilon_0\varepsilon_s r^2}}{\dfrac{Q_1 Q_2}{4\pi\varepsilon_0 r^2}} = \frac{1}{\varepsilon_s} \rightarrow \frac{F}{F_0} = \frac{1}{\epsilon_s} = \frac{0.2}{1}$$

$0.2\varepsilon_s = 1 \rightarrow \varepsilon_s = 5$

【정답】 ④

30. $20 \times 10^{-6}[C]$의 양전하와 $20 \times 10^{-8}[C]$의 음전하를 갖는 대전체가 비유전율 2.5의 기름 속에서 5[cm]거리에 있을 때 이 사이에 작용하는 힘은 몇 [N]인가?

① 반발력 2.304   ② 반발력 4.608

③ 흡인력 2.304   ④ 흡인력 5.76

|정|답|및|해|설|

[두 점전하 사이에 작용하는 힘] $F = \dfrac{1}{4\pi\epsilon_0} \cdot \dfrac{Q_1 Q_2}{\epsilon_s r^2}$

$$F = \frac{1}{4\pi\epsilon_0} \cdot \frac{Q_1 Q_2}{\epsilon_s r^2}$$

$$= 9 \times 10^9 \times \frac{20 \times 10^{-6} \times 20 \times 10^{-8}}{2.5 \times 0.05^2} = 5.76[N]$$

두 전하가 양전하와 음전하이므로 흡인력이 작용한다.

【정답】 ④

31. 면적 $19.6[cm^2]$, 두께 5[mm]의 판상 플라스틱 양면에 전극을 설치하고 정전용량을 측정하였더니 21.8[pF]이었다. 이 재료의 비유전율은 약 얼마 정도 되는가?

① 3.3   ② 4.3

③ 5.3   ④ 6.3

|정|답|및|해|설|

[절연체 삽입 후 콘덴서의 정전용량] $C = \dfrac{\epsilon_0\epsilon_s S}{d}[F]$

$$\varepsilon_s = \frac{C \cdot d}{\varepsilon_0 \cdot S} = \frac{21.8 \times 10^{-12} \times 5 \times 10^3}{8.855 \times 10^{-12} \times 19.6 \times 10^{-4}} = 6.28[F/m]$$

【정답】 ④

32. 극판의 면적이 $4[cm^2]$, 정전용량이 1[pF]인 종이 콘덴서를 만들려고 한다. 비유전율 2.5, 두께 0.01[mm]의 종이를 사용하면 종이는 몇 장을 겹쳐야 되겠는가?

① 87　　　　② 100

③ 250　　　　④ 885

|정|답|및|해|설|

[유전체의 콘덴서 내에 직렬 삽입] 종이를 겹쳤다면 직렬연결이므로 $\dfrac{C}{n}$으로 하면 된다.

$pF = 1 \times 10^{-12}[F]$

정전용량 $C = \dfrac{\varepsilon_0 \varepsilon_s S}{d}$ 에서 $C = \dfrac{\varepsilon_0 \varepsilon_s S}{d} \cdot \dfrac{1}{n}$ 이므로

$n = \dfrac{\varepsilon_0 \varepsilon_s S}{Cd} = \dfrac{8.855 \times 10^{-12} \times 2.5 \times 4 \times 10^{-4}}{10^{-12} \times 0.01 \times 10^{-3}} = 885.5$

$= 885.5[장]$이므로　885장　　　　【정답】④

---

33. 평행판 콘덴서 판 사이에 비유전율 ε_s의 유전체를 삽입하였을 때의 정전용량은 진공일 때의 용량의 몇 배인가?

① ε_s　　　　② $\varepsilon_s - 1$

③ $\dfrac{1}{\varepsilon_s}$　　　　④ $\varepsilon_s + 1$

|정|답|및|해|설|

[비유전율] $\epsilon_s = \dfrac{\epsilon}{\epsilon_0} = \dfrac{C}{C_0}$

$\dfrac{C}{C_0} = \dfrac{\dfrac{\varepsilon_0 \varepsilon_s S}{d}}{\dfrac{\varepsilon_0 S}{d}} = \varepsilon_s$　　　　【정답】①

---

34. 그림과 같은 동축 케이블에 유전체가 채워졌을 때의 정전용량은 몇[F]인가? (단, 유전체의 비유전률은 ε_s이고 내경과 외경은 각각 a[m], b[m]이며 케이블의 길이는 l[m]임)

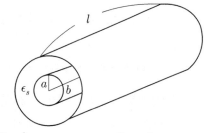

① $\dfrac{2\pi \varepsilon_s l}{\ln \dfrac{b}{a}}$　　　　② $\dfrac{2\pi \varepsilon_0 \varepsilon_s l}{\ln \dfrac{b}{a}}$

③ $\dfrac{\pi \varepsilon_s l}{\ln \dfrac{b}{a}}$　　　　④ $\dfrac{\pi \varepsilon_0 \varepsilon_s l}{\ln \dfrac{b}{a}}$

|정|답|및|해|설|

[평행 도체의 정전용량] $C = \dfrac{2\pi \epsilon}{\ln \dfrac{b}{a}}[F/m]$ 에서

길이가 l[m]이므로 $C = \dfrac{2\pi \epsilon_0 \epsilon_s l}{\ln \dfrac{b}{a}}[F/m]$

선은 ②의 식이 되고 평행도체는 ④의 식이 된다.

【정답】②

---

35. 반지름이 a[m]이고, 선간거리가 d[m](d≫a)인 평행전선의 단위 길이 당 정전용량은 몇 [F/m]인가?

① $\dfrac{\pi \varepsilon}{\ln \dfrac{d}{a}}$　　　　② $\dfrac{2\pi \varepsilon}{\ln \dfrac{d}{a}}$

③ $2\pi \varepsilon \ln \dfrac{d}{a}$　　　　④ $\pi \varepsilon \ln \dfrac{d}{a}$

|정|답|및|해|설|

[평행 전선의 정전용량] $C = \dfrac{\pi \epsilon}{\ln \dfrac{b}{a}} = \dfrac{\pi \epsilon_0 \epsilon_s}{\ln \dfrac{b}{a}}[F/m]$

길이가 단위 길이 당 이므로 $C = \dfrac{\pi \epsilon_0 \epsilon_s}{\ln \dfrac{b}{a}}[F/m]$

【정답】①

36. 합성수지의 절연체에 $5 \times 10^3 \, [V/m]$의 전계를 가했을 때 이때의 전속밀도 $[C/m^2]$를 구하여라.(단, 이 절연체의 비유전율은 10으로 한다.)

① $40.257 \times 10-4$　　② $41.275 \times 10-8$

③ $43.527 \times 10-4$　　④ $44.275 \times 10-8$

[전계(비유전율과의 관계)] $E = \dfrac{D}{\epsilon_0 \epsilon_s}$

$D = \varepsilon_0 \varepsilon_s E = 8.855 \times 10^{-12} \times 10 \times 5 \times 10^3$

$\quad = 44.275 \times 10^{-8} \, [C/m^2]$　　　　【정답】④

37. 면적이 $300[cm^2]$, 판 간격 2[cm]인 2장의 평행판 금속 간을 비유전율 5인 유전체로 채우고 양판 간에 20[kV]의 전압을 가할 경우 판간에 작용하는 정전 흡인력[N]은?

① 0.75　　② 0.66

③ 0.89　　④ 10

[정전흡인력] $F = \dfrac{1}{2}\epsilon E^2 = \dfrac{1}{2}\epsilon \left(\dfrac{V}{d}\right)^2 [N/m^2]$

전압이 일정한 경우이므로

$F = \dfrac{\varepsilon S V^2}{2d^2}$

$\quad = \dfrac{8.855 \times 10^{-12} \times 5 \times 300 \times 10^{-4} \times (20 \times 10^3)^2}{2 \times (2 \times 10^{-2})^2} = 0.66 [N]$

【정답】②

38. 극판 면적이 $50[cm^2]$, 간격이 5[cm]인 평행판 콘덴서의 극판간에 유전율 3인 유전체를 넣은 후 극판위에 50[V]의 전위차를 가하면 전극판을 때어내는데 필요한 힘은 몇 [N]인가?

① −600　　② −750

③ 6000　　④ −7500

[정전흡인력] 콘덴서 간에 작용하는 정전력에 반대 방향 힘으로 떼어내는 것이므로 −값을 가진다.

$F = \dfrac{\partial w}{\partial d} [N] \quad \rightarrow \left(W = \dfrac{1}{2} C V^2 = \dfrac{\varepsilon S V^2}{2d^2} [J] = \dfrac{\varepsilon S V^2}{2d^2} \right)$

$\quad = \dfrac{3 \times 50 \times 10^{-4} \times 50^2}{2 \times (5 \times 10^{-2})^2} = -7500 [N]$

【정답】④

39. 유전체내의 전속밀도가 $D[C/m^2]$인 전계에 저축되는 단위체적 당 정전에너지가 $W_e [J/m^3]$일 때 유전체의 비유전율은?

① $\dfrac{D^2}{2\varepsilon_0 W_e}$　　　　② $\dfrac{D^2}{\varepsilon_0 W_e}$

③ $\dfrac{2\varepsilon_0 D^2}{W_e}$　　　　④ $\dfrac{\varepsilon_0 D^2}{W_e}$

[단위 체적 당 정전에너지] $w_e = \dfrac{D^2}{2\varepsilon_0 \varepsilon_s} [J/m^3]$

$\varepsilon_s = \dfrac{D^2}{2\varepsilon_0 w_e} [F/m]$　　　　【정답】①

40. 전기석과 같은 결정체를 냉각시키거나 가열시키면 전기 분극이 일어난다. 이와 같은 것을 무엇이라 하는가?

① 압전기 현상(Piezoelectric phenemena)

② Pyro 전기(Pyro electricity)

③ 톰슨 효과(Thomson effect)

④ 강유전성(Ferroelectric effect)

[파이로 전기] 전기석이나 티탄산 바륨 등의 결정을 가열하면 표면에 분극을 일으키고, 냉각하면 역의 분극이 일으키는 현상을 파이로(Pyro) 전기 또는 초전 효과라 한다. 이 현상은 수정, 로셸염 등에도 나타난다.

【정답】②

41. 압전기 현상에서 분극이 응력에 수직한 방향으로 발생하는 현상을 무슨 효과라 하는가?

① 종효과　　　　② 횡효과

③ 역효과　　　　④ 직접효과

|정|답|및|해|설|

[압전기] 응력방향으로 분극이 생기면 종효과라고 하고 수직방향으로 응력이 생기면 횡효과라고 한다.

【정답】②

42. 다음 중 압전 효과를 이용한 것이 아닌 것은?

① 수정 발전기

② crystal pick-up

③ 초음파 발생기

④ 자속계

|정|답|및|해|설|

[압전기] 수정, 정기석, 로셀염, 티탄산 바륨등의 압전기가 수정 발진자, 초음파 발진자, crystral pick-up(일정 주파수의 발진 회로, 수중 탐색, 금속 탐상)등 여러 방면에 이용되고 있으나 자속계에는 이용되지 않는다.

【정답】④

43. 다음 물질 중 비유전율이 가장 큰 것은?

① 산화티탄 자기　　② 종이

③ 운모　　　　　　④ 변압기 기름

|정|답|및|해|설|

[유전체의 비유전율]
① 산화티탄 자기 : 115~5000
② 종이 : 2~2.6
③ 운모 : 5.5~6.6
④ 변압기 기름 : 2.2~2.4

【정답】①

44. 다음 유전체 중에서 비유전율이 가장 큰 것은?

① 수소　　　　② 고무

③ 운모　　　　④ 물

|정|답|및|해|설|

[유전체의 비유전율]
① 수소 : 1.000264
② 고무 : 2.0~3.5
③ 운모 : 5.5~6.6
④ 물 : 80.7

【정답】④

Chapter
05
전기 영상법 (전계의 특수해법)

01 전기영상법

(1) 전기 영상법의 정의

전기 영상법이란 도체의 전하분포 및 경계조건을 교란시키지 않는 전하를 가상함으로써 간단히 도체 주위의 전계를 해석하는 방법이다.

(2) 전기 영상법의 원리

쿨롱의 힘을 구하기 위해서는 반드시 2개의 전하가 존재하여야 한다.

$$F = \frac{Q_1 Q_2}{4\pi\epsilon_0 r^2} = 9 \times 10^9 \frac{Q_1 Q_2}{r^2} [N]$$

02 전기영상법의 종류

1. 무한 평면과 점전하

(1) 작용하는 힘

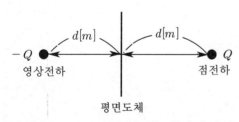

평면의 반대쪽에 크기는 같고 부호가 반대인 전하가 있다고 가정하고 해석한다.

−는 흡인력을 나타낸다.

유도전하 $-Q$와 점전하 Q의 서로 작용하는 힘으로 종류에 관계없이 흡인력이 작용한다.

힘(흡인력) $F = \dfrac{1}{4\pi\epsilon_0} \dfrac{Q \times (-Q)}{(2d)^2} = -\dfrac{Q^2}{16\pi\epsilon_0 d^2} [N]$

(2) 전계의 세기

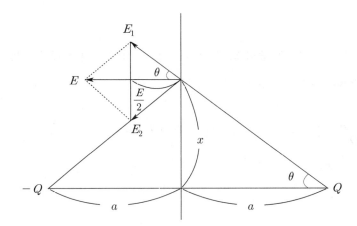

$$\cos\theta = \frac{\dfrac{E}{2}}{E_1} = \frac{E}{2E_1}$$

전계의 세기 $E = 2E_1\cos\theta = 2 \cdot \dfrac{Q}{4\pi\varepsilon_0\left(\sqrt{a^2+x^2}\,\right)^2} \cdot \dfrac{a}{\sqrt{a^2+x^2}} = \dfrac{Q\cdot a}{2\pi\varepsilon_0\left(a^2+x^2\right)^{\frac{3}{2}}}\,[V/m]$

(3) 표면 전하 밀도(전속 밀도)

$$\rho = D = -\varepsilon_0 E = -\varepsilon_0 \cdot \frac{Q\cdot a}{2\pi\varepsilon_0\left(a^2+x^2\right)^{\frac{3}{2}}} = -\frac{Q\cdot a}{2\pi\left(a^2+x^2\right)^{\frac{3}{2}}}\,[C/m^2] \quad \rightarrow (-값은\ 영상전하\ 고려)$$

표면 전하 밀도가 최대인 지점$(x=0)$ $\rho_{\max} = D_{\max} = -\dfrac{Q}{2\pi a^2}\,[C/m^2]$

핵심기출 【기사】 15/3 【산업기사】 18/3

무한 평면 도체로부터 거리 a[m]인 곳에 점전하 Q[C]이 있을 때 도체 표면에 유도되는 최대전하밀도는 몇 $[C/m^2]$인가?

① $\dfrac{Q^2}{2\pi\varepsilon_0 a^2}$ 　　　　　　　　② $\dfrac{Q}{4\pi a^2}$

③ $-\dfrac{Q}{2\pi a^2}$ 　　　　　　　　④ $\dfrac{Q}{4\pi\epsilon_0 a^2}$

정답 및 해설 [표면 전하 밀도] 무한 평면 도체상의 기준 원점으로부터 $x[m]$인 곳의 전하 밀도 $[C/m^2]$는

$\sigma = -\dfrac{Q\cdot a}{2\pi(a^2+x^2)^{3/2}}\,[C/m^2]$이다.

면밀도가 최대인점은 $x=0$인곳이므로 $\sigma = -\dfrac{Q}{2\pi a^2}\,[C/m^2]$ 　　　　　【정답】③

2. 접지 도체구와 점전하

(1) 영상점

그림과 같이 반지름 a의 접지 도체구의 중심으로부터 $d(>a)$인 점에 점전하 Q가 있는 경우

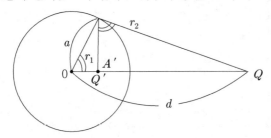

(2) 영상 전하의 위치

영상점은 중심으로부터 $\dfrac{a^2}{d}$인점

(3) 영상 전하의 크기

$V= V_1 + V_2 = 0$(접지되었기 때문)

$$\frac{Q'}{4\pi\varepsilon_0 r_1}+\frac{Q}{4\pi\varepsilon_0 r_2}= 0$$

$$\frac{Q'}{r_1}=-\frac{Q}{r^2}$$

영상전하의 크기 $Q' =-\dfrac{r_1}{r_2}Q=-\dfrac{a}{d}Q$

(4) 작용하는 힘

$$F=\frac{Q\cdot Q'}{4\pi\varepsilon_0 (d- \overline{OA})^2}=\frac{Q\cdot Q'}{4\pi\varepsilon_0 (\frac{d^2-a^2}{d})^2}\,[\text{N}] \qquad \rightarrow (\overline{OA} = \frac{a}{d})$$

핵심기출 【기사】 07/3 11/3 19/1 【산업기사】 09/2

접지된 구도체와 점전하 간에 작용하는 힘은?

① 항상 흡인력이다.   ② 항상 반발력이다.

③ 조건적 흡인력이다.   ④ 조건적 반발력이다.

정답 및 해설 [접지 구도체와 점전하] 접지 구도체와 점전하 $Q[C]$간 작용력은 접지 구도체의 영상 전하 $Q' =-\dfrac{a}{d}Q[C]$이
부호가 반대이므로 항상 흡인력이 작용한다.   【정답】 ①

3. 무한 평면과 선전하

(1) P점에서 전계의 세기

무한 평면 도체와 높이 h, 선전하밀도 ρ_l를 갖는 반지름 a인 무한 직선 도체가 평행으로 놓여 있는 경우

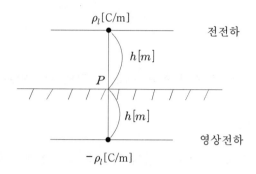

전계의 세기 $E=\dfrac{-\rho_l}{2\pi\epsilon_0(2h)}=\dfrac{-\rho_l}{4\pi\epsilon_0 h}[V/m]$ $\rightarrow$ (ρ_l ; 선전하밀도)

(2) 단위 길이 당 받는 힘

직선 도체가 단위 길이 당 받는 힘(F)

$$F=QE=\rho_l\cdot E=\rho_l\times\dfrac{-\rho l}{4\pi\varepsilon_0 h}=\dfrac{-\rho_l^2}{4\pi\varepsilon_0 h}[N/m]$$

핵심기출 【기사】 07/3 14/1 18/3

대지면에 높이 h로 평행하게 가설된 매우 긴 선전하가 지면으로부터 받는 힘은?

① h^2에 비례한다.　　　　　　② h^2에 반비례한다.

③ h에 비례한다.　　　　　　　④ h에 반비례한다.

정답 및 해설 [무한 평면과 선전하] 단위 길이당 받는 힘 $f=-\lambda E=-\lambda\cdot\dfrac{\lambda}{2\pi\epsilon_0(2h)}=\dfrac{-\lambda^2}{4\pi\epsilon_0 h}[N/m]\propto\dfrac{1}{h}$

여기서, $h[m]$: 지상의 높이, $-\lambda[C/m]$: 선전하밀도

【정답】④

01 전기영상법의 원리는 쿨롱의 법칙이며, 쿨롱의 힘을 구하기 위해서는 반드시 ( )개의 전하가 존재하여야 한다.

02 반지름 $a[m]$인 접지 도체구의 중심에서 $d[m]$되는 지점에 점전하 $Q[C]$를 놓았을 때 도체구에 유도되는 총 전하 $Q=($)[C]이다.

03 접지 도체구의 안에 있는 영상 전하와 점전하 간의 작용하는 힘 $F=($) $\times \dfrac{Q^2}{4\pi\varepsilon_0 \left(\dfrac{d^2-a^2}{d}\right)^2}[N]$이다.

04 무한 평면과 점전하 $+Q[C]$와 점전하 Q의 서로 작용하는 힘으로 종류에 관계없이 ( )이 작용한다.

05 무한 평면과 점전하 $+Q[C]$와 점전하 Q의 사이에 서로 작용하는 힘 $F=($)이다.

06 무한 평면 도체로부터 $a[m]$인 곳에 점전하 $Q[C]$가 있을 때 도체 표면에 유도되는 최대 표면 전하 밀도 $\rho_{\max}=($)$[C/m^2]$이다.

07 무한 평면 도체와 높이 h, 선전하밀도 ρ_l를 갖는 반지름 a인 무한 직선 도체가 평행으로 놓여 있는 경우 단위 길이 당 받는 힘 $F=($)$[N/m]$이다.

08 무한 평면 도체와 높이 h, 선전하밀도 ρ_l를 갖는 반지름 a인 무한 직선 도체가 평행으로 놓여 있는 경우 P점에서 전계의 세기 $E = ($ $)[\,V/m\,]$이다.

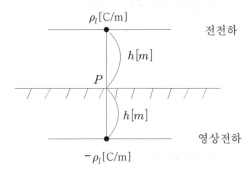

09 무한 평면 도체와 높이 h, 선전하밀도 ρ_l를 갖는 반지름 a인 무한 직선 도체가 평행으로 놓여 있는 경우 단위 길이 당 받는 힘(F)은 높이 h에 (   )한다.

정답

(1) 2

(2) $-\dfrac{a}{d}Q$

(3) $-\dfrac{a}{d}$

(4) 흡인력

(5) $-\dfrac{Q^2}{16\pi\epsilon_0 d^2}[N]$

(6) $-\dfrac{Q}{2\pi a^2}$

(7) $\dfrac{-\rho_l^2}{4\pi\epsilon_0 h}$

(8) $\dfrac{-\rho_l}{4\pi\epsilon_0 h}$

(9) 반비례

1. 전류 $+I$와 전하 $+Q$가 무한히 긴 직선상의 도체에 각각 주어졌고 이들 도체는 진공 속에서 각각 투자율과 유전율이 무한대인 물질로 된 무한대 평면과 평행하게 놓여있다. 이 경우 영상법에 의한 영상 전류와 영상 전하는? (단, 전류는 직류이다.)

① $-I,\ -Q$ ② $-I,\ +Q$

③ $+I,\ -Q$ ④ $+I,\ +Q$

|정|답|및|해|설|·············
[무한 평면과 점전하] 전하 $+Q$ 는 평면의 반대 쪽에 $-Q$의 영상전하를 갖고 $+I$의 전류도 평면의 반대쪽에 $-I$의 영상 전류를 흘리게 된다.   【정답】①

2. 점전하 $Q[C]$에 의한 무한 평면 도체의 영상 전하는?

① $-Q|C|$보다 작다.   ② $Q|C|$보다 크다.

③ $-Q|C|$과 같다.   ④ $Q|C|$과 같다.

|정|답|및|해|설|·············
[무한 평면과 점전하] 무한 평면 도체에서 $Q[C]$의 전하는 같은 거리에 $-Q[C]$의 영상 전하를 갖는다.   【정답】③

3. 무한 평면 도체로부터 거리 $a[m]$인 곳에 점전하 $Q[C]$이 있을 때 $Q[C]$과 무한 평면 표면에서의 최대 전속밀도는? (공간 매질의 유전율 $\varepsilon[F/m]$이다.)

① $-\dfrac{Q}{2\pi a^2}$ ② $-\dfrac{Q^2}{4\pi a}$

③ $-\dfrac{Q}{\pi a^2}$ ④ 0

|정|답|및|해|설|·············
[표면 전하 밀도(전속 밀도)]

$$D=\varepsilon_0 E=-\varepsilon_0\frac{Q_a}{2\pi\varepsilon_0\left(a^2+x^2\right)^{\frac{3}{2}}}$$

$$=\frac{Q_a}{2\pi\left(a^2+x^2\right)^{\frac{3}{2}}}[C/m^2]\text{에서}$$

표면전하밀도가 최대가 되는 지점 $x=0$이므로

$$D_{\max}=-\frac{Q}{2\pi a^2}[C/m^2]\qquad\qquad\text{【정답】①}$$

4. 무한 평면 도체로부터 거리 $a[m]$인 곳에 점전하 $Q[C]$이 있을 때 $Q[C]$과 무한 평면 도체 간의 작용력[N]은? (공간 매질의 유전율 $\varepsilon[F/m]$이다.)

① $\dfrac{Q^2}{2\pi\varepsilon_0 a^2}$ ② $\dfrac{-Q^2}{16\pi\varepsilon_0 a^2}$

③ $\dfrac{Q^2}{4\pi\varepsilon a^2}$ ④ $-\dfrac{Q^2}{16\pi\varepsilon a^2}$

|정|답|및|해|설|·············
[무한 평면과 점전하] 이 문제는 함정이 있는 문제이다. 보통은 ②를 답으로 생각하는데 유전율이 ε으로 주어졌기 때문에 ④가 답이 된다.

$$F=\frac{Q_1 Q_2}{4\pi\varepsilon r^2}\text{에서 } Q_1=Q,\ Q_2=-Q,\ r=2a$$

$$F=\frac{Q\times-Q}{4\pi\varepsilon(2a)^2}=-\frac{Q^2}{16\pi\varepsilon a^2}\quad\rightarrow\ (\ F<0\ \text{흡인력})$$

【정답】④

5. 공기 중에서 무한평면도체 표면 아래의 1[m] 떨어진 곳에 1[C]의 점전하가 있다. 전하가 받는 힘의 크기는 몇 [N]인가?

① 9×10^9

② $\dfrac{9}{2} \times 10^9$

③ $\dfrac{9}{4} \times 10^9$

④ $\dfrac{9}{16} \times 10^9$

|정|답|및|해|설|⋯⋯⋯⋯⋯⋯⋯⋯⋯⋯⋯⋯⋯⋯⋯

[무한 평면과 점전하] $F = \dfrac{-Q^2}{16\pi\varepsilon_0 a^2}$ [N]

힘의 크기 $|F| = \dfrac{Q^2}{16\pi\varepsilon_0 a^2} = \dfrac{1}{4\pi\varepsilon_0} \times \dfrac{1}{4} \times \dfrac{Q^2}{a^2}$

$\qquad\qquad = 9 \times 10^9 \times \dfrac{1}{4} \times \dfrac{1^2}{1^2} = \dfrac{9}{4} \times 10^9$

【정답】③

6. 질량이 $10^{-3}[kg]$인 작은 물체가 전하 $Q[C]$를 가지고 무한 도체 평면 아래 $2 \times 10^{-2}[m]$에 있다. 전기 영상법을 이용하여 정전력이 중력과 같게 되는데 필요한 Q의 값[C]은?

① 약 2.5×10^{-8}

② 약 3.5×10^{-8}

③ 약 4.2×10^{-8}

④ 약 5.0×10^{-8}

|정|답|및|해|설|⋯⋯⋯⋯⋯⋯⋯⋯⋯⋯⋯⋯⋯⋯⋯

[무한 평면과 점전하] $F = \dfrac{Q^2}{16\pi\varepsilon_0 a^2} = mg[N]$

$Q = \sqrt{16\pi\varepsilon_0 a^2 \times mg}$

$\quad = \sqrt{16\pi \times 8.855 \times 10^{-12} \times (2 \times 10^{-2})^2 \times 10^{-3} \times 9.8}$

$\quad = 4.2 \times 10^{-8}$

【정답】③

7. 그림과 같이 무한 도체판으로부터 $a[m]$ 떨어진 점에 $+Q[C]$ 점전하가 있을 때 $\dfrac{1}{2}a[m]$인 P점의 전계의 세기[V/m]는?

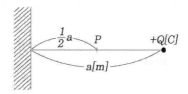

① $\dfrac{10Q}{\pi\varepsilon_0 a^2}$

② $\dfrac{10Q}{9\pi\varepsilon_0 a^2}$

③ $\dfrac{Q}{9\pi\varepsilon_0 a^2}$

④ $\dfrac{8Q}{9\pi\varepsilon_0 a^2}$

|정|답|및|해|설|⋯⋯⋯⋯⋯⋯⋯⋯⋯⋯⋯⋯⋯⋯⋯

[무한 평면과 점전하의 전계] 전계는 +전하와 영상 도체 −전하간이므로 전계는 합해지고 전위는 차감한다.

$E = E_1 + E_2 = \dfrac{Q}{4\pi\varepsilon_0 \left(\dfrac{3}{2}a\right)^2} + \dfrac{Q}{4\pi\varepsilon_0 \left(\dfrac{1}{2}a\right)^2}$

$\qquad = \dfrac{Q}{9\pi\varepsilon_0 a^2} + \dfrac{Q}{\pi\varepsilon_0 a^2} = \dfrac{10Q}{9\pi\varepsilon_0 a^2}[V/m]$

【정답】②

8. 반지름 $a[m]$인 접지 도체구 중심으로부터 $d[m](> a)$인 곳에 점전하 $Q[C]$이 있으면 구도체에 유기되는 전하량[C]은?

① $-\dfrac{a}{d}Q$

② $\dfrac{a}{d}Q$

③ $-\dfrac{d}{a}Q$

④ $\dfrac{d}{a}Q$

|정|답|및|해|설|⋯⋯⋯⋯⋯⋯⋯⋯⋯⋯⋯⋯⋯⋯⋯

[접지 도체구와 점전하] 접지 도체구에서 영상전하(Q') : 크기는 다르지만 부호가 반대이다.

영상전하의 크기 $Q' = -\dfrac{a}{d}Q$

【정답】①

9. 반지름 a인 접지 도체구의 중심에서 $d(>a)$되는 곳에 점전하 Q가 있다. 구도체에 유기되는 영상전하 및 그 위치(중심에서의 거리)는 각각 얼마인가?

① $+\dfrac{a}{d}Q$이며 $\dfrac{a^2}{d}$이다.

② $-\dfrac{a}{d}Q$이며 $\dfrac{a^2}{d}$이다.

③ $+\dfrac{a}{d}Q$이며 $\dfrac{a^2}{d}$이다

④ $-\dfrac{d}{a}Q$이며 $\dfrac{d^2}{a}$이다

|정|답|및|해|설|
[접지 도체구와 점전하]

· 영상전하의 크기 $Q' = -\dfrac{a}{d}Q$

· 중심으로부터 영상전하 위치는 $\dfrac{a^2}{d}$이다.

【정답】②

10. 반지름 a인 접지구형도와 점전하가 유전율 ϵ인 공간에서 각각 원점과 (d, 0, 0)인 점에 있다. 구형도체를 제외한 공간의 전계를 구할 수 있도록 구형도체를 영상전하로 대치할 때의 영상점전하의 위치는? ($a > d$)

① $\left(-\dfrac{a^2}{d},\ 0,\ 0\right)$ ② $\left(+\dfrac{a^2}{d},\ 0,\ 0\right)$

③ $\left(0,\ +\dfrac{a^2}{d},\ 0\right)$ ④ $\left(+\dfrac{d^2}{4a},\ 0,\ 0\right)$

|정|답|및|해|설|
[접지 도체구와 점전하]

· 영상전하의 크기 $Q' = -\dfrac{a}{d}Q$

· 중심으로부터 영상전하 위치는 $\dfrac{a^2}{d}$이다.

$(d,\ 0,\ 0)$이므로 x축으로 이동하게 된다.

【정답】②

11. 접지 구도체와 점전하간의 작용력은?

① 항상 반발력이다.

② 항상 흡인력이다.

③ 조건적 반발력이다.

④ 조건적 흡인력이다.

|정|답|및|해|설|
[접지 도체구와 점전하] 전기 영상법에서는 영상도체가 부호가 반대이므로 항상 흡인력이 작용하게 된다.

접지 구도체에서 영상전하 $Q' = -\dfrac{a}{d}Q$

Q와 $-\dfrac{a}{d}Q$와 작용하는 힘이므로

$F < 0 \quad \rightarrow \quad \therefore$ 흡인력   【정답】②

12. 대지면에 높이 h[m]로 평행 가설된 매우 긴 선전하(선전하 밀도 λ[C/m])가 지면으로 부터 받는 힘[N/m]은?

① h에 비례한다.

② h에 반비례한다.

③ h^2에 비례한다.

④ h^2에 반비례한다.

|정|답|및|해|설|
[무한 평면과 선전하]

$F = \rho_l E = \rho_l \times \dfrac{-\rho_l}{2\pi\epsilon_0 (2h)} = -9 \times 10^9 \times \dfrac{\rho_l^2}{h}[N/m]$

$\therefore F \propto \dfrac{1}{h}$ 【정답】②

13. 그림과 같이 접지된 반지름 a[m]의 도체구 중심 O에서 d[m] 떨어진 점 A에 Q[C]의 점전하가 존재할 때 A'점에 Q'의 영상 전하(image charge)를 생각하면 구도체와 점전하 간에 작용하는 힘[N]은?

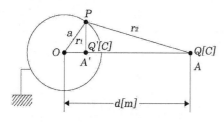

① $F = \dfrac{QQ'}{4\pi\varepsilon_0 \left(\dfrac{d^2 - a^2}{d}\right)}$

② $F = \dfrac{QQ'}{4\pi\varepsilon_0 \left(\dfrac{d}{d^2 - a^2}\right)}$

③ $F = \dfrac{QQ'}{4\pi\varepsilon_0 \left(\dfrac{d^2 + a^2}{d}\right)^2}$

④ $F = \dfrac{QQ'}{4\pi\varepsilon_0 \left(\dfrac{d^2 - a^2}{d}\right)^2}$

|정|답|및|해|설|
[접지 도체구와 점전하]
$F = \dfrac{Q \cdot Q'}{4\pi\varepsilon_0 \left(d - \dfrac{a^2}{d}\right)^2} = \dfrac{Q \cdot Q'}{4\pi\varepsilon_0 \left(\dfrac{d^2 - a^2}{d}\right)^2} [N]$

【정답】④

14. 직교하는 도체평면과 점전하 사이에는 몇 개의 영상전하가 존재하는가?

① 2   ② 3

③ 4   ④ 5

|정|답|및|해|설|
[무한 평면과 점전하]
$n = \dfrac{360}{\theta} - 1 = \dfrac{360°}{90°} - 1 = 3[개]$

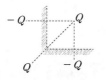

【정답】②

15. 그림과 같은 유전속의 분포에서 ϵ_1과 ϵ_2의 관계는?

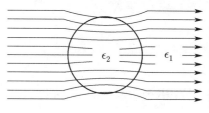

① $\varepsilon_1 > \varepsilon_2$ ② $\varepsilon_2 > \varepsilon_1$

③ $\varepsilon_1 = \varepsilon_2$ ④ $\varepsilon_2 \leq \varepsilon_1$

|정|답|및|해|설|
[유전율] 전속선은 유전율이 큰 쪽으로 모인다.
$\varepsilon_1 > \varepsilon_2$일 경우 $E_1 < E_2$, $D_1 > D_2$, $\theta_1 > \theta_2$

【정답】②

16. 그림과 같은 직교 도체평면상 P점에 Q[C]의 전하가 있을 때 P' 점의 영상전하는?

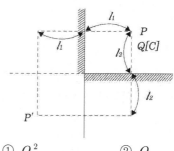

① Q^2 ② Q

③ $-Q$ ④ 0

|정|답|및|해|설|
[영상전하] a점에 –Q, b점에 –Q가 생기므로 P점에는 Q가 생기게 된다.   【정답】②

01 전기량(전하량)

(1) 전하의 정의

외부의 에너지에 의하여 대전된 전기를 전하라 한다.

기호는 Q, 단위는 $[C]$(쿨롱)을 사용한다.

(2) 전하의 종류

① 양전하(+) : 양자

② 음전하(−) : 전자

③ 전자 1개의 전자량 $e = -1.602 \times 10^{-19}[C]$

④ 전자 1개의 무게 $m = 9.1 \times 10^{-31}[kg]$

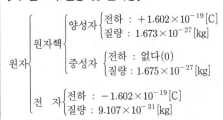

[각 원소의 질량 및 전하량]

$$원자 \begin{cases} 원자핵 \begin{cases} 양성자 \begin{cases} 전하 : +1.602 \times 10^{-19}[C] \\ 질량 : 1.673 \times 10^{-27}[kg] \end{cases} \\ 중성자 \begin{cases} 전하 : 없다(0) \\ 질량 : 1.675 \times 10^{-27}[kg] \end{cases} \end{cases} \\ 전 \ 자 \begin{cases} 전하 : -1.602 \times 10^{-19}[C] \\ 질량 : 9.107 \times 10^{-31}[kg] \end{cases} \end{cases}$$

(3) 전기량

어떤 물체 또는 입자가 띠고 있는 전기의 양이다. 대전량 또는 하전량이라고도 한다.

n개의 전자가 이동한 경우의 전체 전하량 $Q = n \times e[C]$

여기서, n : 이동한 전자의 개수, e : 전자 1개의 전하량[C]

핵심기출 【기사】 15/1

반지름이 5[mm]인 구리선에 10[A]의 전류가 흐르고 있을 때 단위 시간당 구리선의 단면을   통과하는 전자의 개수는? (단, 전자의 전하량 $e = 1.602 \times 10^{-19}[C]$이다.)

① 6.24×10^{17} ② 6.24×10^{19}

③ 1.28×10^{21} ④ 1.28×10^{23}

정답 및 해설 [전기량(전하량)] $Q = ne[C]$, $Q = ne = I \cdot t$이다.

단위 시간(1초)에 10[A]가 흐르면 10[C]이다.

$n = \dfrac{I \cdot t}{e} = \dfrac{10}{1.602 \times 10^{-19}} = 6.24 \times 10^{19} \rightarrow (n : 전자의 개수, \ e : 전자 1개의 전하량[C])$

【정답】②

---

(1) 전류의 정의

전류란 미소시간 dt 사이에 그 단면을 통과한 전하량의 비율이다.

기호는 I, 단위는 [A](암페어)를 사용한다.

전류 $I = \dfrac{dQ}{dt}[A]$

> **[전류의 종류]**
> ① 변위전류 : 유전체 내에 존재하는 전속 밀도의 시간적 변화에 의한 것
> ② 대류전류 : 전기를 띤 물질이 운동할 때에 그 물질에 흐르는 전류
> ③ 전도전류 : 전도전자 흐름에 의한 물질 내부 전하의 연속적인 운동
> ④ 분극전류 : 편극에 의한 역기전력으로 인한 전자의 이동으로 생기는 전류

(2) 전류의 계산

① 전하량 $Q = I \cdot t = ne[C]$

즉, 1[C]이란 1[A]의 전류가 1초 동안 흐를 때의 전하량이 된다.

② 전류 $I = \dfrac{Q}{t} = \dfrac{n \times e}{t} = nevS[A]$

즉, 1초 동안(단위 시간 당) 도체를 통과한 전기량의 크기를 말한다.

(3) 전류밀도(i_d)와 도전율(k)

단위 면적을 통해 흐르는 전류의 양을 전류밀도라 한다. 단위는 $[A/m^2]$이다.

① 전류밀도 $i_d = \dfrac{I}{S} = \dfrac{V}{R \cdot S} = nev = kE = \dfrac{E}{\rho} = Qv\,[A/m^2]$

$$\rightarrow (\text{옴의 법칙 } I = \dfrac{V}{R}[A],\ i_d = kE = \dfrac{E}{\rho}[A/m^2])$$

② 도전율 $k = \dfrac{1}{\rho}[S/m]$

③ 전하의 이동속도 $v = \mu E$

여기서 n : 단위 체적당 전하의 수, k : 도전율[S/m], v[m/s] : 전하의 이동 속도

S : 단면적$[m^2]$, ρ : 저항률, μ : 하전입자의 이동도, e : 전자 1개의 전하량[C]

핵심기출 【산업기사】 08/3

10[A]의 전류가 5분간 도선에 흘렀을 때 도선 단면을 지나는 전기량은 몇 [C]인가?

① 50　　　　② 300　　　　③ 500　　　　④ 3000

정답 및 해설 [전류] $I = \dfrac{Q}{t}[A]$

전기량 $Q = I \cdot t = 10 \times 5 \times 60 = 3000[C]$　　　　【정답】④

03 도체의 저항과 저항 온도계수

(1) 고유저항

전선이나 도체를 구성하면서 그 물결 자체의 고유한 특성으로 인해서 생기는 전류의 흐름을 방해하는 요소를 말한다.

고유저항의 기호는 ρ, 단위는 $[\Omega \cdot m]$을 쓴다.

※ 고유저항(=저항률)

(2) 전기저항

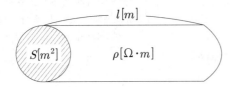

① 전기저항 $R = \rho \dfrac{l}{S} = \dfrac{l}{kS}[\Omega]$

② 저항률 $\rho = \dfrac{1}{k}$ → (k : 도전율)

(3) 콘덕턴스

콘덕턴스 $G = \dfrac{1}{R} = \dfrac{S}{\rho l} = k \dfrac{S}{l}[\mho]$

여기서, ρ : 고유저항 $[\Omega \cdot m]$, k : 도전율 $[\mho/m][S/m]$, l : 도선의 길이 $[m]$

$\qquad$ S : 도선의 단면적 $[m^2]$

(4) 온도계수와 저항과의 관계

① 온도 변화에 따른 저항값 구하는 식

$\qquad R_2 = R_1[1 + a_1(T_2 - T_1)][\Omega]$

여기서, T_1, T_2 : 변화 전과 후의 전선의 온도[℃]

$\qquad\qquad R_2$: 새로운 저항값$[\Omega]$, R_1 : 온도 변화 전의 원래의 저항$[\Omega]$

$\qquad\qquad a_1$: T_1[℃]에서 도체의 고유한 온도계수($a_1 = \dfrac{a_0}{1 + a_0 T_1}$)

$\qquad\qquad\qquad$ ($0[^\circ C]$에서 $a_1 = \dfrac{1}{234.5}$, $t[^\circ C]$에서 $a_2 = \dfrac{1}{234.5 + t}$)

※온도가 올라가면 저항은 증가한다.

② 합성온도계수를 구하는 식

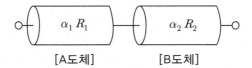

[A도체]　　　　　[B도체]

저항값과 온도계수 값이 다른 2개의 도체를 직렬로 접속하였을 때의 합성온도계수

합성온도계수 $\alpha = \dfrac{\alpha_1 R_1 + \alpha_2 R_2}{R_1 + R_2}$

핵심기출　【기사】 10/2

저항 10[Ω], 저항의 온도계수 $a_1 = 5 \times 10^{-3}[l/℃]$의 동선에 직렬로 저항90[Ω],
온도계수 $a_2 ≒ 0[l/℃]$의 망간선을 접속하였을 때의 합성저항 온도계수는?

① $2 \times 10^{-4}[l/℃]$　　　　　② $3 \times 10^{-4}[l/℃]$

③ $4 \times 10^{-4}[l/℃]$　　　　　④ $5 \times 10^{-4}[l/℃]$

정답 및 해설　[합성저항 온도계수] $\alpha = \dfrac{\alpha_1 R_1 + \alpha_2 R_2}{R_1 + R_2}[l/℃]$

$\alpha = \dfrac{\alpha_1 R_1 + \alpha_2 R_2}{R_1 + R_2} = \dfrac{10 \times 5 \times 10^{-3} + 90 \times 0}{10 + 90} = 5 \times 10^{-4}[l/℃]$　　　　【정답】 ④

04　전기저항과 정전용량

(1) 평행판 콘덴서의 저항과 정전용량

　① 전기저항 및 정전용량

　　㉮ 저항 $R = \rho \dfrac{l}{S}$

　　㉯ 평행판 콘덴서의 정전용량 $C = \dfrac{\epsilon \cdot S}{l}$

　② 전기저항과 정전용량과의 관계 : $RC = \rho \dfrac{l}{S} \times \dfrac{\epsilon \cdot S}{l} = \rho \epsilon$　　　$\therefore RC = \rho \epsilon$

　　여기서, R : 저항, C : 정전용량, ϵ : 유전율, ρ : 저항률 또는 고유저항

　③ 콘덴서에 흐르는 누설전류 $I = \dfrac{V}{R} = \dfrac{V}{\dfrac{\epsilon \rho}{C}} = \dfrac{CV}{\epsilon \rho}[A]$

※금속의 저항률 : 은 〈 구리 〈 금 〈 알루미늄 〈 텅스텐 〈 아연
※금속의 도전율 : 은 〉 구리 〉 금 〉 알루미늄 〉 텅스텐 〉 아연

(2) 기타 도체에서의 정전용량

① 고립 도체구 $C = 4\pi\varepsilon_0 a \,[F]$

② 동심구 $C = \dfrac{4\pi\varepsilon_0}{\dfrac{1}{a} - \dfrac{1}{b}}[F] \,(a < b)$

③ 동축원통 $C = \dfrac{2\pi\varepsilon_0 l}{\ln\dfrac{b}{a}}[F] \,(a < b)$

④ 평행도선 $C = \dfrac{\pi\varepsilon_0 l}{\ln\dfrac{d}{a}}[F]$

핵심기출 【기사】 06/2 12/1 【산업기사】 10/2 11/2 13/3 14/1

비유전률 $\varepsilon_s = 2.2$, 고유저항 $\rho = 10^{11}[\Omega \cdot m]$인 유전체를 넣은 콘덴서의 용량이 $200[\mu F]$ 이었다. 여기에 $500[kV]$ 전압을 가하였을 때 누설전류는 약 몇 [A]인가?

① 4.2[A] 　② 5.1[A] 　③ 51.3[A] 　④ 61.0[A]

정답 및 해설 [평행판 콘덴서에 흐르는 누설전류] $I = \dfrac{V}{R} = \dfrac{V}{\dfrac{\varepsilon\rho}{C}} = \dfrac{CV}{\varepsilon\rho} = \dfrac{CV}{\varepsilon_0\varepsilon_s\rho}[A]$

$\therefore I = \dfrac{CV}{\rho\varepsilon_0\varepsilon_s} = \dfrac{200\times10^{-6}\times500\times10^3}{10^{11}\times8.855\times10^{-12}\times2.2} = 51.3[A]$ 　　【정답】③

---

05 전력과 전력량

(1) 전력

전력은 전류가 단위 시간(1초) 동안 한 일 에너지이다.

전력의 기호로는 P, 전력의 단위는 [W]이다.

1[W]=1[J/s]=1[VA]의 관계 성립

① 선력 $P = VI = I^2 R = \dfrac{V^2}{R} = \dfrac{W}{t} = V\dfrac{Q}{t}[J/s]$

　여기서, $P[W]$: 전력(시간 당 일), $W[J]$: 일, $Q[C]$: 전하, $V[V]$: 전위차, $t[\sec]$: 시간

② $P = \dfrac{dW}{dt} = \dfrac{dQ}{dt}V[W]$, $I = \dfrac{dQ}{dt} = C\dfrac{dV}{dt}[A]$

(2) 전력량

전력을 어느 정해진 시간 동안에 소비한 전기 에너지의 총량을 말한다.

전력량의 기호로는 W, 전력량의 단위는 [W·sec]이다.

전력량 $W = Pt = VIt = I^2 Rt = \dfrac{V^2}{R}t\,[W\cdot\sec]$, $[J]$ $\rightarrow$ $(1[J] = 0.24[cal], \ 1[kW] = 860[kcal])$

10[F]의 콘덴서를 100[V]로 충전한 것을 단락시켜 0.1[ms]에 방전시켰다고 하면 평균 전력은 몇 [W]인가?

① 450[W] ② 500[W] ③ 550[W] ④ 600[W]

정답 및 해설 [평균 전력] $P = VI = I^2R = \dfrac{V^2}{R} = \dfrac{W}{t} = V\dfrac{Q}{t}[J/s]$ → $(W = \dfrac{1}{2}CV^2[J])$

$$P = \frac{W}{t} = \frac{\frac{1}{2}CV^2}{t} = \frac{\frac{1}{2} \times 10 \times 10^{-6} \times 100^2}{0.1 \times 10^{-3}} = 500[W]$$ 【정답】 ②

06 열전현상

(1) 열전현상의 정의

열과 전기 사이의 관계를 나타내는 효과의 총칭

이중의 금속을 연결하여 한쪽을 고온, 다른 쪽은 저온으로 했을 때 기전력이 발생하는 제백효과와 반대로 전류를 흘려서 열의 발생이나 흡수가 일어나는 현상인 펠티에 효과가 있다.

(2) 열전현상의 종류

① 제백효과

두 종류 금속 접속 면에 온도차가 있으면 기전력이 발생하는 효과이다.

열전온도계에 적용된다.

② 펠티에효과

두 종류 금속 접속 면에 전류를 흘리면 접속점에서 열의 흡수(온도 강하), 발생(온도 상승)이 일어나는 효과이다.

제벡효과와 반대 효과이며 전자 냉동 등에 응용되고 있다.

총발열량 $H = 0.24P \displaystyle\int_0^t I dt[cal]$

③ 톰슨효과

동일한 금속 도선의 두 점간에 온도차를 주고, 고온 쪽에서 저온 쪽으로 전류를 흘리면 도선 속에서 열이 발생되거나 흡수가 일어나는 이러한 현상을 톰슨효과라 한다.

핵심기출 【기사】 08/3 【산업기사】 09/1 18/3

두 종류의 금속으로 하나의 폐회로를 만들고 여기에 전류를 흘리면 양 접점에서 한쪽은 온도가 올라가고, 다른 쪽은 온도가 내려가서 열의 발생 또는 흡수가 생기고, 전류를 반대 방향으로 변화시키면 열의 발생부와 흡수부가 바뀌는 현상이 발생한다. 이 현상을 지칭하는 효과로 알맞은 것은?

① Pinch 효과   ② Peltier 효과

③ Thomson 효과   ④ Seebeck 효과

정답 및 해설 [열전현상] ① 핀치효과 : 기체 중을 흐르는 전류는 동일 방향의 평행 전류 간에 작용하는 흡인력에 의해 중심을 향해서 수축하려는 성질이 있다. 이것을 핀치 효과라 하고, 고온의 플라스마를 용기에 봉해 넣는다든지 하는 데 이용한다.   【정답】②

07 전기의 특수 현상

(1) 홀(Hall)효과

도체나 반도체의 물질에 전류를 흘리고 이것과 직각 방향으로 자계를 가하면 플레밍의 오른손 법칙에 의하여 도체 내부의 전하가 횡방향으로 힘을 모아 도체 측면에 (+), (−)의 전하가 나타나는데 이러한 현상을 홀효과라고 한다.

(2) 핀치효과

기체 중을 흐르는 전류는 동일 방향의 평행 전류간에 작용하는 흡인력에 의해 중심을 향해서 수축하려는 성질이 있다. 이것을 핀치효과라 한다.
고온의 플라스마를 용기에 봉해 넣는다든지 하는 데 이용한다.

(3) 스트레치효과

전류와 자계 사이의 힘의 효과를 이용한 것으로 자유로이 구부릴 수 있는 도선에 대전류를 통하면 도선 상호 간에 반발력에 의하여 도선이 원을 형성하는데 이와 같은 현상을 스트레치효과라고 말한다.

01 전류(I)가 흐르는 도체에 단위 시간 당 도체의 단면을 통과하는 전자의 개수 $n=($
)개 이다. 단, n은 이동한 전자의 개수, e은 전자 1개의 전하량[C], t는 시간을
나타낸다.

02 유전체 내에 존재하는 전속밀도의 시간적 변화에 의한 전류를 (   )라고 한다.

03 도체의 저항은 온도가 올라가면 그 값이 (   ) 한다.

04 도체의 제질, 저항률(ρ), 도전율(k), 단면적($S[m^2]$), 길이($l[m]$) 및 온도 등에 따라 결정되는
전기저항 $R=($)[Ω]이다.

05 저항값(R_1, R_2)과 온도계수(α_1, α_2) 값이 다른 2개의 도체를 직렬로 접속하였을 때의
합성온도계수 $\alpha=($)이다.

06 R(저항), C(정전용량), ϵ(유전율), ρ(저항률)이 주어질 경우 평행판 콘덴서의 저항과
정전용량과의 관계 $RC=\rho\dfrac{l}{S}\times\dfrac{\epsilon \cdot S}{l}=($)이다.

07 평행판 콘덴서에 흐르는 누설전류는 유전율 ϵ에 (   )한다.

08 전류와 자계 사이의 힘의 효과를 이용한 것으로 자유로이 구부릴 수 있는 도선에 대전류를
통하면 도선 상호간에 반발력에 의하여 도선이 원을 형성하는데 이와 같은 현상을
(   ) 효과라고 말한다.

09 두 종류 금속 접속 면에 전류를 흘리면 접속점에서 열의 흡수(온도 강하), 발생(온도 상승)이 일어나는 효과를 ( ) 효과라고 한다.

10 일정한 전력이 공급되었을 때, $t[s]$ 동안 소비되는 일$[W]$을 전력량(W)이라고 말하며 단위는 [J]을 사용한다. $1[J] = ($ ① $)[cal]$, $1[kW] = ($ ② $)[kcal]$이다.

정답

(1) $\dfrac{I \cdot t}{e}$

(2) 변위전류

(3) 증가

(4) $\rho \dfrac{l}{S} = \dfrac{l}{kS}$

(5) $\dfrac{\alpha_1 R_1 + \alpha_2 R_2}{R_1 + R_2}$

(6) $\rho\epsilon$

(7) 반비례

(8) 스트레치

(9) 펠티에

(10) ① 0.24   ② 860

적중 예상문제

1. 다음 중 오옴의 법칙은 어느 것인가? (단, k는 도전율, ρ는 고유 저항, E는 전계의 세기이다.)

① $i = kE$ ② $i = k/E$

③ $i = \rho E$ ④ $i = -kE$

|정|답|및|해|설|

[전류밀도] $i_d = \dfrac{I}{S} = kE = \dfrac{E}{\rho} = Qv[A/m^2]$

i_d : 전류밀도, k : 도전율, v : 속도, e : 전자의 전하량

【정답】①

2. 지름 2[mm]인 동선에 20[A]의 전류가 흐를 때 단위 체적 내의 구리의 자유전자수를 8.38×10^{28}개라 하면, 이때 전자의 평균 속도 [m/s]는?

① 2.37×10^{-4} ② 2.37×10^{-3}

③ 4.74×10^{-4} ④ 4.74×10^{-3}

|정|답|및|해|설|

[전류] $I = nevS[A]$

I : 전류, v : 속도, n : 전자의 개수

e : 전자의 전하량($1.602 \times 10^{-19}[C]$), S : 단면적

$v = \dfrac{I}{neS}$

$= \dfrac{20}{8.38 \times 10^{28} \times 1.602 \times 10^{-19} \times \pi \times (10^{-3})^2}$

$= 4.74 \times 10^{-4}[m/s]$

【정답】③

3. 반지름이 5[mm]인 구리선에 10[A]의 전류가 단위 시간에 흐르고 있을 때 구리선의 단면을 통과하는 전자의 개수는 단위 시간당 얼마인가? (단, 전자의 전하량은 $e = 1.602 \times 10^{-19}[C]$ 이다.)

① 6.24×10^{18} ② 6.24×10^{19}

③ 1.28×10^{22} ④ 1.28×10^{23}

|정|답|및|해|설|

[전하량] 단위 시간에 10[A]가 흐르면 10[C]이다.

$Q = ne = I \cdot t$

$n = \dfrac{I \cdot t}{e}$

$= \dfrac{10}{1.602 \times 10^{-19}} = 6.24 \times 10^{19}$ → (n : 전자의 개수)

【정답】②

4. 전류밀도 $D = 10^7[A/m^2]$이고, 단위체적의 이동 전하가 $Q = 8 \times 10^9[C/m^3]$이라면 도체내의 전자의 이동 속도 $v[m/s]$는?

① 1.25×10^{-2} ② 1.25×10^{-3}

③ 1.25×10^{-4} ④ 1.25×10^{-5}

|정|답|및|해|설|

[전하의 이동속도] $v = \dfrac{i_d}{Q}$ → ($i_d = \dfrac{I}{S} = kE = Qv[A/m^2]$)

i_d : 전류밀도, k : 도전율, v : 속도

n : 전자의 개수, e : 전자의 전하량

$v = \dfrac{i_d}{Q} = \dfrac{10^7}{8 \times 10^9} = 0.125 \times 10^{-2} = 1.25 \times 10^{-3}$

【정답】②

5. 지름 2.9[mm] 19본 길이 1[km]인 경동선의 20[℃]에서의 저항은 몇 [Ω]인가? (단, 20[℃]일 때 경동선의 고유저항 $\rho = \dfrac{1}{55} \times 10^{-6}[\Omega \cdot m]$이다.)

① 0.145   ② 0.637

③ 1.304   ④ 16.9

|정|답|및|해|설|⋯⋯⋯⋯⋯⋯⋯⋯⋯⋯⋯

[전기저항] $R = \rho \dfrac{l}{S} = \rho \dfrac{l}{\pi a^2}$ →(본= 가닥)

$R = \dfrac{1}{55} \times 10^{-6} \times \dfrac{10^3}{(\pi \times (1.45 \times 10^{-3})^2 \times 19} = 0.145[\Omega]$

【정답】①

6. 구리의 저항률은 20[℃]에서 1.69×10^{-8} [$\Omega \cdot m$]이고 온도계수는 0.0039이다. 단면이 2[mm^2]인 구리선 200[m]의 50[℃]에서의 저항값은 몇 [Ω]인가?

① 1.69×10^{-3} ② 1.89×10^{-3}

③ 1.69   ④ 1.89

|정|답|및|해|설|⋯⋯⋯⋯⋯⋯⋯⋯⋯⋯⋯
[온도계수와 저항]

$R_2 = R_1 1 + a(T_2 - T_1) = \rho \dfrac{l}{S} 1 + a(T_2 - T_1)$

$= 1.69 \times 10^{-8} \times \dfrac{200}{2 \times 10^{-6}} \times 1 + 0.0039(50 - 20)$

$= 1.89[\Omega]$ 【정답】④

7. 지름 1.6[mm]인 동선의 최대 허용 전류를 25[A]라 할 때 최대 허용 전류에 대한 왕복 전선로의 길이 20[m]에 대한 전압강하는 몇 [V]인가? (단, 동의 저항률은 $1.69 \times 10^{-8}[\Omega \cdot m]$이다.)

① 0.74   ② 2.1

③ 4.2   ④ 6.3

|정|답|및|해|설|⋯⋯⋯⋯⋯⋯⋯⋯⋯⋯⋯

[전압강하] $e = IR = I \times \rho \dfrac{l}{S}$

$= 25 \times 1.69 \times 10^{-8} \times \dfrac{20}{\dfrac{\pi}{4} \times (1.6 \times 10^{-3})^2}$

$= 4.2[V]$ 【정답】③

8. 지름 2[mm]인 동선에 20[A]의 전류가 흐를 때 도체 내의 전자의 평균 속도가 4.74×10^{-4} [m/s]라 하면 단위 체적 당의 전하밀도 [개/m^3]는?

① 7.38×10^{28} ② 8.38×10^{28}

③ 7.38×10^{22} ④ 8.38×10^{22}

|정|답|및|해|설|⋯⋯⋯⋯⋯⋯⋯⋯⋯⋯⋯

[전류밀도] $i_d = \dfrac{I}{S} = nev = kE = \dfrac{E}{\rho} = Qv[A/m^2]$

i_d : 전류밀도, k : 도전율, v : 속도,
n : 전자의 개수, e : 전자의 전하량

$n = \dfrac{I}{evS} = \dfrac{I}{ev\pi r^2}$

$= \dfrac{20}{1.602 \times 10^{-19} \times 4.74 \times 10^{-4} \times \pi \times (10^{-3})^2}$

$= 8.38 \times 10^{28}[개/m^3]$

【정답】②

9. 전기저항 R과 정전용량 C, 고유저항 ρ 및 유전율 ϵ 사이의 관계는?

① $RC = \rho \varepsilon$ ② $\dfrac{R}{C} = \dfrac{\varepsilon}{\rho}$

③ $\dfrac{R}{C} = \varepsilon \rho$ ④ $R = \varepsilon C \rho$

|정|답|및|해|설|
[전기저항과 정전용량과의 관계]

전기저항 $R = \rho \dfrac{l}{S}$ 　　정전용량 $C = \dfrac{\epsilon \cdot S}{l}$

$RC = \rho \dfrac{l}{S} \times \dfrac{\epsilon \cdot S}{l} = \rho \epsilon$ 　　　　　　　　【정답】①

---

10. 콘덴서 사이에 유전율 ε, 도전율 k인 도전성 물질이 있을 때, 정전 용량 C와 콘덕턱스 G는 어떤 관계에 있는가?

① $\dfrac{C}{G} = \dfrac{k}{\varepsilon}$ 　　　　② $\dfrac{C}{G} = \dfrac{\varepsilon}{k}$

③ $GC = \varepsilon k$ 　　　　④ $\dfrac{C}{G} = \varepsilon k$

|정|답|및|해|설|
[콘덕턴스] $G = \dfrac{1}{R}[\mho]$

전기저항 $R = \rho \dfrac{l}{S}$ 　　정전용량 $C = \dfrac{\epsilon \cdot S}{l}$

$RC = \rho \dfrac{l}{S} \times \dfrac{\varepsilon S}{l} = \rho \varepsilon$

저항 R의 역개념이 G 콘덕턴스이고 저항률(ρ)의 역개념이 도전율(k)이다.

$\dfrac{C}{G} = \dfrac{\varepsilon}{k}$ 　　　　　　　　　　　　　【정답】②

---

11. 평행판 콘덴서에 유전율 9×10^{-8}[F/m], 고유 저항 $\rho = 10^6 [\Omega \cdot m]$인 액체를 채웠을 때 정전 용량이 3[$\mu F$ F]이었다. 이 양극판 사이의 저항은 몇 [kΩ]인가?

① 37.6 　　　　② 30

③ 18 　　　　④ 15.4

|정|답|및|해|설|
[전기저항과 정전용량과의 관계] $RC = \rho \varepsilon$

$R = \dfrac{\rho \varepsilon}{C} = \dfrac{10^6 \times 9 \times 10^{-8}}{3 \times 10^{-6}}[\Omega] = 3 \times 10^4 = 30[k\Omega]$

【정답】②

---

12. 액체 유전체를 넣은 콘덴서의 용량이 20[μF]이다. 여기에 500[kV]의 전압을 가하면 누설 전류[A]는? (단, 비유전율 $\varepsilon_s = 2.2$, 고유 저항 $\rho = 10^{11}[\Omega \cdot m]$이다.)

① 4.2 　　　　② 5.13

③ 54.5 　　　　④ 61

|정|답|및|해|설|
[전기저항과 정전용량과의 관계] $RC = \rho \varepsilon$

$R = \dfrac{\rho \varepsilon}{C} = \dfrac{10^{11} \times 8.855 \times 10^{-12} \times 2.2}{20 \times 10^{-6}} = 97405[\Omega]$

$I = \dfrac{V}{R} = \dfrac{500 \times 10^3}{97405} = 5.13[A]$ 　　　　　【정답】②

---

13. 그림에 표시한 반구형 도체를 전극으로 한 경우의 접지 저항[Ω]은? (단, ρ는 대지의 고유 저항이며 전극의 고유 저항에 비해 매우 크다.)

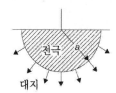

① $4\pi a \rho$ 　　　　② $\dfrac{\rho}{4\pi a}$

③ $\dfrac{\rho}{2\pi a}$ 　　　　④ $2\pi a \rho$

|정|답|및|해|설|
[전기저항과 정전용량과의 관계]

전기저항 $R = \rho \dfrac{l}{S}$ 　　정전용량 $C = \dfrac{\epsilon \cdot S}{l}$

$RC = \rho \dfrac{l}{S} \times \dfrac{\varepsilon S}{l} = \rho \varepsilon$

$R = \dfrac{\rho \varepsilon}{C}$ 　→ (C는 반구도체)

　　　　　　　　　　→ (고립 도체구 $C = 4\pi \varepsilon_0 a[F]$)

$C = 2\pi \varepsilon a[F]$ 대입하면 $R = \dfrac{\rho}{2\pi a}$

【정답】③

14. 반경 a, b이고 길이 l, 도전율이 σ인 동축 케이블이 있다. 단위 길이 당 절연저항은?

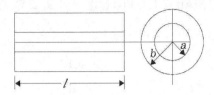

① $\dfrac{\sigma}{2\pi}\ln\dfrac{b}{a}$　　② $\dfrac{\sigma l}{2\pi}\ln\dfrac{b}{a}$

③ $\dfrac{1}{2\pi\sigma}\ln\dfrac{b}{a}$　　④ $\dfrac{1}{2\pi\sigma}\ln\dfrac{a}{b}$

|정|답|및|해|설|

[전기저항과 정전용량과의 관계]

전기저항 $R=\rho\dfrac{l}{S}$　　정전용량 $C=\dfrac{\epsilon\cdot S}{l}$

$RC=\rho\dfrac{l}{S}\times\dfrac{\varepsilon S}{l}=\rho\varepsilon$　　$\rightarrow(\rho:$ 저항률$(=\dfrac{1}{\sigma}))$

$\rightarrow$ (동축원통 $C=\dfrac{2\pi\varepsilon_0 l}{\ln\dfrac{b}{a}}[F]\;(a<b)$)

$R=\dfrac{\rho\varepsilon}{C}=\dfrac{\rho\varepsilon}{\dfrac{2\pi\varepsilon}{\ln\dfrac{b}{a}}}=\dfrac{\rho}{2\pi}\ln\dfrac{b}{a}=\dfrac{1}{2\pi\sigma}\ln\dfrac{b}{a}[\Omega/m]$

【정답】③

15. 길이 l[m], 반지름 a[m]인 두 평행 원통 전극을 d[m] 거리에 놓고 그 사이를 저항률 ρ[Ω·m]인 매질을 채웠을 때의 저항[Ω]은? (단, d≫a라 한다.)

① $\dfrac{\rho}{2pl}\ln\dfrac{d}{a}$　　② $\dfrac{\rho}{\pi l}\ln\dfrac{d}{a}$

③ $\pi l\ln\dfrac{d}{a}$　　④ $2\pi l\ln\dfrac{d}{a}$

|정|답|및|해|설|

[전기저항과 정전용량과의 관계]

전기저항 $R=\rho\dfrac{l}{S}$　　정전용량 $C=\dfrac{\epsilon\cdot S}{l}$

$RC=\rho\dfrac{l}{S}\times\dfrac{\varepsilon S}{l}=\rho\varepsilon$　→ (평행도선 $C=\dfrac{\pi\varepsilon l}{\ln\dfrac{d}{a}}[F]$)

$R=\dfrac{\rho\varepsilon}{C}=\dfrac{\rho\varepsilon}{\dfrac{\pi\varepsilon l}{\ln n\dfrac{d}{a}}}=\dfrac{\rho}{\pi l}\ln\dfrac{d}{a}[\Omega]$　　【정답】②

16. 직류 전원의 단자 전압을 내부 저항 250[Ω]의 전압계로 측정하니 50[V]이고 750[Ω]의 전압계로 측정하니 75[V]이었다. 전원의 기전력 E 및 내부저항 r의 값은 얼마인가?

① 100[V], 250[Ω]　② 100[V], 25[Ω]

③ 250[V], 100[Ω]　④ 125[V], 5[Ω]

|정|답|및|해|설|

[내부저항 및 기전력] $I=\dfrac{50}{250}\rightarrow\dfrac{1}{5}=\dfrac{E}{250+r}$

$250+r=5E$........................①

$I=\dfrac{75}{750}\rightarrow\dfrac{1}{10}=\dfrac{E}{750+r}$

$750+R=10E$........................②

②식 $-$ ①식 $\rightarrow 500=5E\rightarrow E=100[V]$

내부저항 $r=5\times100-250\rightarrow r=250[\Omega]$

【정답】①

17. 그림과 같이 CD와 PQ의 2개의 저항을 연결하고, A, B사이에 일정 전압을 공급한다. 이런 경우 PD에 흐르는 전류를 최소로 하려면 CP와 PD의 저항의 비를 얼마로 하면 좋은가?

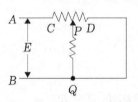

① 1 : 1　　② 1 : 2

③ 2 : 1　　④ 1 : 3

|정|답|및|해|설|

[합성저항] 병렬회로에서 전류를 최소로 하려면 합성저항이 최대이다. 병렬합성 저항은 CP저항과 PD저항이 같을 때 최대이다.

$$합성저항 = \frac{R_1(R-R_1)}{R_1+(R-R_1)} = \frac{R_1R-R_1^2}{R}$$

$R_1R-R_1^2=0$을 R_1에 대해 미분해서 최대값을 구한다. (저항이 최대일 때 전류는 최소)

$$\frac{\partial(R_1R-R_1^2)}{\partial R_1} = R-2R_1 = 0$$

$$R=2R_1 \ \rightarrow \ R_1 = \frac{R}{2}, \ R_2 = \frac{R}{2}$$

$$R_1 : R_2 = 1 : 1$$

【정답】 ①

---

18. 내구의 반지름 a, 외구의 반지름 b인 동심 구도체 간에 고유 저항 ρ인 저항 물질이 채워져 있을 때의 내외 구간의 합성 저항은?

① $\dfrac{\rho}{2\pi}\left[\dfrac{1}{a}-\dfrac{1}{b}\right]$ ② $4\pi\rho\left[\dfrac{1}{a}-\dfrac{1}{b}\right]$

③ $\dfrac{\rho}{4\pi}\left[\dfrac{1}{a}-\dfrac{1}{b}\right]$ ④ $2\pi\rho\left[\dfrac{1}{a}-\dfrac{1}{b}\right]$

|정|답|및|해|설|

[전기저항과 정전용량과의 관계]

전기저항 $R=\rho\dfrac{l}{S}$ 정전용량 $C=\dfrac{\epsilon \cdot S}{l}$

$$RC = \rho\frac{l}{s} \times \frac{\varepsilon S}{l} = \rho\varepsilon \ \rightarrow \ R=\frac{\rho\varepsilon}{C}$$

$$\rightarrow (평행도선 \ C=\frac{4\pi\varepsilon}{\dfrac{1}{a}-\dfrac{1}{b}}[F])$$

$$R=\frac{\rho\epsilon}{C}=\frac{\rho\varepsilon}{\dfrac{4\pi\varepsilon}{\dfrac{1}{a}-\dfrac{1}{b}}}=\frac{\rho}{4\pi}\left(\frac{1}{a}-\frac{1}{b}\right)[\Omega]$$

【정답】 ③

---

19. 기전력 1.5[V]이고, 내부저항 0.02[Ω]인 전지에 2[Ω]의 저항을 연결했을 때 저항에서의 소모 전력은 약 몇 [W]인가?

① 1.1 ② 5

③ 11 ④ 55

|정|답|및|해|설|

[소비전력] $P=I^2R[W]$

전류 $I=\dfrac{E}{r+R} = \dfrac{1.5}{2+0.02} = 0.74$

소비전력 $P=I^2R = 0.74^2 \times 2 = 1.1[W]$

【정답】 ①

---

20. 어떤 콘덴서에 가한 전압을 2초 사이에 500[V]에서 4500[V]로 상승시켰더니, 평균 전류가 0.6[mA]가 흘렀다. 이 콘덴서의 정전용량은 몇 [μF]인가?

① 0.3 ② 0.6

③ 0.8 ④ 0.9

|정|답|및|해|설|

[컨덴서의 정전용량] $C=\dfrac{I}{\dfrac{dV}{dt}}=I\dfrac{dt}{dV}$

전류 $I=\dfrac{dQ}{dt}=C\dfrac{dV}{dt}[A]$

$$C=\frac{I}{\dfrac{dV}{dt}}=I\frac{dt}{dV}$$

$$= 0.6\times 10^{-3}\frac{2}{(4500-500)}\times 10^6[\mu F] = 0.3[\mu F]$$

【정답】 ①

21. 동일한 금속의 2점 사이에 온도 차가 있는 경우 전류가 통과할 때 열의 발생 또는 흡수가 일어나는 현상은?

① 제어백 효과 ② 펠티어 효과

③ 볼타 효과 ④ 톰슨 효과

|정|답|및|해|설|....................

① 제어백 효과 : 2가지 금속이 만드는 폐회로에 온도차에 의한 기전력은 제벡 효과가 생긴다. 열전온도계에 적용된다.
② 펠티어 효과 : 두 종류 금속 접속 면에 전류를 흘리면 접속점에서 열의 흡수(온도 강하), 발생(온도 상승)이 일어나는 효과이다.
③ 볼타 효과 : 서로 다른 두 종류의 금속을 접촉시킨 다음 얼마 후에 떼어서 각각을 검사해 보면 + 및 −로 대전하는 것
④ 톰슨효과 : 동일한 금속에 주의해야 한다. 두 점간 온도차에 의한 기전력은 톰슨효과이다.

【정답】④

22. 두 종류의 금속으로 된 회로에 전류를 통하면 각 접속점에서 열의 흡수 또는 발생이 일어나는 현상은?

① 톰슨 효과 ② 제어백 효과

③ 볼타 효과 ④ 펠티에 효과

|정|답|및|해|설|....................

[펠티어 효과] 두 종류의 금속으로 폐회로를 만들어 전류를 흘리면 양 접속점에서 열이 흡수(온도 강하)되거나 발생(온도 상승)하는 현상이다. 이 효과는 제벡 효과와 반대 효과이며 전자 냉동 등에 응용되고 있다.

【정답】④

진공중의 정자계

01 정자계의 기본 개념

(1) 정자계(staic magnetic field)

영구자석에 의한 자계 및 정상전류에 의해 형성된 자계를 말하며, 영구자석의 자극을 띠게 하는 기본적인 요소를 자하라고 한다.

자계는 $H[A/m]$으로 표시한다.

(2) 자기력

자극 사이에 작용하는 힘. 즉, 자석과 같이 자성을 가진 물체가 서로 밀거(같은 극성)나 당기(반대 극성)는 힘으로 자력이라고도 한다.

(3) 자기력선

자계의 성질을 명확히 하기 위하여 자석 등이 만드는 자기장의 크기와 방향을 나타내는 가상의 선을 말한다.

(4) 자속

어떤 표면을 통과하는 자기력선 수에 비례하는 양

자속는 $\varnothing$[Wb]으로 표시한다.

(5) 자하

자석의 자극을 띠게 하는 기본적인 요소로 항상 N극(+)과 S극(-)이 같은 양, 자속은 N극에서 S극 자하는 m[Wb]으로 표시한다.

(6) 투자율

물질의 자기적 성질을 나타내는 물질 고유의 물리량으로 외부 자기장에 반응하여 물질이 자기화되는 정도를 나타내는 양이다.

투자율은 $\mu = \mu_0 \mu_s [H/m]$으로 나타낸다.

① 진공중의 투자율 $\mu_0 = 4\pi \times 10^{-7} [H/m]$

② 비투자율 μ_s(진공, 공기중 $\mu_s = 1$)

[단위]

① $1[Wb] = 10^8 [Maxwell]$

② $1[Wb/m^2] = 10^4 [gauss] = 1[T]$

02 정자계의 쿨롱의 법칙

(1) 정자계의 쿨롱의 법칙

두 개의 자극 m_1, m_2 사이에 작용하는 작용력은 자극의 크기를 각각 곱한 것에 비례하고 자극간 거리의 제곱에 반비례한다.

(2) 정자계의 쿨롱의 힘(자기력)

쿨롱의 힘은 같은 자계(+, +)끼리는 반발력이, 서로 다른 자계(+, -)끼리는 흡인력이 발생한다.

자기력 $F = \dfrac{m_1 m_2}{4\pi\mu_0 r^2} = 6.33 \times 10^4 \times \dfrac{m_1 m_2}{r^2}[\mathrm{N}]$ → $(\dfrac{1}{4\pi\mu_0} = 6.33 \times 10^4)$

여기서, m_1, m_2 : 자극의 세기, μ_0 : 진공시의 투자율$(\mu_0 = 4\pi \times 10^{-7}[H/m])$

핵심기출 【산업기사】 12/3

두 개의 자하 m_1, m_2 사이에 작용되는 쿨롱의 법칙으로서 자하 간의 자기력에 대한 설명으로 옳지 않은 것은?

① 두 자하가 동일 극성이면 반발력이 작용한다.

② 두 자하가 서로 다른 극성이면 흡인력이 작용한다.

③ 두 자하의 거리에 반비례한다.

④ 두 자하의 곱에 비례한다.

정답 및 해설 [쿨롱의 법칙] 자극의 세기가 m_1, m_2인 자하가 거리 $r[m]$ 만큼 떨어져 있을 때 두 자하간에는 자기력이 작용한다. 이때 자기력의 크기는 양 자하의 곱에 비례하며, 거리의 <u>제곱에 반비례</u> 한다.

쿨롱의 힘 $F = \dfrac{m_1 m_2}{4\pi\mu_0 r^2} = 6.33 \times 10^4 \times \dfrac{m_1 m_2}{r^2}[\mathrm{N}]$ 【정답】③

---

03 자계의 세기

(1) 자계의 세기란?

자계 내의 임의의 점에 단위 정자하 +1[wb]를 놓았을 때 이에 작용하는 힘의 크기 및 방향을 그 점에 대한 자계의 세기라고 한다.

자계의 세기는 H로 표시하고 단위는 [A/m] 또는 [AT/m]을 사용한다.

(2) 자계의 세기 공식

① 자계의 세기 $H = \dfrac{m \times 1}{4\pi\mu_0 r^2}[A/m] = 6.33 \times 10^4 \times \dfrac{m}{r^2}[AT/m]$

② 자계의 세기와 쿨롱의 법칙과의 관계 $H = \dfrac{F}{m}[N/Wb] \rightarrow (F = mH = \dfrac{mB}{\mu_0}[N])$

핵심기출 자극의 크기 $m=4[Wb]$의 점자극으로부터 $r=4[m]$ 떨어진 점의 자계의 세기 [AT/m]를 구하면?

① 7.9×10^3 ② 6.3×10^4

③ 1.6×10^4 ④ 1.3×10^3

정답 및 해설 [자계의 세기] $H = 6.33 \times 10^4 \times \dfrac{m}{r^2}[AT/m]$

$H = 6.33 \times 10^4 \times \dfrac{m}{r^2} = 6.33 \times 10^4 \dfrac{4}{4^2} = 1.6 \times 10^4 [AT/m]$ 【정답】③

---

04 자기력선

(1) 자기력선의 성질

·자기력선은 정(+)자극(N극)에서 시작하여 부(−)자극(S극)에서 끝난다.

·자기력선은 반드시 자성체 표면에 수직으로 출입한다.

·자기력선은 자신만으로 폐곡선을 이룰 수 없다.

·자장 안에서 임의의 점에서의 자기력선의 접선 방향은 그 접점에서의 자기장의 방향을 나타낸다.

[자기력선]

·자장 안에서 임의의 점에서의 자기력선 밀도는 그 점에서의 자장의 세기를 나타낸다.

·두 개의 자기력선은 서로 반발하며 교차하지 않는다.

·자기력선은 등자위면과 수직이다.

(2) 자기력선의 수

m[Wb]의 자하에서 나오는 자기력선의 개수

자기력선 수 $N = \dfrac{m}{\mu_0}[개]$

진공 중에서 $8\pi[Wb]$의 자하(磁荷)로부터 발산되는 총자력선의 수는?

① 10^7개

② 2×10^7개

③ $8\pi\times 10^7$개

④ $\dfrac{10^7}{8\pi}$개

정답 및 해설 [자기력선 수] 진공 중에서 $8\pi[Wb]$의 자하로부터 나오는 자력선의 수는

$$N=\frac{m}{\mu_0}=\frac{8\pi}{\mu_0}=\frac{8\pi}{4\pi\times 10^{-7}}=2\times 10^7\,[\text{개}]$$

【정답】 ②

05 자속과 자속밀도

(1) 자속

어떤 표면을 통과하는 자기력선의 수에 비례하는 양을 자속이라고 한다. 즉, 자기력선의 묶음으로 표현할 수 있다.

자속의 기호는 $\varnothing$이며, 단위는 $[\text{Wb}]$이다.

자속은 매질 상수(투자율)에 관계없이 $\varnothing=m[\text{Wb}]$이다.

(2) 자속밀도

자속밀도란 단위 면적당의 자속선 수

기호는 B이며, 단위는 $[\text{Wb/m}^2]$를 사용한다.

① 자속선은 반지름 $r[\text{m}]$을 갖는 구 표면을 통하여 사방으로 퍼져 나가는 것을 수식으로 표현하면

$$B=\frac{\varnothing}{S}=\frac{m}{S}=\frac{m}{4\pi r^2}[\text{Wb/m}^2]$$

② 자속밀도와 자계의 세기와의 관계 $B=\mu_0 H=\dfrac{m}{4\pi r^2}[\text{Wb/m}^2]$

　여기서, m : 자속선 수, H : 자계의 세기

※주위 매질 상수(투자율)와는 아무런 관계가 없다.　→ (자계의 세기는 투자율에 반비례한다.)

(3) 발산의 정리

자석은 아무리 세분하여도 N, S극의 두 자극이 반드시 나타난다. 발산정리를 적용하면

$$\int_s B \cdot ds = \int_v div\,B\,dv = 0 \quad \rightarrow \quad \therefore div\,B = 0$$

(4) 정자계에서의 가우스(GAUSS)의 법칙

① 자기력선의 수 $N = \int_s H\,ds = \dfrac{m}{\mu_0}$

② 자속선수 $\varnothing = \int_s B\,ds = m$

※전계에서의 가우스(GAUSS)의 법칙

·자기력선의 수 $N = \int_s E\,ds = \dfrac{Q}{\epsilon_0}$

·전속선수 $\varnothing = \int_s D\,ds = Q$

핵심기출 【기사】 05/3 08/2

반지름이 3[cm]인 원형 단면을 가지고 환상 연철심에 코일을 감고 여기에 전류를 흘려서 철심 중의 자계의 세기가 400[AT/m] 되도록 여자할 때, 철심 중의 자속 밀도는 약 몇 [Wb/m^2]인가? (단, 철심의 비투자율은 400이라고 한다.)

① $0.2[Wb/m^2]$　　　　　　　② $8.0[Wb/m^2]$

③ $1.6[Wb/m^2]$　　　　　　　④ $2.0[Wb/m^2]$

정답 및 해설 [자속밀도와 자계와의 관계] $B = \mu H = \mu_0 \mu_s H = \dfrac{m}{4\pi r^2}[\text{Wb/m}^2]$

$H = 400[AT/m], \ \mu_s = 400, \ \mu_0 = 4\pi \times 10^{-7}$

$B = \mu H = \mu_0 \mu_s H = 4\pi \times 10^{-7} \times 400 \times 400 = 0.2[Wb/m^2]$

【정답】①

---

06 자위

(1) 자위란?

자위란 단위 정자하 +1[Wb]의 정자극을 무한 원점($r = \infty\,[m]$)에서 점 P까지 가져오는 데 필요한 일(에너지)을 점 P의 자위라고 한다.

자위의 기호는 U를 사용하고, 단위는 [A], [AT]를 사용한다.

(2) 자위 공식

① 점자극 m에서 거리 r인 점의 자위 $U_m = \dfrac{m}{4\pi\mu_0 r} = H \cdot r [\text{AT}]$

② 자계 중의 한 점 P에서의 자위 $U_P = -\displaystyle\int_{\infty}^{P} H \cdot dr [\text{AT}]$

③ 자계 중의 두 점 A, B 사이의 자위차 $U_{AB} = -\displaystyle\int_{B}^{A} H \cdot dl [\text{AT}]$

④ 자기 쌍극자에서 거리 r만큼 떨어진 한 점에서의 자위 $U = \dfrac{M\cos\theta}{4\pi\mu_0 r^2} = 6.33 \times 10^4 \times \dfrac{M\cos\theta}{r^2} [\text{AT}]$

핵심기출 【기사】 11/2

자석의 세기 0.2[Wb], 길이 10[cm]인 막대자석의 중심에서 60도의 각을 가지며 40[cm]만큼 떨어진 점 A의 자위는 몇 [A] 인가?

① 1.97×10^3 ② 3.96×10^3

③ 7.92×10^3 ④ 9.58×10^3

정답 및 해설 [자위] $U = \dfrac{M\cos\theta}{4\pi\mu_0 r^2} = 6.33 \times 10^4 \times \dfrac{m\cos\theta}{r^2} [AT]$

$U = 6.33 \times 10^4 \times \dfrac{0.2 \times 10 \times 10^{-2} \times \cos 60}{(40 \times 10^{-2})^2} = 3.96 \times 10^3 [AT]$

여기서, m : 자극의 세기[Wb], r : 자극으로부터의 거리[m]

【정답】②

---

07 자기 쌍극자(막대자석)과 자기 이중층

(1) 자기 쌍극자(막대자석)란?

크기가 같고 부호가 반대인 2개의 점자하(m)가 매우 근접하여 미소한 거리 $l[m]$만큼 떨어져 존재하는 상태의 자하를 자기쌍극자라 한다.
자기 쌍극자를 이루는 자기 쌍극자 모멘트 $M = ml = \mu_0 I[Wb \cdot m]$으로 나타낸다.

(2) 자기 쌍극자의 자계의 세기 및 자위

① 자기 쌍극자에서 거리 r만큼 떨어진 한 점에서의 자위 $U = \dfrac{M}{4\pi\mu_0 r^2}\cos\theta [\text{AT}]$

여기서, M : 자기모멘트$(M = ml)$, θ : 거리 r과 쌍극자 모멘트 M이 이루는 각

② 자계의 세기 $H = \sqrt{H_r^2 + H_\theta^2} = \dfrac{M}{4\pi\mu_0 r^3}\sqrt{4\cos^2\theta + \sin^2\theta}$

$H = \dfrac{M}{4\pi\mu_0 r^3}\sqrt{4\cos^2\theta + (1-\cos^2\theta)} = \dfrac{M}{4\pi\mu_0 r^3}\sqrt{1+3\cos^2\theta}\,[\text{AT/m}]$ $\rightarrow (\cos^2\theta + \sin^2\theta = 1)$

※ 자계의 세기와 자위의 관계

· $\theta = 0°$ 일 때 $U,\ H$ $\rightarrow$ 최대

· $\theta = 90°$ 일 때 $H = \dfrac{M}{4\pi\mu_0 r^3}$ $\rightarrow$ 최소

(3) 자기 이중층(판자석)의 세기

정(+)자하와 부(−)자하가 매우 짧은 거리를 두고 마주 보면서 분포된 상태를 자기 이중층이라 한다. 자기 이중층을 이루는 자기 이중층의 세기 $P = \sigma \times \delta\,[\text{Wb/m}]$로 나타낸다.

여기서, P : 판자석의 세기[Wb/m], σ : 판자석의 표면 밀도[Wb/m^2], δ : 두께[m], ω : 입체각

(4) 자기 이중층의 자위

판자석의 자위 $U = \pm \dfrac{P}{4\pi\mu_0}\omega\,[AT]$

ω의 무한 접근시 $\omega = 2\pi(1-\cos\theta)\,[sr]$ $\rightarrow \cos\theta = -1$이므로 $\omega = 4\pi$

∴ $U = \dfrac{P}{\mu_0}\,[\text{AT}]$

핵심기출 【기사】 13/3

판자석의 세기 $\varnothing_m = 0.01\,[Wb/m]$, 반지름 $a = 5[\text{cm}]$인 원형 자석판이 있다. 자석의 중심에서 축 상 10[cm]인 점에서의 자위의 세기[AT]는?

① 100　　　　② 175　　　　③ 400　　　　④ 420

정답 및 해설 [판자석의 자위] $U = \dfrac{M\omega}{4\pi\mu_0}\,[AT]$

입체각 $\omega = 2\pi(1-\cos\theta) = 2\pi\left(1 - \dfrac{x}{\sqrt{a^2+x^2}}\right)[\text{sr}]$

$U = \dfrac{\varnothing_m w}{4\pi\mu_0} = \dfrac{\varnothing_m 2\pi(1-\cos\theta)}{4\pi\mu_0} = \dfrac{\varnothing_m(1-\cos\theta)}{2\mu_0}$ $\rightarrow$ (판자석의 세기 M을 $\varnothing_m$로 하면)

$= \dfrac{\varnothing_m\left(1 - \dfrac{x}{\sqrt{x^2+a^2}}\right)}{2\mu_0} = \dfrac{0.01\left(1 - \dfrac{0.1}{\sqrt{0.05^2+0.1^2}}\right)}{2\times4\pi\times10^{-7}} = 420\,[AT]$

【정답】④

(1) 막대자석의 회전력(토크)

자계의 세기 H[AT/m]인 공간에 자극의 세기가 m[Wb]이고,
길이가 l[m]인 막대자석을 자계 방향과 θ의 각으로 놓으면
막대자석에 반대 방향으로 회전력(토크)이 작용하게 된다.

① 자기 모멘트 $M = m \cdot l$[Wb/m]

② 회전력 $T = M \times H[\text{N·m}] = \text{MH} \sin\theta = m \cdot l \, H \sin\theta$ [N·m]

여기서, T : 회전력(토크), M : 자기모멘트

θ : 막대자석과 자계가 이루는 각

m : 자극의 세기

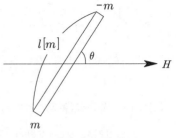

[자기 모멘트]

(2) 막대자석을 회전시키는데 필요한 에너지(W)

막대자석이 회전하면서 생기는 회전력은 반드시 이에 필요한 에너지가 소모된다.

회전시키는데 필요한 에너지 $W = \int_0^\theta T d\theta = \int_0^\theta MH \sin\theta \, d\theta = MH(1 - \cos\theta)$ [J]

(3) 평판 코일에 의한 회전력(토크)

$T = NBSI \cos\theta [N/m]$

여기서, θ : 자계와 S(면적)의 이루는 각

N : 권수, S : 면적$(a \times b)$

I : 전류, B : 자속밀도[Wb/m²]

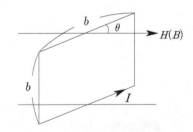

핵심기출 【기사】 08/2 15/2 19/2 　【산업기사】 04/2 05/3 07/1 17/2

자극의 세기가 $8 \times 10^{-6}[Wb]$, 길이가 3[cm]인 막대 자석을 $120[AT/m]$의 평등 자계 내에 자력선과 30[°]의 각도로 놓으면 자석이 받는 회전력은 몇 $[N \cdot m]$인가?

① $1.44 \times 10^{-4}[N \cdot m]$ 　　　② $1.44 \times 10^{-5}[N \cdot m]$

③ $3.02 \times 10^{-4}[N \cdot m]$ 　　　④ $3.02 \times 10^{-5}[N \cdot m]$

정답 및 해설 [막대자석의 회전력(토크)] $T = MH \sin\theta = mlH \sin\theta$

$T = mlH \sin\theta = 8 \times 10^{-6} \times 0.03 \times 120 \times \sin 30° = 1.44 \times 10^{-5} [N \cdot m]$

【정답】②

09 전류에 의해 발생하는 자계의 계산

1. 암페어의 법칙

(1) 암페어(Amper)의 오른손(오른나사) 법칙

전류가 만드는 자계의 방향을 찾아내기 위한 법칙

전류가 흐르는 방향(+ → −)으로 오른손 엄지손가락을 향하면, 나머지 손가락은 자기장의 방향이 된다.

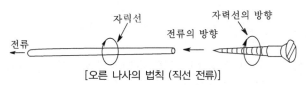

[오른 나사의 법칙 (직선 전류)]

① ⊙ : 전류가 지면의 뒷면에서 표면으로 나오는 방향

② ⊗ : 전류가 지면의 표면에서 뒷면으로 들어가는 방향

[전류에 의한 자장의 방향]

(2) 암페어(Amper)의 주회 적분 법칙

전류에 의한 자계의 크기를 구하는 법칙

자계를 자계의 경로에 따라 적분시키면 폐회로 내에 흐르는 전류의 총합과 같다.

① $\oint H \cdot dl = \sum NI$

여기서, H : 자계의 세기[A/m], dl : 자계의 미소 경로[m]

N : 도체(코일)의 권수, I : 도체(코일)에 흐르는 전류[A]

② 암페어의 주회 적분 법칙을 적용하여 직선 도체에 흐르는 전류 I[A]에 의해서 도체로부터 r[m] 떨어진 지점의 자계의 세기 $H = \dfrac{NI}{2\pi r}[AT/m]$

핵심기출 【기사】 09/2

전류 4π[A]가 흐르고 있는 무한 직선 도체에 의해 자계가 4[A/m]인 점은 직선 도체로부터 거리가 몇 [m]인가?

① 0.5[m] ② 1[m] ③ 3[m] ④ 4[m]

정답 및 해설 [자계의 세기] $H = \dfrac{I}{2\pi r}[AT/m]$

$\therefore r = \dfrac{I}{2\pi H} = \dfrac{4\pi}{2\pi \times 4} = 0.5[m]$

【정답】①

2. 비오-사바르의 법칙 (전류와 자계 관계)

정상전류가 흐르고 있는 도선 주위의 자기장의 세기를 구하는
법칙, 즉 자계 내 전류 도선이 만드는 자장의 세기
임의의 형상의 도선에 전류 $I[A]$가 흐를 때, 도선상의 미소 길이
dl부분에 흐르는 전류에 의하여 거리 r만큼 떨어진 점 P에서의

자장의 세기 $dH = \dfrac{Idl\sin\theta}{4\pi r^2}$ [AT/m]

여기서, θ : dl과 거리 r이 이루는 각

핵심기출 【기사】 18/2

Biot-Savart의 법칙에 의하면, 전류소에 의해서 임의의 한 점(P)에 생기는 자계의
세기를 구할 수 있다. 다음 중 설명으로 틀린 것은?

① 자계의 세기는 전류의 크기에 비례한다.

② MKS 단위계를 사용할 경우 비례상수는 $\dfrac{1}{4\pi}$ 있다.

③ 자계의 세기는 전류소와 점 P와의 거리에 반비례한다.

④ 자계의 방향은 전류소 및 이 전류소와 점 P를 연결하는 직선을 포함하는 면에
법선방향이다.

정답 및 해설 [비오-사바르의 법칙] P에서의 자장의 세기 $dH = \dfrac{Idl\sin\theta}{4\pi r^2}$[AT/m]

③ 자계의 세기(H)는 전류소와 점 P와의 <u>거리</u>와 <u>무관</u>하다.

【정답】③

---

3. 여러 도체에 따른 자계의 세기

(1) 무한 직선에서 자계의 세기

$H = \dfrac{I}{2\pi r}$ [AT/m] $\rightarrow (r \geq a)$

(2) 반지름 $a[m]$인 원통형(원주)에서 자계의 세기

① 외부 $H = \dfrac{I}{2\pi r_2}$ [AT/m] $\rightarrow (r_2 > a)$

② 내부 $H = \dfrac{r_1 I}{2\pi a^2}$ [AT/m] $\rightarrow (r_1 < a)$

③ 표면 $H = \dfrac{I}{2\pi a}$ [AT/m] $\rightarrow (r = a)$

※ 단, 전류가 도체 표면에만 분포된 경우 내부 자계의 세기는 H=0[AT/m]

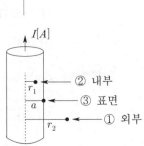

(3) 유한장 직선에서 자계의 세기

① $H = \dfrac{I}{4\pi a}(\sin\theta_1 + \sin\theta_2)\,[\text{AT/m}]$

② $\theta_2 = 0\,^\circ$ 일 때, $H = \dfrac{I}{4\pi a}\,[\text{AT/m}]$

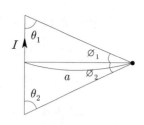

(4) 원형전류(H)에서 자계의 세기

반지름이 a인 원형 코일에 전류 I가 흐를 때 원형 코일
중심에서 x만큼 떨어진 지점에서의 자계의 세기

① 원형 코일 (비오사바르 법칙 이용)

$$H = \dfrac{a^2 NI}{2(a^2 + x^2)^{\frac{3}{2}}}\,[\text{AT/m}]$$

② 원형 코일 중심 $(x = 0,\ N=1)$

$$H = \dfrac{NI}{2a} = \dfrac{I}{2a}\,[\text{AT/m}] \;\rightarrow\; (N : \text{감은 권수(N=1)})$$

예 반원형$(N = \dfrac{1}{2})$ 중심에서 자계의 세기 H는? $\;\rightarrow\; H = \dfrac{I}{2a} \times \dfrac{1}{2} = \dfrac{I}{4a}\,[\text{AT/m}]$

예 $\dfrac{3}{4}$ 원$(N = \dfrac{3}{4})$ 중심에서 자계의 세기 H는? $\;\rightarrow\; H = \dfrac{I}{2a} \times \dfrac{3}{4} = \dfrac{3I}{8a}\,[\text{AT/m}]$

핵심기출 【기사】 05/1
무한장 직선 도체가 있다. 이 도체로부터 수직으로 0.1[m] 떨어진 점의 자계의 세기가
180[AT/m]이다. 이 도체로부터 수직으로 0.3[m] 떨어진 점의 자계의 세기는 몇 [AT/m]
인가?

① 20 　　　　 ② 60 　　　　 ③ 180 　　　　 ④ 540

정답 및 해설 [무한장 직선 도체의 자계의 세기] $H = \dfrac{I}{2\pi r}\,[AT/m]$

$r_1 = 0.1[m],\ r_2 = 0.3[m]$인 자계의 세기를 $H_1,\ H_2$라 한다.

$H_1 = \dfrac{I}{2\pi r_1}\,[AT/m] \;\rightarrow\; I = 2\pi r_1 H_1 = 2\pi \times 0.1 \times 180[A]$

$\therefore H_2 = \dfrac{I}{2\pi r_2} = \dfrac{2\pi \times 0.1 \times 180}{2\pi \times 0.3} = 60[AT/m]$ 　　　　【정답】 ②

(5) 환상 솔레노이드에서 자계의 세기

암페어의 주회적분 법칙 이용 $Hl = NI$

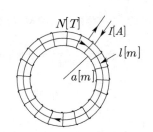

① 내부자계 $H = \dfrac{NI}{2\pi a}[\text{AT/m}]$

② 외부자계 H=0

(6) 무한장 솔레노이드에서 자계의 세기

단위 길이당 권수 $n = \dfrac{N}{l}$

암페어의 주회적분 법칙 $Hl = NI$

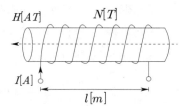

① 내부자계 $H = \dfrac{NI}{l} = nI[\text{AT/m}]$

② 외부자계 H=0

여기서, N : 코일 전체의 감은 횟수[T], n : 단위 길이당 코일 횟수[T/m]

핵심기출

【기사】 11/1 11/2 【산업기사】 09/1

철심을 넣은 환상 솔레노이드의 평균 반지름은 20[cm]이다. 코일에 10[A]의 전류를 흘려 내부자계의 세기를 2000[AT/m]로 하기 위한 코일의 권수는 약 몇 회인가?

① 200　　　　② 250　　　　③ 300　　　　④ 350

정답 및 해설 [환상 솔레노이드 자계의 세기] $H = \dfrac{NI}{l}[AT/m]$

$$H = \dfrac{NI}{l} = \dfrac{NI}{2\pi r} \rightarrow \dfrac{N \times 10}{2\pi \times 0.2} = 2000[\text{AT/m}]$$

$$\therefore N = 250[\text{T}]$$

【정답】②

---

(7) 반지름 $a[m]$인 원에 내접하는 정 n 변형에 의한 자계

① 정삼각형 중심 $H = \dfrac{9I}{2\pi l}[\text{AT/m}]$

② 정사각형 중심 $H = \dfrac{2\sqrt{2}\,I}{\pi l}[AT/m]$

③ 정육각형 중심 $H = \dfrac{\sqrt{3}\,I}{\pi l}[AT/m]$

④ 반지름이 R인 원에 내접하는 정n각형 $H = \dfrac{nI}{2\pi R}\tan\dfrac{\pi}{n}[\text{AT/m}]$

여기서, l : 한 변의 길이

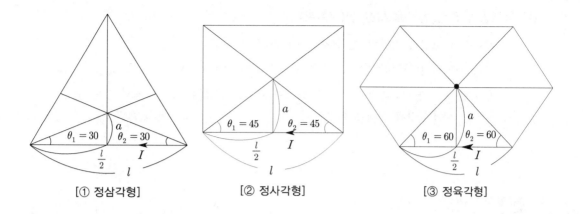

[① 정삼각형] [② 정사각형] [③ 정육각형]

【기사】18/1 【산업기사】10/3

핵심기출

한 변의 길이가 10[cm]인 정사각형 회로에 직류전류 10[A]가 흐를 때, 정사각형의 중심에서의 자계세기는 몇 [A/m]인가?

① $\dfrac{10\sqrt{2}}{\pi}$

② $\dfrac{200\sqrt{2}}{\pi}$

③ $\dfrac{300\sqrt{2}}{\pi}$

④ $\dfrac{400\sqrt{2}}{\pi}$

정답 및 해설 [정사각형 중심 자계의 세기] $H = \dfrac{2\sqrt{2}\,I}{\pi l}[AT/m]$ → (l : 변의 길이)

한 변의 길이가(l) : 10[cm](=0.1[m]), 직류전류(I) : 10[A]

$H = \dfrac{2\sqrt{2}\,I}{\pi l} = \dfrac{2\sqrt{2}\,10}{\pi \times 0.1} = \dfrac{200\sqrt{2}}{\pi}[AT/m]$

【정답】②

10 플레밍의 왼손 법칙

(1) 프레밍의 왼손 법칙의 정의

자계(H)가 놓인 공간에 길이 l[m]인 도체에 전류(I)를 흘려주면 도체에 왼손의 엄지 방향으로 전자력 (F)이 발생한다는 원리, 즉 전자력의 방향을 결정하는 법칙

응용한 대표적인 것은 전동기 → (※발전기 : 플레밍의 오른손법칙)

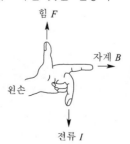

·엄지 : 힘의 방향(F[N])
·인지 : 자계의 방향(B[Wb/m^2])
·중지 : 전류의 방향($I[A]$)

(2) 플레밍의 왼손 법칙에 의한 힘(전자력)

   ① 자기장과 코일이 직각일 때 전자력 $F = BIl[N]$

   ② 자기장과 코일이 직각이 아닌 경우 전자력 $F = BIl\sin\theta[N]$

   여기서, B : 자속밀도$[Wb/m^2]$, I : 도체에 흐르는 전류$[A]$, l : 도체의 길이$[m]$
   　　　 θ : 자장과 도체가 이르는각

11　로렌츠의 힘 (하전 입자에 작용하는 힘)

(1) 로렌츠의 힘이란?

전하 $Q[C]$가 자속밀도 B인 평등자계(H[A/m]) 내를 이것과 θ의 방향으로 속도 $v[m/s]$로 이동할 때, 이 전하에는 전자력 F가 작용한다.

전하 Q는 자계에 의한 힘만 받을 수도 있고 자계와 전계에 의한 힘 모두를 받을 수 있다.

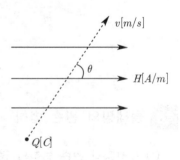

(2) 로렌츠 힘

$F = IBl\sin\theta = QvB\sin\theta[N] \rightarrow (Qv = Il)$

여기서, θ : v(속도)와 B(자속밀도)가 이루는 각

(3) 전계와 자계 동시에 존재 시의 로렌츠의 힘

$F = F_H + F_E = Q[E + (v \times B)][N]$

(4) 자계만 존재하는 공간에서의 로렌츠의 힘

$F_H = BQv\sin\theta = \mu_0 HQv\sin\theta = Q(\dot{v} \times \dot{B})[N] \rightarrow$ (자속밀도 $B = \mu_0 H$)

(5) 자계 내에서 수직으로 돌입한 전자의 원 운동

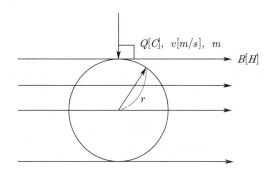

① 힘 $F = QvB\sin 90 = \dfrac{mv^2}{r}[N]$ $\rightarrow (QB = \dfrac{mv}{r})$

② 궤도반경 $r = \dfrac{mv}{QB}$

③ 각속도 $\omega = \dfrac{v}{r} = \dfrac{v}{\dfrac{mv}{QB}} = \dfrac{QB}{m} = \dfrac{2\pi}{T}[rad/S]$

④ 주기 $T = \dfrac{2\pi m}{QB}[S]$

핵심기출 【산업기사】 18/2

자계의 세기가 H인 자계 중에 직각으로 속도 v로 발사된 전하 Q가 그리는 원의 반지름 r은?

① $\dfrac{mv}{QH}$ 　　　　　　　　② $\dfrac{mv^2}{QH}$

③ $\dfrac{mv}{\mu QH}$ 　　　　　　　④ $\dfrac{mv^2}{\mu QH}$

정답 및 해설 [로렌츠의 힘] $F = q[E + (v \times B)]$

전자가 자계 내로 진입하면 원심력 $\dfrac{mv^2}{r}$ 과 구심력 $Q(v \times B)$가 같아지며 전자는 원운동하게 된다.

$\dfrac{mv^2}{r} = QvB$에서 $r = \dfrac{mv}{QB} = \dfrac{mv}{Q\mu H}$ $\rightarrow (B = \mu H)$ 【정답】③

12 두 개의 평행 도선 간에 작용하는 힘

(1) 작용하는 힘

간격이 $r[m]$ 만큼 떨어진 두 평행 도선에 각각 I_1, I_2의 전류를 흘리면 두 도체에서 발생하는 자계에 의하여 힘이 작용한다.

두 도선에 흐르는 전류가 같은 방향일 경우 흡인력이 작용한다.

두 도선에 흐르는 전류가 다른 방향일 경우 반발력이 작용한다.

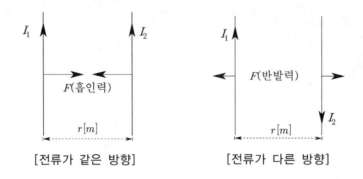

[전류가 같은 방향]   [전류가 다른 방향]

(2) 힘의 식

$F = I_1 B l \sin\theta [N]$ 에서

$(\theta) = 90$, 자속밀도 $B = \mu_0 H$ 이므로

$$F = I_1 B l \sin\theta [N] = I_1 \mu_0 H l \sin 90 = \mu_0 I_1 \frac{I_2}{2\pi r} l \times \frac{1}{l} = \frac{\mu_0 I_1 I_2}{2\pi r} = \frac{4\pi \times 10^{-7}}{2\pi r} I_1 I_2 = \frac{2 I_1 I_2}{r} \times 10^{-7} [\text{N/m}]$$

$$\therefore F = \frac{\mu_0 I_1 I_2}{2\pi r} = \frac{2 I_1 I_2}{r} \times 10^{-7} [\text{N/m}]$$

핵심기출 　【기사】 19/1

평행한 두 도선간의 전자력은? (단, 두 도선간의 거리는 r[m]라 한다.)

① r에 비례   　② r^2에 비례

③ r에 반비례 　④ r^2에 반비례

정답 및 해설 [평행 도선간에 작용하는 힘]　$F = \dfrac{\mu_0 I_1 I_2}{2\pi r}$　→ $(\mu_0 = 4\pi \times 10^{-7})$

$$F = \frac{\mu_0 I_1 I_2}{2\pi r} = \frac{4\pi \times 10^{-7}}{2\pi r} I_1 I_2 = \frac{2 I_1 I_2}{r} \times 10^{-7} [\text{N/m}]$$
　　　　　　　　　　　　　　　　　　　　　　　　　　　　　　【정답】 ③

[전계와 자계의 특성 비교]

	진공중의 전계		진공중의 자계
전 하	Q[C]	자극	m[wb]
유전율	$\epsilon = \epsilon_0 \epsilon_s \,[F/m]$ 진공중의 유전율 : $\epsilon_0 = 8.855 \times 10^{-12}\,[F/m]$ 비유전율 : ϵ_s(공기중, 진공시 $\epsilon_s \fallingdotseq 1$)	투자율	$\mu = \mu_0 \mu_s \,[H/m]$ 진공중의 투자율 : $\mu_0 = 4\pi \times 10^{-7}\,[H/m]$ 비투자율 : μ_s(진공, 공기중 $\mu_s = 1$)
쿨롱의 법칙	$F = \dfrac{Q_1 Q_2}{4\pi\epsilon_0 r^2} = 9 \times 10^9 \dfrac{Q_1 Q_2}{r^2}\,[N]$	쿨롱의 법칙	$F = \dfrac{m_1 m_2}{4\pi\mu_0 r^2} = 6.33 \times 10^4 \times \dfrac{m_1 m_2}{r^2}\,[N]$
전계의 세기	$E = \dfrac{F}{Q} = \dfrac{Q}{4\pi\epsilon_0 r^2} = 9 \times 10^9 \dfrac{Q}{r^2}\,[V/m]$	자계의 세기	$H = \dfrac{F}{m} = \dfrac{m}{4\pi\mu_0 r^2} = 6.33 \times 10^4 \times \dfrac{m}{r^2}\,[A]$
전위	$V = \dfrac{Q}{4\pi\epsilon_0 r} = 9 \times 10^9 \dfrac{Q}{r}\,[V]$	자위	$U = \dfrac{m}{4\pi\mu_0 r} = 6.33 \times 10^4 \times \dfrac{m}{r}\,[A]$
전속밀도	$D = \epsilon_0 E\,[C/m^2]$	자속밀도	$B = \mu_0 H\,[wb/m^2]$

01 자기력선은 등자위면과 ( )이다.

02 m[Wb]의 자하에서 나오는 자기력선의 개수는 ( )개다.

03 ( )은 어떤 표면을 통과하는 자기력선 수에 비례하는 양이다.

04 진공중에 자속밀도 $B[Wb/m^2]$인 자계 중에 있는 $m[Wb]$의 자극이 받는 힘 $F=($)[N]이다.

05 자위란 단위 정자하 +1[Wb]의 정자극을 무한 원점($r=\infty\,[m]$)에서 점 P까지 가져오는데 필요한 일(에너지)을 점 P의 자위라고 하며, 기호는 U를 사용하고, 단위는 ( )를 사용한다.

06 자기 쌍극자에서 거리 r만큼 떨어진 한 점에서의 자위 $U=($)[AT]이다.

07 자계의 세기 H[AT/m]인 공간에 자극의 세기가 m[Wb]이고, 길이가 l[m]인 막대자석을 자계 방향과 θ의 각으로 놓으면 막대자석에 반대 방향으로 작용하는 회전력(토크) $T=($)[$N\cdot m$]이다.

08 막대자석이 회전하면서 생기는 회전력은 반드시 이에 필요한 에너지가 소모되는데 이때 필요한 에너지 $W=($)[J]이다. (단, 자계의 세기 H[AT/m]와 자기모멘트 M, 그리고 막대자석과 자계가 이루는 각 θ로 표현하시오)

09 크기가 같고 부호가 반대인 2개의 점자하(m)가 매우 근접하여 미소한 거리 $l[m]$만큼 떨어져 존재하는 자기쌍극자의 자계의 세기 $H=($ $)[AT/m]$이다.

10 진공중인 무한 직선에서 $I[A]$의 전류가 흐를 경우 도선으로부터 $r[m]$ 떨어진 점의 자속밀도 $B=($ $)[Wb/m^2]$이다.

11 직선 도체에 흐르는 전류 $I[A]$에 의해서 도체로부터 $r[m]$ 떨어진 지점의 자계의 세기 $H=($ $)[AT/m]$이다.

12 반지름 $a[m]$인 원통형(원주)에서 내부(r) 자계의 세기 $H=($ $)[AT/m]$이다. 단, $r < a$이다.

13 암페어의 오른손(오른나사) 법칙은 전류가 만드는 자계의 방향을 찾아내기 위한 법칙으로 전류가 흐르는 방향(+ → −)으로 오른손 엄지손가락을 향하면, 나머지 손가락은 (   )의 방향이 된다.

14 플레밍의 왼손법칙을 나타내는 F(힘), B(자속밀도), I(전류)에서 F는 (   ) 회전자 도체의 운동방향을 나타낸다.

15 암페어의 주회 적분 법칙은 전류에 의한 자계의 크기를 구하는 법칙으로 자계의 세기는 전류의 크기에 (   )한다.

16 반지름 $R[m]$인 원에 내접하는 정 n각형 회로에 전류 $I[A]$가 흐를 때 중심에서의 자계의 세기 $H=($ $)[AT/m]$이다.

17 간격이 $r[m]$ 만큼 떨어진 두 평행 도선에 각각 I_1, I_2의 전류를 흘리면 두 도체에서 발생하는 자계에 의하여 발생하는 힘 F는 두 도선간의 거리 r[m]에 (   )한다.

(1) 수직

(2) $\dfrac{m}{\mu_0}$

(3) 자속

(4) $\dfrac{mB}{\mu_0}$

(5) [A] 또는 [AT]

(6) $\dfrac{M\cos\theta}{4\pi\mu_0 r^2}=6.33\times10^4\times\dfrac{M\cos\theta}{r^2}$

(7) $m\cdot l\,H\sin\theta$

(8) $MH(1-\cos\theta)$

(9) $\dfrac{M}{4\pi\mu_0 r^3}\sqrt{1+3\cos^2\theta}$

(10) $\dfrac{\mu_0 I}{2\pi r}$

(11) $\dfrac{I}{2\pi r}$

(12) $\dfrac{rI}{2\pi a^2}[\mathrm{AT/m}]$

(13) 자기장

(14) 전동기

(15) 비례

(16) $\dfrac{nI}{2\pi R}\tan\dfrac{\pi}{n}$

(17) 반비례

 ● 전기(산업)기사 / 전기철도(산업)기사 / 전기직 공사·공단·공무원 대비 전기자기학

적중 예상문제

1. 공기중에서 가상 점자극 m_1, m_2[Wb]를 r[m] 떼어 놓았을 때 두 자극 간의 작용력이 F[N]이었다면 이때의 거리 r[m]는?

① $\sqrt{\dfrac{m_1 m_2}{F}}$

② $\dfrac{6.33 \times 10^4 m_1 m_2}{F}$

③ $\sqrt{\dfrac{6.33 \times 10^4 m_1 m_2}{F}}$

④ $\sqrt{\dfrac{9 \times 10^9 m_1 m_2}{F}}$

|정|답|및|해|설|

[자기력] $F = \dfrac{1}{4\pi\varepsilon_0} \cdot \dfrac{m_1 m_2}{r^2} = 6.33 \times 10^4 \dfrac{m_1 m_2}{r^2} [N]$

$r^2 = \dfrac{6.33 \times 10^4 \times m_1 m_2}{F}$

$\therefore r = \sqrt{\dfrac{6.33 \times 10^4 \times m_1 m_2}{F}}$ 　　【정답】③

2. 유전율이 $\varepsilon_0 = 8.855 \times 10^{-12}$[F/m]인 진공 내를 전자파가 전파할 때 진공에 대한 투자율은 몇 [H/m]인가?

① 3.48×10^{-7}　　② 6.33×10^{-7}

③ 9.25×10^{-7}　　④ 12.56×10^{-7}

|정|답|및|해|설|

[진공중의 투자율] $\mu_0 = 4\pi \times 10^{-7} = 12.56 \times 10^{-7}$

【정답】④

3. 자극의 크기 m=4[Wb]의 점자극으로부터 r=4[m] 떨어진 점의 자계의 세기 [AT/m]를 구하면?

① 7.9×10^3　　② 6.3×10^4

③ 1.6×10^4　　④ 1.3×10^3

|정|답|및|해|설|

[점 자계의 세기] $H = 6.33 \times 10^4 \times \dfrac{m}{r_2}$

$= 6.33 \times 10^4 \times \dfrac{4}{4^2} = 1.6 \times 10^4 [A/m]$

【정답】③

4. 그림과 같이 진공에서 $6 \times 10^{-3}[Wb]$의 자극을 길이 10[cm] 되는 막대자석의 점자극으로부터 5[cm] 떨어진 P점의 자계의 세기는?

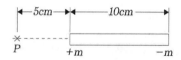

① $13.3 \times 10^4 [AT/m]$

② $17.3 \times 10^4 [AT/m]$

③ $23.3 \times 10^3 [AT/m]$

④ $28.3 \times 10^5 [AT/m]$

|정|답|및|해|설|

[점 자계의 세기] $H = 6.33 \times 10^4 \times \dfrac{m}{r^2}$

$H = H_1 - H_2 = \left(6.33 \times 10^4 \times \dfrac{m}{r_1^2}\right) - \left(6.33 \times 10^4 \times \dfrac{m}{r_2^2}\right)$

$= 6.33 \times 10^4 \times m \times \left(\dfrac{1}{r_1^2} - \dfrac{1}{r_2^2}\right)$

$= 6.33 \times 10^4 \times 6 \times 10^{-3} \times \left(\dfrac{1}{0.05^2} - \dfrac{1}{0.15^2}\right) = 13.5 \times 10^4 [AT/m]$

【정답】①

5. 비오-사바르의 법칙으로 구할 수 있는 것은?

① 자계의 세기　　② 전계의 세기

③ 전하 사이의 힘　　④ 자계 사이의 힘

6. 전류 I[A]에 대한 P의 자계 H[A/m]의 방향이 옳게 표시된 것은? (단, ◉ 및 ⊗는 자계의 방향 표시이다.)

①

②
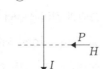

③

④
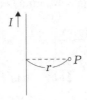

7. 그림과 같이 전류 I[A]가 흐르고 있는 직선 도체로부터 r[m] 떨어진 P점의 자계의 세기 및 방향을 바르게 나타낸 것은? (단, ⊗은 지면에 들어가는 방향, ◉은 지면을 나오는 방향)

① $\frac{I}{2\pi r}$ ⊗　　② $\frac{I}{2\pi r}$ ◉

③ $\frac{Id\,l}{2\pi r}$ ⊗　　④ $\frac{Idl}{2\pi r}$ ◉

8. 반지름 25[cm]의 원주형 도선에 π[A]의 전류가 흐를 때 도선의 중심축에서 50[cm]되는 점의 자계의 세기[AT/m]는? (단, 도선의 길이 l은 매우 길다.)

① 1　　② π

③ $\frac{1}{2}\pi$　　④ $\frac{1}{4}\pi$

9. 무한 직선 전류에 의한 자계는 전류에서의 거리에 대하여 (　　)의 형태로 감소한다. (　　) 알맞은 것은?

① 포물선　　② 원

③ 타원　　④ 쌍곡선

10. 무한장 원주형 도체에 전류가 표면에만 흐른다면 원주 내부의 자계의 세기는 몇 [AT/m]인가? (단, r[m]는 원주의 반지름이다.)

① $\dfrac{I}{2\pi r}$
② $\dfrac{NI}{2\pi r}$

③ $\dfrac{I}{2r}$
④ 0

[원통형(원주)에서 자계의 세기] 전류가 도체 표면에만 흐르기 때문에 내부에는 자계가 모두 상쇄되어 0이 된다.
【정답】④

11. 그림과 같이 반경 a[m]인 원형 코일에 전류 I[A]가 흐를 때 중심선상의 점에서 자계의 세기는 몇 [A/m]인가?

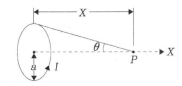

① $\dfrac{a^2 I}{2(a^2+x^2)}$
② $\dfrac{a^2 I}{2(a^2+x^2)^{\frac{1}{2}}}$

③ $\dfrac{a^2 I}{2(a^2+x^2)^2}$
④ $\dfrac{a^2 I}{2(a^2+x^2)^{\frac{3}{2}}}$

[원형전류(H)에서 자계의 세기] 원형 코일 중심 ($x=0$, $N=1$)에서 자계가 $H=\dfrac{I}{2a}$인 것을 찾으면 쉽다.
【정답】④

12. 반지름 a[m]인 원형 코일에 I[A]의 전류가 흐를 때 코일의 중심 자계의 세기는?

① a에 비례한다.
② a^2에 비례한다.

③ a에 반비례한다.
④ a^2에 반비례한다.

[원형전류(H)에서 자계의 세기] 반지름이 a인 원형코일에 전류 I가 흐를 때 x만큼 떨어진 지점의 자계의 세기

$$H=\dfrac{a^2 I}{2(a^2+x^2)^{\frac{3}{2}}}[AT/m]$$

원형 코일 중심의 자계의 세기는 거리가 0일 때 자계의 세기

$(x=0)$　$H=\dfrac{I}{2a}[AT/m]$　　　　　【정답】③

13. 지름 10[cm]인 원형 코일에 1[A]의 전류를 흘릴 때 코일 중심의 자계를 1000[AT/m]로 하려면 코일을 몇 회 감으면 되는가?

① 200
② 150

③ 100
④ 50

[원형전류(H)에서 자계의 세기]] 반지름이 a인 원형 코일에 전류 I가 흐를 때 x만큼 떨어진 지점의 자계의 세기 $H=\dfrac{IN}{2a}[AT/m]$에서

권수 $N=\dfrac{2aH}{I}=\dfrac{2\times5\times10^{-2}\times10^3}{1}=100$

【정답】③

14. 반지름 a[m]인 원형 코일에 전류 I[A]가 흘렀을 때 코일 중심의 자계의 세기[AT/m]는?

① $\dfrac{I}{2a}$
② $\dfrac{I}{4a}$

③ $\dfrac{I}{2\pi a}$
④ $\dfrac{I}{4\pi a}$

[원형전류(H)에서 자계의 세기]] 반지름이 a인 원형 코일에 전류 I가 흐를 때 거리 x만큼 떨어진 지점의 자계의 세기 $H=\dfrac{a^2 I}{2(a^2+x^2)^{\frac{3}{2}}}[AT/m]$에서 $x=0$이면

$H=\dfrac{I}{2a}[A/m]$　　　　　　　【정답】①

15. 반지름 a[m]인 반원형 전류 I[a]에 의한 중심에서의 자계의 세기 [AT/m]는?

① $\dfrac{I}{4a}$ 　　　② $\dfrac{I}{a}$

③ $\dfrac{I}{2a}$ 　　　④ $\dfrac{2I}{a}$

|정|답|및|해|설|

[원형전류(H)에서 자계의 세기] 반지름이 a인 원형 코일에 전류 I가 흐를 때 거리 x만큼 떨어진 지점에서의

자계의 세기 $H = \dfrac{a^2 I}{2(a^2+x^2)^{\frac{3}{2}}}[AT/m]$

원형코일 중심의 자계의 세기는 x가 0일 때의 자계의 세기 $H = \dfrac{I}{2a}[AT/m]$에서 반원형이므로 1/2하면 된다.

즉, $H = \dfrac{I}{2a} \times \dfrac{1}{2} = \dfrac{I}{4a}[A/m]$ 　　　【정답】①

16. 그림과 같이 반지름 1[m]의 반원과 2줄의 반무한 장 직선으로 된 도선에 전류 4[A]가 흐를 때 반원의 중심 O에서의 자계의 세기[AT/m]는?

① 0.5
② 1
③ 2
④ 3

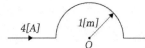

|정|답|및|해|설|

[무한 직선에서 자계의 세기] $H = \dfrac{I}{2a}[AT/m]$

$H = \dfrac{I}{2a} \times \dfrac{1}{2} = \dfrac{4}{2 \times 1} \times \dfrac{1}{2} = 1[AT/m]$

【정답】②

17. 그림과 같이 반지름 a인 원의 일부(3/4원)에만 무한장 직선을 연결시키고 화살표 방향으로 전류 I가 흐를 때 부분 원의 중심 O점의 자계의 세기를 구한 값은?

① 0

② $\dfrac{3I}{4a}$

③ $\dfrac{I}{4\pi a}$

④ $\dfrac{3I}{8a}$

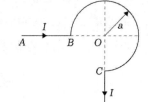

|정|답|및|해|설|

[원형전류(H)에서 자계의 세기] 원형코일의 3/4이므로

$H = \dfrac{I}{2a} \times \dfrac{3}{4} = \dfrac{3I}{8a}[AT/m]$ 　　　【정답】④

18. 그림과 같이 반지름 a[m]인 원의 3/4 되는 점 BC에 반무한한 직선 BA 및 CD가 연결되어 있다. 이 회로에 I[A]를 흘릴 때 원 중심 O의 자계의 세기 [AT/m]는?

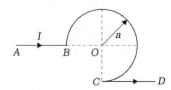

① $\dfrac{(\pi+1)}{2\pi a} \cdot I$ 　　　② $\dfrac{(3\pi-2)}{8\pi a} \cdot I$

③ $\dfrac{(3\pi+2)}{8\pi a} \cdot I$ 　　　④ $\dfrac{3}{8a} \cdot I$

|정|답|및|해|설|

[원형전류(H)에서 자계의 세기]
① H_1 : 크기가 3/4인 원형코일에 전류 I가 흐를 때 원형코일 중심에서 자계의 세기
② H_2 : 반무한장 직선에 전류 I가 흐를 때 자계의 세기
③ $H = H_1 - H_2 = (\dfrac{I}{2a} \times \dfrac{3}{4}) - (\dfrac{I}{2\pi a} \times \dfrac{1}{2})$

$= \dfrac{3I}{8a} - \dfrac{I}{4\pi a} = \dfrac{(3\pi-2)}{8\pi a} I[AT/m]$

【정답】②

19. 그림과 같이 권수 N[회] 평균 반지름 r[m]인 환상 솔레노이드에 전류가 흐를 때 중심 O점의 자계의 세기 [AT/m]는?

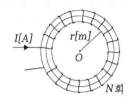

① 0

② NI

③ $\dfrac{NI}{2\pi r}$

④ $\dfrac{NI}{2\pi r^2}$

|정|답|및|해|설|
[환상 솔레노이드 외부 자계의 세기] O점은 외부이므로 자계가 0이다. 내부는 평등자계인데 철심의 내부를 말한다.

【정답】①

20. 환상 솔레노이드(Solenoid) 내의 자계의 세기 [AT/m]는? (단, N은 코일의 감긴 수, a는 환상 솔레노이드의 평균 반지름이다.)

① $\dfrac{2\pi a}{NI}$

② $\dfrac{NI}{2\pi a}$

③ $\dfrac{NI}{\pi a}$

④ $\dfrac{NI}{4\pi a}$

|정|답|및|해|설|
[환상 솔레노이드 내부 자계의 세기] $H = \dfrac{NI}{l} = \dfrac{NI}{2\pi a}[AT/m]$
언급이 없을 때는 내부자계의 세기로 본다.
※환상 솔레노이드 외부자계의 세기 $H = 0$

【정답】②

21. 철심이 있는 평균 반지름 15[cm]인 환상 솔레노이드 코일에 5[A]가 흐를 때 내부 자계의 세기가 1600[AT/m]가 되려면 코일의 권수는 약 몇 회 정도 되는가?

① 150

② 180

③ 300

④ 360

|정|답|및|해|설|
[환상 솔레노이드 내부 자계의 세기] $H = \dfrac{IN}{2\pi a}[A/m]$

$N = \dfrac{2\pi aH}{I} = \dfrac{2\pi \times 0.15 \times 1600}{5} = 300[T]$

【정답】③

22. 길이 1[cm]마다 권수 50을 가진 무한장 솔레노이드에 500[mA]의 전류를 흘릴 때 내부자계는 몇 [AT/m]인가?

① 1250

② 2500

③ 12500

④ 15000

|정|답|및|해|설|
[환상 솔레노이드 내부 자계의 세기] $H = \dfrac{N}{l}I[AT/m]$

무한장인 경우엔 단위 길이당 권수로 계산한다. 따라서 1[cm]마다 50회는 1[m]당 5000회이므로 식에 대입하면
$H = \dfrac{N}{l}I = \dfrac{50}{10^{-2}} \times 500 \times 10^{-3} = 2500[AT/m]$

【정답】②

23. 한 변의 길이가 2[cm]인 정삼각형 회로에 100[mA]의 전류를 흘릴 때 삼각형의 중심점 자계의 세기[AT/m]는?

① 3.6

② 5.4

③ 7.2

④ 2.7

|정|답|및|해|설|
[정삼각형 중심의 자계] $H = \dfrac{9I}{2\pi l}[AT/m]$

정삼각형 도체에 전류 I가 흐르고 한변의 길이가 l일 때 정삼각형 중심의 자계의 세기
$H = \dfrac{9I}{2\pi l}[AT/m] = \dfrac{9 \times 0.1}{2\pi \times 2 \times 10^{-2}} = 7.2[AT/m]$

【정답】③

24. 길이 40[cm]인 철선을 정사각형으로 만들고 직류 5[A]를 흘렸을 때 그 중심에서의 자계의 세기 [AT/m]는?

① 40
② 45
③ 80
④ 85

|정|답|및|해|설|

[정사각형 중심의 자계] $H = \dfrac{2\sqrt{2}I}{\pi l}[A/m]$

한 변이 10[cm]인 것에 주의해서 대입하도록 한다.
정사각형(정방형) 도체에 진류 I가 흐르고 한 변의 길이가 l일 때 정사각형 중심의 자계의 세기

$H = \dfrac{2\sqrt{2}I}{\pi l} = \dfrac{2\sqrt{2}\times 5}{\pi \times 0.1} = 45[AT/m]$

【정답】②

25. 한 변의 길이가 2[m]인 정방형 코일에 3[A]의 전류가 흐를 때 코일 중심에서의 자속밀도는 몇 [Wb/m^2]인가? (단, 진공 중에서 임)

① 7×10^{-6}
② 1.7×10^{-6}
③ 7×10^{-5}
④ 1.7×10^{-5}

|정|답|및|해|설|

[정사각형 중심의 자계] $H = \dfrac{2\sqrt{2}I}{\pi l}[AT/m]$

자속밀도 $B = \mu_0 H[Wb/m^2]$에서

$B = \mu_0 H = \mu_0 \dfrac{2\sqrt{2}I}{\pi l} = 4\pi \times 10^{-7} \times \dfrac{2\sqrt{2}\times 3}{\pi \times 2} = 1.7 \times 10^{-6}$

【정답】②

26. 반지름 a[m]인 원에 내접하는 정 n 변형의 회로에 I[A]가 흐를 때 그 중심에서의 자계의 세기는 몇 [AT/m]인가?

① $\dfrac{nI\tan\dfrac{\pi}{n}}{2\pi a}$
② $\dfrac{nI\sin\dfrac{\pi}{n}}{2\pi a}$

③ $\dfrac{nI\tan\dfrac{\pi}{n}}{\pi a}$
④ $\dfrac{nI\sin\dfrac{\pi}{n}}{\pi a}$

|정|답|및|해|설|

[반지름이 R인 원에 내접하는 정n각형의 자계의 세기]

$H = \dfrac{nI}{2\pi a}\tan\dfrac{\pi}{n}$

【정답】①

27. 반경 R인 원에 내접하는 정 6각형의 회로에 전류 I[A]가 흐를 때 원 중심점에서의 자속밀도는 몇 [Wb/m^2]인가?

① $\dfrac{\mu_0 I}{\pi R}\cos\dfrac{\pi}{6}$
② $\dfrac{3\mu_0 I}{\pi R}\tan\dfrac{\pi}{6}$

③ $\dfrac{I}{2\pi\mu_0 R}\tan\dfrac{\pi}{6}$
④ $2\pi R\tan\dfrac{\pi}{6}$

|정|답|및|해|설|

[정 n 각형 중심의 자계] $H_n = \dfrac{nI}{2\pi R}\tan\dfrac{\pi}{n}$

자속밀도 $B = \mu_0 H[Wb/m^2]$이므로

$B = \mu_0 \dfrac{6I}{2\pi R}\tan\dfrac{\pi}{6} = \dfrac{3\mu_0 I}{\pi R}\tan\dfrac{\pi}{6}[Wb/m^2]$

【정답】②

28. 자위의 단위[J/Wb]와 같은 것은?

① [A]
② [A/m]
③ [A·m]
④ [Wb]

|정|답|및|해|설|

진공중의 정전계 $W = QV$
진공중의 정자계 $W = \mu$
전위 V[V], 자위는 U[A]

$U = \dfrac{W}{m}[J/Wb] \rightarrow [J/Wb] = [A]$

【정답】①

29. 자기 쌍극자에 의한 자위 [A]에 해당되는 것은? (단, 자기 쌍극자의 자기 모멘트는 M[Wb·m], 쌍극자의 중심으로 부터의 거리는 r[m], 쌍극자의 정방향과의 각도는 θ도라 한다.)

① $6.33 \times 10^4 \dfrac{M\sin\theta}{r^3}$

② $6.33 \times 10^4 \dfrac{M\sin\theta}{r^2}$

③ $6.33 \times 10^4 \dfrac{M\cos\theta}{r^3}$

④ $6.33 \times 10^4 \dfrac{M\cos\theta}{r^2}$

|정|답|및|해|설|
[자기 쌍극자에 의한 자위]
$$U_m = \frac{M\cos\theta}{4\pi\mu_0 r^2}[A] = 6.33 \times 10^4 \frac{M\cos\theta}{r^2}[A]$$

【정답】④

30. 그림과 같은 자기 모멘트 M[Wb/m]인 판자석의 N과 S극 측에 입체각 w_1, w_2 인 P점과 Q점이 판에 무한히 접근해 있을 때 두 점 사이의 자위차 [J/Wb]는? (단, 판자석의 표면밀도를 $\pm\sigma$[Wb/m^2]라 하고 두께를 δ[m]라 할 때 $M = \delta\sigma$[Wb/m]이다.)

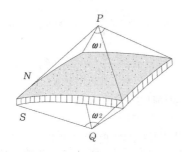

① $\dfrac{M}{\mu_0}$ ② $\dfrac{M}{4\pi\mu_0}$

③ $\dfrac{2M}{4\pi\mu_0}(w_1 - w_2)$ ④ 0

|정|답|및|해|설|
[판자석의 자위] $u = \dfrac{M}{4\pi\mu_0}w$

w 입체각은 무한히 접근해 있으므로 4π이다.

그러므로 $u = \dfrac{M}{\mu_0}[A]$

※ $w = 2\pi(1-\cos\theta)$에서 무한히 접근하면 180도가 되어 −1이 되므로 $2\pi(1-(-1)) = 4\pi$가 된다.

【정답】①

31. 판자석의 세기가 P[Wb/m] 되는 판자석을 보는 입체각이 w인 점의 자위는 몇 [A]인가?

① $\dfrac{P}{4\pi\mu_0 w}$ ② $\dfrac{Pw}{4\pi\mu_0}$

③ $\dfrac{P}{2\pi\mu_0 w}$ ④ $\dfrac{Pw}{2\pi\mu_0}$

|정|답|및|해|설|
[판자석의 자위] $u = \dfrac{M}{4\pi\mu_0}\omega = \dfrac{P}{4\pi\mu_0}\omega[A]$

【정답】②

32. 판자석의 표면밀도 $\pm\sigma$[Wb/m^2]라고 하고 두께를 δ[m]라 할 때 이 판자석의 세기는?

① $\sigma\delta$ ② $\dfrac{1}{2}\sigma\delta$

③ $\dfrac{1}{2}\sigma\delta^2$ ④ $\sigma\delta^2$

|정|답|및|해|설|
[판자석의 세기] P=판자석의 표면밀도×두께
$$= \sigma \cdot \delta[\text{Wb/m}]$$

【정답】①

33. 무한히 긴 직선 도체에 전류 I[A]일 때 이 전류로부터 $d[m]$되는 점의 자속 밀도는 몇 [Wb/m^2]인가?

① $\dfrac{\mu_0 I}{4\pi d}$ ② $\dfrac{\mu_0 I}{2\pi d}$

③ $\dfrac{I}{2\pi d}$ ④ $\dfrac{I}{2\pi \mu_0 d}$

|정|답|및|해|설|

[진공중의 자속밀도] $B = \mu_0 H [Wb/m^2]$

자계의 세기 $H = \dfrac{I}{2\pi d}[AT/m]$이므로

$B = \mu_0 H = \mu_0 \dfrac{I}{2\pi d}[Wb/m^2]$ 【정답】②

34. 평등 자장 H인 곳에서 자기 모멘트 M을 자장과 수직 방향으로 놓았을 때, 이 자석의 회전력 [N·m]은?

① $\dfrac{M}{H}$ ② $\dfrac{H}{M}$

③ MH ④ $\dfrac{1}{MH}$

|정|답|및|해|설|

[막대자석의 회전력] $T' = MH\sin\theta = mlH\sin\theta [N\cdot m]$

$\qquad\qquad = MH\sin\dfrac{\pi}{2} = MH[N\cdot m]$

【정답】③

35. 그림과 같이 균일한 자계의 세기 $H[AT/m]$ 내에 자극의 세기가 $\pm\, m[Wb]$, 길이 $l[m]$인 막대 자석을 중심 주위에 회전할 수 있도록 놓는다. 이때 자석과 자계의 방향이 이룬 각을 θ라 하면 자석이 받는 회전력 [N·m]은?

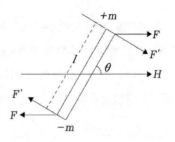

① $mHl\cos\theta$ ② $mHl\sin\theta$

③ $2mHl\sin\theta$ ④ $2mHl\tan\theta$

|정|답|및|해|설|

[막대자석의 회전력]

$T = M \times H = MH\sin\theta = mlH\sin\theta [N\cdot m]$

【정답】②

36. 그림과 같이 모우먼트가 각각 M, M'인 두 개 소자석 A, B를 중앙에서 서로 직각으로 놓고 이것을 중심에서 수평으로 매달아 지자기 수평 분력 H_0 내에 놓았을 때 H_0와 이루는 각은?

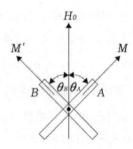

① $\theta_A = \tan^{-1}\dfrac{M'}{M}$ ② $\theta_A = \sin^{-1}\dfrac{M'}{M}$

③ $\theta_A = \cos^{-1}\dfrac{M'}{M}$ ④ $\theta_A = \tan\dfrac{M'}{M}$

|정|답|및|해|설|

[막대자석의 회전력]

$T = M \times H = MH\sin\theta = mlH\sin\theta [N\cdot m]$

$M'H_0\sin\theta_B = MH_0\sin\theta_A \;\rightarrow\; M'\sin(90 - \theta_A) = M\sin\theta_A$

$M'\cos\theta_A = M\sin\theta_A \;\rightarrow\; \dfrac{M'}{M} = \dfrac{\sin\theta_A}{\cos\theta_A} = \tan\theta_A$

$\therefore \theta_A = \tan^{-1}\dfrac{M'}{M}$ 【정답】①

37. 전계[V/m] 내에 모우먼트[C·m]인 쌍극자가 놓여 있을 때 쌍극자가 받는 회전 모우먼트[N·m]는?

① $P \cdot E$ ② $E \cdot P$

③ $E \times P$ ④ $P \times E$

|정|답|및|해|설|⎯⎯⎯⎯⎯⎯⎯⎯⎯⎯⎯

[쌍극자가 받는 회전 모우먼트]

$T = M \times H$(자계), $T = P \times E$(전계)

【정답】④

38. 자극의 세기가 $8 \times 10^{-6}[Wb]$, 길이가 3[cm]인 막대 자석을 120[AT/m]의 평등 자계내에 자력선과 30°의 각도로 놓으면 이 막대 자석이 받는 회전력은 몇 [N·m]인가?

① 1.44×10^{-5} ② 1.44×10^{-4}

③ 3.02×10^{-4} ④ 3.02×10^{-5}

|정|답|및|해|설|⎯⎯⎯⎯⎯⎯⎯⎯⎯⎯⎯

[막대자석의 회전력]

$T = M \times H = MH\sin\theta = ml\,H\sin\theta[N \cdot m]$ 에서

$T = mlH\sin\theta = 8 \times 10^{-6} \times 0.03 \times 120 \times \sin30°$

$\quad = 188 \times 10^{-6} \times \dfrac{1}{2} = 1.44 \times 10^{-4}[N \cdot m]$

【정답】①

39. 그림과 같이 N=50이고 전류 1[mA]가 흐르고 있는 장방형 코일이 평등 자계 B=0.1[Wb/m^2]내에 놓여 있다. 지금 코일면을 자계와 $\theta = 30°$로 기울여 놓았을 때 이 코일에 작용하는 토크 [N·m]는? (단, a=1[cm], b=1.5[cm]라 한다.)

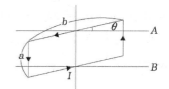

① 3.74×10^{-7} ② 6.49×10^{-7}

③ 7.48×10^{-7} ④ 11.22×10^{-7}

|정|답|및|해|설|⎯⎯⎯⎯⎯⎯⎯⎯⎯⎯⎯

[평면코일의 회전력(토크)] $T = NBSI\cos\theta[N \cdot m]$

$T = NBSI\cos\theta = 50 \times 0.1 \times 10^{-2} \times 1.5 \times 10^{-2} \times 10^{-3} \times \cos30$

$\quad = 6.5 \times 10^{-7}[N \cdot m]$ 【정답】②

40. 자계 B의 안에 놓여 있는 전류 I의 회로 C가 받는 힘 F의 식으로 옳은 것은?

① $F = \displaystyle\oint_C (Idl) \times B$

② $F = \displaystyle\oint_C (IB) \times dl$

③ $F = \displaystyle\oint_C (Idl) \cdot (B)$

④ $F = \displaystyle\oint_C (-IB) \cdot (dl)$

|정|답|및|해|설|⎯⎯⎯⎯⎯⎯⎯⎯⎯⎯⎯

[로렌츠 힘] 전류가 흐르는 도선을 자계 내에 놓으면 작용하는 힘 $F = IBl\sin\theta = (I \times B)l[N]$

【정답】①

41. 1[Wb/m^2]의 자속 밀도에 수직으로 놓인 10[cm]의 도선에 10[A]의 전류가 받는 힘은?

① 10[N]   ② 1[N]

③ 0.1[N]   ④ 0.5[N]

|정|답|및|해|설|⎯⎯⎯⎯⎯⎯⎯⎯⎯⎯⎯

[로렌츠 힘] $F = IBl\sin\theta$

$F = 1 \times 10 \times 1 = 1[N]$ 【정답】②

42. 2[cm]의 간격을 가진 두 평행 도선에 1000[A]의 전류가 흐를 때 도선 1[m]마다 작용하는 힘[N/m]은?

① 5
② 10
③ 15
④ 20

[두 개의 평행 도선 간에 작용하는 힘] $F = \dfrac{\mu_0 I_1 I_2}{2\pi r}$

$F = \dfrac{\mu_0 I_1 I_2}{2\pi r} = \dfrac{2 \times 10^{-7} I^2}{r} = \dfrac{2 \times 10^{-7} \times 1000^2}{2 \times 10^{-2}} = 10[N/m]$

【정답】②

43. 10[A]가 흐르는 1[m] 간격의 평행 도체 사이의 1[m]당의 작용하는 힘은?

① $1[N]$
② $10^{-5}[N]$
③ 2×10^{-5}
④ 2×10^{-7}

[두 개의 평행 도선 간에 작용하는 힘] $F = \dfrac{\mu_0 I_1 I_2}{2\pi r}$

$F = \dfrac{\mu_0 I^2}{2\pi r} = \dfrac{2 I^2}{r} \times 10^{-7} = \dfrac{2 \times 10^2}{I} \times 10^{-7} = 2 \times 10^{-5}[N]$

$\rightarrow (\mu_0 = 4\pi \times 10^{-7})$ 　　　　　　【정답】③

44. 평행한 두 도선 간의 전자력은? (단, 두 도선 간의 거리는 r[m]라 한다.)

① r^2에 반비례
② r^2에 비례
③ r에 반비례
④ r에 비례

[두 개의 평행 도선 간에 작용하는 힘]

$F = \dfrac{\mu_0 I_1 I_2}{2\pi r} = \dfrac{2 I_1 I_2}{r} \times 10^{-7}[N/m]$

두 전류의 곱에 비례하고, 간격(거리)에 반비례하며 두 전류의 방향이 같은 방향이면 흡인력, 다른 방향(왕복전류)이면 반발력이 작용한다. 　　　　　　　　　　　　【정답】③

45. $B[\text{Wb·}m^2]$의 자계 내에서 $-1[C]$의 점전하가 $V[m/s]$의 속도로 이동할 때 받는 힘 F는 몇 [N]인가?

① $B \cdot V$
② $\dfrac{B \cdot V}{2}$
③ $B \times V$
④ $2B \times V$

[로렌츠 힘] $F = q(v \times B) = qv \times B = -qB \times v$
$\qquad\qquad\quad = -(-1)B \times v = B \times v$

【정답】③

46. 0.2[C]의 점전하가 전계 $E = 5j + k[V/m]$[V/m] 및 자속 밀도 $B = 2j + 5k[Wb/m^2]$ 내로 속도 $v = 2i + 3j[m/s]$로 이동할 때 점전하에 작용하는 힘 $F[N]$는? (단, i, j, k는 단위 벡터이다.)

① $2i - j + 3k$
② $3i - j + k$
③ $i + j - 2k$
④ $5i + j - 3k$

[로렌츠 힘] 전계와 자계가 동시에 존재 시 작용하는 힘
$F = qE[N] \rightarrow$ (전계 존재 시)

$F = q(v \times B)[N] \rightarrow$ (자계 존재 시)

$F = q(E + v \times B)[N] \rightarrow$ (전계, 자계 동시 존재 시)

$v \times B = \begin{vmatrix} i & j & k \\ 2 & 3 & 0 \\ 0 & 2 & 5 \end{vmatrix} = i\begin{vmatrix} 3 & 0 \\ 2 & 0 \end{vmatrix} + j\begin{vmatrix} 0 & 2 \\ 5 & 0 \end{vmatrix} + k\begin{vmatrix} 2 & 3 \\ 0 & 2 \end{vmatrix}$

$\qquad = i(15 - 0) + j(0 - 10) + k(4 - 0)$

$\qquad = 15i - 10j + 4k$

$F = q(E + v \times B) = 0.2(5j + k + 15i - 10j + 4k)$

$\quad = 0.2(15i - 5j + 5k) = 3i - j + k$

【정답】②

47. 0.2[Wb/m^2]의 평등 자계 속에 자계의 방향으로 놓인 길이 30[cm]의 도선을 자계와 30°각의 방향으로 30[m/s]의 속도로 이동시킬 때 도체 양단에 유기되는 기전력은 몇 [V]인가?

① 0.9$\sqrt{3}$ ② 0.9

③ 1.8 ④ 90

|정|답|및|해|설|⋯⋯⋯⋯⋯⋯⋯⋯⋯⋯⋯⋯⋯⋯⋯⋯⋯⋯⋯⋯

[유기기전력] $e = vBl\sin\theta = (v \times B)l\,[V]$
$$= 30 \times 0.2 \times 0.3\sin 30 = 0.9\,[V]$$

【정답】②

48. 두 개의 자력선이 동일 방향으로 흐르면 자계강도는?

① 더 약해진다.

② 주기적으로 약해졌다 또는 강해졌다 한다.

③ 더 강해진다.

④ 강해졌다가 약해진다.

|정|답|및|해|설|⋯⋯⋯⋯⋯⋯⋯⋯⋯⋯⋯⋯⋯⋯⋯⋯⋯⋯⋯⋯

[자계강도] 자력선이 동일방향으로 흐르면 중첩의 원리에 의해 더욱 강해진다.

【정답】③

자성체와 자기회로

01 자성체

(1) 자성체란?

자계 내에 놓았을 때 자석화 되는 물질을 자성체라 한다.

자화의 근본적인 원인은 전자의 자전현상(spin)

반자성체, 상자성체, 강자성체, 반강자성체 등이 있다.

※ 자화되지 않은 물질을 비자성체라고 한다.

(2) 자성체의 종류 및 주요 특징

① 상자성체 (약자성체)

・인접 영구자기 쌍극자의 방향이 규칙성이 없는 재질

・영구적인 N극, S극 형성하지 못하여 영구 자석의 재료가 되지 못한다.

・상자성체로는 알루미늄, 망간, 백금, 주석, 산소, 질소 등이 있다.

・상자성체의 비투자율 $\mu_s > 1$ → (1보다 약간 크다.)

② 역자성체 (약자성체)

・자계를 가하는 동안에는 잠깐 극을 형성하나 오래 동안은 유지 못하는 자성체이다.

・영구적인 N극, S극 형성하지 못하여 영구 자석의 재료가 되지 못한다.

・역자성체의 비투자율 $\mu_s < 1$ → (1보다 작다.)

・반자성체와 반강자성체가 있다.

㉮ 반자성체

・영구자기 쌍극자가 없는 재질

・비스무트, 탄소, 규소, 납, 수소, 아연, 황, 구리, 동선, 게르마늄, 안티몬 등

㉯ 반강자성체

・인접 영구자기 쌍극자의 배열이 서로 반대인 재질

・자성체의 스핀 배열 (자기쌍극자 배열)

③ 강자성체

　・인접 영구자기 쌍극자의 방향이 동일 방향으로 배열하는 재질

　・자계를 제거하여도 영구적인 N극, S극을 형성하는 특성이 강하여 영구 자석의 재료로 적합한 자성체이다.

　・자구가 존재한다.

　・히스테리시스 현상이 있다.

　・자기포화 특성이 있다.

　・강자성체의 비투자율 $\mu_s \gg 1 \rightarrow$ (1보다 매우 크다.)

　・철, 니켈, 코발트 등이 있다.

(3) 자성체의 종류별 전자의 배열 상태

자성체의 종류		비투자율	비자화율	자기모멘트의 크기 및 배열
강자성체		$\mu_s \gg 1$	$\chi_m \gg 1$	
상자성체		$\mu_s > 1$	$\chi_m > 0$	
역자성체	반자성체	$\mu_s < 1$	$\chi_m < 0$	
	반강자성체			

※ 투자율 $\mu = \mu_0 \mu_s \rightarrow (\mu_0$: 진공 시 투자율, μ_s : 비투자율)

(4) 자기차폐

자기차폐란 투자율이 큰 강자성체로 내부를 감싸서 내부가 외부 자계의 영향을 받지 않도록 하는 것을 말한다.

자기차폐에 가장 좋은 것은 강자성체 중에서 비투자율이 큰 물질이다.

핵심기출　【기사】 05/1 10/2 13/2

자화율(Magnetic Susceptibility) χ는 상자성체에서 일반적으로 어떤 값을 갖는가?

① $\chi = 0$　　　　　　　　　② $\chi > 0$

③ $\chi < 0$　　　　　　　　　④ $\chi = 1$

정답 및 해설　[비투자율] $\mu_s = \dfrac{\mu}{\mu_0} = 1 + \dfrac{\chi}{\mu_0}$ 에서

상자성체 : $\mu_s > 1$, $\chi > 0$, 역자성체 : $\mu_s < 1$, $\chi < 0$

여기서, χ : 자화율, μ_s : 비투자율　　　　　　　　　　【정답】②

02 히스테리시스 곡선

(1) 히스테리시스 곡선의 정의

강자성체를 자화시킬 경우의 자계와 자속밀도의 관계를 나타낸 곡선이다.

B-H 곡선 또는 자기이력 곡선이라고도 한다.

(2) 자기이력곡선(B-H Curve) 및 투자율 μ 곡선

① B-H 곡선

• 자계의 세기가 증가할 때와 감소할 때 자속 밀도는 서로 다른 싸이클로 변하고 되며, 이 싸이클을 자기 B-H곡선 또는 자기이력곡선이라고 한다.

• 자속밀도 $B = \mu H$의 식에 의하여 강자성체에 가하는 자계(H)를 증가시키면 자속밀도(B)도 비례하여 증가 한다.

• 어느 일정값 이상으로 자계(H)가 증가되면 이때부터는 자성체에 자속밀도(B)가 포화되어 자속 밀도는 더 이상 증가하지 않는다. 이를 자기 포화 현상이라고 한다.

② 투자율 μ 곡선

• 공간의 매질에 따른 투자율의 변화를 나타낸 곡선

• 가로축을 자계의 세기(H), 세로축을 자속 밀도(B)로 하여 나타낸다.

• 투자율 곡선은 그림과 같이 처음에는 증가했다가 자기 포화점 이후부터는 반비례하여 감소하게 된다.

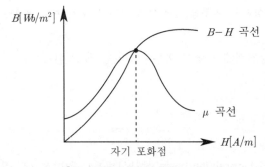

[$B-H$곡선 및 투자율 μ 곡선]

(3) 히스테리시스 곡선

① 히스테리시스 곡선이란?

• 횡축에는 자계의 세기(H), 종축에는 자속 밀도(B)를 평면상에 나타낸 강자성체의 자속 밀도 분포를 그린 곡선이다.

• 이렇게 하여 얻어진 히스테리시스 곡선의 면적이 바로 영구 자석을 만들기 위해서 외부에서 가한 강자성체의 체적 당 자속 밀도가 된다.

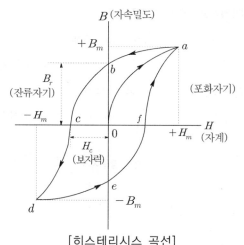

$$※에너지\ \ W=\frac{1}{2}BH[J/m^3]$$

[히스테리시스 곡선]

② 잔류자기(B_r)

- 히스테리시스 곡선이 종축(자속밀도)과 만나는 점은 잔류 자기(잔류 자속밀도(B_r))
- 외부에서 가한 자계 세기를 0으로 해도 자성체에 남는 자속밀도의 크기

③ 보자력(H_c)

- 히스테리시스 곡선이 횡축(자계의 세기)과 만나는 점은 보자력(H_c)으로 표시한다.
- 자화된 자성체 내부의 B를 0으로 하기 위하여 외부에서 자화의 반대방향으로 가하는 자계의 세기

(4) 히스테리시스손(P_h)

히스레리시스 곡선을 다시 일주시켜도 항상 처음과 동일하기 때문에 히스테리시스의 면적(체적당 에너지 밀도)에 해당하는 에너지는 열로 소비된다. 이를 히스테리시스 손이라고 한다.

히스테리시스 손 $P_h = f v k_n \eta B_m^{1.6}[W/m^3]$

여기서, f : 주파수, v : 철심의 체적, k_n : 히스테리시스 상수, B_m : 최대자속밀도[Wb/m^2]
1.6 : 스타인메츠 정수

히스테리시스손실은 주파수에 비례하고 자속밀도의 1.6승에 비례한다.

히스테리시스손실을 감소시키기 위해서 철심 재료는 규소가 섞인(3~5[%]) 재료를 사용하고 와류에 의한 손실을 감소시키기 위해 철심을 얇게(0.35~0.5[mm]) 하여 성층시켜서 사용한다.

(5) 와류손(P_e)

자성체 내의 자속의 변화로 자성체 내부에 기전력이 생성되고 생성된 기전력에 의해 와전류가 흐르게 되는데 와전류에 의해 발생하는 손실을 와류손(P_e)이라고 한다.

와류손 $P_e = k_e f^2 B_m^2 \dfrac{t}{\rho}[W]$

여기서, f : 주파수, k_e : 와류손 상수, B_m : 최대자속밀도[Wb/m^2], ρ : 고유저항, t : 두께

(6) 영구자석 및 전자석의 히스테리시스 곡선의 면적 비교

　① 전자석 : 히스테리시스 곡선 면적 및 보자력(H_c)이 적을 것

→(전자석은 상자성체로 만든다.)

　② 영구자석 : 큰 보자력으로 큰 잔류자기를 얻고 히스테리시스 곡선 면적이 크다.

→(영구자석은 강자성체로 만든다.)

[영구자석과 전자석의 비교]

종류	영구자석	전자석
잔류자기(B)	크다	크다
보자력(H_c)	크다	작다
히스테리시스 손 (히스테리시스 곡선 면적)	크다	작다

핵심기출 【기사】19/109/2 14/3

히스테리시스 곡선의 기울기는 다음의 어떤 값에 해당하는가?

① 투자율　　　　　　② 유전율

③ 자화율　　　　　　④ 감자율

정답 및 해설 [히스테리시스 곡선] 히스테리시스 곡선의 자속 밀도 B와 자계의 세기 H의 비는 투자율이다.

즉, $\mu = \dfrac{B}{H}$　　　　　　　　　　　　　　　　　　　【정답】①

---

03 자화의 세기(J)

(1) 자화의 세기(J)란?

　　자성체의 양 단면의 단위 면적에 발생한 자기량을 그 자성체에 대한 자화의 세기라고 한다.
　　자화의 세기를 나타내는 기호는 J로 표시하고 단위는 [Wb/m^2]으로 나타낸다.

(2) 자화의 세기(J)의 표현 식

　① 자화의 세기 $J = \dfrac{m}{S} = \dfrac{ml}{Sl} = \dfrac{M}{v}$[Wb/m²]

　　　여기서, S : 자성체의 단면적[m²], m : 자화된 자기량[Wb], l : 자성체의 길이[m]
　　　　　　　v : 자성체의 체적[m³], M : 자기모멘트($M = ml$[Wb·m])

　② 단위면적당의 자화된 자극의 세기로 표시 $J = \dfrac{m}{S}$

　③ 단위체적당의 자기모멘트로 표시 $J = \dfrac{M}{v}$

(3) 투자율과 자화율

① 자화율 $\chi = \mu - \mu_0 = \mu_0(\mu_s - 1) = \mu_0 \chi_s \quad \rightarrow (\mu = \mu_0 \mu_s)$

② 비자화율 $\chi_s = \mu_s - 1$

③ 자화의 세기 $J = (\mu - \mu_0)H = \mu_0(\mu_s - 1)H = \chi H$

$$J = \mu H - \mu_0 H = B - \mu_0 H \quad \rightarrow (B = \mu H)$$

④ 자속 밀도 $B = \mu_0 H + J \quad \rightarrow (H : \text{자계의 세기})$

(4) 감자력

강자성체를 자계 안에서 자화할 때, 그 양단에 극이 생기기 때문에 작용하는 자력을 약하게 만들려고
하는 힘을 감자력이라 한다. 감자력은 자속밀도에 비례한다.

① 감자력 $H = \dfrac{N}{\mu_0} J$

여기서, H : 감자력, J : 자화의 세기, N : 감자율($0 \leqq N \leqq 1$), μ_0 : 진공시 투자율

② 자화의 세기 $J = \dfrac{\mu_0(\mu_s - 1)}{1 + (\mu_s - 1)N} H_0 [Wb/m^2]$

여기서, J : 자화의 세기, N : 감자율($0 \leqq N \leqq 1$), μ_0 : 진공시 투자율, μ_s : 비투자율
H_0 : 자계의 세기,

(5) 감자율

감자력은 자석의 세기에 비례하며, 이때 비례상수를 감자율이라 한다.
감자율이 0이 되려면 잘려진 극이 존재하지 않으면 된다.
환상 솔레노이드가 무단 철심이므로 이에 해당된다. 즉, 환상 솔레노이드 철심의 감자율은 0이다.

 【기사】 19/1

다음의 관계식 중 성립할 수 없는 것은? (단, μ 는 투자율, μ_0 는 진공의 투자율, χ 는 자화율,
J 는 자화의 세기이다.)

① $\mu = \mu_0 + \chi$ ② $J = \chi B$

③ $\mu_s = 1 + \dfrac{\chi}{\mu_0}$ ④ $B = \mu H$

정답 및 해설 [자화의 세기] ① 투자율 $\mu = \mu_0 + \chi [H/m]$

② 자화의 세기 $J = \chi H = (\mu - \mu_0)H = B - \mu_o H [Wb/m^2]$

③ 비투자율 $\mu_s = \dfrac{\mu}{\mu_0} = \dfrac{\mu_0 + \chi}{\mu_0} = 1 + \dfrac{\chi}{\mu_0}$

④ 자속밀도 $B = \mu_0 H + J = \mu_0 H + \chi H = (\mu_0 + \chi)H = \mu_0 \mu_s H [Wb/m^2]$

【정답】②

자성체의 경계 조건

(1) 경계면 양측에서 법선 성분의 자속밀도

자속밀도는 경계면에 수직 성분(법선 성분)이 같다.

$B_{1n} = B_{2n}$

$B_1 \cos\theta_1 = B_2 \cos\theta_2 \quad \rightarrow (B_1 = \mu_1 H_1, \ B_2 = \mu_2 H_2)$

※자계의 세기는 경계면에서 법선(수평) 방향이 불연속적이다$(H_{1n} \neq H_{2n})$

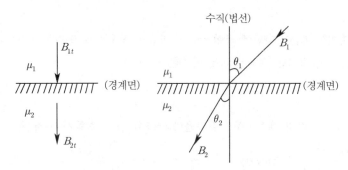

[자성체 경계면에 수직인 자속 밀도]

(2) 경계면 양측에서 접선 성분의 자계의 세기

자계의 세기는 경계면에 수평 성분(접선 성분)이 같다.

$H_{1t} = H_{2t}$

$H_1 \sin\theta_1 = H_2 \sin\theta_2 \quad \rightarrow (B_1 > B_2, \ H_1 < H_2)$

※자속밀도는 경계면에서 접선(수직) 방향이 불연속적이다$(B_{1t} \neq B_{2t})$

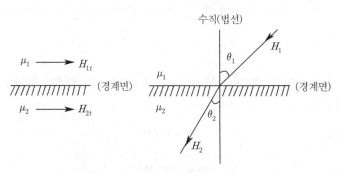

[자성체 경계면에 수평인 자계의 세기]

(3) 자성체의 굴절의 법칙(굴절각과 투자율은 비례)

경계면에 수직으로 입사한 전속은 굴절하지 않는다.

자속은 투자율이 높은 쪽으로 모이려는 성질이 있다.

① $\dfrac{\tan\theta_1}{\tan\theta_2} = \dfrac{\epsilon_1}{\epsilon_2} = \dfrac{\mu_1}{\mu_2} = \dfrac{k_1}{k_2}$

② $\mu_1 > \mu_2$ 일 때 $\rightarrow \theta_1 > \theta_2, \ B_1 < B_2, \ H_1 < H_2$

핵심기출 【기사】 18/2

매질 1의 $\mu_{s1} = 500$, 매질 2의 $\mu_{s2} = 1,000$ 이다. 매질 2에서 경계면에 대하여 $45°$ 의 각도로 자계가 입사한 경우 매질 1에서 경계면과 자계의 각도에 가장 가까운 것은?

① $20°$ ② $30°$ ③ $60°$ ④ $80°$

정답 및 해설 [자성체의 굴절의 법칙] 굴절각과 투자율은 비례한다. $\dfrac{\tan\theta_1}{\tan\theta_2} = \dfrac{\epsilon_1}{\epsilon_2} = \dfrac{\mu_1}{\mu_2}$

여기서, θ : 경계면과의 각, μ : 투자율, ϵ : 유전율
$\mu_{s1} = 500$, $\mu_{s2} = 1,000$, 경계면과의 각 $\theta = 45°$

$\dfrac{\tan\theta_1}{\tan\theta_2} = \dfrac{\mu_1}{\mu_2}$ 에서 $\dfrac{\tan\theta_1}{\tan 45°} = \dfrac{500}{1,000} = \dfrac{1}{2}$ → $\tan\theta_1 = \dfrac{1}{2}$ 이므로 $\theta_1 = \tan^{-1}\left(\dfrac{1}{2}\right) = 26.57°$

【정답】②

05 자기회로

(1) 자기회로란?

대표적인 자기회로는 그림과 같은 환상 철심에 코일이 감겨 있는 회로로 구성

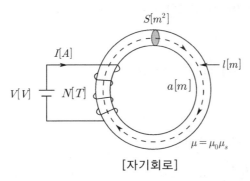

[자기회로]

(2) 자기회로의 구성 요소

전기가 흐르는 통로 전기회로, 자속의 통로 자기회로

자기 저항에는 열손실(줄 손실)이 없다. → (전기 저항에는 I^2R에 의한 열손실이 발생한다.)

① 기자력 $F = \emptyset R_m = NI[\text{AT}]$ ② 자속 $\emptyset = \dfrac{F}{R_m} = BS = \mu HS$

③ 자계의 세기 $H = \dfrac{\emptyset}{\mu S}$ ④ 자기저항 $R_m = \dfrac{F}{\emptyset} = \dfrac{l}{\mu S}[\text{AT/Wb}]$

여기서, $l[\text{m}]$: 철심 내 자속이 통과하는 평균 자로 길이, μ : 철심의 투자율($\mu = \mu_0 \mu_s [H/m]$)
$S[m^2]$: 철심의 단면적

[전기회로와 자기회로의 비교]			
전기회로		**자기회로**	
기전력	$V = IR[V]$	기자력	$F = \emptyset R_m = NI[AT]$
전류	$I = \dfrac{V}{R}[A]$	자속	$\emptyset = \dfrac{F}{R_m}[Wb]$
전기저항	$R = \dfrac{V}{I} = \dfrac{l}{kS}[\Omega]$	자기저항	$R_m = \dfrac{F}{\emptyset} = \dfrac{l}{\mu S}[AT/m]$
도전율	$k[\mho/m]$	투자율	$\mu[H/m]$

(3) 자기회로의 옴의 법칙

자속 $\emptyset = \dfrac{F}{R_m} = \dfrac{NI}{\dfrac{l}{\mu S}} = \dfrac{\mu SNI}{l}[\text{Wb}]$

(4) 자기회로의 키르히호프의 법칙

자기회로의 임의 결합점에 유입하는 자속의 대수합은 0이다. 즉, $\sum_{i=1}^{n} \emptyset_i = 0$

임의의 폐자로에서 각부의 자기 저항과 자속과의 곱의 총합은 그 폐자로에 있는 기자력의 총합과

같다. 즉, $\sum_{i=1}^{n} R_i \emptyset_i = \sum_{i=1}^{n} N_i I_i$

여기서, R : 자기 저항, $\emptyset$: 자속, N : 코일 권수, I : 전류

(5) 합성 자기저항

① 2개 이상의 자기 저항이 존재하는 경우 (직렬연결)

$R_{m1} = \dfrac{l_1}{\mu S}[AT/Wb]$ $R_{m2} = \dfrac{l_2}{\mu S}[AT/Wb]$

직렬 합성저항 $R_m = R_{m1} + R_{m2}[AT/Wb]$

② 2개 이상의 자기 저항이 존재하는 경우 (병렬연결)

$R_{m1} = \dfrac{l_1}{\mu S}[AT/Wb]$ $R_{m2} = \dfrac{l_2}{\mu S}[AT/Wb]$

병렬 합성저항 $R_m = \dfrac{R_{m1} \times R_{m2}}{R_{m1} + R_{m2}}[AT/Wb]$

※ 자지저항의 합성은 전기저항이 합성 방법과 동일하다.

(6) 미소 공극이 있는 철심의 합성 자기회로

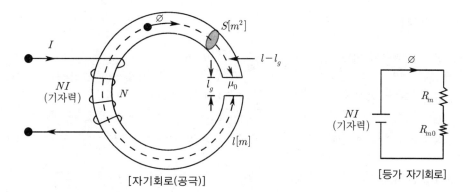

[자기회로(공극)]   [등가 자기회로]

① 자기저항 $R_m = \dfrac{l-l_g}{\mu S} \fallingdotseq \dfrac{l}{\mu S}\,[AT/Wb]$

② 공극의 자기저항 $R_{m0} = \dfrac{l_g}{\mu_0 \cdot S}\,[AT/Wb]$

③ 합성 자기저항 $R_m{}' = R_m + R_{m0} = \dfrac{l}{\mu \cdot S} + \dfrac{l_g}{\mu_0 \cdot S} = \dfrac{l}{\mu S}\left(1 + \dfrac{l_g}{l}\mu_s\right)$

$\qquad\qquad \rightarrow$ (※공극에 의해서 자기저항이 커지게 된다.)

④ 공극이 없는 경우와 있는 경우의 자기 저항 비 $\dfrac{R_m{}'}{R_m} = 1 + \dfrac{l_g}{l}\mu_s$

⑤ 미소 공극이 있는 경우의 자속 $\varnothing = \dfrac{NI}{R_m} = \dfrac{\mu SNI}{l\left(1 + \dfrac{l_g}{l}\mu_s\right)}\,[\text{Wb}]$

핵심기출 【기사】 04/2 04/3 07/3 16/3 19/2 【산업기사】 08/3

자기회로와 전기회로의 대응 관계가 잘못된 것은?

① 자속 ↔ 전류   ② 기자력↔기전력

③ 투자율 ↔ 유전율   ④ 자계의 세기 ↔ 전계의 세기

정답 및 해설 [자기회로와 전기회로의 대응]

자기회로	전기회로
자속 $\phi\,[Wb]$	전류 $I[A]$
자계 $H[A/m]$	전계 $E[V/m]$
기자력 $F[AT]$	기전력 $U[V]$
자속 밀도 $B[Wb/m^2]$	전류 밀도 $i[A/m^2]$
투자율 $\mu[H/m]$	도전율 $k[\mho/m]$
자기저항 $R_m\,[AT/Wb]$	전기저항 $R[\Omega]$

【정답】③

06 단위 체적당 에너지(자계에너지, 에너지밀도)

(1) 자계에너지

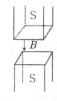

① 정자계 에너지 밀도 $\omega_m = \dfrac{1}{2}\mu H^2 = \dfrac{B^2}{2\mu} = \dfrac{1}{2}HB\,[J/m^3]$

② 작용하는 힘(흡인력) $f = \dfrac{1}{2}\mu H^2 = \dfrac{B^2}{2\mu} = \dfrac{1}{2}HB\,[N/m^2]$ 이므로

③ 정자계의 힘(작용력(F)) $F = \dfrac{B^2}{2\mu}\times S\,[N]$ $\quad \therefore F(\text{자석의 힘}) \propto B^2$ $\qquad \rightarrow$ (S : 단면적)

(2) 정전계 에너지

① 정전 에너지 밀도 $\omega_c = \dfrac{1}{2}DE = \dfrac{1}{2}\epsilon E^2 = \dfrac{D^2}{2\epsilon}\,[J/m^3]$

② 정전 응력 $f = \dfrac{1}{2}DE = \dfrac{1}{2}\epsilon E^2 = \dfrac{D^2}{2\epsilon}\,[N/m^2]$

핵심기출 【기사】06/3 11/1 15/2 17/3 【산업기사】04/2 05/2 08/3

투자율 $\mu\,[H/m]$, 자계의 세기 $H\,[AT/m]$, 자속밀도 $B\,[Wb/m^2]$인 곳의 자계 에너지 밀도$[J/m^3]$는?

① $\dfrac{B^2}{2\mu}$ ② $\dfrac{H^2}{2\mu}$ ③ $\dfrac{1}{2}\mu H$ ④ BH

정답 및 해설 [정자계 에너지 밀도] 에너지 밀도, 즉 자성체 단위 체적당 저장되는 에너지

$\omega = \dfrac{B^2}{2\mu} = \dfrac{1}{2}\mu H^2 = \dfrac{1}{2}HB\,[J/m^3]$ 　　　　　　　　　　　　　　　【정답】①

단원 핵심 체크

01 강자성체는 자계를 제거하여도 영구적인 N극, S극을 형성하는 특성이 강하여 영구
자석의 재료로 적합한 자성체로 대표적인 물질 3가지는 (   ) 등이다.

02 투자율이 큰 강자성체로 내부를 감싸서 내부가 외부 자계의 영향을 받지 않도록 하는
것을 자기차폐라고 한다. 자기차폐에 가장 좋은 것은 강자성체 중에서 (
)이 큰 물질이다.

03 히스테리시스 곡선이 종축(자속밀도)과 만나는 점은 잔류 자기(잔류 자속밀도(B_r)),
횡축(자계의 세기)과 만나는 점은 (   )으로 표시한다.

04 히스테리시스 손실은 주파수에 비례하고 자속밀도의 (   ) 승에 비례한다.

05 와전류에 의해 발생하는 손실을 와류손(P_e)이라고 말하며, 와전류는 주파수의 (
)에 비례한다.

06 히스테리시스 곡선의 기울기는 (   )의 값에 해당한다.

07 영구자석은 큰 보자력으로 큰 (   )를 얻고 히스테리시스 곡선의 면적이 크다.

08 강자성체를 자계 안에서 자화할 때, 그 양단에 극이 생기기 때문에 작용하는 자력을
약하게 만들려고 하는 힘을 감자력이라 하며, 감자력은 자화의 세기에 (
)한다.

09 자속밀도는 경계면에 (①)이 같고, 자계의 세기는 경계면에 (②)이 같다.

10 자기회로란 자속의 통로를 말하며, 자기회로에서 자기 저항은 철심의 단면적에 (   )한다.

11 자기회로의 키르히호프의 법칙에 의하면, 자기회로의 임의 결합점에 유입하는 자속의 대수합은 (   )이다.

12 미소 공극이 있는 철심의 합성 자기 회로에서 공극에 의해서 자기 저항은 (   )지게 된다.

적중 예상문제

1. 강자성체의 자속 밀도 B의 크기와 자화의 세기 J의 크기 사이에는?

① J는 B보다 약간 크다.

② J는 B보다 대단히 크다.

③ J는 B보다 약간 작다.

④ J는 B보다 대단히 작다.

|정|답|및|해|설|..........

[자화의 세기]

$J = \mu_0(\mu_s - 1)H = \lambda H = B(1 - \frac{1}{\mu_s})[Wb/m^3] \rightarrow (\lambda : 자화율)$

$J = B(1 - \frac{1}{\mu_s}) \rightarrow \mu_s \gg 1$이므로

$J < B \rightarrow$ (J는 B보다 약간 작다.) 【정답】③

2. 길이 l[M], 단면적의 반지름 a[m]인 원통에 길이 방향으로 균일하게 자화되어 자화의 세기가 J[Wb/m^2]인 경우 원통 양단에서의 전자극의 세기 m[Wb]는?

① J

② $2\pi a J$

③ $\pi a^2 J$

④ $\frac{J}{\pi a^2}$

|정|답|및|해|설|..........

[자화의 세기] $J = \frac{M}{v} = \frac{M}{\pi a^2 l}[Wb/m^2]$

$M = ml$이므로

$J = \frac{ml}{\pi a^2 l} \rightarrow m = \pi a^2 J[Wb]$

【정답】③

3. 길이 20[cm], 단면적이 반지름 10[cm]인 원통이 길이 방향으로 균일하게 자화되어 자화의 세기가 200[Wb/m^2]인 경우 원통 양단에서의 전자극의 세기는 몇 [Wb]인가?

① π

② 2π

③ 3π

④ 4π

|정|답|및|해|설|..........

[자화의 세기] $J = \frac{M}{v} = \frac{M}{\pi a^2 l}[Wb/m^2] \rightarrow (M = ml)$

$m = J\pi a^2 = 200 \times \pi \times 0.1^2 = 2\pi$ 【정답】②

4. 투자율이 다른 두 자성체의 경계면에서의 굴절 각은?

① 투자율에 비례한다.

② 투자율에 반비례한다.

③ 투자율의 제곱에 비례한다.

④ 비투자율에 반비례한다.

|정|답|및|해|설|..........

[굴절각과 투자율] 굴절각(θ)은 투자율(μ)에 비례한다.
$\mu_1 > \mu_2$ 일 때 $\theta_1 > \theta_2$, $B_1 > B_2$, $H_1 < H_2$이다.

【정답】①

5. 어떤 막대꼴 철심이 있다. 단면적이 0.5[m^2], 길이가 0.8[m], 비투자율이 20이다. 이 철심의 자기 저항 [AT/Wb]은?

① 6.37×10^4

② 4.45×10^4

③ 3.6×10^4

④ 9.7×10^5

[자기 회로에서의 자기 저항] $R_m = \dfrac{F}{\varnothing} = \dfrac{l}{\mu S}$[AT/Wb]

$R_m = \dfrac{l}{\mu_0 \mu_s S} = \dfrac{0.8}{4\pi \times 10^{-7} \times 20 \times 0.5} = 6.37 \times 10^4 [AT/Wb]$

【정답】①

6. 어떤 막대철심이 있다. 단면적이 0.4[m^2]이고, 길이가 0.6[m], 비투자율이 20이다. 이 철심의 자기저항은 몇 [AT/Wb]인가?

① 3.86×10^4
② 7.96×10^4
③ 3.86×10^5
④ 5.97×10^4

[자기 회로에서의 자기 저항] $R_m = \dfrac{F}{\varnothing} = \dfrac{l}{\mu S}$[AT/Wb]

$R_m = \dfrac{l}{\mu_0 \mu_s S} = \dfrac{0.6}{4\pi \times 10^{-7} \times 20 \times 0.4} = 5.97 \times 10^4$

【정답】④

7. 자기회로의 자기 저항은?

① 자기회로의 단면적에 비례
② 투자율에 반비례
③ 자기회로의 길이에 반비례
④ 단면적에 반비례하고 길이의 제곱에 비례

[자기 회로에서의 자기 저항] $R_m = \dfrac{F}{\varnothing} = \dfrac{l}{\mu S}$[AT/Wb]

전기저항에서 도전율에 대비되는 것이 자기저항의 투자율이다.

자기저항 $R = \dfrac{l}{\mu S} \rightarrow R \propto \dfrac{1}{\mu}$이다.

【정답】②

8. 철심이 든 환상 솔레노이드에서 1000[AT]의 기자력에 의해서 철심 내에 5×10^{-5}[Wb]의 자속이 통하면 이 철심 내의 자기 저항은 몇 [AT/Wb]인가?

① 5×10^2
② 2×10^7
③ 5×10^{-2}
④ 2×10^{-7}

[자기회로의 ohm의 법칙] 자속 $\phi = \dfrac{F}{R_m} = \dfrac{NI}{R_m}$[Wb]

자기저항 $R_m = \dfrac{F}{\phi} = \dfrac{1000}{5 \times 10^{-5}} = 2 \times 10^7 [AT/Wb]$

【정답】②

9. 환상철심에 감은 코일에 5[A]의 전류를 흘리면 2000[AT]의 기자력이 생기는 것으로 한다면 코일의 권수는 얼마로 하여야 하는가?

① 10^4
② 5×10^2
③ 4×10^2
④ 2.5×10^2

[자기회로의 기자력] $F = \varnothing R_m = NI$[AT]

$\therefore N = \dfrac{F}{I} = \dfrac{2000}{5} = 400[T]$

【정답】③

10. 400회 감은 코일에 2.5[A]의 전류가 흐른다면 기자력은 몇 [AT]이겠는가?

① 250
② 500
③ 1000
④ 2000

[자기회로의 기자력] $F = \varnothing R_m = NI$[AT]

$F = NI = 400 \times 2.5 = 1000[AT]$

【정답】③

11. 평균 자로의 길이 80[cm]의 환상 철심에 500 회의 코일을 감고 여기에 4[A]의 전류를 흘렸을 때 기자력 [AT]과 자화력 [AT/m](자계의 세기)은?

① 2000, 2500
② 3000, 2500
③ 2000, 3500
④ 3000, 3500

[자기회로의 기자력] $F = \varnothing R_m = NI[\text{AT}]$

[자기 회로의 자계의 세기] $H = \dfrac{\varnothing}{\mu S} = \dfrac{NI}{l}[\text{AT/m}]$

$F = NI = 500 \times 4 = 2000[AT]$

자계의 세기 $H = \dfrac{NI}{l} = \dfrac{2000}{0.8} = 2500[AT/m]$

【정답】①

12. 단면적 $S[m^2]$, 길이 l[m], 투자율 μ[H/m]의 자기 회로에 N회의 코일을 감고 I[A]의 전류를 통할 때의 오옴의 법칙은?

① $B = \dfrac{\mu SNI}{l}$
② $\phi = \dfrac{\mu SI}{lN}$
③ $\phi = \dfrac{\mu SNI}{l}$
④ $B = \dfrac{\mu SN^2}{l}$

[자기회로의 자속] $\varnothing = \dfrac{F}{R_m} = \dfrac{\mu SNI}{l} = BS = \mu HS[\text{Wb}]$

【정답】③

13. 비투자율 1000의 철심이 든 환상 솔레노이드의 권수는 600회, 평균 지름은 20[cm], 철심의 단면적은 $10[cm^2]$이다. 솔레노이드에 2[A]의 전류를 흘릴 때 철심내의 자속은 몇 [Wb]가 되는가?

① 2.4×10^{-5}
② 2.4×10^{-3}
③ 1.2×10^{-5}
④ 1.2×10^{-3}

[자기회로의 자속] $\varnothing = \dfrac{F}{R_m} = \dfrac{\mu SNI}{l} = BS = \mu HS[\text{Wb}]$

$\varnothing = BS = \mu_0 \mu_s HS = \mu_0 \mu_s \dfrac{NI}{l} S[Wb]$

$\varnothing = \mu_0 \mu_s \dfrac{NI}{l} S$

$\quad = 4\pi \times 10^{-7} \times 10^3 \times \dfrac{600 \times 2}{2\pi \times 10 \times 10^{-2}} \times 10 \times 10^{-4}$

$\quad = 2.4 \times 10^{-3}[wb]$

【정답】②

14. 비투자율 800의 환상 철심 중의 자계가 150[AT/m]일 때 철심의 자속 밀도[Wb/m^2]는?

① 12×10^{-2}
② 12×10^2
③ 15×10^2
④ 15×10^{-2}

[자속 밀도] $B = \mu H = \mu_0 \mu_s H[Wb/m^2]$
$B = \mu_0 \mu_s H = 4\pi \times 10^{-7} \times 800 \times 150 = 15 \times 10^{-2}[Wb/m^2]$

【정답】④

15. 자계의 세기가 800[AT/m], 자속밀도 0.05 [Wb/m^2]인 재질의 투자율은 몇 [H/m]인가?

① 3.25×10^{-5}
② 4.25×10^{-5}
③ 5.25×10^{-5}
④ 6.25×10^{-5}

[자속 밀도] $B = \mu H = \mu_0 \mu_s H[Wb/m^2]$
$\mu = \dfrac{B}{H} = \dfrac{0.05}{800} = 6.25 \times 10^{-5}[H/m]$

【정답】④

16. 자계의 세기가 800[AT/m]이고, 자속밀도가 0.2[Wb/m^2]인 재질의 투자율은 몇 [H/m]인가?

① 2.5×10^{-3} ② 4×10^{-3}

③ 2.5×10^{-4} ④ 4×10^{-4}

|정|답|및|해|설|

[자속밀도] $B = \mu H$

$$\mu = \frac{B}{H} = \frac{0.2}{800} = 2.5 \times 10^{-4} [H/m]$$

【정답】③

17. 기자력의 단위는?

① [V] ② [Wb]

③ [AT] ④ [N]

|정|답|및|해|설|

[기자력] 기자력은 전계에서 기전력V[V]와 같이 자력을 일으키는 NI를 말하는 것이다. N은 권수인데 단위는 T(Turn 턴)이고 NI[AT] 암페어턴이다.

【정답】③

18. 비투자율이 4000인 철심을 자화하여 자속 밀도가 0.1[Wb/m^2]으로 되었을 때 철심의 단위 체적에 저축된 에너지 [J/m^3]는?

① 1 ② 3

③ 2.5 ④ 5

|정|답|및|해|설|

[자계의 에너지 밀도(단위 체적당 에너지)]

$$W = \frac{1}{2}\mu H^2 = \frac{B^2}{2\mu} = \frac{1}{2}HB [J/m^3]$$

$$W = \frac{B^2}{2\mu_0 \mu_s} = \frac{0.1^2}{2 \times 4\pi \times 10^{-7} \times 4000} = 1[J/m^3]$$

【정답】①

19. 그림과 같이 진공 중에 자극 면적이 2[cm^2], 간격이 0.1[cm]인 자성체 내에서 포화 자속 밀도가 2[Wb/m^2]일 때 두 자극면 사이에 작용하는 힘의 크기 [N]는?

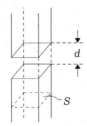

① 0.318 ② 3.18

③ 31.8 ④ 318

|정|답|및|해|설|

[작용하는 힘(흡인력)] $f = \frac{1}{2}\mu H^2 = \frac{B^2}{2\mu} = \frac{1}{2}HB[N/m^2]$

[진공중 단위면적당 정자계의 힘] $F = \frac{B^2}{2\mu_0} \times S[N]$

$$F = \frac{2^2}{2 \times 4\pi \times 10^{-7}} \times 2 \times 10^{-4} = 318[N]$$

【정답】④

20. 그림과 같이 Gap의 단면적 $S[m^2]$의 전자석에 자속밀도 $B[Wb/m^2]$의 자속이 발생될 때 철편을 흡입하는 힘은 몇 [N]인가?

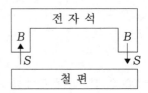

① $\frac{B^2 S}{2\mu_0}$ ② $\frac{B^2 S}{\mu_0}$

③ $\frac{B^2 S^2}{\mu_0}$ ④ $\frac{2B^2 S^2}{\mu_0}$

|정|답|및|해|설|

[단위면적당 정자계의 힘] $F = \dfrac{B^2}{2\mu_0} \times S[N]$

자극 면적이 2S가 됨을 주의해야 한다.

$F = \dfrac{B^2}{2\mu_0} \times 2S = \dfrac{B^2}{\mu_0} \cdot S[N]$ 　　　　【정답】②

---

21. 단면적이 같은 자기 회로가 있다. 철심의 투자율을 μ라 하고 철심회로의 길이를 l라 한다. 지금 그 일부에 미소공극 l_0을 만들었을 때 자기 회로의 자기 저항은 공극이 없을 때의 약 몇 배인가?

① $1 + \dfrac{\mu l}{\mu_0 l_0}$ 　　　　② $1 + \dfrac{\mu l_0}{\mu_0 l}$

③ $1 + \dfrac{\mu l_0}{\mu_0 l_0}$ 　　　　④ $1 + \dfrac{\mu_0 l_0}{\mu l}$

|정|답|및|해|설|

[미소 공극이 있는 철심의 합성 자기 회로의 자기저항]
공극이 없는 전부 철심인 경우, 단면적을 A라 할 때 자기저항

자기저항 $R_m = \dfrac{l - l_0}{\mu A} = \dfrac{l}{\mu A}[A]$ 　　→ ($l \gg l_0$인 경우)

공극의 자기저항 $R_{m0} = \dfrac{l_0}{\mu_0 A}[A]$

합성저항 $R_m{}' = R_m + R_{m0} = \dfrac{l}{\mu A} + \dfrac{l_0}{\mu_0 A} = \dfrac{l}{\mu A}\left(1 + \dfrac{\mu_s l_0}{l}\right)$

$\therefore \dfrac{R_m{}'}{R_m} = 1 + \dfrac{\mu l_0}{\mu_0 l} = 1 + \dfrac{\mu_s l_0}{l}$

　　　　【정답】②

---

22. 길이 1[m]의 철심(μ_r=1000) 자기 회로에 1[mm]의 공극이 생겼을 때 전체의 자기 저항은 약 몇 배로 증가되는가? (단, 각부의 단면적은 일정하다.)

① 1.5 　　　　② 2

③ 2.5 　　　　④ 3

|정|답|및|해|설|

[미소 공극이 있는 철심의 합성 자기 회로의 자기저항]

철심 회로의 자기저항 $R_m = \dfrac{l}{\mu S}$

공극의 자기저항 $R_{m0} = \dfrac{l_g}{\mu_0 S}$

합성 자기저항 $R_m{}' = R_{m0} + R_m = \dfrac{l_g}{\mu_0 S} + \dfrac{l}{\mu S} = \dfrac{l}{\mu S}\left(1 + \dfrac{l_g}{l}\mu_r\right)$

미소공극을 만들었을 때 자기 저항은 처음 자기 저항의 몇 배인가?

$\dfrac{R_m{}'}{R_m} = \dfrac{R_m + R_{m0}}{R_m} = 1 + \dfrac{\dfrac{l_g}{\mu_0 S}}{\dfrac{l}{\mu S}} = 1 + \dfrac{l_g}{l} \cdot \dfrac{\mu}{\mu_0} = 1 + \dfrac{l_g}{l} \cdot \mu_r$

$= 1 + \dfrac{10^{-3}}{1} \times 10^3 = 2$ 　　　　【정답】②

---

23. 비투자율 $\mu_s = 500$, 자로의 길이 l의 환상 철심 자기 회로에 $l_g = \dfrac{l}{500}$의 공극을 내면 자속은 공극이 없을 때의 대략 몇 배가 되는가? (단, 기자력은 같다.)

① 1 　　　　② $\dfrac{1}{2}$

③ 5 　　　　④ $\dfrac{1}{499}$

|정|답|및|해|설|

[미소 공극이 있는 철심의 합성 자기 회로의 자기저항]
공극이 없는 전부 철심인 경우, 단면적을 A라 할 때 자기저항

자기저항 $R_m = \dfrac{l - l_g}{\mu A} = \dfrac{l}{\mu A}[A]$ 　　→ ($l \gg l_g$인 경우)

공극의 자기저항 $R_{m0} = \dfrac{l_g}{\mu_0 A}[A]$

합성저항 $R_m{}' = R_m + R_{m0} = \dfrac{l}{\mu A} + \dfrac{l_g}{\mu_0 A} = \dfrac{l}{\mu A}\left(1 + \dfrac{\mu_s l_g}{l}\right)$

$\dfrac{R_m{}'}{R_m} = 1 + \dfrac{\mu l_g}{\mu_0 l} = 1 + \dfrac{\mu_s l_g}{l} = 1 + \dfrac{\dfrac{1}{500}l}{l} \times 500 = 2$배

자속 $\phi = \dfrac{F}{R}$에서 ϕ는 $\dfrac{F}{2R}$이므로 $\dfrac{1}{2}$배가 된다.

　　　　【정답】②

24. 영구 자석의 재료로 적당한 것은 어느 것인가?

① 잔류 자속밀도가 크고 보자력이 작아야
　 한다.

② 잔류 자속밀도가 작고 보자력이 커야 한다.

③ 잔류 자속밀도와 보자력이 모두 작아야
　 한다.

④ 잔류 자속밀도와 보자력이 모두 커야 한다.

|정|답|및|해|설|
[영구자석] 영구 자석은 잔류 자속밀도가 크고 보자력도 커야
한다. 따라서 히스테리시스곡선의 폐곡선면적이 커지게 된다.
[전자석] 전자석은 이와 반대로 히스테리시스곡선의 면적이
작아지도록 보자력을 작게 한다.
【정답】④

25. 영구 자석에 관한 설명 중 옳지 않은 것은?

① 히스테리시스 현상을 가진 재료만이 영
　 구 자석이 될 수 있다.

② 보자력이 클수록 자계가 강한 영구 자석
　 이 된다.

③ 잔류 자속 밀도가 높을수록 자계가 강한
　 영구 자석이 된다.

④ 자석 재료로 폐회로를 만들면 강한 영구
　 자석이 된다.

|정|답|및|해|설|
[영구자석] 영구 자석에 필요한 요건은 보자력과 잔류자속밀
도가 큰 것이다. 폐회로를 만든다고 히스테리시스곡선의 면
적이 달라지지 않는다. 【정답】④

26. 전자석에 사용하는 연철(soft iron)은 다음 어
　 느 성질을 가지는가?

① 잔류 자기, 보자력이 모두 크다.

② 보자력이 크고 히스테리시스 곡선의 면적
　 이 작다.

③ 보자력과 히스테리시스 곡선의 면적이 모
　 두 작다.

④ 보자력이 크고 잔류 자기가 작다.

|정|답|및|해|설|
[전자석]
· 적은 보자력과 큰 잔류 자기를 얻을 것
· 히스테리시스곡선 면적이 적다.
[영구자석]
· 큰 보자력과 큰 잔류 자기를 얻을 것
· 히스테리시스곡선 면적이 크다.
【정답】③

27. 히스테리시스 곡선이 종축과 만나는 좌표는?

① 잔류자기　　　　② 보자력

③ 기자력　　　　　④ 포화자속

|정|답|및|해|설|
[히스테리시스 곡선] 종축에는 자속밀도가 나타나고 자계가
0인 경우에 잔류자속밀도를 알 수 있다. 자석의 재료는 이러
한 잔류자속밀도가 커야만 한다. 횡축에는 외부에서 가한 자
계의 세기가 있고 잔류자속을 0으로 만드는 보자력을 알 수
있다. 【정답】①

28. 비투자율 μ_s는 역자성체에서 다음 어느 값을
　 갖는가?

① $\mu_s = 1$　　　② $\mu_s < 1$

③ $\mu_s > 1$　　　④ $\mu_s = 0$

|정|답|및|해|설|
[자성체의 비투자율]
강자성체 : $\mu_s \gg 1$
상자성체 : $\mu_s > 1$
역(반)자성체 : $\mu_s < 1$
【정답】②

29. 인접 영구 자기 쌍극자가 크기는 같으나 방향이 서로 반대 방향으로 배열 된 자성체를 어떤 자성체라 하는가?

① 반자성체   ② 상자성체

③ 강자성체   ④ 반강자성체

|정|답|및|해|설|⋯⋯⋯⋯⋯⋯⋯⋯⋯⋯⋯⋯⋯⋯⋯⋯

[자성체의 비투자율]

강자성체 : $\mu_s \gg 1$

상자성체 : $\mu_s > 1$

역자성체 : $\mu_s < 1$

※상자성체나 역자성체는 외부에서 자화에 의한 자력을 느끼
　기가 힘들다.   【정답】④

30. 아래 그림은 전자의 자기 모멘트의 크기와 배열 상태를 그 차이에 따라서 배열한 것인데 강자성체에 속하는 것은?

|정|답|및|해|설|⋯⋯⋯⋯⋯⋯⋯⋯⋯⋯⋯⋯⋯⋯⋯⋯

[자성체의 종류별 전자의 배열 상태]

① : 상자성체

② : 반강자성체

③ : 강자성체,

④ : 페리자성체

                                  【정답】③

31. 자화된 철의 온도를 높일 때 강자성이 상자성으로 급격하게 변하는 온도는?

① 큐리(Curie)점   ② 비등점

③ 융점   ④ 융해점

|정|답|및|해|설|⋯⋯⋯⋯⋯⋯⋯⋯⋯⋯⋯⋯⋯⋯⋯⋯

[자성체의 특징] 자성체가 강한 자성을 지니고 있다고 하더라도 온도를 높여서 큐리점을 지나면(보통 철의 경우엔 770도) 자성을 잃어버리게 된다.

                                  【정답】①

32. 자기회로와 전기회로의 대응 관계를 표시하였다. 잘못된 것은?

① 자속-전속   ② 자계-전계

③ 기자력-기전력   ④ 투자율-도전율

|정|답|및|해|설|⋯⋯⋯⋯⋯⋯⋯⋯⋯⋯⋯⋯⋯⋯⋯⋯

[자기회로와 전기회로의 대응] 자속에 대응되는 관계는 전류이다. 옴의 법칙으로 비교해 보면 $I = \dfrac{V}{R}$, $\varnothing = \dfrac{NI}{R}$이다.

                                  【정답】①

33. 자기회로의 퍼미언스(Permeance)에 대응하는 전기회로의 요소는?

① 도전율

② 콘덕턴스(Condutance)

③ 정전용량

④ 에라스턴스(Elastance)

|정|답|및|해|설|⋯⋯⋯⋯⋯⋯⋯⋯⋯⋯⋯⋯⋯⋯⋯⋯

[퍼미언스] 퍼미언스는 자기 저항의 역수로서 매우 중요한 값이다. 전기저항의 역수 개념인 콘덕턴스에 대응시킬 수 있다. 이밖에 도전율과 투자율이 대응되고 분극의 세기와 자화의 세기가 대응된다. 에라스턴스는 정전용량의 역수이다.

                                  【정답】②

Chapter 09 전자유도

01 패러데이의 전자유도 법칙

(1) 전자유도 현상이란?

코일에 전류가 흐르면 암페어의 법칙에 의해 자속이 발생하고 회로에 쇄교하는 자속($\varnothing$)의 시간적 변화에 의하여 기전력이 유기되는 현상을 말한다.

(2) 패러데이의 전자유도 법칙

유도기전력의 크기는 폐회로에 쇄교하는 자속($\varnothing$)의 시간적 변화율에 비례한다.
유도기전력은 자기 인덕턴스 및 상호 인덕턴스 회로 모두에서 발생한다.
유도기전력은 패러데이의 법칙 또는 노이만 법칙이라고 한다.

유도기전력 $e = -N\dfrac{d\phi}{dt}[V]$

(3) 렌쯔의 법칙

전자유도에 의해 발생하는 기전력은 자속 변화를 방해하는 방향으로 전류가 발생한다. 이것을 렌쯔의 법칙이라고 한다.

① 유도기전력 $e = -N\dfrac{d\varnothing}{dt} = -L\dfrac{di}{dt} = -M\dfrac{di}{dt}[V]$

② 자속 ϕ가 변화 할 때 유도기전력 $e = -N\dfrac{d\phi}{dt}[V] = -N\dfrac{dB}{dt} \cdot S[V]$

여기서, L : 자기 인덕턴스[H], M : 상호 인덕턴스[H], $\dfrac{di}{dt}$: 시간당 전력의 변화율

N : 권수, $\dfrac{d\varnothing}{dt}$: 시간당 자속의 변화율

(4) 전자유도 법칙의 적분형과 미분형

① 적분형 $e_i = \oint E \cdot dl = -\dfrac{d}{dt}\int_s B \cdot dS = -\dfrac{d\phi}{dt}$

② 미분형 $rot\,E = -\dfrac{\partial B}{\partial t}$

핵심기출 【기사】 12/2 15/3 18/2　【산업기사】 16/3 17/1

다음 (㉠), (㉡)에 알맞은 것은?

전자유도에 의하여 발생되는 기전력에서 쇄교 자속수의 시간에 대한 감소비율에 비례한다는 (㉠)에 따르고, 특히 유도된 기전력의 방향은 (㉡)에 따른다.

① ㉠ 패러데이의 법칙　㉡ 렌츠의 법칙

② ㉠ 렌츠의 법칙　㉡ 패러데이의 법칙

③ ㉠ 플레밍의 왼손법칙　㉡ 패러데이의 법칙

④ ㉠ 패러데이의 법칙　㉡ 플레밍의 왼손법칙

정답 및 해설 [패러데이의 법칙] 유기 기전력의 크기는 폐회로에 쇄교하는 자속($\varnothing$)의 시간적 변화율에 비례한다. 유도 기전력 $e = -\dfrac{d\Phi}{dt} = -N\dfrac{d\phi}{dt}[\text{V}]$ → ($\Phi = N\varnothing$)

[렌쯔의 법칙] 전자 유도에 의해 발생하는 기전력은 자속 변화를 방해하는 방향으로 전류가 발생한다. 이것을 렌쯔의 법칙이라고 한다. $e = -N\dfrac{d\varnothing}{dt} = -L\dfrac{di}{dt} = -M\dfrac{di}{dt}[V]$

【정답】 ①

02 정현파에 의해서 인덕턴스에 유기되는 기전력

(1) $\varnothing$가 순시값으로 주어질 때 유기기전력

① $\phi = \phi_m \sin wt$의 경우

$e = -N\dfrac{d\phi_m}{dt}\sin wt = -N\phi_m \cos wt \times w = -wN\phi_m \cos wt$

$= -wN\phi_m \sin(wt+90) = wN\phi_m \sin(wt-90)[V]$

여기서, $\varnothing_m$: 최대 자속[Wb]

② $\phi = \phi_m \cos wt$의 경우

$e = -N\dfrac{d\phi_m}{dt}\cos wt = -N\phi_m \times(-\sin wt)\times w$

$= \omega N\phi_m \sin\omega t[V]$

[삼각함수의 미분법]

① $\dfrac{d}{dx}\sin x = \cos x$

② $\dfrac{d}{dx}\cos x = -\sin x$

③ $\dfrac{d}{dx}\tan x = \dfrac{1}{\cos^2 x}$

(2) 코일에 유기되는 기전력의 성질

유기기전력은 자속보다 위상이 $90°\,(=\frac{\pi}{2})$만큼 뒤진다.

유기기전력은 주파수에 비례한다.   → $(\omega = 2\pi f)$

유기기전력의 최대값 $e_m = \omega N \varnothing_m = \omega N B_m S = 2\pi f N B_m S\,[V]$ → $\therefore e_m \propto f,\ N,\ B_m$

핵심기출 【산업기사】 15/1

정현파 자속으로 하여 기전력이 유기될 때 자속의 주파수가 3배로 증가하면 유기기전력은 어떻게 되는가?

① 3배 증가   ② 3배 감소

③ 9배 증가   ④ 9배 감소

정답 및 해설 [정현파에 의해서 인덕턴스에 유기되는 기전력] 자속 $\varnothing = \varnothing_m \sin\omega t$

유기기전력 $e = -N\dfrac{d\varnothing}{dt} = -N\dfrac{d\varnothing_m \sin\omega t}{dt} = -\omega N \varnothing_m \cos\omega t$ → $(\omega = 2\pi f)$

$\therefore e \propto f$

따라서, 주파수(f)의 유기기전력(e)은 비례하므로 주파수를 3배로 높이면 유기기전력도 3배로 증가한다.

【정답】 ①

---

03 플레밍의 오른손 법칙

(1) 플레밍의 오른손 법칙의 정의

① 자기장 속에서 도선이 움직일 때 자기장의 방향과 도선이 움직이는 방향으로 유도기전력의 방향을 결정하는 규칙
② 발전기의 원리와도 관계가 깊다.

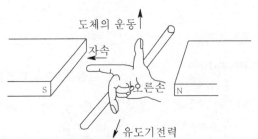

·엄지 : 도체의 속도(운동방향) $v\,[m/s]$
·검지 : 자속 밀도(자속의 방향) $B\,[Wb/m^2]$
·중지 : 유기 기전력(유기 기전력의 방향) $e\,[V]$

(2) 유기기전력 (플레밍의 오른손 법칙)

유기기전력 $e = (v \times B) \cdot l = vBl\sin\theta\,[V]$

여기서, B : 자속밀도, l : 길이[m], v : 속도, θ : 도체와 자계가 이루는 각

(3) 금속 원판을 회전시킬 때 유기되는 기전력

① 유기기전력 $e = \dfrac{\omega B a^2}{2} = \dfrac{\omega \mu H a^2}{2}\,[V]$

여기서, B : 자속밀도, a : 원판의 반지름, ω : 각속도

② 금속 원판 회전 시 저항에 흐르는 전류 $I = \dfrac{e}{R} = \dfrac{\omega B a^2}{2R}\,[A]$

핵심기출 【기사】 18/1

자속밀도 $10[Wb/m^2]$의 자계 중에 10[cm] 도체를 자계와 $30\,^\circ$의 각도로 30[m/s]로 움직일 때 도체에 유기되는 기전력은 몇 [V]인가?

① 15   ② $15\sqrt{3}$ ③ 1,500   ④ $1,500\sqrt{3}$

정답 및 해설 [유기기전력 (플레밍의 오른손 법칙)] $e = (v \times B)\,t = vBl\sin\theta\,[V]$

여기서, B : 자속밀도, l : 길이, v : 속도, θ : 도체와 자계가 이루는 각

자속밀도(B) : $10[Wb/m^2]$, 길이(l) 10[cm](=0.3[m]), 도체와 자계와 각(θ) : $30\,^\circ$, 속도(v) : 30[m/s]

유기 기전력 $e = vBl\sin\theta = 30 \times 10 \times 0.1 \times \sin30\,^\circ = 15[V]$

【정답】 ①

---

04 표피효과 및 침투 깊이(δ)

(1) 표피효과란?

표피효과란 전류의 주파수가 증가할수록 도체 내부의 전류밀도가 지수함수적으로 감소되는 현상 도체 중심부로 갈수록 전류와 쇄교하는 자속이 커질 때 $e = -N\dfrac{d\phi}{dt}$ 이므로 공급 기전력과 반대의 유기 기전력이 생겨 전류가 흐르기 어렵다. 그러므로 전류가 도체 표면으로 집중해서 흐르게 되는데 이와 같은 현상을 표피효과라 한다.

(2) 침투 깊이

침투 깊이 $\delta = \sqrt{\dfrac{2}{w\,k\,\mu}}\,[m] = \sqrt{\dfrac{1}{\pi f k \mu}}\,[m]$

여기서, k : 도전율[℧/m], μ : 투자율[H/m], ω : 각속도($=2\pi f$), δ : 표피두께(침투깊이), f : 주파수

도전율(k), 주파수(f), 투자율(μ)이 높을 때, 표피두께(침투깊이) δ는 감소되어 표피효과는 증대되므로 도체의 실효 저항이 증가한다.

즉, 표피 효과 $\propto \dfrac{1}{\delta} \propto \sqrt{\dfrac{w\,k\,\mu}{2}} \propto \sqrt{f k \mu}$

(3) 주파수 증가 시의 관계

① 침투 깊이(δ) $\propto \sqrt{\dfrac{1}{f}}$ → 감소

② 표피 효과 $\propto \dfrac{1}{\delta} \propto \sqrt{f}$ → 증가

③ 저항 $R = \rho \dfrac{l}{S} \propto \sqrt{f}$ → 증가

핵심기출 【기사】 10/1 19/3

도전도 $k = 6 \times 10^{17}$[℧/m], 투자율 $\mu = \dfrac{6}{\pi} \times 10^{-7}$[H/m]인 평면도체 표면에 10[kHz]의 전류가 흐를 때, 침투되는 깊이 δ[m]는?

① $\dfrac{1}{6} \times 10^{-7}$[m]   ② $\dfrac{1}{8.5} \times 10^{-7}$[m]

③ $\dfrac{36}{\pi} \times 10^{-10}$[m]   ④ $\dfrac{36}{\pi} \times 10^{-6}$[m]

정답 및 해설 [표피효과] 표피효과는 전류가 도체 표면에 집중되는 현상이다.

표피 깊이(침투 깊이) $\delta = \sqrt{\dfrac{2}{\omega \mu k}} = \dfrac{1}{\sqrt{\pi f \mu k}}\,[m]$ → $(\omega = 2\pi f)$

$\delta = \dfrac{1}{\sqrt{\pi \times 10 \times 10^3 \times 6 \times 10^{17} \times \dfrac{6}{\pi} \times 10^{-7}}} = \dfrac{1}{6} \times 10^{-7}\,[m]$

【정답】 ①

단원 핵심 체크

01 패러데이의 법칙은 "유도기전력의 크기는 폐회로에 쇄교하는 자속의 시간적 변화에 비례한다"라는 법칙으로 기전력의 크기 $e =($ $)$를 결정한다.

02 전자 유도에 의해 발생하는 기전력은 자속 변화를 방해하는 방향으로 전류가 발생한다. 이것을 (   )이라고 한다.

03 정현파 자속으로 하여 기전력이 유기될 때 자속의 주파수는 유기 기전력과 (   )한다.

04 자기장 속에서 도선이 움직일 때 자기장의 방향과 도선이 움직이는 방향으로 유도기전력의 방향을 결정하는 규칙을 플레밍의 오른손 법칙으로 정의한다. 이때의 유기기전력 $e =($ $)$[V]이다.

05 반지름이 a[m]인 도체 원판이 그 축에 평행이고, 세기가 $H[AT/m]$인 균일 자계내에서 회전 운동을 할 때 유기되는 기전력 $e =($ $)$[V]이다.

06 반지름이 a[m]인 도체 원판이 그 축에 평행이고, 세기가 $H[AT/m]$인 균일 자계 내에서 회전 운동을 할 때 이 원판의 축과 원판 주위 사이에 저항체를 접속시킬 때, 이 저항에 흐르는 전류 $I =($ $)$[A]이다. 단, 원판의 저항은 무시하고, 원판의 투자율은 공기의 투자율과 같다고 가정한다.

07 전류의 주파수가 증가 할수록 도체 내부의 전류 밀도가 지수 함수적으로 감소되는 현상을 (   )라고 말한다.

08 도전율 k[℧/m], 투자율 μ[H/m]인 평면도체 표면에 f[kHz]의 전류가 흐를 때, 침투되는 깊이 $\delta =($)[m] 이다.

09 같은 주파수의 전자파를 사용할 경우 전도율이 높은 금속을 사용하면 침투 깊이가 (   )한다.

정답 (1) $e=-N\dfrac{d\varnothing}{dt}=-L\dfrac{di}{dt}=-M\dfrac{di}{dt}[V]$ (2) 렌츠의 법칙   (3) 비례

(4) $(v\times B)\cdot l$ (5) $\dfrac{\omega\mu Ha^2}{2}$ (6) $\dfrac{\omega\mu_0 Ha^2}{2R}$

(7) 표피효과   (8) $\sqrt{\dfrac{1}{\pi f k \mu}}$ (9) 감소

• 전기(산업)기사 / 전기철도(산업)기사 / 전기직 공사·공단·공무원 대비 전기자기학

Chapter	기출문제에서 뽑은 최다 빈출
09	# 적중 예상문제

1. 다음에서 전자 유도법칙과 관계가 먼 것은?

① 노이만의 법칙

② 렌쯔의 법칙

③ 암페어 오른나사의 법칙

④ 패러데이의 법칙

|정|답|및|해|설|⎯⎯⎯⎯⎯⎯⎯⎯⎯⎯⎯

[전자유도법칙] 전자유도법칙은 패러데이-노이만의 법칙이다. 그때 흐르는 전류의 방향에 대한 것이 렌쯔의 법칙이다. 암페어의 오른나사법칙은 전류와 주위 회전자계에 관한 것이다.
【정답】③

2. 패러데이의 법칙에서 회로와 쇄교하는 전자속수를 $\varnothing$[Wb], 회로의 권회수를 N이라 할 때 유도기전력 U는 얼마인가?

① $2\pi\mu N\phi$

② $4\pi\mu N\phi$

③ $-N\dfrac{d\phi}{dt}$

④ $-\dfrac{1}{N}\dfrac{d\phi}{dt}$

|정|답|및|해|설|⎯⎯⎯⎯⎯⎯⎯⎯⎯⎯⎯

[유도 기전력] 유도기전력은 자속의 변화($\dfrac{d\phi}{dt}$)를 방해하는 방향(-)으로 발생하는 것이다. 권수에 비례한다.
즉, $e=-N\dfrac{d\phi}{dt}$[V]이다.
【정답】③

3. 권수 500[T]의 코일 내를 통하는 자속이 다음 그림과 같이 변화하고 있다. $\overline{bc}$ 기간 내에 코일 단자 간에 생기는 유기 기전력[V]은?

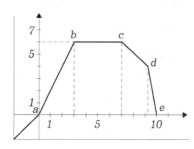

① 1.5

② 0.7

③ 1.4

④ 0

|정|답|및|해|설|⎯⎯⎯⎯⎯⎯⎯⎯⎯⎯⎯

[유도기전력] $e=-N\dfrac{d\phi}{dt}$[V]

bc구간에서 자속의 변화량이 없다. ($\dfrac{d\phi}{dt}=0$)

∴ 유기기전력 (e)는 0이다.
【정답】④

4. 100회 감은 코일과 쇄교하는 자속이 1/10초 동안에 0.5[Wb]에서 0.3[Wb]로 감소했다. 이때 유기되는 기전력은 몇[V]인가?

① 20

② 200

③ 80

④ 800

|정|답|및|해|설|⎯⎯⎯⎯⎯⎯⎯⎯⎯⎯⎯

[유도기전력] $e=-N\dfrac{d\phi}{dt}$[V]

$$=-100\times\frac{0.3-0.5}{\dfrac{1}{10}}=200[V]$$

【정답】②

5. $\varnothing = \varnothing_m \sin wt$[Wb]인 정현파로 변화하는 자속이 권수 N인 코일과 쇄교할 때의 유기 기전력의 위상은 자속에 비해 어떠한가?

① $\dfrac{\pi}{2}$ 만큼 빠르다.　② $\dfrac{\pi}{2}$ 만큼 늦다.

③ π 만큼 빠르다.　④ 동위상이다.

|정|답|및|해|설|.......................

[유기기전력] 패러데이의 전자유도법칙에 의한 유기기전력

$e = -N\dfrac{d\phi}{dt}[V],\quad \phi = \phi_m \sin wt$

$e = -N\dfrac{d}{dt}(\phi_m \sin wt) = -wN\phi_m \cos wt$

$\quad = -wN\phi_m \sin(wt+90) = wN\phi_m \sin(wt-90)[V]$

∴ 유기기전력은 자속보다 위상이 $90^0\,(=\dfrac{\pi}{2})$ 만큼 뒤진다.

【정답】②

6. N회의 권선에 최대값 1[V], 주파수 f[Hz]인 기전력을 유기시키기 위한 쇄교 자속의 최대값 [Wb]은?

① $\dfrac{f}{2\pi N}$　　② $\dfrac{2N}{\pi f}$

③ $\dfrac{1}{2\pi f N}$　　④ $\dfrac{N}{2\pi f}$

|정|답|및|해|설|.......................

[유기기전력 최대값] $e_m = \omega N\varnothing_m = 2\pi f N\varnothing_m [V]$

$\phi = \phi_m \sin wt$

$e = -N\dfrac{d\phi}{dt} = -N\dfrac{d}{dt}(\phi_m \sin wt) = -wN\varnothing_m \cos wt$

$\quad = -wN\phi_m \sin(wt+90) = wN\phi_m \sin(wt-90)[V]$

유기기전력 최대값 $e_m = \omega N\varnothing_m = 2\pi f N\varnothing_m [V]$

$e_m = 2\pi f N\phi_m \rightarrow 1 = 2\pi f N\phi_m$

$\phi_m = \dfrac{1}{2\pi f N}[Wb]$

【정답】③

7. 자속 밀도 B[Wb/m^2]가 도체 중에서 f[Hz]로 변화할 때 도체 중에 유기되는 기전력 e는 무엇에 비례하는가?

① $e \propto \dfrac{B}{f}$　　② $e \propto \dfrac{B^2}{f}$

③ $e \propto \dfrac{f}{B}$　　④ $e \propto B \cdot f$

|정|답|및|해|설|.......................

[유기기전력]

자속 $\phi = \phi_m \sin wt$

$e = -N\dfrac{d\phi}{dt} = -N\dfrac{d}{dt}(\phi_m \sin wt) = -wN\phi_m \cos wt$

$\quad = -wN\phi_m \sin(wt+90) = wN\phi_m \sin(wt-90)[V]$

$e = 2\pi f NB \cdot \sin(wt-90)[V] \rightarrow (\omega = 2\pi f)$

$e \propto f \cdot B$　　【정답】④

8. 저항 24[Ω]의 코일을 지나는 자속이 $0.3\cos 800t$[Wb]일 때 코일에 흐르는 전류의 최대치는?

① 10[A]　　② 20[A]

③ 30[A]　　④ 40[A]

|정|답|및|해|설|.......................

[전류의 최대값] $I_m = \dfrac{e_m}{R}[A]$

자속 $\varnothing = \varnothing_m \cos \omega t$ 이므로 $\varnothing_m = 0.3,\; \omega = 800$

$e_m = wN\varnothing_m = 800 \times 1 \times 0.3 = 240[V]$

$I_m = \dfrac{e_m}{R} = \dfrac{240}{24} = 10[A]$　　【정답】①

9. 도전율 σ, 투자율 μ인 도체에 교류 전류가 흐를 때의 표피 효과는?

① 주파수가 높을수록 작다.

② 투자율이 클수록 작다.

③ 도전율이 클수록 크다.

④ 투자율, 도전율은 무관하다.

|정|답|및|해|설|

[표피 효과 침투 깊이] $\delta = \sqrt{\dfrac{2}{w\sigma\mu}}\,[m]$

(μ : 투자율, σ : 도전율)

표피 효과는 표피 효과 침투깊이와 반비례 관계(즉, 표피 효과가 좋다는 것은 표피 효과 침투 깊이가 작아서 전류가 도체 표면으로 많이 흐른다는 뜻)

$\therefore$ 표피 효과 $\propto \dfrac{1}{\delta} \propto \sqrt{\dfrac{w\sigma\mu}{2}} \propto \sqrt{f\sigma\mu}$

【정답】③

---

10. 도전율 σ, 투자율 μ인 도체에 교류 전류가 흐를 때 표피 효과에 의한 침투 깊이 δ는 σ와 μ, 그리고 주파수 f에 관계가 있는가?

① 주파수 f와 무관하다.

② σ가 클수록 작다.

③ σ와 μ에 비례한다.

④ μ가 클수록 크다.

|정|답|및|해|설|

[표피 효과 침투 깊이] $\delta = \sqrt{\dfrac{2}{w\sigma\mu}}\,[m]$

여기서, μ : 투자율, σ : 도전율

$\delta = \sqrt{\dfrac{2}{w\sigma\mu}} \propto \sqrt{\dfrac{1}{f\sigma\mu}}$

σ(도전율)이 클수록 δ(표피 효과 침투 깊이)는 작다.
표피 효과는 심해진다.

【정답】②

---

11. 주파수 f=100[MHz]일 때 구리의 표피 두께 (skin depth)는 대략 몇 [mm]인가? (단, 구리의 도전율은 5.8×10^7[S/m], 비투자율은 1이다.)

① 3.3×10^{-2} ② 6.61×10^{-2}

③ 3.3×10^{-3} ④ 6.61×10^{-3}

|정|답|및|해|설|

[표피 효과 침투 깊이] $\delta = \sqrt{\dfrac{2}{w\sigma\mu}} = \sqrt{\dfrac{1}{\pi f\sigma\mu}}\,[m]$

여기서, μ : 투자율, σ : 도전율, f : 주파수

표피 효과 침투 깊이 $\delta = \sqrt{\dfrac{1}{\pi f\sigma\mu}}\,[m]$

$\delta = \sqrt{\dfrac{1}{\pi \times 100 \times 10^6 \times 5.8 \times 10^7 \times 4\pi \times 10^{-7}}} \times 10^3$

$= 6.61 \times 10^{-3}\,[mm]$ 【정답】④

---

12. 고유 저항 $\rho = 2 \times 10^{-8}\,[\Omega \cdot m]$, $\mu = 4\pi \times 10^{-7}$[H/m]인 동선에 50[Hz]의 주파수를 갖는 전류가 흐를 때 표피 두께는 몇 [mm]인가?

① 5.13   ② 7.15

③ 10.07   ④ 12.3

|정|답|및|해|설|

[표피 효과 침투 깊이] $\delta = \sqrt{\dfrac{2}{w\sigma\mu}} = \sqrt{\dfrac{1}{\pi f\sigma\mu}}\,[m]$

$\delta = \sqrt{\dfrac{2\rho}{w\mu}}\,[m]$ $\rightarrow (\rho$: 고유저항$(\sigma = \dfrac{1}{\rho}))$

$= \sqrt{\dfrac{2 \times 2 \times 10^{-8}}{2\pi \times 50 \times 4\pi \times 10^{-7}}} \times 10^3 = 10\,[mm]$

【정답】③

인덕턴스

01 인덕턴스의 종류

(1) 자기인덕턴스 ($L[H]$)

자신의 회로에 단위 전류가 흐를 때 암페어의 오른손 법칙에 의해 발생하는 자속 $\varnothing$ [Wb]와의 관계를 나타내는 상수이다. 항상 정(+)의 값을 갖는다.

인덕턴스 자속 $\varnothing = LI$, 권수(N)가 있다면 $N\varnothing = LI$

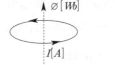
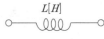

① 자기인덕턴스 $L = \dfrac{\varnothing}{I}[H]$

[자기인덕턴스]

② 자기인덕턴스와 기전력

· dt 동안에 전류의 변화를 dI라고 할 때의 기전력 $e = -L\dfrac{dI}{dt}[V]$

· 전자유도법칙에 의한 기전력 $e = -\dfrac{d\Phi}{dt} = -N\dfrac{d\varnothing}{dt}[V]$

· 쇄교 자속수($\Phi(=N\varnothing)$)와 자기 인덕턴스와의 관계 $N\phi = LI$

· 자기인덕턴스 $L = \dfrac{N\varnothing}{I} = \dfrac{\mu S N^2}{l} = \dfrac{N^2}{R_m}[H]$ $\rightarrow (\varnothing = \dfrac{\mu S N I}{l},\ R_m = \dfrac{l}{\mu S})$

∴ 자기인덕턴스 $L \propto \mu,\ L \propto N^2$

(2) 상호인덕턴스 ($M[H]$)

두 개 이상의 회로에서 어느 한 회로에 전류 $I[A]$를 흘릴 경우 다른 회로에서 쇄교하는 $\varnothing[Wb]$와의 관계를 나타내는 비례 상수

두 회로 사이의 관계로 두 코일에 흐르는 전류가 만드는 자속이 같은 방향이면 정(+)의 값을, 반대 방향이면 부(−)의 값을 갖는다.

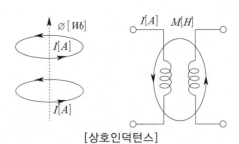

[상호인덕턴스]

① 자속 $\varnothing = MI[Wb]$ → 상호인덕턴스 $M = \dfrac{\phi}{I} = \dfrac{N\varnothing}{I} = \dfrac{\mu S N_1 N_2}{l}[H]$

$$M_{12} = \dfrac{N_2 \phi_1}{I_1}, \quad M_{21} = \dfrac{N_1 \phi_2}{I_2}$$

② 기전력 $e_1 = L_1 \dfrac{dI_1}{dt}[V], \quad e_2 = M \dfrac{dI_1}{dt}[V]$

③ $L_1 L_2 = M_{12} M_{21}$

누설자속이 없는 경우 $M_{12} = M_{21} = M$에서 $M^2 = L_1 L_2$

∴ 상호인덕턴스 $M = \sqrt{L_1 L_2}$

④ 자기회로에서는 누설자속이 존재하므로 상호인덕턴스 $M = k\sqrt{L_1 L_2}$

여기서, k : 결합계수 $(0 \leqq k \leqq 1)$

(3) 자기인덕턴스와 상호인덕턴스의 관계

① 자기인덕턴스 $L = \dfrac{N\varnothing}{I} = \dfrac{\mu S N^2}{l} = \dfrac{N^2}{R_m}[H]$

② 상호인덕턴스 $M = \dfrac{\mu S N_1 N_2}{l}[H]$

여기서, L : 자기인덕턴스$[H]$, N : 권수, I : 전류$[A]$, μ : 투자율

S : 단면적$[m^2]$, l : 길이$[m]$

③ 자기저항 $R_m = \dfrac{N_1^2}{L_1} = \dfrac{N_2^2}{L_2} = \dfrac{N_1 N_2}{M} \quad \rightarrow (L = \dfrac{N^2}{R_m}[H])$

④ 자기인덕턴스 $L_1 = \dfrac{N_1 \phi_1}{I_1}[H], \quad L_2 = \dfrac{N_2 \phi_2}{I_2}[H]$

⑤ 상호인덕턴스 $M = \dfrac{N_2 \phi_2}{I_1} = \dfrac{N_1 \phi_1}{I_2} = \dfrac{L_1 N_2}{N_1}[H] \quad \rightarrow (\dfrac{N_2 \phi_2}{I_1} \times \dfrac{N_1 \phi_1}{I_2} = \dfrac{N_1 \phi_1}{I_1} \times \dfrac{N_2 \phi_2}{I_2})$

(4) 결합계수(k)

결합계수란 두 코일 간의 자속에 의한 유도 결합 정도를 나타내는 계수를 말한다.

① $0 \leq k \leq 1$: 일반적인 자기결합 상태 $\rightarrow M = k\sqrt{L_1 L_2}$

② $k = 1$: 이상 결합 시 $\rightarrow M = \sqrt{L_1 L_2}$

③ $k = 0$: 자기적 결합이 되지 않을 시 $\rightarrow M = 0$

핵심기출 【기사】 14/1 18/3 　【산업기사】 07/2 07/3 08/2 10/2 18/2 19/2

자기인덕턴스 L_1, L_2와 상호인덕턴스 M 사이의 결합계수는? (단, 단위는 H이다.)

① $\dfrac{M}{\sqrt{L_1 L_2}}$ 　　　　　　　② $\dfrac{M}{L_1 L_2}$

③ $\dfrac{\sqrt{L_1 L_2}}{M}$ 　　　　　　　④ $\dfrac{L_1 L_2}{M}$

정답 및 해설 [결합계수] $k = \dfrac{M}{\sqrt{L_1 L_2}}$ $\rightarrow (0 \leq k \leq 1)$

$k=1$ 이상적 결합, 에너지 전달 100% ($M = \sqrt{L_1 L_2}$)

$k=0$ 자기적 결합이 되지 않을 시 ($M=0$)

【정답】①

02 인덕턴스 접속

(1) 직렬접속

① 가동접속 (가극성)

두 개의 코일을 같은 방향으로 직렬 접속한
회로

코일의 감는 방향을 점(·)으로 표시한다.

자기인덕턴스 $L = L_1 + L_2 + 2M$

$\qquad\qquad = L_1 + L_2 + 2k\sqrt{L_1 L_2}\,[H] \rightarrow (M > 0$일 때)

[가동 접속 회로] → (자속 동일 방향)

여기서, L_1, L_2 : 자기인덕턴스, M : 상호 인덕턴스, k : 결합계수

② 차동접속 (감극성)

두 개의 코일을 반대 방향으로 직렬 접속한
회로

자기인덕턴스 $L = L_1 + L_2 - 2M$

$\qquad\qquad = L_1 + L_2 - 2k\sqrt{L_1 L_2}\,[H] \rightarrow (M < 0$일 때)

[차동 접속 회로] → (자속 반대 방향)

(2) 병렬접속

① 가동접속(가극성)

가동 접속(가극성) $L = \dfrac{L_1 L_2 - M^2}{L_1 + L_2 - 2M}$ → (※가극성일 때는 M의 분모, 분자가 모두 −)

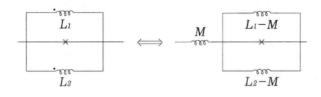

② 차동접속(감극성)

차동 접속(감극성) $L = \dfrac{L_1 L_2 - M^2}{L_1 + L_2 + 2M}[H]$ → (※감극성일 때는 M의 분모가 +)

핵심기출 【기사】 09/1 17/2 【산업기사】 19/2

서로 결합하고 있는 두 코일 C_1과 C_2의 자기 인덕턴스가 각각 L_{c1}, L_{c2}라고 한다. 이 들을 직렬로 연결하여 합성 인덕턴스값을 얻은 후 두 코일간 상호 인덕턴스의 크기($|M|$)를 얻고자 한다. 직렬로 연결할 때, 두 코일간 자속이 서로 가해져서 보강되는 방향이 있고, 서로 상쇄되는 방향이 있다. 전자의 경우 얻은 합성 인덕턴스의 값이 L_1, 후자의 경우 얻은 합성 인덕턴스의 값이 L_2 일 때, 다음 중 알맞은 식은?

① $L_1 < L_2$, $|M| = \dfrac{L_2 + L_1}{4}$ ② $L_1 > L_2$, $|M| = \dfrac{L_1 + L_2}{4}$

③ $L_1 < L_2$, $|M| = \dfrac{L_2 - L_1}{4}$ ④ $L_1 > L_2$, $|M| = \dfrac{L_1 - L_2}{4}$

정답 및 해설 [인덕턴스의 직렬접속]

자속이 같은 방향 (가동결합) $L_1 = L_{c1} + L_{c2} + 2M$ ....①
자속이 반대 방향 (차동결합) $L_2 = L_{c1} + L_{c2} - 2M$ ....②

$L_1 > L_2$이고 ①−②를 하면 $L_1 - L_2 = 4M$ → $\therefore M = \dfrac{L_1 - L_2}{4}$ 【정답】④

03 인덕턴스에 축적되는 에너지(W) (자계에너지)

(1) 인덕턴스에 축적되는 에너지

$$W = \frac{1}{2}LI^2 = \frac{\varnothing^2}{2L} = \frac{1}{2}\varnothing I[J] \;\rightarrow\; (N\varnothing = LI,\; L = L_1 + L_2 \pm 2M = \frac{\mu SN^2}{l}[H])$$

$$= \frac{1}{2}(L_1 + L_2 \pm 2M)\,I^2 = \frac{1}{2} \times \frac{\mu SN^2}{l} \times I^2[J]$$

여기서, $\varnothing$: 자속[Wb], L : 자기인덕턴스[H], I : 전류[A], N : 코일의 권수

핵심기출　【기사】 09/1 17/2　【산업기사】 13/2

자기유도계수가 20[mH]인 코일에 전류를 흘릴 때 코일과 쇄교 자속수가 0.2[Wb]였다면 코일에 축적된 자계에너지는 몇 [J]인가?

① 1　　　　　② 2　　　　　③ 3　　　　　④ 4

정답 및 해설 [코일에 축적된 자계에너지] $W = \frac{1}{2}LI^2 = \frac{\varnothing^2}{2L} = \frac{1}{2}\varnothing I[J] \;\rightarrow\; (자기유도계수 = 자기인덕턴스)$

$$W = \frac{\varnothing^2}{2L} = \frac{0.2^2}{2 \times 20 \times 10^{-3}} = 1[J]$$　　　　　【정답】②

---

04 도체 모양에 따른 인덕턴스

(1) 솔레노이드에서 자기인덕턴스 계산

자기인덕턴스 $L = \frac{\mu SN^2}{l} = \frac{N^2}{R_m}[H] \;\rightarrow\; (R_m = \frac{l}{\mu S}[A])$

여기서, L : 자기인덕턴스, μ : 투자율[H/m], N : 권수, l : 길이[m], R_m : 자기저항[AT/Wb]

① 환상 솔레노이드의 평균 반지름 a이고, μ, S, N일 때의 자기 인덕턴스 L[H]

　㉮ 철심 내부의 자계의 세기 $H = \frac{NI}{l} = \frac{NI}{2\pi a}[AT/m]$

　㉯ 철심 내부의 자속 $\varnothing = BS = \mu HS = \frac{\mu NIS}{l}[Wb]$

　㉰ 자기인덕턴스 $L = \frac{N\varnothing}{I} = \frac{\mu SN^2}{l} = \frac{\mu SN^2}{2\pi a} = \frac{N^2}{R_m}[H]$

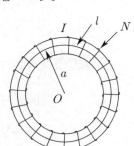

② 환상 솔레노이드의 1[m]당 n회 감고 μ, S, l일 때의 자기인덕턴스 L[H]

$$L = \frac{\mu S(nl)^2}{l} = \mu S n^2 l [H]$$

여기서, n : 단위 길이 당 코일의 감은 횟수

③ 무한장 솔레노이드에 1[m]당 n회 감았고 반지름 a이고, μ, l일 때의 자기 인덕턴스 L[H/m]

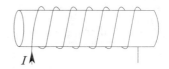

$$L = \frac{\mu(\pi a^2)(nl)^2}{l} = \mu \pi a^2 n^2 l [\text{H/m}]$$

④ 무한장 솔레노이드에 N[T/m][회/m], μ, S, l일 때 단위 길이당 인덕턴스 L[H]

$$L = \frac{\mu S N^2}{l} \times \frac{1}{l} = \frac{\mu S N^2}{l^2} = \mu S n^2 [\text{H/m}] \quad \rightarrow (n : \text{단위 길이당 코일의 감은 횟수})$$

(2) 동축 원통(무한장 직선, 원주)에서 인덕턴스 계산

① 외부 $(a < r < b)$

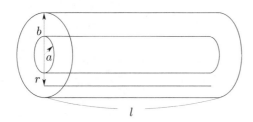

$$LI = N\varnothing$$

$$L = \frac{N\varnothing}{I} = \frac{\mu_0 l}{2\pi} \ln \frac{b}{a} [\text{H/m}]$$

② 내부 $(r < a)$

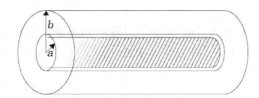

$$L = \frac{\mu l}{8\pi} [\text{H}]$$

③ 동축 원통의 전 인덕턴스

$$L = \text{외부} + \text{내부} = \frac{\mu_0 l}{2\pi} \ln \frac{b}{a} + \frac{\mu l}{8\pi} [\text{H}]$$

(3) 평행 도선에서 인덕턴스 계산

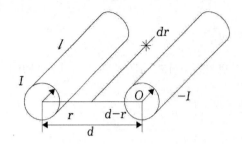

① 외부 $L = \dfrac{\mu_0 l}{\pi} \ln \dfrac{d}{a}$ [H]

② 내부 $L = \dfrac{\mu l}{4\pi}$ [H]

③ 전 인덕턴스 $L = 외부 + 내부 = \dfrac{\mu_0 l}{\pi} \ln \dfrac{d}{a} + \dfrac{\mu l}{4\pi}$ [H/m]

(4) 반지름 $a[m]$인 원형 코일에 μ, S, l일 때의 자기 인덕턴스 L[H]

$$L = \dfrac{\mu S N^2}{l} = \dfrac{\pi a \mu N^2}{2} \, [H]$$

핵심기출 【기사】 09/3 15/2

내경의 반지름이 1[mm], 외경의 반지름이 3[mm]인 동축 케이블의 단위 길이 당 인덕턴스는 약 몇 $[\mu H/m]$인가?(단, 이때 $\mu_r = 1$이며, 내부 인덕턴스는 무시한다.)

① 0.12 　　　② 0.22 　　　③ 0.32 　　　④ 0.42

정답 및 해설 [동축케이블의 외부 인덕턴스] $L = \dfrac{N\varnothing}{I} = \dfrac{\mu_0 l}{2\pi} \ln \dfrac{b}{a}$ [H/m]

$L = \dfrac{\mu_0}{2\pi} \ln \dfrac{b}{a} [H/m] = \dfrac{4\pi \times 10^{-7}}{2\pi} \ln \dfrac{3}{1} = 2 \times 10^{-7} \ln 3 = 0.2 \times 10^{-6} \times 1.0986 [H/m] = 0.22 [\mu H/m]$

【정답】②

01 단면적 S, 평균 반지름 r, 권선수 N 인 토로이드 코일에 누설 자속이 없는 경우 자기 인덕턴스의 크기는 권선수의 (①   ) 및 투자율에 (②   )한다.

02 자기 인덕턴스 L은 항상 정(+)의 값을 갖고, 상호 인덕턴스 M은 가동 결합의 경우 (①   ), 차동결합의 경우 (②   )값을 가진다.

03 자기인덕턴스(L)와 상호인덕턴스(M)와의 관계에서 결합계수 k의 값은 (   )이다.

04 자기인덕턴스 L_1, L_2와 상호인덕턴스 M 사이의 결합계수 $k =$ (   )[H]이다.

05 I[A] 전류가 흐르는 코일과 쇄교하는 자속수가 $\varnothing$[Wb]인 전류 회로에 축적되어 있는 자기 에너지 $W =$ (   )[J] 이다.

06 환상 솔레노이드의 평균 반지름 a이고, μ, S, N일 때의 자기 인덕턴스 $L =$ (   )[H] 이다.

07 무한장 솔레노이드에 1[m] 당 n회 감았고 반지름 a이고, 투자율 μ, 길이 l 일 때 인덕턴스 $L =$ (   )[H/m] 이다.

08 N회 감긴 환상 코일의 단면적이 S[m^2]이고 평균 길이가 l[m]이다. 이 코일의 권수를 반으로 줄이고 인덕턴스를 일정하게 하려고 할 때 길이를 (   )배로 한다.

09 내부 도체의 반지름이 a[m]이고, 외부 도체의 내반지름이 b[m], 외반지름이 c[m]인 동축 케이블의 단위 길이당 자기 인덕턴스 $L =$ (   )[H/m] 이다.

(1) ① 자승(제곱)   ② 비례   (2) ① + ② −   (3) $0 \leq k \leq 1$

(4) $\dfrac{M}{\sqrt{L_1 L_2}}$ (5) $\dfrac{1}{2}\varnothing I$ (6) $\dfrac{\mu S N^2}{2\pi a}$

(7) $\mu \pi a^2 n^2$ (8) $\dfrac{1}{4}$ (9) $\dfrac{\mu_0}{2\pi r}\ln\dfrac{b}{a}$

적중 예상문제

1. 그림 (a)의 인덕턴스에 전류가 그림 (b)와 같이 흐를 때 2초에서 6초 사이의 인덕턴스 전압 V_L은 몇 [V]인가? (단, L=1[H]이다.)

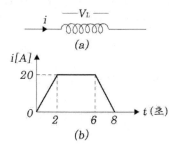

① 0   ② 5

③ 10   ④ −5

|정|답|및|해|설|

[자기 유도 기전력] $e=-L\dfrac{dI}{dt}[V]$ →(L: 인덕턴스[H])

객관식에서 크기는 같고 하나는 (+)값, 하나는 (−)값으로 나온 문제는 유기 기전력의 방향까지 물어보았으므로 $e=-L\dfrac{dI}{dt}$로 풀고 다른 것은 부호를 생략하고 푼다.

$e=L\dfrac{dI}{dt}$에서

2(초)~6(초) 구간 사이에서 전류 변화량이 없다($dI=0$)

$\therefore e=0$ 【정답】①

2. 자기 인덕턴스 0.05[H]의 회로에 흐르는 전류가 매초 530[A]의 비율로 증가할 때 자기 유도 기전력 [V]을 구하면?

① −25.5   ② −26.5

③ 25.5   ④ 26.5

|정|답|및|해|설|

[자기유도기전력] $e=-L\dfrac{dI}{dt}[V]$

$$e=-L\dfrac{dI}{dt}=-0.05\dfrac{530}{1}=-26.5[V]$$

【정답】②

3. [ohm·sec]와 같은 단위는?

① [farad]   ② [farad/m]

③ [henry]   ④ [henry/m]

|정|답|및|해|설|

[자기인덕턴스] $e=L\dfrac{di}{dt}[V]$에서

$L=\dfrac{e}{di}dt=\dfrac{e}{I}\cdot t=$ 저항$\times$시간$[\Omega\cdot s]$

$\therefore$ 인덕턴스(L)의 단위는 [henry] 또는 $[\Omega\cdot s]$

【정답】③

4. $L=0.5$[H]인 코일에 흐르는 전류가 0.01[sec] 사이에 1[A]의 비율로 증가할 때 유기되는 기전력은 몇 [V]인가?

① −50   ② −75

③ −100   ④ −125

|정|답|및|해|설|

[자기유도기전력] $e=-L\dfrac{di}{dt}[V]$

$$=-L\dfrac{di}{dt}=-0.5\times\dfrac{1}{0.01}=-50[V]$$

【정답】①

5. 전자유도에 의하여 회로에 발생되는 기전력은 자속 쇄교수의 시간에 대한 감소비율에 비례한다는 ①법칙에 따르고, 특히 유도된 기전력의 방향은 ②법칙에 따른다. ①, ②에 알맞은 것은?

① ① 패러데이 ② 플레밍의 왼손

② ① 패러데이 ② 렌쯔

③ ① 렌쯔 ② 패러데이

④ ① 플레밍의 왼손 ② 패러데이

6. 두 코일이 있다. 한 코일의 전류가 매초 120[A]의 비율로 변화 할 때 다른 코일에는 15[V]의 기전력이 발생하였다면 두 코일의 상호 인덕턴스[H]는?

① 0.125 ② 0.255

③ 0.515 ④ 0.615

7. 권수 200회이고, 자기 인덕턴스 20[mH]의 코일에 2[A]의 전류를 흘리면, 쇄교 자속수 [Wb]는?

① 0.04 ② 0.01

③ 4×10^{-4} ④ 2×10^{-4}

8. 권수 600, 자기인덕턴스 1[mH]의 코일에 3[A]의 전류가 흐를 때 이 코일면을 지나는 자속은 몇 [Wb]인가?

① 2×10^{-6} ② 3×10^{-6}

③ 5×10^{-6} ④ 9×10^{-6}

9. 자기 인덕턴스가 각각 L_1, L_2인 A, B 두 개의 코일이 있다. 이때 상호 인덕턴스 $M = \sqrt{L_1 L_2}$ 라면 다음 중 옳지 않은 것은?

① A 코일이 만든 자속은 전부 B코일과 쇄교된다.

② 두 코일이 만드는 자속은 항상 같은 방향이다.

③ A 코일에 1초 동안에 1[A]의 전류 변화를 주면 B코일에는 1[V]가 유기된다.

④ L_1, L_2는 (−)값을 가질 수 없다.

10. 두 개의 코일이 있다. 각각의 자기인덕턴스가 0.4[H], 0.9[H]이고 상호인덕턴스가 0.36[H]일 때 결합계수는?

① 0.5 ② 0.6

③ 0.7 ④ 0.8

|정|답|및|해|설|

[결합계수] $M = k\sqrt{L_1 L_2}$ 에서

결합계수 $k = \dfrac{M}{\sqrt{L_1 L_2}} = \dfrac{0.36}{\sqrt{0.4 \times 0.9}} = 0.6$

【정답】②

11. 두 개의 코일이 있다. 각각의 자기인덕턴스가 $L_1 = 0.25[H]$, $L_2 = 0.4[H]$일 때 상호 인덕턴스는 몇 [H]인가? (단, 결합계수는 1이라 한다.)

① 0.125 ② 0.197

③ 0.258 ④ 0.316

|정|답|및|해|설|

[상호인덕턴스] $M = k\sqrt{L_1 L_2}$

$M = k\sqrt{L_1 L_2} = 1\sqrt{0.25 \times 0.4} = 0.316$

【정답】④

12. 그림과 같이 단면적 $S[m^2]$, 평균 자로 길이 l[m], 투자율 μ[H/m]인 철심에 N_1, N_2 권선을 감은 무단 솔레노이드가 있다. 누설 자속을 무시할 때 권선의 상호인덕턴스 [H]는? (무단 = 환상)

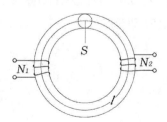

① $\dfrac{\mu N_1 N_2 S}{l^2}$ ② $\dfrac{\mu N_1 N_2 S}{l}$

③ $\dfrac{\mu N_1 N_2^2 S}{l}$ ④ $\dfrac{\mu N_1 N_2 S^2}{l}$

|정|답|및|해|설|

[환상 솔레노이드 상호인덕턴스]

$e = L\dfrac{di}{dt} = N\dfrac{d\phi}{dt}[V] \rightarrow (L : \text{인덕턴스})$

$LI = N\phi \rightarrow (N : \text{권수})$

자기인덕턴스 $L = \dfrac{N}{I} \cdot \dfrac{\mu SNI}{l} = \mu\dfrac{SN^2}{l}[H]$

상호인덕턴스 $M = \dfrac{\mu SN_1 N_2}{l}[H]$

【정답】②

13. 그림과 같이 단면적이 균일한 환상 철심에 권수 N_1인 A코일과 권수 N_2인 B코일이 있을 때 A코일의 자기 인덕턴스가 N_1[H]라면 두 코일의 상호 인덕턴스 M[H]는? (단, 누설 자속은 0이다.)

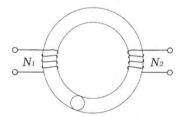

① $\dfrac{L_1 N_1}{N_2}$ ② $\dfrac{N_2}{L_1 N_1}$

③ $\dfrac{N_1}{L_1 N_2}$ ④ $\dfrac{L_1 N_2}{N_1}$

|정|답|및|해|설|

[환상 철심의 상호인덕턴스]

기전력 $e = L\dfrac{di}{dt} = N\dfrac{d\phi}{dt}[V] \rightarrow (L : \text{인덕턴스})$

$LI = N\phi \rightarrow (N : \text{권수}), \quad \phi = \dfrac{\mu NIS}{l}[Wb]$

$L = \dfrac{N\phi}{I} = \dfrac{\mu SN^2}{l} = \dfrac{\mu SN^2}{2\pi a} = \dfrac{N^2}{R_m}[H]$

$R_m = \dfrac{N_1^2}{L_1} = \dfrac{N_2^2}{L_2} = \dfrac{N_1 N_2}{M} \rightarrow (R_m = \dfrac{N^2}{L})$

$\dfrac{N_1^2}{L_1} = \dfrac{N_1 N_2}{M} \rightarrow \therefore M = \dfrac{N_2}{N_1}L_1$

[※변압비를 이용한 풀이]

변수비 $a = \dfrac{V_1}{V_2} = \dfrac{N_1}{N_2} = \dfrac{I_2}{I_1} = \dfrac{L_1}{M} = \dfrac{M}{L_2}$

$\dfrac{N_1}{N_2} = \dfrac{L_1}{M}$ 에서 $M = L_1 \dfrac{N_2}{N_1}$ 【정답】④

14. 길이 l, 단면 반경 $a(l \gg a)$, 권수 N_1인 단층 원통형 1차 솔레노이드의 중앙 부근에 권수 N_2인 2차 코일을 밀착되게 감았을 경우 상호 인덕턴스 [H]는?

① $\dfrac{\mu\pi a^2}{l} N_1 N_2$ ② $\dfrac{\mu\pi a^2}{l} N_1^2 N_2^2$

③ $\dfrac{\mu l}{\pi a^2} N_1 N_2$ ④ $\dfrac{\mu l}{\pi a^2} N_1^2 N_2^2$

|정|답|및|해|설|

[환상 철심의 상호인덕턴스]

$e = L\dfrac{di}{dt} = N\dfrac{d\phi}{dt}[V]$에서

$LI = N\phi$이므로

자기인덕턴스 $L = \dfrac{N}{I} \cdot \dfrac{\mu SNI}{l}$ → $(\varnothing = \dfrac{\mu NIS}{l}[Wb])$

$\qquad\qquad = \mu\dfrac{SN^2}{l}[H]$

상호 인덕턴스 $M = \dfrac{\mu SN_1 N_2}{l} = \dfrac{\mu\pi a^2}{l} N_1 N_2[H]$

【정답】①

15. 환상, 철심에 권수 20의 A 코일과 권수 80의 B코일이 있을 때 A 코일의 자기 인덕턴스가 5[mH]라면 두 코일의 상호 인덕턴스는 몇 [mH]인가?

① 20 ② 1.25

③ 0.8 ④ 0.05

|정|답|및|해|설|

[환상 철심의 상호 인덕턴스] $M = \dfrac{N_2}{N_1} L_1$[H]

$M = \dfrac{L_1 N_2}{N_1} = \dfrac{5 \times 80}{20} = 20[mH]$

【정답】①

16. 권수 3000회인 공심 코일의 자기 인덕턴스는 0.06[mH]이다. 지금 자기 인덕턴스를 0.135 [mH]로 하자면 권수는 몇 회로 하면 되는가?

① 3500회 ② 4500회

③ 5500회 ④ 6750회

|정|답|및|해|설|

[자기인덕턴스]

기전력 $e = L\dfrac{di}{dt} = N\dfrac{d\phi}{dt}[V]$

$LI = N\phi$에서

$L = \dfrac{N}{I} \cdot \dfrac{\mu SNI}{l} = \mu\dfrac{SN^2}{l}[H]$ → $(\varnothing = \dfrac{\mu NIS}{l}[Wb])$

$M = \dfrac{\mu SN_1 N_2}{l}[H]$

$L \propto N^2$(인덕턴스는 권수 제곱에 비례)하므로

$L_1 : L_2 = N_1^2 : N_2^2$

$\therefore N_2 = \sqrt{\dfrac{L_2}{L_1}} N_1 = \sqrt{\dfrac{0.135}{0.06}} \times 3000 = 4500$

【정답】②

17. 철심에 25회의 권선을 감고 1[A]의 전류를 통했을 때 0.01[Wb]의 자속이 발생하였다. 같은 철심을 사용하여 자기 인덕턴스를 1[H]로 하려면 도선의 권선은?

① 25 ② 50

③ 75 ④ 100

|정|답|및|해|설|

[자기 인덕턴스] $L = \dfrac{N\varnothing}{I} = \dfrac{\mu S N^2}{l} = \dfrac{N^2}{R_m}[H]$

$L_1 I_1 = N_1 \phi_1$

$L_1 = \dfrac{N_1}{I_1}\phi_1 = \dfrac{25}{1} \times 0.01 = 0.25[H]$

$L \propto N^2$ 이므로 $L_1 : L_2 = N_1^2 : N_2^2$

$N_2^2 = \dfrac{L_2}{L_1}N_1^2$

$N_2 = \sqrt{\dfrac{L_2}{L_1}}\, N_1 = \sqrt{\dfrac{1}{0.25}} \times 25 = 50$

【정답】②

18. 어떤 자기회로에서 자기인덕턴스는 권회수의 몇 승에 비례하는가?

① $\dfrac{1}{2}$

② 1

③ 2

④ 3

|정|답|및|해|설|

[자기 인덕턴스] $L \propto \mu,\ L \propto N^2$

인덕턴스 L은 권수 N의 2승에 비례하고 투자율 μ에 비례한다.

【정답】③

19. 코일의 권수를 2배로 하면 인덕턴스의 값은 몇 배가 되는가?

① $\dfrac{1}{2}$ 배

② $\dfrac{1}{4}$ 배

③ 2배

④ 4배

|정|답|및|해|설|

[자기 인덕턴스] $L \propto \mu,\ L \propto N^2$

인덕턴스 L은 권수 N의 2승에 비례하고 투자율 μ에 비례한다.

$L : L' = N^2 : (2N)^2$

$\therefore L' = \dfrac{(2N)^2}{N^2}L = 4L$

【정답】④

20. 1000회의 코일을 감은 환상 철심 솔레노이드의 단면적이 $3[cm^2]$, 평균 길이가 4π[cm]이고, 철심의 비투자율이 500일 때 자기 인덕턴스 [H]는?

① 1.5

② 15

③ $\dfrac{15}{4\pi} \times 10^6$

④ $\dfrac{15}{4\pi} \times 10^{-5}$

|정|답|및|해|설|

[자기 인덕턴스] $L = \mu\dfrac{SN^2}{l} = \mu_0\mu_s\dfrac{SN^2}{l}[H]$

$L = \dfrac{4\pi \times 10^{-7} \times 500 \times 3 \times 10^{-4} \times 1000^2}{4\pi \times 10^{-2}} = 1.5[H]$

【정답】①

21. N회 감긴 환상 코일의 단면적이 $S[m^2]$이고 평균 길이가 l[m]이다. 이 코일의 권수를 반으로 줄이고 인덕턴스를 일정하게 하려면?

① 길이를 1/4배로 한다.

② 단면적을 2배로 한다.

③ 전류의 세기를 2배로 한다.

④ 전류의 세기를 4배로 한다.

|정|답|및|해|설|

[자기 인덕턴스] $L = \mu\dfrac{SN^2}{l} = \mu_0\mu_s\dfrac{SN^2}{l}[H]$

권수가 반으로 줄면 L은 1/4로 감소하게 되므로 길이를 $\dfrac{1}{4}$ 로 줄이면 L은 일정하게 유지할 수 있다.

$L' = \dfrac{\mu S(\frac{1}{2}N)^2}{l'} = \dfrac{\mu S N^2 \times \frac{1}{4}}{l \times \frac{1}{4}} = \dfrac{\mu S N^2}{l}$

【정답】①

22. 평균 반지름이 a[m], 단면적 $S[m^2]$인 원환 철심(투자율 μ)에 권선수 N인 코일을 감았을 때 자기 인덕턴스는?

① $\mu N^2 Sa [H]$

② $\dfrac{\mu N^2 S}{\pi a^2}[H]$

③ $\dfrac{\mu N^2 S}{2\pi a}[H]$

④ $2\mu a \mu N^2 S[H]$

|정|답|및|해|설|
[환상 철심의 자기 인덕턴스] $L = \mu \dfrac{SN^2}{l} = \dfrac{\mu SN^2}{2\pi a}[H]$
【정답】③

23. 단면적 $S[m^2]$, 자로의 길이 l[m], 투자율 μ [H/m]의 환상 철심에 1[m]당 n회 균등하게 코일을 감았을 때 자기 인덕턴스[H]는?

① $\mu N^2 lS$

② $\dfrac{\mu N^2 l}{S}$

③ μNlS

④ $\dfrac{\mu N^2 S}{l}$

|정|답|및|해|설|
[무한장 솔레노이드의 자기 인덕턴스]
주의할 것이 있는 문제이다.
문제에서 N이 단위 길이당 권수로 주어졌음 $N = nl$
$L = \dfrac{\mu S(nl)^2}{l} = \mu S n^2 l[H]$

【정답】①

24. 반지름 a[m]이고 단위길이에 대한 권수가 n인 무한장 솔레노이드의 단위 길이당의 자기인덕턴스는 몇 [H/m]인가?

① $\mu \pi a^2 n^2$

② $\mu \pi a n$

③ $\dfrac{an}{2\mu\pi}$

④ $4\mu \pi a^2 n^2$

|정|답|및|해|설|
[무한장 솔레노이드의 자기 인덕턴스]
무한장이기 때문에 단위 길이당 값으로 계산한다.
$L = \dfrac{\mu SN^2}{l} \times \dfrac{1}{l} = \dfrac{\mu \pi a^2 (nl)^2}{l} \times \dfrac{1}{l} = \mu \pi a^2 n^2 [H/m]$
【정답】①

25. 무한히 긴 원주 도체의 내부 인덕턴스의 크기는 어떻게 결정되는가?

① 도체의 인덕턴스는 0이다.

② 도체의 기하학적 모양에 따라 결정된다.

③ 주위와 자계의 세기에 따라 결정된다.

④ 도체의 재질에 따라 결정된다.

|정|답|및|해|설|
[동축 원통의 내부 자기 인덕턴스] $L = \dfrac{\mu l}{8\pi}[H]$

무한히 긴 원주도체는 무한장 직선, 즉 동축 원통을 의미 이때

동축 원통의 내부 인덕턴스 $L = \dfrac{\mu_0 \mu_s l}{8\pi}[H]$

$L \propto \mu_s$ (내부 인덕턴스는 비투자율, 즉 단면적과 무관하고 도체의 재질에 비례)　　　　【정답】④

26. 반지름 a인 원주 도체의 단위 길이당 내부 인덕턴스[H/m]는?

① $\dfrac{\mu}{4\pi}$

② $\dfrac{\mu}{8\pi}$

③ $4\pi\mu$

④ $8\pi\mu$

|정|답|및|해|설|
[동축 원통의 내부 자기 인덕턴스] $L = \dfrac{\mu l}{8\pi}[H]$

$L = \dfrac{\mu l}{8\pi} \times \dfrac{1}{l} = \dfrac{\mu}{8\pi}[H]$　　　　【정답】②

27. 두 자기 인덕턴스를 직렬로 하여 합성 인덕턴스를 측정하였더니 75[mH]가 되었다. 이때 한쪽 인덕턴스를 반대로 접속하여 측정하니 25[mH]가 되었다면 두 코일의 상호 인덕턴스[mH]는 얼마인가?

① 12.5   ② 20.5

③ 25   ④ 30

|정|답|및|해|설|--------------------------------

[인덕턴스의 직렬 접속]

가동 접속시 $L_1 + L_2 + 2M = 75[mH]$ .... ①

차동 접속시 $L_1 + L_2 - 2M = 25[mH]$ .... ②

①식에서 ②식을 빼주면

$4M = 50[mH]$

$\therefore M = 12.5[mH]$

【정답】①

28. 서로 결합된 2개의 코일을 직렬로 연결하면 합성자기인덕턴스가 20[mH]이고, 한쪽 코일의 연결을 반대로 하면 8[mH]가 되었다. 두 코일의 상호인덕턴스는 몇 [mH]인가?

① 3   ② 6

③ 9   ④ 12

|정|답|및|해|설|--------------------------------

[인덕턴스의 직렬 접속]

$20[mH] = L_1 + L_2 + 2M$ .... ①

$8[mH] = L_1 + L_2 - 2M$ .... ②

①식에서 ②식을 빼주면

$12[mH] = 4M$

$\therefore M = 3[mH]$

【정답】①

29. 서로 결합하고 있는 두 코일의 자기유도 계수가 각각 3[mH], 5[mH]이다. 이들을 자속이 서로 합해지도록 직렬 접속하면 합성유도계수가 L[mH]이고, 반대 되도록 직렬 접속하면 합성유도계수 L'은 L의 60[%]가 되면, 두 코일 간의 결합계수는 얼마인가?

① 0.258   ② 0.362

③ 0.451   ④ 0.533

|정|답|및|해|설|--------------------------------

[결합계수] $k = \dfrac{M}{\sqrt{L_1 L_2}}$ $\rightarrow (M = k\sqrt{L_1 L_2})$

$L(가동) = L_1 + L_2 + 2M$ ....①

$0.6L(차동) = L_1 + L_2 - 2M$ ....②

①식에서 ②식을 빼주면

$0.4L = 4M \rightarrow M = 0.1L$

$M = 0.1 \times 10 \rightarrow M = 1$

$k = \dfrac{M}{\sqrt{L_1 L_2}} = \dfrac{1}{\sqrt{3 \times 5}} = 0.258$

※①식에서 ②식을 더하면

$1.6L = 2(L_1 + L_2)$

$\therefore$ 자기 인덕턴스 $L = \dfrac{2}{1.6}(3+5) = 10[mH]$

【정답】①

30. 두 개의 인덕턴스 L_1과 L_2를 병렬로 접속하였을 때의 합성 인덕턴스 L은 몇 [H]인가?(단, L_1과 L_2의 단위는 H로 모두 같음)

① $L = L_1 + L_2 - 2M$

② $L = L_1 + L_2 + 2M$

③ $L = \dfrac{L_1 L_2}{L_1 + L_2}$

④ $L = L_1 + L_2$

|정|답|및|해|설|--------------------------------

[인덕턴스의 병렬접속] 병렬접속은 저항의 병렬접속과 같이 하면 된다. M을 무시했기 때문에 쉽게 할 수 있다.

【정답】③

31. 자기 인덕턴스가 10[H]인 코일에 3[A]의 전류가 흐를 때 코일에 축적된 자계에너지는 몇 [J]인가?

① 30   ② 45
③ 60   ④ 90

|정|답|및|해|설|

[코일에 축적된 자계에너지] $W = \frac{1}{2}LI^2 = \frac{\varnothing^2}{2L} = \frac{1}{2}\varnothing I[J]$

$W = \frac{1}{2}LI^2 = \frac{1}{2} \times 10 \times 3^2 = 45[J]$ 【정답】②

32. 자기 인덕턴스가 L_1, L_2[H] 상호인덕턴스 M[H]인 두 회로에 자속을 돕는 방향으로 각각 I_1, I_2[A]의 전류가 흘렀을 때 저장되는 자계의 에너지는 몇 [J]인가?

① $\frac{1}{2}(L_1 I_1^2 + L_2 I_2^3)$

② $\frac{1}{2}(L_1 I_1 + L_2 I_2)^2$

③ $\frac{1}{2}(L_1 I_1^2 + L_2 I_2^2 + 2M I_1 I_2)$

④ $\frac{1}{2}(L_1 I_1^2 + L_2 I_2^2 + M I_1 I_2)$

|정|답|및|해|설|

[코일에 축적된 자계에너지] $W = \frac{1}{2}LI^2[J]$

$L = L_1 + L_2 \pm 2M = \frac{\mu S N^2}{l}[H]$ 이므로

$W = \frac{1}{2}LI^2$ 에 대입하면 된다.

$\therefore W = \frac{1}{2}(L_1 I_1^2 + L_2 I_2^2 + 2M I_1 I_2)$

    【정답】③

33. 자계 인덕턴스 L_1, L_2인 두 회로의 상호인덕턴스가 M일 때 각각 회로에 I_1, I_2의 전류가 흐르면 이 전류계에 저장되는 자계의 에너지는?

① $\frac{1}{2}L_1 I_1^2 + \frac{1}{2}L_2 I_2^2 + \frac{1}{2}M I_1 I_2$

② $\frac{1}{2}L_1 I_1^2 + \frac{1}{2}L_2 I_2^2 + M I_1 I_2$

③ $L_1 I_1^2 + L_2 I_2^2 + M I_1 I_2$

④ $L_1 I_1^2 + L_2 I_2^2 + \frac{1}{2}M I_1 I_2$

|정|답|및|해|설|

[코일에 축적된 자계에너지] $W = \frac{1}{2}LI^2[J]$

    【정답】②

34. 그림에서 $S = 5[cm^2]$, $l = 50[cm]$, $\mu_s = 1000$, $N = 100$이라 하고 1[A]의 전류를 흘렸을 때 자계에 저축되는 에너지 [J]를 구하면?

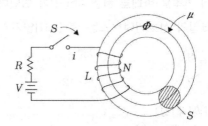

① 3.14×10^{-3} ② 6.28×10^{-3}
③ 9.42×10^{-3} ④ 13.56×10^{-3}

|정|답|및|해|설|

[L회로에서 축적되는 에너지]

$W = \frac{1}{2}LI^2 = \frac{1}{2} \times \frac{\mu_0 \mu_s S N^2}{l} \times I^2[J]$

$= \frac{1}{2} \times \frac{4\pi \times 10^{-7} \times 1000 \times 5 \times 10^{-4} \times 100^2 \times 1^2}{50 \times 10^{-12}}$

$= 6.28 \times 10^{-3}[J]$

    【정답】②

35. 그림과 같이 각 코일의 자기 인덕턴스가 각각 $L_1 = 6[H]$, $L_2 = 2[H]$ 이고 1, 2코일 사이에 상호 유도에 의한 상호 인덕턴스 $M=3[H]$일 때 전 코일에 저축되는 자기 에너지 [J]는? (단, $I = 10[A]$이다.)

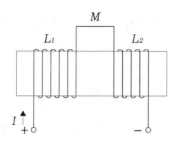

① 60
② 100
③ 600
④ 700

|정|답|및|해|설|

[인덕턴스에 축적되는 에너지] 암페어의 오른 사 법칙을 이용하면 자속이 합쳐지는 방향이 아니라 감소하는 방향이다. 그러므로 직렬 연결 시 차동 속 $L = L_1 + L_2 - 2M$

L회로에서 축적되는 에너지

$$W = \frac{1}{2}LI^2 = \frac{1}{2}(L_1 + L_2 - 2M)I^2[J]$$
$$= \frac{1}{2}(6+2-2\times3)\times10^2 = 100[J]$$

【정답】②

36. 자기 인덕턴스가 20[mH]인 코일에 전류를 흘려주었을 때 코일과의 쇄교 자속수가 0.2[Wb]였다. 이때 코일에 저축되는 자기 에너지[J]는?

① 0.5
② 1
③ 2
④ 4

|정|답|및|해|설|

[인덕턴스에 축적되는 에너지]

$$W = \frac{1}{2}LI^2 = \frac{\phi^2}{2L} = \frac{1}{2}\phi I[J]$$
$$W = \frac{\phi^2}{2L} = \frac{0.2^2}{2\times20\times10^{-3}} = 1[J]$$

【정답】②

37. 반지름 a의 직선상 도체에 전류 I가 고르게 흐를 때 도체 내의 전자 에너지와 관계없는 것은?

① 투자율
② 도체의 단면적
③ 도체의 길이
④ 전류의 크기

|정|답|및|해|설|

[인덕턴스에 축적되는 에너지] $W = \frac{1}{2}LI^2 = \frac{\phi^2}{2L} = \frac{1}{2}\phi I[J]$

도체 내의 전자 에너지이므로 도체 내부의 전자 에너지를 의미

$W = \frac{1}{2}LI^2$ 에서

직선상 도체는 무한장 직선이므로 동축 원통의 내부 인덕턴스 $L = \frac{\mu l}{8\pi}[H]$를 L에 대입한다.

즉, $W = \frac{1}{2}\frac{\mu l}{8\pi}I^2[J]$

∴ 도체 의 전자에너지는 단면적과 무관(인덕턴스가 도체의 반지름과 무관하고 재질에만 관계하기 때문)

【정답】②

38. 그림과 같은 두 개의 코일 P와 S를 직렬로 연결하면 합성 인덕턴스는? (단, 철심의 투자율은 μ, 자로의 평균 길이는 l[m], 자로의 단면적은 $S[m^2]$이다.)

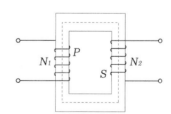

① $L = \frac{\mu S}{l}(N_1 \pm N_2)^2$

② $L = \frac{l}{\mu S}(N_1 \pm N_2)^2$

③ $L = \frac{\mu S}{l}(N_1)^2$

④ $L = \frac{I}{\mu S}(N_1)^2$

[인덕턴스의 직렬 접속] $L = L_1 + L_2 \pm 2M$

전류가 흐르는 방향에 따라 직렬 연결시 가동 접속 또는 차동 접속이 될 수 있다.

$$L = L_1 + L_2 \pm 2M \quad \rightarrow \quad (L = \frac{\mu S N^2}{l} [H])$$

$$= \frac{\mu S N_1^2}{l} + \frac{\mu S N_2^2}{l} \pm 2 \times \frac{\mu S N_1 N_2}{l}$$

$$= \frac{\mu S}{l}(N_1^2 + N_2^2 \pm 2 N_1 N_2) = \frac{\mu S}{l}(N_1 \pm N_2)^2$$

【정답】 ①

39. 그림에서 ab사이와 cd사이의 상호 인덕턴스를 최대로 하려면 각각의 권수 N_1과 N_2의 비는? (단, 자로에 있어서의 전체 권수는 일정하다.)

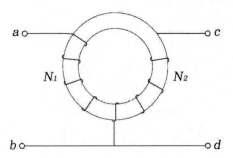

① $N_1 = N_2$

② $N_1 = N_2^2$

③ $N_1 = \frac{1}{2} N_2$

④ $N_1^2 = N_2$

[상호인덕턴스] $M = \frac{\mu S N_1 N_2}{l} \quad \rightarrow \quad (N_1 + N_2 = N)$

$$M = \frac{\mu S N_1 (N - N_1)}{l} = \frac{\mu S(-N_1^2 + N_1 N)}{l}$$

$-N_1^2 + N_1 N = 0$을 N_1에 관해 미분하여 최대값을 구한다.

$$\frac{d}{dN_1}(-N_1^2 + N_1 N) = -2N_1 + N = 0$$

$$N = 2N_1 \rightarrow N_1 = \frac{N}{2}$$

$N_1 + N_2 = N$이므로 $N_2 = \frac{N}{2}$

$\therefore N_1 = N_2$

즉, 1, 2차 권수가 같을 때 상호 인덕턴스는 최대

【정답】 ①

11

전자계

01 전도전류

(1) 전도전류란?

전도전자 흐름에 의한 물질 내부 전하의 연속적인 운동

전도전류는 스칼라 양으로 방향성을 갖지 않는다.

전류는 흐르지 있지 않다.

(2) 전도전류 계산식

① 전도전류 $I_c = \dfrac{V}{R} = \dfrac{El}{\rho\dfrac{l}{S}} = \dfrac{ES}{\rho} = kES[A]$

② 전도전류밀도 $i_c = \dfrac{kES}{S} = kE[A/m^2]$

여기서, k : 도전율$[\mho/m]$, ρ : 고유저항$[\Omega\cdot m](k = \dfrac{1}{\rho})$, V : 전위[V], E : 전계[V/m]

(3) 전도전류에 영향을 미치는 요소

·도체 중에 전계가 가해져 전위차가 생기면 전하의 이동이 일어나 전류가 발생한다.

·전도전류는 도체의 재질(k), 단면적(S), 도체의 길이(l)에 따라 달라진다.

02 변위전류

(1) 변위전류란?

전기력선속의 시간에 대한 변화량으로 나타내며 전속전류라고도 한다. 실제로는 흐르지 않지만 마치 전류가 흐르는 것처럼 생각할 수 있는 경우에 사용한다. 즉, 유전체를 흐르는 전류를 말한다.

(2) 변위전류 관계식

① 변위전류밀도 (i_d)

$$i_d = \frac{\partial D}{\partial t} = \epsilon \frac{\partial E}{\partial t} \qquad \rightarrow (D = \epsilon E)$$

$$= \epsilon \frac{V}{d}[A/m^2] \qquad \rightarrow (E = \frac{V}{d})$$

$$= \frac{\epsilon}{d} \frac{\partial V}{\partial t} \qquad \rightarrow (V = V_m \sin \omega t)$$

$$= \frac{\epsilon}{d} \frac{\partial}{\partial t} V_m \sin \omega t$$

$$= \omega \frac{\epsilon}{d} V_m \cos \omega t [A/m^2]$$

② 변위전류 (I_d)

$$I_d = i_d \times S = \omega \frac{\epsilon S}{d} V_m \cos \omega t = \omega C V_m \cos \omega t [A] \qquad \rightarrow (정전용량 \ C = \frac{\epsilon S}{d})$$

※ 변위전류는 변위전류밀도에 면적을 곱해서 얻는다)

(3) 변위전류에 영향을 주는 요소

· 전속밀도(D), 전계(E), 전압(V)의 시간적 변화에 의해서 발생한다.
· 변위전류는 정전용량의 크기(C), 전압(V)의 변화율에 따라 달라진다.

---

03 전자파

(1) 전자파의 정의

　　① 전계파 : 어느 공간에 전계가 전파되어 가는 파장

　　② 자계파 : 어느 공간에 자계가 전파되어 가는 파장

　　③ 전자파 : 전계파와 자계파를 합쳐서 부른 합성어

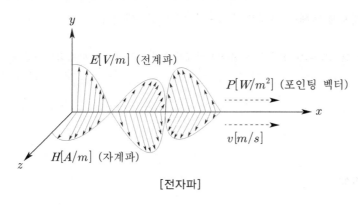

[전자파]

(2) 전자계의 파동방정식

　　① (전계) $\nabla^2 E = \epsilon\mu \dfrac{\partial^2 E}{\partial t^2}$ 　　　　　② (자계) $\nabla^2 H = \epsilon\mu \dfrac{\partial^2 H}{\partial t^2}$

(3) 전자파의 특징

　　· 전계(E)와 자계(H)는 공존한다.

　　· TEM파(횡전자파)는 전계와 자계가 전파의 진행 방향과 수직으로 존재한다.

　　· 진공 또는 완전 유전체에서 전계파와 자계파의 파동의 위상차는 없다.

　　· 수평 전파는 대지에 대해 전계가 수평면에 있는 전자파

　　· 수직 전파는 대지에 대해 전계가 수직면에 있는 전자파

　　· 전자파 전달 방향은 포인팅 벡터(전자파의 단위 면적당 에너지) $P = E \times H$ 방향이다.

　　· 전자파 전달 방향의 E, H 성분은 없다.

　　· 전계 E와 자계 H의 비는 $\dfrac{E_x}{H_y} = \sqrt{\dfrac{\mu}{\epsilon}} = \sqrt{\dfrac{\mu_0 \mu_s}{\epsilon_0 \epsilon_s}} = 377 \sqrt{\dfrac{\mu_s}{\epsilon_s}} \, [\Omega]$

$$\rightarrow \left(\sqrt{\dfrac{\mu_0}{\epsilon_0}} = \sqrt{\dfrac{4\pi \times 10^{-7}}{8.855 \times 10^{-12}}} = 377 \, [\Omega] \right)$$

　　· 자유 공간인 경우 동일 전원에서 나오는 전계파는 자계파보다 377배($E = 377H$)로 매우 크기 때문에 전자파를 간단히 전파라고도 한다.

　　· 전계파에 의한 전계 에너지(W_E)와 자계파에 의한 자계 에너지(W_H)는 똑같은 매질 내에서 똑같은 거리를 진행하므로 서로 같다.

【기사】 06/3 08/1   【산업기사】 06/1 07/3 17/3

시변 전자파에 대한 설명 중 틀린 것은?

① 전자파는 전계와 자계가 동시에 존재한다.

② 횡전자파(TEM : transver electromagnetic wave)에서는 전파의 진행 방향으로 전계와 자계가 존재한다.

③ 포인팅 벡터의 방향은 전자파의 진행 방향과 같다.

④ 수직편파는 대지에 대해서 전계가 수직면에 있는 전자파이다.

정답 및 해설 [전자의 성질] ② TEM파(횡전자파)는 전계와 자계가 전파의 진행 방향과 수직으로 존재한다.

【정답】②

04 전자파에 관한 관계식

(1) 전자파의 전파속도

① 전파의 파장을 $\lambda[m]$, 주파수를 $f[Hz]$라고 할 때 전파속도 v는

$$v = f\lambda = \sqrt{\frac{1}{\epsilon\mu}} = \frac{1}{\sqrt{\epsilon_0\mu_0 \times \epsilon_s\mu_s}} = \frac{3 \times 10^8}{\sqrt{\epsilon_s\mu_s}} = \frac{c}{\sqrt{\epsilon_s\mu_s}}\,[m/s]$$

여기서, $\lambda[m]$: 전파의 파장, $f[Hz]$: 주파수, $v[m/s]$: 전파속도, c : 광속

(광속(진공 중에서) $v_0 = \frac{1}{\sqrt{\epsilon_0\mu_0}} = 3 \times 10^8 = c[m/s]$)

※공기에서의 전자파의 전파속도는 빛의 속도 $v = 3 \times 10^8\,[m/s]$와 같다.

② 진동시 $f = \frac{1}{2\pi\sqrt{LC}}\,[Hz]$

(2) 파장 (전자파의 길이)

$$\lambda = \frac{v}{f} = \frac{1}{f} \times \frac{1}{\sqrt{\mu\epsilon}} = \frac{1}{f\sqrt{\mu_0\epsilon_0 \times \mu_s\epsilon_s}} = 3 \times 10^8 \frac{1}{f\sqrt{\mu_s\epsilon_s}}\,[m]$$

(3) 전자파의 고유(파동)임피던스

① 고유임피던스(진공시) $\eta_0 = \frac{E}{H} = \sqrt{\frac{\mu_0}{\epsilon_0}} = \sqrt{\frac{4\pi \times 10^{-7}}{8.855 \times 10^{-12}}} = 377[\Omega]$ → (진공시 $\epsilon_s = 1,\ \mu_s = 1$)

② 고유임피던스(공기 중에서) $\eta = \frac{E}{H} = \sqrt{\frac{\mu}{\epsilon}} = \sqrt{\frac{\mu_0\mu_s}{\epsilon_0\epsilon_s}} = 377\sqrt{\frac{\mu_s}{\epsilon_s}}\,[\Omega]$

(4) 특성 임피던스

① 특성 임피던스 $Z_0 = \sqrt{\dfrac{Z}{Y}} = \sqrt{\dfrac{R+jwL}{G+jwC}}\,[\Omega]$

② 특성 임피던스 (무손실의 경우 $(R=G=0)$) $Z_0 = \sqrt{\dfrac{L}{C}}\,[\Omega]$

③ 동축 케이블 (고주파 사용) 특성 임피던스 $Z_0 = \sqrt{\dfrac{L}{C}} = \dfrac{1}{2\pi}\sqrt{\dfrac{\mu}{\epsilon}}\ln\dfrac{b}{a} = 60\sqrt{\dfrac{\mu_s}{\epsilon_s}}\ln\dfrac{b}{a}\,[\Omega]$

핵심기출 【기사】 09/2 10/2 19/1 　【기사】 08/3

비유전률 $\epsilon_s = 80$, 비투자율 $\mu_s = 1$인 전자파의 고유 임피던스는 약 몇 $[\Omega]$인가?

① $21[\Omega]$　　　　② $42[\Omega]$　　　　③ $80[\Omega]$　　　　④ $160[\Omega]$

정답 및 해설 [고유 임피던스] $\eta = \dfrac{E}{H} = \sqrt{\dfrac{\mu}{\epsilon}} = \sqrt{\dfrac{\mu_0}{\epsilon_0}}\cdot\sqrt{\dfrac{\mu_s}{\epsilon_s}} = \sqrt{\dfrac{4\pi\times10^{-7}}{8.855\times10^{-12}}}\cdot\sqrt{\dfrac{\mu_s}{\epsilon_s}}$

$= 377\sqrt{\dfrac{\mu_s}{\epsilon_s}} = 377\sqrt{\dfrac{1}{80}} = 42.15[\Omega]$　　　　【정답】②

---

05 정자계 에너지와 포인팅 벡터

(1) 전계에너지

$$w_e = \frac{1}{2}D\cdot E = \frac{1}{2}\epsilon E^2[\mathrm{J/m^3}]$$

(2) 자계에너지

$$w_m = \frac{1}{2}B\cdot H = \frac{1}{2}\mu H^2[\mathrm{J/m^3}]$$

(3) 단위 체적당의 전 에너지 밀도

$$w = w_e + w_m = \frac{1}{2}(\epsilon E^2 + \mu H^2)[\mathrm{J/m^3}]$$

(4) 전력밀도 P의 크기

$$P = (\omega_c + \omega_m)\cdot v = \frac{1}{2}(\mu H^2 + \epsilon E^2)\times\frac{1}{\sqrt{\epsilon\mu}} \quad \rightarrow (\sqrt{\epsilon}\,E = \sqrt{\mu}\,H)$$

$$= \frac{1}{2}(\mu\cdot\sqrt{\frac{\epsilon}{\mu}}\,E\cdot H + \sqrt{\epsilon v}\,EH)\times\frac{1}{\sqrt{\epsilon v}} = EH[W/m^2]$$

(5) 포인팅 벡터 P(전자파의 단위 면적당 에너지)

전자계 내의 한 점을 통과하는 에너지 흐름의 단위 면적당 전력 또는 전력밀도를 표시하는 벡터

$\dot{P} = \dot{E} \times \dot{H} = EH\sin\theta = EH[W/m^2]$ → (전계와 자계가 이루는 각도는 직각이므로 $\sin\theta = \sin90 = 1$)

$= W[J/m^3] \times v[m/s] = 377H^2[\mathrm{W/m^2}] = \dfrac{1}{377}E^2 = \dfrac{W}{S}[\mathrm{W/m^2}]$ → $(E = 377H, \ H = \dfrac{1}{377}E)$

핵심기출 【기사】 15/1

공기 중에서 x방향으로 진행하는 전자파가 있다. $E_y = 3 \times 10^{-2}\sin w(x-vt)[V/m]$, $E_x = 4 \times 10^{-2}\sin w(x-vt)[V/m]$일 때 포인팅 벡터의 크기 $[W/m^2]$는?

① $6.63 \times 10^{-6}\sin^2 w(x-vt)$ ② $6.63 \times 10^{-6}\cos^2 w(x-vt)$

③ $6.63 \times 10^{-4}\sin w(x-vt)$ ④ $6.63 \times 10^{-4}\cos w(x-vt)$

정답 및 해설 [포인팅 벡터] $\dot{P} = EH\sin\theta = EH = 377H^2 = \dfrac{1}{377}E^2[\mathrm{W/m^2}]$ → $(E = 377H, \ H = \dfrac{1}{377}E)$

합성전계 $E = \sqrt{E_y^2 + E_z^2} = \sqrt{(3 \times 10^{-2})^2 + (4 \times 10^{-2})^2} \times \sin\omega(x-vt)$
$\qquad = 5 \times 10^{-2}\sin\omega(x-vt)[V/m]$

자계와 전계의 관계식 $H = \dfrac{E}{377}$ 이므로

$P = EH = \dfrac{E^2}{377}$
$\qquad = \dfrac{5 \times 10^{-2}\sin\omega(x-vt)^2}{377} = \dfrac{(5 \times 10^{-2})^2}{377}\sin^2\omega(x-vt) = 6.63 \times 10^{-6}\sin^2\omega(x-vt)[W/m^2]$

【정답】①

---

06 전계와 자계에 대한 맥스웰 방정식

(1) 맥스웰의 제1방정식 (암페어의 주회 적분 법칙 이용)

암페어의 주회 적분 법칙에서 유도된 방정식이다.
전도전류 및 변위전류는 회전하는 자계를 형성시킨다.
전류와 자계의 연속성 관계를 나타내는 방정식이다.

① 미분형 $rot\,H = i_c + i_d = kE + \dfrac{\partial D}{\partial t}$

     여기서, $i_c = kE$: 전도 전류 밀도, $i_d = \dfrac{\partial D}{\partial t} = \epsilon\dfrac{\partial E}{\partial t}$: 변위 전류 밀도

② 적분형 $\displaystyle\oint_c H \cdot dl = I + \int_s \dfrac{\partial D}{\partial t} \cdot dS$

(2) 맥스웰의 제2방정식 (패러데이 전자 유도 법칙 이용)

패러데이 전자유도법칙에서 유도된 방정식이다.

자속밀도의 시간적 변화는 전계를 회전시키고 유기기전력을 발생시킨다.

① 미분형 $rot\,E = -\dfrac{\partial B}{\partial t} = -\mu\dfrac{\partial H}{\partial t}$

② 적분형 $\displaystyle\oint_c E \cdot dl = -\int_s \dfrac{\partial B}{\partial t} \cdot dS$

(3) 맥스웰의 제3방정식 (전기장의 가우스의 법칙)

정전계의 가우스 법칙에서 유도된 방정식이다.

임의의 폐곡면 내의 전하에서 전속선이 발산한다.

① 미분형 $div\,D = \rho[\mathrm{c/m^3}]$ $\rightarrow (\rho$: 체적전하밀도$[C/m^2])$

② 적분형 $\displaystyle\int_s D \cdot dS = \int_v \rho\,dv = Q$

(4) 맥스웰의 제4방정식 (자기장의 가우스의 법칙)

정자계의 가우스의 법칙에서 유도된 방정식이다.

외부로 발산하는 자속은 없다(자속은 연속이다).

고립된 N극 또는 S극만으로 이루어진 자석은 만들 수 없다.

① 미분형 $div\,B = 0$

② 적분형 $\displaystyle\int_s B \cdot dS = 0$

여기서, D : 전속밀도, ρ : 전하밀도, B : 자속밀도, E : 전계의 세기, H : 자계의 세기

핵심기출 【기사】 04/1 05/2 07/3 12/1, 17/1

미분 방정식의 형태로 나타낸 맥스웰의 전자계 기초 방정식에 해당되는 것은?

① $rot\,E = -\dfrac{\partial B}{\partial t},\ rot\,H = \dfrac{\partial D}{\partial t},\ div\,D = 0,\ div\,B = 0$

② $rot\,E = -\dfrac{\partial B}{\partial t},\ rot\,H = i + \dfrac{\partial D}{\partial t},\ div\,D = \rho,\ div\,B = 0$

③ $rot\,E = -\dfrac{\partial B}{\partial t},\ rot\,H = i + \dfrac{\partial D}{\partial t},\ div\,D = \rho,\ div\,B = H$

④ $rot\,E = -\dfrac{\partial B}{\partial t},\ rot\,H = i,\ div\,D = 0,\ div\,B = 0$

정답 및 해설 [맥스웰의 전자계 기초 방정식]

① $rot\,E = \nabla \times E = -\dfrac{\partial B}{\partial t} = -\mu\dfrac{\partial H}{\partial t}$ → (페러데이 전자 유도법칙(미분형))

② $rot\,H = \nabla \times H = i + \dfrac{\partial D}{\partial t}$ → (암페어의 주회 적분 법칙)

③ $div\,D = \rho$ → (가우스의 법칙)(미분형)

④ $div\,B = 0$ → (고립된 자하는 없다.)

【정답】②

단원 핵심 체크

01 극판 간격 d[m], 면적 S[m²]인 평행판 콘덴서에 교류 전압 $v = V_m \sin\omega t$[V]가 가해졌을 때, 이 콘덴서에서 전체의 변위 전류 $I_d = ($)[A] 이다.

02 전도 전류 밀도 i_c, 전계 E, 입자의 이동도 μ, 도전율을 k라 할 때 전도 전류밀도 $i_c = ($)[A/m²] 이다.

03 변위 전류란 유전체를 흐르는 전류를 말하며, 유전체 내에서 변위 전류를 발생하는 것은 (   )의 시간적 변화이다.

04 유전율 ϵ, 투자율 μ인 매질 내에서 전자파의 전파속도 $v = ($)[m/s] 이다.

05 유전률 ϵ, 투자율 μ인 전자파의 고유임피던스 $\eta = ($)[Ω] 이다.

06 전송선로에서 무손실 일 때($R = 0$, $G = 0$) L[mH], C[μF]이면 특성임피던스 $Z_0 = ($)[Ω] 이다.

07 전계 E[V/m], 자계 H[A/m]의 전자계가 평면파를 이루고 자유 공간으로 전파될 때, 단위 시간당 전력 밀도, 즉 포인팅 벡터 $P = ($)[W/m^2] 이다.

08 암페어의 주회 적분 법칙에서 유도된 방정식인 맥스웰의 제1방정식은 $rot\, H = ($) 이다. 단, $i_c = kE$: 전도전류밀도, $i_d = \dfrac{\partial D}{\partial t} = \epsilon \dfrac{\partial E}{\partial t}$: 변위전류밀도

09 맥스웰의 전자 방정식 중 페러데이 법칙에서 유도된 맥스웰의 제2방정식 식은

$rot\, E = -\dfrac{\partial B}{\partial t} = -\mu($) 이다.

(단, B : 자속밀도, E : 전계의 세기, H : 자계의 세기)

정답   (1) $\dfrac{\epsilon S}{d}\omega V_m \cos\omega t$ (2) kE (3) 전속밀도$(i_d = \dfrac{\partial D}{\partial t})$

(4) $\dfrac{3\times10^8}{\sqrt{\epsilon_s \mu_s}}$ (5) $377\sqrt{\dfrac{\mu_s}{\epsilon_s}}$ (6) $\sqrt{\dfrac{L}{C}}$

(7) $E\times H$ (8) $i_c + i_d(= kE + \dfrac{\partial D}{\partial t})$ (9) $\dfrac{\partial H}{\partial t}$

적중 예상문제

1. 변위전류밀도를 나타내는 식은? (단, D는 전속 밀도, B는 자속밀도, $\varnothing$는 자속 $N\varnothing$는 자속쇄 교수이다.)

① $\dfrac{\partial \varnothing}{\partial t}$ ② $\dfrac{\partial D}{\partial t}$

③ $\dfrac{\partial B}{\partial t}$ ④ $\dfrac{\partial (N\varnothing)}{\partial t}$

|정|답|및|해|설|
[변위 전류 밀도] 변위전류가 발생하는 원인은 전속밀도의 시간적 변화이다.

$i_d = \dfrac{\partial D}{\partial t} = \epsilon \dfrac{\partial E}{\partial t} \, [\text{A/m}^2] \;\; \rightarrow (D = \epsilon E)$

【정답】②

2. 간격 d[m]인 두 개의 평행판 전극 사이에 유전율 ε의 유전체가 있을 때 전극 사이에 전압 $v = V_m \sin wt$를 가하면 변위 전류 밀도[A/m^2]는?

① $\dfrac{\varepsilon}{d} V_m \cos wt$ ② $\dfrac{\varepsilon}{d} w V_m \cos wt$

③ $\dfrac{\varepsilon}{d} w V_m \sin wt$ ④ $-\dfrac{\varepsilon}{d} V_m \cos wt$

|정|답|및|해|설|
[변위 전류 밀도(i_d)]

$i_d = \dfrac{\partial D}{\partial t} = \epsilon \dfrac{\partial E}{\partial t} \;\; \rightarrow (E = \dfrac{V}{d})$

$\quad = \dfrac{\partial}{\partial t} \epsilon \cdot \dfrac{V}{d} \;\; \rightarrow (V = V_m \sin wt)$

$\quad = \dfrac{\varepsilon}{d} \dfrac{\partial}{\partial t} V_m \sin wt = w \dfrac{\varepsilon}{d} V_m \cos wt \, [A/m^2]$

【정답】②

3. 간격 d[m], 유전율 ε의 유전체가 있다. 전극사이에 전압 $V_m = \cos wt$를 가하면 변위 전류 밀도 [A/m^2]는?

① $\dfrac{\varepsilon}{d} V_m \cos wt$ ② $-\dfrac{\varepsilon}{d} V_m \cdot \sin wt$

③ $\dfrac{\varepsilon}{d} w V_m \cos wt$ ④ $\dfrac{\varepsilon}{d} V_m \cdot \sin wt$

|정|답|및|해|설|
[변위전류밀도(i_d)]

$i_d = \dfrac{\partial D}{\partial t} = \epsilon \dfrac{\partial E}{\partial t} \;\; \rightarrow (E = \dfrac{V}{d})$

$\quad = \epsilon \dfrac{\partial}{\partial t} \dfrac{V}{d} \;\; \rightarrow (V = V_m \cos wt)$

$\quad = \dfrac{\varepsilon}{d} \dfrac{\partial}{\partial t} V_m \cos wt = -w \dfrac{\varepsilon}{d} V_m \sin wt \, [A/m^2]$

【정답】②

4. 다음에서 무손실 전송 회로의 특성 임피이던스를 나타낸 것은?

① $Z_0 = \sqrt{\dfrac{C}{L}}$ ② $Z_0 = \sqrt{\dfrac{L}{C}}$

③ $Z_0 = \dfrac{1}{\sqrt{LC}}$ ④ $Z_0 = \sqrt{LC}$

|정|답|및|해|설|
[특성 임피던스 Z_0]
무손실, 즉 $R = 0$, $G = 0$

$Z_0(\text{특성 임피던스}) = \sqrt{\dfrac{Z}{Y}} = \sqrt{\dfrac{R + jwL}{G + jwC}} = \sqrt{\dfrac{L}{C}}$

【정답】②

5. 자유 공간의 고유 임피이던스는? (단, ε_0 는 유전율, μ_0 는 투자율이다.)

① $\sqrt{\dfrac{\varepsilon_0}{\mu_0}}$　　　　② $\sqrt{\dfrac{\mu_0}{\varepsilon_0}}$

③ $\sqrt{\varepsilon_0 \mu_0}$　　　　④ $\sqrt{\dfrac{1}{\varepsilon_0 \mu_0}}$

|정|답|및|해|설|⋯⋯⋯⋯⋯⋯⋯⋯⋯⋯⋯⋯⋯⋯⋯⋯
[자유 공간에서 특성(고유) 임피턴스(η_0)]

$\eta_0 = \sqrt{\dfrac{\mu_0}{\varepsilon_0}} = 120\pi = 377[\Omega] \quad \rightarrow$ (진공시)

【정답】②

6. 순수한 물 ($\varepsilon_s \fallingdotseq 80, \ \mu_s \fallingdotseq 1$) 중에 있어서의 고유 임피이던스는 몇 $[\Omega]$인가?

① 36.2　　　　② 42.2

③ 46.2　　　　④ 50.2

|정|답|및|해|설|⋯⋯⋯⋯⋯⋯⋯⋯⋯⋯⋯⋯⋯⋯⋯⋯
[고유 임피던스(η)]

$\eta = \dfrac{E}{H} = \sqrt{\dfrac{\mu}{\varepsilon}} = \sqrt{\dfrac{\mu_0}{\epsilon_0} \dfrac{\mu_s}{\varepsilon_s}} = 377\sqrt{\dfrac{1}{80}} = 42.15[\Omega]$

$\rightarrow \left(\sqrt{\dfrac{\mu_0}{\epsilon_0}} = \sqrt{\dfrac{4\pi \times 10^{-7}}{8.855 \times 10^{-12}}} = 377 \right)$

【정답】②

7. 비유전율 $\varepsilon_s = 9$, 비투자율 $\mu_s = 1$인 공간에서의 고유 임피던스는 몇 $[\Omega]$인가?

① $40\pi[\Omega]$　　　　② $100\pi[\Omega]$

③ $120\pi[\Omega]$　　　　④ $150\pi[\Omega]$

|정|답|및|해|설|⋯⋯⋯⋯⋯⋯⋯⋯⋯⋯⋯⋯⋯⋯⋯⋯
[고유 임피던스(η)]

$\eta = \dfrac{E}{H} = \sqrt{\dfrac{\mu_0 \mu_s}{\varepsilon_0 \varepsilon_s}} = 120\pi \times \sqrt{\dfrac{1}{9}} = 40\pi$

$\rightarrow (\mu_0 = 4\pi \times 10^{-7}, \ \epsilon_0 = 8.855 \times 10^{-12})$

【정답】①

8. 전계 $E = \sqrt{2} E_e \sin w(t - \dfrac{z}{V})[V/m]$의 평면 전자파가 있다. 진공 중에서의 자계의 실효값$[AT/m]$은?

① $2.65 \times 10^{-1} E_e$　　② $2.65 \times 10^{-2} E_e$

③ $2.65 \times 10^{-3} E_e$　　④ $2.65 \times 10^{-4} E_e$

|정|답|및|해|설|⋯⋯⋯⋯⋯⋯⋯⋯⋯⋯⋯⋯⋯⋯⋯⋯
[진공 중의 고유 임피던스(η_0)] 진공 중에서 전계는 자계보다 377배나 크므로 자계의 실효값은 1/377로 구할 수 있다.

즉, $\eta_0 = \dfrac{E}{H} = \sqrt{\dfrac{\mu_0}{\epsilon_0}} = 377[\Omega]$이므로

$\dfrac{E}{H} = 377, \ \ \therefore H = \dfrac{1}{377}E = 2.655 \times 10^{-3} E$

【정답】③

9. 평면 전자파의 전계의 세기가 $E = E_m \sin w(t - \dfrac{Z}{V})[V/m]$일 때 수중에 있어서의 자계의 세기는 몇 $[AT/m]$인가? (단, 물의 ε_s는 80이고 μ_s는 1이다.)

① $1.19 \times 10^{-2} E_m \sin wt$

② $1.19 \times 10^{-2} E_m \cos w(t - \dfrac{Z}{V})$

③ $2.37 \times 10^{-2} E_m \sin w(t - \dfrac{Z}{V})$

④ $2.37 \times 10^{-2} E_m \cos w(t - \dfrac{Z}{V})$

|정|답|및|해|설|⋯⋯⋯⋯⋯⋯⋯⋯⋯⋯⋯⋯⋯⋯⋯⋯
[고유 임피던스(η)]

$\eta = \dfrac{E}{H} = \sqrt{\dfrac{\mu}{\varepsilon}} = 377\sqrt{\dfrac{\mu_s}{\varepsilon_s}} = 377\sqrt{\dfrac{1}{80}} = 42.15$

$\dfrac{E}{H} = 42.15$이므로

$H = \dfrac{1}{42.15}E = \dfrac{1}{42.15}E_m \sin w(t - \dfrac{z}{v})$

$= 2.37 \times 10^{-2} E_m \sin w(t - \dfrac{z}{v})$

【정답】③

10. 공기 중에서 전계의 진행파 진폭이 10[mV/m]일 때 자계의 진행파 진폭은 몇 [mAT/m]인가?

① 26.5×10^{-2} ② 26.5×10^{-3}

③ 26.5×10^{-5} ④ 26.5×10^{-6}

|정|답|및|해|설|

[진공 중의 고유 임피던스] $\eta_0 = \dfrac{E}{H} = \sqrt{\dfrac{\mu_0}{\epsilon_0}} = 377[\Omega]$

$H = \dfrac{1}{377} E = \dfrac{1}{377} \times 10 = 26.5 \times 10^{-3}[mAT/m]$

【정답】②

11. 유전율 ε, 투자율 μ의 공간을 전파하는 전자파의 전파속도 v는?

① $v = \sqrt{\varepsilon\mu}$ ② $v = \sqrt{\dfrac{\varepsilon}{\mu}}$

③ $v = \sqrt{\dfrac{\mu}{\varepsilon}}$ ④ $v = \dfrac{1}{\sqrt{\varepsilon\mu}}$

|정|답|및|해|설|

[전자파의 전파속도] $v = \dfrac{\lambda}{T} = \lambda f = \dfrac{w}{\beta} = \sqrt{\dfrac{1}{\varepsilon\mu}}\,[m/s]$

→ (ω : 각속도, β : 위상 속도)

【정답】④

12. $\dfrac{1}{\sqrt{\mu\varepsilon}}$ 의 단위는?

① $[m/\sec]$ ② $[C/H]$

③ $[\Omega]$ ④ $[S]$

|정|답|및|해|설|

[전자파의 전파속도] $v = \sqrt{\dfrac{1}{\varepsilon\mu}}\,[m/s]$

【정답】①

13. 비유전율 ε, 투자율 μ인 공간에서 전파의 속도는?

① $\sqrt{\dfrac{\mu}{\varepsilon}}\,[m/s]$ ② $\sqrt{\mu\varepsilon}\,[m/s]$

③ $\sqrt{\dfrac{\varepsilon}{\mu}}\,[m/s]$ ④ $\dfrac{3 \times 10^8}{\sqrt{\mu_s\varepsilon_s}}\,[m/s]$

|정|답|및|해|설|

[전자파의 전파속도] $v = \dfrac{1}{\sqrt{\varepsilon\mu}} = \dfrac{3 \times 10^8}{\sqrt{\varepsilon_s\mu_s}}\,[m/s]$

→ ($\dfrac{1}{\sqrt{\epsilon_0\mu_0}} = 3 \times 10^8 = c[m/s]$)

【정답】④

14. 비유전율 4, 비투자율 1인 공간에서 전자파의 전파속도는 몇 [m/sec]인가?

① 0.5×10^8 ② 1.0×10^8

③ 1.5×10^8 ④ 2.0×10^8

|정|답|및|해|설|

[전자파의 전파속도] $v = \dfrac{\lambda}{T} = \lambda f = \dfrac{w}{\beta} = \sqrt{\dfrac{1}{\varepsilon\mu}}\,[m/s]$

$v = \dfrac{3 \times 10^8}{\sqrt{\varepsilon_s\mu_s}} = \dfrac{3 \times 10^8}{\sqrt{4 \times 1}} = 1.5 \times 10^8[m/s]$

→ ($\dfrac{1}{\sqrt{\epsilon_0\mu_0}} = 3 \times 10^8 = c[m/s]$)

【정답】③

15. 라디오 방송의 평면파 주파수를 800KHz라 할 때 이 평면파가 콘크리트 벽속을 ($\varepsilon_s = 6$, $\mu_s = 1$) 지날 때의 전파속도는 몇 m/sec인가?

① 1.22×10^8 ② 2.44×10^8

③ 2.62×10^8 ④ 2.86×10^8

|정|답|및|해|설|

[전자파의 전파속도] $v = \dfrac{\lambda}{T} = \lambda f = \dfrac{w}{\beta} = \sqrt{\dfrac{1}{\varepsilon\mu}}\,[m/s]$

$v = \dfrac{3 \times 10^8}{\sqrt{\varepsilon_s\mu_s}} = \dfrac{3 \times 10^8}{\sqrt{6 \times 1}} = 1.22 \times 10^8[m/s]$

【정답】①

16. 어떤 공간의 비투자율 및 비유전율이 $\mu_s = 0.99$, $\varepsilon_s = 80.7$ 이라 한다. 이 공간에서의 전자파의 진행속도는 몇 [m/s]인가?

① 1.5×10^7 ② 1.5×10^8

③ 3.3×10^7 ④ 3.3×10^8

| 정 | 답 | 및 | 해 | 설 |

[전자파의 전파속도] $v = \dfrac{\lambda}{T} = \lambda f = \dfrac{w}{\beta} = \sqrt{\dfrac{1}{\varepsilon \mu}} \, [m/s]$

$v = \dfrac{3 \times 10^8}{\sqrt{\varepsilon_s \mu_s}} = \dfrac{3 \times 10^8}{\sqrt{0.99 \times 80.7}} = 3.3 \times 10^7 \, [m/s]$

【정답】③

17. 비유전율 4, 비투자율 4인 매질내에서의 전자파의 전파속도는 자유공간에서의 빛의 속도의 몇 배인가?

① $\dfrac{1}{3}$ ② $\dfrac{1}{4}$

③ $\dfrac{1}{9}$ ④ $\dfrac{1}{16}$

| 정 | 답 | 및 | 해 | 설 |

[전자파의 전파속도]

$v_0 = \dfrac{1}{\sqrt{\epsilon_0 \mu_0}} = 3 \times 10^8 = c \, [m/s]$, $v = \dfrac{3 \times 10^8}{\sqrt{\varepsilon_s \mu_s}} \, [m/s]$

$\dfrac{v}{v_0} = \dfrac{\frac{3 \times 10^8}{\sqrt{\varepsilon_s \mu_s}}}{3 \times 10^8} = \dfrac{1}{\sqrt{\varepsilon_s \mu_s}} = \dfrac{1}{\sqrt{4 \times 4}} = \dfrac{1}{4}$

【정답】②

18. 주파수가 1[MHz]인 전자파의 공기 내에서의 파장은 몇 [m]인가?

① 100   ② 200

③ 300   ④ 400

| 정 | 답 | 및 | 해 | 설 |

[전자파의 전파속도] $v = \dfrac{\lambda}{T} = \lambda f = \dfrac{w}{\beta} = \sqrt{\dfrac{1}{\varepsilon \mu}} \, [m/s]$

$\lambda = \dfrac{v}{f} = \dfrac{3 \times 10^8}{10^6} = 300 \, [m]$

【정답】③

19. 전계 및 자계의 세기가 각각 E, H일 때 포인팅 벡터 P은 몇 [W/m^2]인가?

① $E + H$ ② $\nabla (E \cdot H)$

③ $E \times H$ ④ $\oint E \times H d\ell$

| 정 | 답 | 및 | 해 | 설 |

[포인팅 벡터] 포인팅 벡터는 단위 면적당의 에너지(W)이므로 $P = EH \, [W/m^2]$로 구할 수 있다.

$\dfrac{V}{m} \times \dfrac{A}{m} = [W/m^2]$

【정답】③

20. 100[kW]의 전력이 안테나에서 사방으로 균일하게 방사될 때 안테나에서 1[km]거리에 있는 점의 전계의 실효치는? (단, 공기의 유전율은 $\varepsilon_0 = \dfrac{10^9}{36\pi} \, [F/m]$이다.)

① 2.73×10^{-2} ② 1.73×10^{-1}

③ 6.53×10^{-4} ④ 2×10

| 정 | 답 | 및 | 해 | 설 |

[포인팅 벡터 ($P[W/m^2]$)]

$\vec{P} = E \times H = EH = 377 H^2 = \dfrac{1}{377} E^2 = \dfrac{W}{S} \, [W/m^2]$

$\vec{P} = \dfrac{1}{377} E^2 = \dfrac{W}{S}$ → $(S = 4\pi r^2)$

$E = \sqrt{\dfrac{W}{4\pi r^2} \times 377}$

$\quad = \sqrt{\dfrac{100 \times 10^3}{4\pi \times (10 \times 10^3)^2 \times 377}} = 1.73 \times 10^{-1} \, [V/m]$

【정답】②

21. 맥스웰 방정식에서 틀린 것은? (단, 원천은 없음)

① $\nabla \times E = -\dfrac{\partial H}{\partial t}$　② $\nabla \times H = \dfrac{\partial D}{\partial t}$

③ $\nabla \cdot D = 0$　④ $\nabla \cdot B = 0$

|정|답|및|해|설|⋯⋯⋯⋯⋯⋯⋯⋯⋯⋯⋯⋯⋯⋯⋯

[맥스웰 방정식] ① $rot\, E = -\dfrac{\partial B}{\partial t}$

②는 전속밀도의 변화로 인한 변위전류에도 회전자계가 있다는 표현이다.

③는 원천이 없기 때문에 성립한다.

【정답】①

22. 맥스웰의 전자계에 관한 제 1기본 방정식은?

① $rot\, D = i + \dfrac{\partial H}{\partial t}$　② $rot\, H = i + \dfrac{\partial D}{\partial t}$

③ $rot\, i = H + \dfrac{\partial D}{\partial t}$　④ $rot\,(i + \dfrac{\partial D}{\partial t}) = H$

|정|답|및|해|설|⋯⋯⋯⋯⋯⋯⋯⋯⋯⋯⋯⋯⋯⋯⋯

[맥스웰 제1방정식] 전도전류나 변위전류는 모두 회전자계가 있다는 것이 1법칙이다.　【정답】②

23. Maxwell의 전자기파 방정식이 아닌 것은?

① $\oint_c H \cdot dl = nI$

② $\oint_c E \cdot dl = -\displaystyle\int_s \dfrac{\partial B}{\partial t} \cdot dS$

③ $\oint_c D \cdot ds = \displaystyle\int_v \rho dv$

④ $\oint_c B \cdot ds = 0$

|정|답|및|해|설|⋯⋯⋯⋯⋯⋯⋯⋯⋯⋯⋯⋯⋯⋯⋯

[맥스웰 방정식]

①는 암페어의 주회법칙만 설명하고 있다.

$\oint_c H \cdot dl = I + \displaystyle\int_s \dfrac{\partial D}{\partial t} \cdot dS$　【정답】①

24. 공간 내 한 점의 자속밀도 B가 변화할 때 전자유도에 의하여 유기되는 전계 E는?

① $div\, E = -\dfrac{\partial B}{\partial t}$　② $rot\, E = -\dfrac{\partial B}{\partial t}$

③ $div\, E = \dfrac{\partial B}{\partial t}$　④ $rot\, E = \dfrac{\partial B}{\partial t}$

|정|답|및|해|설|⋯⋯⋯⋯⋯⋯⋯⋯⋯⋯⋯⋯⋯⋯⋯

[맥스웰 제2방정식] $rot\, E = -\dfrac{\partial B}{\partial t}$

패러데이 전자 유도 법칙의 미분 $rot\, E = -\dfrac{\partial B}{\partial t}$ 형으로 전자유도현상을 설명하고 있다.

【정답】②

25. 다음 중 전자계에 대한 맥스웰의 기본 이론이 아닌 것은?

① 자계의 시간적 변화에 따라 전계의 회전이 생긴다.

② 전도 전류와 변위 전류는 자계를 발생시킨다.

③ 고립된 자극이 존재한다.

④ 전하에서 전속선이 발산된다.

|정|답|및|해|설|⋯⋯⋯⋯⋯⋯⋯⋯⋯⋯⋯⋯⋯⋯⋯

[맥스웰 방정식] 고립된 자극이란 자석에서 N극만 따로 분리할 수 있냐는 것인데, 안 되는 것이다.

① 자계의 시간적 변화에 따라 전계의 회전이 발생한다.

　　$rot\, E = -\dfrac{\partial B}{\partial t} = -\dfrac{\mu \partial H}{\partial t}$

② 전도전류와 변위전류는 자계를 발생한다.

　　$rot\, H = J + \dfrac{\partial D}{\partial t}$

　　(J : 전도 전류 밀도, $\dfrac{\partial D}{\partial t}$: 변위 전류 밀도)

③ 고립된 자극이 존재하지 않으므로 자계의 발산은 없다. 즉, N극, S극만을 따로 떼어낼 수 없다.

　　$div\, B = 0$

④ 전하에서 전속선이 발산된다. $div\, D = \rho$

【정답】③

26. 전류에 의한 자계에 관하여 성립하지 않은 식은? (단, 여기서 H는 자계, B는 자속 밀도, A는 자계의 벡터 퍼텐셜, μ는 투자율, J는 전류 밀도이다.)

① $H = -\dfrac{1}{\mu} rot A$ ② $rot A = -\mu J$

③ $div B = 0$ ④ $rot H = J$

|정|답|및|해|설|

① $H = -\dfrac{1}{\mu} rot A, \ \mu H = rot A$
  $B = rot A$
③ $div B = 0$
④ $rot H = J + \dfrac{\partial D}{\partial t}$

【정답】②

27. 임의의 폐곡선 C와 쇄교하는 자속수 $\varnothing$ 를 벡터 퍼텐셜 A로 표시하면?

① $\varnothing = \oint_c A \cdot d\ell$

② $\varnothing = \oint_c A \cdot nds$

③ $\varnothing = \oint_v div A \cdot dv$

④ $\varnothing = rot A$

|정|답|및|해|설|

$\varnothing = B \cdot S = \int_s B ds = \int_s rot A ds = \int A d\ell$

【정답】①

28. 다음 중 표피 효과와 관계있는 식은?

① $\nabla \cdot i = -\dfrac{\partial \rho}{\partial t}$ ② $\nabla \cdot B = 0$

③ $\nabla \times E = -\dfrac{\partial B}{\partial t}$ ④ $\nabla \cdot D = \rho$

|정|답|및|해|설|

[표피 효과] 표피 효과는 전자유도현상이 빚어낸 것이다.
패러데이 법칙으로 설명이 되므로 $rot E = -\dfrac{\partial B}{\partial t}$

【정답】③

Memo

전기기사·산업기사 필기
최근 5년간 기출문제

2020 전기산업기사 기출문제

 (통합)

1. 유전율이 각각 다른 두 유전체의 경계면에 전속이 입사 될 때 이 전속은 어떻게 되는가? (단, 경계면에 수직으로 입사하지 않은 경우이다.)

① 굴절　　② 반사
③ 회전　　④ 직진

|정|답|및|해|설|

[굴절의 법칙] $\dfrac{E_1\sin\theta_1}{D_1\cos\theta_1}=\dfrac{E_2\sin\theta_2}{D_2\cos\theta_2}$

유전율이 각각 다른 종류의 유전체 경계면에 전속이 입사되면 입사각 및 굴절각이 발생한다. 단, 수직으로 입사하는 경우는 굴절하지 않고 직진한다.　　　【정답】①

2. 반지름 9[cm]인 도체구 A에 8[C]의 전하가 분포되어 있다. 이 도체구에 반지름 3[cm]인 도체구 B를 접촉시켰을 때 도체구 B로 이동한 전하는 몇 [C]인가?

① 1　　② 2
③ 3　　④ 4

|정|답|및|해|설|

[전하의 병렬 연결]

$Q_1=\dfrac{C_1}{C_1+C_2}Q=\dfrac{C_1}{C_1+C_2}(Q_1+Q_2)$

$Q_2=\dfrac{C_2}{C_1+C_2}Q=\dfrac{C_2}{C_1+C_2}(Q_1+Q_2)$

문제에서
・ C_1 =반지름이 9[cm]인 도체구
・ C_2 =반지름이 3[cm]인 도체구

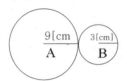

・ $Q_1=8[C]$
・ $Q_2=0$　→ (B에 전하가 존재한다는 말이 없으므로)

$Q_2{'}=\dfrac{C_2}{C_1+C_2}(Q_1+Q_2)=\dfrac{4\pi\epsilon_0 b}{4\pi\epsilon_0 a+4\pi\epsilon_0 b}(Q_1+Q_2)$

$=\dfrac{b}{a+b}(Q_1+Q_2)=\dfrac{3\times10^{-2}}{9\times10^{-2}+3\times10^{-2}}(8+0)=2$

【정답】②

3. 내구의 반지름 a[m], 외구의 반지름 b[m]인 동심구 도체 간에 도전율이 $k[S/m]$인 저항 물질이 채워져 있을 때의 내외구 간의 합성저항은 몇 [Ω]인가?

① $\dfrac{1}{8\pi k}\left(\dfrac{1}{a}-\dfrac{1}{b}\right)$　　② $\dfrac{1}{4\pi k}\left(\dfrac{1}{a}-\dfrac{1}{b}\right)$
③ $\dfrac{1}{2\pi k}\left(\dfrac{1}{a}-\dfrac{1}{b}\right)$　　④ $\dfrac{1}{\pi k}\left(\dfrac{1}{a}-\dfrac{1}{b}\right)$

|정|답|및|해|설|

[정전용량과 저항과의 관계] $RC=\rho\epsilon$

$R=\dfrac{\rho\epsilon}{C}=\dfrac{\rho\epsilon}{\dfrac{4\pi\epsilon}{\dfrac{1}{a}-\dfrac{1}{b}}}$　→(동심구에서의 정전용량 $C=\dfrac{4\pi\epsilon}{\dfrac{1}{a}-\dfrac{1}{b}}$)

$=\dfrac{\rho}{4\pi}\left(\dfrac{1}{a}-\dfrac{1}{b}\right)=\dfrac{1}{4\pi k}\left(\dfrac{1}{a}-\dfrac{1}{b}\right)$　→(고유저항 $\rho=\dfrac{1}{k}$)

$=\dfrac{1}{4\pi k}\left(\dfrac{1}{a}-\dfrac{1}{b}\right)$

【정답】②

4. 대전된 도체 표면의 전하밀도를 $\sigma[C/m^2]$라고 할 때, 대전된 도체 표면의 단위 면적이 받는 정전용량 $[N/m^2]$은 전하밀도 σ와 어떤 관계에 있는가?

① $\sigma^{\frac{1}{2}}$에 비례

② $\sigma^{\frac{3}{2}}$에 비례

③ σ에 비례

④ σ^2에 비례

|정|답|및|해|설|

[단위 면적당 정전용량] $f = \dfrac{1}{2}\epsilon_0 E^2 = \dfrac{D^2}{2\epsilon_0} = \dfrac{1}{2}ED[N/m^2]$

$\sigma = \rho_s = D[C/m^2]$이므로

$f = \dfrac{\sigma^2}{2\epsilon_0}[N/m^2]$ 【정답】④

5. 양극판의 면적이 $S[m^2]$, 극판 간의 간격이 $d[m]$, 정전용량이 $C_1[F]$인 평행판 콘덴서가 있다. 양극 판 면적을 각각 $3S[m^2]$로 늘이고 극판 간격을 $\dfrac{1}{3}d[m]$로 줄었을 때의 정전용량 $C_2[F]$는?

① $C_2 = C_1$

② $C_2 = 3C_1$

③ $C_2 = 6C_1$

④ $C_2 = 9C_1$

|정|답|및|해|설|

[정전용량] $C_1 = \dfrac{\epsilon S}{d}$, $C_2 = \dfrac{\epsilon 3S}{\frac{1}{3}d}$

$C_2 = \dfrac{\epsilon 3S}{\frac{1}{3}d} = 9\dfrac{\epsilon S}{d} = 9C_1$ 【정답】④

6. 투자율이 각각 μ_1, μ_2인 두 자성체의 경계면에서 자기력선의 굴절의 법칙을 나타낸 식은?

① $\dfrac{\mu_1}{\mu_2} = \dfrac{\sin\theta_1}{\sin\theta_2}$

② $\dfrac{\mu_1}{\mu_2} = \dfrac{\sin\theta_2}{\sin\theta_1}$

③ $\dfrac{\mu_1}{\mu_2} = \dfrac{\tan\theta_1}{\tan\theta_2}$

④ $\dfrac{\mu_1}{\mu_2} = \dfrac{\tan\theta_2}{\tan\theta_1}$

|정|답|및|해|설|

[굴절각의 경계 조건] $\dfrac{\tan\theta_1}{\tan\theta_2} = \dfrac{\epsilon_1}{\epsilon_2} = \dfrac{\mu_1}{\mu_2}$ 【정답】③

7. 전계 내에서 폐회로를 따라 전하를 일주시킬 때 전계가 행하는 일은 몇 J인가? [14/2]

① ∞

② π

③ 1

④ 0

|정|답|및|해|설|

[에너지 보존의 법칙] 폐회로를 따라 단위 정전하를 일주시킬 때 전계가 하는 일은 항상 0을 의미한다.

【정답】④

8. 진공 중에서 멀리 떨어져 있는 반지름이 각각 $a_1[cm]$, $a_2[cm]$인 두 도체구를 $V_1[V]$, $V_2[V]$인 전위를 갖도록 대전시킨 후 가는 도선으로 연결할 때 연결 후의 공통 전위는 몇 [V]인가?

① $\dfrac{V_1}{a_1} + \dfrac{V_2}{a_2}$

② $\dfrac{V_1 + V_2}{a_1 a_2}$

③ $a_1 V_1 + a_2 V_2$

④ $\dfrac{a_1 V_1 + a_2 V_2}{a_1 + a_2}$

|정|답|및|해|설|

[가는 전선을 접속했을 때의 공통 전위]
※ 콘덴서 병렬=선으로 연결=접촉

공통전위(=단자전압) $V = \dfrac{Q_1 + Q_2}{C_1 + C_2} = \dfrac{C_1 V_1 + C_2 V_2}{C_1 + C_2}$

$C_1 = 4\pi\epsilon_0 a_1$, $C_2 = 4\pi\epsilon_0 a_2$로 놓으면

$V = \dfrac{4\pi\epsilon_0 a_1 V_1 + 4\pi\epsilon_0 a_2 V_2}{4\pi\epsilon_0 a_1 + 4\pi\epsilon_0 a_2} = \dfrac{a_1 V_1 + a_2 V_2}{a_1 + a_2}$ 【정답】④

9. 그림과 같이 도체1을 도체2로 포위하여 도체2를 일정 전위로 유지하고 도체1과 도체2의 외측에 도체3이 있을 때 용량계수 및 유도계수의 성질로 옳은 것은?

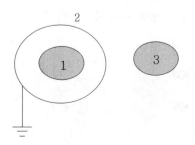

① $q_{23} = q_{11}$ ② $q_{13} = -q_{11}$

③ $q_{31} = q_{11}$ ④ $q_{21} = -q_{11}$

|정|답|및|해|설|...........................

[정전차폐]

· 1도체와 2도체는 유도계수가 존재

· 2도체와 3도체도 유도계수가 존재

· 1도체와 3도체는 유도계수가 존재하지 않는다.

[용량계수 및 유도계수의 성질]

· q_{11}, q_{22}, q_{33} ...... > 0 : 용량계수$(q_{rr}) > 0$

· q_{12}, q_{21}, q_{31}, ... ≤ 0 : 유도계수$(q_{rs}) \leq 0$

· $q_{11} \geq -(q_{21} + q_{31} + q_{41} + ... + q_{n1})$

  또는 $q_{11} + q_{21} + q_{31} + q_{41} + ... + q_{n1} \geq 0$

· $q_{rr} \geq -q_{rs}$

· $q_{rr} = -q_{rs}$ → (s도체는 r도체를 포함한다.)

그러므로 1도체가 2도체에 포함되어 있는 경우이다.

※용량계수는 항상 (+), 유도계수는 항상 (−)

【정답】④

---

10. 와전류손에 대한 설명으로 틀린 것은?

① 주파수에 비례한다.

② 저항에 반비례한다.

③ 도전율이 클수록 크다.

④ 자속밀도의 제곱에 비례한다.

|정|답|및|해|설|...........................

[와전류손] $P_h = \eta(f \cdot B_m)^2$

여기서, f : 주파수, B_m : 자속밀도의 최대값

【정답】①

---

11. 전계 E[V/m] 및 자계 H[AT/m]인 전자파가 자유 공간 중을 빛의 속도로 전파될 때 단위 시간에 단위 면적을 지나는 에너지는 몇 [W/m²] 인가? (단, C는 빛의 속도를 나타낸다.)

[07/2 10/2 14/1 14/3 기사 05/1 07/1 09/3]

① EH ② $\frac{1}{2}EH$

③ EH^2 ④ E^2H

|정|답|및|해|설|...........................

[포인팅 벡터] 전계 E와 자계 H가 공존하는 경우이므로

$w = \frac{1}{2}(\epsilon E^2 + \mu H^2)[J/m^2]$의 에너지가 존재한다.

단위 면적당 단위 시간에 통과하는 에너지(E, H의 전자계가 평면파를 이루고 C[m/s]의 속도로 전파될 경우)

$P = \frac{1}{2}(\epsilon E^2 + \mu H^2) \cdot C[W/m^2]$

$C = \frac{1}{\sqrt{\epsilon\mu}}$, $E = \sqrt{\frac{\mu}{\epsilon}} \cdot H$

와 관계가 있으므로

$P = \frac{1}{\sqrt{\epsilon\mu}}\left\{\frac{1}{2}\epsilon E\left(\sqrt{\frac{\mu}{\epsilon}}H\right) + \frac{1}{2}\mu H\left(\sqrt{\frac{\epsilon}{\mu}}E\right)\right\}$

$\quad = EH[W/m^2]$

진행 방향에 수직되는 단위 면적을 단위 시간에 통과하는 에너지를 포인팅(Poynting)벡터 또는 방사벡터라 하며

$P = E \times H = EH\sin\theta[W/m^2]$로 표현된다.

E와 H가 수직이므로 $P = E \cdot H[w/m^2]$이다.

【정답】①

---

12. 공기 중에 선간거리 10[cm]의 평행 왕복 도선이 있다. 두 도선 간에 작용하는 힘이 4×10^{-6}[N/m] 이었다면 전선에 흐르는 전류는 몇 [A]인가?

① 1[A]   ② $\sqrt{2}$ [A]

③ $\sqrt{3}$ [A]   ④ 2[A]

|정|답|및|해|설|...........................

[평행 두 도선 사이에 작용하는 힘]

$F = \frac{\mu_0 I_1 I_2}{2\pi r} = \frac{2 I_1 I_2}{r} \times 10^{-7}[N/m]$

$F = \frac{2 I^2}{r} \times 10^{-7} \quad \rightarrow \quad I^2 = \frac{F \cdot r}{2 \times 10^{-7}}$

$I = \sqrt{\frac{F \cdot r}{2 \times 10^{-7}}} = \sqrt{\frac{4 \times 10^{-6} \times 10 \times 10^{-2}}{2 \times 10^{-7}}} = \sqrt{2}$ [A]

【정답】②

---

13. 자기 인덕턴스가 L_1, L_2이고 상호 인덕턴스가 M인 두 회로의 결합 계수가 1일 때, 다음 중 성립되는 식은? [06/2 07/3]

① $L_1 \cdot L_2 = M$ ② $L_1 \cdot L_2 < M^2$

③ $L_1 \cdot L_2 > M^2$ ④ $L_1 \cdot L_2 = M^2$

| 정 | 답 | 및 | 해 | 설 |

[결합 계수] $k = \dfrac{M}{\sqrt{L_1 L_2}}$

결합계수 $k=1$이면 이상적인 결합이고, 누설자속이 없다.

$k=1$이면 $1 = \dfrac{M}{\sqrt{L_1 L_2}}$　　$\therefore M^2 = L_1 L_2$　　【정답】④

---

14. 어떤 콘덴서의에 비유전율 ϵ_s인 유전체로 채워져 있을 때의 정전용량 C와 공기로 채워져 있을 때의 정전용량 C_0의 비 $\left(\dfrac{C}{C_0}\right)$는?

① ϵ_s　　　　　　② $\dfrac{1}{\epsilon_s}$

③ $\sqrt{\epsilon_s}$　　　　　④ $\dfrac{1}{\sqrt{\epsilon_s}}$

| 정 | 답 | 및 | 해 | 설 |

[정전용량]

유전체 $C = \dfrac{\epsilon S}{d} = \dfrac{\epsilon_0 \epsilon_s}{d} S$,　공기중 $C_0 = \dfrac{\epsilon_0 S}{d}$

$\dfrac{C}{C_0} = \dfrac{\frac{\epsilon_0 \epsilon_s \cdot S}{d}}{\frac{\epsilon_0 \cdot S}{d}} = \epsilon_s$　　　　　　【정답】①

---

15. 유전체에서의 변위 전류에 대한 설명으로 틀린 것은?

① 변위전류가 주변에 자계를 발생시킨다.
② 변위전류의 크기는 유전율에 반비례한다.
③ 변위전류의 시간적 변화가 변위전류를 발생시 킨다.
④ 유전체 중의 변위전류는 진공 중의 전계 변화 에 의한 변위전류와 구속전자의 변위에 의한 분극전류와의 합니다.

| 정 | 답 | 및 | 해 | 설 |

[변위전류밀도] $i_d = \dfrac{\partial D}{\partial t} [A/m^2] = \dfrac{\partial E \epsilon}{\partial t}$

변위 전류는 시간적으로 변화하는 전속밀도에 의한 전류로서 전 도 전류와 마찬가지로 그 주위에 자계를 발생시킨다.

변위전류는 유전율에 비례한다.

【정답】②

---

16. 환상 솔레노이드의 자기 인덕턴스[H]와 반비례 하는 것은?

① 철심의 투자율　　　② 철심의 길이
③ 철심의 단면적　　　④ 코일의 권수

| 정 | 답 | 및 | 해 | 설 |

[환상 솔레노이드의 자기인덕턴스] $L = \dfrac{\mu S N^2}{l} [H]$

여기서, L : 자기인덕턴스, μ : 투자율[H/m], N : 권수
　　　　S : 단면적[m^2], l : 길이[m]

【정답】②

---

17. 자성체에 대한 자화의 세기를 정의한 것으로 틀린 것은?

① 자성체의 단위 체적당 자기모멘트
② 자성체의 단위 면적당 자화된 자하량
③ 자성체의 단위 면적당 자화선의 밀도
④ 자성체의 단위 면적당 자기력선의 밀도

| 정 | 답 | 및 | 해 | 설 |

[자화의 세기] $J = \dfrac{M}{V} = \dfrac{m \cdot l}{S \cdot l} = \dfrac{m}{S} [H]$

여기서, L : 자기인덕턴스, μ : 투자율[H/m], N : 권수
　　　　S : 단면적[m^2], l : 길이[m]
면적당 자하(극)량 또는 면적당 자화선의 밀도로 표기

【정답】④

---

18. 두 전하 사이 거리의 세제곱에 비례하는 것은?

① 두 구전하 사이에 작용하는 힘
② 전기쌍극자에 의한 전계
③ 직선 저하에 의한 전계
④ 전하에 의한 전위

|정|답|및|해|설|

① 쿨롱의 법칙 $F = \dfrac{Q_1 Q_2}{4\pi \epsilon r^2}$ → $\propto \dfrac{1}{r^2}$

② 전계 $E = \dfrac{M\sqrt{1+3\cos^2\theta}}{4\pi \epsilon_0 r^3}[V/m]$ → $\propto \dfrac{1}{r^3}$

③ 전위 $E = \dfrac{\rho l}{2\pi \epsilon r}[V]$ → $\propto \dfrac{1}{r}$

④ 전위 $V = \dfrac{Q}{4\pi \epsilon r}$ → $\propto \dfrac{1}{r}$　　　【정답】전항정답

※ 만약 거리의 세제곱에 반비례하는 것이라면 ②번이 정답

19. 정사각형 회로의 면적을 3배로, 흐르는 전류를 2배로 증가시키면 정사각형의 중심에서의 자계의 세기는 약 몇 [%]가 되는가?

① 47　　　　　　② 115

③ 150　　　　　　④ 225

|정|답|및|해|설|

[정사각형 중심 자계] $H = \dfrac{2\sqrt{2}\,I}{\pi l}$ → (l : 한변의 길이)

면적이 3배이면 정사각형 $S = l^2$이므로 길이 $l = \sqrt{3}$ 배이다.

$H = \dfrac{2\sqrt{2}\,I}{\pi l} = \dfrac{2\sqrt{2} \cdot I \cdot 2}{\pi l \cdot \sqrt{3}}$ → $\dfrac{2}{\sqrt{3}} = 1.15 \times 100 = 115[\%]$

【정답】②

20. 그림과 같이 권수가 1이고 반지름 a[m]인 원형 I[A]가 만드는 자계의 세기[AT/m]는?　　[18/1]

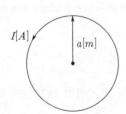

① $\dfrac{I}{a}$　　　　　　② $\dfrac{I}{2a}$

③ $\dfrac{I}{3a}$　　　　　　④ $\dfrac{I}{4a}$

|정|답|및|해|설|

[원형 코일 중심의 자계의 세기] $H = \dfrac{IN}{2a}[AT/m]$

$x = 0,\ N = 1$ → $H_0 = \dfrac{I}{2a}[AT/m]$

여기서, x : 원형 코일 중심에서 떨어진 거리
　　　　N : 권수, a : 반지름, I : 전류

【정답】②

1. 맥스웰(Maxwell) 전자방정식의 물리적 의미중 틀린 것은?

① 자계의 시간적 변화에 따라 전계의 회전이 생긴다.

② 전도전류와 변위전류는 자계의 회전을 발생시킨다.

③ 고립된 자극이 존재한다.

④ 전하에서 전속선이 발산된다.

|정|답|및|해|설|

[맥스웰 전자계 기초 방정식]

① $\text{div}\,D = \rho$ (맥스웰의 제3방정식) : 단위 체적당 발산 전속수는 단위 체적당 공간전하 밀도와 같다.

② $\underline{\text{div}\,B = 0}$ (맥스웰의 제4방정식) : 자계는 발산하지 않으며, 자극은 단독으로 존재하지 않는다.

③ $\text{rot}\,E = -\dfrac{\partial B}{\partial t}$ (맥스웰의 제2방정식) : 전계의 회전은 자속밀도의 시간적 감소율과 같다.

④ $\text{rot}\,H = \nabla \times E = i + \dfrac{\partial D}{\partial t}$ (맥스웰의 제1방정식) : 자계의 회전은 전류밀도와 같다.　　【정답】③

2. 무한 평면도체로부터 거리 $d[m]$의 곳에 점전하 $Q[C]$가 있을 때 도체 표면에 최대로 유도되는 전하밀도는 몇 $[C/m^2]$인가?

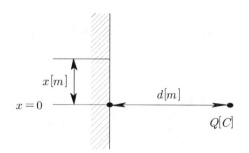

① $-\dfrac{Q}{2\pi d^2}$ ② $-\dfrac{Q}{2\pi\epsilon_0 d^2}$

③ $-\dfrac{Q}{4\pi d^2}$ ④ $-\dfrac{Q}{4\pi\epsilon_0 d^2}$

|정|답|및|해|설|

[무한평면]

· 영상전하 $Q=-Q'$

· 전계 $E=\dfrac{-dQ'}{2\pi\epsilon_0\left(\lambda^2+d^2\right)^{\frac{2}{3}}}[V/m]$

· 최대전계 $E_{\max}=\dfrac{-Q'}{2\pi\epsilon_0 d^2}[V/m]$

· 최대전하밀도 $D_{\max}=E_{\max}\cdot\epsilon_0=-\dfrac{Q}{2\pi d^2}[C/m^2]$

【정답】①

3. 자기회로에 대한 설명으로 옳지 않은 것은? (단, S는 자기회로의 단면적이다.)

① 자기저항의 단위는 H(Henry)의 역수이다.

② 자기저항의 역수를 퍼미언스(Permeance)라고 한다.

③ "자기저항=(자기회로의 단면적을 통과하는 자속)/(자기회로의 총 기자력)" 이다.

④ 자속밀도 B가 모든 단면적에 걸쳐 균일하다면 자기회로의 자속은 BS이다.

|정|답|및|해|설|

[자기저항] $R_m=\dfrac{F}{\varnothing}=\dfrac{l}{\mu S}=\dfrac{l}{\mu_0\mu_s S}[AT/Wb]$

여기서, $S[m^2]$: 자기회로의 단면적, $l[m]$: 길이, μ : 투자율

① $R_m=\dfrac{l}{\mu S}=\dfrac{m}{\dfrac{H}{m}m^2}=\dfrac{1}{H}[\Omega]$

② $\dfrac{1}{R}$=퍼미언스

③ $R_m=\dfrac{F}{\varnothing}=\dfrac{\text{총기자력}}{\text{자속}}[AT/Wb]$

④ $\varnothing=BS \to B=\dfrac{\varnothing}{S}$

【정답】③

4. 전계의 세기가 $5\times10^2[V/m^2]$인 전계 중에 $8\times10^{-8}[C]$의 전하가 놓일 때 전하가 받는 힘은 몇 [N]인가?

① 4×10^{-2} ② 4×10^{-3}

③ 4×10^{-4} ④ 4×10^{-5}

|정|답|및|해|설|

[전하가 받는 힘] $F=Q\cdot E[N]$

$F=Q\cdot E=8\times10^{-8}\times5\times10^2=4\times10^{-5}[N]$

【정답】④

5. 진공 중에 판간 거리가 $d[m]$인 무한 평판 도체 간의 전위차[V]는? (단, 각 평판 도체에는 면전하밀도 $+\sigma[C/m^2]$, $-\sigma[C/m^2]$가 각각 분포되어 있다.)

① σd ② $\dfrac{\sigma}{\epsilon_0}$

③ $\dfrac{\epsilon_0\sigma}{d}$ ④ $\dfrac{\sigma}{\epsilon_0}d$

|정|답|및|해|설|

[전위차] $V=Ed[V]$

전하 밀도 $\sigma[C/m^2]$에서 나오는 전기력선 밀도

$\dfrac{\sigma}{\epsilon_0}[\text{개}/m^2]=\dfrac{\sigma}{\epsilon_0}[V/m]$(전계의 세기 E)이므로

전위차 $V=Ed \to V=\dfrac{\sigma}{\epsilon_0}d[V]$ 【정답】④

6. 어떤 자성체 내에서의 자계의 세기가 800 [AT/m]이고 자속밀도가 0.05[Wb/m^2]일 때 이 자성체의 투자율은 몇 [H/m]인가?

① 3.25×10^{-5}　　② 4.25×10^{-5}

③ 5.25×10^{-5}　　④ 6.25×10^{-5}

|정|답|및|해|설|..

[자속밀도] $B = \mu H[V]$

$\mu = \dfrac{H}{B} = \dfrac{0.05}{800} = 6.25 \times 10^{-5}[H/m]$　　【정답】④

7. 비유전율이 2.8인 유전체에서의 전속밀도가 $D = 3.0 \times 10^{-7}[C/m^2]$일 때 분극의 세기 P는 약 몇 [C/m^2]인가?

① 1.93×10^{-7}　　② 2.93×10^{-7}

③ 3.50×10^{-7}　　④ 4.07×10^{-7}

|정|답|및|해|설|..

[분극의 세기] $P = \chi E = \epsilon_0 (\epsilon_s - 1)E = D\left(1 - \dfrac{1}{\epsilon_s}\right)[C/m^2]$

$P = D\left(1 - \dfrac{1}{\epsilon_s}\right) = 3.0 \times 10^{-7} \cdot \left(1 - \dfrac{1}{2.8}\right) \fallingdotseq 1.93 \times 10^{-7}[C/m^2]$

【정답】①

8. 자기인덕턴스의 성질을 옳게 표현한 것은?

[기사 10/1 19/2]

① 항상 정(正)이다.
② 항상 부(負)이다.
③ 항상 0 이다.
④ 유도되는 기전력에 따라 정(正)도 되고 부(負) 도 된다.

|정|답|및|해|설|..

[자기 인덕턴스]
·인덕턴스 자속 $\varnothing = LI$
·권수(N)가 있다면 $N\varnothing = LI$
·자신의 회로에 단위 전류가 흐를 때의 저속 쇄교수를 말한다.
·항상 정(+)의 값을 갖는다.

※ 그렇지만 상호 인덕턴스 M은 가동 결합의 경우 (+) 차동결합의 경우 (−)값을 가진다.　　【정답】①

9. 반지름 a[m]인 도체구에 전하 Q[C]을 주었을 때, 구중심에서 r[m] 떨어진 구 밖($r > a$)의 한 점의 전속밀도 D[C/m^2]는?

[11/2]

① $\dfrac{Q}{4\pi o^2}$　　② $\dfrac{Q}{4\pi r^2}$

③ $\dfrac{Q}{4\pi \epsilon a^2}$　　④ $\dfrac{Q}{4\pi \epsilon r^2}$

|정|답|및|해|설|..

[전속밀도] $D = \dfrac{전기량}{면적} = \dfrac{Q}{S} = \dfrac{Q}{4\pi r^2} = E \cdot \epsilon[C/m^2][C/m^2]$

【정답】②

10. 1[Ah]의 전기량은 몇 [C]인가?

① $\dfrac{1}{3600}$　　② 1

③ 60　　④ 3600

|정|답|및|해|설|..

[전기량] $Q = I \cdot t[A \cdot sec = C]$

1[Ah]=3600[A · sec=C]　　【정답】④

11. 공기중에 있는 무한 직선 도체에 전류 $I[A]$가 흐르고 있을 때 도체에서 $r[m]$ 떨어진 점에서의 자속밀도는 몇 [Wb/m^2]인가?

① $\dfrac{I}{2\pi r}$　　② $\dfrac{2\mu_0 I}{\pi r}$

③ $\dfrac{\mu_0 I}{r}$　　④ $\dfrac{\mu_0 I}{2\pi r}$

|정|답|및|해|설|..

[자속밀도] $B = \mu_0 H[Wb/m^2]$

무한장 직선 도체에 전류가 흐르면 자계

$H = \dfrac{I}{2\pi r}[N/Wb = AT/m]$이므로

$B = \mu_0 H = \mu_0 \dfrac{I}{2\pi r}[Wb/m^2]$　　【정답】④

12. 2[Wb/m^2]인 평등자계 속에 자계와 직각 방향으로 놓인 길이 30[cm]인 도선을 자계와 30° 각도의 방향으로 30[m/sec]의 속도로 이동할 때, 도체 양단에 유기되는 기전력은? [10/2]

① 3[V]　　　　　② 9[V]

③ 30[V]　　　　④ 90[V]

|정|답|및|해|설|
[유기지전력] $e = Blv\sin\theta[V]$

$e = Blv\sin\theta = 2 \times 0.3 \times 30 \times \sin 30° = 9[V]$

【정답】②

13. 무손실 유전체에서 평면 전자파의 전계 E와 자계 H 사이 관계식으로 옳은 것은?

① $H = \sqrt{\dfrac{\epsilon}{\mu}} E$　　　② $H = \sqrt{\dfrac{\mu}{\epsilon}} E$

③ $H = \dfrac{\epsilon}{\mu} E$　　　④ $H = \dfrac{\mu}{\epsilon} E$

|정|답|및|해|설|
[임피던스] $Z = \dfrac{E}{H} = \sqrt{\dfrac{\mu}{\epsilon}}$

$H = \dfrac{E}{\sqrt{\dfrac{\mu}{\epsilon}}} = E \cdot \sqrt{\dfrac{\epsilon}{\mu}}$　　　【정답】①

14. 강자성체가 아닌 것은? [07/2 08/3 18/3]

① 철(Fe)　　　　② 니켈(Ni)

③ 백금(Pt)　　　④ 코발트(Co)

|정|답|및|해|설|
[자성체의 분류]
· 강자성체 : 철(Fe), 니켈(Ni), 코발트(Co)
· 상자성체 : 알루미늄(Al), 백금(Pt), 주석(Sn), 산소(O), 질소(N)
· 반자성체 : 구리(Cu), 은(Ag), 납(Pb)

【정답】③

15. 2[μF], 3[μF], 4[μF]의 커패시터를 직렬 연결하고 양단에 직류 전압을 가하여 전압을 서서히 상승시킬 때의 현상으로 옳은 것은? (단, 유전체의 재질 및 두께는 같다고 한다.)

① 2[μF]의 커패시터가 제일 먼저 파괴된다.

② 3[μF]의 커패시터가 제일 먼저 파괴된다.

③ 4[μF]의 커패시터가 제일 먼저 파괴된다.

④ 3개의 커패시터가 동시에 파괴된다.

|정|답|및|해|설|
직렬 회로에서 각 콘덴서의 전하용량이 작을수록 빨리 파괴된다. 따라서 전하용량이 가장 작은 2[μF]가 가장 빨리 파괴된다.
(전하량이 가장 작은 것에 가장 큰 전압이 많이 걸린다.)

【정답】①

16. 패러데이관의 밀도와 전속밀도는 어떠한 관계인가?

① 동일하다.

② 패러데이관의 밀도가 항상 높다.

③ 전속밀도가 항상 높다.

④ 항상 틀리다.

|정|답|및|해|설|
[패러데이관의 성질]
① 패러데이관 중에 있는 전속선 수는 진전하가 없으면 일정하며 연속적이다.
② 패러데이관의 양단에는 정 또는 부의 진전하가 존재하고 있다.
③ 패러데이관의 밀도는 전속 밀도와 같다.
④ 단위 전위차당 패러데이관의 보유 에너지는 1/2[J]이다.

$W = \dfrac{1}{2} QV = \dfrac{1}{2} \times 1 \times 1 = \dfrac{1}{2}[J]$　　　【정답】①

17. 표의 ㉠, ㉡과 같은 단위로 옳게 나열한 것은?

㉠	$\Omega \cdot S$
㉡	S/Ω

① ㉠ H, ㉡ F　　　② ㉠ H/m, ㉡ F/m

③ ㉠ F, ㉡ H　　　④ ㉠ F/m, ㉡ H/m

|정|답|및|해|설|

[자성체의 분류]

$\cdot L\left[H = \dfrac{Wb}{A} = \dfrac{V}{A} \cdot \sec = \Omega \cdot \sec\right]$

$\cdot C\left[F = C/V = \dfrac{A}{V} \cdot \sec = \dfrac{1}{\Omega} \cdot \sec\right]$

※ $LI = N\varnothing$, $V = \dfrac{di}{dt}$　　　　　【정답】①

---

18. 1[m]의 간격을 가진 선간전압 66000[V]인 2개의 평행 왕복 도선에 10[kA]의 전류가 흐를 때 도선 1[m] 마다 작용하는 힘의 크기는 몇 [N/m]인가?

[14/3]

① 1[N/m]　　　　② 10[N/m]

③ 20[N/m]　　　　④ 200[N/m]

|정|답|및|해|설|

[평행 도선 사이에 작용하는 힘] $F = \dfrac{\mu_0 I_1 I_2}{2\pi r}\,[N/m]$

$F = \dfrac{\mu_0 I_1 I_2}{2\pi r} = \dfrac{2 I_1 I_2}{r} \times 10^{-7}$

$= \dfrac{2 \times (10 \times 10^3)^2}{1} \times 10^{-7} = 20[N/m]$　　　【정답】③

---

19. 지름 2[mm]의 동선에 π[A]의 전류가 균일하게 흐를 때 전류밀도는 몇 [A/m^2]인가?

① 10^3　　　　② 10^4

③ 10^5　　　　④ 10^6

|정|답|및|해|설|

[전류밀도] $i = \dfrac{I}{S} = \dfrac{I}{\pi r^2}\,[N/m^2]$

$i = \dfrac{I}{\pi r^2} = \dfrac{\pi}{\pi(1 \times 10^{-3})^2} = 10^6[N/m^2]$　　　【정답】④

---

20. 대전 도체 표면의 전하밀도는 도체 표면의 모양에 따라 어떻게 되는가?

① 곡률이 작으면 작아진다.

② 곡률 반지름이 크면 커진다.

③ 평면일 때 가장 크다.

④ 곡률 반지름이 작으면 작다.

|정|답|및|해|설|

[곡률과 곡률반경 및 전하밀도와의 관계]

곡률	대(大)	소(小)
곡률반경	소(小)	대(大)
모양	뾰족	완만
전하밀도	대(大)	소(小)

【정답】①

4회

1. 자기인덕턴스와 상호인덕턴스와의 관계에서 결합계수 k에 영향을 주지 않는 것은? [15/3 기사11/1]

① 코일의 형상　　② 코일의 크기

③ 코일의 재질　　④ 코일의 상대위치

|정|답|및|해|설|

[결합계수] 자기적 결합 정도를 결합계수라고 하며, 코일의 형상, 크기, 상대 위치 등으로 결정한다.　　　【정답】③

---

2. 대지면에서 높이 h[m]로 가선된 대단히 긴 평행 도선의 선전하(선전하 밀도 $\lambda[C/m]$)가 지면으로부터 받는 힘[N/m]은?

[14/3]

① h에 비례　　　② h^2에 비례

③ h에 반비례　　④ h^2에 반비례

|정|답|및|해|설|

[길이당 받는 힘] $f = -\lambda E = -\lambda \cdot \dfrac{\lambda}{2\pi\epsilon_0(2h)} = \dfrac{-\lambda^2}{4\pi\epsilon_0 h} \;\rightarrow\; \propto \dfrac{1}{h}$

여기서, h[m] : 지상의 높이, $\lambda[C/m]$: 선전하밀도

【정답】③

3. 단위 구면을 통해 나오는 전기력선의 수는? (단, 구내부의 전하량은 $Q[C]$이다.)

   ① 1   ② 4π

   ③ ϵ_0 ④ $\dfrac{Q}{\epsilon_0}$

|정|답|및|해|설|⋯⋯⋯⋯⋯⋯⋯⋯⋯⋯⋯⋯⋯⋯⋯

[전기력선의 성질] $Q[C]$에서 발생하는 전기력선의 총수는 $\dfrac{Q}{\epsilon_0}$ 개다.

【정답】④

4. 여러 가지 도체의 전하 분포에 있어서 각 도체의 전하를 n배할 경우 중첩의 원리가 성립하기 위해서는 그 전위는 어떻게 되는가? [14/2 17/2 19/3]

   ① $\dfrac{1}{2}n$배가 된다.   ② n배가 된다.

   ③ $2n$배가 된다.   ④ n^2배가 된다.

|정|답|및|해|설|⋯⋯⋯⋯⋯⋯⋯⋯⋯⋯⋯⋯⋯⋯⋯

[전위] $V_i = P_{i1}Q_1 + P_{i2}Q_2 + \cdots + P_{in}Q_n$

각 전하를 n배하면 전위 V_i도 n배 된다.

【정답】②

5. 도체계에서 각 도체의 전위를 V_1, V_2, ⋯⋯⋯으로 하기 위한 각 도체의 유도계수와 용량계수에 대한 설명으로 옳은 것은?

   ① q_{11}, q_{31}, q_{41} 등을 유도계수라 한다.

   ② q_{21}, q_{31}, q_{41} 등을 용량계수라 한다.

   ③ 일반적으로 유도계수는 0보다 작거나 같다.

   ④ 용량계수와 유도계수의 단위는 모두 [V/C]이다.

|정|답|및|해|설|⋯⋯⋯⋯⋯⋯⋯⋯⋯⋯⋯⋯⋯⋯⋯

[용량 계수 및 유도 계수의 성질]

· $q_1 = q_r$, $q_2 = q_s$ · 용량 계수 $q_{rr} > 0$

· 유도 계수 $q_{rs} \leq 0$

  $q_{11} \geq (q_{21} + q_{31} + \cdots + q_{n1})$ $q_{rs} = q_{sr}$

· $q_{11} > 0$, $q_{12} = q_{21} \leq 0$, $q_{11} \geq -q_{12}$, $q_{11} = -q_{12}$

· $q = C[F] = \dfrac{Q}{V}[C/V]$ 【정답】③

6. 콘덴서의 내압 및 정전용량이 각각 1000[V]-2[μF], 700[V]-3[μF], 600[V]-4[μF], 300[V]-8[μF]이다. 이 콘덴서를 직렬로 연결할 때 양단에 인가되는 전압을 상승시키면 제일 먼저 절연이 파괴되는 콘덴서는? [기사 09/2]

   ① 1000[V]-2[μF]   ② 700[V]-3[μF]

   ③ 600[V]-4[μF]   ④ 300[V]-8[μF]

|정|답|및|해|설|⋯⋯⋯⋯⋯⋯⋯⋯⋯⋯⋯⋯⋯⋯⋯

[내압이 다른 경우] 전하량이 가장 적은 것이 가장 먼저 파괴된다.

$Q_1 = C_1 V_1$, $Q_2 = C_2 V_2$, $Q_3 = C_3 V_3$

· $Q_1 = C_1 \times V_1 = 2 \times 10^{-6} \times 1000 = 2 \times 10^{-3}[C]$

· $Q_2 = C_2 \times V_2 = 3 \times 10^{-6} \times 700 = 2.1 \times 10^{-3}[C]$

· $Q_3 = C_3 \times V_3 = 4 \times 10^{-6} \times 600 = 2.4 \times 10^{-3}[C]$

· $Q_4 = C_4 \times V_4 = 8 \times 10^{-6} \times 300 = 2.4 \times 10^{-3}[C]$

전하 용량이 가장 적은 1000[V]-2[μF]가 제일 먼저 절연이 파괴된다. ($\mu = 10^{-6}$) 【정답】①

7. 두 유전체의 경계면에서 정전계가 만족하는 것은? [18/3 07/2 기사 10/3]

   ① 전계의 법선성분이 같다.

   ② 전계의 접선성분이 같다.

   ③ 전속밀도의 접선성분이 같다.

   ④ 분극 세기의 접선성분이 같다.

|정|답|및|해|설|⋯⋯⋯⋯⋯⋯⋯⋯⋯⋯⋯⋯⋯⋯⋯

[두 유전체의 경계 조건 (굴절법칙)] $\dfrac{\tan\theta_1}{\tan\theta_2} = \dfrac{\epsilon_1}{\epsilon_2}$

· 전계의 접선성분이 연속 : $E_1 \sin\theta_1 = E_2 \sin\theta_2$

· 전속밀도의 법선성분이 연속 : $D_1 \cos\theta_1 = D_2 \cos\theta_2$

  $\epsilon_1 E_1 \cos\theta_1 = \epsilon_2 E_2 \cos\theta_2$

여기서, θ_1 : 입사각, θ_2 : 굴절각, ϵ_1, ϵ_2 : 유전율, E : 전계

$\epsilon_1 < \epsilon_2$일 경우 유전율의 크기와 굴절각의 크기는 비례한다.

<u>※전속밀도의 법선성분은 같고, 전계는 접선성분이 같다.</u>

【정답】②

8. 점전하 $Q[C]$에 의한 무한평면 도체의 영상전하는?

[16/2 기사 11/2]

① $Q[C]$보다 작다.　② $Q[C]$보다 크다.

③ $-Q[C]$와 같다.　④ 0

|정|답|및|해|설|

[무한 평면과 점전하] 무한 평면도체에서 점전하 Q에 의한 영상전하는 $-Q[C]$이고, 점전하가 평면도체와 떨어진 거리와 같은 반대편 거리에 있다.

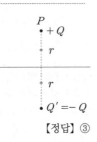

【정답】③

9. $div\, i = 0$에 대한 설명이 아닌 것은? [04/2]

① 도체 내에 흐르는 전류는 연속적이다.

② 도체 내에 흐르는 전류는 일정하다.

③ 단위 시간당 전하의 변화는 없다.

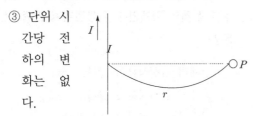

④ 도체 내에 전류가 흐르지 않는다.

|정|답|및|해|설|

[전류의 종류] $div\, i = -\dfrac{\partial \rho}{\partial t}$에서 정상전류가 흐를 때 전하의 축적 또는 소멸이 없어 $\dfrac{\partial \rho}{\partial t} = 0$, 즉 $div\, i = 0$가 된다.

· 도체 내에 흐르는 전류는 연속적이다.

· 도체 내에 흐르는 전류는 일정하다.

· 단위 시간당 전하의 변화는 없다.

【정답】④

10. 전계의 세기가 $E = 300[V/m]$일 때 면전하 밀도는 몇 $[C/m]$인가?

① 1.65×10^{-9}　　② 1.65×10^{-12}

③ 2.65×10^{-9}　　④ 2.65×10^{-10}

|정|답|및|해|설|

[전속 및 전속밀도] $\rho_s = D = \epsilon_0 E[C/m^2]$

$\rho_s = \epsilon_0 E = 8.855 \times 10^{-12} \times 300 = -2.65 \times 10^{-9}[C/m^2]$

【정답】③

11. 전류와 자계 사이의 힘의 효과를 이용한 것으로 자유로이 구부릴 수 있는 도선에 대전류를 통하면 도선 상호간에 반발력에 의하여 도선이 원을 형성하는데 이와 같은 현상은?

[14/2]

① 스트레치 효과　　② 핀치 효과

③ 홀효과　　④ 스킨효과

|정|답|및|해|설|

[스트레치 효과] 자유로이 구부릴 수 있는 도선에 대전류를 통하면 도선 상호간에 반발력에 의하여 도선이 원을 형성하는데 이와 같은 현상을 스트레치 효과라고 한다.　【정답】①

12. 무한장 직선에 전류 $I[A]$가 흐르고 있을 때 직선 도체로부터 $a[m]$ 떨어진 점의 자계의 세기를 바르게 나타낸 것은? (단, $\otimes$은 지면을 들어가는 방향, $\odot$은 지면을 나오는 방향)

① $\dfrac{I}{2a}$

② $\dfrac{I}{2\pi a}$

③ $\dfrac{Ir}{4\pi a}$

④ $\dfrac{I}{4\pi a^2}$

|정|답|및|해|설|

[전류에 의한 자계] 무한장 직선전류에 의한 자계의 세기 $H = \dfrac{I}{2\pi r}[AT/m]$이고 그림상에 자장의 방향은 암페어의 오른나사의 법칙을 적용하면 들어가는($\otimes$) 방향이 된다.

【정답】①

13. 반지름 $a[m]$인 원형 전류가 흐르고 있을 때 원형 전류의 중심 0에서 중심 축상 $x[m]$인 점의 자계 [AT/m]를 나타낸 식은?

① $\dfrac{I}{2a}\sin^3\varnothing$ ② $\dfrac{I}{2a}\sin^2\varnothing$

③ $\dfrac{I}{2a}\cos^3\varnothing$ ④ $\dfrac{I}{2a}\cos^2\varnothing$

|정|답|및|해|설|

[원형 전류 중심점의 자계] $H=\dfrac{I}{2a}$[A/m]

축방향 $x[m]$에서 자계

$$H=\dfrac{a^2 I}{2(a^2+x^2)^{\frac{3}{2}}}$$

$$=\dfrac{a^2 I}{2(a^2+x^2)^{\frac{3}{2}}}=\dfrac{I}{2a}\left(\dfrac{a}{\sqrt{a^2+x^2}}\right)^3=\dfrac{I}{2a}\sin^3\varnothing[\text{AT/m}]$$

【정답】①

14. 어떤 막대 철심이 있다. 단면적 0.5[m²]이고, 길이가 0.8[m], 비투자율이 20이다. 이 철심의 자기저항은 약 몇 [AT/Wb]인가?

① $6.37\times10^4[\text{AT/Wb}]$

② $9.7\times10^5[\text{AT/Wb}]$

③ $3.6\times10^4[\text{AT/Wb}]$

④ $4.45\times10^4[\text{AT/Wb}]$

|정|답|및|해|설|

[자기저항] $R_m=\dfrac{l}{\mu S}$

여기서, R_m : 자기저항, S : 철심의 단면적
l : 철심의 길이, μ : 투자율($\mu_0\mu_s$)

$$R_m=\dfrac{l}{\mu_0\mu_s S}=\dfrac{0.8}{4\pi\times10^{-7}\times20\times0.5}=6.37\times10^4[AT/Wb]$$

【정답】①

15. 단면적 $15[cm^2]$의 자석 근처에 같은 단면적을 가진 철판을 놓았을 때 그 곳을 통하는 자속이 $3\times10^{-4}[Wb]$이면 철판에 작용하는 흡인력은 약 몇 [N]인가?　　　　[기사 08/3 19/3]

① 122   ② 23.9

③ 36.6   ④ 48.8

|정|답|및|해|설|

[자계내에 축적되는 단위 면적당 에너지 및 자석의 흡인력]

$$\triangle HW=\dfrac{1}{2\mu}B^2\triangle xS-\dfrac{1}{2\mu_0}B^2\triangle xS$$

$$F_x=\dfrac{\triangle W}{\triangle x}=\left(\dfrac{B^2}{2\mu_0}-\dfrac{B^2}{2\mu}\right)S[N]$$

$$\dfrac{B^2}{2\mu_0}\gg\dfrac{B^2}{2\mu}$$

$$\therefore F_x=\dfrac{B^2}{2\mu_0}S=\dfrac{\left(\dfrac{\varnothing}{S}\right)^2}{2\mu_0}S=\dfrac{\varnothing^2}{2\mu_0 S}$$

$$=\dfrac{(3\times10^{-4})^2}{2\times4\pi\times10^{-7}\times15\times10^{-4}}=23.9[N]$$

【정답】②

16. 환상 철심에 일정한 권선이 감겨진 권수 N회, 단면적 $S[m^2]$, 평균 자로의 길이 $l[m]$인 환상 솔레노이드에 전류 $i[A]$를 흘렸을 때 이 환상 솔레노이드의 자기 인덕턴스를 옳게 표현한 식은?

① $\dfrac{\mu^2 SN}{l}$ ② $\dfrac{\mu S^2 N}{l}$

③ $\dfrac{\mu SN}{l}$ ④ $\dfrac{\mu SN^2}{l}$

|정|답|및|해|설|

[환상 솔레노이드의 자기인덕턴스] $L=\dfrac{\mu SN^2}{l}[H]$

여기서, L : 자기인덕턴스, μ : 투자율[H/m], N : 권수
S : 단면적[m²], l : 길이[m]

【정답】④

17. 솔레노이드의 자기인덕턴스는 권수 N과 어떤 관계를 갖는가? [09/1]

① N에 비례 ② $\sqrt{N}$에 비례

③ N^2에 비례 ④ $\sqrt{N}$에 반비례

|정|답|및|해|설|

[자기인덕턴스] $L = \dfrac{Z\phi}{I} = \dfrac{N \cdot \dfrac{NI}{R_m}}{I} = \dfrac{N^2}{R_m} = \dfrac{\mu SN^2}{l}$

$\therefore L \propto N^2$

즉, 사기인덕턴스는 권선수의 제곱에 비례한다.

【정답】③

18. 비유전률 $\epsilon_s = 9$, 비투자율 $\mu_s = 1$인 전자파의 고유 임피던스는 약 몇 [Ω]인가?

① $41.9[\Omega]$ ② $126[\Omega]$

③ $300[\Omega]$ ④ $13.9[\Omega]$

|정|답|및|해|설|

[고유 임피던스] $\eta = \dfrac{E}{H} = \sqrt{\dfrac{\mu}{\epsilon}} = \sqrt{\dfrac{\mu_0}{\epsilon_0}} \cdot \sqrt{\dfrac{\mu_s}{\epsilon_s}}$

$\eta = \sqrt{\dfrac{\mu_0}{\epsilon_0}} \cdot \sqrt{\dfrac{\mu_s}{\epsilon_s}} = \sqrt{\dfrac{4\pi \times 10^{-7}}{8.855 \times 10^{-12}}} \cdot \sqrt{\dfrac{\mu_s}{\epsilon_s}}$

$= 120\pi \cdot \sqrt{\dfrac{\mu_s}{\epsilon_s}} = 377\sqrt{\dfrac{\mu_s}{\epsilon_s}} = 377\sqrt{\dfrac{1}{9}} \fallingdotseq 126[\Omega]$

【정답】②

19. 변위전류 또는 변위전류밀도에 대한 설명 중 옳은 것은?

① 자유공간에서 변위전류가 만드는 것은 전계이다.

② 변위전류밀도는 전속밀도의 시간적 변화율이다.

③ 변위전류는 주파수와 관계가 없다.

④ 시간적으로 변화하지 않는 계에서도 변위전류는 흐른다.

|정|답|및|해|설|

[변위전류 및 변위전류 밀도]

① 변위전류 $I_D = \dfrac{dQ}{dI} = \dfrac{dS\sigma}{dt} = \dfrac{\partial D}{\partial t} S[A]$

② 변위전류밀도 $i_d = \dfrac{\partial D}{\partial t} = \epsilon\dfrac{\partial E}{\partial t} = \dfrac{\epsilon}{d}\dfrac{\partial V}{\partial t}[A/m^2]$

③ 전계 $E = E_m \sin\omega t[V/m]$

여기서, σ : 도전율, E : 전계의 세기, I_c : 전도전류
I_d : 변위전류, S : 단면적, ω : , ϵ : 유전율($\epsilon_0\epsilon_r$)
f : 주파수, ω : 각속도(=$2\pi f$)

【정답】②

20. 도체 1을 Q가 되도록 대전시키고, 여기에 도체 2를 접촉했을 때 도체 2가 얻은 전하를 전위계수로 표시하면? 단, P_{11}, P_{12}, P_{21}, P_{22}는 전위계수이다. [12/1 17/2]

① $\dfrac{Q}{P_{11} - 2P_{12} + P_{22}}$ ② $\dfrac{(P_{11} - P_{12})Q}{P_{11} - 2P_{12} + P_{22}}$

③ $\dfrac{(P_{11}P_{12} + P_{22})Q}{P_{11} - 2P_{12} + P_{22}}$ ④ $\dfrac{(P_{11} - P_{12})Q}{P_{11} + 2P_{12} + P_{22}}$

|정|답|및|해|설|

[전위계수] $V_1 = V_2$, $P_{12} = P_{21}$, $Q_1 = Q - Q_2$

1도체의 저위 $V_1 = P_{11}Q_1 + P_{12}Q_2$

2도체의 전위 $V_2 = P_{21}Q_1 + P_{22}Q_2$

$Q_1 = Q - Q_2$이므로

$(P_{11} - P_{12})Q = (P_{11} + P_{22} - 2P_{12})Q_2 \rightarrow (V_1 = V_2$이므로)

$\therefore Q_2 = \dfrac{P_{11} - P_{12}}{P_{11} - 2P_{12} + P_{22}}Q$ 【정답】②

2019 전기산업기사 기출문제

1. 그림과 같은 동축케이블에 유전체가 채워졌을 때의 정전용량[F]은? (단, 유전체의 비유전율은 ϵ_s이고 내반지름과 외반지름은 각각 a[m], b[m] 이며 케이블의 길이는 l[m]이다.)

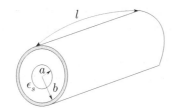

① $\dfrac{2\pi\epsilon_s l}{\ln\dfrac{b}{a}}$

② $\dfrac{2\pi\epsilon_0\epsilon_s l}{\ln\dfrac{b}{a}}$

③ $\dfrac{\pi\epsilon_s l}{\ln\dfrac{b}{a}}$

④ $\dfrac{\pi\epsilon_0\epsilon_s l}{\ln\dfrac{b}{a}}$

|정|답|및|해|설|

[동축 원통의 정전용량] $C = \dfrac{2\pi\epsilon l}{\ln\dfrac{b}{a}} = \dfrac{2\pi\epsilon_0\epsilon_s l}{\ln\dfrac{b}{a}}[F/m] \rightarrow (l : 길이)$

※단위 길이 당 정전용량 $C = \dfrac{2\pi\epsilon}{\ln\dfrac{b}{a}}[F/m]$

【정답】②

2. 두 벡터가 $A = 2a_x + 4a_y - 3a_z$, $B = a_x - a_y$일 때 $A \times B$는?

① $6a_x - 3a_y + 3a_z$

② $-3a_x - 3a_y - 6a_z$

③ $6a_x + 3a_y - 3a_z$

④ $-3a_x + 3a_y + 6a_z$

|정|답|및|해|설|

[벡터의 곱(외적)]

$$A \times B = (2a_x + 4a_y - 3a_z) \times (a_x - a_y) = \begin{vmatrix} a_x & a_y & a_z \\ 2 & 4 & -3 \\ 1 & -1 & 0 \end{vmatrix}$$

$$= a_x \begin{vmatrix} 4 & -3 \\ -1 & 0 \end{vmatrix} + a_y \begin{vmatrix} 2 & -3 \\ 1 & 0 \end{vmatrix} + a_z \begin{vmatrix} 2 & 4 \\ 1 & -1 \end{vmatrix}$$

$\rightarrow$(오른쪽-왼쪽, 왼쪽-오른쪽, 오른쪽-왼쪽)

$$= (0-3)a_x + (-3-0)a_y + (-2-4)a_z$$

$$= -3a_x - 3a_y - 6a_z$$

【정답】②

3. 두 유전체가 접했을 때 $\dfrac{\tan\theta_1}{\tan\theta_2} = \dfrac{\epsilon_1}{\epsilon_2}$의 관계식에서 $\theta_1 = 0°$일 때의 표현으로 틀린 것은?

① 전속밀도는 불변이다.

② 전기력선은 굴절하지 않는다.

③ 전계는 불연속으로 변한다.

④ 전기력선은 유전율이 큰 쪽에 모여진다.

|정|답|및|해|설|

[유전체 굴절의 법칙] 입사각과 굴절각은 유전율에 비례
두 유전체의 경계 조건

$$\frac{\tan\theta_1}{\tan\theta_2} = \frac{\epsilon_1}{\epsilon_2}(\theta_1 : 입사각, \quad \theta_2 : 굴절각)$$

$\theta_1 = 0$이면 수직으로 입사하므로 법선이다.

$$D_1\cos\theta_1 = D_2\cos\theta_2 \rightarrow D_1 = D_2$$

④ 유전에서 작동하는 힘의 방향은 <u>큰 쪽에서 작은 쪽으로</u> 향한다.

【정답】④

4. 공기중 임의의 점에서 자계의 세기(H)가 20[AT/m]라면 자속밀도(B)는 약 몇 [Wb/m²]인가?

① 2.5×10^{-5} ② 3.5×10^{-5}

③ 4.5×10^{-5} ④ 5.5×10^{-5}

|정|답|및|해|설|

[자속밀도와 자계의 세기] $B = \mu_0 H[\text{Wb/m}^2]$

(μ_0 : 진공시의 투자율, H : 자계의 세기)

　　　 → ($\mu = \mu_s \mu_0$, 공기중 $\mu_s = 1$, $\mu_0 = 4\pi \times 10^{-7}$))

$B = \mu_0 H = 4\pi \times 10^{-7} \times 20 = 2.5 \times 10^{-5}[\text{Wb/m}^2]$

【정답】①

5. 전자석의 흡인력은 공극의 자속밀도를 B라 할 때 다음의 어느 것에 비례하는가?

① $B^{1.6}$ ② B^2 ③ B^3 ④ B

|정|답|및|해|설|

[단위 면적 당 정전흡인력]

·작용하는 힘(흡인력) $f = \frac{1}{2}\mu H^2 = \frac{B^2}{2\mu} = \frac{1}{2}HB[N/m^2]$이므로

정자계의 힘(작용력) $F = f \cdot S = \frac{B^2}{2\mu} \times S[N]$ → (S : 단면적)

【정답】②

6. 그림과 같이 평행한 두 개의 무한 직선 도선에 전류가 I, $2I$인 전류가 흐른다. 두 도선 사이의 점 P에서 자계의 세기가 0이다. 이때 $\frac{a}{b}$는?

① 4
② 2
③ $\frac{1}{2}$
④ $\frac{1}{4}$

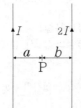

|정|답|및|해|설|

[자계의 세기] 전계의 세기가 0이면 $H_1 = H_2$이다.

· I 도선에 의한 자계 $H_I = \frac{I}{2\pi a}[\text{AT/m}]$

· $2I$ 도선에 의한 자계 $H_{2I} = \frac{2I}{2\pi b}[\text{AT/m}]$

· P점에서의 자계가 0이므로 $H_I = H_{2I}$이므로 $\frac{I}{2\pi a} = \frac{2I}{2\pi b}$

　　　 → (전계의 세기가 0이면 $H_1 = H_2$)

$\therefore \frac{a}{b} = \frac{2\pi I}{4\pi I} = \frac{1}{2}$

【정답】③

7. 다음 중 감자율이 0인 자성체로 알맞은 것은?

① 가늘고 짧은 막대 자성체
② 굵고 짧은 막대 자성체
③ 가늘고 긴 막대 자성체
④ 환상 솔레노이드

|정|답|및|해|설|

[감자력] 감자력은 자석의 세기에 비례하며, 이때 비례상수를 감자율이라 한다.

·감자율이 0이 되려면 잘려진 극이 존재하지 않으면 된다. 환상 솔레노이드가 무단 철심이므로 이에 해당된다. 즉, 환상 솔레노이드 철심의 감자율은 0이다.

·긴 막대자석이 자계와 평등일 때는 감자율이 0에 가깝고, 자계와 직각일 때에는 감자율이 1에 가까워진다.

【정답】④

8. 질량 m[kg]인 작은 물체가 전하 Q[C]을 가지고 중력 방향과 직각인 무한 도체 평면 아래쪽 d[m]의 거리에 놓여있다. 정전력이 중력과 같게 되는데 필요한 Q[C]의 크기는?

① $\frac{d}{2}\sqrt{\pi \epsilon_0 mg}$　　② $d\sqrt{\pi \epsilon_0 mg}$

③ $2d\sqrt{\pi \epsilon_0 mg}$　　④ $4d\sqrt{\pi \epsilon_0 mg}$

|정|답|및|해|설|

[영상법에 의한 정전응력]

중력(mg)=정전응력$(F = \frac{Q^2}{4\pi \epsilon_0 r^2})$ → $\frac{Q^2}{4\pi \epsilon_0 (2d)^2} = mg$

$\frac{Q^2}{16\pi \epsilon_0 d^2} = mg$ → $Q^2 = 16\pi \epsilon_0 d^2 mg$

$\therefore Q = 4d\sqrt{\pi \epsilon_0 mg}$

【정답】④

9. 극판 면적 S=10[cm^2], 간격 d=1[mm]의 평행판 콘덴서에 비유전율이 ϵ_s=3인 유전체를 채웠을 때 전압 100[V]를 가하면 축적되는 에너지는 약 몇 [J]인가?

① 1.32×10^{-7} ② 1.32×10^{-9}

③ 2.54×10^{-7} ④ 2.54×10^{-9}

|정|답|및|해|설|⋯⋯⋯⋯⋯⋯⋯⋯⋯⋯⋯⋯⋯⋯⋯

[평행판 콘덴서에 축적되는 에너지] $W = \frac{1}{2} CV^2 [J]$

정전용량 $C = \frac{\epsilon_0 \epsilon_s}{d} \cdot S = 8.855 \times 10^{-12} \times \frac{3 \times 10 \times 10^{-4}}{10^{-3}}$

$= 26.56 \times 10^{-12} [F]$

$W = \frac{1}{2} CV^2 = \frac{1}{2} \times 26.56 \times 10^{-12} \times 100^2 = 1.32 \times 10^{-7} [J]$

【정답】①

10. 자기인덕턴스 0.5[H]의 코일에 1/200초 동안에 전류가 25[A]로부터 20[A]로 줄었다. 이 코일에 유기된 기전력의 크기 및 방향은?

① 50[V], 전류와 같은 방향

② 50[V], 전류와 반대 방향

③ 500[V], 전류와 같은 방향

④ 500[V], 전류와 반대 방향

|정|답|및|해|설|⋯⋯⋯⋯⋯⋯⋯⋯⋯⋯⋯⋯⋯⋯⋯

[렌츠의 전자유도 법칙] 전자 유도에 의해 발생하는 기전력은 자속 변화를 방해하는 방향으로 전류가 발생한다.

$e = -L\frac{di}{dt} [V]$

$e = -L\frac{di}{dt} = -0.5 \frac{(20-25)}{\frac{1}{200}} = 500 [V]$

・$e > 0$: 인가된 전류와 같은 방향

・$e < 0$: 인가된 전류와 반대 방향　　　【정답】③

11. 어느 점전하에 의하여 전위를 처음 전위의 $\frac{1}{2}$ 이 되게 하려면 전하로부터의 거리를 몇 배로 하면 되는가?

① $\frac{1}{\sqrt{2}}$ ② $\frac{1}{2}$

③ $\sqrt{2}$ ④ 2

|정|답|및|해|설|⋯⋯⋯⋯⋯⋯⋯⋯⋯⋯⋯⋯⋯⋯⋯

[전위] $V = \frac{Q}{4\pi\epsilon_0 r} = 9 \times 10^9 \frac{Q}{r} [V] \propto \frac{1}{r}$

즉, 전위는 거리에 반비례한다.

따라서 처음 전위의 $\frac{1}{2}$배로 하려면 거리를 2배로 해야 한다.

【정답】④

12. 자계의 세기를 표시하는 단위가 아닌 것은?

① [A/m] ② [Wb/m]

③ [N/Wb] ④ [AT/m]

|정|답|및|해|설|⋯⋯⋯⋯⋯⋯⋯⋯⋯⋯⋯⋯⋯⋯⋯

[자계의 세기] 자계내의 임의의 점에 단위 정자하 +1[wb]를 놓았을 때 이에 작용하는 힘의 크기 및 방향을 그 점에 대한 자계의 세기

・$H = \frac{m \cdot 1}{4\pi\mu r^2} [A/m] = \frac{m}{4\pi\mu_0 \mu_s r^2} [AT/m]$

・자계의 세기와 쿨롱의 법칙과의 관계 $H = \frac{F}{m} [N/Wb]$

【정답】②

13. 그림과 같이 면적 $S[m^2]$, 간격 $d[m]$인 극판간에 유전율 ϵ, 저항률이 ρ인 매질을 채웠을 때 극판간의 정전용량 C와 저항 R의 관계는? (단, 전극판의 저항률은 매우 작은 것으로 한다.)

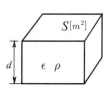

① $R = \frac{\epsilon\rho}{C}$ ② $R = \frac{C}{\epsilon\rho}$

③ $R = \epsilon\rho C$ ④ $R = \frac{1}{\epsilon\rho C}$

|정|답|및|해|설|⋯⋯⋯⋯⋯⋯⋯⋯⋯⋯⋯⋯⋯⋯⋯

[정전용량과 저항과의 관계] $RC = \epsilon \cdot \rho$에서

$R = \frac{\epsilon \cdot \rho}{C}$　　　【정답】①

14. 점전하 +Q의 무한 평면도체에 대한 영상전하는?

① +Q   ② −Q

③ +2Q   ④ −2Q

|정|답|및|해|설|……………………………………

[무한평면도체에서 영상전하] $Q \leftrightarrow -Q[C]$

※접지 구도체에서 영상전하 : $Q \leftrightarrow -\dfrac{a}{d}Q[C]$

【정답】②

15. 전계 및 자계의 세기가 각각 E, H일 때 포인팅벡터 P의 표시로 옳은 것은?

① $P = \dfrac{1}{2}E \times H$ ② $P = E\ rot\ H$

③ $P = E \times H$ ④ $P = H\ rot\ E$

|정|답|및|해|설|……………………………………

[포인팅벡터] 진행 방향에 수직되는 단위 면적을 단위 시간에 통과하는 에너지를 포인팅 벡터 또는 방사 벡터라 하며 $P = E \times H = EH\sin\theta[W/m^2]$로 표현된다.

【정답】③

16. 철심환의 일부에 공극(air gap)을 만들어 철심부의 길이가 $l[m]$, 단면적 $A[m^2]$, 비투자율이 μ_r이고 공극부의 길이 $\delta[m]$일 때 철심부에서 총권수 N회인 도선을 감아 전류 $I[A]$를 흘리면 자속이 누설되지 않는다고 하고 공극 내에 생기는 자계의 자속 $\varnothing_0[Wb]$는?

① $\dfrac{\mu_0 ANI}{\delta\mu_r + l}$ ② $\dfrac{\mu_0 ANI}{\delta + \mu_r l}$

③ $\dfrac{\mu_0\mu_r ANI}{\delta\mu_r + l}$ ④ $\dfrac{\mu_0\mu_r ANI}{\delta + \mu_r l}$

|정|답|및|해|설|……………………………………

[자속] $\varnothing = \dfrac{F}{R_m}$

・공극 발생시 $\varnothing = \dfrac{F}{R} = \dfrac{F}{(R_m + R_g)}$

$\rightarrow (R = (R_m + R_g) : 공극의 자기저항을 포함)$

$\cdot R_m + R_g = \dfrac{l}{\mu \cdot A} + \dfrac{\delta}{\mu_0 \cdot A} = \dfrac{l + \mu_r \delta}{\mu \cdot A} =$

그러므로 $\varnothing = \dfrac{F}{R} = \dfrac{F}{(R_m + R_g)} = \dfrac{NI}{\dfrac{l + \mu_r \delta}{\mu_0\mu_r \cdot A}} = \dfrac{\mu_0\mu_r ANI}{l + \mu_r \delta}$

【정답】③

17. 내구의 반지름이 6[m], 외구의 반지름이 8[m]인 동심구형 콘덴서의 외구를 접지하고 내구에 전위 1800[V]를 가했을 경우 내구에 충전된 전기량은 몇 [C]인가?

① 2.8×10^{-8} ② 3.8×10^{-8}

③ 4.8×10^{-8} ④ 5.8×10^{-8}

|정|답|및|해|설|……………………………………

[동심구의 충전된 전기량] $Q = CV = \dfrac{4\pi\epsilon_0 ab}{b-a} \times V[C]$

$\rightarrow (b > a,\ \ C = \dfrac{4\pi\epsilon_0 ab}{b-a}[F])$

$\therefore Q = \dfrac{4\pi\epsilon_0 ab}{b-a} \times V = \dfrac{4\pi \times 8.855 \times 10^{-12} \times 0.08 \times 0.06}{0.08 - 0.06} \times 1800$

$= 4.8 \times 10^{-8}[C]$

【정답】③

18. 다음 중 (㉠), (㉡) 안에 들어갈 내용으로 알맞은 것은?

> 맥스웰은 전극간의 유전체를 통하여 흐르는 전류를 (㉠)라 하고, 이것도 (㉡)를 발생한다고 가정하였다.

① ㉠ 와전류 ㉡ 자계

② ㉠ 변위전류 ㉡ 자계

③ ㉠ 전자전류 ㉡ 전계

④ ㉠ 파동전류 ㉡ 전계

|정|답|및|해|설|……………………………………

[변위전류] 전극간의 유전체(공기)를 통하여 흐르는 전류 $J_d = \dfrac{dD}{dt}$, 변위전류도 자계를 발생시킨다.

※전도전류 : 도체 전장(기전력)을 가할 때 흐르는 전류 $J_e = \sigma E$

【정답】②

19. 권선수가 N회인 코일에 전류 $I[A]$를 흘릴 경우, 코일에 $\varnothing\,[Wb]$의 자속이 지나 간다면 이 코일에 저장된 자계에너지는 어떻게 표현되는가?

① $\dfrac{1}{2}N\varnothing^2 I[J]$　　　② $\dfrac{1}{2}N\varnothing I[J]$

③ $\dfrac{1}{2}N^2\varnothing I[J]$　　　④ $\dfrac{1}{2}N\varnothing I^2[J]$

|정|답|및|해|설|

[자계에너지] $W=\dfrac{1}{2}LI^2$　→ (자기 인덕턴스 $L=\dfrac{N\varnothing}{I}$)

$W=\dfrac{1}{2}LI^2=\dfrac{1}{2}N\varnothing I[J]$　　　【정답】②

20. 다음 중 인덕턴스의 공식이 옳은 것은? (단, N은 권수, I는 전류, l은 철심의 길이, R_m은 자기저항, μ는 투자율, S는 철심의 단면적이다.)

① $\dfrac{NI}{R_m}$　　　② $\dfrac{N^2}{R_m}$

③ $\dfrac{\mu NS}{l}$　　　④ $\dfrac{\mu_0 NIS}{l}$

|정|답|및|해|설|

[자기인덕턴스와 상호인덕턴스]

· 자기인덕턴스 $L_1=\dfrac{\mu S N_1^2}{l}=\dfrac{N_1^2}{R_m}[H]$,　$L_2=\dfrac{N_2^2}{R_m}$ [H]

· 상호인덕턴스 $M=\dfrac{N_1 N_2}{R_m}=\dfrac{N_2}{N_1}L_1$[H]

※자기저항(R_m)이 포함되어 있으면 항상 환상솔레노이드로 보면 된다.　　　【정답】②

1. 전자파의 에너지 전달방향은?

① 전계 E의 방향과 같다.
② 자계 H의 방향과 같다.
③ $E\times H$의 방향과 같다.
④ $\nabla\times E$의 방향과 같다.

|정|답|및|해|설|

[전자파의 특징]
① 전계와 자계는 공존하면서 상호 직각 방향으로 진동을 한다.
② 진공 또는 완전 유전체에서 전계와 파동의 위상차는 없다.
③ 전자파 전달 방향은 $E\times H$방향이다.
④ 전자파 전달 방향의 E, H성분은 없다.
⑤ 전계 E와 자계 H의 비는 $\dfrac{E_x}{H_y}=\sqrt{\dfrac{\mu}{e}}$

【정답】③

2. 자기회로의 자기저항에 대한 설명으로 옳지 않은 것은?

① 자기회로의 단면적에 반비례 한다.
② 자기회로의 길이에 반비례 한다.
③ 자성체의 비투자율에 반비례한다.
④ 단위는 [AT/Wb]이다.

|정|답|및|해|설|

[자기저항] $R_m=\dfrac{l}{\mu S}=\dfrac{l}{\mu_0\mu_s S}$[AT/Wb]

$R\propto l$이다. 즉, 자기저항(R_m)은 길이(l)에 비례하고, 단면적(S)와 투자율(μ)에 반비례한다.　　　【정답】②

3. 자위에 단위에 해당되는 것은?

① A　　　② J/C
③ N/Wb　　　④ Gauss

|정|답|및|해|설|

[자위] $U_m=\dfrac{M}{4\pi\mu_0 r^2}[A=AT]$

· 자위의 단위는 [A] 또는 [AT]이다.

【정답】①

4. 자기유도계수가 20[mH]인 코일에 전류를 흘릴 때 코일과 쇄교 자속수가 0.2[Wb]였다면 코일에 축적된 자계에너지는 몇 [J]인가?

① 1　　　② 2
③ 3　　　④ 4

|정|답|및|해|설|

[코일에 축적된 자계에너지] $W=\frac{1}{2}LI^2=\frac{\varnothing^2}{2L}=\frac{1}{2}\varnothing I[J]$

→ (자기유도계수 = 자기인덕턴스)

$W=\frac{\varnothing^2}{2L}=\frac{0.2^2}{2\times20\times10^{-3}}=1[J]$ 【정답】①

---

5. 비자화율 $\lambda_m=2$, 자속밀도 $B=20ya_x[Wb/m^2]$인 균일 물체가 있다. 자계의 세기 H는 약 몇 [AT/m]인가?

① $0.53\times10^7 ya_x$ ② $0.13\times10^7 ya_x$

③ $0.53\times10^7 xa_y$ ④ $0.13\times10^7 xa_y$

|정|답|및|해|설|

[자속 밀도] $B=\frac{\varnothing_m}{A}=\mu H=\mu_0\mu_s H[Wb/m^2]$

[비자화율] $\lambda_m=\frac{\lambda}{\mu_0}=\mu_s-1$에서 $\mu_s=\lambda_m+1=2+1=3$

→ (※자화율 : $\chi=\mu-\mu_0=\mu_0(\mu_s-1)=\mu_0\chi_m$)

$\therefore H=\frac{B}{\mu_0\mu_s}=\frac{20ya_x}{4\pi\times10^{-7}\times3}=0.53\times10^7 ya_x[Wb/m^2]$

【정답】①

---

6. 맥스웰의 전자방정식에 대한 설명으로 틀린 것은?

① 폐곡면을 통해 나오는 전속은 폐곡면 내의 전하량과 같다.

② 폐곡면을 통해 나오는 자속은 폐곡면 내의 자극의 세기와 같다.

③ 폐곡면에 따른 전계의 선적분은 폐곡선 내를 통하는 자속의 시간 변화율과 같다.

④ 폐곡면에 따른 자계의 선적분은 폐곡선 내를 통하는 전류의 전속의 시간적 변화율을 더한 것과 같다.

|정|답|및|해|설|

[맥스웰 전자계 기초 방정식]

① $\mathrm{div} D=\rho$ (맥스웰의 제3방정식) : 단위 체적당 발산 전속수는 단위 체적당 공간전하 밀도와 같다.

② $\mathrm{div} B=0$ (맥스웰의 제4방정식) : 자계는 발산하지 않으며, 자극은 단독으로 존재하지 않는다.

③ $\mathrm{rot} E=-\frac{\partial B}{\partial t}$ (맥스웰의 제2방정식) : 전계의 회전은 자속밀도의 시간적 감소율과 같다.

④ $\mathrm{rot} H=\nabla\times E=i+\frac{\partial D}{\partial t}$ (맥스웰의 제1방정식) : 자계의 회전은 전류밀도와 같다.

【정답】②

---

7. 진공 중 반지름이 $a[m]$인 원형 도체판 2매를 사용하여 극판거리 d[m]인 콘덴서를 만들었다. 만약 이 콘덴서의 극판 거리를 2배로 하고 정전용량은 일정하게 하려면 이 도체판의 반지름 a는 얼마로 하면 되는가?

① $2a$ ② $\frac{1}{2}a$

③ $\sqrt{2}a$ ④ $\frac{1}{\sqrt{2}}a$

|정|답|및|해|설|

[평행판 콘덴서의 정전용량] $C=\frac{\epsilon_0 S}{d}=\frac{\epsilon_0\pi a^2}{d}[F]$에서

극판거리를 2배로 하고 정전용량이 일정하므로

$\frac{\epsilon_0\pi a_1^2}{d}=\frac{\epsilon_0\pi a_2^2}{2d}\rightarrow a_1^2=\frac{a_2^2}{2}\rightarrow\sqrt{2}a_1=a_2$

【정답】③

---

8. 비유전율 $\epsilon_s=5$인 유전체내의 한 점에서의 전계의 세기(E)가 $10^4[V/m]$이다. 이 점의 분극의 세기는 약 몇 $[C/m^2]$인가?

① 3.5×10^{-7} ② 4.3×10^{-7}

③ 3.5×10^{-11} ④ 4.3×10^{-11}

|정|답|및|해|설|

[분극의 세기] $P=\chi E=\epsilon_0(\epsilon_s-1)E[C/m^2]$

$P=\epsilon_0(\epsilon_s-1)E=8.855\times10^{-12}(5-1)\times10^4=3.5\times10^{-7}[C/m^2]$

→ ($\epsilon_0=8.85\times10^{-12}$)

【정답】①

9. 진공 중에 서로 떨어져 있는 두 도체 A, B가 있다. A에만 1[C]의 전하를 줄 때 도체 A, B의 전위가 각각 3[V], 2[V]였다고 하면, A에 2[C], B에 1[C]의 전하를 주면 도체 A의 전위는 몇 [V]인가?

① 6[V]　　　　② 7[V]

③ 8[V]　　　　④ 9[V]

|정|답|및|해|설|

[전위계수]

· 도체A의 전위 $V_1 = P_{11}Q_1 + P_{12}Q_2[V]$

· 도체B의 전위 $V_2 = P_{21}Q_1 + P_{22}Q_2[V]$

① A도체에만 전하 1[C]를 주므로

$V_1 = P_{11} \times 1 + P_{12} \times 0 = 3[V] \rightarrow P_{11} = 3$

$V_2 = P_{21} \times 1 + P_{22} \times 0 = 2[V] \rightarrow P_{21} = 2, \ P_{12} = 2$

$\rightarrow (P_{ij} = P_{ji} \geq 0 \rightarrow P_{12} = P_{21})$

② A도체에 전하 2[C], B도체에 전하 1[C]를 주므로

A도체의 전위 $V_1 = P_{11}Q_1 + P_{12}Q_2[V]$에서

$V_1 = P_{11} \times 2 + P_{12} \times 1 = 3 \times 2 + 2 \times 1 = 8[V]$

【정답】③

10. 자기인덕턴스 0.05[H]의 회로에 흐르는 전류가 매초 530[A]의 비율로 증가할 때 자기유도기전력[V]은?

① −13.3[V]　　　　② −26.5[V]

③ −39.8[V]　　　　④ −53.0[V]

|정|답|및|해|설|

[자기유도기전력] $e = -\dfrac{d\phi}{dt} = -L\dfrac{di}{dt}[V]$

$e = -L\dfrac{di}{dt} = -0.05 \times \dfrac{530}{1} = -26.5[V]$

【정답】②

11. MKS의 단위계에서 진공 유전율의 값은?

① $4\pi \times 10^{-7}[H/m]$

② $\dfrac{1}{9 \times 10^9}[F/m]$

③ $\dfrac{1}{4\pi \times 9 \times 10^9}[F/m]$

④ $6.33 \times 10^{-4}[H/m]$

|정|답|및|해|설|

[진공중의 유전률]

· $\epsilon_0 = 8.855 \times 10^{-12}[F/m]$

· $\dfrac{1}{4\pi\epsilon_0} = 9 \times 10^9 \rightarrow \epsilon_0 = \dfrac{1}{4\pi \times 9 \times 10^9}[F/m]$　　　【정답】③

12. 원점 주위의 전류밀도가 $J = \dfrac{2}{r}a_r[A/m^2]$의 분포를 가질 때 반지름 5[cm]의 구면을 지나는 전전류는 몇 [A]인가?

① $0.1\pi[A]$　　　　② $0.2\pi[A]$

③ $0.3\pi[A]$　　　　④ $0.4\pi[A]$

|정|답|및|해|설|

[전전류] $I =$ 전류밀도$(J) \times$ 면적$(S)[A]$

$I = \dfrac{2}{r}a_r \times 4\pi r^2 = 8\pi \times 0.05 = 0.4\pi[A] \rightarrow$ (단위벡터 $a_r = 1$)

【정답】④

13. 유전체의 초전효과(pyroelectric effect)에 대한 설명이 아닌 것은?

① 온도변화에 관계없이 일어난다.

② 자발 분극을 가진 유전체에서 생긴다.

③ 초전효과가 있는 유전체를 공기 중에 놓으면 중화된다.

④ 열에너지를 전기에너지로 변화시키는 데 이용된다.

|정|답|및|해|설|

[파이로전기 효과(초전효과)] 압전 현상이 나타나는 <u>결정을 가열하면</u> 한 면에 정(+)의 전기가, 다른 면에 부(−)의 전기가 나타나 분극이 일어나며, 반대로 냉각하면 역(逆)분극이 생긴다. 이 전기를 파이로 전기라고 한다.　　　【정답】①

14. 권선수가 400[회], 면적이 $9\pi[cm^2]$인 장방형 코일에 1[A]의 직류가 흐르고 있다. 코일의 장방형 면과 평행한 방향으로 자속밀도가 $0.8[Wb/m^2]$인 균일한 자계가 가해져 있다. 코일의 평행한 두 변의 중심을 연결하는 선을 축으로 할 때 이 코일에 작용하는 회전력은 약 몇 $[H \cdot m]$인가가?

① 0.3　　　　② 0.5
③ 0.7　　　　④ 0.9

|정|답|및|해|설|.....................................

[장방형(사각) 코일의 회전력] $T = NBSI\cos\theta[N \cdot m]$

N : 코일의 권수, B : 자속밀도, S : 면적, I : 전류
θ : 자계와 S(면적)이 이루는 각
$T = NBSI\cos\theta$

$\quad = 400 \times 0.8 \times 9\pi \times 10^{-4} \times 1 \times \cos 0° = 0.904[F \cdot m]$

$\qquad\qquad\rightarrow$ (축이므로 $\theta = 0°$)

【정답】④

15. 점전하 +Q의 무한 평면도체에 대한 영상전하는?

① +Q　　　　② −Q
③ +2Q　　　　④ −2Q

|정|답|및|해|설|.....................................

[무한 평면도체에서 영상전하] $Q \leftrightarrow -Q[C]$

[접지 구도체에서 영상전하] $Q \leftrightarrow -\dfrac{a}{d}Q[C]$

【정답】②

16. 다음 조건 중 틀린 것은? (단, χ_m : 비자화율. μ_r : 비투자율이다.)

① 물질은 χ_m 또는 μ_r의 값에 따라 역자성체, 상자성체, 강자성체 등으로 구분한다.
② $\chi_m > 0$, $\mu_r > 1$이면 상자성체
③ $\chi_m < 0$, $\mu_r < 1$이면 역자성체
④ $\mu_r < 1$이면 강자성체

|정|답|및|해|설|.....................................

[자성체의 비투자율 및 비자하율]

자성체의 종류	비투자율	비자하율
강자성체	$\mu_r \geq 1$	$\chi_m \gg 1$
상자성체	$\mu_r > 1$	$\chi_m > 0$
반자성체	$\mu_r < 1$	$\chi_m < 0$
반강자성체		

【정답】④

17. 등전위면을 따라 전하 Q[C]을 운반하는데 필요한 일은?

① 전하의 크기에 따라 변한다.
② 전위의 크기에 따라 변한다.
③ 등전위면과 전기력선에 의하여 결정된다.
④ 항상 0이다.

|정|답|및|해|설|.....................................

[등전위면] 전기장 내에서 전위가 같은 점을 연결하여 생기는 면(선), 에너지 증감이 없으므로 일(W)은 0이다.

【정답】④

18. 직교하는 도체 평면과 점전하 사이에는 몇 개의 영상전하가 존재하는가?

① 2　　　② 3　　　③ 4　　　④ 5

|정|답|및|해|설|.....................................

[무한 평면에서의 영상전하 수] $n = \dfrac{360}{\theta} - 1 = \dfrac{360}{90} - 1 = 3$개

(직교하므로 $\theta = 90°$)

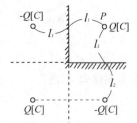

【정답】②

19. 두 개의 코일에서 각각의 자기인덕턴스가 $L_1 = 0.35[H]$, $L_2 = 0.5[H]$이고, 상호인덕턴스는 $M = 0.1[H]$이라고 하면 이때 결합계수는 약 얼마인가?

① 0.175 ② 0.239
③ 0.392 ④ 0.586

|정|답|및|해|설|_____

[코일의 상호인덕턴스] $M = k\sqrt{L_1 L_2}$ → (k : 결합계수)

결합계수 $k = \dfrac{M}{\sqrt{L_1 L_2}} = \dfrac{0.1}{\sqrt{0.35 \times 0.5}} = 0.239$

【정답】②

20. 두 종류의 유전체 경계면에서 전속과 전기력선이 경계면에 수직으로 도달할 때 다음 중 옳지 않은 것은?

① 전속과 전기력선은 굴절하지 않는다.
② 전속밀도는 변하지 않는다.
③ 전계의 세기는 불연속적으로 변한다.
④ 전속선은 유전율이 작은 유전체 중으로 모이려는 성질이 있다.

|정|답|및|해|설|_____

[두 유전체의 경계 조건] 두 종류의 유전체 경계면에서 전속과 전기력선이 경계면에 수직으로 도달할 때
① 전속과 전기력선은 굴절하지 않는다.
　$E_1 \sin\theta_1 = E_2 \sin\theta_2$에서 입사각 $\theta_1 = 0°$이므로
　$0 = E_2 \sin\theta_2$
　$E_2 \neq 0$가 아닌 경우 $\sin\theta_2 = 0$이 되어야 하므로 $\theta_2 = 0$, 즉 굴절하지 않는다.
② 전속밀도는 변하지 않는다.
　$\theta_1 = \theta_2 = 0°$이므로 $D_1 \cos\theta_2$에서 $\cos 0° = 1$
　$D_1 = D_2$, 즉 전속밀도는 불변(연속)이다.
③ 전계의 세기는 불연속적으로 변한다.
　$D_1 = \epsilon_1 E_1$, $D_2 = \epsilon_2 E_2$
　$D_1 = D_2$인 경우 $\epsilon_1 E_1 = \epsilon_2 E_2$가 성립
　$\epsilon_1 \neq \epsilon_2$이면 $E_1 \neq E_2$
　즉, 전계의 세기는 크기가 같지 않다(불연속이다.)
④ 전속은 유전율이 큰 유전체로 모이려는 성질이 있다.

【정답】④

1. 간격 d[m]인 2개의 평행판 전극 사이에 유전율 ε 의 유전체가 있다. 전극사이에 전압 $e = E_m \sin wt[V]$를 가했을 때 변위전류 밀도는 몇 [A/m²]인가?

① $\dfrac{\epsilon w}{d} E_m \cos wt$ ② $\dfrac{\epsilon}{d} E_m \cos wt$
③ $\dfrac{\epsilon}{d} w E_m \sin wt$ ④ $\dfrac{\epsilon}{d} E_m \sin wt$

|정|답|및|해|설|_____

[변위 전류 밀도] $i_d = \dfrac{\partial D}{\partial t} = \epsilon \dfrac{dE}{\partial t} = \dfrac{\epsilon}{d} \cdot \dfrac{\partial V}{\partial t}[A/m^2]$

$i_d = \dfrac{\epsilon}{d} \cdot \dfrac{\partial V}{\partial t} = \dfrac{\epsilon}{d} \cdot \dfrac{\partial E_m \sin wt}{\partial t} = \dfrac{\epsilon}{d} w E_m \cos wt\,[A/m^2]$

$\to (\dfrac{\partial \sin wt}{\partial t} = w \cos wt)$

【정답】①

2. $E = i + 2j + 3k[V/cm]$로 표시되는 전계가 있다. $0.02[\mu C]$의 전하를 원점으로부터 $r = 3i[m]$로 움직이는데 필요한 일은 몇 [J]인가?

① 3×10^{-6} ② 6×10^{-6}
③ 3×10^{-8} ④ 6×10^{-8}

|정|답|및|해|설|_____

[일(에너지)] $W = F \cdot r = EQ \cdot r[J]$
$W = EQ \cdot r = 0.02 \times 10^{-6}(i + 2j + 3k) \cdot 3i \times 10^2$

$\to ([\dfrac{V}{cm}] = [10^2 \dfrac{V}{m}])$

$= 0.02 \times 10^{-6} \times 300 = 6 \times 10^{-6}[J]$ 【정답】②

3. 플레밍의 왼손법칙에서 왼손의 엄지, 검지, 중지의 방향에 해당 되지 않는 것은?

① 전압 ② 전류
③ 자속밀도 ④ 힘

|정|답|및|해|설|
[플레밍의 왼손법칙]
· 엄지 : 힘의 방향
· 검지 : 자속밀도의 방향
· 중지 : 전류의 방향
※플레밍의 오른손법칙 : 엄지(속도, 운동방향, $v[m/s]$), 검지(자속밀도의 방향, $B[Wb/m^2]$), 중지(유도기전력의 방향, $e[V]$)

【정답】①

4. 전류 $2\pi[A]$가 흐르고 있는 무한 직선 도체로부터 2[m]만큼 떨어진 자유공간 내 P 점의 자속밀도의 세기[Wb/m^2]는?

① $\dfrac{\mu_0}{8}$ ② $\dfrac{\mu_0}{4}$

③ $\dfrac{\mu_0}{2}$ ④ μ_0

|정|답|및|해|설|
[자속밀도] $B = \dfrac{\varnothing}{S} = \mu H = H = \dfrac{\mu I}{2\pi d}[Wb/m^2] \rightarrow (\mu = \mu_0 \mu_s)$

$B = \dfrac{\mu_0 I}{2\pi d} = \dfrac{\mu_0 \times 2\pi}{2\pi \times 2} = \dfrac{\mu_0}{2}[Wb/m^2]$ 　　　　【정답】③

5. 여러 가지 도체의 전하 분포에 있어서 각 도체의 전하를 n배할 경우 중첩의 원리가 성립하기 위해서는 그 전위는 어떻게 되는가?

① $\dfrac{1}{2}n$배가 된다.   ② n배가 된다.

③ $2n$배가 된다.   ④ n^2배가 된다.

|정|답|및|해|설|
[전위] $V_i = P_{i1} Q_1 + P_{i2} Q_2 + \cdots + P_{in} Q_n$
각 전하를 n배하면 전위 V_i도 n배 된다.

【정답】②

6. 반지름 1[m]의 원형 코일에 1[A]의 전류가 흐를 때 중심점의 자계의 세기는 몇 [AT/m]인가?

① 1/4   ② 1/2   ③ 1   ④ 2

|정|답|및|해|설|
[원형 코일 중심점 자계의 세기] $H = \dfrac{NI}{2a}[AT/m]$
$\rightarrow (N : 권수)$
$H_0 = \dfrac{NI}{2a} = \dfrac{1 \times 1}{2 \times 1} = \dfrac{1}{2}[AT/m]$
　　　　　　　　 $\rightarrow$ (권수에 대한 언급이 없으면 N=1)

【정답】②

7. 전류가 흐르는 도선을 자계 안에 놓으면 이 도선에 힘이 작용한다. 평등 자계의 진공 중에 놓여 있는 직선 전류 도선이 받는 힘에 대하여 옳은 것은?

① 전류에 세기에 반비례한다.
② 도선의 길이에 비례한다.
③ 자계의 세기에 반비례한다.
④ 전류와 자계의 방향이 이루는 각의 탄젠트 각에 비례한다.

|정|답|및|해|설|
[전자력] $F = IBl\sin\theta = I\mu_0 Hl\sin\theta[N] \propto l$

【정답】②

8. 10^6[cal]의 열량은 몇 [kWh] 정도의 전력량에 상당한가?

① 0.06   ② 1.16
③ 2.27   ④ 4.17

|정|답|및|해|설|
[열량] $H = 860Pt = 860\,W[kcal]$
$W = \dfrac{H}{860} = \dfrac{10^3}{860} = 1.1627[kWh] \rightarrow (10^6[cal] = 10^3[kcal])$

【정답】②

9. 인덕턴스의 단위에서 1[H]와 같은 것은?

① 1[A]의 전류에 대한 자속이 1[Wb]인 경우이다.
② 1[A]의 전류에 대한 유전율이 1[F/m]이다.
③ 1[A]의 전류가 1초간에 변화하는 양이다.
④ 1[A]의 전류에 대한 자계가 1[AT/m]인 경우이다.

|정|답|및|해|설|
[인덕턴스]

· $L = \dfrac{N\emptyset}{I}[Wb/A]$

· $v = L\dfrac{di}{dt}$ 관계식에서 $L = \dfrac{dt}{di}v$

$L = \left[\dfrac{\sec \cdot V}{A}\right] = \left[\sec \cdot \dfrac{V}{A}\right] = [\sec \cdot \Omega]$

· $W = \dfrac{1}{2}LI^2$에서 $L = \dfrac{2W}{I^2}[J/A^2]$ 【정답】①

---

10. 어떤 물체에 $F_1 = -3i + 4j - 5k$와 $F_2 = 6i + 3j - 2k$ 의 힘이 작용하고 있다. 이 물체에 F_3을 가하였을 때 세 힘이 평형이 되기 위한 F_3은?

① $F_3 = -3i - 7j + 7k$ ② $F_3 = 3i + 7j - 7k$

③ $F_3 = 3i - j - 7k$ ④ $F_3 = 3i - j + 3k$

|정|답|및|해|설|
[힘의 평형 조건] $F_1 + F_2 + F_3 = 0$

$F_1 + F_2 + F_3 = 0$에서 $F_3 = -(F_1 + F_2)$
$= -[(-3i + 4j - 5k) + (6i + 3j - 2k)]$
$= -[(3i + 7j - 7k)] = -3i - 7j + 7k$
【정답】①

---

11. 직류 500[V] 절연저항계로 절연저항을 측정하니 2[$M\Omega$]이 되었다면 누설전류[μA]는?

① $25[\mu A]$ ② $250[\mu A]$

③ $1000[\mu A]$ ④ $1250[\mu A]$

|정|답|및|해|설|
[누설전류] $I_g = \dfrac{V}{R_g}[A]$ → (R_g : 절연저항)

$I_g = \dfrac{500}{2 \times 10^6} = 250 \times 10^{-6}[A] = 250[\mu A]$ 【정답】②

---

12. 동심구에서 내부도체의 반지름이 a, 절연체의 반지름이 b, 외부도체의 반지름이 c이다. 내부도체에만 전하 Q를 주었을 때 내부도체의 전위는? (단, 절연체의 유전율은 ϵ_0이다.)

① $\dfrac{Q}{4\pi\epsilon_0 a}\left(\dfrac{1}{a} + \dfrac{1}{b}\right)$ ② $\dfrac{Q}{4\pi\epsilon_0}\left(\dfrac{1}{a} - \dfrac{1}{b}\right)$

③ $\dfrac{Q}{4\pi\epsilon_0}\left(\dfrac{1}{a} - \dfrac{1}{b} - \dfrac{1}{c}\right)$ ④ $\dfrac{Q}{4\pi\epsilon_0}\left(\dfrac{1}{a} - \dfrac{1}{b} + \dfrac{1}{c}\right)$

|정|답|및|해|설|
[동심도구체의 전위]

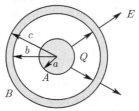

· 도체A Q[C], 도체B -Q[C] : $V_a = \dfrac{Q}{4\pi\epsilon_0}\left(\dfrac{1}{a} - \dfrac{1}{b}\right)[V]$

· 도체A Q[C], 도체B Q=0 : $V_a = \dfrac{Q}{4\pi\epsilon_0}\left(\dfrac{1}{a} - \dfrac{1}{b} + \dfrac{1}{c}\right)[V]$

· 도체A Q=0, 도체B Q[C] : $V_a = \dfrac{Q}{4\pi\epsilon_0 c}[V][V]$

【정답】④

---

13. 인덕턴스가 20[mH]인 코일에 흐르는 전류가 0.2[sec] 동안에 6[A]가 변화했다면 코일에 유기되는 기전력은 몇 [V]인가?

① 0.6   ② 1

③ 6   ④ 30

|정|답|및|해|설|
[유기기전력] $e = -L\dfrac{di}{dt}[V]$

$e = -L\dfrac{di}{dt} = 20 \times 10^{-3} \times \dfrac{6}{0.2} = -0.6[V]$

즉, 기전력의 값이 -값이므로 공급된 전류와 반대 방향으로 기전력 0.6[V]가 유기된다.

※만약, 기전력의 값이 +값이면 공급된 전류와 같은 방향으로 기전력이 유기된다.   【정답】①

14. 전기기계기구의 자심(철심)재료로 규소강판을 사용하는 이유는?

① 동손을 줄이기 위해

② 와전류손을 줄이기 위해

③ 히스테리시스손을 줄이기 위해

④ 제작을 쉽게 하기 위하여

|정|답|및|해|설|

[히스테리시스손] 히스테리시스 손실을 감소시키기 위해서 철심 재료는 규소가 섞인(3~5[%]) 재료를 사용한다.

※와류(eddy current)에 의한 손실을 감소시키기 위해 철심을 얇게(0.35~0.5 [mm]) 하여 성층시켜서 사용한다.

【정답】③

15. 서로 같은 방향으로 전류가 흐르고 있는 평행한 두 도선 사이에는 어떤 힘이 작용하는가? (단, 두 도선간의 거리는 r[m]라 한다.)

① r에 반비례한다.　② r에 비례한다.

③ r^2에 비례한다.　④ r^2에 반비례한다.

|정|답|및|해|설|

[평행도선 단위 길이당 작용하는 힘]

$$F = \frac{\mu_0 I_1 I_2}{2\pi r} = \frac{2 I_1 I_2}{r} \times 10^{-7} [N/m] \rightarrow (\mu_0 = 4\pi \times 10^{-7})$$

· 플레밍 왼손법칙에 의해 전류의 방향이 같으면 흡인력

· 전류의 방향이 다르면 반발력　　　　　　【정답】①

16. MKS 단위로 나타낸 진공에 대한 유전율은?

① 8.855×10^{-12}[N/m]　② 8.855×10^{-10}[N/m]

③ 8.855×10^{-12}[F/m]　④ 8.855×10^{-10}[F/m]

|정|답|및|해|설|

[유전율] $\epsilon = \epsilon_0 \epsilon_s$

· 진공중의 유전율 $\epsilon_0 = 8.855 \times 10^{-12} = \dfrac{1}{4\pi \times 9 \times 10^9}$ [F/m]

· 공기중이나 진공중의 비유전율 $\epsilon_s = 1$[F/m]

【정답】③

17. 자유공간의 변위전류가 만드는 것은?

① 전계　　② 전속　　③ 자계　　④ 자속

|정|답|및|해|설|

[변위전류 밀도] $i_d = \dfrac{\partial D}{\partial t} = \epsilon \dfrac{\partial E}{\partial t} \rightarrow (D = \epsilon E)$

$rot \, H = \nabla \times H = i + \dfrac{\partial D}{\partial t} = i + i_d \rightarrow (i_d = \dfrac{\partial D}{\partial t}$

따라서 변위전류는 회전자계를 발생한다.

【정답】③

18. 접지 구도체와 점전하 사이에 작용하는 힘은?

① 항상 반발력이다.

② 항상 흡인력이다.

③ 조건적 반발력이다.

④ 조건적 흡인력이다.

|정|답|및|해|설|

[접지 도체구와 점전하] 접지구도체에는 항상 점전하와 반대 극성인 전하가 유도되므로 항상 흡인력이 작용한다.

$$F = \frac{Q \cdot Q'}{4\pi\epsilon_0 (\dfrac{d^2 - a^2}{d})^2} = -\frac{adQ^2}{4\pi\epsilon_0 (d^2 - a^2)^2} [N] \quad (Q' = -\frac{a}{d}Q)$$

【정답】②

19. 무한장 직선도체에 선전하밀도 λ[C/m]의 전하가 분포되어 있는 경우 직선 도체를 축으로 하는 반지름 r[m]의 원통면상의 전계는 몇 [V/m]인가?

① $E = \dfrac{1}{4\pi\epsilon_0} \times \dfrac{\lambda}{r}$　② $E = \dfrac{1}{2\pi\epsilon_0} \times \dfrac{\lambda}{r^2}$

③ $E = \dfrac{1}{4\pi\epsilon_0} \times \dfrac{\lambda}{r^2}$　④ $E = \dfrac{1}{2\pi\epsilon_0} \times \dfrac{\lambda}{r}$

|정|답|및|해|설|

[직선도체] $E = \dfrac{\lambda}{2\pi r \epsilon_0}$ [V/m]　$\rightarrow E \propto \dfrac{1}{r}$

※점전하, 구도체 $E = \dfrac{Q}{4\pi\epsilon_0 r^2}$ [V/m]

무한장평면 $E = \dfrac{\sigma}{2\epsilon_0}$ [V/m]

【정답】④

20. 동일 용량 $C(\mu F)$의 콘덴서 n개를 병렬로 연결하였다면 합성정전용량은 얼마인가?

① n^2C 　　　　　② nC

③ $\dfrac{C}{n}$ 　　　　④ C

|정|답|및|해|설|..............

[동일 용량의 콘덴서 연결]

· 직렬 연결 $C_s = \dfrac{C_1 C_2}{C_1 + C_2} = \dfrac{C}{n}$

· 병렬 연결 $C_p = C_1 + C_2 = nC$

【정답】②

2018 전기산업기사 기출문제

1회

1. 무한장 원주형 도체에 전류 I가 표면에만 흐른다면 원주 내부의 자계의 세기는 몇 [AT/m] 인가? (단. r[m]는 원주의 반지름이고, N은 권선수이다.)

① $\dfrac{I}{2\pi r}$　　　　② $\dfrac{NI}{2\pi r}$

③ $\dfrac{I}{2r}$　　　　④ 0

|정|답|및|해|설|
[동축 원통(무한장 원주형)] 도체의 전류가 표면에만 흐르므로 도체 내부에는 폐곡선 C 중을 통하는 전류가 없다. 따라서 내부 자계의 세기는 0이다.
즉, 직선도체에 전류가 흐를 때 중심에서 r만큼 떨어진 지점
·내부$(r<a)$ → $H=0$
·표면$(r>a)$ → $H=\dfrac{I}{2\pi r}$　　　　【정답】④

2. 다음이 설명하고 있는 것은?

> 수정, 로셀염 등에 열을 가하면, 분극을 일으켜 한쪽 끝에 양(+)전기, 다른 쪽 끝에 음(−)전기가 나타나며, 냉각할 때에는 역분극이 생긴다.

① 강유전성
② 압전기 현상
③ 파이로(Pyro) 전기
④ 톰슨(Thomson) 효과

|정|답|및|해|설|
[압전기 현상]
① 직접효과 : 수정, 전기석, 로셀염, 티탄산바륨의 결정에 기계적 용력을 가하면 전기분극이 나타나는 현상
② 역효과 : 역으로 결정에 전기를 가하면 기계적 왜형이 나타나는 현상
③ 종효과 : 결정에 가한 기계적 응력과 전기 분극이 동일 방향으로 발생하는 경우
④ 횡효과 : 수직 방향으로 발생하는 경우

【정답】③

3. 비유전율이 9인 유전체 중에 1[cm]의 거리를 두고 1[μC]과 2[μC]의 두 점전하가 있을 때 서로 작용하는 힘은 약 몇 [N]인가?

① 18　　　　② 20
③ 180　　　　④ 200

|정|답|및|해|설|
[쿨롱의 법칙]
$$F=\frac{Q_1Q_2}{4\pi\epsilon_0\epsilon_s r^2}=9\times10^9\times\frac{1\times10^{-6}\times2\times10^{-6}}{9\times(1\times10^{-2})^2}=20[N]$$

$\mu(=10^{-6})$

$\dfrac{1}{4\pi\epsilon_0}≒9\times10^9$

【정답】②

4. 비투자율 [μ_s], 자속 밀도 B[Wb/m^2]인 자계 중에 있는 m[Wb]의 자극이 받는 힘[N]은?

① $\dfrac{Bm}{\mu_0\mu_s}$　　　　② $\dfrac{Bm}{\mu_0}$

③ $\dfrac{\mu_0\mu_s}{Bm}$　　　　④ $\dfrac{Bm}{\mu_s}$

|정|답|및|해|설|

[자계 중의 자극이 받는 힘] $F=mH[N]$ 에서

자속밀도 $B=\mu H$ 이므로 $H=\dfrac{B}{\mu}=\dfrac{B}{\mu_o\mu_s}$

$\therefore F=m\dfrac{B}{\mu_0\mu_s}[N]$ 　　　　　　　　　【정답】①

5. 반지름이 1[m]인 도체구에 최고로 줄 수 있는 전위는 몇 [kV]인가? 단, 주위 공기의 절연내력은 3×10^6[V/m]이다.

① 30　　　　　　　② 300

③ 3,000　　　　　　④ 30,000

|정|답|및|해|설|

[구도체의 전위] $V=Er$ 에서

여기서, E : 전계의 세기, r : 반지름

$E=G$(절연내력)$=\dfrac{Q}{4\pi\epsilon_0 r^2}$ 이므로

전위 $V=Er=Gr=3\times10^6\times1=3\times10^6[V]=3,000[\mathrm{kV}]$

【정답】③

6. 그림과 같은 정전용량이 C_0[F]가 되는 평행판 공기 콘덴서가 있다. 이 콘덴서의 판면적의 $\dfrac{3}{2}$ 되는 공간에 비유전율 ϵ_s 인 유전체를 채우면 공기콘덴서의 정전용량은 몇 [F]인가?

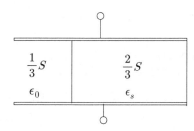

① $\dfrac{2\epsilon_s}{3}C_0$　　　　　　② $\dfrac{3}{1+2\epsilon_s}C_0$

③ $\dfrac{1+\epsilon_s}{3}C_0$　　　　　④ $\dfrac{1+2\epsilon_s}{3}C_0$

|정|답|및|해|설|

[콘덴서 정전용량] 콘덴서가 병렬이므로

$C=C_1+C_2=\dfrac{1}{3}C_0+\dfrac{2}{3}C_0\epsilon_s=\dfrac{1}{3}C_0(1+2\epsilon_s)[F]$

【정답】④

7. 단면적 S[m²], 자로의 길이 l[m], 투자율 μ[H/m]의 환상 철심에 1[m]당 N회 코일을 균등하게 감았을 때 자기 인덕턴스[H]는?

① μNlS　　　　　　② $\mu N^2 lS$

③ $\dfrac{\mu N^2 l}{S}$　　　　　④ $\dfrac{\mu N^2 S}{l}$

|정|답|및|해|설|

[환상 솔레노이드의 자기인덕턴스] 1[m]당 N회 감고 μ, S, l일 때 $L=\dfrac{\mu S(Nl)^2}{l}=\mu SN^2 l[H]$

여기서, L : 자기인덕턴스, μ : 투자율[H/m], N : 권수

　　　S : 단면적[m²], l : 길이[m]

【정답】②

8. 반지름 a[m]인 접지 구도체의 중심에서 $r[m]$ 되는 거리에 점전하 Q가 있을 때 도체구에 유도된 총 전하는 몇 [C]인가?

① 0　　　　　　　② $-Q$

③ $-\dfrac{a}{r}Q$　　　　　④ $-\dfrac{r}{a}Q$

|정|답|및|해|설|

[접지 도체구에 유기되는 전하]

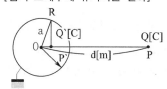

$Q=-\dfrac{a}{d}Q[C]$이고 $OP\cdot OP'=a^2$, $OP'=\dfrac{a^2}{d}[m]$

전하의 크기 $Q'=-\dfrac{a}{d}Q[C]$ 　　　　　　【정답】③

9. 각각 $\pm Q$[C]로 대전된 두 개의 도체 간의 전위차를 전위계수로 표시하면? 단, $P_{12}=P_{21}$이다.

① $(P_{11}+P_{12}+P_{22})Q$

② $(P_{11}+P_{12}-P_{22})Q$

③ $(P_{11}-P_{12}+P_{22})Q$

④ $(P_{11}-2P_{12}+P_{22})Q$

|정|답|및|해|설|
[도체의 전위차] $V=V_1-V_2[\mathrm{V}]$
·1도체의 전위 $V_1=P_{11}Q_1+P_{12}Q_2[V]$
·2도체의 전위 $V_2=P_{21}Q_1+P_{22}Q_2[V]$
→ $Q_1=Q$, $Q_2=-Q$를 대입
전위차 $V=V_1-V_2=P_{11}Q-P_{12}Q-P_{12}Q+P_{22}Q$
$=(P_{11}-2P_{12}+P_{22})Q$ 【정답】④

10. 접지구 도체와 점전하 간의 작용력은?

① 항상 반발력이다.
② 항상 흡인력이다.
③ 조건적 반발력이다.
④ 조건적 흡인력이다.

|정|답|및|해|설|
[접지 도구체] 접지 도구체에는 점전하와 반대 극성인 전하가 유도되므로 항상 흡인력이 작용한다.
·유도전하 : $Q'=-\dfrac{a}{d}Q$
·위치 : $x=+\dfrac{a^2}{d}$ 【정답】②

11. 공기 중에서 무한 평면 도체로부터 수직으로 $10^{-10}[\mathrm{m}]$ 떨어진 점에 한 개의 전자가 있다. 이 전자에 작용하는 힘은 약 몇 [N]인가? 단, 전자의 전하량 : $-1.602\times10^{-19}[\mathrm{C}]$이다.

① 5.77×10^{-9} ② 1.602×10^{-9}
③ 5.77×10^{-19} ④ 1.602×10^{-19}

|정|답|및|해|설|
[전기 영상법] 평면의 반대쪽에 크기는 같고 부호가 반대인 전하가 있다고 가정하고 해석한다.

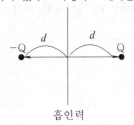

흡인력

영상력 $F=\dfrac{Q\times(-Q)}{4\pi\epsilon_0(2d)^2}=-\dfrac{Q^2}{16\pi\epsilon_0 a^2}[N]$
$=9\times10^9\times\dfrac{(1.602\times10^{-19})}{4\times(10^{-10})^2}=5.77\times10^{-9}[N]$
$\rightarrow(\dfrac{1}{4\pi\epsilon_0}=\dfrac{1}{4\times3.14\times8.855\times10^{-12}}=8.99\times10^9\fallingdotseq9\times10^9)$
【정답】①

12. 자속밀도 B[Wb/m²]가 도체 중에서 f[Hz]로 변화할 때 도체 중에 유기되는 기전력 e는 무엇에 비례하는가?

① $e\propto Bf$ ② $e\propto\dfrac{B}{f}$
③ $e\propto\dfrac{B^2}{f}$ ④ $e\propto\dfrac{f}{B}$

|정|답|및|해|설|
[유기기전력] $e=-N\dfrac{d\phi}{dt}=-N\dfrac{d}{dt}(\phi_m\sin2\pi ft)$
$=-2\pi fN\phi_m\cos2\pi ft=-2\pi fNB_mS\cos2\pi ft[V]$
∴ $e\propto Bf$
【정답】①

13. 유전체 중의 전계의 세기를 E, 유전율을 ϵ이라 하면 전기변위는?

① ϵE ② ϵE^2
③ $\dfrac{\epsilon}{E}$ ④ $\dfrac{E}{\epsilon}$

|정|답|및|해|설|
[전기변위] 전기변위는 전속밀도와 같다.
$i_a=\dfrac{\partial D}{\partial t}=\dfrac{\partial\epsilon E}{\partial t}[\mathrm{A/m^2}]$, 즉 $D=\epsilon E[\mathrm{C/m^2}]$이다.
【정답】①

14. 맥스웰의 전자방정식으로 틀린 것은?

① div B$=\phi$ ② div D$=\rho$
③ $\mathrm{rot}E=-\dfrac{\partial B}{\partial t}$ ④ $\mathrm{rot}H=i+\dfrac{\partial D}{\partial t}$

[맥스웰 전자계 기초 방정식]

① $\text{rot} E = -\dfrac{\partial B}{\partial t}$ (패러데이의 전자유도법칙(미분형)) : 전계의 회전은 자속밀도의 시간적 감소율과 같다.

② $\text{rot} H = \nabla \times E = i + \dfrac{\partial D}{\partial t}$ (암페어 주회법칙의 미분형) : 자계의 회전은 전류밀도와 같다.

③ $\text{div} D = \rho$ (가우스의 법칙) : 단위 체적당 발산 전속수는 단위 체적당 공간전하 밀도와 같다.

④ $\underline{\text{div} B = 0}$ (고립된 자하는 없다) : 자계는 발산하지 않으며, 자극은 단독으로 존재하지 않는다.

【정답】①

15. 유전율 ϵ, 투자율 μ인 매질 내에서 전자파의 전파 속도는?

① $\sqrt{\epsilon\mu}$ ② $\sqrt{\dfrac{\epsilon}{\mu}}$

③ $\dfrac{1}{\sqrt{\epsilon\mu}}$ ④ $\sqrt{\dfrac{\mu}{\epsilon}}$

[전자파의 속도] $v = \dfrac{1}{\sqrt{\epsilon\mu}} [m/sec]$

여기서, ϵ : 유전율, μ : 투자율

$$\boxed{\begin{array}{l} C_0(\text{빛의 속도}) = \dfrac{1}{\sqrt{\epsilon_0\mu_0}} \\ = 3 \times 10^8 [m/s] \end{array}}$$

$$v = \dfrac{1}{\sqrt{\mu\epsilon}} = \dfrac{1}{\sqrt{\mu_0\mu_s\epsilon_0\epsilon_s}} = \dfrac{C_0}{\sqrt{\mu_s\epsilon_s}} = \dfrac{3 \times 10^8}{\sqrt{\mu_s\epsilon_s}} [m/s]$$

【정답】③

16. 평행판 콘덴서에서 전극 간 V[V]의 전위차를 가할 때 전계의 세기가 공기의 절연내력 E[V/m]를 넘지 않도록 하기 위한 콘덴서의 단위 면적당 최대 용량은 몇 [F/m²]인가?

① $\dfrac{\epsilon_0 V}{E}$ ② $\dfrac{\epsilon_0 E}{V}$

③ $\dfrac{\epsilon_0 V^2}{E}$ ④ $\dfrac{\epsilon_0 E^2}{V}$

[평행판 콘덴서의 정전용량] $C = \dfrac{\epsilon_0 S}{d} [F]$

전계 $E = \dfrac{V}{d} \rightarrow d = \dfrac{V}{E}$

콘덴서의 단위 면적당(S=1) 최대 용량 $C = \dfrac{\epsilon_0}{d} = \dfrac{\epsilon_0}{\dfrac{V}{E}} = \dfrac{\epsilon_0 E}{V}$

【정답】②

17. 그림과 같이 권수가 1이고 반지름 a[m]인 원형 I[A]가 만드는 자계의 세기[AT/m]는?

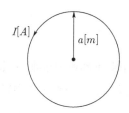

① $\dfrac{I}{a}$ ② $\dfrac{I}{2a}$

③ $\dfrac{I}{3a}$ ④ $\dfrac{I}{4a}$

[원형 코일 중심의 자계의 세기 $(x=0, N=1)$]

$H_0 = \dfrac{I}{2a} [AT/m]$

여기서, x : 원형 코일 중심에서 떨어진 거리
        N : 권수, a : 반지름, I : 전류

【정답】②

18. 두 점전하 q, $\dfrac{1}{2}q$가 a만큼 떨어져 놓여 있다. 이 두 점전하를 연결하는 선상에서 전계의 세기가 영(0)이 되는 점은 q가 놓여 있는 점으로부터 얼마나 떨어진 곳인가?

① $\sqrt{2}a$ ② $(2-\sqrt{2})a$

③ $\dfrac{\sqrt{3}}{2}a$ ④ $\dfrac{(1+\sqrt{2})a}{2}$

|정|답|및|해|설|

[전계의 세기가 0이 되는 점]

·두 전하가 극성이 같으면 : 두 전하 사이에 존재

·두 전하의 극성이 다르면 : 크기가 작은 측의 외측에 존재

두 전하의 부호가 다르므로 전계의 세기가 0이 되는 점은 전하의 절대값이 적은 측의 외측에 존재

$E_1 = E_2$

$$\frac{Q}{4\pi\epsilon_0 x^2} = \frac{\frac{1}{2}Q}{4\pi\epsilon_0(a-x)^2} \rightarrow \frac{1}{2}x^2 = (a-x)^2$$

$$\frac{1}{\sqrt{2}}x = a-x \rightarrow x = \sqrt{2}(a-x)$$

$$(1+\sqrt{2})x = \sqrt{2}a$$

$$x = \frac{\sqrt{2}}{\sqrt{2}+1}a = \frac{\sqrt{2}(\sqrt{2}-1)}{(\sqrt{2}+1)(\sqrt{2}-1)}a = (2-\sqrt{2})a$$

【정답】②

---

19. 균일한 자장 내에서 자장에 수직으로 놓여 있는 직선 도선이 받는 힘에 대한 설명 중 옳은 것은?

① 힘은 자장의 세기에 비례한다.

② 힘은 전류의 세기에 반비례한다.

③ 힘은 도선 길이의 $\frac{1}{2}$승에 비례한다.

④ 자장의 방향에 상관없이 일정한 방향으로 힘을 받는다.

|정|답|및|해|설|

[플레밍의 왼손법칙] 평등 자장 내에 전류가 흐르고 있는 도체가 받는 힘 $F = (I \times B)l = IBl\sin\theta$[N] 【정답】①

---

20. 전류밀도 J, 전계 E, 입자의 이동도 μ, 도전율을 σ라 할 때 전류밀도 [A/m²]를 옳게 표현한 것은?

① $J = 0$　　　　② $J = E$

③ $J = \sigma E$　　　④ $J = \mu E$

|정|답|및|해|설|

·전도전류 : 도체에 흐르는 전류(자유전자 이동) $i = kE$(여기서 k=도전율)

·변위전류 : 유전체에서 전속밀도의 시간적 변화에 의한 전류

$$i_d = \frac{dD}{dt}$$　　　　【정답】③

---

1. 유전체에 가한 전계 E[V/m]와 분극의 세기 $P[C/m^2]$와의 관계로 옳은 식은?

① $P = \epsilon_o(\epsilon_s - 1)E$　② $P = \epsilon_o(\epsilon_s + 1)E$

③ $D = \epsilon_o E - P$　　　④ $D = \epsilon_o\epsilon_s E + P$

|정|답|및|해|설|

[전계] $E = \dfrac{\sigma - \sigma_p}{\epsilon_0} = \dfrac{D-P}{\epsilon_0}$ [V/m]

[전속밀도] $D = \epsilon_0 E + P = \epsilon_0\epsilon_s E$[C/m²]

[분극의 세기] $P = \epsilon_0(\epsilon_s - 1)E = D - \epsilon_0 E = (1 - \dfrac{1}{\epsilon_s})D$[C/m²]

여기서, σ : 진전하, σ_p : 속박전하, $\sigma - \sigma_p$: 자유전하

【정답】①

---

2. 자유공간(진동)에서의 고유 임피던스[Ω]는?

① 144　　　　② 277

③ 377　　　　④ 544

|정|답|및|해|설|

[고유 임피던스] $Z_0 = \dfrac{E}{H} = \sqrt{\dfrac{\mu}{\epsilon}} = \sqrt{\dfrac{\mu_0}{\epsilon_0}} = 377[\Omega]$

$\rightarrow (\epsilon_0 : 8.855 \times 10^{-12}, \ \mu_0 : 4\pi \times 10^{-7})$

【정답】③

---

3. 크기가 1[C]인 두 개의 같은 점전하가 진공 중에서 일정한 거리가 떨어져 $9 \times 10^9[N]$의 힘으로 작용할 때 이들 사이의 거리는 몇 [m]인가?

① 1　　　　② 2

③ 4　　　　④ 10

|정|답|및|해|설|

[쿨롱의 법칙] $F = 9 \times 10^9 \times \dfrac{Q_1 Q_2}{r^2}[N]$

$F = 9 \times 10^9 \times \dfrac{Q_1 Q_2}{r^2} = 9 \times 10^9 \rightarrow r = \sqrt{\dfrac{9 \times 10^9 \times 1^2}{9 \times 10^9}} = 1[m]$

【정답】①

4. 공극을 가진 환상 솔레노이드에서 총 권수 N, 철심의 비투자율 μ_r, 단면적 A, 길이 l이고 공극이 δ일 때, 공극부에 자속밀도 B를 얻기 위해서는 얼마의 전류를 몇 [A] 흘려야 하는가?

① $\dfrac{10^7 B}{2\pi N}\left(\dfrac{l}{\mu_r}+\delta\right)$ ② $\dfrac{10^7 B}{2\pi N}\left(\dfrac{\delta}{\mu_r}+l\right)$

③ $\dfrac{10^7 B}{4\pi N}\left(\dfrac{l}{\mu_r}+\delta\right)$ ④ $\dfrac{10^7 B}{4\pi N}\left(\dfrac{\delta}{\mu_r}+l\right)$

· 자기 저항 = 철심 자기 저항+공극 자기 저항

$$R_m = R_i + R_g = \dfrac{l}{\mu_0 \mu_r A} + \dfrac{\delta}{\mu_r A}$$

$$R_m = \dfrac{1}{\mu_0 A}\left(\dfrac{l}{\mu_r}+\delta\right)$$

· 자기회로의 옴의 법칙 $R\varnothing = NI$에서 $\varnothing = \dfrac{NI}{R}$

$$\therefore I = \dfrac{R\varnothing}{N} = \dfrac{RBA}{N} = \dfrac{BA}{N}\cdot\dfrac{1}{\mu_0 A}\left(\dfrac{l}{\mu_r}+\delta\right)$$

$$= \dfrac{B}{\mu_0 N}\left(\dfrac{l}{\mu_r}+\delta\right) = \dfrac{B}{4\pi\times10^{-7}\times N}\left(\dfrac{l}{\mu_r}+\delta\right) = \dfrac{10^7 B}{4\pi N}\left(\dfrac{l}{\mu_r}+\delta\right)$$

【정답】③

5. 자계의 세기가 H인 자계 중에 직각으로 속도 v로 발사된 전하 Q가 그리는 원의 반지름 r은?

① $\dfrac{mv}{QH}$ ② $\dfrac{mv^2}{QH}$

③ $\dfrac{mv}{\mu QH}$ ④ $\dfrac{mv^2}{\mu QH}$

[로렌츠의 힘] $F = Q[E+(v\times B)]$

전자가 자계 내로 진입하면 원심력 $\dfrac{mv^2}{r}$ 과 구심력 $e(v\times B)$ 가 같아지며 전자는 원운동 하게 된다.

$$\dfrac{mv^2}{r} = QvB에서 \quad r = \dfrac{mv}{QB} = \dfrac{mv}{Q\mu H} \quad \rightarrow (B=\mu H)$$

【정답】③

6. 면전하밀도 $\sigma[C/m^2]$, 판간거리 $d[m]$인 무한 평행판 대전체 간의 전위차[V]는?

① σd ② $\dfrac{\sigma}{\epsilon}$

③ $\dfrac{\epsilon_o \sigma}{d}$ ④ $\dfrac{\sigma d}{\epsilon_o}$

[평행판 콘덴서의 전계의 세기] $E = \dfrac{\sigma}{\epsilon_o}$에서

전위 $V = E\cdot d = \dfrac{\sigma}{\epsilon_o}\cdot d$ 　　　　　【정답】④

7. 진공 중의 도체계에서 임의의 도체를 일정 전위의 도체로 완전히 포위하면 내외 공간의 전계를 완전 차단시킬 수 있는데 이것을 무엇이라 하는가?

① 홀효과 ② 정전차폐

③ 핀치효과 ④ 전자차폐

[정전차폐] 임의의 도체를 일정 전위(영전위)의 도체로 완전 포위하여 내외 공간의 전계를 완전히 차단하는 현상

① 홀효과 : 도체나 반도체의 물질에 전류를 흘리고 이것과 직각 방향으로 자계를 가하면 플레밍의 오른손 법칙에 의하여 도체 내부의 전하가 횡방향으로 힘을 모아 도체 측면에 (+), (−)의 전하가 나타나는데 이러한 현상을 홀 효과라고 한다.

③ 핀치 효과 : 반지름 a인 액체 상태의 원통상 도선 내부에 균일하게 전류가 흐를 때 도체 내부에 자장이 생겨 로렌츠의 힘으로 전류가 원통 중심 방향으로 수축하려는 효과

④ 전자 차폐 : 전자 유도에 의한 방해 작용을 방지할 목적으로 대상이 되는 장치 또는 시설을 적당한 자기 차폐체에 의해 감싸서 외부 전자계의 영향으로부터 차단하는 것

【정답】②

8. 평면 전자파의 전계 E와 자계 H와의 관계식은?

① $E = \sqrt{\dfrac{\epsilon}{\mu}}\,H$ ② $E = \sqrt{\mu\epsilon}\,H$

③ $E = \sqrt{\dfrac{\mu}{\epsilon}}\,H$ ④ $E = \dfrac{1}{\sqrt{\mu\epsilon}}\,H$

[자유공간에서의 특성임피던스(파동임피던스)]

$$Z_0 = \frac{E}{H} = \sqrt{\frac{\mu}{\epsilon}} \rightarrow E = Z_0 H = \sqrt{\frac{\mu}{\epsilon}} H$$

【정답】③

9. 그림과 같은 반지름 a[m]인 원형 코일에 I[A]이 전류가 흐르고 있다. 이 도체 중심 축상 x[m]인 점 P의 자위는 몇 [A]인가?

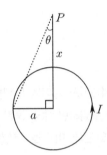

① $\dfrac{I}{2}\left(1 - \dfrac{x}{\sqrt{a^2 + x^2}}\right)$
② $\dfrac{I}{2}\left(1 - \dfrac{a}{\sqrt{a^2 + x^2}}\right)$

③ $\dfrac{I}{2}\left(1 - \dfrac{x^2}{(a^2 + x^2)^{\frac{3}{2}}}\right)$
④ $\dfrac{I}{2}\left(1 - \dfrac{a^2}{(a^2 + x^2)^{\frac{3}{2}}}\right)$

|정|답|및|해|설|

[판자석의 자위] $U = \dfrac{Mw}{4\pi\mu_0}[A]$

여기서, ω : 입체각 $(\omega = 2\pi(1 - \cos\theta) = 2\pi(1 - \dfrac{x}{\sqrt{a^2 + x^2}})[sr])$

M : 판자석의 세기 $(M = \sigma\delta = \mu_o I[Wb/m])$

$U = \dfrac{M}{4\pi\mu_o}\omega = \dfrac{M}{4\pi\mu_o} \times 2\pi(1 - \cos\theta) = \dfrac{M}{2\mu_o}\left(1 - \dfrac{x}{\sqrt{a^2 + x^2}}\right)$

$\therefore U = \dfrac{I}{2}\left(1 - \dfrac{x}{\sqrt{a^2 + x^2}}\right)$

【정답】①

10. 자기 인덕턴스가 각각 L_1, L_2인 두 코일을 서로 간섭이 없도록 병렬로 연결했을 때 그 합성 인덕턴스는?

① $L_1 \cdot L_2$
② $\dfrac{L_1 + L_2}{L_1 L_2}$

③ $L_1 + L_2$
④ $\dfrac{L_1 \cdot L_2}{L_1 + L_2}$

|정|답|및|해|설|

[병렬 접속 시 합성 인덕턴스]

·가극성의 경우 $L = \dfrac{L_1 L_2 - M^2}{L_1 + L_2 - 2M}$

·감극성의 경우 $L = \dfrac{L_1 L_2 - M^2}{L_1 + L_2 + 2M}$

두 코일에 간섭이 없다는 것은 $M = 0$을 의미하므로

합성 인덕턴스 $L = \dfrac{L_1 \cdot L_2}{L_1 + L_2}[H]$

【정답】④

11. 도체의 성질에 대한 설명으로 틀린 것은?

① 도체 내부의 전계는 0이다.

② 전하는 도체 표면에만 존재한다.

③ 도체의 표면 및 내부의 전위는 등전위이다.

④ 도체 표면의 전하밀도는 표면의 곡률이 큰 부분일수록 작다.

|정|답|및|해|설|

[도체의 성질]

① 도체 표면과 내부의 전위는 동일하고(등전위), 표면은 등전위면이다.

② 도체 내부의 전계의 세기는 0이다.

③ 전하는 도체 내부에는 존재하지 않고, 도체 표면에만 분포한다.

④ 도체 면에서의 전계의 세기는 도체 표면에 항상 수직이다.

⑤ 도체 표면에서의 전하밀도는 곡률이 클수록 높다. 즉, 곡률 반경이 작을수록 높다.

⑥ 중공부에 전하가 없고 대전 도체라면, 전하는 도체 외부의 표면에만 분포한다.

⑦ 중공부에 전하를 두면 도체 내부표면에 동량 이부호, 도체 외부표면에 동량 동부호의 전하가 분포한다.

【정답】④

12. 전류에 의한 자계의 방향을 결정하는 법칙은?

① 렌츠의 법칙

② 플레밍의 오른손 법칙

③ 플레밍의 왼손 법칙

④ 암페어의 오른손 법칙

|정|답|및|해|설|
· 렌츠의 법칙 : 유기기전력의 방향을 결정(자속의 변화에 따른 전자유도법칙)
· 플레밍의 오른손 법칙 : 자계 중에서 도체가 운동할 때 유기 기전력의 방향 결정
· 플레밍의 왼손 법칙 : 자계 중에 있는 도체에 전류를 흘릴 때 도체의 운동 방향 결정
· 암페어의 오른나사(오른손) 법칙 : 전류에 의한 <u>자계의 방향</u>

【정답】④

---

13. 금속 도체의 전기저항은 일반적으로 온도와 어떤 관계인가?

① 전기저항은 온도의 변화에 무관하다.

② 전기저항은 온도의 변화에 대해 정특성을 갖는다.

③ 전기저항은 온도의 변화에 대해 부특성을 갖는다.

④ 금속 도체의 종류에 따라 전기저항의 온도 특성은 일관성이 없다.

|정|답|및|해|설|
[온도계수와 저항과의 관계] $R_2 = R_1 [1 + a_1 (T_2 - T_1)] [\Omega]$
여기서, T_1, T_2 : 온도, R_1, R_2 : 각각의 저항
a_1 : 온도 T_1에서의 온도계수 a_1

※ 온도가 올라가면 저항은 증가한다. 　　　　　【정답】②

---

14. 반지름 a[m]인 두 개의 무한장 도선이 d[m]의 간격으로 평행하게 놓여 있을 때 $a \ll d$인 경우, 단위 길이당 정전용량[F/m]은?

① $\dfrac{2\pi\epsilon_0}{\ln\dfrac{d}{a}}$

② $\dfrac{\pi\epsilon}{\ln\dfrac{d}{a}}$

③ $\dfrac{4\pi\epsilon}{\dfrac{1}{a} - \dfrac{1}{d}}$

④ $\dfrac{2\pi\epsilon}{\dfrac{1}{a} - \dfrac{1}{d}}$

|정|답|및|해|설|
[두 평형 도선 간의 정전 용량] $C = \dfrac{\lambda}{V} = \dfrac{\pi\epsilon_0}{\ln\dfrac{d}{a}}$ [F/m]

여기서, λ : 선전하밀도[C/m], V : 전위차

---

a : 도체의 반지름, d : 거리, $\epsilon(= \epsilon_0 \epsilon_s)$: 유전율

【정답】②

---

15. 두 개의 코일이 있다. 각각의 자기 인덕턴스가 0.4[H], 0.9[H] 상호인덕턴스가 0.36[H]일 때 결합계수는?

① 0.5　　　　　　　② 0.6

③ 0.7　　　　　　　④ 0.8

|정|답|및|해|설|
[상호 인덕턴스] $M = k\sqrt{L_1 L_2}$ 에서 $0 \leq k \leq 1$
여기서, k : 결합계수
결합계수 $k = \dfrac{M}{\sqrt{L_1 L_2}} = \dfrac{0.36}{\sqrt{0.4 \times 0.9}} = 0.6$

【정답】②

---

16. 비유전율이 2.4인 유전체 내의 전계의 세기가 100[mV/m]이다. 유전체에 축적되는 단위 체적 당 정전에너지는 몇 [J/m³]인가?

① 1.06×10^{-13}　　　② 1.77×10^{-13}

③ 2.32×10^{-13}　　　④ 2.32×10^{-11}

|정|답|및|해|설|
[단위 체적당 축적되는 정전에너지]

$$W = \frac{1}{2}DE = \frac{1}{2}\epsilon E^2 = \frac{1}{2}\frac{D^2}{\epsilon} [J/m^3]$$

여기서, D : 전속밀도, E : 전계, ϵ : 유전율$(= \epsilon_0 \epsilon_s)$

$$W = \frac{1}{2}\epsilon_0 \epsilon_s E^2 = \frac{1}{2} \times 8.855 \times 10^{-12} \times 2.4 \times (100 \times 10^{-3})^2$$

$$= 1.06 \times 10^{-13} [J/m^3]$$ 　　　　　　　【정답】①

---

17. 동심구 사이의 공극에 절연내력이 50[kV/mm]이며 비유전율이 3인 절연유를 넣으면, 공기인 경우 몇 배의 전하를 축적할 수 있는가? 단, 절연 내력은 3[kV/mm]라 한다.

① 3　　　　　　　② $\dfrac{50}{3}$

③ 50　　　　　　　④ 150

· 절연내력이 공기에 비해 $\frac{50}{3}$ 배

· 비유전율이 3이므로 전하 $Q = C \cdot V$에서 정전용량이 3배 되며 전위는 $\frac{50}{3}$ 배이므로 축적되는 전하는 $\frac{50}{3} \times 3 = 50$배

【정답】③

18. 자계의 벡터 포텐셜을 A라 할 때, A와 자계의 변화에 의해 생기는 전계 E 사이에 성립하는 관계식은?

① $A = \frac{\partial E}{\partial t}$ ② $E = \frac{\partial A}{\partial t}$

③ $A = -\frac{\partial E}{\partial t}$ ④ $E = -\frac{\partial A}{\partial t}$

자속밀도 $B = rot A$로 정의

$rot E = -\frac{\partial B}{\partial t}$ 에서

$rot E = -\frac{\partial B}{\partial t} = -\frac{\partial}{\partial t} rot A = rot \left(-\frac{\partial A}{\partial t} \right)$ $\therefore E = -\frac{\partial A}{\partial t}$

【정답】④

19. 그림과 같이 유전체 경계면에서 $\epsilon_1 < \epsilon_2$이었을 때 E_1과 E_2의 관계식 중 옳은 것은?

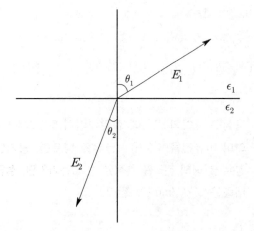

① $E_1 > E_2$ ② $E_1 < E_2$
③ $E_1 = E_2$ ④ $E_1 \cos \theta_1 = E_2 \cos \theta_2$

[두 유전체의 경계 조건 (굴절법칙)] $\frac{\tan \theta_1}{\tan \theta_2} = \frac{\epsilon_1}{\epsilon_2}$

· 전계의 접선성분이 연속 : $E_1 \sin \theta_1 = E_2 \sin \theta_2$
· 전속밀도의 법선성분이 연속 : $D_1 \cos \theta_1 = D_2 \cos \theta_2$

   $\epsilon_1 E_1 \cos \theta_1 = \epsilon_2 E_2 \cos \theta_2$

여기서, θ_1 : 입사각, θ_2 : 굴절각, ϵ_1, ϵ_2 : 유전율, E : 전계
$\epsilon_1 < \epsilon_2$일 경우 유전율의 크기와 굴절각의 크기는 비례한다.
그러므로 $\theta_1 < \theta_2$, $E_1 > E_2$, $D_1 < D_2$

【정답】①

20. 균등하게 자화된 구(球) 자성체가 자화될 때의 감자율은?

① $\frac{1}{2}$ ② $\frac{1}{3}$

③ $\frac{2}{3}$ ④ $\frac{3}{4}$

[감자력] $H = \frac{N}{\mu_0} J$

여기서, H : 감자력, J : 자화의 세기, N : 감자율($0 \leqq N \leqq 1$)
구 자성체의 감자율은 $\frac{1}{3}$, 환상 솔레노이드의 감자율은 0이다.

【정답】②

1. 자하율을 χ, 자속밀도를 B, 자계의 세기를 H, 자화의 세기를 J라고 할 때, 다음 중 성립될 수 없는 식은?

① $B = \mu H$ ② $J = \chi B$

③ $\mu = \mu_0 + \chi$ ④ $\mu_s = 1 + \frac{\chi}{\mu_0}$

|정|답|및|해|설|
[자계의 법칙]

· 자속밀도 $B = \mu H$

· 자화의 세기 $J = \chi H [\text{Wb/m}^2]$

· 자화율 $\chi = \mu_0(\mu_s - 1) = \mu - \mu_0$ 에서 $\mu = \mu_0 + \chi$

$$\mu_s = \frac{\mu}{\mu_0} = \frac{\mu_0 + \chi}{\mu_0} = 1 + \frac{\chi}{\mu_0}$$

【정답】②

2. 두 유전체의 경계면에서 정전계가 만족하는 것은?

① 전계의 법선성분이 같다.

② 전계의 접선성분이 같다.

③ 전속밀도의 접선성분이 같다.

④ 분극 세기의 접선성분이 같다.

|정|답|및|해|설|

[두 유전체의 경계 조건 (굴절법칙)] $\dfrac{\tan\theta_1}{\tan\theta_2} = \dfrac{\epsilon_1}{\epsilon_2}$

· 전계의 접선성분이 연속 : $E_1\sin\theta_1 = E_2\sin\theta_2$

· 전속밀도의 법선성분이 연속 : $D_1\cos\theta_1 = D_2\cos\theta_2$

$\quad \epsilon_1 E_1\cos\theta_1 = \epsilon_2 E_2\cos\theta_2$

여기서, θ_1 : 입사각, θ_2 : 굴절각, ϵ_1, ϵ_2 : 유전율, E : 전계
$\epsilon_1 < \epsilon_2$ 일 경우 유전율의 크기와 굴절각의 크기는 비례한다.

※전속밀도의 법선성분은 같고, 전계는 접선성분이 같다.

【정답】②

3. 자기 쌍극자의 중심축으로부터 $r[\text{m}]$인 점의 자계의 세기에 관한 설명으로 옳은 것은?

① r에 비례한다.　　② r^2에 비례한다.

③ r^2에 반비례한다.　④ r^3에 반비례한다.

|정|답|및|해|설|

[자기 쌍극자에서 거리 r만큼 떨어진 한 점에서의 자위]

$$U = \frac{M}{4\pi\mu_0 r^2}\cos\theta\,[\text{AT}]$$

[자계의 세기] $H = \dfrac{M}{4\pi\mu_0 r^3}\sqrt{1 + 3\cos^2\theta}\,[\text{AT/m}]$

여기서, M : 자기모멘트($M = ml$)

$\quad\quad \theta$: 거리 r과 쌍극자 모멘트 M이 이루는 각

【정답】④

4. 진공 중의 전계강도 $E = ix + jy + kz$로 표시될 때 반지름 10[m]의 구면을 통해 나오는 전체 전속은 약 몇 [C]인가?

① 1.1×10^{-7}　　② 2.1×10^{-7}

③ 3.2×10^{-7}　　④ 5.1×10^{-7}

|정|답|및|해|설|

[전속수] $\varnothing = \displaystyle\int D\,ds = Q \;\rightarrow\; \varnothing = Q[\text{C}]$

· 가우스의 미분형 : $\text{div}E = \nabla \cdot E = \dfrac{\rho}{\epsilon_0}$ 에서

여기서, ρ : 체적전하밀도[C/m^2]

$div E = \left(\dfrac{\partial}{\partial x}i + \dfrac{\partial}{\partial y}j + \dfrac{\partial}{\partial z}k\right) \cdot (ix + yj + zk) = 1 + 1 + 1 = 3$

$\rho = \epsilon_0 \times div E = 3\epsilon_0 [\text{C/m}^3]$

전속선 수

$Q = \rho v = 3\epsilon_0 \times \dfrac{4}{3}\pi r^3 = 3 \times \dfrac{10^{-9}}{36\pi} \times \dfrac{4}{3}\pi \times 10^3 = 1.1 \times 10^{-7}[\text{C}]$

【정답】①

5. 물의 유전율을 ϵ, 투자율을 μ라 할 때 물속에서의 전파속도는 몇 [m/s]인가?

① $\dfrac{1}{\sqrt{\epsilon\mu}}$　　② $\sqrt{\epsilon\mu}$

③ $\sqrt{\dfrac{\mu}{\epsilon}}$　　④ $\sqrt{\dfrac{\epsilon}{\mu}}$

|정|답|및|해|설|

[전파속도] $v = f\lambda = \sqrt{\dfrac{1}{\epsilon\mu}} = \sqrt{\dfrac{1}{\epsilon_0\mu_0}\dfrac{1}{\epsilon_s\mu_s}}$

$\quad\quad\quad = \dfrac{c}{\sqrt{\epsilon_s\mu_s}} = \dfrac{3\times10^8}{\sqrt{\epsilon_s\mu_s}}[\text{m/s}]$

$\quad\quad\quad \rightarrow \sqrt{\dfrac{1}{\epsilon_0\mu_0}} = C_0 (= 3\times10^8)$

여기서, v : 전파속도, λ : 전파의 파장[m], f : 주파수[Hz]

【정답】①

6. 반지름 $a[\text{m}]$인 원주 도체의 단위 길이당 내부 인덕턴스[H/m]는?

① $\dfrac{\mu}{4\pi}$　　② $\dfrac{\mu}{8\pi}$

③ $4\pi\mu$　　④ $8\pi\mu$

[단위 길이당 내부 인덕턴스] 원형 도체 내부의 인덕턴스에 진공의 투자율을 대입해서 구한다.

$$L_i = \frac{2W}{I^2} = \frac{2}{I^2} \times \frac{\mu I^2}{16\pi} = \frac{\mu}{8\pi}[H/m]$$

여기서, μ : 투자율($\mu_0\mu_s$), l : 길이

【정답】②

7. [$\Omega \cdot sec$]와 같은 단위는?

① F 　　　　　② H

③ F/m 　　　　④ H/m

[유기 기전력] $e = -N\frac{d\phi}{dt} = -N\frac{d\phi}{dt} \cdot \frac{di}{dt} = -L\frac{di}{dt}$

$[V] = [H] \cdot \left[\frac{A}{sec}\right] \rightarrow \left[\frac{V}{A} \cdot sec\right] = [H] \rightarrow [\Omega \cdot sec] = [H]$

【정답】②

8. 그림과 같이 일정한 권선이 감겨진 권회수 N회, 단면적 $S[m^2]$, 평균자로의 길이 $l[m]$인 환상솔레노이드에 전류 $I[A]$를 흘렸을 때 이 환상솔레노이드의 자기인덕턴스[H]는? 단, 환상철심의 투자율은 μ이다.

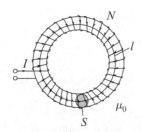

① $\frac{\mu^2 N}{l}$ 　　　　② $\frac{\mu SN}{l}$

③ $\frac{\mu^2 SN}{l}$ 　　　　④ $\frac{\mu SN^2}{l}$

[환상솔레노이드의 자기인덕턴스] $L = \frac{\mu SN^2}{l}[H]$

여기서, μ : 투자율, S : 단면적, N : 권수, l : 길이

$\mu_0 = 4\pi \times 10^{-7}$ 대입하면 $L = \frac{4\pi N^2 S}{l} \times 10^{-7}[H]$

【정답】④

9. 콘덴서의 성질에 관한 설명으로 틀린 것은?

① 정전용량이란 도체의 전위를 1[V]로 하는 데 필요한 전하량을 말한다.

② 용량이 같은 콘덴서를 n개 직렬 연결하면 내압은 n배, 용량은 1/n로 된다.

③ 용량이 같은 콘덴서를 n개 병렬 연결하면 내압은 같고, 용량은 n배로 된다.

④ 콘덴서를 직렬 연결할 때 각 콘덴서에 분포되는 전하량은 콘덴서 크기에 비례한다.

[용량이 동일한 콘덴서 연결]

·직렬 : 내압 nV, 정전용량 $\frac{C}{n}$

·병렬 : 내압 V, 정전용량 nC

직렬 연결할 때 각 콘덴서에 전하량은 콘덴서 용량에 관계없이 일정 　　　　　　　　　　　　　　　　　　【정답】④

10. 두 도체 사이에 100[V]의 전위를 가하는 순간 700[μC]의 전하가 축적되었을 때 이 두 도체 사이의 정전용량은 몇 [μF]인가?

① 4 　　　　　② 5

③ 6 　　　　　④ 7

[콘덴서의 정전용량] $C = \frac{Q}{V} = \frac{700 \times 10^{-6}}{100} = 7 \times 10^{-6} = 7[\mu F]$

【정답】④

11. 무한 평면도체로부터 거리 $a[m]$의 곳에 점전하 $2\pi[C]$가 있을 때 도체 표면에 유도되는 최대 전하밀도는 몇 [C/m^2]인가?

① $-\frac{1}{a^2}$ 　　　　② $-\frac{1}{2a^2}$

③ $-\frac{1}{2\pi a}$ 　　　　④ $-\frac{1}{4\pi a}$

무한 평면 도체상의 기준 원점으로부터 $x[m]$인 곳의 전하 밀도

$[C/m^2]$는 $\sigma = -\dfrac{Q \cdot a}{2\pi(a^2 + x^2)^{3/2}}[C/m^2]$이다.

면밀도가 최대인점은 $x = 0$인 곳이므로

$\sigma = -\dfrac{Q}{2\pi a^2} = -\dfrac{2\pi}{2\pi a^2} = -\dfrac{1}{a^2}[C/m^2]$　　　【정답】①

12. 강자성체가 아닌 것은?

① 철(Fe)　　　　② 니켈(Ni)

③ 백금(Pt)　　　　④ 코발트(Co)

[자성체의 분류]

·자성체 : 철(Fe), 니켈(Ni), 코발트(Co)

·상자성체 : 알루미늄(Al), 백금(Pt), 주석(Sn), 산소(O), 질소(N)

·반자성체 : 구리(Cu), 은(Ag), 납(Pb)

　　　　　　　　　　　　　　　　　　　　【정답】③

13. 온도 $0[℃]$에서 저항이 $R_1[\Omega]$, $R_2[\Omega]$, 저항 온도계수가 α_1, $\alpha_2[1/℃]$인 두 개의 저항선을 직렬로 접속하는 경우, 그 합성저항 온도계수는 몇 $[1/℃]$인가?

① $\dfrac{\alpha_1 R_2}{R_1 + R_2}$

② $\dfrac{\alpha_1 R_1 + \alpha_2 R_2}{R_1 + R_2}$

③ $\dfrac{\alpha_1 R_1 - \alpha_2 R_2}{R_1 + R_2}$

④ $\dfrac{\alpha_1 R_2 + \alpha_2 R_1}{R_1 + R_2}$

[합성저항 온도계수] $\alpha = \dfrac{\alpha_1 R_1 + \alpha_2 R_2}{R_1 + R_2}$

　　　　　　　　　　　　　　　　　　　　【정답】②

14. 평행판 콘덴서에서 전극 간에 $V[V]$의 전위차를 가할 때, 전계의 강도가 공기의 절연내력 $E[V/m]$를 넘지 않도록 하기 위한 콘덴서의 단위 면적당 최대 용량은 몇 $[F/m^2]$인가?

① $\epsilon_o EV$　　　　② $\dfrac{\epsilon_o E}{V}$

③ $\dfrac{\epsilon_o V}{E}$　　　　④ $\dfrac{EV}{\epsilon_o}$

[평행판 도체(콘덴서)]

·전계의 세기 $E = \dfrac{V}{d}$에서 $d = \dfrac{V}{E}$이며

·정전용량 $C = \dfrac{\epsilon_0 S}{d} = \dfrac{\epsilon_o S}{\dfrac{V}{E}} = \dfrac{\epsilon_o ES}{V}[F]$

그러므로 단위면적당 정전용량 $C = \dfrac{\epsilon_o E}{V}[F/m^2]$

　　　　　　　　　　　　　　　　　　　　【정답】②

15. 그림과 같이 반지름 $a[m]$, 중심 간격 $d[m]$, A에 $+\lambda[C/m]$, B에 $-\lambda[C/m]$의 평행 원통도체가 있다. $d \gg a$라 할 때의 단위 길이당 정전용량은 약 몇 $[F/m]$인가?

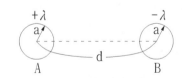

① $\dfrac{2\pi\epsilon_o}{\ln\dfrac{a}{d}}$　　　　② $\dfrac{\pi\epsilon_o}{\ln\dfrac{a}{d}}$

③ $\dfrac{2\pi\epsilon_o}{\ln\dfrac{d}{a}}$　　　　④ $\dfrac{\pi\epsilon_o}{\ln\dfrac{d}{a}}$

[평행왕복도선의 정전용량] $C = \dfrac{\pi\epsilon_o}{\ln\dfrac{d}{a}}[F/m]$

　　　　　　　　　　　　　　　　　　　　【정답】④

16. 벡터 $A = 5r\sin\phi a_z$가 원기둥 좌표계로 주어졌다. 점$(2, \pi, 0)$에서의 $\nabla \times A$를 구한 값은?

① $5a_r$
② $-5a_r$
③ $5a_\phi$
④ $-5a_\phi$

|정|답|및|해|설|..

[원통좌표계(r, ϕ, z)의 회전(rotation)]

$(rot A)_r = \dfrac{1}{r}\dfrac{\partial A_z}{\partial \phi} - \dfrac{\partial A_\phi}{\partial z}$

$(rot A)_\phi = \dfrac{\partial A_r}{\partial z} - \dfrac{\partial A_z}{\partial r}$

$(rot A)_z = \dfrac{1}{r}\left(\dfrac{\partial}{\partial r}(rA_\phi) - \dfrac{\partial A_r}{\partial \phi}\right)$이므로

$(rot A)_r = \dfrac{1}{r}\dfrac{\partial A_z}{\partial \phi} - \dfrac{\partial A_\phi}{\partial z} = \dfrac{1}{r}(5r\cos\phi) = 5\cos\phi$

$(rot A)_\phi = \dfrac{\partial A_r}{\partial z} - \dfrac{\partial A_z}{\partial r} = 5\sin\phi$

$\nabla \times A = 5\cos\phi a_r + 5\sin\phi a_\phi$에서 점 $(2, \pi, 0)$을 대입하면

$\quad = -5a_r$ 【정답】②

17. 두 종류의 금속으로 된 폐회로에 전류를 흘리면 양 접속점에서 한쪽은 온도가 올라가고 다른 쪽은 온도가 내려가는 현상을 무엇이라 하는가?

① 볼타(Volta) 효과
② 지벡(Seebeck) 효과
③ 펠티에(peltier) 효과
④ 톰슨(Thomson) 효과

|정|답|및|해|설|..

[열전현상]

· 제백 효과 : 두 종류 금속 접속 면에 온도차가 있으면 기전력이 발생하는 효과이다. 열전온도계에 적용

· 펠티에 효과 : 두 종류 금속 접속 면에 전류를 흘리면 접속점에서 열의 흡수(온도 강하), 발생(온도 상승)이 일어나는 효과이다. 제벡 효과와 반대 효과이며 전자 냉동 등에 응용되고 있다.

· 톰슨 효과 : 동일한 금속 도선의 두 점간에 온도차를 주고, 고온 쪽에서 저온 쪽으로 전류를 흘리면 도선 속에서 열이 발생되거나 흡수가 일어나는 이러한 현상

※볼타 효과 : 서로 다른 두 종류의 금속을 접촉시킨 다음 얼마 후에 떼어서 각각을 검사해 보면 + 및 -로 대전하는 현상

【정답】③

18. 전자유도작용에서 벡터퍼텐셜을 A[Wb/m]라 할 때 유도되는 전계 E[V/m]는?

① $\dfrac{\partial A}{\partial t}$
② $\displaystyle\int A\,dt$
③ $-\dfrac{\partial A}{\partial t}$
④ $-\displaystyle\int A\,dt$

|정|답|및|해|설|..

[벡터퍼텐셜] $B = rot\,A = \nabla \times A$

[맥스웰의 방정식] $rot\,E = \nabla \times E = -\dfrac{\partial B}{\partial t}$

$\nabla \times E = -\dfrac{\partial B}{\partial t} = -\dfrac{\partial(\nabla \times A)}{\partial t}$ 이다.

$\therefore E = -\dfrac{\partial A}{\partial t}$ 【정답】③

19. 비투자율 μ_s, 자속밀도 B[Wb/m²]인 자계 중에 있는 m[Wb]의 점자극이 받는 힘[N]은?

① $\dfrac{mB}{\mu_o}$
② $\dfrac{mB}{\mu_o\mu_s}$
③ $\dfrac{mB}{\mu_s}$
④ $\dfrac{\mu_o\mu_s}{mB}$

|정|답|및|해|설|..

[자계 중의 자극이 받는 힘] $F = mH$[N]

자속밀도 $B = \mu_0\mu_s H$에서 $H = \dfrac{B}{\mu_o\mu_s}$ [A/m]

$\therefore F = \dfrac{Bm}{\mu_o\mu_s}$ [N] 【정답】②

20. 모든 전기 장치를 접지시키는 근본적 이유는?

① 영상전하를 이용하기 때문에
② 지구는 전류가 잘 통하기 때문에
③ 편의상 지면의 전위를 무한대로 보기 때문에
④ 지구의 용량이 커서 전위가 거의 일정하기 때문에

|정|답|및|해|설|..

지구는 정전용량이 크므로 많은 전하가 축적되어도 지구의 전위는 일정하다. 모든 전기 장치를 접지시킨다.

【정답】④

2017 전기산업기사 기출문제

1. 자화의 세기 $J_m [Wb/m^2]$을 자속밀도 $B[Wb/m^2]$과 비투자율 μ_r로 나타내면?

① $J_m = (1-\mu_r)B$ ② $J_m = (\mu_r - 1)B$

③ $J_m = \left(1-\dfrac{1}{\mu_r}\right)B$ ④ $J_m = \left(\dfrac{1}{\mu_r}-1\right)B$

|정|답|및|해|설|

[자속밀도와 자계의 세기] $H = \dfrac{B}{\mu} = \dfrac{B}{\mu_0\mu_r}$

자속밀도 $B = \mu_0 H + J \rightarrow (J : 자계의 세기)$

$J = B - \mu_0 H = \left(1-\dfrac{1}{\mu_r}\right)B[Wb/m^2]$ 【정답】③

2. 평행판 콘덴서의 양극판 면적을 3배로 하고 간격을 $\dfrac{1}{3}$로 줄이면 정전용량은 처음의 몇 배가 되는가?

① 1   ② 3

③ 6   ④ 9

|정|답|및|해|설|

[평행판 콘덴서의 정전용량] $C = \dfrac{\epsilon s}{d}[F]$

여기서, s: 면적, d: 간격

$s' = 3s, \quad d' = \dfrac{1}{3}d$

$C' = \dfrac{\epsilon s'}{d'} = \dfrac{\epsilon \times 3s}{\dfrac{1}{3}d} = 9\dfrac{\epsilon s}{d} = 9C[F]$ 【정답】④

3. 임의의 절연체에 대한 유전율의 단위로 옳은 것은?

① [F/m]   ② [V/m]

③ [N/m]   ④ [C/m²]

|정|답|및|해|설|

① ϵ : 유전율[F/m]
② E : 전계[V/m]
③ F : 힘[N/m]
④ D : 전속밀도[C/m²] 【정답】①

4. 비유전율이 4이고, 전계의 세기가 20[kV/m]인 유전체 내의 전속밀도는 약 몇 [μC/m²]인가?

① 0.71   ② 1.42

③ 2.83   ④ 5.28

|정|답|및|해|설|

[전속밀도] $D = \epsilon E = \epsilon_0 \epsilon_s E$

여기서, ϵ_0 : 진공중의 유전율(=8.855×10^{-12}), ϵ_s : 비유전율

$D = \epsilon_0 \epsilon_s E = 8.855\times10^{-12} \times 4 \times 20\times10^3 = 0.71\times10^{-6}[C/m^2]$

$= 0.71[\mu C/m^2] \rightarrow (\mu = 10^{-6})$ 【정답】①

5. 저항 $24[\Omega]$의 코일을 지나는 자속이 $0.6\cos800t$[Wb]일 때 코일에 흐르는 전류의 최대값 몇 [A]인가?

① 10   ② 20

③ 30   ④ 40

|정|답|및|해|설|

[자속] $\varnothing = \varnothing_m \cos wt$

[유도기전력] $e = -\dfrac{d\varnothing}{dt} = \dfrac{d}{dt}(\varnothing_m \sin wt) = w\varnothing_m \cos wt\,[V]$

$\qquad\qquad = w\varnothing_m \sin\left(wt - \dfrac{\pi}{2}\right) = E_m \sin\left(wt - \dfrac{\pi}{2}\right)$

$\varnothing_m = 0.6, \ w = 800$

$E_m = w\varnothing_m = 800 \times 0.6 = 480\,[V]$

$\therefore I_m = \dfrac{E_m}{R} = \dfrac{480}{24} = 20\,[A]$

【정답】②

6. $-1.2[C]$의 점전하가 $5a_x + 2a_y - 3a_z\,[m/s]$인 속도로 운동한다. 이 전하가 $B = -4a_x + 4a_y + 3a_z$ $[Wb/m^2]$인 자계에서 운동하고 있을 때 이 전하에 작용하는 힘은 약 몇 [N]인가? 단, a_x, a_y, a_z 단위벡터이다.

① 10 　　　　　② 20

③ 30 　　　　　④ 40

|정|답|및|해|설|

전자가 자계 내로 진입하면 원심력 $\dfrac{mv^2}{r}$과 구심력 $e(v \times B)$가

같아지며 전자는 원운동

힘 $F = q(v \times B)$

$v \times B = \begin{bmatrix} i & j & k \\ 5 & 2 & -3 \\ -4 & 4 & 3 \end{bmatrix} = \begin{bmatrix} 2 & -3 \\ 4 & 3 \end{bmatrix}i + \begin{bmatrix} 5 & -3 \\ -4 & 3 \end{bmatrix}j + \begin{bmatrix} 5 & 2 \\ -4 & 4 \end{bmatrix}k$

$\qquad = (6 - (-12))i - (15 - 12)j + (20 - (-8))k$

$\qquad = 18i - 3j + 28k$

$F = q(v \times B) = -1.2(18i - 3j + 28k) = -21.6i + 3.6j - 33.6k$

$\qquad = \sqrt{(21.6)^2 + 3.6^2 + (-33.6)^2} = 40.11\,[N]$

【정답】④

7. 유도기전력의 크기는 폐회로에 쇄교하는 자속의 시간적 변화율에 비례한다는 법칙은?

① 쿨롱의 법칙

② 패러데이의 법칙

③ 플레밍의 오른손 법칙

④ 암페어의 주회적분 법칙

|정|답|및|해|설|

① 쿨롱의 법칙 : 전하들 간에 작용하는 힘, 두 전하의 곱에 비례하고, 두 전하의 거리의 제곱에 반비례한다.

$\qquad F = \dfrac{1}{4\pi\epsilon} \cdot \dfrac{Q_1 Q_2}{r^2}$

② 패러데이의 법칙 : 전자유도 법칙에 의한 기전력, 유도기전력의 크기를 결정, $e = -N\dfrac{\delta\phi}{\delta t}$

③ 플레밍의 오른손 법칙 : 도체에 기전력 발생, 유기 기전력의 방향을 결정, $e = (v \times B)l$

④ 암페어 주회 적분 법칙 : 자계와 전류의 관계

$\qquad \oint H \cdot dl = I$

【정답】②

8. 평행판 공기콘덴서 극판 간에 비유전율 6인 유리판을 일부만 삽입한 경우 내부로 끌리는 힘은 약 몇 $[N/m^2]$인가? (단, 극판간의 전위경도는 30[kV/cm]이고, 유리판의 두께는 판간 두께와 같다.)

① 199 　　　　　② 223

③ 247 　　　　　④ 269

|정|답|및|해|설|

[경계면에 작용하는 단위 면적당 힘] $f = \dfrac{1}{2}(\epsilon_1 - \epsilon_2)E^2\,[N/m^2]$

여기서, ϵ : 유전율$(= \epsilon_0 \epsilon_s)$

$f = \dfrac{1}{2}(\epsilon_0 \epsilon_{1s} - \epsilon_0 \epsilon_{2s})E^2 = \dfrac{1}{2}(6\epsilon_0 - \epsilon_0)E^2 = \dfrac{5}{2}\epsilon_0 E^2$

$f = \dfrac{5}{2}\epsilon_0 E^2 = \dfrac{5}{2} \times 8.85 \times 10^{-12} \times (3 \times 10^6)^2 = 199\,[N/m^2]$

여기서, ϵ_0 : 진공중의 유전율$(= 8.855 \times 10^{-12})$

【정답】①

9. 극판면적 $10[cm^2]$, 간격 1[mm]인 평행판 콘덴서에 비유전율이 3인 유전체를 채웠을 때 전압 100[V]를 가하면 축적되는 에너지는 약 몇 [J]인가?

① 1.32×10^{-7} 　　　　② 1.32×10^{-9}

③ 2.64×10^{-7} 　　　　④ 2.64×10^{-9}

|정|답|및|해|설|

평행판 콘덴서의 정전용량

$C = \dfrac{\epsilon_0 \epsilon_s S}{d} = \dfrac{8.855 \times 10^{-12} \times 3 \times 10 \times 10^{-4}}{1 \times 10^{-3}} = 26.56 \times 10^{-12}\,[F]$

콘덴서에 축적되는 에너지

$W = \dfrac{1}{2}CV^2 = \dfrac{1}{2} \times 26.56 \times 10^{-12} \times 100^2 = 1.32 \times 10^{-7}\,[J]$

【정답】①

10. 0.2[Wb/m^2]의 평등 자계 속에 자계와 직각 방향
으로 놓인 길이 30[cm]의 도선을 자계와 30° 방
향으로 30[m/s]의 속도로 이동시킬 때, 도체 양
단에 유기되는 기전력은?

① 0.45[V]　　　　② 0.9[V]

③ 1.8[V]　　　　④ 90[V]

|정|답|및|해|설|
[유기 기전력]　$e = Blv\sin\theta[V]$
$B = 0.2[Wb/m^2]$,　$l = 30[cm] = 0.3[m]$,　$\theta = 30[°]$
$v = 30[m/s]$

$e = Blv\sin\theta = 0.2 \times 0.3 \times 30 \times \sin 30° = 0.9[V]$　　　→ ($\sin 30 = 0.5$)

【정답】②

11. 전기 쌍극자에서 전계의 세기(E)와 거리(r)과의
관계는?

① E는 r^2에 반비례　　② E는 r^3에 반비례

③ E는 $r^{\frac{3}{2}}$에 반비례　　④ E는 $r^{\frac{5}{2}}$에 반비례

|정|답|및|해|설|

전기 쌍극자에 의한 전위 : $V = \dfrac{M\cos\theta}{4\pi\epsilon_0 r^2}[V]$,　$V \propto \dfrac{1}{r^2}$

전기 쌍극자 의한 전계 : $E = \dfrac{M\sqrt{1 + 3\cos^2\theta}}{4\pi\epsilon_0 r^3}[V/m]$,　$E \propto \dfrac{1}{r^3}$

【정답】②

12. 대전도체 표면의 전하밀도를 $\sigma[C/m^2]$이라 할
때, 대전도체 표면의 단위면적이 받는 정전응력
은 전하밀도 σ와 어떤 관계에 있는가?

① $\sigma^{\frac{1}{2}}$에 비례　　② $\sigma^{\frac{3}{2}}$에 비례

③ σ에 비례　　④ σ^2에 비례

|정|답|및|해|설|

정전 에너지　$W = \dfrac{Q^2}{2C} = \dfrac{Q^2}{2\left(\dfrac{\epsilon_0 S}{d}\right)} = \dfrac{Q^2 d}{2\epsilon_0 S} = \dfrac{\sigma^2 d}{2\epsilon_0}S[J]$

정전응력　$F = \dfrac{\sigma^2}{2\epsilon_0} = \dfrac{1}{2}\epsilon_0 E^2 = \dfrac{D^2}{2\epsilon_0} = \dfrac{1}{2}ED[N/m^2] \propto \sigma^2$

【정답】④

13. 단면적이 같은 자기회로가 있다. 철심의 투자율
을 μ라 하고 철심회로의 길이를 l이라 한다. 지금
그 일부에 미소공극 l_0을 만들었을 때 자기회로의
자기저항은 공극이 없을 때의 약 몇 배인가? (단,
$l \gg l_0$이다.)

① $1 + \dfrac{\mu l}{\mu_0 l_0}$　　　　② $1 + \dfrac{\mu l_0}{\mu_0 l}$

③ $1 + \dfrac{\mu_0 l}{\mu l_0}$　　　　④ $1 + \dfrac{\mu_0 l_0}{\mu l}$

|정|답|및|해|설|

[자기저항]　$R_m = \dfrac{l}{\mu A}$

여기서, R_m : 자기저항, A : 철심의 단면적
　　　　l_g : 미소의 공극, l : 철심의 길이

$l - l_g \doteqdot l$ 이므로

자기저항 $R_m = R_g + R_\mu = \dfrac{l_g}{\mu_0 A} + \dfrac{l}{\mu_0 A}$

$\therefore \dfrac{R_m}{R_\mu} = 1 + \dfrac{\mu l_g}{\mu_0 l} = 1 + \dfrac{l_g}{l}\mu_s$

【정답】②

14. 그림과 같이 도체구 내부 공동의 중심에 점전하 Q[C]가
있을 때 이 도체구의 외부로 발산되어 나오는 전기력선의
수는 몇 개인가? (단, 도체 내외의 공간은 진공이라 한다.)

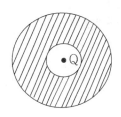

① 4π　　　　② $\dfrac{Q}{\epsilon_0}$

③ Q　　　　④ $\epsilon_0 Q$

|정|답|및|해|설|

발산되어 외부로 나오는 자속은 가우스정리에 의해서

$\dfrac{Q}{\epsilon}\left(= \dfrac{Q}{\epsilon_0 \epsilon_s}\right)$개의 전기력선이 나온다.　　→ (진공중의 $\epsilon_s = 1$)

진공중이나 공기중에서는 유전율이 ϵ_0이므로 $\dfrac{Q}{\epsilon_0}$

【정답】②

15. $E = x i - y j [V/m]$일 때 점 $(3, 4)[m]$를 통과하는 전기력선의 방정식은?

① $y = 12x$
② $y = \dfrac{x}{12}$
③ $y = \dfrac{12}{x}$
④ $y = \dfrac{3}{4}x$

|정|답|및|해|설|

[전기력선의 방정식] $\dfrac{dx}{E_x} = \dfrac{dy}{E_y}$

$E_x = x$, $E_y = -y$

$\dfrac{dx}{x} = \dfrac{dy}{-y}$

$\displaystyle\int \dfrac{dx}{x} = -\int \dfrac{dy}{y} + C \Rightarrow \ln x = -\ln y + C$

$\ln x + \ln y = C \rightarrow \ln xy + C$

$xy = e^c$

점$(3, 4)$이므로 $x=3$, $y=4$, $e^c = 12$

$\therefore xy = 12 \rightarrow y = \dfrac{12}{x}$ 【정답】③

16. 전자파 파동임피던스 관계식으로 옳은 것은?

① $\sqrt{\epsilon}H = \sqrt{\mu}E$
② $\sqrt{\epsilon\mu} = EH$
③ $\sqrt{\mu}H = \sqrt{\epsilon}E$
④ $\epsilon\mu = EH$

|정|답|및|해|설|

[특성임피던스(파동임피던스)]

$Z_0 = \dfrac{E}{H} = \sqrt{\dfrac{\mu}{\epsilon}} = \sqrt{\dfrac{\mu_0}{\epsilon_0}}\sqrt{\dfrac{\mu_r}{\epsilon_r}} = 377\sqrt{\dfrac{\mu_r}{\epsilon_r}}$

$\sqrt{\dfrac{\mu_0}{\epsilon_0}} = \sqrt{\dfrac{4\pi \times 10^{-7}}{8.855 \times 10^{-12}}} = 377[\Omega]$

$\sqrt{\mu}H = \sqrt{\epsilon}E$

【정답】③

17. 1000[AT/m]의 자계 중에 어떤 자극을 놓았을 때 3×10^2[N]의 힘을 받았다고 한다. 자극의 세기는 몇 [Wb]인가?

① 0.03[Wb]
② 0.3[Wb]
③ 3[Wb]
④ 30[Wb]

|정|답|및|해|설|

[자극에 작용하는 힘] $F = mH$

여기서, m : 자극, H : 자계의 세기

$\therefore m = \dfrac{F}{H} = \dfrac{3 \times 10^2}{1000} = \dfrac{300}{1000} = 0.3[Wb]$ 【정답】②

18. 자위(magnetic potential)의 단위로 옳은 것은?

① [C/m]
② [N·m]
③ [AT]
④ [J]

|정|답|및|해|설|

자위란 1[Wb]의 정자극을 무한 원점에서 점 P까지 가져 오는데 필요한 일을 점 P의 자위라고 하고, 단위는 [AT]를 사용한다.

【정답】③

19. 매 초마다 S면을 통과하는 전자에너지를 $W = \displaystyle\int_S P \cdot n dS [W]$로 표시하는데 이 중 틀린 설명은?

① 벡터 P를 포인팅 벡터라 한다.
② n이 내향일 때는 S면 내에 공급되는 총 전력이다.
③ n이 외향일 때에는 S면에서 나오는 총 전력이 된다.
④ P의 방향은 전자계의 에너지 흐름의 진행 방향과 다르다.

|정|답|및|해|설|

전자파의 진행 방향은 $E \times H$

전자계에서 에너지의 흐름을 나타내는 포인팅벡터

$P = E \times H$이므로 전자계의 에너지 흐름의 진행 방향과 같다.

【정답】④

20. 자기인덕턴스 $L[H]$의 코일에 $I[A]$의 전류가 흐를 때 저장되는 자기에너지는 몇 [J]인가?

① LI

② $\frac{1}{2}LI$

③ LI^2

④ $\frac{1}{2}LI^2$

|정|답|및|해|설|

· 자기에너지 $W = \frac{1}{2}QV = \frac{1}{2}CV^2 = \frac{Q^2}{2C}[J]$

· 정전에너지 $W = \frac{1}{2}LI^2[J]$　　　　【정답】④

1. 전기력선의 기본 성질에 관한 설명으로 틀린 것은?

① 전기력선의 방향은 그 점의 전계의 방향과 일치한다.

② 전기력선은 전위가 높은 점에서 낮은 점으로 향한다.

③ 전기력선은 그 자신만으로도 폐곡선을 만든다.

④ 전계가 0이 아닌 곳에서는 전기력선은 도체 표면에 수직으로 만난다.

|정|답|및|해|설|

[전기력선의 성질]

① 전기력선은 정(+)전하에서 시작하여 부(−)전하에서 그친다.

② 전하가 없는 곳에서는 전기력선의 발생, 소멸이 없고 연속적이다.

③ 전위가 높은 점에서 낮은 점으로 향한다.

④ 전기력선은 그 자신만으로 폐곡선(루프)이 되는 일은 없다.

⑤ 전계가 0이 아닌 곳에서는 2개의 전기력선은 교차하지 않는다.

⑥ 도체 내부에는 전기력선이 없다.

⑦ 수직 단면의 전기력선 밀도는 전계의 세기이고(1[개]/m^2)=1[N/C], 전기력선의 접선 방향은 전계의 방향이다.

⑧ 도체 표면(등전위면)에서 전기력선은 수직으로 출입한다.

⑨ 단위 전하 $\pm1[C]$에서는 $1/\epsilon_0$개의 전기력선이 출입한다.

　　　　【정답】③

2. 동일 용량 $C(\mu F)$의 콘덴서 n개를 병렬로 연결하였다면 합성용량은 얼마인가?

① n^2C

② nC

③ $\frac{C}{n}$

④ C

|정|답|및|해|설|

[동일 용량의 콘덴서 연결]

· 직렬 연결 $C_s = \frac{C}{n}$

· 병렬 연결 $C_p = nC$　　　　【정답】②

3. 반지름 $r = 1[m]$인 도체구의 표면 전하밀도가 $\frac{10^{-8}}{9\pi}[C/m^2]$이 되도록 하는 도체구의 전위는 몇 [V]인가?

① 10

② 20

③ 40

④ 80

|정|답|및|해|설|

도체구의 표면전계 $E = \frac{\sigma}{\epsilon_o}[V/m]$

도체구의 전위 $V = Er = \frac{\sigma}{\epsilon_0} \times r$

$V = Er = \frac{\sigma}{\epsilon_0} \times r$

$= \frac{\frac{10^{-8}}{9\pi}}{8.855 \times 10^{-12}} \times 1 = \frac{10^4}{9\pi \times 8.855} \fallingdotseq 40[V]$

　　　　【정답】③

4. 도전율의 단위로 옳은 것은?

① m/Ω

② Ω/m^2

③ $1/\Omega \cdot m$

④ Ω/m

|정|답|및|해|설|

· 저항률 : $[\Omega m]$

· 도전율 : $[\Omega/m]$　　　　【정답】④

5. 여러 가지 도체의 전하 분포에 있어서 각 도체의 전하를 n배할 경우 중첩의 원리가 성립하기 위해서는 그 전위는 어떻게 되는가?

① $\frac{1}{2}n$배가 된다.   ② n배가 된다.

③ $2n$배가 된다.   ④ n^2배가 된다.

|정|답|및|해|설|

$V_i = P_{i1}Q_1 + P_{i2}Q_2 + \cdots + P_{in}Q_n$에서

각 전하를 n배하면 V_i도 n배 된다.

【정답】②

6. $A = i + 4j + 3k$, $B = 4i + 2j - 4k$의 두 벡터는 서로 어떤 관계에 있는가?

① 평행   ② 면적

③ 접근   ④ 수직

|정|답|및|해|설|

$A \cdot B = |A||B|\cos\theta$

$\cos\theta = \dfrac{A \cdot B}{|A||B|} = \dfrac{(i+4j+3k) \cdot (4i+2j-4k)}{\sqrt{1^2+4^2+3^2} \cdot \sqrt{4^2+2^2+(-4)^2}}$

$\quad\quad = \dfrac{0}{6\sqrt{26}} = 0$

따라서, $\theta = 90°$이므로 두 벡터 A와 B는 수직 관계이다

【정답】④

7. 전류가 흐르는 도선을 자계 내에 놓으면 이 도선에 힘이 작용한다. 평등자계의 진공 중에 놓여 있는 직선전류 도선이 받는 힘에 대한 설명으로 옳은 것은?

① 도선의 길이에 비례한다.

② 전류의 세기에 반비례한다.

③ 자계의 세기에 반비례한다.

④ 전류와 자계 사이의 각에 대한 정현(sine)에 반비례한다.

|정|답|및|해|설|

[도체가 받는 힘] $F = IBl\sin\theta = I\mu_0 Hl\sin\theta [N]$

즉, 힘은 도선의 길이에 비례한다.

【정답】①

8. 영역 1의 유전체 $\epsilon_{r1} = 4$, $\mu_{r1} = 1$, $\sigma_1 = 0$과 영역 2의 유전체 $\epsilon_{r2} = 9$, $\mu_{r2} = 1$, $\sigma_2 = 0$일 때 영역 1에서 영역 2로 입사된 전자파에 대한 반사계수는?

① -0.2 ② -5.0

③ 0.2 ④ 0.8

|정|답|및|해|설|

[특성임피던스] $Z_o = \dfrac{E}{H} = \sqrt{\dfrac{\mu}{\epsilon}}$

$Z_1 = \sqrt{\dfrac{\mu_1}{\epsilon_1}} = \sqrt{\dfrac{1}{4}} = 0.5$, $Z_2 = \sqrt{\dfrac{\mu_2}{\epsilon_2}} = \sqrt{\dfrac{1}{9}} = 0.33$

따라서 반사계수 $\rho = \dfrac{Z_2 - Z_1}{Z_2 + Z_1} = \dfrac{0.33 - 0.5}{0.33 + 0.5} = -0.2$

【정답】①

9. 정전용량이 $0.5[\mu F]$, $1[\mu F]$인 콘덴서에 각각 $2 \times 10^{-4}[C]$ 및 $3 \times 10^{-4}[C]$의 전하를 주고 극성을 같게 하여 병렬로 접속할 때 콘덴서에 축적된 에너지는 약 몇 [J]인가?

① 0.042 ② 0.063

③ 0.083 ④ 0.126

|정|답|및|해|설|

병렬회로에서

$C = C_1 + C_2 = (0.5+1) \times 10^{-6} = 1.5 \times 10^{-6}[F]$

$Q = Q_1 + Q_2 = (2+3) \times 10^{-4} = 5 \times 10^{-4}[C]$

$\therefore W = \dfrac{1}{2}\dfrac{Q^2}{C} = \dfrac{1}{2} \times \dfrac{(5 \times 10^{-4})^2}{1.5 \times 10^{-6}} = 0.083[J]$

【정답】③

10. 정전용량 및 내압이 $3[\mu F]/1,000[V]$, $5[\mu F]/500[V]$, $12[\mu F]/250[V]$인 3개의 콘덴서를 직렬로 연결하고 양단에 가한 전압을 서서히 증가시킬 경우 가장 먼저 파괴되는 콘덴서는?

① $3[\mu F]$ ② $5[\mu F]$

③ $12[\mu F]$ ④ 3개 동시에 파괴

|정|답|및|해|설|
직렬 회로에서 각 콘덴서의 정전용량($Q=CV$)이 작은 콘덴서가 먼저 파괴된다.

$Q_1 = C_1 \times V_1 = 3 \times 1,000 = 3,000[C]$
$Q_2 = C_2 \times V_2 = 5 \times 500 = 2,500[C]$
$Q_3 = C_3 \times V_3 = 12 \times 250 = 3,000[C]$

따라서, 전하량이 $Q_1 = Q_3 > Q_2$이므로
전하용량이 가장 적은 $5[\mu F]/500[V]$의 콘덴서가 가장 먼저 파괴된다. 【정답】②

---

11. 정전용량 $10[\mu F]$인 콘덴서의 양단에 $100[V]$의 일정 전압을 인가하고 있다. 이 콘덴서의 극판간의 거리를 $\frac{1}{10}$로 변화시키면 콘덴서에 충전되는 전하량은 거리를 변화시키기 이전의 전하량에 비해 어떻게 되는가?

① $\frac{1}{10}$로 감소 ② $\frac{1}{100}$로 감소

③ 10배로 증가 ④ 100배로 증가

|정|답|및|해|설|
정전용량 $C = \dfrac{\epsilon S}{d}$

전하량 $Q = CV = \dfrac{\epsilon S}{d} V$

전압이 일정한 경우 전하량은 극판간의 거리에 반비례
따라서 극판간 거리 d가 $\frac{1}{10}$이면 $Q=CV$에서 C가 10배이므로 전하량도 10배가 된다. 【정답】③

---

12. 접지 구도체와 점전하간의 작용력은?

① 항상 반발력이다.
② 항상 흡인력이다.
③ 조건적 반발력이다.
④ 조건적 흡인력이다.

|정|답|및|해|설|
접지 구도체에는 항상 점전하와 반대 극성인 전하가 유도되므로 항상 흡인력이 작용한다. 【정답】②

---

13. 전계의 세기가 $1,500[V/m]$인 전장에 $5[\mu C]$의 전하를 놓았을 때 이 전하에 작용하는 힘은 몇 $[N]$인가?

① 4.5×10^{-3} ② 5.5×10^{-3}

③ 6.5×10^{-3} ④ 7.5×10^{-3}

|정|답|및|해|설|
[전하에 작용하는 힘]
$F = QE = 5 \times 10^{-6} \times 1,500 = 7.5 \times 10^{-3}[N]$
【정답】④

---

14. $500[AT/m]$의 자계 중에 어떤 자극을 놓았을 때 $4 \times 10^3 [N]$의 힘은 작용했다면 이때 자극의 세기는 몇 $[Wb]$인가?

① 2 ② 4

③ 6 ④ 8

|정|답|및|해|설|
[자극에 작용하는 힘] $F = mH[N]$
여기서, m : 자극, H : 자계의 세기
$\therefore m = \dfrac{F}{H} = \dfrac{4 \times 10^3}{500} = \dfrac{4000}{500} = 8[Wb]$ 【정답】④

---

15. 도전성을 가진 매질 내의 평면파에서 전송계수 γ를 표현한 것으로 알맞은 것은? 단, a는 감쇠정수, β는 위상정수이다.

① $\gamma = a + j\beta$ ② $\gamma = a - j\beta$

③ $\gamma = ja + \beta$ ④ $\gamma = ja - \beta$

|정|답|및|해|설|
[전송계수] $\gamma = \alpha + j\beta$
여기서, α : 감쇄계수, β : 위상정수 【정답】①

---

16. 자극의 세기가 $8 \times 10^{-6}[Wb]$이고, 길이가 $30[cm]$인 막대자석을 $120[AT/m]$ 평등 자계 내에 자력선과 $30[\degree]$의 각도로 놓았다면 자석이 받는 회전력은 몇 $[N \cdot m]$인가?

① 1.44×10^{-4} ② 1.44×10^{-5}

③ 2.88×10^{-4} ④ 2.88×10^{-5}

|정|답|및|해|설|

[막대자석의 회전력] $T = MH\sin\theta = mlH\sin\theta [N \cdot m]$

여기서, M : 자기모멘트, H : 평등자계, m : 자극

　　　　l : 자극 사이의 길이, θ ; 자석과 자계가 이루는 각

$T = mlH\sin\theta = 8 \times 10^{-6} \times 30 \times 10^{-2} \times 120 \times \sin 30°$

　　　$= 1.44 \times 10^{-4} [N \cdot m]$

【정답】①

---

17. 자기회로의 퍼미언스(permeance)에는 대응하는 전기회로의 요소는?

① 서셉턴스(susceptance)

② 컨덕턴스(conductance)

③ 엘라스턴스(elastance)

④ 정전용량(electrostatic capacity)

|정|답|및|해|설|

① 퍼미언스(permeance) : 자기저항의 역수

② 컨덕턴스(conductance) : 전기저항의 역수

③ 엘라스턴스(elastance) : 정전용량의 역수

【정답】②

---

18. 전류가 흐르고 있는 도체에 자계를 가하면 도체 측면에 정·부(+, −)의 전하가 나타나 두 면 간에 전위차가 발생하는 현상은?

① 홀효과   ② 핀치효과

③ 톰슨효과   ④ 지백효과

|정|답|및|해|설|

· 지백 효과 : 서로 다른 두 종류의 금속선을 접합하여 폐회로를 만든 후 두 접합점의 온도를 달리하였을 때, 폐회로에 열기전력이 발생하여 열전류가 흐르게 된다. 이러한 현상을 지백 효과라 하며 이때 연결한 금속 루프를 열전대라 한다.

· 톰슨효과 : 동일한 금속 도선의 두 점간에 온도차를 주고, 고온 쪽에서 저온 쪽으로 전류를 흘리면 도선 속에서 열이 발생되거나 흡수가 일어나는 이러한 현상을 톰슨효과라 한다.

· 핀치 효과 ① 기체 중을 흐르는 전류는 동일 방향의 평행 전류간에 작용하는 흡인력에 의해 중심을 향해서 수축하려는 성질이 있다. 이것을 핀치 효과라 하고, 고온의 플라스마를 용기에 봉해

넣는다든지 하는 데 이용한다. ② 용융한 막대 모양의 금속에 대전류가 흐르고 있을 때 어떤 원인으로 단면이 작은 곳이 생기면 거기서 강력한 전류력에 의해 수축되어 절단되는 현상.

【정답】①

---

19. 그림과 같이 직렬로 접속된 두 개의 코일이 있을 때 $L_1 = 20[mH]$, $L_2 = 80[mH]$, 결합계수 $k = 0.8$ 이다. 여기서 0.5[A]의 전류를 흘릴 때 이 합성코일에 저축되는 에너지는 약 몇 [J]인가?

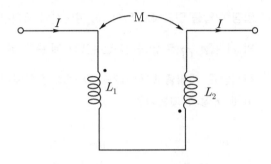

① 1.13×10^{-3} ② 2.05×10^{-2}

③ 6.63×10^{-2} ④ 8.25×10^{-2}

|정|답|및|해|설|

[합성코일에 저축되는 에너지] $W = \frac{1}{2}LI^2 [J]$

가동접속이므로

$L = L_1 + L_2 + 2M$

　$= L_1 + L_2 + 2k\sqrt{L_1 L_2} = 20 + 80 + 2 \times 0.8 \times \sqrt{20 \times 80} = 164[mH]$

$W = \frac{1}{2}LI^2 = \frac{1}{2} \times 164 \times 10^{-3} \times 0.5^2 = 2.05 \times 10^{-2}[J]$

【정답】②

---

20. 도체 1을 Q가 되도록 대전시키고, 여기에 도체 2를 접촉했을 때 도체 2가 얻은 전하를 전위계수로 표시하면? 단, P_{11}, P_{12}, P_{21}, P_{22} 는 전위계수이다.

① $\dfrac{Q}{P_{11} - 2P_{12} + P_{22}}$ ② $\dfrac{(P_{11} - P_{12})Q}{P_{11} - 2P_{12} + P_{22}}$

③ $\dfrac{(P_{11}P_{12} + P_{22})Q}{P_{11} - 2P_{12} + P_{22}}$ ④ $\dfrac{(P_{11} - P_{12})Q}{P_{11} + 2P_{12} + P_{22}}$

|정|답|및|해|설|

[전위계수] $V_1 = V_2$, $P_{12} = P_{21}$, $Q_1 = Q - Q_2$

1도체의 저위 $V_1 = P_{11}Q_1 + P_{12}Q_2$

2도체의 전위 $V_2 = P_{21}Q_1 + P_{22}Q_2$

$Q_1 = Q - Q_2$이므로

$(P_{11} - P_{12})Q = (P_{11} + P_{22} - 2P_{12})Q_2 \rightarrow (V_1 = V_2$이므로$)$

$$\therefore Q_2 = \frac{P_{11} - P_{12}}{P_{11} - 2P_{12} + P_{22}}Q$$

【정답】②

1. 100[kV]로 충전된 $8 \times 10^3 [pF]$의 콘덴서가 축적할 수 있는 에너지는 몇 [W] 전구가 2초 동안 한일에 해당되는가?

① 10   ② 20

③ 30   ④ 40

|정|답|및|해|설|

전구가 한 일 $W = P \cdot t[J]$

콘덴서에 축적되는 에너지 W

$W = \frac{1}{2}CV^2[J] = \frac{1}{2} \times (8 \times 10^3 \times 10^{-12}) \times (100 \times 10^3)^2 = 40[J]$

$W = P \cdot t$이므로

$$P = \frac{W}{t} = \frac{40}{2} = 20[W]$$

【정답】②

2. 제벡(Seebeck) 효과를 이용한 것은?

① 광전지   ② 열전대

③ 전자냉동   ④ 수정 발진기

|정|답|및|해|설|

[제벡 효과] 서로 다른 두 종류의 금속선을 접합하여 폐회로를 만든 후 두 접합점의 온도를 달리하였을 때, 폐회로에 열기전력이 발생하여 열전류가 흐르게 된다. 이러한 현상을 제벡 효과라 하며 이때 연결한 금속 루프를 열전대라 한다.

【정답】②

3. 마찰전기는 두 물체의 마찰열에 의해 무엇이 이동하는 것인가?

① 양자   ② 자하

③ 중성자   ④ 자유전자

|정|답|및|해|설|

두 종류의 물체를 마찰하면 마찰전기가 발생하며 물체가 전기를 띠는 현상을 대전이라 하며 이때 마찰에 의한 열에 의하여 표면에 가까운 자유전자가 이동하기 때문에 발생하게 된다.

【정답】④

4. 두 벡터 $A = -7i - j$, $B = -3i - 4j$가 이루는 각은 몇 도인가?

① 30   ② 45

③ 60   ④ 90

|정|답|및|해|설|

$A \cdot B = |A| \cdot |B| \cos\theta$

$A \cdot B = A_x B_x + A_y B_y = (-7)(-3) + (-1)(-4) = 25$

$|A||B| = \sqrt{7^2 + 1^2} \cdot \sqrt{3^2 + 4^2} = 25\sqrt{2}$

$\cos\theta = \frac{A \cdot B}{|A||B|} = \frac{25}{25\sqrt{2}} = \frac{1}{\sqrt{2}}$

$$\therefore \theta = \cos^{-1}\frac{1}{\sqrt{2}} = 45°$$

【정답】②

5. 그림과 같이 반지름 $a[m]$, 중심 간격 $d[m]$인 평행 원통도체가 공기 중에 있다. 원통도체의 선전하밀도가 각각 $\pm\rho_L[C/m]$일 때 두 원통도체 사이의 단위 길이당 정전용량은 약 몇 [F/m]인가? 단, $d \gg a$이다.

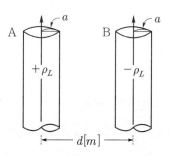

① $\dfrac{\pi\epsilon_o}{\ln\dfrac{d}{a}}$ ② $\dfrac{\pi\epsilon_0}{\ln\dfrac{a}{d}}$

③ $\dfrac{4\pi\epsilon_o}{\ln\dfrac{d}{a}}$ ④ $\dfrac{4\pi\epsilon_o}{\ln\dfrac{a}{d}}$

[정전용량] $C=\dfrac{\pi\epsilon_0}{\ln\dfrac{d-a}{a}}[F/m]$

$d\gg a$일 때 $\ln\dfrac{d-a}{a}=\ln\dfrac{d}{a}$이므로

평행 왕복도선의 정전용량 : $C=\dfrac{\pi\epsilon_0}{\ln\dfrac{d}{a}}[F/m]$

【정답】①

6. 횡전자파(TEM)의 특성은?

① 진행 방향의 E, H 성분이 모두 존재한다.
② 진행 방향의 $E. H$ 성분이 모두 존재하지 않는다.
③ 진행 방향의 E 성분만 모두 존재하고, H 성분은 존재하지 않는다.
④ 진행 방향의 H 성분만 모두 존재하고, E 성분은 존재하지 않는다.

[전자파의 성질]
· 전자파는 전계와 자계가 동시에 전재
· TEM파(횡전자파)는 전계(E)와 자계(H)가 전파의 진행 방향과 수직으로 존재하며, 진행 방향의 성분은 존재하지 않는다.
· 수평 전파는 대지에 대해 전계가 수평면에 있는 전자파
· 수직 전파는 대지에 대해 전계가 수직면에 있는 전자파
· 포인팅 벡터는 $P=E\times H$이므로 포인팅 벡터의 방향은 전자파의 진행 방향과 같다. 【정답】②

7. 반자성체가 아닌 것은?

① 은(Ag)   ② 구리(Cu)
③ 니켈(Ni)   ④ 비스무스(Bi)

① 상자성체 : 인접 영구자기 쌍극자의 방향이 규칙성이 없는 재질 (알루미늄(Al), 백금(Pt), 주석(Sn), 산소(O), 질소(N))
② 반자성체 : 영구자기 쌍극자가 없는 재질 (구리(Cu), 은(Ag), 납(Pb), 비스무스(Bi))
③ 강자성체 : 인접 영구자기 쌍극자의 방향이 동일 방향으로 배열하는 재질 (철(Fe), 니켈(Ni), 코발트(Co))
【정답】③

8. 맥스웰 자전계의 기초 방정식으로 틀린 것은?

① $rot\,H=i_e+\dfrac{\partial D}{\partial t}$ ② $rot\,E=-\dfrac{\partial B}{\partial t}$

③ $div\,D=\rho$ ④ $div\,B=-\dfrac{\partial D}{\partial t}$

[맥스웰 방정식의 미분형]
① $rot\,E=-\dfrac{\partial B}{\partial t}$: Faraday 법칙

② $rot\,H=i+\dfrac{\partial D}{\partial t}$: 암페어의 주회적분 법칙

③ $div\,D=\rho$: 가우스의 법칙
④ $div\,B=0$: 고립된 자화는 없다.
【정답】④

9. 무한히 긴 두 평행도선이 2[cm]의 간격으로 가설되어 100[A]의 전류가 흐르고 있다. 두 도선의 단위 길이당 작용력은 몇 [N/m]인가?

① 0.1   ② 0.5
③ 1   ④ 1.5

[평행도선 단위 길이당 작용하는 힘]
$F=\dfrac{\mu_0 I_1 I_2}{2\pi\tau}=\dfrac{2I_1 I_2}{r}\times 10^{-7}[N/m]$ $\to (\mu_0=4\pi\times 10^{-7})$

$=\dfrac{2\times 100\times 100}{2\times 10^{-2}}\times 10^{-7}=0.1[N/m]$

【정답】①

10. -1.2[C]의 점전하가 $5a_x + 2a_y - 3a_z$[m/s]인 속도로 운동한다. 이 전하가 $E = -18a_x + 5a_y - 10a_z$ [V/m] 전계에서 운동하고 있을 때 이 전하에 작용하는 힘은 약 몇 [N]인가?

① 21.1

② 23.5

③ 25.4

④ 27.3

|정|답|및|해|설|
[전기장에서 전하(전자)에 작용하는 힘] $F = qE$[N]

$F = qE$[N]
$= -1.2(-18a_x + 5a_y - 10a_z) = 21.6a_x - 6a_y + 12a_z$
$= \sqrt{21.6^2 + (-6)^2 + 12^2} = 25.4$[N]

【정답】③

11. 전계 $E = \sqrt{2} E_e \sin \omega (t - \frac{z}{v})[V/m]$의 평면 전자파가 있다. 진공 중에서의 자계의 실효값은 약 몇 [AT/m]인가?

① $2.65 \times 10^{-4} E_e$

② $2.65 \times 10^{-3} E_e$

③ $3.77 \times 10^{-2} E_e$

④ $3.77 \times 10^{-1} E_e$

|정|답|및|해|설|
[고유 임피던스] $\eta = \frac{E}{H} = \sqrt{\frac{\mu}{\epsilon}} [\Omega]$

여기서, H : 자계의 세기, E : 전계
$\epsilon (= \epsilon_0 \epsilon_s)$: 유전율, $\mu(= \mu_0 \mu_s)$: 투자율

진공시 고유 임피던스 $\eta_0 = \frac{E}{H} = \sqrt{\frac{\mu_0}{\epsilon_0}}$
$= \sqrt{\frac{4\pi \times 10^{-7}}{8.855 \times 10^{-12}}} = 377[\Omega]$

$Z_0 = \frac{E}{H} \rightarrow H = \frac{E}{Z_0} = \frac{1}{377} E_e = 2.65 \times 10^{-3} E_e$

【정답】②

12. 전자석의 재료로 가장 적당한 것은?

① 잔류자기와 보자력이 모두 커야 한다.

② 잔류자기는 작고, 보자력이 커야 한다.

③ 잔류자기와 보자력이 모두 작아야 한다.

④ 잔류자기는 크고, 보자력은 작아야 한다.

|정|답|및|해|설|
전자석의 재료는 <u>잔류 자기가 크고 보자력이 작아야 한다</u>. 즉, 보자력과 히스테리시스 곡선의 면적이 모두 작다.

【정답】④

13. 유전체 내의 전계의 세기가 E, 분극의 세기가 P, 유전율이 $\epsilon = \epsilon_s \epsilon_o$인 유전체 내의 변위전류밀도는?

① $\epsilon \frac{\partial E}{\partial t} + \frac{\partial P}{\partial t}$

② $\epsilon_o \frac{\partial E}{\partial t} + \frac{\partial P}{\partial t}$

③ $\epsilon_o \left(\frac{\partial E}{\partial t} + \frac{\partial P}{\partial t} \right)$

④ $\epsilon \left(\frac{\partial E}{\partial t} + \frac{\partial P}{\partial t} \right)$

|정|답|및|해|설|
[유전체 중에서의 변위 전류 밀도] $D = \epsilon E = \epsilon_o E + P$

변위 전류 밀도 $i_d = \frac{\partial D}{\partial t} = \frac{\partial}{\partial t}(\epsilon_o E + P) = \frac{\partial \epsilon_o E}{\partial t} + \frac{\partial P}{\partial t}[A/m^2]$

【정답】②

14. 점전하 $+Q$[C]의 무한 평면 도체에 대한 영상전하는?

① Q[C]과 같다.

② $-Q$[C]과 같다.

③ Q[C]보다 작다.

④ Q[C]보다 크다.

|정|답|및|해|설|
무한 평면도체에서 영상전하는 $Q \leftrightarrow -Q$[C]

접지 구도체에서 영상전하는 $Q \leftrightarrow -\frac{a}{d} Q$[C]

【정답】②

15. 두 코일 A, B의 자기 인덕턴스가 각각 3[mH], 5[mH]라 한다. 두 코일을 직렬 연결 시, 자속이 서로 상쇄되도록 했을 때의 합성 인덕턴스는 서로 증가하도록 연결했을 때의 60[%]이었다. 두 코일의 상호 인덕턴스는 몇 [mH]인가?

① 0.5

② 1

③ 5

④ 10

[합성 인덕턴스] $L = L_2 + L_2 \pm 2M$

① 증가되도록 연결(가동접속) $L = 3 + 5 + 2M$

② 상쇄되도록 연결(차동접속) $L' = 0.6L = 3 + 5 - 2M$

두 식을 더하면 $L + 0.6L = 16$

$1.6L = 16 \rightarrow L = \dfrac{16}{1.6} = 10$

①식에 대입하면 $10 = 3 + 5 + 2M$

상호인덕턴스 $M = \dfrac{10 - 8}{2} = 1[\text{mH}]$

【정답】②

---

16. 고립 도체구의 정전용량이 50[pF]일 때 이 도체구의 반지름은 약 몇 [cm]인가?

① 5   ② 25

③ 45   ④ 85

[진공 중 고립된 도체의 정전용량] $C = 4\pi\epsilon_0 a[\text{F}]$

$50 \times 10^{-12} = 4\pi\epsilon_0 a$에서

$a = \dfrac{50 \times 10^{-12}}{4\pi\epsilon_0} = 0.44[\text{m}] = 45[\text{cm}]$ 【정답】③

---

17. N회 감긴 환상 솔레노이드의 단면적이 $\text{S}[\text{m}^2]$이고 평균 일기가 $l[\text{m}]$이다. 이 코일의 권수를 반으로 줄이고 인덕턴스를 일정하게 하려면?

① 길이를 1/2로 줄인다.

② 길이를 1/4로 줄인다.

③ 길이를 1/8로 줄인다.

④ 길이를 1/16로 줄인다.

[환상코일의 자기 인덕턴스] $L = \dfrac{\mu S N^2}{l}[H]$

권수(N)를 $\dfrac{1}{2}$로 하면 L은 $\left(\dfrac{1}{2}\right)^2 = \dfrac{1}{4}$배로 되므로 S를 4배 또는 l을 $\dfrac{1}{4}$배로 하면 L은 일정하게 된다.

【정답】②

---

18. 고유저항이 $\rho[\Omega \cdot \text{m}]$, 한 변의 길이가 $r[\text{m}]$인 정육면체의 저항$[\Omega]$은?

① $\dfrac{\rho}{\pi r}$ ② $\dfrac{r}{\rho}$

③ $\dfrac{\pi r}{\rho}$ ④ $\dfrac{\rho}{r}$

정육면체의 길이 $l = r$

정육면체의 면적 $A = r \times r = r^2$

$R = \rho \dfrac{l}{A} = \rho \dfrac{r}{r^2} = \dfrac{\rho}{r}[\Omega]$ 【정답】④

---

19. 내외 반지름이 각각 a, b이고 길이가 l인 동축원통 도체 사이에 도전율 σ, 유전율 ϵ인 손실유전체를 넣고, 내원통과 외원통 간에 전압 V를 가했을 때 방사상으로 흐르는 전류 I는? 단, $RC = \epsilon \rho$이다.

① $\dfrac{2\pi l\, V}{\sigma \ln \dfrac{b}{a}}$ ② $\dfrac{\pi \sigma l\, V}{\ln \dfrac{b}{a}}$

③ $\dfrac{2\pi \sigma l\, V}{\ln \dfrac{b}{a}}$ ④ $\dfrac{4\pi \sigma l\, V}{\ln \dfrac{b}{a}}$

$RC = \epsilon \rho$에서 $R = \dfrac{\rho \epsilon}{C}$

동축원통의 정전용량 $C = \dfrac{2\pi \epsilon}{\ln \dfrac{b}{a}} l[\text{F}]$

$R = \dfrac{\rho \epsilon}{C} = \dfrac{\rho \epsilon}{\dfrac{2\pi \epsilon l}{\ln \dfrac{b}{a}}} = \dfrac{\rho}{2\pi l} \ln \dfrac{b}{a}$

$\therefore I = \dfrac{V}{R} = \dfrac{V}{\dfrac{\rho}{2\pi l} \ln \dfrac{b}{a}} = \dfrac{2\pi l\, V}{\rho \ln \dfrac{b}{a}} = \dfrac{2\pi \sigma l\, V}{\ln \dfrac{b}{a}}$

($\rho = \dfrac{1}{\sigma} \rightarrow \rho$: 고유저항, σ : 도전율)

【정답】③

20. 콘덴서를 그림과 같이 접속했을 때 C_x의 정전용량은 몇 $[\mu\text{F}]$인가? 단, $C_1 = C_2 = C_3 = 3[\mu\text{F}]$이고, $a-b$ 사이의 합성 정전용량은 $5[\mu\text{F}]$이다.

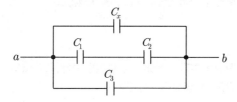

① 0.5   ② 1

③ 2   ④ 4

|정|답|및|해|설|
....

[합성 정전용량] $C = C_x + \dfrac{C_1 C_2}{C_1 + C_2} + C_3$

$5 = C_x + \dfrac{3 \times 3}{3 + 3} + 3$ 에서

$C_x = 5 - 4.5 = 0.5[\mu\text{F}]$ 【정답】①

2016 전기산업기사 기출문제

1. $\epsilon_1 > \epsilon_2$의 유전체 경계면에 전계가 수직으로 입사할 때 경계면에 작용하는 힘과 방향에 대한 설명으로 옳은 것은?

① $f = \frac{1}{2}\left(\frac{1}{\epsilon_2} - \frac{1}{\epsilon_1}\right)D^2$의 힘이 ϵ_1에서 ϵ_2로 작용

② $f = \frac{1}{2}\left(\frac{1}{\epsilon_1} - \frac{1}{\epsilon_2}\right)E^2$의 힘이 ϵ_2에서 ϵ_1으로 작용

③ $f = \frac{1}{2}(\epsilon_2 - \epsilon_1)E^2$의 힘이 ϵ_1에서 ϵ_2로 작용

④ $f = \frac{1}{2}(\epsilon_1 - \epsilon_2)D^2$의 힘이 ϵ_2에서 ϵ_1으로 작용

|정|답|및|해|설|
전계가 경계면에 수직이면 $f = \frac{1}{2}\frac{D^2}{\epsilon}[N/m^2]$, $\epsilon_1 > \epsilon_2$

· $f_n = \frac{1}{2}\left(\frac{1}{\epsilon_2} - \frac{1}{\epsilon_1}\right)D^2[N/m^2]$

· 힘의 방향 : 유전율이 <u>큰 쪽에서 작은 쪽으로</u> 작용한다.
【정답】①

2. 우주선 중에 $10^{20}[eV]$의 정전에너지를 가진 하전입자가 있다고 할 때, 이 에너지는 약 몇 [J]인가?

① 2   ② 9
③ 16   ④ 91

|정|답|및|해|설|
1[eV]는 1[V]의 전압 하에 전자 1개가 음극에서 양극으로 이동하는 운동에너지로 $1.6 \times 10^{-19}[J]$

∴ $10^{20}[eV] = 1.6 \times 10^{-19} \times 10^{20} = 16[J]$
【정답】③

3. 전위함수가 $V = x^2 + y^2[V]$인 자유공간 내의 전하밀도는 몇 $[C/m^3]$인가?

① -12.5×10^{-12} ② -22.4×10^{-12}
③ -35.4×10^{-12} ④ -70.8×10^{-12}

|정|답|및|해|설|
[푸아송 방정식]
$$\nabla^2 V = \frac{\partial^2 V}{\partial x^2} + \frac{\partial^2 V}{\partial y^2} + \frac{\partial^2 V}{\partial z^2}$$
$$= \frac{\partial^2}{\partial x^2}(x^2 + y^2) + \frac{\partial^2}{\partial y^2}(x^2 + y^2) = 2 + 2 = -\frac{\rho}{\epsilon_0}$$
∴ $\rho = -4\epsilon_0 = -4 \times 8.855 \times 10^{-12} = -35.4 \times 10^{-12}[C/m^3]$

$(\epsilon_0 = 8.855 \times 10^{-12})$
【정답】③

4. 자속밀도 $0.5[Wb/m^2]$인 균일한 자장 내에 반지름 10[cm], 권수 1000[회]인 원형코일이 매분 1800회전할 때 이 코일의 저항이 $100[\Omega]$일 경우 이 코일에 흐르는 전류의 최대값[A]은 약 몇 [A]인가?

① 14.4   ② 23.5
③ 29.6   ④ 43.2

|정|답|및|해|설|
[최대 전압] $E_m = n\omega BS = n(2\pi f)B \cdot \pi r^2$
$E_m = n(2\pi f)B \cdot \pi r^2$
$= 1000 \times 2\pi \times \frac{1800}{60} \times 0.5 \times \pi \times 0.1^2 = 2961[V]$

전류의 최대값 $I_m = \frac{E_m}{R} = \frac{2961}{100} = 29.6[A]$
【정답】③

5. 그림과 같이 전류 $I[A]$가 흐르는 반지름 $a[m]$인 원형 코일의 중심으로부터 $x[m]$인 점 P의 자계의 세기는 몇 [AT/m]인가 (단, θ는 각 APO라 한다.)

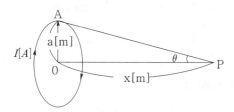

① $\dfrac{I}{2a}\cos^2\theta$ ② $\dfrac{I}{2a}\sin^3\theta$

③ $\dfrac{I}{2a}\cos^3\theta$ ④ $\dfrac{I}{2a}\sin^2\theta$

|정|답|및|해|설|

[원형 전류 중심점의 자계] $H=\dfrac{I}{2a}$[A/m]

축방향 $x[m]$에서 자계

$$H=\frac{a^2I}{2(a^2+x^2)^{\frac{3}{2}}}$$

$$=\frac{a^2I}{2(a^2+x^2)^{\frac{3}{2}}}=\frac{I}{2a}\left(\frac{a}{\sqrt{a^2+x^2}}\right)^3=\frac{I}{2a}\sin^3\theta[\text{AT/m}]$$

【정답】②

6. 코일의 면적을 2배로 하고 자속밀도의 주파수를 2배로 높이면 유기기전력의 최대값은 어떻게 되는가?

① $\dfrac{1}{4}$로 된다.   ② $\dfrac{1}{2}$로 된다.

③ 2배로 된다.   ④ 4배로 된다.

|정|답|및|해|설|

[최대 유기기전력] $E_m=\omega NBS=2\pi fNBS \rightarrow E_m\propto f\cdot S$

따라서 면적과 주파수를 2배로 높이면 유기기전력의 최대값은 4배가 된다. 【정답】④

7. 자유공간에 있어서의 포인팅 벡터를 $P[W/m^2]$이라 할 때, 전계의 세기 $E_e[V/m]$를 구하면?

① $377P$ ② $\dfrac{P}{377}$

③ $\sqrt{377P}$ ④ $\sqrt{\dfrac{P}{377}}$

|정|답|및|해|설|

$$P=E_eH_e=E_e\left(\frac{E_e}{\sqrt{\dfrac{\mu_o}{\epsilon_o}}}\right)=\frac{1}{377}E_e^2$$

$$\rightarrow \left(\because \sqrt{\frac{\mu_o}{\epsilon_o}}=\sqrt{\frac{4\pi\times10^{-7}}{8.85\times10^{-12}}}=120\pi\fallingdotseq377\right)$$

$$\therefore E_e=\sqrt{377P}$$ 【정답】③

8. 점전하 $+Q$의 무한 평면도체에 대한 영상전하는?

① $+Q$ ② $-Q$

③ $+2Q$ ④ $-2Q$

|정|답|및|해|설|

무한 평면도체에서 영상전하는 $Q\leftrightarrow-Q$[C]

접지 구도체에서 영상전하는 $Q\leftrightarrow-\dfrac{a}{d}Q$[C]

【정답】②

9. 그림과 같이 $+q[C/m]$로 대전된 두 도선이 $d[m]$의 간격으로 평행하게 가설되었을 때, 이 두 도선 간에서 전계가 최소가 되는 점은?

① $\dfrac{d}{4}$ 지점

② $\dfrac{3}{4}d$ 지점

③ $\dfrac{d}{3}$ 지점

④ $\dfrac{d}{2}$ 지점

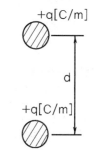

|정|답|및|해|설|

두 개의 같은 $+$전하의 중심에는 전계가 최소이다. 서로 다른 부호의 전하에서는 절대값의 크기가 작은 전하의 외측에서 전계가 0인 점이 생기므로 문제는 두 전하의 중심점이 답이다.

$$E = \frac{q}{2\pi\epsilon_0 x} - \frac{q}{2\pi\epsilon_0(d-x)} = \frac{q}{2\pi\epsilon_0}\left(\frac{1}{x} - \frac{1}{d-x}\right)$$

E가 최소가 되는 조건은 $\frac{\partial E}{\partial t} = 0$

$$\frac{\partial E}{\partial t} = \frac{q}{2\pi\epsilon_0}\left(-\frac{1}{x^2} + \frac{1}{(d-x)^2}\right) = 0$$

$$\frac{1}{x^2} = \frac{1}{(d-x)^2}, \ x = (d-x)^2, \ x = d-x, \ 2x = d$$

$$\therefore x = \frac{d}{2}$$

【정답】 ④

---

10. 정전계에 대한 설명으로 옳은 것은?

① 전계 에너지가 최소로 되는 전하분포의 전계이다.

② 전계 에너지가 최대로 되는 전하분포의 전계이다.

③ 전계 에너지가 항상 0인 전기장을 말한다.

④ 전계 에너지가 항상 ∞인 전기장을 말한다.

|정|답|및|해|설|

정전계는 전계에너지가 최소로 되는 전하분포의 전계로서 에너지가 최소라는 것은 안정적 상태를 말한다.

【정답】 ①

---

11. 전자 $e[C]$이 공기 중의 자계 $H[AT/m]$ 내를 H에 수직방향으로 $v[m/s]$의 속도로 돌입하였을 때 받는 힘은 몇 [N]인가?

① $\mu_o evH$

② evH

③ $\frac{eH}{\epsilon_o \mu_o}$

④ $\frac{\epsilon_o H}{\mu_o v}$

|정|답|및|해|설|

자계 내에 놓여진 전하가 받는 힘은

$F = e(v \times B) = evB\sin\theta = ev\mu_0 H\sin\theta[N]$에서

$\theta = 90°$ 이므로 $F = ev\mu_0 H[N]$

이때 전하 e는 원운동을 하게된다.

【정답】 ①

---

12. 반지름 $a[m]$의 구도체에 전하 $Q[C]$이 주어질 때, 구도체 표면에 작용하는 정전응력$[N/m^2]$은?

① $\dfrac{Q^2}{64\pi^2\epsilon_0 a^4}$

② $\dfrac{Q^2}{32\pi^2\epsilon_0 a^4}$

③ $\dfrac{Q^2}{16\pi^2\epsilon_0 a^4}$

④ $\dfrac{Q^2}{8\pi^2\epsilon_0 a^4}$

|정|답|및|해|설|

표면의 전계의 세기 $E = \dfrac{Q}{4\pi\epsilon_0 a^2}$ [V/m]

정전응력 $f = \dfrac{\sigma^2}{2\epsilon_0} = \dfrac{1}{2}\epsilon_0 E^2 = \dfrac{1}{2}\epsilon_0\left(\dfrac{Q}{4\pi\epsilon_0 a^2}\right)^2 = \dfrac{Q^2}{32\pi^2\epsilon_0 a^4}[N/m^2]$

【정답】 ②

---

13. 두께 $d[m]$인 판상 유전체의 양면 사이에 150[V]의 전압을 가하였을 때 내부에서의 전계가 $3 \times 10^4[V/m]$이었다. 이 판상 유전체의 두께는 몇 [mm]인가?

① 2

② 5

③ 10

④ 20

|정|답|및|해|설|

$V = Ed[V]$에서

유전체의 두께 $d = \dfrac{V}{E} = \dfrac{150}{3 \times 10^4} = 0.005[m] = 5[mm]$

【정답】 ②

---

14. 비투자율이 μ_r인 철제 무단 솔레노이드가 있다. 평균 자로의 길이를 $l[m]$라 할 때 솔레노이드에 공극(air gap) $l_0[m]$를 만들어 자기저항을 원래의 2배로 하려면 얼마만한 공극을 만들면 되는가? (단, $\mu_r \gg 1$이고, 자기력은 일정하다고 한다.)

① $l_0 = \dfrac{l}{2}$

② $l_0 = \dfrac{l}{\mu_r}$

③ $l_0 = \dfrac{l}{2\mu_r}$

④ $l_0 = 1 + \dfrac{l}{\mu_r}$

|정|답|및|해|설|

공극이 없는 전부 철심인 경우, 단면적을 A라 하면

자기 저항 $R_m = \dfrac{l}{\mu A}$

공극 l_0가 존재하는 경우 자기 저항은 철심부 자기저항과 공극부 자기저항의 직렬 접속이므로

$$R'_m = \dfrac{l - l_0}{\mu A} + \dfrac{l_0}{\mu_0 A}$$

$l \gg l_0$인 경우

$$R'_m = \dfrac{l}{\mu A} + \dfrac{l_0}{\mu_0 A} = \dfrac{l}{\mu A}\left(1 + \dfrac{\mu l_0}{\mu_0 l}\right)$$

$$\dfrac{R'_m}{R_m} = 1 + \dfrac{\mu l_0}{\mu_0 l} = 1 + \dfrac{l_0}{l}\mu_r = 2배, \quad \therefore l_0 = \dfrac{l}{\mu_r}$$

【정답】②

15. 반지름이 각각 $a = 0.2[m]$, $b = 0.5[m]$ 되는 동심구 간에 고유저항 $\rho = 2 \times 10^{12}[\Omega \cdot m]$, 비유전율 $\epsilon_s = 100$인 유전체를 채우고 내외 동심구 간에 150[V]의 전위차를 가할 때 전체를 통하여 흐르는 누설전류는 몇 [A]인가?

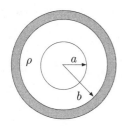

① 2.15×10^{-10} ② 3.14×10^{-10}

③ 5.31×10^{-10} ④ 6.13×10^{-10}

|정|답|및|해|설|

$RC = \epsilon\rho \rightarrow R = \dfrac{\epsilon\rho}{C_{ab}}$

$C_{ab} = \dfrac{4\pi\epsilon}{\dfrac{1}{a} - \dfrac{1}{b}}$ 이므로, $R = \dfrac{\rho}{4\pi}\left(\dfrac{1}{a} - \dfrac{1}{b}\right)$

$\therefore I = \dfrac{V}{R} = \dfrac{4\pi V}{\rho\left(\dfrac{1}{a} - \dfrac{1}{b}\right)}$

$= \dfrac{4\pi \times 150}{2 \times 10^{12} \times \left(\dfrac{1}{0.2} - \dfrac{1}{0.5}\right)} = 3.14 \times 10^{-10}[A]$

【정답】②

16. 유전체 내의 전속밀도에 관한 설명 중 옳은 것은?

① 진전하만이다.

② 분극 전하만이다.

③ 겉보기 전하만이다.

④ 진전하와 분극 전하이다.

|정|답|및|해|설|

전하 밀도=진전하 밀도($D = \sigma$)

분극의 세기(분극도)=분극 전하 밀도($P = \sigma_p$)

따라서 전속밀도 D는 진전하밀도 σ에 의해 결정된다.

【정답】①

17. 전계와 자계의 위상 관계는?

① 위상이 서로 같다.

② 전계가 자계보다 $90°$ 늦다.

③ 전계가 자계보다 $90°$ 빠르다.

④ 전계가 자계보다 $45°$ 빠르다.

|정|답|및|해|설|

고유임피던스 $\eta = \dfrac{E}{H} = \sqrt{\dfrac{\mu}{\epsilon}}$

포인팅벡터 $P = E \times H\ [W/m^2]$ 가 횡파이고

E와 H는 동위상으로 Z축으로 진행하는 진행파이다

【정답】①

18. 판자석의 세기가 $P[Wb/m]$되는 판자석을 보는 입체각 ω인 점의 자위는 몇 [A]인가?

① $\dfrac{P}{2\pi\mu_o\omega}$ ② $\dfrac{P\omega}{2\pi\mu_o}$

③ $\dfrac{P}{4\pi\mu_o\omega}$ ④ $\dfrac{P\omega}{4\pi\mu_o}$

|정|답|및|해|설|

· 판자석의 자하밀도 $+\sigma$, $-\sigma$인 두 판자석을 두께 t로 배치

· 자축과 $r[m]$인 임의의 점 사이의 각을 θ라 하면 ds면 내부의 자하에 의하여 점 P의 자위는

$$du = \dfrac{1}{4\pi\mu_0} \cdot \dfrac{PdS\cos\theta}{r^2} = \dfrac{P}{4\pi\mu_0} \cdot \dfrac{dS\cos\theta}{r^2}[A]$$

따라서 판 전체의 자위는

$$U = \int du = \dfrac{P}{4\pi\mu_0}\int_s \dfrac{dS\cos\theta}{r^2} = \dfrac{P\omega}{4\pi\mu_0}[A]$$

【정답】④

19. 진공 중에 놓인 $3[\mu C]$의 점전하에서 3[m] 되는 점의 전계는 몇 [V/m]인가?

① 100
② 1000
③ 300
④ 3000

|정|답|및|해|설|

[점의 전계] $E = \dfrac{Q}{4\pi\epsilon_0 r^2}[V/m]$

$E = 9 \times 10^9 \times \dfrac{Q}{r^2} = 9 \times 10^9 \times \dfrac{3 \times 10^{-6}}{3^2} = 3000[V/m]$

$\left(\dfrac{1}{4\pi\epsilon_0} = 9 \times 10^9\right)$

【정답】④

20. 진공 중 1[C]의 전하에 대한 정의로 옳은 것은? (단, Q_1, Q_2는 전하이며, F는 작용력이다.)

① $Q_1 = Q_2$, 거리 1[m], 작용력 $F = 9 \times 10^9[N]$일 때이다.
② $Q_1 < Q_2$, 거리 1[m], 작용력 $F = 6 \times 10^4[N]$일 때이다.
③ $Q_1 = Q_2$, 거리 1[m], 작용력 $F = 1[N]$일 때이다.
④ $Q_1 > Q_2$, 거리 1[m], 작용력 $F = 1[N]$일 때이다.

|정|답|및|해|설|

[쿨롱의 법칙] $F = 9 \times 10^9 \dfrac{Q_1 Q_2}{r^2}[N]$

1[C]의 점전하가 1[m] 떨어져 있다면,

작용력 $F = 9 \times 10^9 \dfrac{Q_1 Q_2}{r^2} = 9 \times 10^9 \times \dfrac{1 \times 1}{1^2} = 9 \times 10^9[N]$

【정답】①

1. $10^{-5}[Wb]$와 $1.2 \times 10^{-5}[Wb]$의 점자극을 공기 중에서 2[cm] 거리에 놓았을 때 극간에 작용하는 힘은 약 몇 [N]인가?

① 1.9×10^{-2}
② 1.9×10^{-3}
③ 3.8×10^{-2}
④ 3.8×10^{-3}

|정|답|및|해|설|

[두 자극 사이의 자기력] $F = \dfrac{m_1 m_2}{4\pi\mu_0 r^2} = 6.33 \times 10^4 \times \dfrac{m_1 m_2}{r^2}[N]$

$\mu_0 = 4\pi \times 10^{-7}$

$F = 6.33 \times 10^4 \times \dfrac{10^{-5} \times 1.2 \times 10^{-5}}{0.02^2} ≒ 1.9 \times 10^{-2}[N]$

[cm]를 [m]로 변환

【정답】①

2. 간격 $d[m]$로 평행한 무한히 넓은 2개의 도체판에 각각 단위면적마다 $+\sigma[C/m^2]$, $-\sigma[C/m^2]$의 전하가 대전되어 있을 때 두 도체간의 전위차는 몇 [V]인가?

① 0
② ∞
③ $\dfrac{\sigma}{\epsilon_0}d$
④ $\dfrac{\sigma}{2\epsilon_0}d$

|정|답|및|해|설|

전하 밀도 $\sigma[C/m^2]$에서 나오는 전기력선 밀도

$\dfrac{\sigma}{\epsilon_0}[\text{개}/m^2] = \dfrac{\sigma}{\epsilon_0}[V/m]$(전계의 세기 E)이므로

전위차 $V = Ed$에서 $V = \dfrac{\sigma}{\epsilon_0}d[V]$

【정답】③

3. 비유전율 ϵ_s에 대한 설명으로 옳은 것은?

① ϵ_s의 단위는 [C/m]이다.
② ϵ_s는 항상 1보다 작은 값이다.
③ ϵ_s는 유전체의 종류에 따라 다르다.
④ 진공의 비유전율은 0이고, 공기의 비유전율은 1이다.

① 비유전율은 진공의 유전율과 다른 절연물의 유전율과의 비이다.

② 유전체의 ϵ_s는 물질의 종류에 따라 다르고, 항상 1보다 크다.

③ 비유전율의 단위는 $[F/m]$이다.

④ 유전율 ϵ과 비유전율 ϵ_s의 관계식 $\epsilon = \epsilon_0 \epsilon_s$ 이다.

⑤ 진공의 비유전율 $\epsilon_s = 1$, 공기의 비유전율 $\epsilon_s \fallingdotseq 1$

【정답】③

4. 전자장에 대한 설명으로 틀린 것은?

① 대전된 입자에서 전기력선이 발산 또는 흡수한다.

② 전류(전하이동)는 순환형의 자기장을 이루고 있다.

③ 자석은 독립적으로 존재하지 않는다.

④ 운동하는 전자는 자기장으로부터 힘을 받지 않는다.

운동 전하 q에 전계와 자계가 동시에 작용하고 있으면 $F = q(E + v \times B)[N]$의 전자력을 받는다.

자계 내에서 운동하는 전하가 받는 힘을 로렌쯔의 힘이라고 한다.

【정답】④

5. 영구자석의 재료로 사용되는 철에 요구되는 사항으로 옳은 것은?

① 잔류자속밀도는 작고 보자력이 커야 한다.

② 잔류자속밀도와 보자력이 모두 커야 한다.

③ 잔류자속밀도는 크고 보자력이 작아야 한다.

④ 잔류자속밀도는 커야 하나, 보자력이 0이어야 한다.

교류기 철심 재료는 잔류 자속밀도 및 보자력이 작아서 히스테리시스손이 작아야 좋지만, 영구자석 재료는 외부 자계에 대하여 잔류 자속이 쉽게 없어지면 안 되므로 잔류 자기와 보자력 모두 커야 한다.

【정답】②

6. 온도가 20[℃]일 때 저항률의 온도계수가 가장 작은 금속은?

① 금   ② 철

③ 알루미늄   ④ 백금

고유저항과 저항온도계수(20[℃])

금속	$\rho \times 10^{-8}[\Omega \cdot m]$	저항온도계수(α_{20})
금	2.44	0.0034
알루미늄	2.83	0.0042
철	10	0.0050
백금	10.5	0.0030

【정답】④

7. 100[mH]의 자기인덕턴스를 갖는 코일에 10[A]의 전류를 통할 때 축적되는 에너지는 몇 [J]인가?

① 1   ② 5

③ 50   ④ 1000

[자기에너지] $W = \dfrac{1}{2}LI^2 = \dfrac{1}{2} \times 100 \times 10^{-3} \times 10^2 = 5[J]$

【정답】②

8. 대전도체의 성질로 가장 알맞은 것은?

① 도체 내부에 정전에너지가 저축된다.

② 도체 표면의 정전력은 $\dfrac{\sigma^2}{2\epsilon_0}[N/m^2]$이다.

③ 도체 표면의 전계의 세기는 $\dfrac{\sigma^2}{\epsilon_0}[V/m]$이다.

④ 도체의 내부전위와 도체 표면의 전위는 다르다.

① 도체 내부의 전계는 0이고, 도체 표면에만 분포한다.

③ 도체 표면의 전하밀도를 $\sigma[C/m^2]$이라 하면 표면상의 전계는 $E = \dfrac{\sigma}{\epsilon_0}[V/m]$이다.

④ 도체 표면의 전위는 등전위이고, 그의 표면은 등전위면이다.

【정답】②

9. 각종 전기기기에 접지하는 이유로 가장 옳은 것은?

① 편의상 대지는 전위가 영상 전위이기 때문이다.
② 대지는 습기가 있기 때문에 전류가 잘 흐르기 때문이다.
③ 영상전하로 생각하여 땅속은 음(-) 전하이기 때문이다.
④ 지구의 정전용량이 커서 전위가 거의 일정하기 때문이다.

|정|답|및|해|설|..............................
지구는 정전 용량이 크므로 많은 전하가 축적되어도 지구의 전위는 일정하다. 따라서 대지를 실용상 영전위로 한다.
【정답】④

10. 그림과 같이 영역 $y \leq 0$은 완전 도체로 위치해 있고, 영역 $y \geq 0$은 완전 유전체로 위치해 있을 때, 만일 경계 무한 평면의 도체면상에 면전하 밀도 $\rho_s = 2[nC/m^2]$가 분포되어 있다면 P점 (-4, 1, -5)[m]의 전계의 세기[V/m]는?

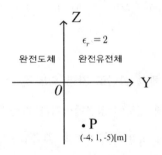

① $18\pi a_y$ ② $36\pi a_y$
③ $-54\pi a_y$ ④ $72\pi a_y$

|정|답|및|해|설|..............................
[전계의 세기]

$$E = \frac{\rho_s}{\epsilon} = \frac{\rho_s}{\epsilon_0 \epsilon_r} = 36\pi \times 10^9 \times \frac{2 \times 10^{-9}}{2} = 36\pi [V/m]$$

그러므로 전계의 세기 $E = Ea_y = 36\pi a_y [V/m]$
【정답】②

11. 그림과 같이 도선에 전류 $I[A]$를 흘릴 때 도선의 바로 밑에 자침이 이 도선과 나란히 놓여 있다고 하면 자침의 N극의 회전력의 방향은?

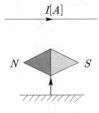

① 지면을 뚫고 나오는 방향이다.
② 지면을 뚫고 들어가는 방향이다.
③ 좌측에서 우측으로 향하는 방향이다.
④ 우측에서 좌측으로 향하는 방향이다.

|정|답|및|해|설|..............................
① 도선 아래의 자기장 방향 : ⊗(지면 위→아래)
　　(암페어 오른나사 법칙)
② 자침의 N극의 방향은 자기장 방향과 일치하므로 지면 위에서 아래의 방향으로 회전력 작용
【정답】②

12. 점전하 $Q[C]$에 의한 무한평면 도체의 영상전하는?

① $Q[C]$보다 작다.   ② $Q[C]$보다 크다.
③ $-Q[C]$와 같다.   ④ 0

|정|답|및|해|설|..............................
무한 평면도체에서 점전하 Q에 의한 영상전하는 $-Q[C]$이고, 점전하가 평면도체와 떨어진 거리와 같은 반대편 거리에 있다.

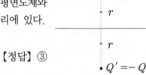

【정답】③

13. 공간 도체 내에서 자속이 시간적으로 변할 때 성립되는 식은?

① $rot\, E = \frac{\partial H}{\partial t}$ ② $rot\, E = -\frac{\partial B}{\partial t}$
③ $div\, E = -\frac{\partial B}{\partial t}$ ④ $div\, E = -\frac{\partial H}{\partial t}$

|정|답|및|해|설|
· 자계와 전계의 관계를 정량적으로 나타내는 식은 맥스웰의 제2 기본방정식을 이용한다.

· 맥스웰의 제2 기본 방정식 $rot\,E = \nabla \times E = -\dfrac{\partial B}{\partial t}$

【정답】②

14. 두 자성체 경계면에서 정자계가 만족하는 것은?

① 자계의 법선성분이 같다.

② 자속밀도의 접선성분이 같다.

③ 자속은 투자율이 작은 자성체에 모인다.

④ 양측 경계면상의 두 점간의 자위차가 같다.

|정|답|및|해|설|
· 자계의 접선성분이 같다.

· 자속밀도의 법선성분이 같다.

· 경계면상의 두 점간의 자위차는 같다.

· 자속은 투자율이 높은 쪽으로 모이려는 성질이 있다.

【정답】④

15. 환상 솔레노이드 코일에 흐르는 전류가 2[A]일 때, 자로의 자속이 $1 \times 10^{-2}\,[Wb]$라고 한다. 코일의 권수를 500회라 할 때 이 코일의 자기 인덕턴스는 몇 [H]인가?

① 2.5   ② 3.5

③ 4.5   ④ 5.5

|정|답|및|해|설|
[자기인덕턴스] $L = \dfrac{N\varnothing}{I} = \dfrac{500 \times 1 \times 10^{-2}}{2} = 2.5[H]$

【정답】①

16. 자속밀도가 B인 곳에 전하 Q, 질량 m인 물체가 자속밀도 방향과 수직으로 입사한다. 속도를 2배로 증가시키면, 원운동의 주기는 몇 배가 되는가?

① 1/2   ② 1

③ 2   ④ 4

|정|답|및|해|설|
원운동 방정식 $F = BQv = \dfrac{mv^2}{r}$ 에서 $v = r\omega$ 이므로

$BQ = \dfrac{mv}{r} = \dfrac{mr\omega}{r} = m\omega = m \cdot 2\pi f$

$T = \dfrac{1}{f} = \dfrac{2\pi m}{BQ}[s]$

그러므로 주기는 속도 v와는 아무런 관계가 없다.

【정답】②

17. 대지 중의 두 전극 사이에 있는 어떤 점의 전계의 세기가 6[V/cm], 지면의 도전율이 $10^{-4}[\mho/cm]$일 때 이 점의 전류 밀도는 몇 $[A/cm^2]$인가?

① 6×10^{-4} ② 6×10^{-3}

③ 6×10^{-2} ④ 6×10^{-1}

|정|답|및|해|설|
[전류 밀도] $i = kE = 10^{-4} \times 6 = 6 \times 10^{-4}[A/cm^2]$

【정답】①

18. 표피효과에 관한 설명으로 옳은 것은?

① 주파수가 낮을수록 침투깊이는 작아진다.

② 전도도가 작을수록 침투깊이는 작아진다.

③ 표피효과는 전계 혹은 전류가 도체내부로 들어갈수록 지수함수적으로 적어지는 현상이다.

④ 도체내부의 전계의 세기가 도체표면의 전계세기의 1/2까지 감쇠되는 도체표면에서 거리를 표피두께라 한다.

|정|답|및|해|설|
[표피 효과(skin effect)] 도체표면으로 전류가 집중되는 현상으로 도체표면으로부터 전류 또는 자속밀도가 지수함수적으로 감소한다.

【정답】③

19. 진공 중에서 $1[\mu F]$의 정전용량을 갖는 구의 반지름은 몇 [km]인가?

① 0.9   ② 9

③ 90   ④ 900

[구도체의 정전용량] $C = 4\pi\epsilon_0 a = \dfrac{1}{9 \times 10^9} \times a$

$$\rightarrow \left(4\pi\epsilon_0 = 4 \times 3.14 \times 8.855 \times 10^{-12} = \dfrac{1}{9 \times 10^9}\right)$$

$\therefore a = 9 \times 10^9 C = 9 \times 10^9 \times 1 \times 10^{-6} = 9 \times 10^3 [m] = 9 [km]$

【정답】②

20. 그림과 같은 환상철심에 A, B의 코일이 감겨있다. 전류 I가 120[A/s]로 변화할 때, 코일 A에 90[V], 코일 B에 40[V]의 기전력이 유도된 경우, 코일 A의 자기인덕턴스 $L_1[H]$과 상호인덕턴스 $M[H]$의 값은 얼마인가?

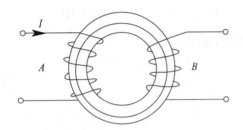

① $L_1 = 0.75$, $M = 0.33$

② $L_1 = 1.25$, $M = 0.7$

③ $L_1 = 1.75$, $M = 0.9$

④ $L_1 = 1.95$, $M = 1.1$

$\dfrac{dI_1}{dt} = 120[A/s]$, $e_1 = 90[V]$, $e_2 = 40[V]$이므로

· 자기 인덕턴스 $e_1 = L_1 \dfrac{dI_1}{dt}$ $\rightarrow L_1 = \dfrac{e_1}{\dfrac{dI_1}{dt}} = \dfrac{90}{120} = 0.75[H]$

· 상호 인덕턴스 $e_2 = M \dfrac{dI_1}{dt}$ $\rightarrow M = \dfrac{e_2}{\dfrac{dI_1}{dt}} = \dfrac{40}{120} = 0.33[H]$

【정답】①

1. 환상 철심에 감은 코일에 5[A]의 전류를 흘리면 2000[AT]의 기자력이 생긴다면 코일의 권수는 얼마로 하여야 하는가?

① 100회　　　　② 200회

③ 300회　　　　④ 400회

[기자력] $F = NI[AT]$

여기서, F : 기자력, N : 권수, I : 전류

$N = \dfrac{F}{I} = \dfrac{2000}{5} = 400[T]$

【정답】④

2. 임의의 점의 전계가 $E = iE_x + jE_y + kE_z$로 표시되었을 때, $\dfrac{\partial E_x}{\partial x} + \dfrac{\partial E_y}{\partial y} + \dfrac{\partial E_z}{\partial z}$와 같은 의미를 갖는 것은?

① $\nabla \times E$　　　　② $\nabla^2 E$

③ $\nabla \cdot E$　　　　④ $\mathrm{grad}\,|E|$

[벡터의 발산]

$\nabla \cdot E = \left(i\dfrac{\partial}{\partial x} + j\dfrac{\partial}{\partial y} + k\dfrac{\partial}{\partial z}\right) \cdot (iE_x + jE_y + kE_z)$

$= \dfrac{\partial E_x}{\partial x} + \dfrac{\partial E_y}{\partial y} + \dfrac{\partial E_z}{\partial z} = \mathrm{div}\,E$　　【정답】③

3. 도체의 저항에 대한 설명으로 옳은 것은?

① 도체의 단면적에 비례한다.

② 도체의 길이에 반비례한다.

③ 저항률이 클수록 저항은 적어진다.

④ 온도가 올라가면 저항값이 증가한다.

① $R = \rho \dfrac{l}{A}[\Omega] \rightarrow R \propto \dfrac{1}{A}$

도체의 저항은 길이에 비례, 단면적에 반비례한다.

② 금속 도체의 전기 저항은 온도 상승에 따라 증가한다.

【정답】④

4. x축 상에서 $x = 1[m]$, $2[m]$, $3[m]$, $4[m]$인 각 점에 2[nC], 4[nC], 6[nC], 8[nC]의 점전하가 존재할 때 이들에 의하여 전계 내에 저장되는 정전에너지는 몇 [nJ]인가?

① 483

② 644

③ 725

④ 966

전압을 순서대로 V_1, V_2, V_3, V_4라 하고, 중첩의 정리 적용

$$V_1 = \sum_i \frac{Q_i}{4\pi\epsilon_0 r_i} = \frac{1}{4\pi\epsilon_0}\left(\frac{4}{1} + \frac{6}{2} + \frac{8}{3}\right) \times 10^{-6}$$
$$= 9 \times 10^9 \times \left(\frac{4}{1} + \frac{6}{2} + \frac{8}{3}\right) \times 10^{-9} = 87[V]$$

$$V_2 = 9 \times 10^9 \times \left(\frac{2}{1} + \frac{6}{1} + \frac{8}{2}\right) \times 10^{-9} = 108[V]$$

$$V_3 = 9 \times 10^9 \times \left(\frac{2}{2} + \frac{4}{1} + \frac{8}{1}\right) \times 10^{-9} = 117[V]$$

$$V_4 = 9 \times 10^9 \times \left(\frac{2}{3} + \frac{4}{2} + \frac{6}{1}\right) \times 10^{-9} = 78[V]$$

전체 축적 에너지

$$W = \sum \frac{1}{2} Q_i V_i = \frac{1}{2}(Q_1 V_1 + Q_2 V_2 + Q_3 V_3 + Q_4 V_4)$$
$$= \frac{1}{2}(2 \times 87 + 4 \times 108 + 6 \times 117 + 8 \times 78) \times 10^{-9} = 966[nJ]$$

【정답】④

5. 진공 중에 $10^{-10}[C]$의 점전하가 있을 때 전하에서 2[m] 떨어진 점의 전계는 몇 [V/m]인가?

① 2.25×10^{-1}

② 4.50×10^{-1}

③ 2.25×10^{-2}

④ 4.50×10^{-2}

[점전하에 의한 전계의 세기]

$$E = 9 \times 10^9 \frac{Q}{r^2} = 9 \times 10^9 \times \frac{10^{-10}}{2^2} = 2.25 \times 10^{-1}[V/m]$$

【정답】①

6. 유전체 내의 전계 E와 분극의 세기 P의 관계식은?

① $P = \epsilon_o(\epsilon_s - 1)E$

② $P = \epsilon_s(\epsilon_o - 1)E$

③ $P = \epsilon_o(\epsilon_s + 1)E$

④ $P = \epsilon_s(\epsilon_o + 1)E$

$$E = \frac{\sigma - \sigma_0}{\epsilon_0} = \frac{D - P}{\epsilon_0}[V/m]$$
$$D = \epsilon_0 E + P = \epsilon E = \epsilon_0 \epsilon_s E[C/m^2]$$

분극의 세기 $P = \epsilon_0(\epsilon_s - 1)E[C/m^2]$

여기서, σ : 진전하, σ_0 : 속박전하, $\sigma - \sigma_0$: 자유전하

【정답】①

7. 일반적으로 도체를 관통하는 자속이 변화하든가 또는 자속과 도체가 상대적으로 운동하여 도체 내의 자속이 시간적으로 변화를 일으키면, 이 변화를 막기 위하여 도체 내에 국부적으로 형성되는 임의의 폐회로를 따라 전류가 유기되는데 이 전류를 무엇이라 하는가?

① 변위전류

② 대칭전류

③ 와전류

④ 도전전류

와전류는 자속의 변화를 방해하기 위해서 국부적으로 만들어지는 맴돌이 전류로서 자속이 통과하는 면을 따라 폐곡선을 그리면서 흐르는 전류이다.

【정답】③

8. 철심이 들어있는 환상코일이 있다. 1차 코일의 권수 $N_1 = 100$회일 때 자기인덕턴스는 0.01[H]였다. 이 철심에 2차 코일 $N_2 = 200$회를 감았을 때 1, 2차 코일의 상호인덕턴스는 몇 [H]인가? (단, 이 경우 결합계수 $k = 1$로 한다.)

① 0.01

② 0.02

③ 0.03

④ 0.04

|정|답|및|해|설|

$$L_1 = \frac{N_1^2}{R_m}[H], \quad M = \frac{N_1 N_2}{R_m}[H]$$

$$R_m = \frac{N_1^2}{L_1} = \frac{N_1 N_2}{M}[H]$$

상호인덕턴스 $M = L_1 \frac{N_2}{N_1}[H]$

상호인덕턴스에 $N_1 = 100$회, $N_2 = 200$회, $L_A = 0.01[H]$를 대입

하면 $M = L_1 \frac{N_2}{N_1} = 0.01 \times \frac{200}{100} = 0.02[H]$

【정답】②

9. 정전용량 $5[\mu F]$인 콘덴서를 200[V]로 충전하여 자기인덕턴스 20[mH], 저항 $0[\Omega]$인 코일을 통해 방전할 때 생기는 진동 주파수는 약 몇 [Hz]이며, 코일에 축적되는 에너지는 몇 [J]인가?

① 50[Hz], 1[J] ② 500[Hz], 0.1[J]

③ 500[Hz], 1[J] ④ 5000[Hz], 0.1[J]

|정|답|및|해|설|

· 진동 주파수 f

$$f = \frac{1}{2\pi\sqrt{LC}} = \frac{1}{2 \times 3.14\sqrt{20 \times 10^{-3} \times 5 \times 10^{-6}}}$$

$$= \frac{1}{19.8} \times 10^4 = 503 \coloneqq 500[Hz]$$

· 콘덴서에서 충전된 에너지

$$W = \frac{1}{2}CV^2 = \frac{1}{2} \times 5 \times 10^{-6} \times 200^2 = 0.1[J]$$

【정답】②

10. 내압과 용량이 각각 200[V] 5 $[\mu F]$, 300[V] 4 $[\mu F]$, 400[V] 3$[\mu F]$, 500[V] 3$[\mu F]$인 4개의 콘덴서를 직렬 연결하고 양단에 직류 전압을 가하여 전압을 서서히 상승시키면 최초로 파괴되는 콘덴서는? (단, 콘덴서의 재질이나 형태는 동일하다.)

① 200[V] 5$[\mu F]$ ② 300[V] 4$[\mu F]$

③ 400[V] 3$[\mu F]$ ④ 500[V] 3$[\mu F]$

|정|답|및|해|설|

직렬 회로에서 각 콘덴서의 전하용량이 작을수록 빨리 파괴된다.

$Q_1 = C_1 \times V_1 = 5 \times 10^{-6} \times 200 = 1 \times 10^{-3}$

$Q_2 = C_2 \times V_2 = 4 \times 10^{-6} \times 300 = 1.2 \times 10^{-3}$

$Q_3 = C_3 \times V_3 = 3 \times 10^{-6} \times 400 = 1.2 \times 10^{-3}$

$Q_4 = C_4 \times V_4 = 3 \times 10^{-6} \times 500 = 1.5 \times 10^{-3}$

따라서 전하용량이 가장 작은 200[V] 5$[\mu F]$가 가장 먼저 파괴된다.

【정답】①

11. 무한히 넓은 2개의 평행 도체판의 간격이 $d[m]$이며 그 전위차는 $V[V]$이다. 도체판의 단위면적에 작용하는 힘은 몇 $[N/m^2]$인가? (단, 유전율은 ϵ_0이다.)

① $\epsilon_0\left(\frac{V}{d}\right)^2$ ② $\frac{1}{2}\epsilon_0\left(\frac{V}{d}\right)^2$

③ $\frac{1}{2}\epsilon_0\left(\frac{V}{d}\right)$ ④ $\epsilon_0\left(\frac{V}{d}\right)$

|정|답|및|해|설|

[도체 표면의 정전 응력] $F = \frac{1}{2}\epsilon_0 E^2 = \frac{1}{2}\epsilon_0\left(\frac{V}{d}\right)^2 [N/m^2]$

【정답】②

12. 내경 $a[m]$, 외경 $b[m]$인 동심구 콘덴서의 내구를 접지했을 때의 정전용량은 몇 [F]인가?

① $C = 4\pi\epsilon_0\frac{b^2}{b-a}$ ② $C = 4\pi\epsilon_{-0}\frac{a^2}{b-a}$

③ $C = 4\pi\epsilon_0\frac{ab}{b-a}$ ④ $C = 4\pi\epsilon_0\frac{b-a}{ab}$

|정|답|및|해|설|

[내구 접지된 동심구 콘덴서의 정전용량]

$C = 4\pi\epsilon_0\frac{b^2}{b-a}[F]$

※내구는 절연, 외구는 접지된 동심구 콘덴서의 정전용량

$C = 4\pi\epsilon\frac{ab}{a-b}[F]$

【정답】①

13. 평등 자계 내에 놓여 있는 전류가 흐르는 직선 도선이 받는 힘에 대한 설명으로 틀린 것은?

① 힘은 전류에 비례한다.

② 힘은 자장의 세기에 비례한다.

③ 힘은 도선의 길이에 반비례한다.

④ 힘은 전류의 방향과 자장의 방향과의 사이각의 정현에 관계된다.

|정|답|및|해|설|

[플레밍의 왼손 법칙]

자속밀도 $B[\text{Wb/m}^2]$, 도체의 길이 l, 전류 $I[\text{A}]$를 흘릴 경우 자계 내에서 도체가 받는 힘의 크기

$$F = BIl\sin\theta[\text{N}] \rightarrow F \propto l$$ 【정답】③

---

14. 직류 500[V] 절연저항계로 절연저항을 측정하니 2[$M\Omega$]이 되었다면 누설전류[μA]는?

① 25   ② 250

③ 1000   ④ 1250

|정|답|및|해|설|

$$I_g = \frac{V}{R_g} = \frac{500}{2 \times 10^6} = 250 \times 10^{-6}[A] = 250[\mu A]$$

【정답】②

---

15. 그림과 같이 진공 중에 자극면적이 2 [cm^2], 간격이 0.1[cm]인 자성체 내에서 포화 자속밀도가 2[Wb/m^2]일 때 두 자극면 사이에 작용하는 힘의 크기는 약 몇 [N]인가?

① 53

② 106

③ 159

④ 318

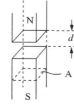

|정|답|및|해|설|

자성체에서 힘은 자속밀도 제곱에 비례한다.

$$f = \frac{B^2}{2\mu_0}\left[\frac{N}{m^2}\right]$$

따라서 작용력 F는 면적을 곱해서 구한다.

$$F = \frac{B^2 S}{2\mu_0} = \frac{2^2 \times 2 \times 10^{-4}}{2 \times 4\pi \times 10^{-7}} = 318.47[\text{N}]$$

【정답】④

---

16. 지름 2[m]인 구도체의 표면전계가 5[kV/mm]일 때 이 구도체의 표면에서의 전위는 몇 [kV]인가?

① 1×10^3 ② 2×10^3

③ 5×10^3 ④ 1×10^4

|정|답|및|해|설|

$$V = E \cdot r = 5 \times 10^3 \times 10^3[\text{V/m}] \times \frac{2}{2}[\text{m}]$$

$$= 5 \times 10^6[V] = 5 \times 10^3[kV]$$ 【정답】③

---

17. 전류가 흐르고 있는 무한 직선도체로부터 2[m]만큼 떨어진 자유공간 내 P점의 자계의 세기가 $\frac{4}{\pi}$[AT/m]일 때, 이 도체에 흐르는 전류는 몇 [A]인가?

① 2   ② 4   ③ 8   ④ 16

|정|답|및|해|설|

[자계의 세기] $H = \dfrac{I}{2\pi r}$[A/m]에서

$$I = 2\pi r H = 2\pi \times 2 \times \frac{4}{\pi} = 16[A]$$ 【정답】④

---

18. 다음 내용은 어떤 법칙을 설명한 것인가?

> 유도 기전력의 크기는 코일 속을 쇄교하는 자속의 시간적 변화율에 비례한다.

① 콜롱의 법칙   ② 가우스의 법칙

③ 맥스웰의 법칙   ④ 패러데이의 법칙

|정|답|및|해|설|

· 패러데이의 법칙 : "유도기전력의 크기는 <u>폐회로에 쇄교하는 자속의 시간적 변화</u>에 비례한다" 라는 법칙으로 기전력의 크기를 결정한다.

· 유도기전력 $e = -\dfrac{d\varnothing}{dt} = -N\dfrac{d\varnothing}{dt}[V]$

【정답】④

19. 공기콘덴서의 극판 사이에 비유전율 ϵ_s의 유전체를 채운 경우, 동일 전위차에 대한 극판간의 전하량은?

① $\dfrac{1}{\epsilon_s}$로 감소   ② ϵ_s 배로 증가

③ $\pi\epsilon_s$ 배로 증가   ④ 불변

|정|답|및|해|설|⋯⋯⋯⋯⋯⋯⋯⋯⋯⋯⋯⋯⋯⋯⋯⋯⋯⋯⋯⋯

$Q = CV$에서 동일 전위차인 경우 전하량 Q는 C에 비례하는데 용량 C가 유전률에 비례하므로 ϵ_s 배로 증가한다.

【정답】②

20. 유전체 중을 흐르는 전도전류 i_σ와 변위전류 i_d를 같게 하는 주파수를 임계주파수 f_c, 임의의 주파수를 f라 할 때 유전손실 $\tan\delta$는?

① $\dfrac{f_c}{2f}$ ② $\dfrac{f}{2f_c}$

③ $\dfrac{f_c}{f}$ ④ $\dfrac{f}{f_c}$

|정|답|및|해|설|⋯⋯⋯⋯⋯⋯⋯⋯⋯⋯⋯⋯⋯⋯⋯⋯⋯⋯⋯⋯

전도전류 $i_\sigma = \sigma E$, 변위전류 $i_d = \omega \epsilon E$

$i_\sigma = i_d$하면 $\sigma E = \omega \epsilon E \rightarrow \sigma = 2\pi f_c \epsilon \,(\because \omega = 2\pi f)$

임계주파수 $f_c = \dfrac{\sigma}{2\pi\epsilon}$

유전손실각 $\tan\delta = \dfrac{i_\sigma}{i_d} = \dfrac{\sigma E}{\omega \epsilon E} = \dfrac{\sigma}{2\pi f \epsilon} = \dfrac{f_c}{f}$

【정답】③

2020 전기기사 기출문제

(통합)

1. 면적이 매우 넓은 두 개의 도체 판을 $d[m]$ 간격으로 수평하게 배치하고, 이 평행 도체 판 사이에 놓인 전자가 정지하고 있기 위해서 그 도체 판 사이에 가하여야할 전위차[V]는 얼마인가? (단, g는 중력의 가속도이고, m은 전자의 질량이고, e는 전자의 전하량이다.)

① $mged$

② $\dfrac{cd}{mg}$

③ $\dfrac{mgd}{e}$

④ $\dfrac{mge}{d}$

|정|답|및|해|설|

[전위차] $V = Ed[V]$

$$F = \frac{Q_1 Q_2}{4\pi\epsilon_0 r^2} = QE[N] = ma = mg$$

전계 $E = \dfrac{F}{Q} = \dfrac{mg}{ne} = \dfrac{mg}{e}[V/m] \quad \rightarrow \quad (n=1)$

여기서, m : 질량, a : 가속도, g : 중력의 가속도

$$\therefore V = Ed = \frac{mg}{e} \cdot d[V] \qquad \qquad \text{【정답】③}$$

2. 자기회로에서 자기저항의 관계로 옳은 것은?

[17/2]

① 자기회로의 길이에 비례

② 자기회로의 단면적에 비례

③ 자성체의 비투자율에 비례

④ 자성체의 비투자율의 제곱에 비례

|정|답|및|해|설|

[자기 저항] $R_m = \dfrac{l}{\mu S} = \dfrac{l}{\mu_0 \mu_s S}[AT/Wb]$

여기서, l : 길이, μ : 투자율, S : 단면적

길이에 비례, 투자율과 단면적에 반비례 　　　　**【정답】①**

3. 점전하에 의한 전위 함수가 $V = x^2 + y^2[V]$일 때 점 $(3, 4)[m]$에서의 등전위선의 반지름은 몇 [m]이며, 전기력선 방정식은?

① 등전위선의 지름 : 3

　전기력선의 방정식 : $y = \dfrac{3}{4}x$

② 등전위선의 지름 : 4

　전기력선의 방정식 : $y = \dfrac{4}{3}x$

③ 등전위선의 지름 : 5

　전기력선의 방정식 : $y = \dfrac{4}{3}x$

④ 등전위선의 지름 : 5

　전기력선의 방정식 : $y = \dfrac{3}{4}x$

|정|답|및|해|설|

[전기력선의 방정식] $\dfrac{dx}{Ex} = \dfrac{dy}{Ey} = \dfrac{dz}{Ez}$

① $E = -grad\,V = -\nabla \cdot V = -\left(\dfrac{\partial V}{\partial x}i + \dfrac{\partial V}{\partial y}j + \dfrac{\partial V}{\partial z}k\right)$

　$E = -(2xi + 2yj) = -2xi - 2yj$

　전기력선의 방정식 $\dfrac{dx}{Ex} = \dfrac{dy}{Ey} = \dfrac{dz}{Ez}$ 에서

　$\dfrac{dx}{-2x} = \dfrac{dy}{-2y} \quad \rightarrow \quad \dfrac{1}{x} - \dfrac{1}{y}dy$

$$\therefore \int \frac{1}{x}dx = \int \frac{1}{y}dy = \ln x = \ln y$$

$$\ln x - \ln y = \ln C, \quad \ln \frac{x}{y} = \ln C = \frac{3}{4}$$

$$\therefore 3y = 4x \quad \rightarrow \quad x = \frac{3}{4}y, \quad y = \frac{4}{3}x$$

② 전기력선의 길이가 곧 등전위선의 반지름이다.

점(3, 4)가 주어졌으므로 길이는 $\sqrt{3^2 + 4^2} = 5$

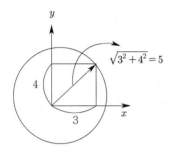

【정답】③

---

4. 10[mm]의 지름을 가진 동선에 50[A]의 전류가 흐를 때 단위 시간에 동선의 단면을 통과하는 전자의 수는 약 몇 개인가? [09/2]

① 7.85×10^{16}　　② 20.45×10^{15}

③ 31.25×10^{19}　　④ 50×10^{19}

|정|답|및|해|설|

[전류] $I = \frac{Q}{t} = \frac{ne}{t}$

$Q = It = 50 \times 1 = 50[C]$

동선의 단면을 단위 시간에 통과하는 전하는 50[C]

$\therefore$ 전자의 수 $n = \frac{Q}{e} = \frac{50}{1.6 \times 10^{-19}} = 31.25 \times 10^{19}$ [개]

$\rightarrow$ (전자 한 개의 전하량 $e = 1.602 \times 10^{-19}$)

【정답】③

---

5. 자기인덕턴스와 상호인덕턴스와의 관계에서 결합계수 k의 값은? [11/1]

① $0 \leq k \leq \frac{1}{2}$　　② $0 \leq k \leq 1$

③ $1 \leq k \leq 2$　　④ $1 \leq k \leq 10$

|정|답|및|해|설|

[결합계수] $k = \frac{M}{\sqrt{L_1 L_2}} \rightarrow 0 \leq k \leq 1$

$k = 1$ 이상적 결합, 에너지 전달 100%　　【정답】②

---

6. 면적이 S[m^2]이고 극간의 거리가 d[m]인 평행판 콘덴서에 비유전율 ϵ_s의 유전체를 채울 때 정전용량은 몇 [F]인가? (단, 진공의 유전율은 ϵ_0이다.) [05/2 13/2]

① $\frac{2\epsilon_o \epsilon_s S}{d}$　　② $\frac{\epsilon_o \epsilon_s S}{\pi d}$

③ $\frac{\epsilon_o \epsilon_s S}{d}$　　④ $\frac{2\pi \epsilon_o \epsilon_s S}{d}$

|정|답|및|해|설|

[평행판 콘덴서의 정적용량]

$C = \frac{Q}{V} = \frac{Q}{Ed} = \frac{\sigma S}{\frac{\sigma d}{\epsilon_0 \epsilon_s}} = \sigma S \times \frac{\epsilon_0 \epsilon_s}{\sigma d} = \frac{\epsilon_0 \epsilon_s S}{d}[F]$　　【정답】③

---

7. 반자성체의 비투자율(μ_r) 값의 범위는?

① $\mu_r = 1$　　② $\mu_r < 1$

③ $\mu_r > 1$　　④ $\mu_r = 0$

|정|답|및|해|설|

[반자성체의 범위]　① 상자성체 : $\mu_r > 1$

② 역(반)자성체 : $\mu_r < 1$

③ 강자성체 : $\mu_r \gg 1$　　【정답】②

---

8. 반지름 $r[m]$인 무한장 원통형 도체에 전류가 균일하게 흐를 때 도체 내부에서 자계의 세기[AT/m]는 얼마인가?

① 원통 중심으로부터 거리에 비례한다.

② 원통 중심으로부터 거리에 반비례한다.

③ 원통 중심으로부터 거리의 제곱에 비례한다.

④ 원통 중심으로부터 거리의 제곱에 반비례한다.

|정|답|및|해|설|
[도체 내부에서의 자계의 세기] $r < a$ 일 때 전류가 균일하게 흐르는 경우 → 내부에 전류가 흐르는 경우와 같다.

내부($r < a$) 자계 $H_i = \dfrac{I}{2\pi r} \times \dfrac{r^2}{a^2} = \dfrac{rI}{2\pi a^2}[AT/m]$

외부($r > a$) 자계 $H_o = \dfrac{I}{2\pi r} \times \dfrac{r}{a^2} = \dfrac{I}{2\pi a^2}[AT/m]$

【정답】①

9. 정전계 해석에 관한 설명으로 틀린 것은? [17/3]

① 포아송의 방정식은 가우스 정리의 미분형으로 구할 수 있다.

② 도체 표면에서의 전계의 표면에 대해 법선 방향을 갖는다.

③ 라플라스 방정식은 전극이나 도체의 형태에 관계없이 체적전하밀도가 0인 모든 점에서 $\nabla^2 V = 0$ 을 만족한다.

④ 라플라스 방정식은 비선형 방정식이다.

|정|답|및|해|설|
[포아송의 방정식] $\nabla^2 V = -\dfrac{\rho}{\epsilon_0}$

[라플라스의 방정식] $\nabla^2 V = 0$

위의 두 방정식에 포함된 라플라시언(∇^2)은 선형이고, 스칼라 연산자를 나타낸다.
그러므로 라플라스 방정식 및 포아송 방정식은 선형 방정식이 된다.
【정답】④

10. 유전체의 분극률이 χ 일 때 분극벡터 $P = \chi E$ 의 관계가 있다고 한다. 비유전율 4인 유전체의 분극률은 진공의 유전율 ϵ_0 의 몇 배인가? [07/2]

① 1 ② 3 ③ 9 ④ 12

|정|답|및|해|설|
[분극률] $\chi = \epsilon_0(\epsilon_s - 1) = \epsilon_0(4-1) = 3\epsilon_0[F/m]$
그러므로 3배가 된다.
【정답】②

11. 무한장 직선형 도선에 10[A]의 전류가 흐를 경우 도선으로부터 2[m] 떨어진 점의 자속밀도 B $[Wb/m^2]$ 는?

① $B = 10^{-5}$ ② $B = 0.5 \times 10^{-6}$

③ $B = 10^{-6}$ ④ $B = 2 \times 10^{-6}$

|정|답|및|해|설|
[자속밀도]

$B = \dfrac{\varnothing}{S} = \mu_0 H = \mu_0 \dfrac{I}{2\pi r}[Wb/m^2]$

$H = \dfrac{10}{2\pi 2} = \dfrac{5}{2\pi}[A/m]$ 이므로

$B = \mu_0 H = \dfrac{4\pi \times 10^{-7} \times 5}{2\pi} = 10^{-6}[wb/m^2]$

【정답】③

12. 그림에서 권수 N=1000회, 단면적 $S = 10[cm^2]$, 길이 $l = 100[cm]$ 인 환상 철심의 자기 회로에 $I = 10[A]$ 의 전류를 흘렸을 때 축적되는 자계 에너지는 몇 $[J]$ 인가? (단, 비투자율 $\mu_r = 100$ 이다.)

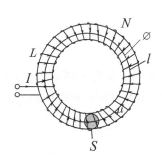

① $2\pi \times 10^{-3}$ ② $2\pi \times 10^{-2}$

③ $2\pi \times 10^{-1}$ ④ 2π

|정|답|및|해|설|
[단위 체적당 축적되는 자계 에너지]

$W = \dfrac{1}{2}LI^2 = \dfrac{1}{2}\dfrac{\mu_0 \mu_r S N^2}{l}I^2[J]$

$= \dfrac{1}{2} \times \dfrac{4\pi \times 10^{-7} \times 100 \times 1000^2 \times 10 \times 10^{-4}}{100 \times 10^{-2}}10^2 = 2\pi$

$\rightarrow (\mu_0 = 4\pi \times 10^{-7})$

【정답】④

13. 자기유도계수 L의 계산 방법이 아닌 것은? (단, N : 권수, $\varnothing$: 자속, I : 전류, A : 벡터포텐샬, i : 전류 밀도, B : 자속 밀도, H : 자계의 세기이다.)

[13/1]

① $L = \dfrac{N\varnothing}{I}$ ② $L = \dfrac{\int_v Aidv}{I^2}$

③ $L = \dfrac{\int_v BHdv}{I^2}$ ④ $L = \dfrac{\int_v Aidv}{I}$

| 정 | 답 | 및 | 해 | 설 |

[자기유도계수] $L = \dfrac{N\varnothing}{I}$

$N\varnothing = LI, \qquad L = \dfrac{N\varnothing}{I}[H]$

$\int_v BHdv = LI^2[J]$ $\int_v BHdv$ 는 체적 에너지

코일에 축적되는 에너지 $W = \dfrac{1}{2}LI^2 = \dfrac{1}{2}BHv[J]$ 이므로

$L = \dfrac{BHv}{I^2} = \int_v \dfrac{BHdv}{I^2} = \int \dfrac{rot\, AHdv}{I^2} = \int \dfrac{Aidv}{I^2}[H]$

【정답】④

14. 20[℃]에서 저항의 온도계수가 0.002인 니크롬선의 저항이 100[Ω]이다. 온도가 60[℃]로 상승되면 저 항은 몇 [Ω]이 되겠는가?

① 108   ② 112

③ 115   ④ 120

| 정 | 답 | 및 | 해 | 설 |

[온도 변화에 따른 저항값 구하는 식]
$R_2 = R_1[1 + a_1(T_2 - T_1)][\Omega]$
여기서, T_1, T_2 : 변화 전과 후의 전선의 온도[℃]
     R_2 : 새로운 저항값[Ω]
     R_1 : 온도 변화 전의 원래의 저항[Ω]
     a_1 : T_1[℃]에서 도체의 고유한 온도계수

         $(a_1 = \dfrac{a_0}{1 + a_0 T_1})$

         $(0[°C]$ 에서 $a_1 = \dfrac{1}{234.5}$

$t[°C]$ 에서 $a_2 = \dfrac{1}{234.5 + t}$)

$R_2 = R_1[1 + a_1(T_2 - T_1)][\Omega]$
    $100[1 + 0.002(60 - 20)] = 108$

【정답】①

15. 평전계 및 자계의 세기가 각각 $E[V/m]$, $H[AT/m]$ 일 때 포인팅벡터 $P[W/m^2]$의 표시로 옳은 것은?

[기 17/3, 산 19/1]

① $P = \dfrac{1}{2}E \times H$ ② $P = E\, rot\, H$

③ $P = E \times H$ ④ $P = H\, rot\, E$

| 정 | 답 | 및 | 해 | 설 |

[포인팅벡터] 진행 방향에 수직되는 단위 면적을 단위 시간에 통과하는 에너지를 포인팅 벡터 또는 방사 벡터라 하며 $P = E \times H = EH\sin\theta[W/m^2]$ 로 표현된다.

【정답】③

16. 평등자계 내에 전자가 수직으로 입사하였을 때 전자의 운동을 바르게 나타낸 것은?

[17/3]

① 구심력은 전자의 속도에 반비례한다.
② 원심력은 자계의 세기에 반비례한다.
③ 원운동을 하고 반지름은 자계의 세기에 비례한다.
④ 원운동을 하고 전자의 회전속도에 비례한다.

| 정 | 답 | 및 | 해 | 설 |

[로렌쯔의 힘] $F = e[E + (v \times B)]$
여기서, e : 전하, E : 전계, v : 속도, B : 자속밀도

원심력 $F' = \dfrac{mv^2}{r}$

구심력 $F = e(v \times B)$ 가 같아지며 전자는 원운동

$\dfrac{mv^2}{r} = evB$ 에서

원운동 반경 $r = \dfrac{mv}{qB} = \dfrac{mv}{eB}$

각속도 $\omega = \dfrac{v}{r} = \dfrac{eB}{m}$

주파수 $f = \dfrac{eB}{2\pi m}$, 주기 $T = \dfrac{1}{f} = \dfrac{2\pi m}{eB}$

【정답】④

17. 간격 3[m]의 평행 무한 평면 도체에 각각 $\pm4\,[C/m^2]$의 전하를 주었을 때, 두 도체간의 전위차는 약 몇 [V]인가?　　　[06/3]

① 1.5×10^{11}　　② 1.5×10^{22}

③ 1.36×10^{11}　　④ 1.36×10^{12}

|정|답|및|해|설|..............

[평행판에서의 전위차] $V = Ed = \dfrac{\sigma}{\epsilon_0} \cdot d \quad \rightarrow (\sigma : 면전하)$

$E = \dfrac{\sigma}{\epsilon_0} = \dfrac{4}{8.85 \times 10^{-12}} = 4.52 \times 10^{11}$

$\therefore V = Ed = \dfrac{\sigma}{\epsilon_0}d = 4.52 \times 10^{11} \times 3 = 1.36 \times 10^{12}[V]$

　　　　　　　　　　　　【정답】④

18. 자속밀도 $B[Wb/m^2]$의 평등 자계 내에서 길이 $l[m]$인 도체 ab가 속도 $v[m/s]$로 그림과 같이 도선을 따라서 자계와 수직으로 이동 할 때, 도체 ab에 의해 유기된 기전력의 크기 $e[V]$와 폐회로 $abcd$내 저항 R에 흐르는 전류의 방향은? (단, 폐회로 $abcd$ 내 도선 및 도체의 저항은 무시한다.)

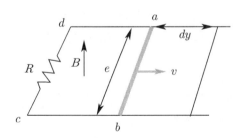

① $e = Blv$, 전류 방향 : $c \rightarrow d$

② $e = Blv$, 전류 방향 : $d \rightarrow c$

③ $e = Blv^2$, 전류 방향 : $c \rightarrow d$

④ $e = Blv^2$, 전류 방향 : $d \rightarrow c$

|정|답|및|해|설|..............

[플레밍의 오른손 법칙] $e = vBl\sin\theta[V]$

· 엄지 : 운동 방향(v)

· 검지, 인지 : 자속 밀도(B)

· 중지 : 전류의 방향(I)

문제에서 수직이므로 $\sin 90 = 1$이므로 $e = Blv[V]$이고 전류의 방향은 $c \rightarrow d$로 흐른다.　　　【정답】①

19. 그림과 같이 내부 도체구 A에 $+Q[C]$, 외부 도체구 B에 $-Q[C]$를 부여한 동심 도체구 사이의 정전용량 $C[F]$는?

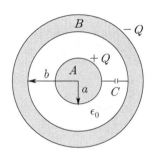

① $4\pi\epsilon_0(b-a)$　　② $\dfrac{4\pi\epsilon_0 ab}{b-a}$

③ $\dfrac{ab}{4\pi\epsilon_0(b-a)}$　　④ $4\pi\epsilon_0\left(\dfrac{1}{a} - \dfrac{1}{b}\right)$

|정|답|및|해|설|..............

[정전용량] $C = \dfrac{V}{Q}$

두 도체 사이의 전위차 $V = \dfrac{Q}{4\pi\epsilon_0}\left(\dfrac{1}{a} - \dfrac{1}{b}\right)[V]$

$C = \dfrac{V}{Q} = \dfrac{4\pi\epsilon_0}{\dfrac{1}{a} - \dfrac{1}{b}} = \dfrac{4\pi\epsilon_0 ab}{b-a}$　　　【정답】②

20. 유전율이 ϵ_1, ϵ_2[F/m]인 유전체 경계면에 단위 면적당 작용하는 힘은 몇 [N/m²]인가? 단, 전계가 경계면에 수직인 경우이며, 두 유전체의 전속밀도 $D_1 = D_2 = D$이다.　　　[18/1]

① $2\left(\dfrac{1}{\epsilon_1} - \dfrac{1}{\epsilon_2}\right)D^2$　　② $2\left(\dfrac{1}{\epsilon_1} + \dfrac{1}{\epsilon_2}\right)D^2$

③ $\dfrac{1}{2}\left(\dfrac{1}{\epsilon_1} + \dfrac{1}{\epsilon_2}\right)D^2$　　④ $\dfrac{1}{2}\left(\dfrac{1}{\epsilon_2} - \dfrac{1}{\epsilon_1}\right)D^2$

[두 유전체의 경계조건]
① 전계가 경계면에 수직한 경우 ($\theta_1 = 0°$)

힘 $f = \frac{1}{2}(E_2 - E_1)D^2 = \frac{1}{2}\left(\frac{1}{\epsilon_2} - \frac{1}{\epsilon_1}\right)D^2 [N/m^2]$

② 전계가 경계면에 평행한 경우 ($\theta_1 = 90°$)

힘 $f = \frac{1}{2}(\epsilon_1 - \epsilon_2)E^2 [N/m^2]$

여기서, E : 전계, D : 전속밀도, ϵ : 유전율

【정답】④

1. 주파수가 100[MHz]일 때 구리의 표피 두께(skin depth)는 약 몇 [mm]인가? (단, 구리의 도전율은 $5.9 \times 10^7 [\mho/m]$이고, 비투자율은 0.99이다.)

① 3.3×10^{-2} ② 6.6×10^{-2}

③ 3.3×10^{-3} ④ 6.6×10^{-3}

[표피 두께] $\delta = \frac{1}{\sqrt{\pi f \mu \sigma}}[m] = \frac{1}{\sqrt{\pi f \mu \sigma}} \times 10^3 [mm]$

여기서, f : 주파수, σ : 도전율, μ : 투자율($= \mu_s\mu_0$)

$\delta = \frac{1}{\sqrt{\pi f \mu_0 \mu_s \sigma}} \times 10^3$

$= \frac{1}{\sqrt{\pi \times 100 \times 10^6 \times 4\pi \times 10^{-7} \times 0.99 \times 5.9 \times 10^7}} \times 10^3 [mm]$

$= 6.6 \times 10^{-3} [mm]$ 　　　　　　　　　　【정답】④

2. 정전용량이 $0.03[\mu F]$인 평행판 공기 콘덴서가 있다. 전극간에 그 간격의 절반 두께의 유리판을 넣었다면 콘덴서의 용량은 약 몇 $[\mu F]$인가? 단, 유리의 비유전율은 10이다.

① 1.83   ② 18.3

③ 0.055   ④ 0.55

[극판간 공극의 두께 $\frac{1}{2}$ 유리판을 넣을 경우 정전용량 C]

$C = \frac{2 \times \epsilon_s \times C_0}{1 + \epsilon_s} = \frac{2 \times 10 \times 0.03}{1 + 10} = 0.055[\mu F]$

【정답】③

3. 2장의 무한 평면 도체를 4[cm] 간격으로 놓은 후 평면 도체 표면에 $2[\mu C/m^2]$의 전하 밀도가 생겼다. 이때 평행 도체 표면에 작용하는 정전응력은 약 몇 $[N/m^2]$인가?

① 0.057   ② 0.226

③ 0.57   ④ 2.26

[정전응력(흡인력)] $f = \frac{a^2}{2\epsilon_0} = \frac{1}{2}\epsilon_0 E^2 = \frac{D^2}{2\epsilon_0} = \frac{1}{2}ED[N/m^2]$

$f = \frac{D^2}{2\epsilon_0} = \frac{(2 \times 10^{-6})^2}{2 \times 8.855 \times 10^{-12}} = 0.2258[N/m^2]$

【정답】②

4. 공기 중에서 2[V/m]의 전계의 세기에 의한 변위 전류 밀도의 크기를 $2[A/m^2]$으로 흐르게 하려면 전계의 주파수는 약 몇 [MHz]가 되어야 하는가?

① 9000   ② 18000

③ 36000   ④ 72000

[변위전류밀도] $i_d = \frac{\partial D}{\partial t} = \epsilon \frac{\partial E}{\partial t} = \frac{\epsilon}{d}\frac{\partial V}{\partial t}[A/m^2]$

만약, $E = E_m \sin\omega t$ 라면

$i_d = \epsilon \frac{\partial}{\partial t}E_m \sin\omega t = \omega\epsilon E_m \cos\omega t = \omega\epsilon E_m = 2\pi f \epsilon E_m$

$f = \frac{i_D}{2\pi\epsilon_0 E_m} = \frac{2}{2\pi \times 8.855 \times 10^{-12} \times 2}[Hz]$

$= \frac{2}{2\pi \times 8.855 \times 10^{-12} \times 2} \times 10^{-6} = 17973.454[MHz]$

【정답】②

5. 정전계에서 도체에 정(+)의 전하를 주었을 때의 설명으로 틀린 것은?

① 도체 표면의 곡률 반지름이 작은 곳에 전하가 많이 분포한다.

② 도체 외측의 표면에만 전하가 분포한다.

③ 도체 표면에서 수직으로 전기력선이 출입한다.

④ 도체 내에 있는 공동면에도 전하가 골고루 분포한다.

|정|답|및|해|설|

[도체의 성질과 전하 분포]

· 도체 표면과 내부의 전위는 동일하고(등전위), 표면은 등전위면이다.

· 도체 내부의 전계의 세기는 0이다.

· 전하는 도체 내부에는 존재하지 않고, 도체 표면에만 분포한다.

· 도체 면에서의 전계의 세기 방향은 도체 표면에 항상 수직이다.

· 도체 표면에서의 전하밀도는 곡률이 클수록 높다. 즉, 곡률반경이 작을수록 높다.

· 중공부에 전하가 없고 대전 도체라면, 전하는 도체 외부의 표면에만 분포한다.

· 중공부에 전하를 두면 도체 내부표면에 동량 이부호, 도체 외부 표면에 동량 동부호의 전하가 분포한다.

【정답】④

6. 대지의 고유저항이 $\rho[\Omega \cdot m]$일 때 반지름 a[m]인 그림과 같은 반구 접지극의 접지 저항[Ω]은?

[18/2 10/1 06/2]

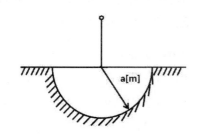

① $\dfrac{\rho}{4\pi a}$ ② $\dfrac{\rho}{2\pi a}$

③ $\dfrac{2\pi\rho}{a}$ ④ $2\pi\rho a$

|정|답|및|해|설|

[반구에서 정전용량] $C = 2\pi\epsilon a$[F]

[전기저항과 정전용량] $RC = \rho\epsilon$

여기서, C : 정전용량, ϵ : 유전율, a : 반지름

R : 저항, ρ : 저항률 또는 고유저항

$RC = \rho\epsilon$에서 $R = \dfrac{\rho\epsilon}{C} = \dfrac{\rho\epsilon}{2\pi\epsilon a} = \dfrac{\rho}{2\pi a}[\Omega]$ 【정답】②

7. 그림과 같은 직사각형의 평면 코일이 $B = \dfrac{0.05}{\sqrt{2}}$ $(a_x + a_y)[Wb/m^2]$인 자계에 위치하고 있다. 이 코일에 흐르는 전류가 5[A]일 때 z축에 있는 코일에서의 토크는 약 몇 [$N \cdot m$]인가?

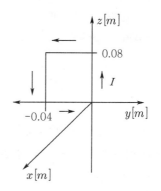

① $2.66 \times 10^{-4} a_x$ ② $5.66 \times 10^{-4} a_x$

③ $2.66 \times 10^{-4} a_z$ ④ $5.66 \times 10^{-4} a_z$

|정|답|및|해|설|

[토크] $T = \dfrac{\partial \omega}{\partial \theta} = Fr = \vec{r} \times \vec{F}[N \cdot m]$

$T = \vec{r} \times \vec{F}$

플레밍의 왼손법칙 $F = BIl\sin\theta = (\vec{I} \times \vec{B})l$

전류 $I = 5a_z[A]$

자속밀도 $B = 0.05\dfrac{a_x + a_y}{\sqrt{2}} = 0.035a_x + 0.035a_y$

$l(\vec{I} \times \vec{B}) = \begin{bmatrix} a_x & a_y & a_z \\ 0 & 0 & 5 \\ 0.035 & 0.035 & 0 \end{bmatrix} \times l = (-0.175a_x + 0.175a_y) \times 0.08$

$= -0.014a_x + 0.014a_y$

$T = \vec{r} \times \vec{F} = \begin{bmatrix} a_x & a_y & a_z \\ 0 & -0.04 & 0 \\ 0.014 & 0.014 & 0 \end{bmatrix}[N \cdot m] \quad \rightarrow (\vec{r} = -0.04a_y)$

$= 5.6 \times 10^{-4} a_z$ 【정답】④

8. 분극의 세기 P, 전계 E, 전속밀도 D의 관계를 나타낸 것으로 옳은 것은? (단, ϵ_0 : 진공중의 유전율. ϵ_r : 유전체의 비유전율, ϵ : 유전체의 유전율이다.)

① $P = \epsilon_0(\epsilon+1)E$　　② $P = \dfrac{D+P}{\epsilon_0}$

③ $P = D - \epsilon_0 E$　　　　④ $\epsilon_0 = D - E$

|정|답|및|해|설|⋯⋯⋯⋯⋯⋯⋯⋯⋯⋯⋯⋯⋯⋯⋯⋯⋯⋯

[분극의 세기]

$P = D - \epsilon_0 E = \epsilon_0(\epsilon_r - 1)E = \chi E$

$= (\epsilon - \epsilon_0)E = D\left(1 - \dfrac{1}{\epsilon_r}\right) = \epsilon E - \epsilon_0 E [C/m^2] \quad \rightarrow (D = \epsilon E)$

여기서, P : 분극의 세기, χ : 분극률$(\epsilon - \epsilon_0)$

$\quad\quad\quad E$: 유전체 내부의 전계, D : 전속밀도

$\quad\quad\quad \epsilon_0$: 진공시 유전율$(= 8.855 \times 10^{-12}[F/m])$

$\quad\quad\quad \epsilon_r$: 비유전율, ϵ : 유전율

【정답】③

9. 반지름이 5[mm], 길이가 15[mm], 비투자율이 50인 자성체 막대에 코일을 감고 전류를 흘려서 자성체 내의 자속밀도를 50[Wb/m^2]으로 하였을 때 자성체 내에서의 자계의 세기는 몇 [A/m]인가?

① $\dfrac{10^7}{\pi}$　　　　② $\dfrac{10^7}{2\pi}$

③ $\dfrac{10^7}{4\pi}$　　　　④ $\dfrac{10^7}{8\pi}$

|정|답|및|해|설|⋯⋯⋯⋯⋯⋯⋯⋯⋯⋯⋯⋯⋯⋯⋯⋯⋯⋯

[자속밀도] $B = \dfrac{\emptyset}{S} = \mu H$

$H = \dfrac{B}{\mu} = \dfrac{B}{\mu_0 \mu_s} = \dfrac{50}{4\pi \times 10^{-7} \times 50} = \dfrac{10^7}{4\pi}$

【정답】③

10. 내부 장치 또는 공간을 물질로 포위시켜 외부 자계의 영향을 차폐시키는 방식을 자기차폐라 한다. 다음 중 자기차폐에 가장 좋은 것은?

[18/1 14/2 11/3 10/1 08/2]

① 비투자율이 1보다 작은 역자성체

② 강자성체 중에서 비투자율이 큰 물질

③ 강자성체 중에서 비투자율이 작은 물질

④ 비투자율에 관계없이 물질의 두께에만 관계되므로 되도록 두꺼운 물질

|정|답|및|해|설|⋯⋯⋯⋯⋯⋯⋯⋯⋯⋯⋯⋯⋯⋯⋯⋯⋯⋯

[자기 차폐] 자기 차폐란 투자율이 큰 강자성체로 내부를 감싸서 내부가 외부 자계의 영향을 받지 않도록 하는 것을 말한다. 따라서 강자성체 중에서 비투자율이 큰 물질이 적당하다.

【정답】②

11. 자성체 내의 자계의 세기 H[AT/m]이고 자속밀도 $B[Wb/m^2]$일 때, 자계 에너지 밀도 [J/m^3]는?

① $\dfrac{B^2}{2\mu}$　　　　② $\dfrac{H^2}{2\mu}$

③ $\dfrac{1}{2}\mu H$　　　④ BH

|정|답|및|해|설|⋯⋯⋯⋯⋯⋯⋯⋯⋯⋯⋯⋯⋯⋯⋯⋯⋯⋯

[자성체 단위 체적당 저장되는 에너지(에너지 밀도)]

$\omega = \dfrac{B^2}{2\mu} = \dfrac{1}{2}\mu H^2 = \dfrac{1}{2}HB[J/m^3]$

여기서, $\mu[H/m]$: 투자율 , $H[AT/m]$: 자계의 세기

$\quad\quad\quad B[Wb/m^2]$: 자속밀도

【정답】①

12. 자성체 내에서 임의의 방향으로 배열되었던 자구가 외부 자장의 힘이 일정치 이상이 되면 순간적으로 회전하여 자장의 방향으로 배열되기 때문에 자속밀도가 증가하는 현상은?

[10/3]

① 자기여효(magnetic aftereffect)

② 바크하우젠(Bark hausen) 효과

③ 자기왜현상(magneto-striction effect)

④ 핀치효과(Pinch effect)

|정|답|및|해|설|⋯⋯⋯⋯⋯⋯⋯⋯⋯⋯⋯⋯⋯⋯⋯⋯⋯⋯

[바크 하우젠 효과] 강자성체에 자계를 가하면 자화가 일어나는데 자화는 자구를 형성하고 있는 경계면, 즉 자벽이 단속적으로 이동함으로써 발생한다. 이때 자계의 변화에 대한 자속의 변화는 미시적으로는 불연속으로 이루어지는데, 이것을 바크하우젠 효과라고 한다.

【정답】②

13. 반지름이 30[cm]인 원판 전극의 평행판 콘덴서가 있다. 전극의 간격이 0.1[cm]이며 전극 사이 유전체의 비유전율이 4.0이라 한다. 이 콘덴서의 정전용량은 약 몇 [μF]인가? [05/3]

① 0.01　　　　② 0.02
③ 0.03　　　　④ 0.04

|정|답|및|해|설|

[평행판 콘덴서의 정전용량] $C = \dfrac{Q}{V} = \dfrac{Q}{Ed} = \dfrac{\epsilon_0 \epsilon_s S}{d} = \dfrac{\epsilon_0 \epsilon_s \pi r^2}{d}[F]$

$\rightarrow$ (r : 반지름, d : 직경)

$C = \dfrac{\epsilon_0 \epsilon_s \pi r^2}{d} = \dfrac{8.855 \times 10^{-12} \times 4 \times \pi \times (30 \times 10^{-2})^2}{0.1 \times 10^{-2}} \times 10^6$

$= 0.01[\mu F]$　　　　　　【정답】①

14. 평행도선에 같은 크기의 왕복전류가 흐를 때 두 도선 사이에 작용하는 힘과 관계되는 것 중 옳은 것은?

① 간격에 제곱에 반비례한다.
② 간격에 제곱에 반비례하고 투자율에 반비례한다.
③ 전류에 제곱에 비례한다.
④ 주위 매질의 투자율에 반비례한다.

|정|답|및|해|설|

[왕복 전류 일 경우의 힘] $F = IlB\sin\theta = Il \times \dfrac{\mu I}{2\pi r} = \dfrac{\mu I^2 l}{2\pi r}$

【정답】③

15. 압전기 현상에서 분극이 응력에 수직한 방향으로 발생하는 현상은? [13/1 09/1]

① 종효과　　　　② 횡효과
③ 역효과　　　　④ 직접효과

|정|답|및|해|설|

[압전기 현상] 결정에 가한 기계적 응력과 전기 분극이 동일 방향으로 발생하는 경우를 종효과, 수직 방향으로 발생하는 경우를 횡효과라고 한다.

【정답】②

16. 구리의 고유저항은 20[℃]에서 1.69×10^{-8} [$\Omega \cdot m$]이고 온도계수는 0.00393이다. 단면적이 2[mm^2]이고 100[m]인 구리선의 저항값은 40[℃]에서 약 몇 [Ω]인가?

① 0.91×10^{-3}　　　　② 1.89×10^{-3}
③ 0.91　　　　④ 1.89

|정|답|및|해|설|

[저항] $R = \rho\dfrac{l}{S}[\Omega]$

40[℃]에 대한 고유저항 $\rho_{40} = \rho_{20}(1 + \partial t(T - t))$

$\rho_{40} = 1.69 \times 10^{-8}[1 + 0.00393(40 - 20)] = 1.822 \times 10^{-8}$

$R = \rho\dfrac{l}{S} = 1.822 \times 10^{-8} \times \dfrac{100}{2 \times 10^{-6}} = 0.911[\Omega]$

【정답】③

17. 한 변의 길이가 $l[m]$인 정사각형 회로에 $I[A]$가 흐르고 있을 때 그 사각형 중심의 자계의 세기는 몇 [A/m]인가? [18/2 14/3]

① $\dfrac{I}{2\pi l}$　　　　② $\dfrac{2\sqrt{2}\,I}{\pi l}$
③ $\dfrac{\sqrt{3}\,I}{2\pi l}$　　　　④ $\dfrac{\sqrt{2}\,I}{2\pi l}$

|정|답|및|해|설|

[정 n각형 중심의 자계의 세기]

· $n = 3$: $H = \dfrac{9I}{2\pi l}[AT/m]$

· $n = 4$: $H = \dfrac{2\sqrt{2}\,I}{\pi l}[AT/m]$

· $n = 6$: $H = \dfrac{\sqrt{3}\,I}{\pi l}[AT/m]$　　　　【정답】②

18. 정전용량이 각각 $C_1 = 1[\mu F]$, $C_2 = 2[\mu F]$인 도체에 전하 $Q_1 = -5[\mu C]$, $Q_2 = 2[\mu C]$을 각각 주고 각 도체를 가는 철사로 연결하였을 때 C_1에서 C_2로 이동하는 전하 $Q[\mu C]$는?

① -4　　　　② -3.5
③ -3　　　　④ -1.5

|정|답|및|해|설|
[정전용량]

· C_1의 전하 $Q_1' = Q_1 - Q$

· C_2의 전하 $Q_2' = Q_2 - Q$

공통 전위 $V = \dfrac{Q_1'}{C_1} = \dfrac{Q_2'}{C_2}$ 가 성립한다.

$\dfrac{Q_1 - Q_2}{C_1} = \dfrac{Q_1 + Q_2}{C_2} \rightarrow C_1(Q_2 + Q) = C_2(Q_1 - Q)$

$Q = \dfrac{Q_1 C_2 - Q_2 C_1}{C_1 + C_2} = \dfrac{(-5 \times 2 - 2 \times 1)}{1 + 2} = -4[\mu C]$

【정답】①

---

19. 비유전율 3, 비투자율 3인 매질에서 전자기파의 진행 속도 $v[m/s]$와 진공에서의 속도 $v_0[m/s]$의 관계는?

① $v = \dfrac{1}{9} v_0$　　② $v = \dfrac{1}{3} v_0$

③ $v = 3 v_0$　　④ $v = 9 v_0$

|정|답|및|해|설|
[속도] $v = \dfrac{1}{\sqrt{\mu \epsilon}} = \dfrac{1}{\sqrt{\mu_0 \epsilon_0}} \cdot \dfrac{1}{\sqrt{\mu_s \epsilon_s}}$

$v = \dfrac{v_0}{\sqrt{\mu_s \epsilon_s}} = \dfrac{v_0}{\sqrt{3 \times 3}} = \dfrac{1}{3} v_0$

【정답】②

---

20. 전위 경도 V와 전계 E의 관계식은?

① $E = \mathrm{grad}\,V$　　② $E = \mathrm{div}\,V$

③ $E = -\mathrm{grad}\,V$　　④ $E = -\mathrm{div}\,V$

|정|답|및|해|설|
[전위와 전계와의 관계] $E = -grad \cdot V$

【정답】③

---

1. 환상 솔레노이트 철심 내부에서 자계의 세기 [AT/m]는? (단, N은 코일 권선수, r은 환상 철심의 평균 반지름, I는 코일에 흐르는 전류이다.)

① NI　　② $\dfrac{NI}{2\pi r}$

③ $\dfrac{NI}{2r}$　　④ $\dfrac{NI}{4\pi r}$

|정|답|및|해|설|
[환상 솔레노이드 자계의 세기] $H = \dfrac{NI}{l} = \dfrac{NI}{2\pi r} = \dfrac{NI}{\pi d}[AT/m]$

※외부 자계의 세기는 누설 자속이 있을 수 없으므로 $H = 0[AT/m]$

【정답】②

---

2. 무한장 직선 도체가 있다. 이 도체로부터 수직으로 0.1[m] 떨어진 점의 자계와 세기가 180[AT/m]이다. 이 도체로부터 수직으로 0.3[m] 떨어진 점의 자계의 세기[AT/m]는? [15/1 05/1]

① 20　　② 60

③ 180　　④ 540

|정|답|및|해|설|
[무한 직선에서 자계의 세기] $H = \dfrac{I}{2\pi r}[\mathrm{AT/m}]$

여기서, I : 전류, r : 거리[m]

$r_1 = 0.1[m]$, $r_2 = 0.3[m]$인 자계의 세기를 H_1, H_2

$H_1 = \dfrac{I}{2\pi r_1}[AT/m]$

$I = 2\pi r_1 H_1 = 2\pi \times 0.1 \times 180[A]$

$\therefore H_2 = \dfrac{I}{2\pi r_2} = \dfrac{2\pi \times 0.1 \times 180}{2\pi \times 0.3} = 60[AT/m]$

【정답】②

3. 길이 l[m], 반지름 a[m]인 원통이 길이 방향으로 균일하게 자화되어 자화의 세기가 $J[Wb/m^2]$인 경우 원통 양단에서의 전자극의 세기[Wb]는?

① alj ② $2\pi alj$

③ $\pi a^2 J$ ④ $\dfrac{J}{\pi a^2 4}$

|정|답|및|해|설|

[자화의 세기] 자성체의 양 단면의 단위 면적에 발생한 자기량

$$J = \frac{m}{S} = \frac{ml}{Sl} = \frac{M}{V}[Wb/m^2]$$

여기서, S : 자성체의 단면적[m^2]

   m : 자화된 자기량(전자극의 세기)[Wb]

   l : 자성체의 길이[m]

   V : 자성체의 체적[m^3]

   M : 자기모멘트($M = ml$[Wb $\cdot$ m])

전자극의 세기 $m = J \cdot S = J \cdot \pi a^2 = J \cdot \pi \left(\dfrac{d}{2}\right)^2 = J \cdot \dfrac{\pi d^2}{4}[Wb]$

$\rightarrow (a$: 반지름, d : 지름$)$

【정답】③

4. 임의의 형상의 도선에 전류 I[A]가 흐를 때, 거리 r[m]만큼 떨어진 점에서의 자계의 세기 H[AT/m]와 거리 r[m]의 관계로 옳은 것은?

① r에 반비례   ② r에 비례

③ r^2에 반비례   ④ r^2에 비례

|정|답|및|해|설|

[비오-사바르의 법칙] 임의의 형상의 도선에 전류 I[A]가 흐를 때, 도선상의 길이 l부분에 흐르는 전류에 의하여 거리 r만큼 떨어진 점 P에서의 자계의 세기 H는

$$dH = \frac{Idl\sin\theta}{4\pi r^2}[AT/m] = \frac{qdv\sin\theta}{4\pi r^2}[AT/m] \qquad \rightarrow (I = \frac{vdq}{dl})$$

$$H = \frac{qv\sin\theta}{4\pi r^2}\int dq = \frac{qv\sin\theta}{4\pi r^2}[AT/m]$$

【정답】③

5. 진공 중에서 전자파의 전파속도 $v[m/s]$는?

① $v = \dfrac{1}{\sqrt{\epsilon_0 \mu_0}}$ ② $v = \sqrt{\epsilon_0 \mu_0}$

③ $v = \dfrac{1}{\sqrt{\epsilon_0}}$ ④ $v = \dfrac{1}{\sqrt{\mu_0}}$

|정|답|및|해|설|

[전자파의 전파속도] $v = \lambda \cdot f = \dfrac{\omega}{\beta} = \dfrac{1}{\sqrt{LC}} = \dfrac{1}{\sqrt{\mu\epsilon}}$

$\rightarrow (\lambda$: 파장, f : 주파수, ω : 각속도, β : 위상정수$(=\omega\sqrt{LC}))$

$v = \dfrac{1}{\sqrt{\mu\epsilon}} = \dfrac{1}{\sqrt{\mu_0\mu_s \times \epsilon_0\epsilon_s}} = \dfrac{1}{\sqrt{\mu_0\epsilon_0}}[m/s]$

$\rightarrow$ (진공시나 공기중에서 $\epsilon_s = 1$, $\mu_s = 1$)

【정답】①

6. 영구자석의 재료로 사용하기에 적절한 것은?

① 잔류자속밀도는 작고 보자력이 커야 한다.

② 잔류자속밀도는 크고 보자력이 작아야 한다.

③ 잔류지속밀도와 보자력이 모두 커야 한다.

④ 잔류자속밀도는 커야 하나, 보자력은 0이어야 한다.

|정|답|및|해|설|

[영구 자석의 재료] 영구자석 재료는 보자력이 크고 히스테리시스 면적이 크고 잔류자속밀도가 커야한다.

전자석의 재료는 히스테리시스 면적과 보자력이 작고 잔류자속밀도만 크면 된다.

【정답】③

7. 변위 전류와 관계가 가장 깊은 것은? [17/3 11/3 05/2]

① 반도체   ② 유전체

③ 자성체   ④ 도체

|정|답|및|해|설|

[변위 전류 밀도] $i_d = \dfrac{\partial D}{\partial t} = \epsilon\dfrac{\partial E}{\partial t} = \dfrac{I_o}{S}[A/m^2]$

변위 전류 밀도는 자계를 만든다. 유전체를 흐르는 전류를 말한다.

【정답】②

8. 자속밀도가 $10[Wb/m^2]$인 평등자계 내에 길이 4[cm]인 도체를 자계와 직각 방향으로 놓고 이 도체를 0.4초 동안 1[m]씩 균일하게 이동하였을 때 발생하는 기전력은 몇 [V]인가?

① 1   ② 2

③ 3   ④ 4

|정|답|및|해|설|
[플레밍의 오른손 법칙] 기전력 $e = vBl\sin\theta[V]$

$e = vBl\sin\theta = \dfrac{1}{0.4} \times 10 \times 4 \times 10^{-2} \times \sin 90° = 1[V]$

【정답】①

9. 내부 원통의 반지름이 a, 외부 원통의 반지름이 b인 동축 원통 콘덴서의 내외 원통 사이에 공기를 넣었을 때 정전용량이 C_1이었다. 내외 반지름을 모두 3배로 증가시키고 공기 대신 비유전율이 3인 유전체를 넣었을 경우 정전용량 C_2는?

① $C_2 = \dfrac{C_1}{9}$ ② $C_2 = \dfrac{C_1}{3}$

③ $C_2 = 3C_1$ ④ $C_2 = 9C_1$

|정|답|및|해|설|
[동축원통에서의 정전용량] $C = \dfrac{2\pi\epsilon l}{\ln\dfrac{b}{a}}[F/m])$

① 공기중 $C_1 = \dfrac{2\pi\epsilon_0}{\ln\dfrac{b}{a}}[F/m]$

② 유전체 $C_2 = \dfrac{2\pi\epsilon_0\epsilon_s}{\ln\dfrac{b}{a}} = \dfrac{2\pi\epsilon_0 3}{\ln\dfrac{3b}{3a}} = \dfrac{2\pi\epsilon_0}{\ln\dfrac{b}{a}} \cdot 3 = 3C_1[F/m]$

【정답】③

10. 다음 정전계에 관한 식 중에서 틀린 것은? (단, D는 전속밀도, V는 전위, ρ는 공간(체적)전하밀도, ϵ는 유전율이다.)

[16/2]

① 가우스의 정리 : $div D = \rho$

② 포아송의 방정식 : $\nabla^2 V = \dfrac{\rho}{\epsilon}$

③ 라플라스의 방정식 : $\nabla^2 V = 0$

④ 발산의 정리 : $\oint_s A \cdot ds = \int_v div A dv$

|정|답|및|해|설|
[포아송의 방정식] $\nabla^2 V = -\dfrac{\rho}{\epsilon_0}$

여기서, V : 전위차, ϵ : 유전상수, ρ : 전하밀도

【정답】②

11. 질량 m=10^{-10}[kg]이고, 전하량 q=10^{-8}[C]인 전하가 전기장에 의해 가속되어 운동하고 있다. 이때 가속도 $a = 10^2 i + 10^3 j[m/sec^2]$라 하면 전기장의 세기 E는 몇 [V/m]인가?

[09/2]

① $10^4 i + 10^5 j$ ② $i + 10j$

③ $10^{-2} i + 10^{-7} j$ ④ $10^{-6} i + 10^{-5} j$

|정|답|및|해|설|
[힘] $F = qE = ma = mg = \dfrac{Q_1 Q_2}{4\pi\epsilon_0 r^2}[N]$

전기장의 세기 $E = \dfrac{m}{q}a = \dfrac{10^{-10}}{10^{-8}} \times (10^2 i + 10^3 j) = i + 10j[V/m]$

【정답】②

12. 유전율이 ϵ_1, ϵ_2인 유전체 경계면에 수직으로 전계가 작용할 때 단위면적당에 작용하는 수직력은?

[16/3]

① $2\left(\dfrac{1}{\epsilon_2} - \dfrac{1}{\epsilon_1}\right)E^2$ ② $2\left(\dfrac{1}{\epsilon_2} - \dfrac{1}{\epsilon_1}\right)D^2$

③ $\dfrac{1}{2}\left(\dfrac{1}{\epsilon_2} - \dfrac{1}{\epsilon_1}\right)E^2$ ④ $\dfrac{1}{2}\left(\dfrac{1}{\epsilon_2} - \dfrac{1}{\epsilon_1}\right)D^2$

|정|답|및|해|설|
[단위 면적당 작용하는 힘]

$f_n = w_2 - w_1 = \dfrac{1}{2}E_2 D_2 - \dfrac{1}{2}E_1 D_1[N/m^2]$

경계면에 수직으로 입사되므로 $D_1 = D_2 \rightarrow D = \epsilon E$

여기서, D : 전속밀도, E : 전계

$\therefore f_n = \dfrac{1}{2}(E_2 - E_1)D = \dfrac{1}{2}\left(\dfrac{1}{\epsilon_2} - \dfrac{1}{\epsilon_1}\right)D^2[N/m^2]$

【정답】④

13. 진공 중에서 2[m] 떨어진 두 개의 무한 평행 도선에 단위 길이 당 $10^{-7}[N]$의 반발력이 작용할 때 각 도선에 흐르는 전류의 크기와 방향은? (단, 각 도선에 흐르는 전류의 크기는 같다.)

① 각 도선에 2[A]가 반대 방향으로 흐른다.
② 각 도선에 2[A]가 같은 방향으로 흐른다.
③ 각 도선에 1[A]가 반대 방향으로 흐른다.
④ 각 도선에 1[A]가 같은 방향으로 흐른다.

|정|답|및|해|설|

[두 도선에 작용하는 힘] $F=\dfrac{\mu_0 I_1 I_2}{2\pi r}=\dfrac{2\times I_1 I_2}{r}\times 10^{-7}$

$\rightarrow (\mu_0 = 4\pi \times 10^{-7},\ r:$ 두 도선 간의 거리$)$

$F=\dfrac{\mu_0 I^2}{2\pi r}=\dfrac{2I^2}{r}\times 10^{-7}\qquad \rightarrow$ (전류의 크기가 같으므로)

$I^2=\dfrac{F\cdot r}{2\times 10^{-7}}\ \rightarrow\ I=\sqrt{\dfrac{F\cdot r}{2\times 10^{-7}}}$

$I=\sqrt{\dfrac{F\cdot r}{2\times 10^{-7}}}=\sqrt{\dfrac{10^{-7}\times 2}{2\times 10^{-7}}}=1$

※전계의 방향이 동일 : 흡인력
　전계의 방향이 반대 : 반발력

【정답】③

14. 자기 인덕턴스(self inductance) $L(H)$을 나타낸 식은? (단, N은 권선수, I는 전류[A], $\varnothing$는 자속 [Wb], B는 자속밀도[Wb/m^2], A는 벡터 퍼텐셜 [Wb/m], J는 전류밀도 [A/m^2]이다.)

① $L=\dfrac{N\varnothing}{I^2}$ 　　② $L=\dfrac{N\varnothing}{I}$

③ $L=\dfrac{1}{I^2}\displaystyle\int A\cdot Jdv$ 　　④ $L=\dfrac{1}{I}\displaystyle\int B\cdot Hdv$

|정|답|및|해|설|

[자기 인덕턴스] $L=\dfrac{N\varnothing}{I}[H]\qquad\rightarrow(\varnothing=BS)$

권수 $N=1$이면 $L=\dfrac{\varnothing}{I}[H]$

$L=\dfrac{1}{I}\displaystyle\int_s BdS=\dfrac{1}{I}\displaystyle\int_s rot\,Ads=\dfrac{1}{I}\displaystyle\int_l A\,dl=(\dfrac{1}{I}\displaystyle\int_l A\,dl)\times\dfrac{I}{I}$

$=\dfrac{1}{I^2}\displaystyle\int_l AIdl=\dfrac{1}{I^2}\displaystyle\int_l\displaystyle\int_s A\,idl\displaystyle\int s\qquad\rightarrow(I=is)$

$=\dfrac{1}{I^2}\displaystyle\int Aidv\qquad\rightarrow(i=J[A/m^2])$

$=\dfrac{1}{I^2}\displaystyle\int AJdv=\dfrac{1}{I^2}\displaystyle\int BHdv[H]$ 　　【정답】③

15. 반지름 a[m], b[m]인 두 개의 구 형상 도체 전극이 도전율 k인 매질 속에 중심거리 r만큼 떨어져 있다. 양 전극 간의 저항은? (단, $r\gg a,\ b$ 이다.) [17/1]

① $4\pi k\left(\dfrac{1}{a}+\dfrac{1}{b}\right)$ 　　② $4\pi k\left(\dfrac{1}{a}-\dfrac{1}{b}\right)$

③ $\dfrac{1}{4\pi k}\left(\dfrac{1}{a}+\dfrac{1}{b}\right)$ 　　④ $\dfrac{1}{4\pi k}\left(\dfrac{1}{a}-\dfrac{1}{b}\right)$

|정|답|및|해|설|

[구도체 $a,\ b$ 사이의 정전 용량] $C=\dfrac{Q}{V_a-V_b}=\dfrac{4\pi\epsilon}{\dfrac{1}{a}+\dfrac{1}{b}}[F]$

$C=\dfrac{4\pi\epsilon}{\dfrac{1}{a}+\dfrac{1}{b}}[F]$

$R=\dfrac{\rho\epsilon}{C}=\dfrac{\rho\epsilon}{4\pi\epsilon}\left(\dfrac{1}{a}+\dfrac{1}{b}\right)\quad\rightarrow(R\cdot C=\rho\dfrac{l}{S}\times\dfrac{\epsilon S}{d}=\rho\epsilon\rightarrow(l=d))$

$=\dfrac{\rho}{4\pi}\left(\dfrac{1}{a}+\dfrac{1}{b}\right)=\dfrac{1}{4\pi k}\left(\dfrac{1}{a}+\dfrac{1}{b}\right)[\Omega]$

여기서, $\rho=\dfrac{1}{k}$, $\rho:$ 고유저항, $k:$ 도전율

【정답】③

16. 정전계 내 도체 표면에서 전계의 세기가 $E=\dfrac{a_x-2a_y+2a_z}{\epsilon_0}[V/m]$일 때 도체 표면상의 전하 밀도 $\rho_s[C/m^2]$를 구하면? (단, 자유 공간이다.)

① 1 　　② 2
③ 3 　　④ 5

|정|답|및|해|설|

[전하밀도] $\sigma=\rho_s=D=\dfrac{Q}{S}=\epsilon_0 E$

$\rho_s=\epsilon_0\dfrac{a_x-2a_y+2a_z}{\epsilon_0}=a_x-2a_y+2a_z$

$|\rho_s|=\sqrt{1^2+(-2)^2+2^2}=3$ 　　【정답】③

17. 저항의 크기가 1[Ω]인 전선이 있다. 전선의 체적을 동일하게 유지하면서 길이를 2배로 늘였을 때 전선의 저항[Ω]은? [13/2]

① 0.5   ② 1

③ 2   ④ 4

|정|답|및|해|설|_____

[저항] $R = \rho\dfrac{l}{S} = \rho\dfrac{l^2}{Sl} = \rho\dfrac{l^2}{v}[\Omega]$

체적이 동일하고 길이가 늘면 단면적이 작아지게 된다.

$S_1 \times l_1 = S_2 \times l_2 = S_2 \times 2l_1$

따라서, 전선의 단면적은 $S_2 = \dfrac{1}{2}S_1$ 가 되어 저항은 4배로 증가한다.

저항 $R_2 = \rho \times \dfrac{l_2}{S_2} = \rho \times \dfrac{2l_1}{\frac{1}{2}S_1} = 4 \times \rho \times \dfrac{l_1}{S_1} = 4R_1[\Omega]$

【정답】④

18. 반지름이 3[cm]인 원형 단면을 가지고 환상 연철심에 코일을 감고 여기에 전류를 흘려서 철심 중의 자계의 세기가 400[AT/m] 되도록 여자할 때, 철심 중의 자속 밀도는 약 몇 [Wb/m^2]인가? (단, 철심의 비투자율은 400이라고 한다.) [08/2]

① 0.2[Wb/m^2]   ② 8.0[Wb/m^2]

③ 1.6[Wb/m^2]   ④ 2.0[Wb/m^2]

|정|답|및|해|설|_____

[자속밀도] $B = \dfrac{\varnothing}{S} = \mu H = \mu_0 \mu_s H$

$H = 400[AT/m], \quad \mu_s = 400$

$B = \mu_0 \mu_s H = 4\pi \times 10^{-7} \times 400 \times 400 = 0.2[Wb/m^2]$

【정답】①

19. 자기회로와 전기회로에 대한 다음 설명 중 틀린 것은?

① 자기저항의 역수를 컨덕턴스라 한다.
② 자기회로의 투자율은 전기회로의 도전율에 대응된다.
③ 전기회로의 전류는 자기회로의 자속에 대응된다.
④ 자기저항의 단위는 [AT/Wb]이다.

|정|답|및|해|설|_____

[자기저항] $R_m = \dfrac{F}{\varnothing} = \dfrac{NI}{\frac{\mu SNI}{l}} = \dfrac{l}{\mu S}[AT/Wb]$

$\dfrac{1}{R_m} = \dfrac{\mu S}{l} = P_m \quad \rightarrow (P_m : 퍼미언스)$

※전기저항의 역수를 컨덕턴스라 한다.

【정답】①

20. 서로 같은 2개의 구 도체에 동일 양의 전하를 대전시킨 후 20[cm] 떨어뜨린 결과 구 도체에 서로 8.6×10^{-4}[N] 의 반발력이 작용한다. 구 도체에 주어진 전하는?

① 약 5.2×10^{-8}[C]
② 약 6.2×10^{-8}[C]
③ 약 7.2×10^{-8}[C]
④ 약 8.2×10^{-8}[C]

|정|답|및|해|설|_____

[두 전하 사이에 작용하는 힘(쿨롱의 법칙)]

$F = \dfrac{Q_1 Q_2}{4\pi\epsilon_0 r^2} = 9 \times 10^9 \dfrac{Q_1 Q_2}{r^2}$

$F = 9 \times 10^9 \dfrac{Q^2}{r^2} \quad \rightarrow (동일한 전하이므로)$

서로 같은 2개의 구 도체에 같은 양의 전하를 대전시킨 후 20[cm]를 이격시키면 같은 전하를 나누어 가졌으므로 반발력이 생긴다.

$F = 9 \times 10^9 \dfrac{Q^2}{r^2} \rightarrow 9 \times 10^9 \dfrac{Q^2}{0.2^2} = 8.6 \times 10^{-4}[N]$

$\therefore Q = 6.2 \times 10^{-8}[C]$

【정답】②

2019 전기기사 기출문제

1회

1. 평행판 콘덴서에 어떤 유전체를 넣었을 때 전속밀도가 $2.4 \times 10^{-7} [C/m^2]$이고 단위체적당 정전에너지가 $5.3 \times 10^{-3} [J/m^3]$이었다. 이 유전체의 유전율은 몇 [F/m]인가?

① 2.17×10^{-11}
② 5.43×10^{-11}
③ 5.17×10^{-12}
④ 5.43×10^{-12}

|정|답|및|해|설|
[단위 체적당 축적되는 정전에너지]

$$W = \frac{1}{2} DE = \frac{1}{2} \epsilon E^2 = \frac{1}{2} \frac{D^2}{\epsilon} [J/m^3]$$

$$W = \frac{1}{2} \frac{D^2}{\epsilon} \rightarrow \epsilon = \frac{D^2}{2W}$$

$$\epsilon = \frac{(2.4 \times 10^{-7})^2}{2 \times 5.3 \times 10^{-3}} = 5.43 \times 10^{-12} [F/m]$$

【정답】④

2. 서로 다른 두 유전체 사이의 경계면에 전하 분포가 없다면 경계면 양쪽에서의 전계 및 전속밀도는?

[기 04/3]

① 전계의 법선성분 및 전속밀도의 접선성분은 서로 같다.
② 전계의 접선성분이 서로 같고, 전속밀도의 법선성분이 서로 같다.
③ 전계 및 전속밀도의 법선성분은 서로 같다.
④ 전계 및 전속밀도의 접선성분은 서로 같다.

|정|답|및|해|설|
[유전체 경계면의 조건] 유전율이 다른 경계면에 전계(전속)가 입사되면, 경계면 양쪽에서 전계의 경계면에 접선성분(평행)은 서로 같고($E_1 \sin\theta_1 = E_2 \sin\theta_2$), 전속밀도는 경계면의 법선성분(수직)이 서로 같게($D_1 \cos\theta_1 = D_2 \cos\theta_2$) 굴절이 된다.

【정답】②

3. 와류손에 대한 설명으로 틀린 것은? (단, f : 주파수, B_m : 최대자속밀도, t : 두께, ρ : 저항률이다.)

① t^2에 비례한다.
② f^2에 비례한다.
③ ρ^2에 비례한다.
④ B_m^2에 비례한다.

|정|답|및|해|설|
[와류손] $P_e = K_e (t \cdot f \cdot K_f \cdot B_m)^2$
(K_e : 재료에 따라 정해지는 상수, t : 강판의 두께, f : 주파수 B_m : 자속밀도의 최대값, K_f : 파형률)

【정답】③

4. $x > 0$인 영역에 비유전율 $\epsilon_{r1} = 3$인 유전체, $x < 0$인 영역에 비유전율 $\epsilon_{r2} = 5$인 유전체가 있다. $x < 0$인 영역에서 전계 $E_2 = 20a_x + 30a_y - 40a_z [V/m]$일 때 $x > 0$인 영역에서의 전속밀도는 몇 $[C/m^2]$인가?

① $10(10a_x + 9a_y - 12a_z)\epsilon_0$
② $20(5a_x - 10a_y + 6a_z)\epsilon_0$
③ $50(2a_x + 3a_y - 4a_z)\epsilon_0$
④ $50(2a_x - 3a_y + 4a_z)\epsilon_0$

[법선성분(수직)] $D_1 = D_2$, $\epsilon_1 E_1 = \epsilon_2 E_2$

$$E_1 = \frac{\epsilon_2}{\epsilon_1} E_2 = \frac{\epsilon_0 \epsilon_{r2}}{\epsilon_0 \epsilon_{r1}} E_2$$
$$= \frac{5}{3}(20a_x + 30a_y - 40a_z) = \frac{100}{3}a_x + 30a_y - 40a_z\,[V/m]$$

$$D_1 = \epsilon_1 E_1 = \epsilon_0 \epsilon_{r1} = \epsilon_0 3\left(\frac{100}{3}a_x + 30a_y - 40a_z\right)[V/m]$$
$$= \epsilon_0(100a_x + 90a_y - 120a_z) = 10\epsilon_0(10a_x + 9a_y - 12a_z)$$

【정답】①

5. $q[C]$의 전하가 진공 중에서 $v[m/s]$의 속도로 운동하고 있을 때, 이 운동방향과 θ의 각으로 $r[m]$ 떨어진 점의 자계의 세계[AT/m]는?

① $\dfrac{q\sin\theta}{4\pi r^2 v}$ ② $\dfrac{v\sin\theta}{4\pi r^2 q}$

③ $\dfrac{qv\sin\theta}{4\pi r^2}$ ④ $\dfrac{v\sin\theta}{4\pi r^2 q^2}$

[비오-사바르의 법칙] 임의의 형상의 도선에 전류 $I[A]$가 흐를 때, 도선상의 길이 l부분에 흐르는 전류에 의하여 거리 r만큼 떨어진 점 P에서의 자계의 세기 H는

$$dH = \frac{I\,dl\sin\theta}{4\pi r^2}[AT/m] = \frac{qdv\sin\theta}{4\pi r^2}[AT/m] \qquad \rightarrow (I = \frac{vdq}{dl})$$

$$H = \frac{qv\sin\theta}{4\pi r^2}\int dq = \frac{qv\sin\theta}{4\pi r^2}[AT/m]$$

【정답】③

6. 그림과 같은 반지름 $a[m]$인 원형 코일에 $I[A]$이 전류가 흐르고 있다. 이 도체 중심 축상 $x[m]$인 점 P의 자위는 몇 [A]인가?

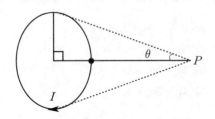

① $\dfrac{I}{2}(1-\cos\theta)$ ② $\dfrac{I}{4}(1-\cos\theta)$

③ $\dfrac{I}{2}(1-\sin\theta)$ ④ $\dfrac{I}{4}(1-\sin\theta)$

[판자석의 자위] $U = \dfrac{Mw}{4\pi\mu_0}[A]$

여기서, ω : 입체각($\omega = 2\pi(1-\cos\theta) = 2\pi(1 - \dfrac{x}{\sqrt{a^2+x^2}})$)[sr])

M : 판자석의 세기($M = \sigma\delta = \mu_o I[Wb \cdot m]$)

$$U = \frac{M}{4\pi\mu_o}\omega = \frac{\mu_0 I}{4\pi\mu_o} \times 2\pi(1-\cos\theta) = \frac{I}{2}(1-\cos\theta)$$

【정답】①

7. 진공 중에서 무한장 직선도체에 선전하밀도 $\rho_L = 2\pi \times 10^{-3}[C/m]$가 균일하게 분포된 경우 직선 도체에서 2[m]와 4[m] 떨어진 두 점 사이의 전위차는 몇 [V] 인가? [기 04/3]

① $\dfrac{10^{-3}}{\pi\epsilon_0}\ln 2$ ② $\dfrac{10^{-3}}{\epsilon_0}\ln 2$

③ $\dfrac{1}{\pi\epsilon_0}\ln 2$ ④ $\dfrac{1}{\epsilon_0}\ln 2$

[무한장 직선 도체의 전위차] $V_{ab} = \dfrac{\lambda}{2\pi\epsilon_0}\ln\dfrac{b}{a}[V/m]$

($\lambda[c/m]$: 선전하밀도, a, b : 도체의 거리)

$$V_{ab} = \frac{\rho_L}{2\pi\epsilon_0}\log\frac{b}{a} = \frac{2\pi \times 10^{-3}}{2\pi\epsilon_0}\log 2 = \frac{10^{-3}}{\epsilon_0}\log 2[V]$$

【정답】②

8. 균일한 자장 내에 놓여 있는 직선 도선에 전류 및 길이를 각각 2배로 하면 이 도선에 작용하는 힘은 몇 배가 되는가?

① 1 ② 2

③ 4 ④ 8

|정|답|및|해|설|
[플레밍의 왼손법칙] 평등 자장 내에 전류가 흐르고 있는 도체가 받는 힘 $F=(I \times B)l=IBl\sin\theta[N]$

$F=(2I \times B)2l\sin\theta=4IBl\sin\theta$

【정답】③

---

9. 환상철심에 권수 3000회의 A코일과 권수 200회인 B코일이 감겨져 있다. A코일의 자기인덕턴스가 360[mH]일 때 A, B 두 코일의 상호 인덕턴스[mH]는? (단, 결합계수는 1 이다.) [기 12/1]

① 16[mH] ② 24[mH]

③ 36[mH] ④ 72[mH]

|정|답|및|해|설|

[권수비] $a = \dfrac{V_1}{V_2} = \dfrac{N_1}{N_2} = \dfrac{L_1}{M} = \dfrac{M}{L_2}$ → 상호인덕턴스에 대입하면

$M = \dfrac{N_2}{N_1}L_1 = \dfrac{200}{3000} \times 360 = 24[mH]$

【정답】②

---

10. 다음의 맥스웰 방정식 중 틀린 것은?

① $\oint_s B \cdot dS = \rho_s$

② $\oint_s D \cdot dS = \oint_v \rho dv$

③ $\oint_c E \cdot dl = -\oint_s \dfrac{\partial B}{\partial t} \cdot dS$

④ $\oint_c H \cdot dl = I + \oint_s \dfrac{\partial D}{\partial t} \cdot dS$

|정|답|및|해|설|

[맥스웰의 적분형 방정식]

· 제1적분형 방정식 : $\oint_c H \cdot dl = I + \int_s \dfrac{\partial D}{\partial t} \cdot dS$

· 제2적분형 방정식 : $\oint_c E \cdot dl = -\int_s \dfrac{\partial B}{\partial t} \cdot dS$

· 제3적분형 방정식 : $\int_s D \cdot dS = \int_v \rho dv = Q$

· 제4적분형 방정식 : $\int_s B \cdot dS = 0$

【정답】①

---

11. 다음 중 자기회로의 자기저항에 대한 설명으로 옳은 것은? [기 07/1 산 08/3 14/3]

① 자기회로의 단면적에 비례한다.

② 투자율에 반비례한다.

③ 자기회로의 길이에 반비례한다.

④ 단면적에 반비례하고 길이의 제곱에 비례한다.

|정|답|및|해|설|

[자기저항] 자기회로의 단면적을 $S[m^2]$, 길이를 $l[m]$, 투자율을 μ 라 하면 자기 저항 R_m은

$R_m = \dfrac{l}{\mu S} = \dfrac{l}{\mu_0 \mu_s S}[AT/Wb]$

【정답】②

---

12. 접지된 구도체와 점전하 간에 작용하는 힘은? [기 07/3 11/3]

① 항상 흡인력이다.

② 항상 반발력이다.

③ 조건적 흡인력이다.

④ 조건적 반발력이다.

|정|답|및|해|설|

[접지 구도체와 점전하] 접지 구도체와 점전하 $Q[C]$간 작용력은 접지 구도체의 영상 전하 $Q' = -\dfrac{a}{d}Q[C]$이 부호가 반대이므로 항상 흡인력이 작용한다.

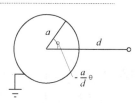

【정답】①

---

13. 전류가 흐르는 반원형 도선이 평면 $z=0$상에 놓여 있다. 이 도선이 자속 밀도 $B=0.6a_x-0.5a_y+a_z$ [Wb/m^2]인 균일자계 내에 놓여 있을 때 도선의 직선 부분에 작용하는 힘은 몇 [N]인가? [기 05/2]

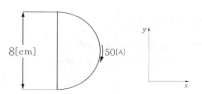

① $4a_x + 2.4a_z$ ② $4a_y - 2.4a_z$

③ $5a_x - 3.5a_z$ ④ $-5a_x + 3.5a_z$

|정|답|및|해|설|

[단위 길이당 작용하는 힘] F' $(I = 50a_y)$

$$F' = I \times B = 50a_y \times (0.6a_x - 0.5a_y + a_z)$$
$$= 30a_y \times a_x - 25a_y \times a_y + 50a_y \times a_z$$
$$\rightarrow (a_y \times a_x = -a_z, \ a_y \times a_y = 0, \ a_y \times a_z = a_x)$$
$$F' = 50a_x - 30a_z$$

도선의 길이 l에 작용하는 힘 F

$$F = F'l = (50a_x - 30a_z) \times 0.08 = 4a_y - 2.4a_z$$

【정답】②

---

14. 평행한 두 도선간의 전자력은? (단, 두 도선간의 거리는 r[m]라 한다.)

① r에 비례 ② r^2에 비례

③ r에 반비례 ④ r^2에 반비례

|정|답|및|해|설|

[평행 도선간에 작용하는 힘]

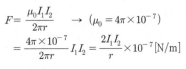

$$F = \frac{\mu_0 I_1 I_2}{2\pi r} \rightarrow (\mu_0 = 4\pi \times 10^{-7})$$
$$= \frac{4\pi \times 10^{-7}}{2\pi r} I_1 I_2 = \frac{2I_1 I_2}{r} \times 10^{-7} [\text{N/m}]$$

【정답】③

---

15. 다음의 관계식 중 성립할 수 없는 것은? (단, μ는 투자율, μ_0는 진공의 투자율, χ는 자화율, J는 자화의 세기이다.)

① $\mu - \mu_0 + \chi$ ② $J = \chi B$

③ $\mu_s = 1 + \dfrac{\chi}{\mu_0}$ ④ $B = \mu H$

|정|답|및|해|설|

① 투자율 $\mu = \mu_0 + \chi [H/m]$

② 자화의 세기 $J = \chi H = (\mu - \mu_0)H = B - \mu_o H [Wb/m^2]$

③ 비투자율 $\mu_s = \dfrac{\mu}{\mu_0} = \dfrac{\mu_0 + \chi}{\mu_0} = 1 + \dfrac{\chi}{\mu_0}$

④ 자속밀도 $B = \mu_0 H + J = \mu_0 H + \chi H$
$$= (\mu_0 + \chi)H = \mu_0 \mu_s H [Wb/m^2]$$

【정답】②

---

16. 평행판 콘덴서의 극판 사이에 유전율 ϵ, 저항률 ρ인 유전체를 삽입하였을 때, 두 전극간의 저항 R과 정전용량 C의 관계는?

① $R = \rho \epsilon C$ ② $RC = \dfrac{\epsilon}{\rho}$

③ $RC = \rho \epsilon$ ④ $RC\rho\epsilon = 1$

|정|답|및|해|설|

[평행판 콘덴서의 저항과 정전용량과의 관계] $RC = \rho \epsilon$

※인덕턴스와 정전용량의 관계 $LC = \mu \epsilon$

【정답】③

---

17. 비유전율(ϵ_s)이 90이고, 비투자율(μ_s)이 1인 매질내의 고유임피던스는 약 몇 $[\Omega]$인가? [산 08/3]

① 32.5 ② 39.7

③ 42.3 ④ 45.6

|정|답|및|해|설|

[고유 임피던스] $Z_0 = \dfrac{E}{H} = \sqrt{\dfrac{\mu}{\epsilon}} = \sqrt{\dfrac{\mu_0 \mu_s}{\epsilon_0 \epsilon_s}} = 377\sqrt{\dfrac{\mu_s}{\epsilon_s}} [\Omega]$

$$Z_0 = 377\sqrt{\dfrac{\mu_s}{\epsilon_s}} = 377\sqrt{\dfrac{1}{90}} = 39.739 [\Omega]$$

【정답】②

---

18. 사이클로트론에서 양자가 매초 3×10^{15}개의 비율로 가속되어 나오고 있다. 양자가 15[MeV]의 에너지를 가지고 있다고 할 때, 이 사이클로트론은 가속용 고주파 전계를 만들기 위해서 150[kW]의 전력을 필요로 한다면 에너지 효율은 몇 [%]인가?

① 2.8 ② 3.8

③ 4.8 ④ 5.8

[에너지 효율] $\delta = \dfrac{\text{사용되는 에너지(= 출력)}}{\text{공급되는 에너지(= 입력)}} \times 100$

$1[\text{eV}] = 1.602 \times 10^{-19}[\text{J}], \quad 1[W] = 1[J/s]$

$W = Pt[W \cdot \sec] = [J]$

$\delta = \dfrac{\text{사용되는 에너지(= 출력)}}{\text{공급되는 에너지(= 입력)}} \times 100$ 에서

$\dfrac{\dfrac{3 \times 10^{15}}{1}[\text{개}/\sec] \times 15 \times 10^6 \times 1.602 \times 10^{-19}[W \cdot \sec]}{150 \times 10^3} \times 100$

$= 4.8[\%]$

【정답】③

19. 단면적 4[cm²]의 철심에 6×10^{-4}[Wb]의 자속을 통하게 하려면 2,800[AT/m]의 자계가 필요하다. 이 철심의 비투자율은 약 얼마인가?　[기 06/3]

① 346　　　　② 375

③ 407　　　　④ 426

|정|답|및|해|설|

[비투자율] $\mu_s = \dfrac{\phi}{\mu_0 HS} \to (B = \mu H = \mu_0 \mu_s H[\text{Wb}/m^2],\ B = \dfrac{\phi}{S})$

$\mu_s = \dfrac{\phi}{\mu_0 HS}$

$= \dfrac{6 \times 10^{-4}}{4\pi \times 10^{-7} \times 2800 \times 4 \times 10^{-4}} \fallingdotseq 426$

【정답】④

20. 대전된 도체의 특징이 아닌 것은?

① 도체에 인가된 전하는 도체 표면에만 분포한다.
② 가우스법칙에 의해 내부에는 전하가 존재한다.
③ 전계는 도체 표면에 수직인 방향으로 진행된다.
④ 도체표면에서의 전하밀도는 곡률이 클수록 높다.

|정|답|및|해|설|

[도체의 성질과 전하분포] 전하밀도는 뾰족할수록 커지고 뾰족하다는 것은 곡률 반지름이 매우 작다는 것이다. 곡률과 곡률 반지름은 반비례하므로 전하밀도는 곡률과 비례한다. 그리고 대전도체는 모든 전하가 표면에 위치하므로 <u>내부에는 전하가 없다</u>.

【정답】②

1. 어떤 환상 솔레노이드의 단면적이 S이고 자로의 길이가 l, 투자율이 μ 라고 한다. 이 철심에 균등하게 코일을 N회 감고 전류를 흘렸을 때 자기 인덕턴스에 대한 설명으로 옳은 것은?　[기 06/2]

① 투자율 μ에 반비례한다.
② 권선수 N^2에 비례한다.
③ 자로의 길이 l에 비례한다.
④ 단면적 S에 반비례한다.

|정|답|및|해|설|

[자기인덕턴스] $L = \dfrac{N\varnothing}{I} \to (N\varnothing = LI)$

· 자속 $\varnothing = \dfrac{F}{R_m} = \dfrac{NI}{R_m}$

· 자기저항 $R_m = \dfrac{l}{\mu S}[\text{AT/Wb}]$

$L = \dfrac{N\varnothing}{I}$ 에서

$L = \dfrac{N}{I} \times \dfrac{NI}{R_m} = \dfrac{N^2}{R_m} = \dfrac{\mu S N^2}{l}[H]$

따라서 자기인덕턴스는 투자율 μ, 단면적 S, 권선수 N^2에 비례하고, 자로의 길이 l에 반비례한다.

【정답】②

2. 상이한 매질이 경계면에서 전자파가 만족해야 할 조건이 아닌 것은? (단, 경계면은 두 개의 무손실 매질 사이이다.)

① 경계면이 양측에서 전계의 접선성분은 서로 같다.
② 경계면이 양측에서 자계의 접선성분은 서로 같다.
③ 경계면이 양측에서 자속밀도의 접선성분은 서로 같다.
④ 경계면이 양측에서 전속밀도의 법선성분은 서로 같다.

|정|답|및|해|설|

[경계조건]
① 전속밀도의 <u>법선성분</u>의 크기는 같다.
$$D_1\cos\theta_1 = D_2\cos\theta_2 \rightarrow 수직성분$$
② 전계의 <u>접선성분</u>의 크기는 같다.
$$E_1\sin\theta_1 = E_2\sin\theta_2 \rightarrow 평행성분$$

【정답】③

---

3. 유전율이 ϵ, 도전율 σ, 반경이 r_1, $r_2 (r_1 < r_2)$, 길이가 l인 동축케이블에서 저항 R은 얼마인가?

① $\dfrac{2\pi rl}{\ln\dfrac{r_2}{r_1}}$

② $\dfrac{2\pi rl}{\dfrac{1}{r_1} - \dfrac{1}{r_2}}$

③ $\dfrac{1}{2\pi\sigma l}\ln\dfrac{r_2}{r_1}$

④ $\dfrac{1}{2\pi rl}\ln\dfrac{r_2}{r_1}$

|정|답|및|해|설|

[저항과 정전용량과의 관계] $RC = \rho\epsilon \rightarrow (\rho : 고유저항)$

· 저항 $R = \dfrac{\rho\epsilon}{C}[\Omega]$

· 동축원통에서의 정전용량 $C = \dfrac{2\pi\epsilon l}{\ln\dfrac{b}{a}} = \dfrac{2\pi\epsilon l}{\ln\dfrac{r_2}{r_1}}[F/m])$

$$\therefore R = \dfrac{\rho\epsilon}{C} = \dfrac{\rho\epsilon}{\dfrac{2\pi\epsilon l}{\ln\dfrac{r_2}{r_1}}} = \dfrac{\rho}{2\pi l}\ln\dfrac{r_2}{r_1} = \dfrac{1}{2\pi l\sigma}\ln\dfrac{r_2}{r_1}[\Omega]$$

$$\rightarrow (\rho(고유저항) = \dfrac{1}{\sigma(도전율)})$$

【정답】③

---

4. 단면적 S, 길이 l, 투자율 μ인 자성체의 자기회로에 권선을 N회 감아서 I의 전류를 흐르게 할 때 자속은?

[기 14/1]

① $\dfrac{\mu SI}{Nl}$

② $\dfrac{\mu NI}{Sl}$

③ $\dfrac{NIl}{\mu S}$

④ $\dfrac{\mu SNI}{l}$

|정|답|및|해|설|

[자속] $\varnothing = B \cdot S = \mu HS = \dfrac{F}{R_m} = \dfrac{NI}{R_m}$

$$= \dfrac{\mu SNI}{l}[wb] \rightarrow (R_m = \dfrac{l}{\mu S}[AT/Wb])$$

【정답】④

---

5. 30[V/m]의 전계내의 80[V]되는 점에서 1[C]의 전하를 전계방향으로 80[cm] 이동한 경우, 그 점의 전위[V]는?

[기사 04/2 06/2 08/3 10/2 18/1]

① 9[V]   ② 24[V]

③ 30[V]   ④ 56[V]

|정|답|및|해|설|

[두 점 사이의 전위] 전계방향이므로 전이가 낮아진다.
m당 30[V]씩 낮아지므로 80[cm]이면 24[V]가 낮아지고, 시작점이 80[V]이므로 V=80-24=56[V]

【정답】④

---

6. 도전율 σ인 도체에서 전장 E에 의해 전류밀도 J가 흘렀을 때 이 도체에서 소비되는 전력을 표시한 식은?

① $\displaystyle\int_v E \cdot J dv$

② $\displaystyle\int_v E \times J dv$

③ $\dfrac{1}{\sigma}\displaystyle\int_v E \cdot J dv$

④ $\dfrac{1}{\sigma}\displaystyle\int_v E \times J dv$

|정|답|및|해|설|

[전력] $P = VI = ErI[W] \rightarrow (V = Er)$

· $I = i \cdot S[A]$

· $i = J = \dfrac{I}{S}[A/m^2]$

· $P = ErI = ErJS = \displaystyle\int_v EJdv[W]$

【정답】①

7. 자극의 세기가 $8 \times 10^{-6}[Wb]$, 길이가 3[cm]인 막대 자석을 $120[AT/m]$의 평등 자계 내에 자력선과 30[°]의 각도로 놓으면 자석이 받는 회전력은 몇 $[N \cdot m]$인가? [기사 08/2 15/2 산 04/2 05/3 07/1 17/2]

① $1.44 \times 10^{-4}[N \cdot m]$

② $1.44 \times 10^{-5}[N \cdot m]$

③ $3.02 \times 10^{-4}[N \cdot m]$

④ $3.02 \times 10^{-5}[N \cdot m]$

|정|답|및|해|설|

[회전력] $T = MH\sin\theta = mlH\sin\theta$

$T = mlH\sin\theta$
$= 8 \times 10^{-6} \times 0.03 \times 120 \times \sin 30° = 1.44 \times 10^{-5}[N \cdot m]$

【정답】②

8. 정상 전류에서 옴의 법칙에 대한 미분형은? (단, i는 전류밀도, k는 도전율, ρ는 고유저항, E는 전계의 세기이다.)

① $i = kE$

② $i = \dfrac{E}{k}$

③ $i = \rho E$

④ $i = -kE$

|정|답|및|해|설|

[옴의 법칙] $I = i \cdot S = kES = \dfrac{E}{\rho}S[A]$

(i : 전류밀도, S : 단면적, k : 도전율, ρ : 고유저항, E : 전계)

$i = kE = \dfrac{E}{\rho} = Qv[A/m^2]$

【정답】①

9. 자기인덕턴스의 성질을 옳게 표현한 것은? [기사 10/1]

① 항상 정(正)이다.

② 항상 부(負)이다.

③ 항상 0 이다.

④ 유도되는 기전력에 따라 정(正)도 되고 부(負)도 된다.

|정|답|및|해|설|

[자기 인덕턴스]

· 인덕턴스 자속 $\varnothing = LI$

· 권수(N)가 있다면 $N\varnothing = LI$

· 자신의 회로에 단위 전류가 흐를 때의 저속 쇄교수를 말한다.

· 항상 정(+)의 값을 갖는다.

※ 그렇지만 상호 인덕턴스 M은 가동 결합의 경우 (+) 차동결합의 경우 (−)값을 가진다.

【정답】①

10. 4[A] 전류가 흐르는 코일과 쇄교하는 자속수가 4[Wb]이다. 이 전류 회로에 축적되어 있는 자기 에너지[J]는?

① 4

② 2

③ 8

④ 16

|정|답|및|해|설|

[코일의 축적 에너지] $W = \dfrac{1}{2}LI^2 = \dfrac{\varnothing^2}{2L} = \dfrac{1}{2}\varnothing I[J]$

$\rightarrow (N\varnothing = LI)$

$W = \dfrac{1}{2}\varnothing I = \dfrac{1}{2} \times 4 \times 4 = 8[J]$

【정답】③

11. 진공 중에서 빛의 속도와 일치하는 전자파의 전파 속도를 얻기 위한 조건은? [기 11/2]

① $\epsilon_s = \mu_s = 0$

② $\epsilon_s = 0, \mu_s = 1$

③ $\epsilon_s = \mu_s = 1$

④ $\epsilon_s = 1, \mu_s = 0$

|정|답|및|해|설|

[전파속도]

$v = \lambda \cdot f = \dfrac{\omega}{\beta} = \dfrac{1}{\sqrt{\mu\epsilon}} = \dfrac{1}{\sqrt{\epsilon_0\mu_0}} \times \dfrac{1}{\sqrt{\epsilon_s\mu_s}} = \dfrac{c}{\sqrt{\epsilon_s\mu_s}}[m/s]$

$\epsilon_s = \mu_s = 1$일 때 전파속도 $v = 3 \times 10^8[m/s] = c$가 된다.

$\rightarrow$(c는 빛의 속도)

※ $\dfrac{1}{\sqrt{\epsilon_0\mu_0}} = \dfrac{1}{\sqrt{8.855 \times 10^{-12} \times 4\pi \times 10^{-7}}} = 3 \times 10^8[m/s] = c$

【정답】③

12. 그림과 같이 평행한 무한장 직선 도선에 $I[A]$, $4I[A]$ 인 전류가 흐른다. 두 선 사이의 점 P 의 자계의 세기가 0이라고 하면 $\frac{a}{b}$ 는 얼마인가? [기 05/1]

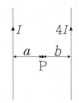

① 2
② 4
③ $\frac{1}{2}$
④ $\frac{1}{4}$

|정|답|및|해|설|
[평행한 무한장 직선] I와 $4I$ 도선에 의한 자계의 방향은 서로 반대이므로 크기가 같으면 $H=0$ 이 된다.

I 도선에 의한 자계 $H_1 = \frac{1}{2\pi a}$ [AT/m] (⊗ 방향)

$4I$ 도선에 의한 자계 $H_{4I} = \frac{4I}{2\pi b}$ [AT/m] (⊙ 방향)

$H_I = H_{4I}$ 이므로

$\frac{I}{2\pi a} = \frac{4I}{2\pi b}$ $\therefore \frac{a}{b} = \frac{1}{4}$
【정답】④

13. 자기회로와 전기회로의 대응 관계가 잘못된 것은? [기 04/3 07/3]

① 자속↔전류
② 기자력↔기전력
③ 투자율↔유전율
④ 자계의 세기↔전계의 세기

|정|답|및|해|설|
[자기회로와 전기회로의 대응]

자기회로	전기회로
자속 $\phi[Wb]$	전류 $I[A]$
자계 $H[A/m]$	전계 $E[V/m]$
기자력 $F[AT]$	기전력 $U[V]$
자속 밀도 $B[Wb/m^2]$	전류 밀도 $i[A/m^2]$
투자율 $\mu[H/m]$	도전율 $k[\mho/m]$
자기 저항 $R_m[AT/Wb]$	전기 저항 $R[\Omega]$

【정답】③

14. 자속밀도가 $0.3[Wb/m^2]$인 평등자계 내에 5[A] 의 전류가 흐르고 있는 길이가 2[m]인 직선도체를 자계의 방향에 대하여 $60°$ 의 각도로 놓았을 때 이 도체가 받는 힘은 약 몇 N 인가? [기 04/1 15/3]

① 1.3
② 2.6
③ 4.7
④ 5.2

|정|답|및|해|설|
[도체가 받는 힘] $F = BIl\sin\theta$
$= 0.3 \times 5 \times 2 \times \sin 60° = 2.6[N]$
【정답】②

15. 진공 중에서 한 변이 a[m]인 정사각형 단일 코일이 있다. 코일에 I[A]의 전류를 흘릴 때 정사각형 중심 에서 자계의 세기는 몇 [AT/m]인가? [기10/3 18/1 산 05/1]

① $\frac{2\sqrt{2}I}{\pi a}$
② $\frac{I}{\sqrt{2}a}$
③ $\frac{I}{2a}$
④ $\frac{4I}{a}$

|정|답|및|해|설|
[정사각형 중심의 자계의 세기] $H = \frac{2\sqrt{2}I}{\pi a}[AT/m]$

※ ·한변이 a 정삼각형 중심의 자계의 세기 $H = \frac{9I}{2\pi a}[AT/m]$

·한변이 a 정육각형 중심의 자계의 세기 $H = \frac{\sqrt{3}I}{\pi a}[AT/m]$
【정답】①

16. 진공 내의 점(3, 0, 0)[m]에 $4\times10^{-9}[C]$의 전하가 있다. 이때 점(6, 4, 0)[m]의 전계의 크기는 약 몇 [V/m]이며, 전계의 방향을 표시하는 단위벡터 는 어떻게 표시 되는가 ?

① 전계의 크기 : $\frac{36}{25}$, 단위벡터 : $\frac{1}{5}(3a_x+4a_y)$

② 전계의 크기 : $\frac{36}{125}$, 단위벡터 : $(3a_x+4a_y)$

③ 전계의 크기 : $\frac{36}{25}$, 단위벡터 : a_x+a_y

④ 전계의 크기 : $\frac{36}{125}$, 단위벡터 : $\frac{1}{5}(a_x+a_y)$

[방향벡터] $n = \dfrac{\vec{r}}{|\vec{r}|}$

· $\vec{r} = (6-3)a_x + (4-0)a_y + (0-0)a_z = 3a_x + 4a_y$

· $|\vec{r}| = \sqrt{3^2 + 4^2} = 5$

$\therefore n = \dfrac{\vec{r}}{|\vec{r}|} = \dfrac{3a_x + 4a_y}{5} = \dfrac{1}{5}(3a_x + 4a_y)$

[전계의 세기] $E = 9 \times 10^9 \dfrac{Q}{r^2} = 9 \times 10^9 \dfrac{Q}{(|\vec{r}|)^2}$

$\therefore E = 9 \times 10^9 \dfrac{Q}{(|\vec{r}|)^2} = 9 \times 10^9 \dfrac{4 \times 10^{-9}}{5^2} = \dfrac{36}{25}[V/m]$

【정답】①

---

17. 전속밀도 $D = X^2 i + Y^2 j + Z^2 k [C/m^2]$를 발생시키는 점(1, 2, 3)에서의 체적 전하밀도는 몇 $[C/m^3]$인가?

① 12 ② 13

③ 14 ④ 15

[가우스의 미분형] $\mathrm{div} D = \nabla \cdot D = \rho [C/m^3]$

$\rightarrow (\rho[c/m^3]$: 체적 전하밀도)

$\mathrm{div} D = \nabla \cdot D = \dfrac{\partial Dx}{\partial x} + \dfrac{\partial Dy}{\partial y} + \dfrac{\partial Dz}{\partial z} = \rho[C/m^3]$

$D = X^2 i + Y^2 j + Z^2 k [C/m^2]$에서 $Dx = X^2,\ Dy = Y^2,\ Dz = Z^2$

$\mathrm{div} D = \dfrac{\partial X^2}{\partial x} + \dfrac{\partial Y^2}{\partial y} + \dfrac{\partial Z^2}{\partial z}$
$= 2X + 2Y + 2Z \rightarrow (X=1,\ Y=2,\ Z=3)$
$= 2 + 4 + 6 = 12$

【정답】①

---

18. 다음 식 중에서 틀린 것은?

① $E = -\mathrm{grad}\,V$

② $\displaystyle\int_s E \cdot nds = \dfrac{Q}{\epsilon_0}$

③ $\mathrm{grad}\,V = i\dfrac{\partial^2 V}{\partial x^2} + j\dfrac{\partial^2 V}{\partial y^2} + k\dfrac{\partial^2 V}{\partial z^2}$

④ $V = \displaystyle\int_p^\infty E \cdot dl$

---

① 전위 기울기 $E = -\mathrm{grad}\,V$

② 가우스의 정리 $\displaystyle\int_s E \cdot nds = \dfrac{Q}{\epsilon_0}$

③ $\mathrm{grad}\,V = i\dfrac{\partial V}{\partial x} + j\dfrac{\partial V}{\partial y} + k\dfrac{\partial V}{\partial z}$

④ 전위 $V = \displaystyle\int_p^\infty E \cdot dl$

【정답】③

---

19. 어떤 대전체가 진공 중에서 전속이 Q[C]이었다. 이 대전체를 비유전율 10인 유전체속으로 가져갈 경우에 전속은 어떻게 되는가? [기 04/3 09/3]

① Q ② $10Q$

③ $\dfrac{Q}{10}$ ④ $\dfrac{Q}{\epsilon_0}$

[전속] 전속 ∅는 매질에 관계없이 전하 Q[C]일 때 Q개의 전속이 나온다. $\therefore \varnothing = Q[C]$이다.

※[전기력선 수] Q[C]의 전하에서(진공시) 전기력선의 수 N= $\dfrac{Q}{\epsilon_0}$

개의 전기력선이 발생한다(단위 전하시 $N = \dfrac{1}{\epsilon_0}$)

【정답】①

---

20. 다음 중 스토크스(strokes)의 정리는? [기 13/1]

① $\displaystyle\oint H \cdot dS = \iint_s (\nabla \cdot H) \cdot dS$

② $\displaystyle\int B \cdot dS = \int_s (\nabla \times H) \cdot dS$

③ $\displaystyle\oint_c H \cdot dS = \int (\nabla \cdot H) \cdot dL$

④ $\displaystyle\oint_c H \cdot dL = \int_s (\nabla \times H) \cdot dS$

[스토크스의 정리] 스토크스의 정리는 선적분을 면적분으로 변환하는 정리이다.

· $\displaystyle\oint_c H \cdot dl = \int_s \mathrm{rot}\,H \cdot ds$

· $\mathrm{rot}\,H = \nabla \times H$

【정답】④

3회

1. 원통 좌표계에서 일반적으로 벡터가 $A = 5r\sin\emptyset\, a_z$ 로 표현 될 때 점$(2, \frac{\pi}{2}, 0)$에서 curlA를 구하면?

① $5a_r$

② $5\pi a_\emptyset$

③ $-5a_\emptyset$

④ $-5\pi a_\emptyset$

|정|답|및|해|설|

[벡터의 회전(rotation, curl)] $rot\, H = \nabla \times H = curl\, H$

$rot\, H = \nabla \times H$

$$= \frac{1}{r}\begin{vmatrix} a_r & ra_\emptyset & a_z \\ \frac{\partial}{\partial r} & \frac{\partial}{\partial \emptyset} & \frac{\partial}{\partial z} \\ 0 & 0 & 5r\sin\emptyset \end{vmatrix}$$

$$= \frac{1}{r}a_r\begin{bmatrix} \frac{\partial}{\partial \emptyset} & \frac{\partial}{\partial z} \\ 0 & 5r\sin\emptyset \end{bmatrix} + \frac{1}{r}ra_\emptyset\begin{bmatrix} \frac{\partial}{\partial r} & \frac{\partial}{\partial z} \\ 0 & 5r\sin\emptyset \end{bmatrix} + \frac{1}{r}a_z\begin{bmatrix} \frac{\partial}{\partial r} & \frac{\partial}{\partial \emptyset} \\ 0 & 0 \end{bmatrix}$$

$$= \frac{1}{r}a_r\left(\frac{\partial 5r\sin\emptyset}{\partial \emptyset} - \frac{\partial 0}{\partial z}\right) + \frac{1}{r}ra_\emptyset\left(\frac{\partial 0}{\partial z} - \frac{\partial 5r\sin\emptyset}{\partial r}\right)$$

$$= \frac{1}{r}a_r(5r\cos\emptyset) + \frac{1}{r}ra_\emptyset(-5\sin\emptyset) \rightarrow (2, \frac{\pi}{2}, 0)$$
$$\qquad\qquad\qquad\qquad\qquad\qquad\qquad\qquad r \quad \emptyset \quad z$$

$$= \frac{1}{2}a_r(5\cdot2\cos\frac{\pi}{2}) + \frac{1}{2}\cdot2a_\emptyset(-5\sin\frac{\pi}{2}) = -5a_\emptyset$$
$$\rightarrow (\cos\frac{\pi}{2} = 0,\ \sin\frac{\pi}{2} = 1)$$

【정답】③

2. 전하 q[C]가 진공 중의 자계 H[AT/m]에 수직방향으로 v[m/s]의 속도로 움직일 때 받는 힘은 몇 [N]인가? (단, μ_0는 진공의 투자율이다.) [산 12/1]

① $\dfrac{qH}{\mu_0 v}$

② qvH

③ $\dfrac{qvH}{\mu_0}$

④ $\mu_0 qvH$

|정|답|및|해|설|

[전하가 수직 입사 시 전하가 받는 힘] $F = BIl\sin\theta[N] \rightarrow (Il = qv)$

$F = qvB\sin\theta = qvB[N] \rightarrow$ (직각이므로 $\theta = 90$, $\sin90 = 1$)

$\quad = qv\mu_0 H[N] \rightarrow (B = \frac{\emptyset}{S} = \mu_0 H)$

【정답】④

3. 환상 철심의 평균 자계의 세기가 3000[AT/m]이고, 비투자율이 600인 철심 중의 자화의 세기는 약 몇 [Wb/m²]인가?

① 0.75

② 2.26

③ 4.52

④ 9.04

|정|답|및|해|설|

[자화의 세기(J)] $J = B - \mu_0 H = \mu_0(\mu_s - 1)H \rightarrow (B = \mu H)$

$J = \mu_0(\mu_s - 1)H = 4\pi \times 10^{-7}(600 - 1) \times 3000 \fallingdotseq 2.26$

【정답】②

4. 강자성체의 세 가지 특성에 포함되지 않는 것은? [산 12/1]

① 와전류 특성

② 히스테리시스 특성

③ 고투자율 특성

④ 자기포화 특성

|정|답|및|해|설|

[강자성체의 특징]

·자구가 존재한다.

·<u>히스테리시스현상</u>이 있다.

·<u>고투자율</u>

·<u>자기포화</u> 특성이 있다.

강자성체는 히스테리시스 현상, 고투자율, 자기포화 현상이 있고 자구를 갖는다. 【정답】①

5. 전기저항에 대한 설명으로 틀린 것은? [기 14/1]

① 전류가 흐르고 있는 금속선에 있어서 임의 두 점간의 전위차는 전류에 비례한다.

② 저항의 단위는 옴(Ω)을 사용한다.

③ 금속선의 저항 R은 길이 l에 반비례한다.

④ 저항률(ρ)의 역수를 도전율이라고 한다.

|정|답|및|해|설|

[전기저항] $R = \rho\frac{l}{S}[\Omega]$, $\rho = \frac{1}{\sigma} \rightarrow (\rho : 저항률, \sigma : 도전율)$

저항 R은 길이 l에 비례한다. 【정답】③

6. 변위 전류와 가장 관계가 깊은 것은? [기 13/2]

① 반도체   ② 유전체
③ 자성체   ④ 도체

|정|답|및|해|설|

[변위전류] 변위 전류는 진공 및 유전체 내에서 전속밀도의 시간적 변화에 의하여 발생하는 전류이다.

변위전류밀도 $i_d = \dfrac{\partial D}{\partial t} = \epsilon \dfrac{\partial E}{\partial t}$ [A/m²] 변위 전류도 자계를 만들고 인가 전압보다 위상이 90° 앞선다. 【정답】②

7. 전자파의 특성에 대한 설명으로 틀린 것은? [기 06/1 16/2]

① 전파 E_x를 특성 임피던스로 나누면 자파 H_y가 된다.
② 매질이 도전성을 갖지 않으면 전파 E_x와 자파 H_y는 동위상이 된다.
③ 전파 E_x와 자파 H_y의 진동 방향은 진행 방향에 수평인 종파이다.
④ 전자파의 속도는 주파수와 무관하다.

|정|답|및|해|설|

[무한 평면에 작용하는 힘(전기영상법 이용)]

① 특성임피던스 $\eta = \dfrac{E_s}{H_g}$ $\therefore H_g = \dfrac{E_s}{\eta}$

② E_s와 H_g는 동위상
③ E_s와 H_g의 진동 방향은 진행 방향에 수직인 횡파이다.
④ 전자파 속도 $v = \lambda f = \dfrac{1}{\sqrt{LC}} = \dfrac{1}{\sqrt{\epsilon\mu}}$ 이므로 전자파 속도는 매질의 유전율과 투자율에 관계한다. 【정답】③

8. 도전도 $k = 6 \times 10^{17}$[℧/m], 투자율 $\mu = \dfrac{6}{\pi} \times 10^{-7}$ [H/m]인 평면도체 표면에 10[kHz]의 전류가 흐를 때, 침투되는 깊이 δ[m]는? [기 10/1]

① $\dfrac{1}{6} \times 10^{-7}$[m]   ② $\dfrac{1}{8.5} \times 10^{-7}$[m]

③ $\dfrac{36}{\pi} \times 10^{-10}$[m]   ④ $\dfrac{36}{\pi} \times 10^{-6}$[m]

|정|답|및|해|설|

[표피효과] 표피효과는 전류가 도체 표면에 집중되는 현상이다.

표피 깊이(침투 깊이) $\delta = \sqrt{\dfrac{2}{\omega\mu\sigma}} = \sqrt{\dfrac{2\rho}{\omega\mu}} = \dfrac{1}{\sqrt{\pi f \sigma \mu}}$ [m]

$\rightarrow (k(도전율) = \sigma = \dfrac{1}{\rho}, \ \omega = 2\pi f)$

$\delta = \dfrac{1}{\sqrt{\pi \times 10 \times 10^3 \times 6 \times 10^{17} \times \dfrac{6}{\pi} \times 10^{-7}}} = \dfrac{1}{6} \times 10^{-7}$[m]

【정답】①

9. 평행판 콘덴서의 극간 전압이 일정한 상태에서 극간에 공기가 있을 때의 흡인력을 F_1, 극판 사이에 극판 간격의 $\dfrac{2}{3}$ 두께의 유리판 $(\epsilon_r = 10)$을 삽입할 때의 흡입력을 F_2라 하면 $\dfrac{F_2}{F_1}$는? [기 06/3 기 15/1]

① 0.6   ② 0.8
③ 1.5   ④ 2.5

|정|답|및|해|설|

정전용량 $C_0 = \dfrac{\epsilon_0 s}{d}$

공극에 두께 t인 유리판을 넣은 경우의 정전용량 C는

$C = \dfrac{1}{\dfrac{1}{\epsilon_0 S} + \dfrac{1}{\epsilon_0 \epsilon_r S}} = \dfrac{S}{\dfrac{d-t}{\epsilon_0} + \dfrac{t}{\epsilon_0 \epsilon_r}}$

$\dfrac{C}{C_0} = \dfrac{\dfrac{S}{\left(\dfrac{d-t}{\epsilon_0} + \dfrac{t}{\epsilon_0 \epsilon_r}\right)}}{\dfrac{\epsilon_0 S}{d}} = \dfrac{Sd}{\epsilon_0 S\left(\dfrac{d-t}{\epsilon_0} + \dfrac{t}{\epsilon_0 \epsilon_r}\right)} = \dfrac{\epsilon_r d}{\epsilon_r(d-t)+t}$

전압이 일정한 때이므로

$W_0 = \dfrac{1}{2} C_0 V^2, \ W = \dfrac{1}{2} CV^2$

$\dfrac{F}{F_0} = \dfrac{W}{W_0} = \dfrac{\dfrac{1}{2}CV^2}{\dfrac{1}{2}C_0 V^2} = \dfrac{C}{C_0}$

$= \dfrac{\epsilon_s d}{\epsilon_s(d-t)+t} = \dfrac{10d}{10\left(d - \dfrac{2}{3}d\right) + \dfrac{2}{3}d}$

$= \dfrac{10}{10 \times \dfrac{1}{3} + \dfrac{2}{3}} = \dfrac{30}{12} \fallingdotseq 2.5$배

$\therefore F = 2.5F_0$ 【정답】④

10. 자계의 벡터 포텐셜(vector potential)을 A[Wb/m]라 할 때 도체 주위에서 자계 B[Wb/m^2]가 시간적으로 변화하면 도체에 발생하는 전계의 세기 E[V/m]는?

[기 08/3 13/2 13/3 15/1]

① $E = -\dfrac{\partial A}{\partial t}$ ② $rot\,E = -\dfrac{\partial A}{\partial t}$

③ $rot\,E = -\dfrac{\partial B}{\partial t}$ ④ $E = rot\,B$

|정|답|및|해|설|⋯⋯⋯⋯⋯⋯⋯⋯⋯⋯⋯⋯⋯⋯

[맥스웰의 제2방정식] 미분형 $rot\,E = -\dfrac{\partial B}{\partial t}$ → (B : 자속밀도)

$B = rot\,A$로 정의되고 $rot\,E = -\dfrac{\partial B}{\partial t}$에서

$rot\,E = -\dfrac{\partial B}{\partial t} = -\dfrac{\partial}{\partial t}rot\,A = rot\left(-\dfrac{\partial A}{\partial t}\right)$

$\therefore E = -\dfrac{\partial A}{\partial t}$ 【정답】①

---

11. 무한장 직선형 도선에 I[A]의 전류가 흐를 경우 도선으로부터 R[m] 떨어진 점의 자속밀도 B[Wb/m^2]는?

[기 14/1]

① $B = \dfrac{\mu I}{2\pi R}$ ② $B = \dfrac{I}{2\pi\mu R}$

③ $B = \dfrac{\mu H}{2\pi R}$ ④ $B = \dfrac{\mu H^2}{2\pi R}$

|정|답|및|해|설|⋯⋯⋯⋯⋯⋯⋯⋯⋯⋯⋯⋯⋯⋯

[자속밀도] $B = \dfrac{\varnothing}{S} = \mu H [wb/m^2]$

$H = \dfrac{I}{2\pi R}[A/m]$이므로 $B = \mu H = \dfrac{\mu I}{2\pi R}[wb/m^2]$

【정답】①

---

12. 송전선의 전류가 0.01초간에 10[kA] 변화할 때 송전선과 평행한 통신선에 유도되는 전압은? (단, 송전선과 통신선간의 상호 유도계수는 0.3[mH]이다.)

[기 16/1 산 09/3]

① 30[V]   ② 300[V]

③ 3000[V]   ④ 30000[V]

|정|답|및|해|설|⋯⋯⋯⋯⋯⋯⋯⋯⋯⋯⋯⋯⋯⋯

[유도전압]

$e = M\dfrac{di(t)}{dt} = 0.3 \times 10^{-3} \times \dfrac{10 \times 10^3}{0.01} = 300[V]$

【정답】②

---

13. 단면적 15[cm^2]의 자석 근처에 같은 단면적을 가진 철판을 놓았을 때 그 곳을 통하는 자속이 $3 \times 10^{-4}[Wb]$이면 철판에 작용하는 흡입력은 약 몇 [N]인가?

[기 08/3]

① 12.2   ② 23.9

③ 36.6   ④ 48.8

|정|답|및|해|설|⋯⋯⋯⋯⋯⋯⋯⋯⋯⋯⋯⋯⋯⋯

[자석의 흡인력] $f = \dfrac{1}{2}\mu_0 H^2 = \dfrac{B^2}{2\mu_0} = \dfrac{1}{2}HB[N/m^2]$

[정자계의 힘(작용력)] $F = \dfrac{B^2}{2\mu} \times S[N]$ → (S : 단면적)

$\triangle HW = \dfrac{1}{2\mu}B^2 \triangle xS - \dfrac{1}{2\mu_0}B^2 \triangle xS$

$F_x = \dfrac{\triangle W}{\triangle x} = \left(\dfrac{B^2}{2\mu_0} - \dfrac{B^2}{2\mu}\right)S[N]$

$\dfrac{B^2}{2\mu_0} \gg \dfrac{B^2}{2\mu}$

$\therefore F_x = f \cdot S = \dfrac{B^2}{2\mu_0}S = \dfrac{\left(\dfrac{\varnothing}{S}\right)^2}{2\mu_0}S = \dfrac{\varnothing^2}{2\mu_0 S}$

$= \dfrac{(3 \times 10^{-4})^2}{2 \times 4\pi \times 10^{-7} \times 15 \times 10^{-4}} = 23.87[N]$

【정답】②

14. 길이 l[m]인 동축 원통 도체의 내외 원통에 각각 $+\lambda$, $-\lambda$ [C/m]의 전하가 분포되어 있다. 내외 원통 사이에 유전율 ϵ인 유전체가 채워져 있을 때 전계의 세기는 몇 [V/m]인가? (단, V는 내외 원통 간의 전위차, D는 전속밀도이고, a, b는 내외 원통의 반지름이며 원통 중심에서의 거리 r은 $a < r < b$인 경우이다)

[기 06/2]

① $\dfrac{V}{r \cdot \ln\dfrac{b}{a}}$ 　　② $\dfrac{V}{\epsilon \cdot \ln\dfrac{b}{a}}$

③ $\dfrac{D}{r \cdot \ln\dfrac{b}{a}}$ 　　④ $\dfrac{D}{\epsilon \cdot \ln\dfrac{b}{a}}$

|정|답|및|해|설|
[두 원통 도체의 전계의 세기] $E = \dfrac{\lambda}{2\pi\epsilon_0 r}[V/m]$

전위차 $V = -\displaystyle\int_b^a E \cdot dl = -\int_b^a \dfrac{\lambda}{2\pi\epsilon_0 r} \cdot dl$

$\qquad = \dfrac{\lambda}{2\pi\epsilon_0}[\ln r]_a^b = \dfrac{\lambda}{2\pi\epsilon_0}\ln\dfrac{b}{a}$　$\therefore \lambda = \dfrac{2\pi\epsilon_0 V}{\ln\dfrac{b}{a}}$

전계의 세기 $E = \dfrac{\lambda}{2\pi\epsilon_0 r} = \dfrac{1}{2\pi\epsilon_0 r} \times \dfrac{2\pi\epsilon_0 V}{\ln\dfrac{b}{a}} = \dfrac{V}{r \cdot \ln\dfrac{b}{a}}$

【정답】①

15. 정전용량이 1[μF]이고 판의 간격이 d인 공기 콘덴서가 있다. 이 콘덴서 판간의 $\dfrac{1}{2}$d인 두께를 갖고 비유전율 $\epsilon_1 = 2$인 유전체를 그 콘덴서의 한 전극면에 접촉하여 넣었을 때 전체의 정전용량은 몇 [μF]이 되는가?

(기사 04/1 09/2 11/1)

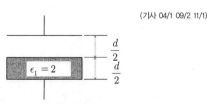

① 2 　　　　② $\dfrac{1}{2}$

③ $\dfrac{4}{3}$ 　　　　④ $\dfrac{5}{3}$

|정|답|및|해|설|
[직렬 복합 유전체] $C_1 = \epsilon_0\dfrac{S}{\dfrac{d}{2}} = \epsilon_0\dfrac{2S}{d}$,　$C_2 = \epsilon_1\dfrac{S}{\dfrac{d}{2}} = \epsilon_1\dfrac{2S}{d}$

$C = \dfrac{C_1 C_2}{C_1 + C_2} = \dfrac{\epsilon_0\dfrac{2S}{d} \cdot \epsilon_1\dfrac{2S}{d}}{\epsilon_0\dfrac{2S}{d} + \epsilon_1\dfrac{2S}{d}} = \dfrac{\epsilon_0\epsilon_1\dfrac{2S}{d}}{\epsilon_0 + \epsilon_0} = \dfrac{2\epsilon_1 C_0}{\epsilon_0 + \epsilon_1}$

$\qquad = \dfrac{2C_0}{\dfrac{\epsilon_0}{\epsilon_1} + 1} \rightarrow \epsilon_0 = 1, \epsilon_1 = 2$이므로

$C = \dfrac{2C_0}{\dfrac{1}{2} + 1} = \dfrac{4}{3}C_0[\mu F]$　　　　【정답】③

16. 정전용량이 각각 C_1, C_2, 그리고 상호 유도계수가 M인 절연된 두 도체가 있다. 두 도체를 가는 선으로 연결할 경우 정전용량은 어떻게 표현되는가?

① $C_1 + C_2 - M$ 　　② $C_1 + C_2 + M$

③ $C_1 + C_2 + 2M$ 　　④ $2C_1 + 2C_2 + M$

|정|답|및|해|설|
[용량계수 및 유도계수의 성질]

· 1도체 $Q_1 = q_{11}V_1 + q_{12}V_2[C]$

· 2도체 $Q_2 = q_{21}V_2 + q_{22}V_1[C]$

· 정전용량 $C = \dfrac{Q}{V} = q$, $q_{11} = C_1$, $q_{22} = C_2$, $q_{12} = M$, $q_{21} = M$

$\qquad\qquad\qquad\qquad \rightarrow (q_{ij} = q_{ji}$: 유도계수$)$

$V_1 = V_2 = V$이므로

$Q_1 = C_1 V + MV = (C_1 + M)V$

$Q_2 = C_2 V + MV = (C_2 + M)V$

$C = \dfrac{Q_1 + Q_2}{V} = \dfrac{(C_1 + M)V + (C_2 + M)V}{V}$

$\qquad = C_1 + C_2 + M + M = C_1 + C_2 + 2M$

【정답】③

17. 진공 중에서 점 P(1, 2, 3) 및 점 Q(2, 0, 5)에 각각 300[μC], −100[μC]인 점전하가 놓여 있을 때 점전하 −100[μC]에 작용하는 힘은 몇 [N]인가?

① $10i - 20j + 20k$ 　② $10i + 20j - 20k$

③ $-10i + 20j + 20k$ 　④ $-10i + 20j - 20k$

|정|답|및|해|설|

[방향벡터] $n = \dfrac{\vec{r}}{|\vec{r}|}$

· $\vec{r} = Q - P = (2-1)i + (0-2)j + (5-3)k = i - 2j + 2k$

· $|\vec{r}| = \sqrt{1^2 + 2^2 + 2^2} = 3$

$n = \dfrac{\vec{r}}{|\vec{r}|} = \dfrac{i - 2j + 2k}{3}$

[힘] $F = 9 \times 10^9 \dfrac{Q_1 Q_2}{r^2} = 9 \times 10^9 \dfrac{300 \times 10^{-6} \times -100 \times 10^{-6}}{3^2}$

벡터로 표시하면 $\vec{F} = F \cdot n$

$F = 9 \times 10^9 \dfrac{300 \times 10^{-6} \times -100 \times 10^{-6}}{3^2} \cdot \dfrac{i - 2j + 2k}{3}$

$= -10i + 20j - 20k$ 【정답】 ④

---

18. 단면적 s$[m^2]$, 단위 길이에 대한 권수가 n[회/m]인 무한히 긴 솔레노이드의 단위 길이당의 자기 인덕턴스[H/m]는 어떻게 표현되는가? (기사 05/1)

① $\mu \cdot s \cdot n$ ② $\mu \cdot s \cdot n^2$

③ $\mu \cdot s^2 \cdot n^2$ ④ $\mu \cdot s^2 \cdot n$

|정|답|및|해|설|

[무한장 솔레노이드의 단위 길이당 인덕턴스]

$L_0 = \mu S n^2 [H/m] \rightarrow (\mu : \text{투자율}, \ S : \text{면적}, \ n : \text{권수})$

【정답】②

---

19. 반지름 a[m]의 구도체에 전하 Q[C]이 주어질 때 구도체 표면에 작용하는 정전응력은 약 몇 [N/m²]인가? (기사 06/3)

① $\dfrac{9Q^2}{16\pi^2 \epsilon_0 a^6}$ ② $\dfrac{9Q^2}{32\pi^2 \epsilon_0 a^6}$

③ $\dfrac{Q^2}{16\pi^2 \epsilon_0 a^4}$ ④ $\dfrac{Q^2}{32\pi^2 \epsilon_0 a^4}$

|정|답|및|해|설|

[정전응력(흡인력)] $f = \dfrac{a^2}{2\epsilon_0} = \dfrac{1}{2}\epsilon_0 F^2 [N/m^2]$

$f = \dfrac{1}{2}\epsilon_0 E^2 = \dfrac{1}{2}\epsilon_0 \left(\dfrac{Q}{4\pi\epsilon_0 a^2}\right)^2 = \dfrac{Q^2}{32\pi^2 \epsilon_0 a^4} [N/m^2]$

$\rightarrow$ (구도체 표면의 전계의 세기 $E = \dfrac{Q}{4\pi\epsilon_0 a^2}$ [V/m])

【정답】④

---

20. 다음 금속 중 저항률이 가장 적은 것은?

① 은 ② 철

③ 백금 ④ 알루미늄

|정|답|및|해|설|

[금속의 저항률]

은(1.62) 〈 구리(1.72) 〈 금(2.4) 〈 알루미늄(2.75) 〈 텅스텐(5.5) 〈 아연(5.9) 니켈(7.24) 〈 철(9.8) 〈 백금(10.6)

[금속의 도전율]

은(106) 〉 구리(100) 〉 금(71.8) 〉 알루미늄(62.7) 〉 텅스텐(31.3) 〉 아연(29.2) 〉 니켈(23.8) 〉 철(17.2) 〉 백금(16.3)

【정답】①

2018 전기기사 기출문제

1회

1.

평면도체 표면에서 r[m]의 거리에 점전하 Q[C]가 있을 때 이 전하를 무한 원점까지 운반하는데 필요한 일은 몇 [J]인가?

① $\dfrac{Q^2}{4\pi\epsilon_o r}$　　② $\dfrac{Q^2}{8\pi\epsilon_o r}$

③ $\dfrac{Q^2}{16\pi\epsilon_o r}$　　④ $\dfrac{Q^2}{32\pi\epsilon_o r}$

|정|답|및|해|설|
[무한 평면에 작용하는 힘(전기영상법 이용)]

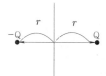

$F = \dfrac{-Q^2}{4\pi\epsilon_o (2r)^2} = \dfrac{-Q^2}{16\pi\epsilon_o r^2}$ [N]

일 $W = \displaystyle\int F\,dl = F\cdot l = \dfrac{Q^2}{16\pi\epsilon_o r^2} \times r = \dfrac{Q^2}{16\pi\epsilon_o r}$ [J]

여기서, Q : 전하, ϵ_0 : 진공중의 유전율, r : 거리

【정답】③

2.

역자성체에서 비투자율(μ_s)은 어느 값을 갖는가?

① $\mu_s = 1$　　② $\mu_s < 1$

③ $\mu_s > 1$　　④ $\mu_s = 0$

|정|답|및|해|설|
[자성체의 특징]

자화율 $\lambda = \mu_0 (\mu_s - 1)$ 이므로
·강자성체 : $\mu_s > 1$, $\chi < 0$
·상자성체 : $\mu_s > 1$, $\chi > 0$
·역자성체 $\mu_s < 1$, $\chi < 0$
여기서, χ : 자화율, μ_s : 비투자율, μ_0 : 진공중의 투자율

【정답】②

3.

비유전율 $\epsilon_{r1}, \epsilon_{r2}$ 인 두 유전체가 나란히 무한평면으로 접하고 있고, 이 경계면에 평행으로 유전체의 비유전율 ϵ_{r1} 내에 경계면으로부터 d[m]인 위치에 선전하 밀도 ρ[C/m]인 선상 전하가 있을 때, 이 선전하와 유전체 ϵ_{r2} 간의 단위 길이당의 작용력은 몇 [N/m]인가?

① $9 \times 10^9 \times \dfrac{\rho^2}{\epsilon_{r2}d} \times \dfrac{\epsilon_{r1} + \epsilon_{r2}}{\epsilon_{r1} - \epsilon_{r2}}$

② $2.25 \times 10^9 \times \dfrac{\rho^2}{\epsilon_{r2}d} \times \dfrac{\epsilon_{r1} - \epsilon_{r2}}{\epsilon_{r1} + \epsilon_{r2}}$

③ $9 \times 10^9 \times \dfrac{\rho^2}{\epsilon_{r1}d} \times \dfrac{\epsilon_{r1} - \epsilon_{r2}}{\epsilon_{r1} + \epsilon_{r2}}$

④ $2.25 \times 10^9 \times \dfrac{\rho^2}{\epsilon_{r1}d} \times \dfrac{\epsilon_{r1} - \epsilon_{r2}}{\epsilon_{r1} + \epsilon_{r2}}$

|정|답|및|해|설|
[선전하와 유전체] 선전하와 유전체 ϵ_2 간의 단위 길이당의 작용력 $F = \dfrac{\rho^2}{4\pi\epsilon_0 r}\dfrac{\epsilon_{r1} - \epsilon_{r2}}{\epsilon_{r1} + \epsilon_{r2}}$
여기서, ϵ : 유전율($\epsilon = \epsilon_0\epsilon_r$, $\epsilon_0 = 8.855 \times 10^{-12}$)
ρ : 선전하 밀도, r : 거리

$F = \dfrac{\rho^2}{4\pi\epsilon_0 r}\dfrac{\epsilon_{r1} - \epsilon_{r2}}{\epsilon_{r1} + \epsilon_{r2}} = 9 \times 10^9 \times \dfrac{\rho^2}{\epsilon_{r1}d} \times \dfrac{\epsilon_{r1} - \epsilon_{r2}}{\epsilon_{r1} + \epsilon_{r2}}$ [N]

$\dfrac{1}{4\pi\epsilon_0} = \dfrac{1}{4 \times 3.14 \times 8.855 \times 10^{-12}} = 9 \times 10^9$

【정답】③

2018년 1회·2회·3회 ● **327**

4. 점전하에 의한 전계는 쿨롱의 법칙을 사용하면 되지만 분포되어 있는 전하에 의한 전계를 구할 때는 무엇을 이용하는가?

① 렌츠의 법칙
② 가우스의 정리
③ 라플라스 방정식
④ 스토크스의 법칙

|정|답|및|해|설|

[가우스의 법칙] 점전하에 의한 전계의 세기

$$\int E ds = \frac{Q}{\epsilon_o}$$

여기서, E : 전계, s : 면적, Q : 전하, ϵ_0 : 유전율

① 렌츠의 법칙 : 유기기전력의 방향을 결정(자속의 변화에 따른 전자유도법칙)

③ 라플라스 방정식 : $\nabla^2 V = \frac{\partial^2 V}{\partial x^2} + \frac{\partial^2 V}{\partial y^2} + \frac{\partial^2 V}{\partial z^2} = 0$

④ 스토크스 정리 : 선(l)적분과 면적(s)적분의 변환식

$$\oint_c E dl = \int_s rot E ds \, (rot E = \nabla \times E)$$

여기서, c : 선적분, s : 면적분

【정답】②

5. 패러데이관(Faraday tube)의 성질에 대한 설명으로 틀린 것은?

① 패러데이관 중에 있는 전속수는 그 관 속에 진전하가 없으면 일정하며 연속적이다.
② 패러데이관의 양단에는 양 또는 음의 단위 진전하가 존재하고 있다.
③ 패러데이관 한 개의 단위 전위차당 패러데이관의 보유 에너지는 1/2[J]이다.
④ 패러데이관의 밀도는 전속밀도와 같지 않다.

|정|답|및|해|설|

[패러데이관의 성질]
① 패러데이관 중에 있는 전속선 수는 진전하가 없으면 일정하며 연속적이다.
② 패러데이관의 양단에는 정 또는 부의 진전하가 존재하고 있다.
③ 패러데이관의 밀도는 전속 밀도와 같다.
④ 단위 전위차당 패러데이관의 보유 에너지는 1/2[J]이다.

$$W = \frac{1}{2} QV = \frac{1}{2} \times 1 \times 1 = \frac{1}{2} [J]$$

【정답】④

6. 공기 중에 있는 지름 6[cm]인 단일 도체구의 정전용량은 약 몇 [pF]인가?

① 0.34
② 0.67
③ 3.34
④ 6.71

|정|답|및|해|설|

[도체구의 정전용량] $C = 4\pi\epsilon_o a$[F]

여기서, C : 정전용량, ϵ_0 : 진공중의 유전율, a : 반지름

지름 6[cm](=0.6[m])인 단일 도체구

$$C = 4\pi\epsilon_0 a = \frac{1}{9 \times 10^9} \times (3 \times 10^{-2}) = \frac{1}{3} \times 10^{-11}$$

$$\rightarrow (4\pi\epsilon_0 = 4 \times 3.14 \times 8.855 \times 10^{-12} = \frac{1}{9 \times 10^9}, \ p(피코) = 10^{-12})$$

$$= 3.3 \times 10^{-12} [F] = 3.3 \times 10^{-12} [F] = 3.3 [pF]$$

【정답】③

7. 유전율이 ϵ_1, ϵ_2[F/m]인 유전체 경계면에 단위 면적당 작용하는 힘은 몇 [N/m²]인가? 단, 전계가 경계면에 수직인 경우이며, 두 유전체의 전속밀도 $D_1 = D_2 = D$이다.

① $2\left(\frac{1}{\epsilon_1} - \frac{1}{\epsilon_2}\right)D^2$
② $2\left(\frac{1}{\epsilon_1} + \frac{1}{\epsilon_2}\right)D^2$
③ $\frac{1}{2}\left(\frac{1}{\epsilon_1} + \frac{1}{\epsilon_2}\right)D^2$
④ $\frac{1}{2}\left(\frac{1}{\epsilon_2} - \frac{1}{\epsilon_1}\right)D^2$

|정|답|및|해|설|

[두 유전체의 경계조건]
① 전계가 경계면에 수직한 경우 ($\theta_1 = 0°$)

힘 $f = \frac{1}{2}(E_2 - E_1)D^2 = \frac{1}{2}\left(\frac{1}{\epsilon_2} - \frac{1}{\epsilon_1}\right)D^2 [N/m^2]$

② 전계가 경계면에 평행한 경우 ($\theta_1 = 90°$)

힘 $f = \frac{1}{2}(\epsilon_1 - \epsilon_2)E^2 [N/m^2]$

여기서, E : 전계, D : 전속밀도, ϵ : 유전율

【정답】④

8. 진공 중에 균일하게 대전된 반지름 a[m]인 선전하 밀도 λ_l[C/m]의 원환이 있을 때, 그 중심으로부터 중심축상 x[m]의 거리에 있는 점의 전계의 세기는 몇 [V/m]인가?

① $\dfrac{a\lambda_l x}{2\epsilon_o\left(a^2+x^2\right)^{\frac{3}{2}}}$ 　② $\dfrac{a\lambda_l x}{\epsilon_o\left(a^2+x^2\right)^{\frac{3}{2}}}$

③ $\dfrac{\lambda_l x}{2\epsilon_o\left(a^2+x^2\right)}$ 　④ $\dfrac{\lambda_l x}{\epsilon_0\left(a^2+x^2\right)}$

|정|답|및|해|설|

$r=\sqrt{a^2+x^2}$

$V=\dfrac{Q}{4\pi\epsilon\sqrt{a^2+x^2}}$ 이고 $Q=\rho\cdot l=\rho\cdot 2\pi a$

전계는 x방향만 남으므로
전계 $E=-\,grad\,V$

$=-\dfrac{\partial V}{\partial x}=-\dfrac{\partial}{\partial x}\left[\dfrac{\lambda a}{2\epsilon_o\sqrt{a^2+x^2}}\right]=\dfrac{\lambda}{2\epsilon_o}\dfrac{ax}{\left(a^2+x^2\right)^{\frac{3}{2}}}$

$=\dfrac{ax\lambda}{2\epsilon_o\left(a^2+x^2\right)^{\frac{3}{2}}}$ [V/m]

【정답】①

9. 내압 1000[V] 정전용량 1[μF], 내압 750[V] 정전용량 2[μF], 내압 500[V] 정전용량 5[μF]인 콘덴서 3개를 직렬로 접속하고 인가전압을 서서히 높이면 최초로 파괴되는 콘덴서는?

① 1[μF] 　② 2[μF]

③ 5[μF] 　④ 동시에 파괴된다.

|정|답|및|해|설|

[직렬 연결된 콘덴서 최초로 파괴되는 콘덴서]
전하량이 가장 적은 것이 가장 먼저 파괴된다.
(전하량=정전용량×내압, $Q=CV$)

· $Q_1=C_1\times V_1=1\times10^{-6}\times1000=1\times10^{-3}$
· $Q_2=C_2\times V_2=2\times10^{-6}\times750=1.5\times10^{-3}$
· $Q_3=C_3\times V_3=5\times10^{-6}\times500=12.5\times10^{-3}$

전하용량이 가장 작은 1000[V] 1[μF]의 콘덴서가 가장 빨리 파괴된다.

【정답】①

10. 내부 장치 또는 공간을 물질로 포위시켜 외부 자계의 영향을 차폐시키는 방식을 자기 차폐라 한다. 다음 중 자기 차폐에 가장 좋은 것은?

① 비투자율이 1보다 작은 역자성체
② 강자성체 중에서 비투자율이 큰 물질
③ 강자성체 중에서 비투자율이 작은 물질
④ 비투자율에 관계없이 물질의 두께에만 관계되므로 되도록 두꺼운 물질

|정|답|및|해|설|

[자기 차폐] 자기 차폐란 투자율이 큰 강자성체로 내부를 감싸서 내부가 외부 자계의 영향을 받지 않도록 하는 것을 말한다. 따라서 강자성체 중에서 비투자율이 큰 물질이 적당하다.

【정답】②

11. 40[V/m]의 전계 내의 50[V]되는 점에서 1[C]의 전하를 전계 방향으로 80[cm] 이동하였을 때, 그 점의 전위는 몇 [V]인가?

① 18 　② 22

③ 35 　④ 65

|정|답|및|해|설|

[전위] $V_{BA}=V_B-V_A=-\displaystyle\int_A^B E\cdot dl$

여기서, E : 전계, l : 이동거리
전계 : 40[V/m], 전위 : 50[V], 저하 : 1[C], 전계 방향으로 80[cm](=0.8[m]) 이동

$V_{BA}=V_B-V_A=-\displaystyle\int_A^B E\cdot dl=-\int_0^{0.8}E\cdot dl$

$=-\left[40l\right]_0^{0.8}=-32[V]$

$V_A=50[V],\ V_{BA}=-32[V]$이므로

$\therefore V_B=V_A+V_{BA}=50-32=18[V]$

【정답】①

12. 그림과 같이 반지름 a[m]의 한 번 감긴 원형 코일이 균일한 자속밀도 B[Wb/m²]인 자계에 놓여 있다. 지금 코일 면을 자계와 나란하게 전류 I[A]를 흘리면 원형 코일이 자계로부터 받는 회전 모멘트는 몇 [N·m/rad] 인가?

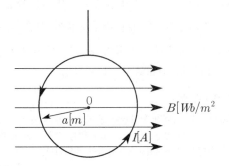

① $2\pi aBI$ ② πaBI

③ $2\pi a^2 BI$ ④ $\pi a^2 BI$

|정|답|및|해|설|

[원형 코일의 회전 모멘트]
· 자성체에 의한 토크 : $T = M \times H = MH\sin\theta$
· 도체에 의한 토크 : $T = NIBS\cos\theta$
  여기서, $T = NIBS\cos\theta$ (원형코일 면적 $S = \pi a^2$
        자계와의 각 $0°$, $N = 1$)

【정답】④

---

13. 다음 조건들 중 초전도체에 부합되는 것은? 단 μ_r은 비투자율, χ_m은 비자화율, B는 자속밀도이며 작동 온도는 임계온도 이하라 한다.

① $\chi_m = -1$, $\mu_r = 0$, $B = 0$

② $\chi_m = 0$, $\mu_r = 0$, $B = 0$

③ $\chi_m = 1$, $\mu_r = 0$, $B = 0$

④ $\chi_m = -1$, $\mu_r = 1$, $B = 0$

|정|답|및|해|설|

[초전도체(Superconductor)] 임계온도 이하에서는 전기저항이 0에 가까워지고 반자성을 나타내는 도체로, 내부에는 자장이 들어갈 수 없고 내부에 있던 자장도 밖으로 밀어내는 성질
[초전도체의 특성]
χ_m(자화율) $= -1$, μ_r(비투자율) $= 0$, B(자속밀도) $= 0$

【정답】①

---

14. $x = 0$인 무한평면을 경계면으로 하여 $x < 0$인 영역에는 비유전율 $\epsilon_{r1} = 2$, $x > 0$인 영역에는 $\epsilon_{r2} = 4$인 유전체가 있다. ϵ_{r1}인 유전체 내에서 전계 $E_1 = 20a_x - 10a_y + 5a_z$[V/m]일 때 $x > 0$인 영역에 있는 ϵ_{r2}인 유전체 내에서 전속밀도 D_2[C/m²]는? 단, 경계면상에는 자유전하가 없다고 한다.

① $D_2 = \epsilon_0(20a_x - 40a_y + 5a_z)$

② $D_2 = \epsilon_0(40a_x - 40a_y + 20a_z)$

③ $D_2 = \epsilon_0(80a_z - 20a_y + 10a_z)$

④ $D_2 = \epsilon_0(40a_x - 20a_y + 20a_z)$

|정|답|및|해|설|

[유전체의 전속밀도]
경계면이 x축이므로 $D_{1x} = D_{2x}$에서
$D_{1x} = \epsilon_1 E_{1x} = 2 \times 20 = 40 = D_{2x}$
y, z축은 전계가 연속이므로
$E_{1y} = E_{2y} = -10$, $E_{1z} = E_{2z} = 5$
따라서 $D_2 = D_{2x}a_x + D_{2y}a_y + D_{2z}a_z$이므로
$D_2 = 40a_x - 40a_y + 20a_z = \epsilon_0(40a_x - 40a_y + 20a_z)$

【정답】②

---

15. 평면파 전파가 $E = 30\cos(10^9 t + 20z)j$[V/m]로 주어졌다면 이 전자파의 위상속도는 몇 [m/s]인가?

① 5×10^7 ② $\dfrac{1}{3} \times 10^8$

③ 10^9 ④ $\dfrac{2}{3}$

|정|답|및|해|설|

[전파] $E = E_a\cos\left(\omega t - \dfrac{\omega z}{v}\right) = E_a\cos(\omega t - \beta z)$

여기서, 전파가 $E = 30\cos(10^9 t + 20z)j$[V/m]이므로
$\beta = 20$, $\omega = 10^9$

$\dfrac{\omega z}{v} = \beta z$에서

위상속도(전파속도)$v = \dfrac{\omega}{\beta} = \dfrac{10^9}{20} = 5 \times 10^7$ [m/sec] [m/sec]

【정답】①

16. 자속밀도 10[Wb/m^2]의 자계 중에 10[cm] 도체를 자계와 30°의 각도로 30[m/s]로 움직일 때 도체에 유기되는 기전력은 몇 [V]인가?

① 15   ② $15\sqrt{3}$

③ 1,500   ④ $1,500\sqrt{3}$

|정|답|및|해|설|

[유기기전력 (플레밍의 오른손 법칙)]

$e = (v \times B)t = vBl\sin\theta$

여기서, B : 자속밀도, l : 길이, v : 속도, θ : 도체와 자계 각

자속밀도(B) : 10[Wb/m^2], 길이(l) 10[cm](=0.3[m])

도체와 자계와 각(θ) : 30°, 속도(v) : 30[m/s]

$e = vBl\sin\theta = 30 \times 10 \times 0.1 \times \sin30° = 15[V]$ → ($\sin30 = 0.5$)

【정답】①

17. 그림과 같이 단면적 $S = 10[cm^2]$, 자로의 길이 $l = 20\pi[cm]$, 비투자율 $\mu_s = 1,000$인 철심에 $N_1 = N_2 = 100$인 두 코일을 감았다. 두 코일 사이의 상호 인덕턴스는 몇 [mH]인가?

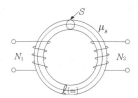

① 0.1   ② 1

③ 2   ④ 20

|정|답|및|해|설|

[상호 인덕턴스]

$M = \dfrac{N_1 N_2}{R_m} = \dfrac{\mu S N_1 N_2}{l}[H]$

여기서, N : 권수, μ : 투자율(=$\mu_0\mu_s$), S : 면적, R_m : 자기저항

l : 자로의 길이

단면적(S) = 10[cm^2], 자로의 길이(l) = 20π[cm](=20$\pi \times 10^{-2}$[m])

비유전율(μ_s) = 1,000, 권수 : $N_1 = N_2 = 100$

$M = \dfrac{\mu S N_1 N_2}{l} = \dfrac{\mu_0 \mu_s S N_1 N_2}{l}[H]$

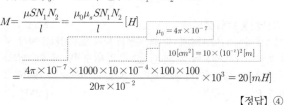

$= \dfrac{4\pi \times 10^{-7} \times 1000 \times 10 \times 10^{-4} \times 100 \times 100}{20\pi \times 10^{-2}} \times 10^3 = 20[mH]$

【정답】④

18. 1[μA]의 전류가 흐르고 있을 때, 1초 동안 통과하는 전자수는 약 몇 개인가? (단, 전자 1개의 전하는 1.602×10^{-19}[C]이다.)

① 6.24×10^{10} ② 6.24×10^{11}

③ 6.24×10^{12} ④ 6.24×10^{13}

|정|답|및|해|설|

[전하량 및 전자 수] $Q = It[C]$, $N = \dfrac{Q}{e}$

여기서, Q : 전하량, I : 전류, t : 시간, N : 전자수

e : 전자 한 개의 전하량(1.602×10^{-19}[C])

전류 : 1[μA], 시간 : 1초, $e = 1.602 \times 10^{-19}$[C]

$N = \dfrac{Q}{e} = \dfrac{It}{e} = \dfrac{1 \times 10^{-6} \times 1}{1.602 \times 10^{-19}} = 6.24 \times 10^{12}$[개] → ($\mu = 10^{-6}$)

【정답】③

19. 균일하게 원형 단면을 흐르는 전류 $I[A]$에 의한 반지름 a[m], 길이 l[m], 비투자율 μ_s인 원통 도체의 내부 인덕턴스는 몇 [H]인가?

① $10^{-7}\mu_s l$ ② $3 \times 10^{-7}\mu_s l$

③ $\dfrac{1}{4a} \times 10^{-7}\mu_s l$ ④ $\dfrac{1}{2} \times 10^{-7}\mu_s l$

|정|답|및|해|설|

[원형 도체 내부의 인덕턴스] 원형 도체 내부의 인덕턴스에 진공의 투자율을 대입해서 구한다.

$L_i = \dfrac{\mu}{8\pi} \cdot l = \dfrac{\mu_0 \mu_s}{8\pi} \cdot l$

여기서, μ : 투자율($\mu_0\mu_s$), l : 길이

$L_i = \dfrac{\mu_0 \mu_s}{8\pi} \cdot l = \dfrac{4\pi \times 10^{-7}}{8\pi} \times \mu_s \times l = \dfrac{1}{2} \times 10^{-7} \times \mu_s l[H]$

【정답】④

20. 한 변의 길이가 10[cm]인 정사각형 회로에 직류전류 10[A]가 흐를 때, 정사각형의 중심에서의 자계 세기는 몇 [A/m]인가?

① $\dfrac{10\sqrt{2}}{\pi}$
② $\dfrac{200\sqrt{2}}{\pi}$
③ $\dfrac{300\sqrt{2}}{\pi}$
④ $\dfrac{400\sqrt{2}}{\pi}$

|정|답|및|해|설|

[비오-사바르의 법칙 (전류와 자계 관계)]

$$dH = \frac{Idl\sin\theta}{4\pi r^2}[AT/m]$$

·중심 자계의 세기 $H = \dfrac{2\sqrt{2}I}{\pi l}[AT/m]$

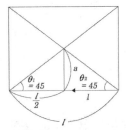

· $\tan45° = 1 = \dfrac{a}{\frac{l}{2}}$, $\dfrac{l}{2} = a$

· $H = \dfrac{I}{4\pi a}(\cos45° + \cos45°)\times 4$
$= \dfrac{I}{4\pi\frac{l}{2}}\left(\dfrac{\sqrt{2}}{2}\times 2\right)\times 4 = \dfrac{2\sqrt{2}I}{\pi l}[AT/m]$

여기서, I : 전류, l : 변의 길이
한 변의 길이가 : 10[cm](=0.1[m]), 직류전류 : 10[A]

$$H = \frac{2\sqrt{2}I}{\pi l} = \frac{2\sqrt{2}\,10}{\pi\times 0.1} = \frac{200\sqrt{2}}{\pi}[AT/m]$$ 【정답】②

1. 매질 1의 $\mu_{s1} = 500$, 매질 2의 $\mu_{s2} = 1,000$이다. 매질 2에서 경계면에 대하여 $45°$의 각도로 자계가 입사한 경우 매질 1에서 경계면과 자계의 각도에 가장 가까운 것은?

① $20°$
② $30°$
③ $60°$
④ $80°$

|정|답|및|해|설|

[자성체의 굴절의 법칙] 굴절각과 투자율은 비례한다.

$$\frac{\tan\theta_1}{\tan\theta_2} = \frac{\epsilon_1}{\epsilon_2} = \frac{\mu_1}{\mu_2}$$

여기서, θ : 경계면과의 각, μ : 투자율, ϵ : 유전율
$\mu_{s1} = 500$, $\mu_{s2} = 1,000$, 경계면과의 각=$45°$

$\dfrac{\tan\theta_1}{\tan\theta_2} = \dfrac{\mu_1}{\mu_2}$에서 $\dfrac{\tan\theta_1}{\tan45°} = \dfrac{500}{1,000} = \dfrac{1}{2}$ → ($\tan45 = 1$)

$\tan\theta_1 = \dfrac{1}{2}$이므로, $\theta_1 = \tan^{-1}\left(\dfrac{1}{2}\right) = 26.57°$

【정답】②

2. 대지의 고유저항이 ρ[Ω·m]일 때 반지름 a[m]인 그림과 같은 반구 접지극의 접지 저항[Ω]은?

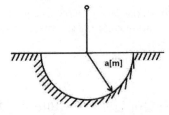

① $\dfrac{\rho}{4\pi a}$
② $\dfrac{\rho}{2\pi a}$
③ $\dfrac{2\pi\rho}{a}$
④ $2\pi\rho a$

|정|답|및|해|설|

[반구에서 정전용량] $C = 2\pi\epsilon a$[F]
[전기저항과 정전용량] $RC = \rho\epsilon$
여기서, C : 정전용량, ϵ : 유전율, a : 반지름
    R : 저항, ρ : 저항률 또는 고유저항

$RC = \rho\epsilon$에서 $R = \dfrac{\rho\epsilon}{C} = \dfrac{\rho\epsilon}{2\pi\epsilon a} = \dfrac{\rho}{2\pi a}[\Omega]$ 【정답】②

3. 히스테리시스 곡선에서 히스테리시스 손실에 해당하는 것은?

① 보자력의 크기
② 잔류자기의 크기
③ 보자력과 잔류자기의 곱
④ 히스테리시스 곡선의 면적

|정|답|및|해|설|

[히스테리시스손] 히스레리시스 곡선을 다시 일주시켜도 항상 처음과 동일하기 때문에 히스테리시스의 면적(체적당 에너지 밀도)에 해당하는 에너지는 열로 소비된다. 이를 히스테리시스 손이라고 한다. $P_h = f v \eta B_m^{1.6}$[W]   【정답】④

4. 다음 (㉠), (㉡)에 알맞은 것은?

> 전자유도에 의하여 발생되는 기전력에서 쇄교 자속수의 시간에 대한 감소비율에 비례한다는 (㉠)에 따르고, 특히 유도된 기전력의 방향은 (㉡)에 따른다.

① ㉠ 패러데이의 법칙 ㉡ 렌츠의 법칙
② ㉠ 렌츠의 법칙 ㉡ 패러데이의 법칙
③ ㉠ 플레밍의 왼손법칙 ㉡ 패러데이의 법칙
④ ㉠ 패러데이의 법칙 ㉡ 플레밍의 왼손법칙

|정|답|및|해|설|
[패러데이의 법칙] 유기 기전력의 크기는 폐회로에 쇄교하는 자속 ($\varnothing$)의 시간적 변화율에 비례한다.

$$e = -\frac{d\Phi}{dt} = -N\frac{d\phi}{dt}[\text{V}]$$

[렌츠의 법칙] 전자 유도에 의해 발생하는 기전력은 <u>자속 변화를 방해하는 방향</u>으로 전류가 발생한다. 이것을 렌츠의 법칙이라고 한다. $e = -L\frac{di}{dt}[V]$

【정답】①

5. N회 감긴 환상코일의 단면적이 $S[\text{m}^2]$이고 평균 길이가 $l[\text{m}]$이다. 이 코일의 권수를 반으로 줄이고 인덕턴스를 일정하게 하려고 할 때, 다음 중 옳은 것은?

① 단면적을 2배로 한다.
② 길이를 $\frac{1}{4}$로 한다.
③ 전류의 세기를 $\frac{1}{2}$배로 한다.
④ 비투자율을 4로 한다.

|정|답|및|해|설|
[환상코일의 자기 인덕턴스] $L = \frac{\mu S N^2}{l}[H]$

여기서, μ : 투자율, S : 단면적, N : 권수, l : 길이
권수를 $\frac{1}{2}$로 하면 L은 $\left(\frac{1}{2}\right)^2 = \frac{1}{4}$ 배로 되므로 단면적(S)를 4배 또는 l을 $\frac{1}{4}$배로 하면 L은 일정하게 된다.

【정답】②

6. 무한장 솔레노이드에 전류가 흐를 때 발생되는 자장에 관한 설명 중 옳은 것은?

① 내부 자장은 평등 자장이다.
② 외부 자장은 평등 자장이다.
③ 내부 자장의 세기는 0이다.
④ 외부와 내부 자장의 세기는 같다.

|정|답|및|해|설|
[무한장 솔레노이드]
·무한장 솔레노이드 <u>내부 자계의 세기는 평등</u>하며, 그 크기는 $H_i = n_0 I[AT/m]$. 단, n_0는 단위 길이당 코일 권수(회/m)이다.
·외부 자계의 세기는 누설 자속이 있을 수 없으므로 $H_e = 0[AT/m]$이다.   【정답】①

7. 다음 중 자기회로에서 키르히호프의 법칙으로 알맞은 것은? (단, R : 자기 저항, $\varnothing$: 자속, N : 코일 권수, I : 전류 이다.)

① $\sum_{i=1}^{n} \varnothing_i = \infty$ ② $\sum_{i=1}^{n} N_i \varnothing_i = 0$

③ $\sum_{i=1}^{n} R_i \varnothing_i = \sum_{i=1}^{n} N_i I_i$ ④ $\sum_{i=1}^{n} R_i \varnothing_i = \sum_{i=1}^{n} N_i L_i$

|정|답|및|해|설|
[자기회로의 키르히호프의 법칙]
① 자기회로의 임의 결합점에 유입하는 자속의 대수합은 0이다.

$$\sum_{i=1}^{n} \varnothing_i = 0$$

② 임의의 폐자로에서 각부의 자기 저항과 자속과의 곱의 총합은 그 폐자로에 있는 기자력의 총합과 같다.

$$\sum_{i=1}^{n} R_i \varnothing_i = \sum_{i=1}^{n} N_i I_i$$ 【정답】③

8. 전하밀도 $\rho_s[C/m^2]$인 무한 판상 전하분포에 의한 임의 점의 전장에 대하여 틀린 것은?

① 전장의 세기는 매질에 따라 변한다.
② 전장의 세기는 거리 r에 반비례한다.
③ 전장은 판에 수직 방향으로만 존재한다.
④ 전장의 세기는 전하밀도 ρ_s에 비례한다.

|정|답|및|해|설|
[전계의 세기] 표면 전하밀도를 $\rho_s[C/m^2]$라 한다.

·도체 표면에서의 전계의 세기 $E=\dfrac{\rho_s}{\epsilon_o}$

·무한평면에서의 전계의 세기 $E=\dfrac{\rho_s}{2\epsilon_o}$

　여기서, ϵ_0 : 진공시의 유전율
따라서 전계의 세기는 거리와 무관하며 전계의 방향은 수직방향
【정답】②

9. 한 변의 길이가 $l[m]$인 정사각형 회로에 $I[A]$가 흐르고 있을 때 그 사각형 중심의 자계의 세기는 몇 $[A/m]$인가?

① $\dfrac{I}{2\pi l}$　　　　② $\dfrac{2\sqrt{2}I}{\pi l}$

③ $\dfrac{\sqrt{3}I}{2\pi l}$　　　　④ $\dfrac{\sqrt{2}I}{2\pi l}$

|정|답|및|해|설|
[비오-사바르의 법칙 (전류와 자계 관계)]

$dH=\dfrac{Idl\sin\theta}{4\pi r^2}[AT/m]$

·중심 자계의 세기 $H=\dfrac{2\sqrt{2}I}{\pi l}[AT/m]$

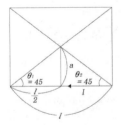

·$\tan45°=1=\dfrac{a}{\dfrac{l}{2}}$, $\dfrac{l}{2}=a$

·$H=\dfrac{I}{4\pi a}(\cos45°+\cos45°)\times4$

$=\dfrac{I}{4\pi\dfrac{l}{2}}\left(\dfrac{\sqrt{2}}{2}\times2\right)\times4=\dfrac{2\sqrt{2}I}{\pi l}[AT/m]$

여기서, I : 전류, l : 변의 길이　　　【정답】②

10. 반지름 a[m]의 원형 단면을 가진 도선에 전도전류 $i_c=I_c\sin2\pi ft[A]$가 흐를 때 변위전류밀도의 최대값 J_d는 몇 $[A/m^2]$가 되는가? (단, 도전율은 $\sigma[S/m]$이고, 비유전율은 ϵ_r이다.)

① $\dfrac{f\epsilon_r I_c}{18\pi\times10^9\sigma a^2}$　　② $\dfrac{f\epsilon_r I_c}{9\pi\times10^9\sigma a^2}$

③ $\dfrac{f\epsilon_r I_c}{4\pi\times10^9\sigma a^2}$　　④ $\dfrac{f\epsilon_r I_c}{4\pi f\times10^9\sigma a^2}$

|정|답|및|해|설|
[전도전류밀도 및 변위전류 밀도]

① 전도전류밀도 $\dfrac{i_c}{S}=\sigma E=\dfrac{I_c\sin\omega t}{\sqrt{2}\,S}$

② 변위전류밀도 $i_d=\dfrac{I_d}{S}=\omega\epsilon E=2\pi f\epsilon_0\epsilon_r E$

　여기서, σ : 도전율, E : 전계의 세기, I_c : 전도전류
　　　I_d : 변위전류, S : 단면적, ω :　, ϵ : 유전율$(\epsilon_0\epsilon_r)$
　　　f : 주파수, ω : 각속도$(=2\pi f)$

전계의 세기 $E=\dfrac{I_c\sin\omega t}{\sigma S}=\dfrac{I_c\sin\omega t}{\sigma\pi a^2}$
변위전류밀도 전계의 세기를 대입
$i_d=2\pi f\epsilon_0\epsilon_r E$
$=2\pi f\epsilon_0\epsilon_r\times\dfrac{I_c\sin\omega t}{\sigma\pi a^2}=\dfrac{f\epsilon_r I_c\sin\omega t}{18\pi\times10^9\sigma a^2}$

$\rightarrow(\epsilon_0=8.855\times10^{-12})$

따라서 최대값은 $\sin\omega t=1$일 때 이므로
$i_d=\dfrac{f\epsilon_r I_c}{18\pi\times10^9\sigma a^2}$　　　【정답】①

11. 대전도체 표면전하밀도는 도체표면의 모양에 따라 어떻게 분포하는가?

① 표면전하밀도는 뾰족할수록 커진다.
② 표면전하밀도는 평면일 때 가장 크다.
③ 표면전하밀도는 곡률이 크면 작아진다.
④ 표면전하밀도는 표면의 모양과 무관하다.

|정|답|및|해|설|
[도체의 성질과 전하분포]

전하밀도는 뾰족할수록 커지고 뾰족하다는 것은 곡률 반지름이 매우 작다는 것이다. 곡률과 곡률 반지름은 반비례하므로 전하밀도는 곡률과 비례한다. 그리고 대전도체는 모든 전하가 표면에 위치하므로 내부에는 전하가 없다.

【정답】①

12. 일정 전압의 직류 전원에 저항을 접속하여 전류를 흘릴 때, 저항 값을 20[%] 감소시키면 흐르는 전류는 처음 저항에 흐르는 전류의 몇 배가 되는가?

① 1.0배　　　　② 1.1배
③ 1.25배　　　　④ 1.5배

[전류] $I=\dfrac{V}{R}$ (여기서, I : 전류, R : 저항, V : 전압)

저항이 $20[\%]$ 감소되면 전류는 저항에 반비례하므로 전류는

$I=\dfrac{1}{0.8}=1.25$배가 되어야 한다.　　　　【정답】③

13. 유전율이 ϵ인 유전체 내에 있는 점전하 Q에서 발산되는 전기력선의 수는 총 몇 개인가?

① Q

② $\dfrac{Q}{\epsilon_o \epsilon_s}$

③ $\dfrac{Q}{\epsilon_s}$

④ $\dfrac{\epsilon_o}{Q}$

[유전체의 전기력선 수] $N=\dfrac{Q}{\epsilon}=\dfrac{Q}{\epsilon_o \epsilon_s}$

여기서, N : 전기력선의 수, ϵ : 유전율($=\epsilon_0 \epsilon_s$), Q : 전하량

【정답】②

14. 내부 도체의 반지름이 $a[m]$이고, 외 도체의 내 반지름이 $b[m]$, 외 반지름이 $c[m]$인 동축 케이블의 단위 길이당 자기 인덕턴스는 몇 [H/m]인가?

① $\dfrac{\mu_0}{2\pi}\ln\dfrac{b}{a}$

② $\dfrac{\mu_0}{\pi}\ln\dfrac{b}{a}$

③ $\dfrac{2\pi}{\mu_0}\ln\dfrac{b}{a}$

④ $\dfrac{\pi}{\mu_0}\ln\dfrac{b}{a}$

[동축 케이블의 단위 길이당 자기 인덕턴스]

$L=\dfrac{\varnothing}{I}=\dfrac{\mu_0}{2\pi}\ln\dfrac{b}{a}[\mathrm{H/m}]$ → ($\varnothing=\dfrac{\mu_0 I}{2\pi r}\ln\dfrac{b}{a}[\mathrm{wb/m}]$)

[동축 케이블의 정전용량] $C=\dfrac{2\pi\epsilon}{\ln\dfrac{b}{a}}[\mathrm{F/m}]$

여기서, $\varnothing$: 자속, $\mu(=\mu_0\mu_s)$: 투자율, I : 전류, r : 길이

ϵ : 유전율($=\epsilon_0\epsilon_s$), a, b : 도체의 반지름

【정답】①

15. 공기 중에서 1[m] 간격을 가진 두 개의 평행 도체 전류의 단위 길이에 작용하는 힘은 몇 [N]인가? (단, 전류는 1[A]라고 한다.)

① 2×10^{-7}

② 4×10^{-7}

③ $2\pi\times10^{-7}$

④ $4\pi\times10^{-7}$

[평행도체 사이의 단위 길이당 작용하는 힘]

$F=\dfrac{\mu_0 I_1 I_2}{2\pi r}=\dfrac{2I^2}{r}\times10^{-7}[\mathrm{N/m}]$

여기서, μ_0 : 진공중의 투자율($=4\pi\times10^{-7}$), r : 거리

I : 전류

$I=1[A],\ r=1[m]$

$F=\dfrac{2I^2}{r}\times10^{-7}=\dfrac{2\times1^2}{1}\times10^{-7}=2\times10^{-7}[N]$

【정답】①

16. 공기 중에서 코로나 방전이 3.5[kV/mm] 전계에서 발생한다고 하면, 이때 도체의 표면에 작용하는 힘은 약 몇 [N/m²]인가?

① 27

② 54

③ 81

④ 108

[유전체 면적당 힘] $f=\dfrac{1}{2}ED=\dfrac{\epsilon E^2}{2}=\dfrac{D^2}{2\epsilon}[\mathrm{N/m^2}]$

여기서, $\epsilon(=\epsilon_0\epsilon_s)$: 유전율, E : 전계, D : 밀도

전계(E) : $3.5[\mathrm{kV/mm}](=10^3 V/10^{-3}[m]=10^6[V/m])$

$f=\dfrac{\epsilon E^2}{2}=\dfrac{\epsilon_0\epsilon_s E^2}{2}$ → ($\epsilon_0=8.855\times10^{-12}$, ϵ_s : 공기중 $=1$)

$=\dfrac{1}{2}\times8.855\times10^{-12}\times1\times(3.5\times10^6)^2=54.24[\mathrm{N/m^2}]$

【정답】②

17. 무한장 직선 전류에 의한 자계의 세기[AT/m]는?

① 거리 r에 비례한다.

② 거리 r^2에 비례한다.

③ 거리 r에 반비례한다.

④ 거리 r^2에 반비례한다.

[무한장 직선(원통도체)의 자계의 세기]

$H = \dfrac{I}{2\pi r}[AT/m]$ 【정답】③

18. 전계 $E = \sqrt{2}\,E_e \sin w(t - \dfrac{x}{c})[V/m]$의 평면 전자파가 있다. 자계의 실효값은 몇 [A/m]인가?

① $0.707 \times 10^{-3}E_e$ ② $1.44 \times 10^{-3}E_e$

③ $2.65 \times 10^{-3}E_e$ ④ $5.37 \times 10^{-3}E_e$

|정|답|및|해|설|

[고유 임피던스] $\eta = \dfrac{E}{H} = \sqrt{\dfrac{\mu}{\epsilon}}\,[\Omega]$

여기서, H : 자계의 세기, E : 전계
$\epsilon(=\epsilon_0 \epsilon_s)$: 유전율, $\mu(=\mu_0 \mu_s)$: 투자율

진공시 고유 임피던스 $\eta_0 = \dfrac{E}{H} = \sqrt{\dfrac{\mu_0}{\epsilon_0}}$

$\qquad = \sqrt{\dfrac{4\pi \times 10^{-7}}{8.855 \times 10^{-12}}} = 377[\Omega]$

$Z_0 = \dfrac{E}{H}$에서

$H = \dfrac{E}{Z_0} = \dfrac{1}{377}E_e = 2.65 \times 10^{-3}E_e$

【정답】③

19. Biot-Savart의 법칙에 의하면, 전류소에 의해서 임의의 한 점(P)에 생기는 자계의 세기를 구할 수 있다. 다음 중 설명으로 틀린 것은?

① 자계의 세기는 전류의 크기에 비례한다.
② MKS 단위계를 사용할 경우 비례상수는 $\dfrac{1}{4\pi}$ 있다.
③ 자계의 세기는 전류소와 점 P와의 거리에 반비례한다.
④ 자계의 방향은 전류소 및 이 전류소와 점 P를 연결하는 직선을 포함하는 면에 법선 방향이다.

|정|답|및|해|설|

[비오-사바르의 법칙] 유한장 직선의 자계의 세기

$H = \dfrac{I}{4\pi a}(\sin\theta_1 + \sin\theta_2) = \dfrac{I}{4\pi a}(\cos\beta_1 + \cos\beta_2)$

③ 자계의 세기(H)는 전류소와 점 P와의 거리와 무관하다.

【정답】③

20. x>0인 영역에 $\epsilon_1 = 3$인 유전체, x<0인 영역에 $\epsilon_2 = 5$인 유전체가 있다. 유전율 ϵ_2인 영역에서 전계 $E_2 = 20a_x + 30a_y - 40a_z[V/m]$일 때, 유전율 ϵ_1인 영역에서의 전계 E_1은 몇 [V/m]인가?

① $\dfrac{100}{3}a_x + 30a_y - 40a_z$

② $20a_x + 90a_y - 40a_z$

③ $100a_x + 10a_y - 40a_z$

④ $60a_x + 30a_y - 40a_z$

|정|답|및|해|설|

[법선 성분] $D_{1x} = D_{2x}$, $\epsilon_1 E_{1x} = \epsilon_2 E_{2x}$
[접선 성분] $E_{1y} = E_{2y}$, $E_{1z} = E_{2z}$

$E_{1y} = E_{2y} = 30a_y$, $E_{1z} = E_{2z} = -40a_z$이고 $D_{1x} = D_{2x}$이므로

$E_{1x} = \dfrac{\epsilon_2}{\epsilon_1}E_{2x}$

$\qquad = \dfrac{5}{3}20a_x = \dfrac{100}{3}a_x[V/m]$

$E_1 = \dfrac{100}{3}a_x + 30a_y - 40a_z[V/m]$

【정답】①

1. 전계 E의 x, y, z 성분을 E_x, E_y, E_z라 할 때 $div E$는?

① $\dfrac{\partial Ex}{\partial x} + \dfrac{\partial Ey}{\partial y} + \dfrac{\partial Ez}{\partial z}$

② $i\dfrac{\partial Ex}{\partial x} + j\dfrac{\partial Ey}{\partial y} + k\dfrac{\partial Ez}{\partial z}$

③ $\dfrac{\partial^2 Ex}{\partial x^2} + \dfrac{\partial^2 Ey}{\partial y^2} + \dfrac{\partial^2 Ez}{\partial z^2}$

④ $i\dfrac{\partial^2 Ex}{\partial x^2} + j\dfrac{\partial^2 Ey}{\partial y^2} + k\dfrac{\partial^2 Ez}{\partial z^2}$

|정|답|및|해|설|‥‥‥‥‥‥‥‥‥‥‥‥‥‥‥

[전계의 발산]

$div E = \nabla \cdot E = \left(\dfrac{\partial}{\partial x}i + \dfrac{\partial}{\partial y}j + \dfrac{\partial}{\partial z}k \right) \cdot (E_x i + E_y j + E_z k)$

$= \dfrac{\partial E_x}{\partial x} + \dfrac{\partial E_y}{\partial y} + \dfrac{\partial E_z}{\partial z}$ 　　　　【정답】①

2. 동심구형 콘덴서의 내외 반지름을 각각 5배로 증가시키면 정전용량은 몇 배가 되는가?

① 2배　　　　　　② $\sqrt{2}$ 배

③ 5배　　　　　　④ $\sqrt{5}$ 배

|정|답|및|해|설|‥‥‥‥‥‥‥‥‥‥‥‥‥‥‥

[동심구의 정전용량] $C = \dfrac{4\pi\epsilon_0 ab}{b-a}[F]$

여기서, ϵ_0 : 진공중의 유전율, a, b : 내외 반지름

내외 반지름을 각각 5배($a' = 5a, \ b' = 5b$)로 늘린 경우의 정전용량(C')

$C' = \dfrac{4\pi\epsilon_0 a'b'}{b'-a'} = \dfrac{4\pi\epsilon_0 5a5b}{5(b-a)} = 5 \times \dfrac{4\pi\epsilon_0 ab}{b-a} = 5C[F]$

　　　　　　　　　　　　　　　【정답】③

3. 자성체 경계면에 전류가 없을 때의 경계 조건으로 틀린 것은?

① 자계 H의 접선 성분 $H_{1T} = H_{2T}$

② 자속 밀도 B의 법성 성분 $B_{1N} = B_{2N}$

③ 경계면에서의 자력선이 굴절 $\dfrac{\tan\theta_1}{\tan\theta_2} = \dfrac{\mu_1}{\mu_2}$

④ 전속밀도 D의 법선 성분 $D_{1N} = D_{2N} = \dfrac{\mu_2}{\mu_1}$

|정|답|및|해|설|‥‥‥‥‥‥‥‥‥‥‥‥‥‥‥

[자성체의 경계조건(경계면에 전류가 없을 때)]

① 자속밀도는 경계면에서 법선 성분은 같다.

$B_{1n} = B_{2n}$

$B_1 \cos\theta_1 = B_2 \cos\theta_2 \rightarrow (B_1 = \mu_1 H_1, \ B_2 = \mu_2 H_2)$

② 자계의 세기는 경계면에서 접선성분은 같다.

$H_{1t} = H_{2t}$

$H_1 \sin\theta_1 = H_2 \sin\theta_2 \rightarrow (B_1 > B_2, \ H_1 < H_2)$

③ 자성체의 굴절의 법칙 : 굴절각과 투자율은 비례한다.

$\cdot \dfrac{\tan\theta_1}{\tan\theta_2} = \dfrac{\epsilon_1}{\epsilon_2} = \dfrac{\mu_1}{\mu_2} = \dfrac{k_1}{k_2}$

$\cdot \mu_1 > \mu_2$일 때 $\theta_1 > \theta_2, \ B_1 < B_2, \ H_1 < H_2$

④ 경계면에 수직으로 입사한 전속은 굴절하자 않는다.

　　　　　　　　　　　　　　　【정답】④

4. 도체나 반도체에 전류를 흘리고 이것과 직각 방향으로 자계를 가하면 이 두 방향과 직각 방향으로 기전력이 생기는 현상을 무엇이라 하는가?

① 홀 효과　　　　　② 핀치 효과

③ 볼타 효과　　　　④ 압전 효과

|정|답|및|해|설|‥‥‥‥‥‥‥‥‥‥‥‥‥‥‥

[홀효과] 도체나 반도체의 물질에 전류를 흘리고 이것과 직각 방향으로 자계를 가하면 플레밍의 오른손 법칙에 의하여 도체 내부의 전하가 횡방향으로 힘을 모아 도체 측면에 (+), (−)의 전하가 나타나는데 이러한 현상을 홀 효과라고 한다.

② 핀치 효과 : 반지름 a인 액체 상태의 원통상 도선 내부에 균일하게 전류가 흐를 때 도체 내부에 자장이 생겨 로렌츠의 힘으로 전류가 원통 중심 방향으로 수축하려는 효과

③ 볼타 효과 : 서로 다른 두 종류의 금속을 접촉시킨 다음 얼마 후에 떼어서 각각을 검사해 보면 + 및 −로 대전하는 것을 Volta가 발견하였으므로 이 현상을 볼타 효과라고 한다.

④ 압전 효과 : 어떤 특수한 결정을 가진 물질의 결정체에 전기를 가하면 기계적 변형이 나타나는 현상

　　　　　　　　　　　　　　　【정답】①

5. 판자석의 세기 $0.01[Wb/m]$, 반지름 5[cm]인 원형 자석판이 있다. 자석의 중심에서 축상 10[cm]인 점에서의 자위의 세기는 몇 [AT]인가?

① 100　　② 175　　③ 370　　④ 420

|정|답|및|해|설|

[판자석의 자위] 전기이중층의 관계식과 판자석의 관계식이 유사하므로 비교해보면

전위 $V = \dfrac{M}{4\pi\epsilon_0}\omega\,[V]$, 자위 $U = \dfrac{M}{4\pi\mu_0}\omega\,[A]$에서

입체각 $\omega = 2\pi(1-\cos\theta) = 2\pi\left(1-\dfrac{x}{\sqrt{a^2+x^2}}\right)[sr]$ 이므로

판자석의 세기 M을 $\varnothing_m$로 하면

$$U = \frac{\varnothing_m w}{4\pi\mu_0} = \frac{\varnothing_m 2\pi(1-\cos\theta)}{4\pi\mu_0} = \frac{\varnothing_m(1-\cos\theta)}{2\mu_0}$$

$$= \frac{\varnothing_m\left(1-\dfrac{x}{\sqrt{x^2+a^2}}\right)}{2\mu_0}$$

여기서, U : 판자석의 자위, $\varnothing_m$: 자속, ω : 입체각, x : 반지름

　　　a : 중심에서의 거리

　　　μ_0 : 진공중의 투자율($=4\pi\times10^{-7}$)

판자석의 세기($\varnothing_m$) : $0.01[Wb/m]$

반지름(x) : 5[cm](=0.05[m])

자석의 중심에서 축상까지의 거리(a) : 10[cm](=0.1[m])

$$U = \frac{\varnothing_m\left(1-\dfrac{x}{\sqrt{x^2+a^2}}\right)}{2\mu_0} = \frac{0.01\left(1-\dfrac{0.1}{\sqrt{0.05^2+0.1^2}}\right)}{2\times4\pi\times10^{-7}}$$

$$= 420[AT]$$

【정답】④

6. 평면도체 표면에서 d[m]의 거리에 점전하 $Q[C]$가 있을 때 이 전하를 무한 원점까지 운반하는데 필요한 일은 몇 [J]인가?

① $\dfrac{Q^2}{4\pi\epsilon_0 d}$　　② $\dfrac{Q^2}{8\pi\epsilon_0 d}$

③ $\dfrac{Q^2}{16\pi\epsilon_0 d}$　　④ $\dfrac{Q^2}{32\pi\epsilon_0 d}$

|정|답|및|해|설|

[점전하 Q[C]과 무한 평면에 작용하는 힘(전기영상법 이용)]

$$F = \frac{Q^2}{4\pi\epsilon_o (2d)^2} = \frac{Q^2}{16\pi\epsilon_o d^2}\,[N]$$

일 $W = \displaystyle\int F dr = F\cdot r\times r\ [J]$

$$= \frac{Q^2}{16\pi\epsilon_o r^2} = \frac{Q^2}{16\pi\epsilon_o r}$$

여기서, Q : 전하, ϵ_0 : 진공중의 유전율, r : 거리

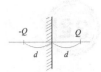

【정답】③

7. 유전율 ϵ, 전계의 세기 E 인 유전체의 단위 체적에 축적되는 에너지는 얼마인가?

① $\dfrac{E}{2\epsilon}$　　　② $\dfrac{\epsilon E}{2}$

③ $\dfrac{\epsilon E^2}{2}$　　　④ $\dfrac{\epsilon^2 E^2}{2}$

|정|답|및|해|설|

[단위 체적에 축적되는 에너지]

$$W = \frac{1}{2}DE = \frac{1}{2}\epsilon E^2 = \frac{1}{2}\frac{D^2}{\epsilon}\,[J/m^3] \rightarrow (D=\epsilon E)$$

여기서, D : 전속밀도, E : 전계, ϵ : 유전율

【정답】③

8. 길이 l[m], 지름 d[m]인 원통이 길이 방향으로 균일하게 자화되어 자화의 세기가 $J[Wb/m^2]$인 경우 원통 양단에서의 전자극의 세기[Wb]는?

① $\pi d^2 J$　　　② $\pi d J$

③ $\dfrac{4J}{\pi d^2}$　　　④ $\dfrac{\pi d^2 J}{4}$

|정|답|및|해|설|

[자화의 세기] 자성체의 양 단면의 단위 면적에 발생한 자기량

$$J = \frac{m}{S} = \frac{ml}{Sl} = \frac{M}{V}\,[Wb/m^2]$$

여기서, S : 자성체의 단면적[m^2]

　　　m : 자화된 자기량(전자극의 세기)[Wb]

　　　l : 자성체의 길이[m]

　　　V : 자성체의 체적[m^3]

　　　M : 자기모멘트($M=ml[Wb\cdot m]$)

전자극의 세기 $m = J\cdot S = J\cdot\pi a^2 = J\cdot\pi\left(\dfrac{d}{2}\right)^2 = J\cdot\dfrac{\pi d^2}{4}[Wb]$

【정답】④

9. 자기인덕턴스 L_1, L_2와 상호인덕턴스 M 사이의 결합계수는? 단, 단위는 [H]이다.

① $\dfrac{M}{L_1 L_2}$ ② $\dfrac{L_1 L_2}{M}$

③ $\dfrac{M}{\sqrt{L_1 L_2}}$ ④ $\dfrac{\sqrt{L_1 L_2}}{M}$

|정|답|및|해|설|

[상호인덕턴스] $M = k\sqrt{L_1 L_2}$

여기서, k : 결합계수(누설자속이 없으면 k=1)

    L_1, L_2 : 자기인덕턴스

결합계수 $k = \dfrac{M}{\sqrt{L_1 L_2}}$

【정답】③

10. 진공 중에서 선전하 밀도 $\rho_l = 6 \times 10^{-8}[C/m]$인 무한히 긴 직선상 선전하가 x축과 나란하고 $Z = 2$ [m] 점을 지나고 있다. 이 선전하에 의하여 반지름 5[m]인 원점에 중심을 둔 구표면 S_0를 통과하는 전기력선수는 얼마인가?

① 3.1×10^4 ② 4.8×10^4

③ 5.5×10^4 ④ 6.2×10^4

|정|답|및|해|설|

[Q전하에서 나오는 전기력선수] $N = \dfrac{Q}{\epsilon_0} = \dfrac{\rho_l \cdot l}{\epsilon_0}$ 개

여기서, Q : 전하, ϵ_0 : 진공중의 유전율($= 8.855 \times 10^{-12}$)

    ρ_l : 선전하밀도, l : 길이

$l = 2 \times \sqrt{5^2 - 2^2} = 2\sqrt{21}$

$N = \dfrac{\rho_l \cdot l}{\epsilon_0} = \dfrac{6 \times 10^{-8} \times 2\sqrt{21}}{8.855 \times 10^{-12}} = 6.2 \times 10^4$

【정답】④

11. 대지면에 높이 h로 평행하게 가설된 매우 긴 선전하가 지면으로부터 받는 힘은?

① h에 비례   ② h에 반비례

③ h^2에 비례   ④ h^2에 반비례

|정|답|및|해|설|

[전계의 세기] $E = \dfrac{\lambda}{2\pi\epsilon_0 (2h)} = \dfrac{\lambda}{4\pi\epsilon_0 h}$, [힘] $f = -\lambda E[N/m]$

여기서, λ : 선전하밀도, ϵ_0 : 진공중의 유전율, h : 높이

    E : 전계

$f = -\lambda E = -\lambda \cdot \dfrac{\lambda}{2\pi\epsilon_0 (2h)} = \dfrac{-\lambda^2}{4\pi\epsilon_0 h}[N/m] \propto \dfrac{1}{h}$ 【정답】②

12. 정전에너지, 전속밀도 및 유전상수 ϵ_r의 관계에 대한 설명 중 옳지 않은 것은?

① 굴절각이 큰 유전체는 ϵ_r이 크다.

② 동일 전속밀도에서는 ϵ_r이 클수록 정전에너지는 작아진다.

③ 동일 정전에너지에서는 ϵ_r이 클수록 전속밀도가 커진다.

④ 전속은 매질에 축적되는 에너지가 최대가 되도록 분포된다.

|정|답|및|해|설|

[전계의 에너지 밀도]

$\omega = \dfrac{1}{2} DE = \dfrac{1}{2}\epsilon E^2 = \dfrac{1}{2}\dfrac{D^2}{\epsilon}[\text{J/m}^3] \rightarrow (\epsilon = \epsilon_0 \epsilon_r, \; D = \epsilon E)$

④ 전속은 매질에 축적되는 에너지가 <u>최소로 분포</u>하는 계이다.

【정답】④

13. $\sigma = 1[\mho/m]$, $\epsilon_s = 6$, $\mu = \mu_0$인 유전체에 교류 전압을 가할 때 변위전류와 전도전류의 크기가 같아지는 주파수는 약 몇 [Hz]인가?

① 3.0×10^9 ② 4.2×10^9

③ 4.7×10^9 ④ 5.1×10^9

|정|답|및|해|설|

[임계주파수] $|i_c| = |i_d|$, $k = \omega\epsilon = 2\pi f_c\epsilon$이므로

임계주파수 $f_e = \dfrac{k}{2\pi\epsilon} = \dfrac{k}{2\pi\epsilon_0\epsilon_s} = \dfrac{1}{2\pi \times 8.855 \times 10^{-12} \times 6}$

    $= 3 \times 10^9 [Hz]$

【정답】①

14. 그 양이 증가함에 따라 무한장 솔레노이드의 자기 인덕턴스 값이 증가하지 않는 것은 무엇인가?

① 철심의 반경   ② 철심의 길이

③ 코일의 권수   ④ 철심의 투자율

|정|답|및|해|설|

[인덕턴스] $L = \dfrac{N\phi}{I} = \dfrac{N}{I}\dfrac{F}{R_m} = \dfrac{N}{I}\dfrac{NI}{R_m} = \dfrac{N^2}{\dfrac{l}{\mu S}} = \dfrac{\mu S N^2}{l}[H]$

[무한장 솔레노이드의 단위 길이당 인덕턴스]

$L' = \dfrac{L}{l} = \mu S\left(\dfrac{N}{l}\right)^2 = \mu S n_0^2 = \mu \pi a^2 n_0^2$

여기서, N : 권수, ∅ : 자속, I : 전류, F : 힘, R_m : 자기저항

l : 길이, $\mu(=\mu_0\mu_s)$: 투자율, S : 면적

n_0 : 단위 길이당 권수가

무한장 솔레노이드는 투자율, 면적(철심의 반지름), 권수와 비례 관계에 있다. 【정답】②

15. 단면적 $S[m^2]$, 단위 길이당 권수가 n_0[회/m]인 무한히 긴 솔레노이드의 자기인덕턴스[H/m]를 구하면?

① $\mu S n_0$ ② $\mu S n_0^2$

③ $\mu S^2 n_0$ ④ $\mu S^2 n_0^2$

|정|답|및|해|설|

[인덕턴스] $L = \dfrac{N\phi}{I} = \dfrac{N}{I}\dfrac{F}{R_m} = \dfrac{N}{I}\dfrac{NI}{R_m} = \dfrac{N^2}{\dfrac{l}{\mu S}} = \dfrac{\mu S N^2}{l}[H]$

[무한장 솔레노이드의 단위 길이당 인덕턴스]

$L' = \dfrac{L}{l} = \mu S\left(\dfrac{N}{l}\right)^2 = \mu S n_0^2 = \mu \pi a^2 n_0^2$

여기서, N : 권수, ∅ : 자속, I : 전류, F : 힘, R_m : 자기저항

l : 길이, $\mu(=\mu_0\mu_s)$: 투자율, S : 면적

n_0 : 단위 길이당 권수 【정답】②

16. 비투자율 1,000인 철심이 든 환상솔레노이드의 권수가 600회, 평균 지름 20[cm], 철심의 단면적 10[cm^2]이다. 이 솔레노이드에 2[A]의 전류가 흐를 때 철심 내의 자속은 약 몇 [Wb]인가?

① 1.2×10^{-3} ② 1.2×10^{-4}

③ 2.4×10^{-3} ④ 2.4×10^{-4}

|정|답|및|해|설|

[기자력] $F_m = NI = R_m \phi$

$\phi = \dfrac{NI}{R_m} = \dfrac{NI}{\dfrac{l}{\mu S}} = \dfrac{\mu_0 \mu_s S N I}{l}[Wb]$

여기서, N : 권수, I : 전류, R_m : 자기저항, ∅ : 자속

$\mu(=\mu_0\mu_s)$: 투자율, S : 면적, l : 길이

$\phi = \dfrac{\mu_0 \mu_s S N I}{l} = \dfrac{4\pi \times 10^{-7} \times 1,000 \times 10 \times 10^{-4} \times 600 \times 2}{2 \times \pi \times 0.1}$

$= 2.4 \times 10^{-3}[Wb]$ 【정답】③

17. 3개의 점전하 $Q_1 = 3C$, $Q_2 = 1C$, $Q_3 = -3C$을 점 $P_1(1,0,0)$, $P_2(2,0,0)$, $P_3(3,0,0)$에 어떻게 놓으면 원점에서의 전계의 크기가 최대가 되는가?

① P_1에 Q_1, P_2에 Q_2, P_3에 Q_3

② P_1에 Q_2, P_2에 Q_3, P_3에 Q_1

③ P_1에 Q_3, P_2에 Q_1, P_3에 Q_2

④ P_1에 Q_3, P_2에 Q_2, P_3에 Q_1

|정|답|및|해|설|

[전계의 세기] $E = \dfrac{1}{4\pi\epsilon_0}\dfrac{Q \times 1}{r^2} = 9 \times 10^9 \dfrac{Q}{r^2}[V/m]$

여기서, ϵ_0 : 진공시의 유전율($= 8.855 \times 10^{-12}$)

Q : 전하, r : 거리

전계의 세기는 전하의 크기에 비례, 거리의 제곱에 반비례

·P_1에, Q_1, P_2에 Q_2, P_3에 Q_3인 경우

$E = 9 \times 10^9 \times \left(\dfrac{3}{1^2} + \dfrac{1}{2^2} - \dfrac{3}{3^2}\right) = 2.68 \times 10^{10}[V/m]$

·P_1에 Q_2, P_2에 Q_3, P_3에 Q_1

$E = 9 \times 10^9 \times \left(\dfrac{1}{1^1} - \dfrac{3}{2^2} + \dfrac{3}{3^2}\right) = 5.22 \times 10^9[V/m]$

·P_1에 Q_3, P_2에 Q_1, P_3에 Q_2

$E = 9 \times 10^9 \times \left(\dfrac{3}{1^2} - \dfrac{3}{2^2} - \dfrac{1}{3^2}\right) = 1.73 \times 10^{10}[V/m]$

·P_1에 Q_3, P_2에 Q_2, P_3에 Q_1

$E = 9 \times 10^9 \times \left(\dfrac{3}{1^2} - \dfrac{1}{2^2} - \dfrac{3}{3^2}\right) = 2.18 \times 10^{10}[V/m]$

【정답】①

18. 맥스웰의 전자방정식에 대한 의미를 설명한 것으로 잘못된 것은?

① 자계의 회전은 전류밀도와 같다.

② 전계의 회전은 자속밀도의 시간적 감소율과 같다.

③ 단위체적 당 발산 전속수는 단위체적 당 공간 전하 밀도와 같다.

④ 자계는 발산하며, 자극은 단독으로 존재한다.

|정|답|및|해|설|
[전자계 기초 방정식]

· 패러데이 법칙의 미분형 : $rot\,E = -\dfrac{\partial B}{\partial t}$

  전계의 회전은 자속밀도의 시간적 감소율과 같다.

· 암페어의 주회적분 법칙의 미분형 : $rot\,H = J + \dfrac{\partial D}{\partial t}$

  여기서, J : 전도 전류 밀도, $\dfrac{\partial D}{\partial t}$: 변위 전류 밀도

· $div\,D = \rho$: 단위 체적당 발산 전속 수는 단위 체적당 공간전하 밀도와 같다.

· $div\,B = 0$: 자계는 발산하지 않으며, 자극은 단독으로 존재할 수 없다. N극만 따로, S극만 따로 만들어지지 않는다는 것이다. N극에서 나온 자속이 모두 다 S극으로 들어가므로 발산되는 자속은 없다. **【정답】④**

19. 전기력선의 설명 중 틀린 것은?

① 전기력선의 방향은 그 점의 전계의 방향과 일치하며 밀도는 그 점에서의 전계의 크기와 같다.

② 전기력선은 부전하에서 시작하여 정전하에서 그친다.

③ 단위전하에서는 $1/\epsilon_0$개의 전기력선이 출입한다.

④ 전기력선은 전위가 높은 점에서 낮은 점으로 향한다.

|정|답|및|해|설|
[전기력선의 성질]

· 전기력선의 방향은 전계의 방향과 일치한다.

· 전기력선의 밀도는 전계의 세기와 같다.

· 단위전하(1[C])에서는

  $\dfrac{1}{\epsilon_0} = 36\pi \times 10^9 = 1.13 \times 10^{11}$개의 전기력선이 발생한다.

· Q[C]의 전하에서 전기력선의 수 N= $\dfrac{Q}{\epsilon_0}$개의 전기력선이 발생한다.

· 정전하(+)에서 부전하(-) 방향으로 연결된다.

· 전기력선은 전하가 없는 곳에서 연속

· 도체 내부에는 전기력선이 없다.

· 전기력선은 도체의 표면에서 수직으로 출입한다.

· 전기력선은 스스로 폐곡선을 만들지 않는다.

· 전기력선은 전위가 높은 곳에서 낮은 곳으로 향한다.

· 대전, 평형 상태 시 전하는 표면에만 분포

· 전하가 없는 곳에서는 전기력선의 발생과 소멸이 없고 연속이다.

· 2개의 전기력선은 서로 교차하지 않는다.

· 전기력선은 등전위면과 직교한다.

· 무한원점에 있는 전하까지 합하면 전하의 총량은 0이다. **【정답】②**

20. 유전율이 $\epsilon = 4\epsilon_0$이고 투자율이 μ_0인 비도전성 유전체에서 전자파의 전계의 세기가 $E(z,t) = a_y 377\cos(10^9 t - \beta Z)[V/m]$일 때의 자계의 세기 H는 몇 [A/m]인가?

① $-a_z 2\cos(10^9 t - \beta Z)$

② $-a_x 2\cos(10^9 t - \beta Z)$

③ $-a_z 7.1 \times 10^4 \cos(10^9 t - \beta Z)$

④ $-a_x 7.1 \times 10^4 \cos(10^9 t - \beta Z)]$

|정|답|및|해|설|

· $E(z,t) = a_y 377\cos(10^9 t - \beta Z)$는 z방향으로 진행하는 전자파이므로 전자파 $P = E \times H$, 전계가 a_y, 즉 y방향이라면 자계는 $-a_x$, $-x$방향이어야 한다.

$$\sqrt{\frac{\mu_0}{\epsilon_0}} = \sqrt{\frac{4 \times 3.14 \times 10^{-7}}{8.855 \times 10^{-12}}} \coloneqq 377$$

· $Z_o = \dfrac{E}{H} = \sqrt{\dfrac{\mu}{\epsilon}} = \sqrt{\dfrac{\mu_0}{\epsilon_0}} \times \sqrt{\dfrac{1}{4}}$

  $= 377 \times \sqrt{\dfrac{1}{4}} = 188.5[\Omega]$

따라서 자계의 세기는

$H = \dfrac{1}{188.5} \times E = \dfrac{1}{188.5} \times 377 = 2$

자계는 $H = -a_x 2\cos(10^9 t - \beta Z)$ **【정답】②**

2017 전기기사 기출문제

1. 평행판 공기콘덴서의 양 극판에 $+\sigma[C/m^2]$, $-\sigma$ $[C/m^2]$의 전하가 분포되어 있을 때, 이 두 전극사이에 유전율$\epsilon[F/m]$인 유전체를 삽입한 경우의 전계의 세기는? (단, 유전체의 분극전하밀도를 $+\sigma'[C/m^2]$, $-\sigma'[C/m^2]$ 라 한다.)

① $\dfrac{\sigma}{\epsilon_o}[V/m]$
② $\dfrac{\sigma+\sigma'}{\epsilon_o}[V/m]$

③ $\dfrac{\sigma}{\epsilon_o}-\dfrac{\sigma'}{\epsilon}[V/m]$
④ $\dfrac{\sigma-\sigma'}{\epsilon_o}[V/m]$

|정|답|및|해|설|

[분극의 세기] $P=\epsilon_0(\epsilon_s-1)E=D-\epsilon_0 E[C/m^2]$

여기서, P : 분극의 세기, E : 유전체 내부의 전계

$\quad\epsilon_0$: 진공시의 유전율$(=8.855\times10^{-12}[F/m])$

$\quad\epsilon_s$: 비유전율(진공시 $\epsilon_s=1$), D : 전속밀도

유전체에서의 전계의 세기 $E=\dfrac{D-P}{\epsilon_0}=\dfrac{\sigma-\sigma'}{\epsilon_0}$

충전된 전하밀도 $D=\sigma[C/m^2]$ 이고
분극 전하밀도 $P=\sigma'$ 【정답】④

2. 자계와 직각으로 놓인 도체에 $I[A]$의 전류를 흘릴 때 $f[N]$의 힘이 작용하였다. 이 도체를 V[m/s]의 속도로 자계와 직각으로 운동시킬 때의 기전력은 몇 $e[V]$인가?

① $\dfrac{fv}{I^2}$
② $\dfrac{fv}{I}$

③ $\dfrac{fv^2}{I}$
④ $\dfrac{fv}{2I}$

|정|답|및|해|설|

[도체가 받는 힘] $f=BIl[N]$

[유기기전력] $e=vBl[V]$

여기서, B : 자속밀도, I : 전류, l : 도체의 길이, v : 속도

$f=BIl[N]$에서 Bl를 구하면 $Bl=\dfrac{f}{I}[Wb/m]$이므로

$\therefore$유기기전력 $e=vBl=\dfrac{fv}{I}[V]$

【정답】②

3. 다음 중 폐회로에 유도되는 유도기전력에 관한 설명 중 가장 알맞은 것은?

① 유도기전력은 권선수의 제곱에 비례한다.
② 렌쯔의 법칙은 유도기전력의 크기를 결정하는 법칙이다.
③ 자계가 일정한 공간 내에서 폐회로가 운동하여도 유도기전력이 유도된다.
④ 전계가 일정한 공간 내에서 폐회로가 운동하여도 유도기전력이 유도된다.

|정|답|및|해|설|

[유도기전력] $e=-\dfrac{\partial\phi}{\partial t}$

여기서, $\partial\varnothing$: 자속의 변화량, ∂t : 시간의 변화량
·렌쯔의 법칙은 유도기전력의 방향을 결정한다.
·유도기전력은 권선수(N)에 비례한다$(e=-N\dfrac{\partial\phi}{\partial t})$.
·유도기전력은 자계가 있는 공간에서 발생한다$(e=l(V+B))$.
·폐회로에는 기전력 발생이 되지 않는다.

【정답】③

4. 반지름 a[m], b[m]인 두 개의 구 형상 도체 전극이 도전율 k인 매질 속에 중심거리 r만큼 떨어져 있다. 양 전극 간의 저항은? (단, $r \gg a, b$ 이다.)

① $4\pi k \left(\dfrac{1}{a} + \dfrac{1}{b} \right)$

② $4\pi k \left(\dfrac{1}{a} - \dfrac{1}{b} \right)$

③ $\dfrac{1}{4\pi k} \left(\dfrac{1}{a} + \dfrac{1}{b} \right)$

④ $\dfrac{1}{4\pi k} \left(\dfrac{1}{a} - \dfrac{1}{b} \right)$

|정|답|및|해|설|

[구도체 a, b 사이의 정전 용량 C]

$$C = \frac{Q}{V_a - V_b} = \frac{4\pi\epsilon}{\dfrac{1}{a} + \dfrac{1}{b}} [F]$$

$$C = \frac{Q}{V_a - V_b} = \frac{4\pi\epsilon}{\dfrac{1}{a} + \dfrac{1}{b}} [F]$$

$$R \cdot C = \rho \frac{l}{S} \times \frac{\epsilon S}{d} = \rho\epsilon$$
(여기서, $l = d$ 이다)

$$R = \frac{\rho\epsilon}{C} = \frac{\rho\epsilon}{4\pi\epsilon} \left(\frac{1}{a} + \frac{1}{b} \right)$$
$$= \frac{\rho}{4\pi} \left(\frac{1}{a} + \frac{1}{b} \right) = \frac{1}{4\pi k} \left(\frac{1}{a} + \frac{1}{b} \right) [\Omega]$$

여기서, $\rho = \dfrac{1}{k}$, ρ : 고유저항, k : 도전율

【정답】③

5. 그림과 같이 반지름 a 인 무한장 평행 도체 A, B 가 간격 d 로 놓여 있고, 단위 길이당 각각 $+\lambda$, $-\lambda$ 의 전하가 균일하게 분포되어 있다. A, B 도체 간의 전위차는 몇 [V]인가? (단, d≫a 이다)

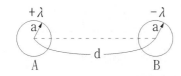

① $\dfrac{\lambda}{\pi\epsilon_0} \ln \dfrac{d-a}{a}$

② $\dfrac{\lambda}{2\pi\epsilon_0} \ln \dfrac{d}{a}$

③ $\dfrac{\lambda}{\pi\epsilon_0} \ln \dfrac{a}{d}$

④ $\dfrac{\lambda}{2\pi\epsilon_0} \ln \dfrac{a}{d}$

|정|답|및|해|설|

[P점의 전계의 세기 E]

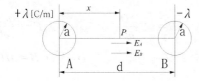

$$E_A = \frac{\lambda}{2\pi\epsilon_0 x} [V/m], \quad E_B = \frac{-\lambda}{2\pi\epsilon_0 (d-x)} [V/m]$$

$$E = E_A + E_B$$
$$= \frac{\lambda}{2\pi_0 r} + \frac{\lambda}{2\pi\epsilon_0 (d-x)} = \frac{\lambda}{2\pi\epsilon_0} \left(\frac{1}{x} + \frac{1}{d-x} \right)$$

두 도체간의 전위차 V_{AB}

$$V_{AB} = -\int_{d-a}^{a} E dx = \int_{a}^{d-a} E dx$$
$$= \frac{\lambda}{2\pi\epsilon_0} \left(\int_{a}^{d-a} \frac{1}{x} dx + \int_{a}^{d-a} \frac{1}{d-x} dx \right)$$
$$= \frac{\lambda}{2\pi\epsilon_0} \log \frac{d-a}{a} \fallingdotseq \frac{\lambda}{\pi\epsilon_0} \log \frac{d}{a}$$

($\because d \gg a$에 의해 $d-a \fallingdotseq d$)

【정답】①

6. 매질 1(ϵ_1)은 나일론(비유전율 $\epsilon_s = 4$)이고, 매질 2(ϵ_2)는 진공일 때 전속밀도 D가 경계면에서 각각 θ_1, θ_2의 각을 이룰 때 $\theta_2 = 30°$ 라 하면 θ_1의 값은?

① $\tan^{-1} \dfrac{4}{\sqrt{3}}$

② $\tan^{-1} \dfrac{\sqrt{3}}{4}$

③ $\tan^{-1} \dfrac{\sqrt{3}}{2}$

④ $\tan^{-1} \dfrac{2}{\sqrt{3}}$

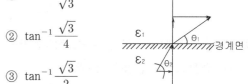

|정|답|및|해|설|

[두 유전체의 경계 조건 (굴절법칙)] $\dfrac{\tan\theta_1}{\tan\theta_2} = \dfrac{\epsilon_1}{\epsilon_2}$

여기서, θ_1 : 입사각, θ_2 : 굴절각, ϵ : 유전율
$\theta_2 = 30°$

$\dfrac{\tan\theta_1}{\tan\theta_2} = \dfrac{\epsilon_1}{\epsilon_2} = \dfrac{4}{1}$, $\tan 30° = \dfrac{1}{\sqrt{3}}$ 이므로

$\tan\theta_1 = \dfrac{4}{\sqrt{3}}$, $\theta_1 = \tan^{-1} \dfrac{4}{\sqrt{3}}$

【정답】①

7. 자기회로에 관한 설명으로 옳은 것은?

① 자기회로의 자기저항은 자기회로의 단면적에 비례한다.

② 자기회로의 기자력은 자기저항과 자속의 곱과 같다.

③ 자기저항 R_{m1}과 R_{m2}을 직렬연결 시 합성 자기저항은 $\dfrac{1}{R_m} = \dfrac{1}{R_{m1}} + \dfrac{1}{R_{m2}}$이다.

④ 자기회로의 자기저항은 자기회로의 길이에 반비례한다.

|정|답|및|해|설|

[자기저항] $R_m = \dfrac{l}{\mu S}[AT/Wb]$

여기서, μ : 투자율, l : 자로의 길이, S : 단면적
자기저항은 자로의 길이에 비례, 단면적 S에 반비례한다.
투자율과 면적에 반비례

자기회로의 옴의 법칙 $\varnothing = \dfrac{NI}{R_m} = \dfrac{F}{R_m}$에서

기자력 $F = NI = R_m \phi [AT]$　　　　【정답】②

8. 두 개의 콘덴서를 직렬접속하고 직류전압을 인가 시 설명으로 옳지 않은 것은?

① 정전용량이 작은 콘덴서에 전압이 많이 걸린다.

② 합성 정전용량은 각 콘덴서의 정전용량의 합과 같다.

③ 합성 정전용량은 각 콘덴서의 정전용량보다 작아진다.

④ 각 콘덴서의 두 전극에 정전유도에 의하여 정·부의 동일한 전하가 나타나고 전하량은 일정하다.

|정|답|및|해|설|

[콘덴서 직렬연결]

① 전하량 : $Q_1 = Q_2 = Q[C]$

② 전체전압 : $V = V_1 + V_2 = \left(\dfrac{1}{C_1} + \dfrac{1}{C_2}\right)Q$

③ 합성정전용량 :

$$C = \dfrac{Q}{V} = \dfrac{Q}{\left(\dfrac{1}{C_1} + \dfrac{1}{C_2}\right)Q} = \dfrac{1}{\dfrac{1}{C_1} + \dfrac{1}{C_2}} = \dfrac{C_1 C_2}{C_1 + C_2}[F]$$

④ 분배 전압 : $V_1 = \dfrac{Q}{C_1} = \dfrac{C_2}{C_1 + C_2}V$

$$V_2 = \dfrac{Q}{C_2} = \dfrac{C_1}{C_1 + C_2}V$$

【정답】②

9. 길이가 1[cm], 지름이 5[mm]인 동선에 1[A]의 전류를 흘렸을 때 전자가 동선을 흐르는 데 걸리는 평균 시간은 약 몇 초인가? 단, 동선의 전자밀도 $1 \times 10^{28}[$개$/m^3]$이다.)

① 3　　　　　　② 31

③ 314　　　　　④ 3,147

|정|답|및|해|설|

[전류] $I = nevS[A]$

[전류밀도] $i = nev = ne\dfrac{l}{t}$

여기서, $v[m/s]$: 속도, $n[$개$/m^3]$: 단위 체적당 전자의 개수
　　$e[C]$: 전자의 기본 전하량($e = 1.602 \times 10^{-19}[C]$)
　　l : 길이, t : 시간, S : 단면적

전류 $I = ne\dfrac{l}{t}S = \dfrac{Q}{t} \rightarrow Q = neSl$

$I = \dfrac{Q}{t}$에서

평균 시간 $t = \dfrac{Q}{I} = \dfrac{neSl}{I} = \dfrac{ne\left(\dfrac{\pi D^2}{4}\right)l}{I}[sec]$

$= 1 \times 10^{28} \times 1.602 \times 10^{-19} \times \dfrac{\pi(5 \times 10^{-3})^2}{4} \times 1 \times 10^{-2}$

$= 314.55[sec]$

【정답】③

10. 일반적인 전자계에서 성립되는 기본방정식이 아닌 것은? 단, i는 전류밀도, ρ는 공간전하밀도이다.

① $\nabla \times H = i + \dfrac{\partial D}{\partial t}$　　② $\nabla \times E = -\dfrac{\partial B}{\partial t}$

③ $\nabla \cdot D = \rho$　　　　　④ $\nabla \cdot B = \mu H$

|정|답|및|해|설|

[맥스웰의 전자계 기초 방정식]

① $rot\, E = \nabla \times E = -\dfrac{\partial B}{\partial t} = -\mu \dfrac{\partial H}{\partial t}$
       (패러데이의 전자 유도법칙(미분형))

② $rot\, H = \nabla \times H = i + \dfrac{\partial D}{\partial t}$
       (암페어의 주회 적분 법칙)

③ $div\, D = \rho$: 가우스의 법칙(미분형)

④ $div\, B = 0$: 고립된 자하는 없다.

【정답】④

---

11. 전계 E[V/m], 자계 H[A/m]의 전자계가 평면파를 이루고 자유공간으로 전파될 때, 단위 시간당 전력밀도는 몇 [W/m^2] 인가?

① EH^2 ② EH

③ $\dfrac{1}{2}EH^2$ ④ $\dfrac{1}{2}EH$

|정|답|및|해|설|

[면적당 방사에너지(포인팅벡터)] $S = \dfrac{P}{A}[W/m^2] = \dfrac{P}{4\pi r^2}[J]$

$S = E \times H = EH\sin\theta = EH$

단위 시간당 전력밀도

$W = \dfrac{1}{2}\epsilon E^2 + \dfrac{1}{2}\mu H^2 [J/m^3] = \left[\dfrac{1}{2}\epsilon E^2 + \dfrac{1}{2}\mu H^2\right] \cdot v\,[W/m^2]$

$\quad = \left[\dfrac{1}{2}\epsilon E\sqrt{\dfrac{\mu}{\epsilon}}\,H + \dfrac{1}{2}\mu H\sqrt{\dfrac{\epsilon}{\mu}}\,E\right] \cdot \dfrac{1}{\sqrt{\epsilon\mu}}$

$\quad = \dfrac{1}{2}EH + \dfrac{1}{2}EH = EH\,[W/m^2]$

【정답】②

---

12. 옴의 법칙을 미분형태로 표시하면? (단, i는 전류밀도이고, ρ는 저항률, E는 전계이다.)

① $i = \dfrac{1}{\rho}E$ ② $i = \rho E$

③ $i = divE$ ④ $i = \nabla E$

|정|답|및|해|설|

[옴의 법칙] $I = \dfrac{V}{R}[A]$

$dI = \dfrac{dV}{dR} = \dfrac{dV}{\rho \dfrac{dl}{dS}} = \dfrac{1}{\rho}\dfrac{dV}{dl} \cdot dS = \dfrac{1}{\rho}E \cdot dS$

$\therefore i = \dfrac{dI}{dS} = \dfrac{1}{\rho}E = kE[A/m^2]$

   ($\rho = \dfrac{1}{k}$, ρ : 저항률, k : 도전율)

【정답】①

---

13. $0.2[\mu F]$인 평행판 공기 콘덴서가 있다. 전극간에 그 간격의 절반 두께의 유리판을 넣었다면 콘덴서의 용량은 약 몇 $[\mu F]$인가? 단, 유리의 비유전율은 10이다.

① 0.26   ② 0.36

③ 0.46   ④ 0.56

|정|답|및|해|설|

[극판간 공극의 두께 $\dfrac{1}{2}$ 유리판을 넣을 경우 정전용량 C]

$C = \dfrac{2C_0}{1 + \dfrac{1}{\epsilon_s}} = \dfrac{2 \times 0.2}{1 + \dfrac{1}{10}} = 0.36[\mu F]$

【정답】②

---

14. 한 변의 길이가 $\sqrt{2}\,[m]$인 정사각형의 4개 꼭지점에 $+10^{-9}[C]$의 점전하가 각각 있을 때 이 사각형의 중심에서의 전위[V]는?

① 0   ② 18

③ 36   ④ 72

|정|답|및|해|설|

[중첩의 원리] $V = \sum_{i=1}^{n} \dfrac{Q_i}{4\pi\epsilon_0 r_i}$

여기서, Q_i : 전하, r_i : 도체 사이의 거리

4개의 전하에 의한 전위는 1개 전하에 의한 전위의 4배이므로

$V = \dfrac{Q}{4\pi\epsilon_0 r} \times 4 = 9 \times 10^9 \times \dfrac{10^{-9}}{1} \times 4 = 36[V]$

         $\rightarrow$ ($\dfrac{1}{4\pi\epsilon_0} = 9 \times 10^9 \rightarrow$ ($\epsilon_0 = 8.855 \times 10^{-12}[F/m]$))

$\rightarrow$(한 변이 $\sqrt{2}$ [m]인 정사각형이므로 중심에서 꼭지점까지의 거리는 1[m])

【정답】③

15. 기계적인 변형력을 가할 때, 결정체의 표면에 전위 차가 발생되는 현상은?

① 볼타 효과   ② 전계 효과

③ 압전 효과   ④ 파이로 효과

|정|답|및|해|설|

[압전 효과] 어떤 특수한 결정을 가진 물질의 결정체에 전기를 가하면 기계적 변형이 나타나는 현상

· 종 효과 : 결정에 가한 기계적 응력과 전기 분극이 동일 방향으로 발생하는 경우

· 횡 효과 : 수직 방향으로 발생하는 경우

【정답】③

16. 면적이 $S[m^2]$인 금속판 2매를 간격이 $d[m]$되게 공기 중에 나란하게 놓았을 때 두 도체 사이의 정전 용량[F]은?

① $\dfrac{S}{d}\epsilon_o$ ② $\dfrac{d}{S}\epsilon_o$

③ $\dfrac{d}{S^2}\epsilon_o$ ④ $\dfrac{S^2}{d}\epsilon_o$

|정|답|및|해|설|

[평행평판 도체 정전용량] $C = C_0 S = \dfrac{\epsilon_0}{d} S [F]$

여기서, d : 극판간의 거리[m], σ : 면전하 밀도$[C/m^2]$
S : 극판 면적$[m^2]$, ϵ_0 : 진공중의 유전율

· 전계의 세기 $E = \dfrac{\sigma}{\epsilon_0} [V/m]$

· 전위차 $V = Ed = \dfrac{\sigma}{\epsilon_0} d [m]$

· 평행평판 사이의 단위면적당 정전용량 $C_0 = \dfrac{\sigma}{V} = \dfrac{\epsilon_0}{d} [F/m^2]$

그러므로 정전용량 $C = C_0 S = \dfrac{\epsilon_0}{d} S [F]$

【정답】①

17. 면전하 밀도가 $\rho_s [C/m^2]$인 무한히 넓은 도체판에서 R[m]만큼 떨어져 있는 점의 전계의 세기[V/m]는?

① $\dfrac{\rho_s}{\epsilon_0}$ ② $\dfrac{\rho_s}{2\epsilon_0}$

③ $\dfrac{\rho_s}{4\pi R^2}$ ④ $\dfrac{\rho_s}{2R}$

|정|답|및|해|설|

[전계의 세기] $E = \dfrac{D}{\epsilon_0} [V/m]$

여기서, D : 전속밀도$[C/m^2]$, ϵ_0 : 진공중의 유전율[F/m]

면전하라고 하면 ①과 같이 생각하는데 여기서는 어느 한 면이므로 절반의 전개가 나타난다.

전속밀도 $D = \dfrac{\rho_s}{2}$의 $D = \epsilon_0 E$에 의하여

전계의 세기 $E = \dfrac{\rho_s}{2\epsilon_0}$

【정답】②

18. 300회 감은 코일에 3[A]의 전류가 흐를 때의 기자력 [AT]은?

① 10   ② 90

③ 100   ④ 900

|정|답|및|해|설|

[기자력] $F = NI$[AT]

여기서, N : 코일 권수, I : 전류

권수 : 300회, 전류 : 3[A]

$F = 300 \times 3 = 900 [AT]$

【정답】④

19. 지름 20[cm]의 구리로 만든 반구에 물을 채우고 그 중에 지름 10[cm]의 구를 띄운다. 이때에 두 개의 구가 동심구라면 두 구간의 저항[Ω]은 약 얼마인 가? (단, 물의 도전율은 $10^{-3}[\mho/m]$이고 물은 충만 되어 있다.)

① 1590   ② 2590

③ 2800   ④ 3180

|정|답|및|해|설|

[동심구의 정전용량] $C = \dfrac{4\pi\epsilon}{\dfrac{1}{a} - \dfrac{1}{b}} [F] \rightarrow (a \leq b)$

[전기저항과 정전용량] $R = \rho \dfrac{l}{S}$, $C = \dfrac{\epsilon \cdot S}{l} \rightarrow RC = \rho\epsilon$

여기서, a, b : 구의 반지름, ϵ : 유전율, ρ : 저항률 또는 고유저항

동심구의 정전용량에서 반구이므로

$C = \dfrac{4\pi\epsilon}{\dfrac{1}{a} - \dfrac{1}{b}} \times \dfrac{1}{2} = \dfrac{2\pi\epsilon}{\dfrac{1}{a} - \dfrac{1}{b}} [F]$

$RC = \epsilon\rho = \dfrac{\epsilon}{\sigma} \qquad\qquad \rightarrow (\rho = \dfrac{1}{\sigma}, \rho : \text{저항률}, \sigma : \text{도전율})$

$R = \dfrac{\epsilon}{\sigma C} = \dfrac{1}{2\pi\sigma}\left(\dfrac{1}{a} - \dfrac{1}{b}\right)$

$= \dfrac{1}{2\pi \times 10^{-3}}\left(\dfrac{1}{0.05} - \dfrac{1}{0.1}\right) = 1591 [\Omega]$

【정답】①

20. 자기회로에서 철심의 투자율을 μ 라 하고 회로의 길이를 l이라 할 때 그 회로의 일부에 미소 공극 l_g를 만들면 회로의 자기저항은 처음의 몇 배가 되는가? (단, $l_g \ll l$, 즉 $l - l_g \fallingdotseq l$이다.)

① $1 + \dfrac{\mu l_g}{\mu_0 l}$ ② $1 + \dfrac{\mu l}{\mu_0 l_g}$

③ $1 + \dfrac{\mu_0 l_g}{\mu l}$ ④ $1 + \dfrac{\mu_0 l}{\mu l_g}$

|정|답|및|해|설|

[투자율 μ인 자기저항 R_μ] $R_\mu = \dfrac{l + l_g}{\mu S} \fallingdotseq \dfrac{l}{\mu S} [\Omega] (\because l \gg l_g)$

여기서, S: 철심의 단면적, l : 길이, l_g : 미소 공극

철심의 길이 $l - l_g \fallingdotseq l$라 하면 자기 저항 R_m은

$R_m = \dfrac{l_g}{\mu_0 S} + \dfrac{l}{\mu S} [\Omega] \qquad \therefore \dfrac{R'}{R} = 1 + \dfrac{\dfrac{l_g}{\mu_0 S}}{\dfrac{l}{\mu S}} = 1 + \dfrac{\mu l_g}{\mu_0 l}$

【정답】①

1. 원통좌표계에서 전류밀도 $j = Kr^2 a_z [A/m^2]$일 때 암페어의 법칙을 사용한 자계의 세기 $H[AT/m]$를 구하면? 단, K는 상수이다.

① $H = \dfrac{K}{4} r^4 a_\phi$ ② $H = \dfrac{K}{4} r^3 a_\phi$

③ $H = \dfrac{K}{4} r^4 a_z$ ④ $H = \dfrac{K}{4} r^3 a_z$

|정|답|및|해|설|

[전류 밀도와 자계와의 관계식] $rot H = i$에서

원통좌표계의 회전식

$rot H = \left(\dfrac{1}{r}\dfrac{\partial H_z}{\partial \phi} - \dfrac{\partial H_\phi}{\partial z}\right)a_r + \left(\dfrac{\partial H_r}{\partial z} - \dfrac{\partial H_\phi}{\partial r}\right)a_\phi$

$\qquad\qquad + \left(\dfrac{1}{r}\dfrac{\partial(r H_\phi)}{\partial r} - \dfrac{1}{r}\dfrac{\partial H_r}{\partial \phi}\right)a_z = Kr^2 a_z$

$\dfrac{1}{r}\dfrac{\partial(r H_\phi)}{\partial r} - \dfrac{1}{r}\dfrac{\partial H_r}{\partial \phi} = Kr^2$이므로

$\therefore H = \dfrac{K}{4} r^3 a_\phi$

【정답】②

2. 최대 정전용량 $C_0[F]$인 그림과 같은 콘덴서의 정전용량이 각도에 비례하여 변화한다고 한다. 이 콘덴서를 전압 V[V]로 충전했을 때 회전자에 작용하는 토크는?

① $\dfrac{C_0 V^2}{2} [N \cdot m]$ ② $\dfrac{C_0^2 V}{2\pi} [N \cdot m]$

③ $\dfrac{C_0 V^2}{2\pi} [N \cdot m]$ ④ $\dfrac{C_0 V^2}{\pi} [N \cdot m]$

|정|답|및|해|설|

[정전용량] $C = \epsilon \dfrac{s}{d}$ 이므로 겹치는 부분의 면적과 비례한다.

완전히 겹쳐질 때의 θ는 π이고, 일반적으로 θ각인 경우 C'는

$C_0 : \pi = C' : \theta$이므로 $C' = C_0 \dfrac{\theta}{\pi}$

에너지는 $W = F \cdot d$이고, 토크에서는 $W = T \cdot \theta$이므로

$W = \dfrac{1}{2} CV^2 = \dfrac{1}{2} C_0 \dfrac{\theta}{\pi} V^2 = T\theta$에서

$T = \dfrac{1}{2} \dfrac{C_0}{\pi} V^2 [\text{N} \cdot \text{m}]$ 　　　　　　　【정답】③

3. 내부도체 반지름이 10[mm], 외부도체의 내반지름이 20[mm]인 동축 케이블에서 내부도체의 표면에 전류 I가 흐르고, 얇은 외부도체에 반대방향인 전류가 흐를 때 단위 길이당 외부 인덕턴스는 약 몇 [H/m]인가?

① 0.28×10^{-7} 　　　　② 1.39×10^{-7}

③ 2.03×10^{-7} 　　　　④ 2.78×10^{-7}

|정|답|및|해|설|⋯⋯⋯⋯⋯⋯⋯⋯⋯⋯⋯⋯⋯⋯⋯⋯

[동축케이블의 단위 길이당 외부 인덕턴스] $L = \dfrac{\mu_0}{2\pi} \ln \dfrac{b}{a} [\text{H/m}]$

여기서, μ_0 : 진공시의 투자율($\mu_0 = 4\pi \times 10^{-7} [H/m]$)

　　　　a, b : 도체의 반지름[m]

$L = \dfrac{\mu_0}{2\pi} \ln \dfrac{b}{a} [\text{H/m}] = \dfrac{4\pi \times 10^{-7}}{2\pi} \ln \dfrac{20 \times 10^{-3}}{10 \times 10^{-3}} = 1.39 \times 10^{-7} [\text{H/m}]$

【정답】②

4. 무한 평면에 일정한 전류가 표면에 한 방향으로 흐르고 있다. 평면으로부터 위로 r만큼 떨어진 점과 아래로 2r만큼 떨어진 점과의 자계의 비는 얼마인가?

① 1 　　　　　　② $\sqrt{2}$

③ 2 　　　　　　④ 4

|정|답|및|해|설|⋯⋯⋯⋯⋯⋯⋯⋯⋯⋯⋯⋯⋯⋯⋯⋯

[무한 평면에서의 자계의 세기]

$\oint H \cdot dl = [H(x)j + H(-x)(-j)]t = I$

$H_y(x) - H_y(-x) = KT$

$H_y(x) = -H_y(-x)$로 부터 $2H_y(x) = KT$

$\therefore H_y(x) = \dfrac{KT}{2}$(상수)

자기장애 x, zt성분 $H_x = H_z = 0$, y성분 $H_y = \dfrac{KT}{2}$이므로

자계는 거리에 관계없이 일정하고 방향은 반대이다.

【정답】①

5. 어떤 공간의 비유전율은 2이고 전위 $V(x, y) = \dfrac{1}{x} + 2xy^2$이라고 할 때 점$\left(\dfrac{1}{2}, 2\right)$에서의 전하밀도 ρ는 약 몇 [pC/m³]인가?

① -20 　　　　　② -40

③ -160 　　　　　④ -320

|정|답|및|해|설|⋯⋯⋯⋯⋯⋯⋯⋯⋯⋯⋯⋯⋯⋯⋯⋯

[포아송 방정식(전위와 공간 전하 밀도의 관계)]

$\nabla^2 V = -\dfrac{\rho}{\epsilon} \left(= -\dfrac{\rho}{\epsilon_0 \epsilon_s} \right)$

여기서, V : 전위차, ϵ : 유전상수, ρ : 전하밀도

$\nabla^2 V = -\dfrac{\rho}{\epsilon} \left(= -\dfrac{\rho}{\epsilon_0 \epsilon_s} \right)$

$\nabla^2 V = \dfrac{\partial^2 V}{\partial x^2} + \dfrac{\partial^2 V}{\partial y^2} = \dfrac{\partial^2}{\partial x^2} \left(\dfrac{1}{x} + 2xy^2 \right) + \dfrac{\partial^2}{\partial y^2} \left(\dfrac{1}{x} + 2xy^2 \right)$

$\qquad = \dfrac{2}{x^3} + 4x = 16 + 2 = 18$

$\therefore \rho = -\epsilon_0 \epsilon_s (\nabla^2 V) = -2 \times 8.85 \times 10^{-12} \times 18$

$\qquad = -3.19 \times 10^{-10} [C/m^3] = -319 [\text{pC/m}^3]$ 　　【정답】④

6. 그림과 같은 히스테리시스 루프를 가진 철심이 강한 평등자계에 의해 매초 60[Hz]로 자화할 경우 히스테리시스 손실은 몇 [W]인가? 단, 철심의 체적은 20[cm³], $B_r = 5[Wb/m^2]$, $H_c = 2[AT/m]$이다.

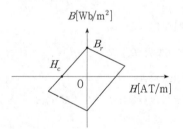

① 1.2×10^{-2} 　　　　② 2.4×10^{-2}

③ 3.6×10^{-2} 　　　　④ 4.8×10^{-2}

|정|답|및|해|설|⋯⋯⋯⋯⋯⋯⋯⋯⋯⋯⋯⋯⋯⋯⋯⋯

[단위 체적당 에너지 밀도] $w = 4H_c B_r [J/m^3]$

H축과 B축으로 이루어진 면적은 (HB)단위 체적당 에너지 밀도에 해당된다.

히스테리시스 손실 $P_h = 4H_c B_r f v [W]$ 　(v : 체적)

$P_h = 4H_c B_r f v [W] = 4 \times 2 \times 5 \times 60 \times 20 \times 10^{-6} = 4.8 \times 10^{-2} [W]$

【정답】④

7. 그림과 같이 직각 코일이 $B = 0.05\dfrac{a_x + a_y}{\sqrt{2}}\,[T]$인 자계에 위치하고 있다. 코일에 5[A] 전류가 흐를 때 Z축에서의 토크 [N·m]는?

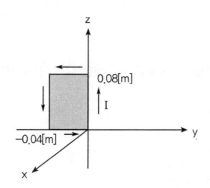

① $2.66 \times 10^{-4} a_x [N\cdot m]$

② $5.66 \times 10^{-4} a_x [N\cdot m]$

③ $2.66 \times 10^{-4} a_z [N\cdot m]$

④ $5.66 \times 10^{-4} a_z [N\cdot m]$

|정|답|및|해|설|

원형전류의 토크는 회전력이므로 눈으로 봐도 Z+축으로 작용한다는 것을 알 수 있다. 따라서 답은 ③과 ④ 중에 있다.

$I = 5a_z, \quad B = \dfrac{0.05}{\sqrt{2}}(a_x + a_y)$

$I \times B = 5a_z \times \dfrac{0.05}{\sqrt{2}}(a_x + a_y)$

$\quad = 5 \times \dfrac{0.05}{\sqrt{2}}(a_x \times a_z + a_z \times a_y) = 0.177(a_y - a_x)$

z축상의 전류 도체가 받는 힘

$F = (I \times B)l = 0.177(-a_x + a_y) \times 0.08 = 0.01416(-a_x + a_y)[N]$

토크 $T = r \times F$이며, $r = 0.04a_y$이므로

$T = r \times F = 0.04a_y \times 0.01416(-a_x + a_y)$

$\quad = 5.66 \times 10^{-4}(-a_y \times a_z + a_y \times a_y)$

$\quad = 5.66 \times 10^{-4}[-(-a_z)] = 5.66 \times 10^{-4} a_z [N\cdot m]$

【정답】④

8. 그림과 같이 무한평면 도체 앞 $a[m]$ 거리에 점전하 $Q[C]$가 있다. 점 O에서 $x[m]$인 P점의 전하밀도 $\sigma[C/m^2]$는?

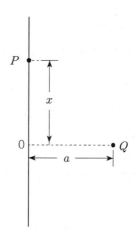

① $\dfrac{Q}{4\pi} \cdot \dfrac{a}{(a^2 + x^2)^{\frac{3}{2}}}$

② $\dfrac{Q}{2\pi} \cdot \dfrac{a}{(a^2 + x^2)^{\frac{3}{2}}}$

③ $\dfrac{Q}{4\pi} \cdot \dfrac{a}{(a^2 + x^2)^{\frac{2}{3}}}$

④ $\dfrac{Q}{2\pi} \cdot \dfrac{a}{(a^2 + x^2)^{\frac{2}{3}}}$

|정|답|및|해|설|

[전기 영상 기법]

영상 전하 $-Q$, 점 P에서 전계의 세기 E

$E_+ = E_- = \dfrac{Q}{4\pi\epsilon_0(\sqrt{a^2 + x^2})^2} = \dfrac{Q}{4\pi\epsilon_0(a^2 + x^2)}$

$E = 2E_+ \cos\theta = 2 \cdot \dfrac{Q}{4\pi\epsilon_0(a^2 + x^2)} \cdot \dfrac{a}{\sqrt{a^2 + x^2}}$

$\therefore E = \dfrac{Q}{2\pi\epsilon_0} \cdot \dfrac{a}{(a^2 + x^2)^{\frac{2}{3}}}$

$\sigma = D = \epsilon_0 E$ (면전하밀도와 전계의 세기의 관계식)

그러므로 $\sigma = D = \epsilon_0 E = \dfrac{Q}{2\pi} \cdot \dfrac{a}{(a^2 + x^2)^{\frac{2}{3}}}[C/m^2]$

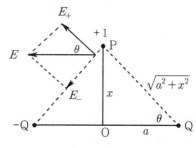

【정답】④

9. 유전율 $\epsilon = 8.855 \times 10^{-12}[\mathrm{F/m}]$인 진공 중을 전자파가 전파할 때 진공 중의 투자율[H/m]는?

① 7.58×10^{-5}　　② 7.58×10^{-7}

③ 12.56×10^{-5}　　④ 12.56×10^{-7}

|정|답|및|해|설|....................
[진공에서의 유전율] $\epsilon_o = 8.855 \times 10^{-12}[F/m]$

[진공에서의 투자율] $\mu_o = 4\pi \times 10^{-7} = 12.56 \times 10^{-7}[H/m]$

【정답】④

10. 막대자석 위쪽에 동축 도체 원판을 놓고 회로의 한 끝은 원판의 주변에 접촉시켜 회전하도록 해 놓은 그림과 같은 패러데이 원판 실험을 할 때 검류계에 전류가 흐르지 않는 경우는?

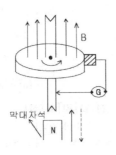

① 자석만을 일정한 방향으로 회전시킬 때
② 원판만을 일정한 방향으로 회전시킬 때
③ 자석을 축 방향으로 전진시킨 후 후퇴시킬 때
④ 원판과 자석을 동시에 같은 방향, 같은 속도로 회전시킬 때

|정|답|및|해|설|....................
[패러데이 원판 실험] 동시에 원판과 자석을 같은 방향, 같은 속도로 회전시키면 원판이 자속을 끊지 못해 기전력이 발생하지 않기 때문에 검류계에 전류가 흐르지 않는다.

【정답】④

11. 점전하에 의한 전계의 세기[V/m]를 나타내는 식은? 단, r은 거리, Q는 전하량, λ는 선전하밀도, σ는 표면 전하밀도이다.

① $\dfrac{1}{4\pi\epsilon_o}\dfrac{Q}{r^2}$　　② $\dfrac{1}{4\pi\epsilon_o}\dfrac{\sigma}{r^2}$

③ $\dfrac{1}{2\pi\epsilon_o}\dfrac{Q}{r^2}$　　④ $\dfrac{1}{2\pi\epsilon_o}\dfrac{\sigma}{r^2}$

|정|답|및|해|설|....................
[점전하에 의한 전계] $E = \dfrac{Q}{4\pi\epsilon_o r^2}[V/m]$

[선전하에 의한 전계] $E = \dfrac{\lambda}{2\pi\epsilon_o r}[V/m]$　　【정답】①

12. 유전율 ϵ, 투자율 μ인 매질에서의 전파속도 v는?

① $\dfrac{1}{\sqrt{\mu\epsilon}}$　　② $\sqrt{\epsilon\mu}$

③ $\sqrt{\dfrac{\epsilon}{\mu}}$　　④ $\sqrt{\dfrac{\mu}{\epsilon}}$

|정|답|및|해|설|....................
[전자파의 속도] $v^2 = \dfrac{1}{\epsilon\mu}$

여기서, ϵ : 유전율, μ : 투자율

$v^2 = \dfrac{1}{\epsilon\mu}$ 에서 $v = \dfrac{1}{\sqrt{\mu\epsilon}} = \dfrac{C_0}{\sqrt{\mu_s\epsilon_s}} = \dfrac{3 \times 10^8}{\sqrt{\mu_s\epsilon_s}}[\mathrm{m/s}]$

【정답】①

13. 전계 $E[V/m]$, 전속밀도 $D[C/m^2]$, 유전율 $\epsilon = \epsilon_o\epsilon_s[F/m]$, 분극의 세기 $P[C/m^2]$ 사이의 관계는?

① $P = D + \epsilon_0 E$　　② $P = D - \epsilon_0 E$

③ $P = \dfrac{D+E}{\epsilon_o}$　　④ $P = \dfrac{D-E}{\epsilon_o}$

|정|답|및|해|설|....................
[전계] $E = \dfrac{\sigma - \sigma_p}{\epsilon_0} = \dfrac{D-P}{\epsilon_0}[V/m]$

여기서, σ : 면전하밀도$[C/m^2]$, ϵ_0 : 진공중의 유전율

　　　　D : 전속밀도, P : 분극의 세기

·전속밀도 $D = \epsilon_0 E + P[C/m^2]$

·분극의 세기 $P = D - \epsilon_0 E = D - \epsilon_0\left(\dfrac{D}{\epsilon_0\epsilon_s}\right) = D - \dfrac{D}{\epsilon_s} = \left(1 - \dfrac{1}{\epsilon_s}\right)D$

【정답】②

14. 서로 결합하고 있는 두 코일 C_1과 C_2의 자기 인덕턴스가 각각 L_{c1}, L_{c2}라고 한다. 이 둘을 직렬로 연결하여 합성인덕턴스 값을 얻은 후 두 코일 간 상호 인덕턴스의 크기($|M|$)를 얻고자 한다. 직렬로 연결할 때, 두 코일간 자속이 서로 가해져서 보강되는 방향이 있고, 서로 상쇄되는 방향이 있다. 전자의 경우 얻은 합성 인덕턴스의 값이 L_1, 후자의 경우 얻은 합성 인덕턴스의 값이 L_2 일 때, 다음 중 알맞은 식은?

① $L_1 < L_2$, $|M| = \dfrac{L_2 + L_1}{4}$

② $L_1 > L_2$, $|M| = \dfrac{L_1 + L_2}{4}$

③ $L_1 < L_2$, $|M| = \dfrac{L_2 - L_1}{4}$

④ $L_1 > L_2$, $|M| = \dfrac{L_1 - L_2}{4}$

|정|답|및|해|설|

[자기 인턴스]

· 자속이 같은 방향 (가동결합) $L_1 = L_{c1} + L_{c2} + 2M$ …… ①

· 자속이 반대 방향 (차동결합) $L_2 = L_{c1} + L_{c2} - 2M$ …… ②

$L_1 > L_2$이고 ①-②를 하면

$$L_1 - L_2 = 4M \rightarrow \therefore |M| = \frac{L_1 - L_2}{4}$$

【정답】④

15. 정전용량 $C_o[F]$인 평행판 공기콘덴서가 있다. 이것의 극판에 평행으로 판 간격 $d[m]$의 $\dfrac{1}{2}$ 두께인 유리판을 삽입하였을 때의 정전용량[F]은? 단, 유리판의 유전율은 $\epsilon[\mathrm{F/m}]$라 한다.

① $\dfrac{2C_o}{1 + \dfrac{1}{\epsilon}}$

② $\dfrac{C_o}{1 + \dfrac{1}{\epsilon}}$

③ $\dfrac{2C_o}{1 + \dfrac{\epsilon_o}{\epsilon}}$

④ $\dfrac{C_o}{1 + \dfrac{\epsilon}{\epsilon_o}}$

|정|답|및|해|설|

[공기 부분 정전용량] $C_1 = \dfrac{\epsilon_0 S}{\dfrac{d}{2}} = \dfrac{2 S \epsilon_0}{d}[F]$

[유리판 부분 정전용량] $C_2 = \dfrac{\epsilon S}{\dfrac{d}{2}} = \dfrac{2 S \epsilon}{d}[F]$

$$C = \frac{1}{\dfrac{1}{C_1} + \dfrac{1}{C_2}} = \frac{1}{\dfrac{d}{2S}\left(\dfrac{1}{\epsilon_0} + \dfrac{1}{\epsilon}\right)} = \frac{1}{\dfrac{d}{2S\epsilon_0}\left(1 + \dfrac{\epsilon_0}{\epsilon}\right)}$$

$$= \frac{2C_0}{1 + \dfrac{\epsilon_0}{\epsilon}} = \frac{2C_0}{1 + \dfrac{1}{\epsilon_s}}$$

【정답】③

16. 벡터포텐셜 $A = 3x^2 y\, a_x + 2x\, a_y - z^3 a_z [Wb/m]$일 때의 자계의 세기 $H[A/m]$는? 단, μ는 투자율이라 한다.

① $\dfrac{1}{\mu}(2 - 3x^2) a_y$

② $\dfrac{1}{\mu}(3 - 2x^2) a_y$

③ $\dfrac{1}{\mu}(2 - 3x^2) a_z$

④ $\dfrac{1}{\mu}(3 - 2x^2) a_z$

|정|답|및|해|설|

[자속밀도] $B = \mu H$, $B = rot\, A = \nabla \times A$

[자계의 세기] $H = \dfrac{1}{\mu}(\nabla \times A)$

$$\nabla \times A = \begin{vmatrix} i & j & k \\ \dfrac{\partial}{\partial x} & \dfrac{\partial}{\partial y} & \dfrac{\partial}{\partial z} \\ 3x^2 y & 2x & -z^3 \end{vmatrix} = \left[\frac{\partial}{\partial x}(2x) - \frac{\partial}{\partial y}(3x^2 y)\right] k$$

$$= (2 - 3x^2) k = (2 - 3x^2) a_z$$

$B = (2 - 3x^2) a_z$와 $B = \mu H$ 의 관계식에서

자계의 세기 $H = \dfrac{B}{\mu} = \dfrac{1}{\mu}(\nabla \times A) = \dfrac{1}{\mu}(2 - 3x^2) a_z$

【정답】③

17. 자기회로에서 자기 저항의 관계로 옳은 것은?

① 자기회로의 길이에 비례

② 자기회로의 단면적에 비례

③ 자성체의 비투자율에 비례

④ 자성체의 비투자율의 제곱에 비례

|정|답|및|해|설|
[자기 저항] $R_m = \dfrac{l}{\mu S}[A\,T/\,Wb]$

여기서, l : 길이, μ : 투자율, S : 단면적
길이에 비례, 투자율과 단면적에 반비례

【정답】①

---

18. 그림과 같은 길이가 1[m]인 동축 원통 사이의 정전 용량[F/m]은?

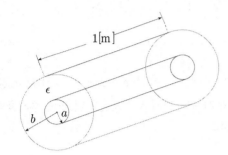

① $C = \dfrac{2\pi}{\epsilon \ln \dfrac{b}{a}}$ ② $C = \dfrac{\epsilon}{2\pi \ln \dfrac{b}{a}}$

③ $C = \dfrac{2\pi\epsilon}{\ln \dfrac{b}{a}}$ ④ $C = \dfrac{2\pi\epsilon}{\ln \dfrac{a}{b}}$

|정|답|및|해|설|
[동축케이블의 단위 길이당 정전 용량]

$C = \dfrac{\lambda}{V} = \dfrac{2\pi\epsilon_0}{\ln \dfrac{b}{a}}[F/m]$

여기서, a, b : 도체의 반지름, $\epsilon(=\epsilon_0 \epsilon_s)$: 유전율

【정답】③

---

19. 철심이 든 환상솔레노이드의 권수는 500회, 평균 반지름은 10[cm], 철심의 단면적은 $10[cm^2]$ 비투자율 4,000이다. 이 환상 솔레노이드에서 2[A]의 전류를 흘릴 때 철심 내의 자속[Wb]은?

① 4×10^{-5} ② 4×10^{-4}

③ 8×10^{-3} ④ 8×10^{-4}

|정|답|및|해|설|
[기자력] $F = NI = R_m \varnothing$

[자기 저항] $R_m = \dfrac{l}{\mu S}[A\,T/\,Wb]$

여기서, F : 기자력, N : 권수, I : 전류, $\varnothing$: 자속
       l : 길이, μ : 투자율, S : 단면적

$\phi = \dfrac{NI}{R_m} = \dfrac{NI}{\dfrac{l}{\mu S}} = \dfrac{\mu SNI}{l}$

$= \dfrac{4\pi \times 10^{-7} \times 4000 \times 10 \times 10^{-4} \times 500 \times 2}{2 \times \pi \times 0.1} = 8 \times 10^{-3}[Wb]$

【정답】③

---

20. 그림과 같은 정방형관 단면의 격자점 ⑥의 전위를 반복법으로 구하면 약 몇 [V]가 되는가?

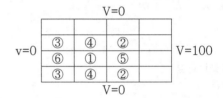

① 6.3[V]   ② 9.4[V]

③ 18.8[V]   ④ 53.2[V]

|정|답|및|해|설|
[라플라스 방정식의 차분근사해법(반복법)]

$V_0 = \dfrac{1}{4}(V_1 + V_2 + V_3 + V_4)$

한 점의 전위는 인접한 4개의 동거리 점의 전위의 평균값과 같다.

①의 전위 $V_1 = \dfrac{100 + 0 + 0 + 0}{4} = 25[V]$

③의 전위 $V_3 = \dfrac{25 + 0 + 0 + 0}{4} = 6.2[V]$

따라서 ⑥의 전위

$V_6 = \dfrac{V_1 + V_3 + V_3 + 0}{4} = \dfrac{25 + 6.2 + 6.2 + 0}{4} = 9.4[V]$

【정답】②

3회

1. 점전하에 의한 전위 함수가 $V = \dfrac{1}{x^2+y^2}[V]$일 때 grad V는?

① $-\dfrac{xi+yj}{(x^2+y^2)^2}$ ② $-\dfrac{2xi+2yj}{(x^2+y^2)^2}$

③ $-\dfrac{2xi}{(x^2+y^2)^2}$ ④ $-\dfrac{2yj}{(x^2+y^2)^2}$

|정|답|및|해|설|

[전계의 세기] $E = grad\,V = \nabla V = i\dfrac{\partial V}{\partial x} + j\dfrac{\partial V}{\partial y} + k\dfrac{\partial V}{\partial z}$

$V = \dfrac{1}{x^2+y^2} = (x^2+y^2)^{-1}$

$\dfrac{\partial V}{\partial x} = \dfrac{\partial}{\partial x}[(x^2+y^2)^{-1}] = -(x^2+y^2)^{-2} \cdot 2x = -\dfrac{2x}{(x^2+y^2)^2}$

$\dfrac{\partial V}{\partial y} = \dfrac{\partial}{\partial y}[(x^2+y^2)^{-1}] = -(x^2+y^2)^{-2} \cdot 2y = -\dfrac{2y}{(x^2+y^2)^2}$

$\dfrac{\partial V}{\partial z} = \dfrac{\partial}{\partial z}[(x^2+y^2)^{-1}] = 0$

$\therefore grad\,V = -\dfrac{2xi}{(x^2+y^2)^2} - \dfrac{2yj}{(x^2+y^2)^2} = -\dfrac{2xi+2yj}{(x^2+y^2)^2}$

【정답】②

2. 면적 $S[m^2]$, 간격 $d[m]$인 평행판 콘덴서에 전하 $Q[C]$을 충전하였을 때 정전 에너지 $W[J]$는?

① $W = \dfrac{dQ^2}{\epsilon S}$ ② $W = \dfrac{dQ^2}{2\epsilon S}$

③ $W = \dfrac{dQ^2}{4\epsilon S}$ ④ $W = \dfrac{dQ^2}{8\epsilon S}$

|정|답|및|해|설|

[평행판 콘덴서의 정전용량] $C = \dfrac{Q}{V} = \dfrac{Q}{Ed} = \dfrac{\epsilon_0 \epsilon_s S}{d}[F]$

[정전 에너지] $W = \dfrac{1}{2}QV = \dfrac{1}{2}CV^2[J] \rightarrow$ (충전 중) : 전위 일정

$\qquad\qquad = \dfrac{Q^2}{2C}[J] \rightarrow$ (충전 후) : 전하 일정

전하가 Q이므로

정전 에너지 $W = \dfrac{Q^2}{2C} = \dfrac{Q^2}{2\dfrac{\epsilon S}{d}} = \dfrac{dQ^2}{2\epsilon S}[J]$ 【정답】②

3. Poisson 및 Laplace 방정식을 유도하는데 관련이 없는 식은?

① $rot\,E = -\dfrac{\partial B}{\partial t}$ ② $E = -grad\,V$

③ $div\,D = \rho_V$ ④ $D = \epsilon E$

|정|답|및|해|설|

[공간전하밀도(체적전하밀도)와 전계의 세기와의 관계식]

$div\,E = \dfrac{\rho}{\epsilon}$, $D = \epsilon E$를 적용하면 $div\,D = \rho$

전위와 전계의 세기의 관계식

$E = -grad\,V$를 적용하면 $div(-grad\,V) = \dfrac{\rho}{\epsilon}$

따라서, $\nabla^2 V = -\dfrac{\rho}{\epsilon_0}$: 포아송의 방정식

$\qquad\quad \nabla^2 V = 0$ $(\rho=0)$: 라플라스의 방정식

※ $rot\,E = -\dfrac{\partial B}{\partial t}$: 패러데이-렌쯔의 미분형

【정답】①

4. 반지름 1[cm]인 원형 코일에 전류 10[A]가 흐를 때 코일의 중심에서 코일 면에 수직으로 $\sqrt{3}[cm]$ 떨어진 점의 자계의 세기는 몇 [A/m]인가?

① $\dfrac{1}{16} \times 10^3 [A/m]$ ② $\dfrac{3}{16} \times 10^3 [A/m]$

③ $\dfrac{5}{16} \times 10^3 [A/m]$ ④ $\dfrac{7}{16} \times 10^3 [A/m]$

|정|답|및|해|설|

[원형 코일축상 $x[m]$인 점의 자계(H)]

$H = \dfrac{a^2 I}{2(a^2+x^2)^{3/2}}$

$a = 1 \times 10^{-2}[m]$, $x = \sqrt{3} \times 10^{-2}[m]$, $I = 10[A]$

$H = \dfrac{a^2 I}{2(a^2+x^2)^{3/2}}$

$= \dfrac{(1 \times 10^{-2})^2 \times 10}{2[(1 \times 10^{-2})^2 + (\sqrt{3} \times 10^{-2})^2]^{3/2}} = \dfrac{1}{16} \times 10^3 [AT/m]$

【정답】①

5. 평등자계 내에 전자가 수직으로 입사하였을 때 전자의 운동을 바르게 나타낸 것은?

① 구심력은 전자의 속도에 반비례한다.
② 원심력은 자계의 세기에 반비례한다.
③ 원운동을 하고 반지름은 자계의 세기에 비례한다.
④ 원운동을 하고 전자의 회전속도에 비례한다.

|정|답|및|해|설|

[로렌쯔의 힘] $F = e[E + (v \times B)]$

여기서, e : 전하, E : 전계, v : 속도, B : 자속밀도

원심력 $F' = \dfrac{mv^2}{r}$

구심력 $F = e(v \times B)$가 같아지며 전자는 원운동

$\dfrac{mv^2}{r} = evB$에서

원운동 반경 $r = \dfrac{mv}{eB}$, 각속도 $\omega = \dfrac{v}{r} = \dfrac{eB}{m}$

주파수 $f = \dfrac{eB}{2\pi m}$, 주기 $T = \dfrac{1}{f} = \dfrac{2\pi m}{eB}$ 　【정답】④

6. 액체 유전체를 포함한 콘덴서 용량이 C[F]인 것에 V[V]의 전압을 가했을 경우에 흐르는 누설전류는 몇 [A]인가? (단, 유전체의 유전율은 $\epsilon[F/m]$, 고유저항은 $\rho[\Omega \cdot m]$이다.)

① $\dfrac{\rho \epsilon}{CV}$ 　② $\dfrac{C}{\rho \epsilon V}$

③ $\dfrac{CV}{\rho \epsilon}$ 　④ $\dfrac{\rho \epsilon V}{C}$

|정|답|및|해|설|

[전기저항과 정전용량] $RC = \rho \epsilon$

여기서, R : 저항, C : 정전용량, ϵ : 유전율
　　　ρ : 저항률 또는 고유저항

$R = \dfrac{\rho \epsilon}{C}$, $I = \dfrac{V}{R} = \dfrac{V}{\frac{\rho \epsilon}{C}} = \dfrac{CV}{\rho \epsilon}$ 　【정답】③

7. 다이아몬드와 같은 단결정 물체에 전장을 가할 때 유도되는 분극은?

① 전자 분극
② 이온 분극과 배향 분극
③ 전자 분극과 이온 분극
④ 전자 분극, 이온 분극, 배향 분극

|정|답|및|해|설|

[전자분극(electron polarization)] 전자분극은 단결정 매질에서 전자운과 핵의 상대적인 변위에 의해 발생

【정답】①

8. 다음 설명 중 옳은 것은?

① 무한 직선 도선에 흐르는 전류에 의한 도선 내부에서 자계의 크기는 도선의 반경에 비례한다.
② 무한 직선 도선에 흐르는 전류에 의한 도선 외부에서 자계의 크기는 도선의 중심과의 거리에 무관하다.
③ 무한장 솔레노이드 내부자계의 크기는 코일에 흐르는 전류의 크기에 비례한다.
④ 무한장 솔레노이드 내부자계의 크기는 코일에 흐르는 단위 길이 당 권수의 제곱에 비례한다.

|정|답|및|해|설|

[무한장 직선 전류에 의한 자계의 세기]

－내부자계의 세기 $H = \dfrac{r}{2\pi a^2} I[A/m]$

－외부자계의 세기 $H = \dfrac{I}{2\pi r}[A/m]$

여기서, a : 반지름[m], r : 자극으로부터의 거리[m]

[무한장 솔레노이드]

－내부 자계의 세기 $H = n_0 I[AT/m]$
－외부 자계의 세기 $H = 0[AT/m]$

여기서, n_0 : 단위 길이당 권선수[회/m]

【정답】③

9. 그림과 같은 유전속 분포가 이루어질 때 ϵ_1과 ϵ_2의 크기 관계는?

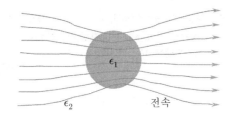

① $\epsilon_1 > \epsilon_2$ ② $\epsilon_1 < \epsilon_2$

③ $\epsilon_1 = \epsilon_2$ ④ $\epsilon_1 > 0,\ \epsilon_2 > 0$

|정|답|및|해|설|
[유전율] 전속선은 유전율이 큰 쪽으로 모인다.
$\epsilon_1 > \epsilon_2$일 경우 $E_1 < E_2,\ D_1 > D_2,\ \theta_1 > \theta_2$

【정답】①

10. 인덕턴스의 단위[H]와 같지 않은 것은?

① $\left[\dfrac{J}{A} \cdot S\right]$ ② $[\Omega \cdot S]$

③ $\left[\dfrac{Wb}{A}\right]$ ④ $\left[\dfrac{J}{A^2}\right]$

|정|답|및|해|설|
[인덕턴스]
② $v = L\dfrac{di}{dt}$ 관계식에서 $L = \dfrac{dt}{di}v$
$L = \left[\dfrac{\sec \cdot V}{A}\right] = \left[\sec \cdot \dfrac{V}{A}\right] = [\sec \cdot \Omega]$
③ $L = \dfrac{N\varnothing}{I}\,[Wb/A]$
④ $W = \dfrac{1}{2}LI^2$에서 $L = \dfrac{2W}{I^2}[J/A^2]$

【정답】①

11. 전계 및 자계의 세기가 각각 $E,\ H$일 때 포인팅벡터 P의 표시로 옳은 것은?

① $P = \dfrac{1}{2}E \times H$ ② $P = E\ rot\ H$

③ $P = E \times H$ ④ $P = H\ rot\ E$

|정|답|및|해|설|
[포인팅벡터] 진행 방향에 수직되는 단위 면적을 단위 시간에 통과하는 에너지를 포인팅 벡터 또는 방사 벡터라 하며
$P = E \times H = EH\sin\theta\,[W/m^2]$로 표현된다.

【정답】③

12. 규소강판과 같은 자심재료의 히스테리시스 곡선의 특징은?

① 보자력이 큰 것이 좋다.

② 보자력과 잔류자기가 모두 큰 것이 좋다.

③ 히스테리시스 곡선의 면적이 큰 것이 좋다.

④ 히스테리시스 곡선의 면적이 적은 것이 좋다.

|정|답|및|해|설|
[영구자석] 히스테리시스 곡선의 면적이 크고, 잔류 자기와 보자력이 모두 클 것
[전자석] 잔류자기가 크고 보자력이 작아야 한다. 즉, 보자력과 히스테리시스 곡선의 면적이 모두 작은 것이 좋다.

【정답】④

13. 커패시터를 제조하는데 A, B, C, D와 같은 4가지의 유전 재료가 있다. 커패시터 내에서 단위 체적당 가장 큰 에너지 밀도를 나타내는 재료부터 순서대로 나열하면? (단, 유전 재료 A, B, C, D의 비유전율은 각각 $\epsilon_{rA} = 8,\ \epsilon_{rB} = 10,\ \epsilon_{rC} = 2,\ \epsilon_{rD} = 4$이다.)

① $C > D > A > B$ ② $B > A > D > C$

③ $D > A > C > B$ ④ $A > B > D > C$

|정|답|및|해|설|
[유전체 내에 저장되는 에너지 밀도]
$w = \dfrac{1}{2}\epsilon E^2 [J/m^3] = \dfrac{1}{2}\epsilon_0 \epsilon_r E^2 [J/m^3] \propto \epsilon_r$
여기서, $\epsilon (= \epsilon_0 \epsilon_r)$: 유전율, E : 전계
에너지 밀도는 비유전율에 비례한다.
따라서 $\epsilon_{rB} > \epsilon_{rA} > \epsilon_{rD} > \epsilon_{rC}$ 이다.
$\therefore B > A > D > C$

【정답】②

14. 투자율 $\mu[H/m]$, 자계의 세기 $H[AT/m]$, 자속밀도 $B[Wb/m^2]$인 곳의 자계 에너지 밀도 $[J/m^3]$는?

① $\dfrac{B^2}{2\mu}$ 　　② $\dfrac{H^2}{2\mu}$

③ $\dfrac{1}{2}\mu H$ 　　④ BH

|정|답|및|해|설|
[자성체 단위 체적당 저장되는 에너지(에너지 밀도)]

$$\omega = \frac{B^2}{2\mu} = \frac{1}{2}\mu H^2 = \frac{1}{2}HB[J/m^3]$$

여기서, $\mu[H/m]$: 투자율 , $H[AT/m]$: 자계의 세기
　　　　$B[Wb/m^2]$: 자속밀도　　　　　　【정답】①

15. 정전계 해석에 관한 설명으로 틀린 것은?

① 포아송의 방정식은 가우스 정리의 미분형으로 구할 수 있다.

② 도체 표면에서의 전계의 표면에 대해 법선 방향을 갖는다.

③ 라플라스 방정식은 전극이나 도체의 형태에 관계없이 체적전하밀도가 0인 모든 점에서 $\nabla^2 V = 0$을 만족한다.

④ 라플라스 방정식은 비선형 방정식이다.

|정|답|및|해|설|
[포아송의 방정식] $\nabla^2 V = -\dfrac{\rho}{\epsilon_0}$

[라플라스의 방정식] $\nabla^2 V = 0$
위의 두 방정식에 포함된 라플라시언(∇^2)은 선형이고, 스칼라 연산자를 나타낸다.
그러므로 라플라스 방정식 및 포아송 방정식은 선형 방정식이 된다.
　　　　　　　　　　　　　　　　　　　　【정답】④

16. 자화의 세기 단위로 옳은 것은?

① AT/Wb 　　② AT/m^2

③ $Wb \cdot m$ 　　④ Wb/m^2

|정|답|및|해|설|
[자화의 세기] $J = \dfrac{m}{S} = \dfrac{ml}{Sl} = \dfrac{M}{V}[Wb/m^2]$

여기서, S : 자성체의 단면적$[m^2]$, m : 자화된 자기량$[Wb]$
　　　l : 자성체의 길이$[m]$, V : 자성체의 체적$[m^3]$
　　　M : 자기모멘트$(M = ml[Wb \cdot m])$
　　　　　　　　　　　　　　　　　　　　【정답】④

17. 중심은 원점에 있고 반지름 a[m]인 원형선도체가 $z = 0$인 평면에 있다. 도체에 선전하밀도 $\rho_L[C/m]$가 분포되어 있을 때 $z = b[m]$인 점에서의 전계$E[V/m]$는? 단, a_r, a_z는 원통좌표계에서 r 및 z방향의 단위벡터이다.

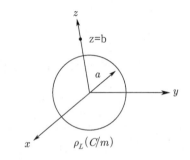

① $\dfrac{ab\rho_L}{2\pi\epsilon_0(a^2 + b^2)}a_r$ 　　② $\dfrac{ab\rho_L}{4\pi\epsilon_0(a^2 + b^2)}a_z$

③ $\dfrac{ab\rho_L}{2\epsilon_0(a^2 + b^2)^{\frac{3}{2}}}a_z$ 　　④ $\dfrac{ab\rho_L}{4\epsilon_0(a^2 + b^2)^{\frac{3}{2}}}a_z$

|정|답|및|해|설|
[전위] $V = \dfrac{Q}{4\pi\epsilon_0 r}[V]$

여기서, Q : 전하, r : 전하(Q)로 부터의 거리, ϵ_0 : 유전율
$r = \sqrt{a^2 + z^2}$, $Q = \rho_L \cdot l = \rho_L \cdot 2\pi a$

$$V = \frac{Q}{4\pi\epsilon_0 r} = \frac{\rho_L \cdot 2\pi a}{4\pi\epsilon_0 \sqrt{a^2 + z^2}} = \frac{\rho_L a}{2\epsilon_0 \sqrt{a^2 + z^2}}[V]$$

$$E = -grad\,V = -\frac{\partial V}{\partial z}a_z$$

$$= -\frac{\partial}{\partial z}\left[\frac{\lambda a}{2\epsilon_0\sqrt{a^2+z^2}}\right] = \frac{\rho_L}{2\epsilon_0}\frac{az}{(a^2+z^2)^{\frac{3}{2}}}a_z$$

$z = b$를 대입하면

$$E = \frac{ab\rho_L}{2\epsilon_0(a^2 + b^2)^{\frac{3}{2}}}a_z[V/m]$$　　【정답】③

18. $V = x^2$[V]로 주어지는 전위 분포일 때, x =20[cm]인 점의 전계는?

① $+x$방향으로 40[V/m]

② $-x$ 방향으로 40[V/m]

③ $+x$ 방향으로 0.4[V/m]

④ $-x$ 방향으로 0.4[V/m]

|정|답|및|해|설|

[전계의 세기]

$$E = -\, grad\, V = -\nabla V = -\left(i\frac{\partial V}{\partial x} + i\frac{\partial V}{\partial y} + k\frac{\partial V}{\partial z}\right)$$

$$= -i\frac{\partial x^2}{\partial x} = -2x\,i\left[\frac{V}{m}\right]\text{이므로}$$

$x = 20\text{cm}$ 이면

$E = -2 \times 0.2i = -0.4i$[V/m]

$-x$ 방향으로 전계의 크기는 0.4[V/m]가 된다.

【정답】④

19. 공간 도체내의 한 점에 있어서 자속이 시간적으로 변화하는 경우에 성립하는 식은?

① $\nabla \times E = \dfrac{\partial H}{\partial t}$ ② $\nabla \times E = -\dfrac{\partial H}{\partial t}$

③ $\nabla \times E = \dfrac{\partial B}{\partial t}$ ④ $\nabla \times E = -\dfrac{\partial B}{\partial t}$

|정|답|및|해|설|

[맥스웰 방정식]

공간 도체내의 한 점에 있어서 자계의 시간적 변화는 회전하는 전계를 발생한다.

$rot\, E = \nabla \times E = -\dfrac{\partial B}{\partial t}$ 【정답】④

20. 변위 전류와 관계가 가장 깊은 것은?

① 반도체   ② 유전체

③ 자성체   ④ 도체

|정|답|및|해|설|

[변위 전류 밀도] $i_d = \dfrac{\partial D}{\partial t} = \epsilon\dfrac{\partial E}{\partial t} = \dfrac{I_o}{S}[A/m^2]$

변위 전류 밀도는 자계를 만든다. 유전체를 흐르는 전류를 말한다.

【정답】②

2016 전기기사 기출문제

1회

1. 송전선의 전류가 0.01초간에 10[kA] 변화할 때 송전선과 평행한 통신선에 유도되는 전압은? (단, 송전선과 통신선간의 상호 유도계수는 0.3[mH]이다.)

① 30[V]
② 3×10^2[V]
③ 3×10^3[V]
④ 3×10^4[V]

|정|답|및|해|설|

[유도전압] $e = M\dfrac{di(t)}{dt}[V]$

여기서, M : 상호유도계수[H], dt : 시간의 변화량[sec]

di : 전류의 변화량[A]

$e = M\dfrac{di(t)}{dt} = 0.3 \times 10^{-3} \times \dfrac{10 \times 10^3}{0.01} = 3 \times 10^2[V]$

【정답】②

2. 전류가 흐르고 있는 도체와 직각방향으로 자계를 가하게 되면 도체 측면에 정·부의 전하가 생기는 것을 무슨 효과라 하는가?

① 톰슨(Thomson) 효과
② 펠티에(Peltier) 효과
③ 제백(Seebeck) 효과
④ 홀(Hall) 효과

|정|답|및|해|설|

[홀 효과(Hall effect)] 도체나 반도체의 물질에 전류를 흘리고 이것과 직각 방향으로 자계를 가하면 플레밍의 오른손 법칙에 의하여 도체 내부의 전하가 횡방향으로 힘을 모아 도체 측면에 (+), (−)의 전하가 나타나는데 이러한 현상을 홀 효과라고 한다.

【정답】④

3. 극판 간격 d[m], 면적 S[m^2], 유전율 ϵ[F/m]이고, 정전용량이 C[F]인 평행판 콘덴서에 $v = V_m \sin wt$ [V]의 전압을 가할 때의 변위 전류[A]는?

① $wCV_m \cos wt$
② $CV_m \sin wt$
③ $-CV_m \sin wt$
④ $-wCV_m \cos wt$

|정|답|및|해|설|

$C = \dfrac{\epsilon S}{d}, \ E = \dfrac{v}{d}, \ D = \epsilon E$

[변위 전류 밀도]

$i_d = \dfrac{\partial D}{\partial t} = \epsilon \dfrac{\partial E}{\partial t} = \epsilon \dfrac{\partial}{\partial t}\left(\dfrac{v}{d}\right) = \dfrac{\epsilon}{d}\dfrac{\partial}{\partial t} V_m \sin wt$

$= \dfrac{\epsilon}{d} w V_m \cos wt [A/m^2]$

∴변위전류 $I_d = i_d S = \dfrac{\epsilon S}{d} w V_m \cos wt = wCV_m \cos wt [A]$

【정답】①

4. 인덕턴스가 20[mH]인 코일에 흐르는 전류가 0.2초 동안에 2[A]가 변화했다면 자기유도 현상에 의해 코일에 유기되는 기전력은 몇 [V]인가?

① 0.1
② 0.2
③ 0.3
④ 0.4

|정|답|및|해|설|

[유도기전력] $e = L\dfrac{di}{dt} = 20 \times 10^{-3} \times \dfrac{2}{0.2} = 0.2[V]$

【정답】②

5. 한 변의 길이가 $l[m]$인 정삼각형 회로에 $I[A]$가 흐르고 있을 때 삼각형 중심에서의 자계의 세기 $[AT/m]$는?

① $\dfrac{\sqrt{2}\,I}{3\pi l}$ ② $\dfrac{9I}{\pi l}$

③ $\dfrac{2\sqrt{2}\,I}{3\pi l}$ ④ $\dfrac{9I}{2\pi l}$

|정|답|및|해|설|

[한 변의 전류에 의한 자계] H_1

$$H_1 = \frac{I}{4\pi d}(\sin\theta_1 + \sin\theta_2) = \frac{I}{4\pi d}\sin\theta_1 \times 2 = \frac{I}{2\pi d} \times \frac{\sqrt{3}}{2}$$

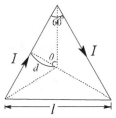

따라서 삼각형 중심의 자계는

$$H = 3H_1 = \frac{3\sqrt{3}}{4}\,\frac{I}{\pi d}$$
$$= \frac{3\sqrt{3}}{4} \times \frac{I}{\pi\left(\dfrac{l}{2\sqrt{3}}\right)} = \frac{9I}{2\pi l}[AT/m]$$

$$\left(\tan 30° = \frac{d}{\dfrac{l}{2}},\quad d = \frac{l}{2}\tan 30° = \frac{l}{2\sqrt{3}}\right)$$

【정답】④

6. 벡터 $A = 5e^{-r}\cos\phi\,a_r - 5\cos\phi\,a_z$가 원통좌표계로 주어졌다. 점 $(2, \frac{3\pi}{2}, 0)$에서의 $\nabla \times A$를 구하였다. a_z방향의 계수는?

① 2.5   ② -2.5

③ 0.34   ④ -0.34

|정|답|및|해|설|

$$A = 5e^{-r}\cos\phi\,a_r - 5\cos\phi\,a_z$$

$$\nabla \times A = \frac{1}{r}\begin{vmatrix} a_r & a_\phi r & a_z \\ \frac{\partial}{\partial r} & \frac{\partial}{\partial \phi} & \frac{\partial}{\partial z} \\ A_r & rA_\phi & A_z \end{vmatrix} = \frac{1}{r}\begin{vmatrix} a_r & a_\phi r & a_z \\ \frac{\partial}{\partial r} & \frac{\partial}{\partial \phi} & \frac{\partial}{\partial z} \\ 5e^{-r}\cos\phi & 0 & -5\cos\phi \end{vmatrix}$$

$$= \frac{1}{r}\left\{ \begin{array}{l} \frac{\partial}{\partial \varnothing}(-5\cos\phi) - 0\,)a_r \\ + \left(\frac{\partial}{\partial z}(5e^{-r}\cos\phi) - \frac{\partial}{\partial r}(-5\cos\phi)\right)ra_\phi \\ + \left(0 - \frac{\partial}{\partial \phi}(5e^{-r}\cos\phi)\right)a_z \end{array} \right\}$$

$$= \frac{1}{r}(5\sin\phi\,a_r + 5e^{-r}\sin\varnothing\,a_z)$$

$\therefore a_z$의 계수 : $\dfrac{1}{r}5e^{-r}\sin\phi = \dfrac{1}{2}5e^{-2}\sin\dfrac{3}{2}\pi ≒ -0.34$

【정답】④

7. 변위전류밀도와 관계없는 것은?

① 전계의 세기   ② 유전율

③ 자계의 세기   ④ 전속밀도

|정|답|및|해|설|

[변위전류밀도] $J_d = \dfrac{I_d}{S} = \dfrac{\partial D}{\partial t} = \epsilon\dfrac{\partial E}{\partial t}[A/m^2]$

여기서, D : 전속밀도 $[C/m^2]$, E : 전계의 세기$[V/m^2]$
      ϵ : 유전율$[F/m]$

【정답】③

8. 대지면 높이 $h[m]$로 평행하게 가설된 매우 긴 선전하(선전하 밀도 $\lambda[C/m]$)가 지면으로부터 받는 힘 $[N/m]$은?

① h에 비례한다.   ② h에 반비례한다.

③ h^2에 비례한다.   ④ h^2에 반비례한다.

|정|답|및|해|설|

[선전하간의 작용력]

$$f = -\lambda E = -\lambda\frac{\lambda}{2\pi\epsilon_0(2h)} = \frac{-\lambda^2}{4\pi\epsilon_0 h} \propto \frac{1}{h}$$

여기서, $h[m]$: 높이, $-\lambda[C/m]$: 같은 거리에 선전하 밀도 영상 전하를 고려하여 선전하간의 작용력

【정답】②

9. 비투자율 800, 원형 단면적이 10[cm^2], 평균자로의 길이 30[cm]인 환상 철심에 600회의 권선을 감은 코일이 있다. 여기에 1[A]의 전류가 흐를 때 코일 내에 생기는 자속은 몇 [Wb]인가?

① 1×10^{-3} ② 1×10^{-4}

③ 2×10^{-3} ④ 2×10^{-4}

|정|답|및|해|설|

[환상 솔레노이드 내부 자계] $H = \dfrac{NI}{l}[AT/m]$

[자속] $\varnothing = BS = \mu HS[Wb]$

여기서, N : 권수, I : 전류, l : 자로의 길이, S : 단면적

B : 자속밀도, $\mu(=\mu_0\mu_s)$: 투자율

$$\varnothing = BS = \mu HS = \mu_0\mu_s\frac{NI}{l}S = \frac{\mu_0\mu_s NIS}{l}$$
$$= \frac{4\pi \times 10^{-7} \times 800 \times 600 \times 1 \times 10 \times 10^{-4}}{30 \times 10^{-2}}$$
$$= 2 \times 10^{-3}[Wb]$$

【정답】③

10. 내부저항이 $r[\Omega]$인 전지 M개를 병렬로 연결 했을 때, 전지로부터 최대 전력을 공급받기 위한 부하저항[Ω]은?

① $\dfrac{r}{M}$ ② Mr

③ r ④ $M^2 r$

|정|답|및|해|설|

[부하저항]

① 최대 전력 전송 조건은 내부 임피던스 =외부 임피던스일 때

② 동일 저항 $r[\Omega]$을 M개 병렬연결하면 $\dfrac{r}{M}$, 그러므로 최대전력을 공급받기 위한 부하저항 $R_L = \dfrac{r}{M}$

【정답】①

11. 서로 멀리 떨어져 있는 두 도체를 각각 $V_1[V]$ $V_2[V](V_1 > V_2)$의 전위로 충전한 후 가느다란 도선으로 연결하였을 때 그 도선을 흐르는 전하 Q[C]는? (단, C_1, C_2는 두 도체의 정전용량이라 한다.)

① $\dfrac{C_1 C_2(V_1 - V_2)}{C_1 + C_2}$ ② $\dfrac{2C_1 C_2(V_1 - V_2)}{C_1 + C_2}$

③ $\dfrac{C_1 C_2(V_1 - V_2)}{2(C_1 + C_2)}$ ④ $\dfrac{2(C_1 V_1 - C_2 V_2)}{C_1 C_2}$

|정|답|및|해|설|

C_1과 C_2를 흐르는 Q는 C_1과 C_2사이의 전위차에 합성 C를 곱해서 얻는다.

$$Q = \frac{C_1 C_2}{C_1 + C_2}(V_1 - V_2)[C]$$

【정답】①

12. 자속밀도 10[Wb/m²]인 자계내에 길이 4[cm]의 도체를 자계와 직각으로 놓고 이 도체를 0.4초 동안 1[m]씩 균일하게 이동하였을 때 발생하는 기전력은 몇 [V]인가?

① 1 ② 2

③ 3 ④ 4

|정|답|및|해|설|

[유기기전력] $\epsilon = Blv\sin\theta[V]$

여기서, B : 자속밀도, l : 길이, v : 속도, θ : 도체와 자계와의 각

속도 $v = \dfrac{ds}{dt} = \dfrac{1}{0.4} = 2.5[m/sec]$

유기기전력 $\epsilon = Blv\sin\theta = 10 \times 4 \times 10^{-2} \times 2.5 \times \sin 90° = 1[V]$

【정답】①

13. 반지름이 3[m]인 구에 공간전하밀도가 $1[C/m^3]$가 분포되어 있을 경우 구의 중심으로부터 1[m]인 곳의 전계는 몇 [V]인가?

① $\dfrac{1}{2\epsilon_o}$ ② $\dfrac{1}{3\epsilon_o}$

③ $\dfrac{1}{4\epsilon_o}$ ④ $\dfrac{1}{5\epsilon_o}$

[전계] $E_i = \dfrac{rQ}{4\pi\epsilon_0 a^3} = \dfrac{r}{4\pi\epsilon_0 a^3} \times \rho \dfrac{4}{3}\pi a^3 = \dfrac{\rho r}{3\epsilon_0}$

여기서, ρ : 공간전하밀도, r : 구 중심으로부터의 거리
ϵ_0 : 진공중의 유전률

전하 $Q = \rho V_{체적} = \rho \dfrac{4}{3}\pi a^3$ 이므로

$E_i = \dfrac{rQ}{4\pi\epsilon_0 a^3} = \dfrac{r}{4\pi\epsilon_0 a^3} \times \rho \dfrac{4}{3}\pi a^3 = \dfrac{\rho r}{3\epsilon_0}$

$\therefore E_i = \dfrac{\rho r}{3\epsilon_0} = \dfrac{1 \times 1}{3\epsilon_0} = \dfrac{1}{3\epsilon_0}[V]$

【정답】②

14. 전선을 균일하게 2배의 길이로 당겨 늘였을 때 전선의 체적이 불변이라면 저항은 몇 배가 되는가?

① 2 ② 4
③ 6 ④ 8

[저항] $R = \rho \dfrac{l}{S} = \rho \dfrac{l \times l}{S \times l} = \rho \dfrac{l^2}{V}[\Omega]$

여기서, ρ : 저항률 또는 고유저항$[\Omega \cdot m]$ $(= \dfrac{1}{\sigma})$
l : 도체의 길이[m], S : 도체의 단면적$[m^2]$
V : 도체의 체적$[m^3]$, σ : 도전율

$\therefore R \propto l^2 = 2^2 = 4$배 【정답】②

15. 한 변의 길이가 3[m]인 정삼각형 회로에 전류 $2[A]$의 전류가 흐를 때 정삼각형 중심에서의 자계의 크기는 몇 [AT/m]인가?

① $\dfrac{1}{\pi}$ ② $\dfrac{2}{\pi}$

③ $\dfrac{3}{\pi}$ ④ $\dfrac{4}{\pi}$

[한 변의 전류에 의한 자계 H_1]

$H_1 = \dfrac{I}{4\pi d}(\sin\theta_1 + \sin\theta_2) = \dfrac{I}{4\pi d}\sin\theta \times 2 = \dfrac{I}{2\pi d} \times \dfrac{\sqrt{3}}{2}$

따라서 삼각형 중심의 자계는

$H = 3H_1 = \dfrac{3\sqrt{3}}{4}\dfrac{I}{\pi d}$

$= \dfrac{3\sqrt{3}}{4} \times \dfrac{I}{\pi\left(\dfrac{l}{2\sqrt{3}}\right)} = \dfrac{9I}{2\pi l}[AT/m]$

$\left(\tan 30° = \dfrac{d}{\dfrac{l}{2}}, \quad d = \dfrac{l}{2}\tan 30° = \dfrac{l}{2\sqrt{3}}\right)$

그러므로 정삼각형 중심의 자계

$H = \dfrac{9I}{2\pi l} = \dfrac{9 \times 2}{2\pi \times 3} = \dfrac{3}{\pi}[AT/m]$ 【정답】③

16. 무한히 넓은 평면 자성체의 앞 $a[m]$ 거리의 경계면에 평행하게 무한히 긴 직선 전류 $I[A]$가 흐를 때, 단위 길이 당 작용력은 몇 $[N/m]$인가?

① $\dfrac{\mu_0}{4\pi a}\left(\dfrac{\mu + \mu_0}{\mu - \mu_0}\right)I^2$ ② $\dfrac{\mu_0}{2\pi a}\left(\dfrac{\mu + \mu_0}{\mu - \mu_0}\right)I^2$

③ $\dfrac{\mu_0}{4\pi a}\left(\dfrac{\mu - \mu_0}{\mu + \mu_0}\right)I^2$ ④ $\dfrac{\mu_0}{2\pi a}\left(\dfrac{\mu - \mu_0}{\mu + \mu_0}\right)I^2$

[단위 길이당 작용력] $F = \dfrac{\mu_0 II'}{2\pi d}$

자계는 전류 I와 대칭인 위치에 영상전류 I'를 발생시킨다.

$I' = \dfrac{\mu - \mu_0}{\mu + \mu_0}I$

거리 $2a$ 만큼 떨어진 두 전류 I, I'에 작용하는 F는

$F = \dfrac{\mu_0 II'}{2\pi d} = \dfrac{\mu_0}{2\pi \times 2a}I \times \dfrac{\mu - \mu_0}{\mu + \mu_9}I$

$= \dfrac{\mu_0}{4\pi a}\left(\dfrac{\mu - \mu_0}{\mu + \mu_0}\right)I^2$

【정답】③

17. 반지름 $a[m]$인 구대칭 전하에 의한 구내외의 전계의 세기에 해당되는 것은?

①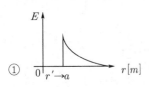

②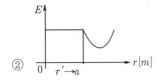

③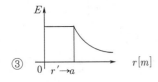

④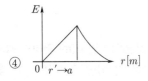

|정|답|및|해|설|
[구체의 전하 분포]

1. 내부에 전하가 균일 분포하는 경우

① 구체 외부($r \rangle a$) : $E = \dfrac{Q}{4\pi\epsilon_0 r^2} \propto \dfrac{1}{r^2}[V/m]$

② 구체 표면($r=a$) : $E_a = \dfrac{Q}{4\pi\epsilon_0 a^2}[V/m]$(일정)

③ 구체 내부($r \langle a$) : $E_i = \dfrac{rQ}{4\pi\epsilon_0 a^3} \propto r[V/m]$

④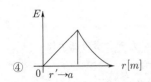

2. 표면에 전하가 존재하는 경우

① 구체 외부($r \rangle a$) : $E = \dfrac{Q}{4\pi\epsilon_0 r^2} \propto \dfrac{1}{r^2}[V/m]$

② 구체 표면($r=a$) : $E_a = \dfrac{Q}{4\pi\epsilon_0 a^2}[V/m]$(일정)

③ 구체내부($r \langle a$) : $E_i = 0$

①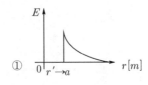

※일반적으로 도체인지 균등분포인지 분명한 지시가 있어야하나 구대칭 전하의 일반적인 문제는 균등분포로 해석한다. 도체라는 말이 있다면 정답은 ①

【정답】④

18. 그림과 같이 공기 중에서 무한평면 도체 표면으로부터 2[m]인 곳에 점전하 4[C]이 있다. 전하가 받는 힘은 몇 [N]인가?

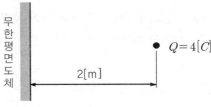

① 3×10^9　　　② 9×10^9

③ 1.2×10^{10}　　④ 3.6×10^{10}

|정|답|및|해|설|

[쿨롱인력 F] $F = \dfrac{1}{4\pi\epsilon_0} \dfrac{Q^2}{(2d)^2}[N]$

여기서, ϵ_0 : 진공중이 유전율, Q : 전하, d : 거리

$F = \dfrac{Q^2}{16\pi\epsilon_0 d^2} = 9 \times 10^9 \times \dfrac{4^2}{(2 \times 2)^2} = 9 \times 10^9 [N]$

【정답】②

19. 판 간격이 d인 평행판 공기콘덴서 중에 두께 t이고, 비유전율이 ϵ_s인 유전체를 삽입하였을 경우에 공기의 절연파괴를 발생하지 않고 가할 수 있는 판 간의 전위차는? (단, 유전체가 없을 때 가할 수 있는 전압을 V라 하고 공기의 절연내력은 E_o라 한다.)

① $V\left(1 - \dfrac{t}{\epsilon_s d}\right)$ ② $\dfrac{Vt}{d}\left(1 - \dfrac{1}{\epsilon_s}\right)$

③ $V\left(1 + \dfrac{t}{\epsilon_s d}\right)$ ④ $V\left(1 - \dfrac{t}{d}\left(1 - \dfrac{1}{\epsilon_s}\right)\right)$

|정|답|및|해|설|

[정전용량]

· 유전체 삽입 전 정전용량 $C = \dfrac{\epsilon_0}{d}S$

· 유전체 삽입 후 정전용량 C'

· 유전체가 없는 부분 $C_1 = \dfrac{\epsilon_0}{d-t}S$

· 유전체 삽입 부분 $C_2 = \dfrac{\epsilon}{t}S$

C'는 C_1과 C_2의 직렬 등가이므로

$C' = \dfrac{1}{\dfrac{1}{C_1} + \dfrac{1}{C_2}} = \dfrac{1}{\dfrac{1}{\dfrac{\epsilon_0}{d-t}S} + \dfrac{1}{\dfrac{\epsilon}{t}S}} = \dfrac{\epsilon_0 \epsilon S}{\epsilon(d-t) + \epsilon_0 t}$

$Q = CV$, 유전체 삽입 전·후가 일정

$CV = C'V'$

$V' = \dfrac{C}{C'}V = \dfrac{\epsilon(d-t) + \epsilon_0 t}{\epsilon d}V = \left(1 - \dfrac{t}{d} + \dfrac{t}{\epsilon_s d}\right)V$

$\left(\because \dfrac{C}{C'} = \dfrac{\epsilon(d-t) + \epsilon_0 t}{\epsilon_0 \epsilon S} \times \dfrac{\epsilon_0 S}{d} = \dfrac{\epsilon(d-t) + \epsilon_0 t}{\epsilon d}\right)$

$\therefore V' = V\left[1 - \dfrac{t}{d}\left(1 - \dfrac{1}{\epsilon_s}\right)\right]$

【정답】④

20. 전기 쌍극자에 관한 설명으로 틀린 것은?

① 전계의 세기는 거리의 세제곱에 반비례한다.

② 전계의 세기는 주위 매질에 따라 달라진다.

③ 전계의 세기는 쌍극자모멘트에 비례한다.

④ 쌍극자의 전위는 거리에 반비례한다.

|정|답|및|해|설|

[전위] $V = \dfrac{M\cos\theta}{4\pi\epsilon_0 r^2}[V] \propto \dfrac{1}{r^2}$ 거리의 제곱에 반비례

[전계] $E = \dfrac{M\sqrt{1 + 3\cos^2\theta}}{4\pi\epsilon_0 r^3}[V/m] \propto \dfrac{1}{r^3}$

$(M = Q \cdot \delta[C \cdot m] \to$ 전기쌍극자 모우멘트$)$

【정답】④

1. 자기모멘트 $9.8 \times 10^{-5}[wb \cdot m]$의 막대자석을 지구자계의 수평 성분 10.5[AT/m]의 곳에서 지자기 자오면으로부터 90° 회전시키는데 필요 일은 약 몇 [J]인가?

① $1.03 \times 10^{-3}[J]$ ② $1.03 \times 10^{-5}[J]$

③ $9.03 \times 10^{-3}[J]$ ④ $9.03 \times 10^{-5}[J]$

|정|답|및|해|설|

지구 자계가 자석에 작용하는 회전력은 $T = MH\sin\theta$이고, 각 θ만큼 회전시키는데 필요한 일은

$W = \displaystyle\int_0^\theta T \cdot d\theta = Mh\int_0^\theta \sin\theta \cdot d\theta$

$= MH(1 - \cos\theta) = 9.8 \times 10^{-5} \times 12.5 \times (1 - 0) \fallingdotseq 1.23 \times 10^{-3}[J]$

【정답】①

2. 두 종류의 유전율(ϵ_1, ϵ_2)을 가진 유전체 경계면에 진전하가 존재하지 않을 때 성립하는 경제조건을 옳게 나타낸 것은? (단, θ_1, θ_2는 각각 유전체 경계면의 법선벡터와 E_1, E_2가 이루는 각이다.)

① $E_1\sin\theta_1 = E_2\sin\theta_2$, $D_1\sin\theta_1 = D_2\sin\theta_2$, $\dfrac{\tan\theta_1}{\tan\theta_2} = \dfrac{\epsilon_2}{\epsilon_1}$

② $E_1\cos\theta_1 = E_2\cos\theta_2$, $D_1\sin\theta_1 = D_2\sin\theta_2$, $\dfrac{\tan\theta_1}{\tan\theta_2} = \dfrac{\epsilon_2}{\epsilon_1}$

③ $E_1\sin\theta_1 = E_2\sin\theta_2$, $D_1\cos\theta_1 = D_2\cos\theta_2$, $\dfrac{\tan\theta_1}{\tan\theta_2} = \dfrac{\epsilon_1}{\epsilon_2}$

④ $E_1\cos\theta_1 = E_2\cos\theta_2$, $D_1\cos\theta_1 = D_2\cos\theta_2$, $\dfrac{\tan\theta_1}{\tan\theta_2} = \dfrac{\epsilon_1}{\epsilon_2}$

|정|답|및|해|설|

[경계조건]

전 계	자 계
$E_1 \sin\theta_1 = E_2 \sin\theta_2$ $D_1 \cos\theta_1 = D_2 \cos\theta_2$ $\dfrac{\tan\theta_1}{\tan\theta_2} = \dfrac{\varepsilon_1}{\varepsilon_2}$	$H_1 \sin\theta_1 = H_2 \sin\theta_2$ $B_1 \cos\theta_1 = B_2 \cos\theta_2$ $\dfrac{\tan\theta_1}{\tan\theta_2} = \dfrac{\mu_1}{\mu_2}$

【정답】③

3. 무한히 넓은 두 장의 평면판 도체를 간격 $d[m]$로 평행하게 배치하고 각각의 평면판에 면전하밀도 $\pm\sigma[C/m^2]$로 분포되어 있는 경우 전기력선은 면에 수직으로 나와 평행하게 발산한다. 이 평면판 내부의 전계의 세기는 몇 [V/m]인가?

① $\dfrac{\sigma}{\epsilon_0}$ ② $\dfrac{\sigma}{2\epsilon_0}$

③ $\dfrac{\sigma}{2\pi\epsilon_0}$ ④ $\dfrac{\sigma}{4\pi\epsilon_0}$

|정|답|및|해|설|

(1) 두 장의 무한 평판 도체

$E_1 = \dfrac{\sigma}{2\epsilon_0}$: $+\sigma$에 의한 전계

$E_2 = \dfrac{\sigma}{2\epsilon_0}$: $-\sigma$에 의한 전계

여기서, σ : 면전하밀도

(2) 전계 E

·평판 외측 : $E = 0$

·평판 내측 : $E = E_1 + E_2 = \dfrac{\sigma}{2\epsilon_0} + \dfrac{\sigma}{2\epsilon_0} = \dfrac{\sigma}{\epsilon_0}[V/m]$

【정답】①

4. 단면적 $S[m^2]$, 단위 길이당 권수가 n_0[회/m]인 무한히 긴 솔레노이드의 자기인덕턴스[H/m]를 구하면?

① $\mu S n_0$ ② $\mu S n_0^2$

③ $\mu S^2 n_0$ ④ $\mu S^2 n_0^2$

|정|답|및|해|설|

[무한히 긴 솔레노이드의 자기인덕턴스]

$L = \dfrac{n_0 \phi}{I} = \dfrac{n_0 \mu HS}{\dfrac{H}{n_0}} = \mu S n_0^2 [H/m]$

여기서, n_0 : 단위 길이당 권수가, $\varnothing$: 자속, I : 전류

$\mu(= \mu_0 \mu_s)$: 투자율, S : 면적, H : 자계의 세기

【정답】②

5. 평행판 콘덴서에 어떤 유전체를 넣었을 때 전속밀도가 $4.8 \times 10^{-7}[C/m^2]$이고 단위체적당 정전에너지가 $5.3 \times 10^{-3}[J/m^3]$이었다. 이 유전체의 유전율은 몇 [F/m]인가?

① 1.15×10^{-11} ② 2.17×10^{-11}

③ 3.19×10^{-11} ④ 4.21×10^{-11}

|정|답|및|해|설|

[단위 체적당 축적되는 정전에너지]

$W = \dfrac{1}{2}DE = \dfrac{1}{2}\epsilon E^2 = \dfrac{1}{2}\dfrac{D^2}{\epsilon}[J/m^3]$

여기서, D : 전속밀도, E : 전계, ϵ : 유전율

$W = \dfrac{1}{2}\dfrac{D^2}{\epsilon} = 5.3 \times 10^{-3}$, $D = 4.8 \times 10^{-7}[c/m^2]$

$\therefore \epsilon = 2.17 \times 10^{-11}[F/m]$ 【정답】②

6. 자유공간 중에 $x=2, z=4$인 무한장 직선상에 $\rho_l[c/m]$인 균일한 선전하가 있다. 점(0, 0, 4)의 전계 $E[V/m]$는?

① $E = \dfrac{-\rho_l}{4\pi\epsilon_0}a_x$ ② $E = \dfrac{\rho_l}{4\pi\epsilon_0}a_x$

③ $E = \dfrac{-\rho_l}{2\pi\epsilon_0}a_x$ ④ $E = \dfrac{\rho_l}{2\pi\epsilon_0}a_x$

|정|답|및|해|설|

[무한장 직선장 ρ_L의 전계의 세기]

$E = \dfrac{\rho_l}{2\pi\epsilon_0 r} = \dfrac{\rho_l}{2\pi\epsilon_0 \times 2} = \dfrac{\rho_l}{4\pi\epsilon_0}[V/m]$

ρ_l : 선전하밀도, ϵ_0 : 진공중이 유전율, r : 도체에서의 거리

방향 : $-a_x$ $\therefore E = -Ea_x = -\dfrac{\rho_L}{4\pi\epsilon_0}a_x$ 【정답】①

7. 전자파의 특성에 대한 설명으로 틀린 것은?

① 전자파의 속도는 주파수와 무관하다.

② 전파 E_x를 고유임피던스로 나누면 자파 H_y가 된다.

③ 전파 E_x와 자파 H_y의 진동 방향은 진행 방향에 수평인 종파이다.

④ 매질이 도전성을 갖지 않으면 전파 E_s와 자파 H_y는 동위상이 된다.

|정|답|및|해|설|

① 전자파 속도 $v = \dfrac{1}{\sqrt{\epsilon\mu}}$ 이므로 전자파 속도는 매질의 유전율과 투자율에 관계한다.

② 특성임피던스 $\eta = \dfrac{E_s}{H_g}$ $\therefore H_g = \dfrac{E_s}{\eta}$

③ E_s와 H_g의 진동 방향은 진행 방향에 수직인 횡파이다.

④ E_s와 H_g는 동위상이다. **【정답】③**

8. 전위 $V = 3xy + z + 4$일 때 전계 E는?

① $i3x + j3y + k$　　② $-i3y + j3x + k$

③ $i3x - j3y - k$　　④ $-i3y - j3x - k$

|정|답|및|해|설|

[전계] $E = -grad\ V = -\nabla \cdot V = -\left(\dfrac{\partial}{\partial x}i + \dfrac{\partial}{\partial y}j + \dfrac{\partial}{\partial z}k\right)\cdot V$에서

$E = -\left(\dfrac{\partial}{\partial x}i + \dfrac{\partial}{\partial y}j + \dfrac{\partial}{\partial z}k\right)(3xy + z + 4)$
$= -(3yi + 3xj + k) = -3yi - 3xj - k$

【정답】④

9. 쌍극자모멘트가 $M[C \cdot m]$인 전기쌍극자에서 점 P의 전계는 $\theta = \dfrac{\pi}{2}$에서 어떻게 되는가? (단, θ는 전기쌍극자의 중심에서 축 방향과 점 P를 잇는 선분의 사이각이다.)

① 0　　　　　　② 최소

③ 최대　　　　　④ $-\infty$

|정|답|및|해|설|

[전기 쌍극자에 의한 전계] $E = \dfrac{M\sqrt{1 + 3\cos^2\theta}}{4\pi\epsilon_0 r^3}[V/m]$

점 P의 전계는 $\theta = 0°$일 때 최대
$\theta = 90°$일 때 최소

【정답】②

10. 감자력이 0인 것은?

① 구 자성체　　　　② 환상 철심

③ 타원 자성체　　　④ 굵고 짧은 막대 자성체

|정|답|및|해|설|

[감자력] 감자력은 자석의 세기에 비례하며, 이때 비례상수를 감자율이라 한다. 감자율이 0이 되려면 잘려진 극이 존재하지 않으면 된다. 환상 솔레노이드가 무단 철심이므로 이에 해당된다. 즉, 환상 솔레노이드 철심의 감자율은 0이다.

【정답】②

11. 그림과 같이 반지름 10[cm]인 반원과 그 양단으로부터 직선으로 된 도선에 10[A]의 전류가 흐를 때, 중심 O에서의 자계의 세기와 방향은?

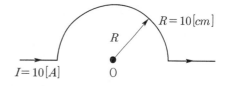

① 2.5[AT/m], 방향 ⊙

② 25[AT/m], 방향 ⊗

③ 2.5[AT/m], 방향 ⊙

④ 25[AT/m], 방향 ⊗

|정|답|및|해|설|

[반원 부분에 의하여 생기는 자계]

$H = \int_0^x dH = \dfrac{IR}{4\pi a^2}\int_0^x d\theta = \dfrac{IR}{4\pi R^2}[\theta]_0^\pi = \dfrac{I}{4R}[AT/m]$

[자계의 세기] $H = \dfrac{10}{4 \times 0.1} = 25[AT/m]$

방향은 앙페르의 오른 나사 법칙에 의해 ⊗ 가 된다.

【정답】④

12. W_1과 W_2의 에너지를 갖는 두 콘덴서를 병렬 연결한 경우의 총 에너지 W와의 관계로 옳은 것은? (단, $W_1 \neq W_2$이다.)

① $W_1 + W_2 = W$ ② $W_1 + W_2 > W$

③ $W_1 - W_2 = W$ ④ $W_1 + W_2 < W$

|정|답|및|해|설|

서로 다른 에너지를 갖는 두 콘덴서를 병렬로 연결하면 합성 에너지는 감소한다. 에너지의 차이가 흐를 때 손실이 발생할 수 있다 즉, $W_1 + W_2 > W$가 된다.　　　　　　　　　【정답】②

13. 한 변이 $L[m]$되는 정사각형의 도선회로에 전류 $I[A]$가 흐르고 있을 때 회로 중심에서의 자속밀도는 몇 $[Wb/m^2]$인가?

① $\dfrac{2\sqrt{2}}{\pi}\mu_0 \dfrac{L}{I}$ ② $\dfrac{\sqrt{2}}{\pi}\mu_0 \dfrac{I}{L}$

③ $\dfrac{2\sqrt{2}}{\pi}\mu_0 \dfrac{I}{L}$ ④ $\dfrac{4\sqrt{2}}{\pi}\mu_0 \dfrac{L}{I}$

|정|답|및|해|설|

[정방형=정사각형 중심에서의 자계의 세기]

$H = \dfrac{I}{4\pi a}(\sin\theta_1 + \sin\theta_2)$에서

$a = \dfrac{L}{2}$,　$Q_1 = Q_2 = 45°$,　$H = 2\sqrt{2}\dfrac{I}{\pi L}$ [A/m]

$\therefore B = \mu_0 H = \dfrac{2\sqrt{2}}{\pi}\mu_0\dfrac{I}{L}$ [wb/m²]　　　【정답】③

14. 그림과 같은 원통상 도선 한 가닥이 유전율 ϵ[F/m]인 매질 내에 지상 $h[m]$ 높이로 지면과 나란히 가선되어 있을 때 대지와 도선간의 단위 길이 당 정전용량[F/m]은?

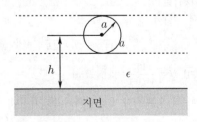

① $\dfrac{2\pi\epsilon}{\sinh^{-1}\dfrac{h}{a}}$ ② $\dfrac{\pi\epsilon}{\sinh^{-1}\dfrac{h}{a}}$

③ $\dfrac{2\pi\epsilon}{\cosh^{-1}\dfrac{h}{a}}$ ④ $\dfrac{\pi\epsilon}{\cosh^{-1}\dfrac{h}{a}}$

|정|답|및|해|설|

[정전용량] $C' = \dfrac{\pi\epsilon}{\ln\dfrac{2h}{a}}$

도선과 지면 사이의 정전용량 C일 때, C'은 두 개의 C가 직렬접속인 등가회로이므로 $C' = \dfrac{C}{2}$이다

$\therefore C = 2C' = \dfrac{2\pi\epsilon}{\ln\dfrac{2h}{a}} = \dfrac{2\pi\epsilon}{\cosh^{-1}\dfrac{h}{a}}$ [F/m]

$\left(\because \ln\dfrac{2h}{a} \fallingdotseq \cos h^{-1}\dfrac{h}{a}\right)$

【정답】③

15. 환상철심에 권선수 20인 A코일과 권선수 80인 B코일이 감겨 있을 때, A코일의 자기인덕턴스가 5[mH]라면 두 코일의 상호인덕턴스는 몇 [mH]인가? (단, 누설자속은 없는 것으로 본다.)

① 20 ② 1.25

③ 0.8 ④ 0.05

|정|답|및|해|설|

[자기 인덕턴스] $L_1 = \dfrac{N_1^2}{R_m}$, $L_2 = \dfrac{N_2^2}{R_m}$

[상호 인덕턴스] $M = \dfrac{N_1 \cdot N_2}{R_m}$

여기서, R_m : 자기 저항

$L_1 = \dfrac{N_1^2}{R_m}$에서 $R_m = \dfrac{N_1^2}{L_1}$을 상호 인덕턴스에 대입하면

$\dfrac{N_1}{N_2} = \dfrac{L_1}{M}$　$\therefore M = \dfrac{L_1 N_2}{N_1} = \dfrac{5 \times 80}{20} = 20[mH]$

【정답】①

16. 자기회로에서 키르히호프의 법칙에 대한 설명으로 옳은 것은?

① 임의의 결합점으로 유입하는 자속의 대수합은 0이다.

② 임의의 폐자로에서 자속과 기자력의 대수합은 0이다.

③ 임의의 폐자로에서 자기저항과 기자력의 대수합은 0이다.

④ 임의의 폐자로에서 각 부의 자기저항과 자속의 대수합은 0이다.

|정|답|및|해|설|⋯⋯⋯⋯⋯⋯⋯⋯⋯⋯⋯⋯⋯⋯⋯

[자기회로의 키르히호프의 법칙]
① 자기회로의 임의 결합점에 유입하는 자속의 대수합은 0이다.

즉, $\sum_{i=1}^{n} \varnothing_i = 0$

② 임의의 폐자로에서 각부의 자기 저항과 자속과의 곱의 총합은 그 폐자로에 있는 기자력의 총합과 같다.

$\sum_{i=1}^{n} R_i \varnothing_i = \sum_{i=1}^{n} N_i I_i$　　　　　【정답】 ①

17. 다음 식 중에서 틀린 것은?

① 가우스의 정리 : $div D = \rho$

② 포아송의 방정식 : $\nabla^2 V = \dfrac{\rho}{\epsilon}$

③ 라플라스의 방정식 : $\nabla^2 V = 0$

④ 발산의 정리 : $\oint_s A \cdot ds = \int_v div A dv$

|정|답|및|해|설|⋯⋯⋯⋯⋯⋯⋯⋯⋯⋯⋯⋯⋯⋯⋯

[포아송 방정식] $\nabla^2 V = -\dfrac{\rho}{\epsilon}$

여기서, V : 전위차, ϵ : 유전상수, ρ : 전하밀도
　　　　　　　　　　　　　　　　　【정답】 ②

18. 표피효과에 대한 설명으로 옳은 것은?

① 주파수가 높을수록 침투깊이가 얇아진다.

② 투자율이 크면 표피효과가 적게 나타난다.

③ 표피효과에 따른 표피저항은 단면적에 비례한다.

④ 도전율이 큰 도체에는 표피효과가 적게 나타난다.

|정|답|및|해|설|⋯⋯⋯⋯⋯⋯⋯⋯⋯⋯⋯⋯⋯⋯⋯

[표피 효과 침투 깊이] $\delta = \sqrt{\dfrac{2}{w \sigma \mu}} = \sqrt{\dfrac{1}{\pi f \sigma \mu}} \,[m]$

여기서, $k \left(= \dfrac{1}{2 \times 10^{-8}} \right)$: 도전율$[\mho/m]$, μ : 투자율[H/m]
　　　　ω : 각속도$(=2\pi f)$, δ : 표피두께(침투깊이), f : 주파수
표피효과는 표피효과 깊이와 반비례한다. 즉, 표피효과 깊이가 작을수록 표피효과가 큰 것이다. 그러므로 투자율이 작으면 표피효과 깊이가 크고, 표피효과는 작아지는 것이다. 쉽게 말하면 주파수나 도전율이나 투자율에 표피효과는 비례하고 표피효과 깊이는 반비례한다.　　　　　　　　　【정답】 ①

19. 패러데이관에 대한 설명으로 틀린 것은?

① 관내의 전속수는 일정하다.

② 관의 밀도는 전속밀도와 같다.

③ 진전하가 없는 점에서 불연속이다.

④ 관 양단에 양(+), 음(−)의 단위전하가 있다.

|정|답|및|해|설|⋯⋯⋯⋯⋯⋯⋯⋯⋯⋯⋯⋯⋯⋯⋯

[패러데이관의 성질]
① 전속수는 일정하다.
② 양단에 정·부의 단위 전하가 있다.
③ 진전하가 없는 점에서 패러데이관은 연속적이다.
④ 패러데이관의 밀도는 전속밀도와 같다.
　　　　　　　　　　　　　　　　　【정답】 ③

20. 압전효과를 이용하지 않은 것은?

① 수정발전기　　　　② 마이크로폰

③ 초음파 발생기　　　④ 자속계

|정|답|및|해|설|⋯⋯⋯⋯⋯⋯⋯⋯⋯⋯⋯⋯⋯⋯⋯

[압전효과] 수정, 전기석, 로셀염, 티탄산바륨 등의 압전기가 수정 발진자, 초음파 발진자, Crystal Pick-Up 등에 이용된다. 그러나 자속계에는 이용되지 않는다.
　　　　　　　　　　　　　　　　　【정답】 ④

1. 반지름이 $a[m]$이고 단위길이에 대한 권수가 n인 무한장 솔레노이드의 단위 길이 당 자기인덕턴스는 몇 [H/m]인가?

① $\mu \pi a^2 n^2$ 　　　② $\pi \mu a n$

③ $\dfrac{an}{2\mu\pi}$ 　　　④ $4\mu\pi a^2 n^2$

|정|답|및|해|설|..................

[자기 인덕턴스] $L = \dfrac{N}{I}\varnothing = \dfrac{N}{I} \cdot \dfrac{NI}{R_m} = \dfrac{N^2}{R_m}$

$= \dfrac{N^2}{\dfrac{l}{\mu S}} = \dfrac{\mu S N^2}{l} = \dfrac{\mu S (nl)^2}{l} = \mu S n^2 l [H]$

여기서, L : 자기인덕턴스, μ : 투자율, N : 권수, I : 전류[A]

　　S : 단면적[m^2], a : 반지름[m], l : 길이[m]

　　d : 선간거리[m]

∴ 단위 길이당 자기 인덕턴스 $L_0 = \mu S n^2 = \mu \pi a^2 n^2 [H/m]$

【정답】①

2. 선전하밀도 $\rho[C/m]$를 갖는 코일이 반원형의 형태를 취할 때, 반원의 중심에서 전계의 세기를 구하면 몇 [V/m]인가? (단, 반지름은 $r[m]$이다.)

선전하밀도 ρ

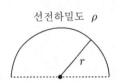

① $\dfrac{\rho}{8\pi\epsilon_0 r^2}$ 　　　② $\dfrac{\rho}{4\pi\epsilon_0 r}$

③ $\dfrac{\rho}{4\pi\epsilon_0 r^2}$ 　　　④ $\dfrac{\rho}{2\pi\epsilon_0 r}$

|정|답|및|해|설|..................

[전계의 세기(E)]

·선전하에 의한 전계 : $E = \dfrac{\rho}{2\pi\epsilon_0 r}[V/m]$

·점전하에 의한 전계 : $E = \dfrac{Q}{4\pi\epsilon_0 r^2}[V/m]$

여기서, E : 전계의 세기[V/m], Q: 전하량[C]

　　　r : 양 전하간의 거리[m], ϵ_0: 진공중의 유전율

　　　ρ : 선전하밀도[c/m]

【정답】④

3. 도전율 σ, 투자율 μ인 도체에 교류전류가 흐를 때 표피효과의 영향에 대한 설명으로 옳은 것은?

① σ가 클수록 작아진다.

② μ가 클수록 작아진다.

③ μ_s가 클수록 작아진다.

④ 주파수가 높을수록 커진다.

|정|답|및|해|설|..................

[표피 효과 침투 깊이] $\delta = \sqrt{\dfrac{2}{w\sigma\mu}} = \sqrt{\dfrac{1}{\pi f \sigma \mu}}[m]$

여기서, $k\left(=\dfrac{1}{2\times 10^{-8}}\right)$: 도전율[[℧/m], μ : 투자율[H/m]

　　　ω : 각속도($=2\pi f$), δ : 표피두께(침투깊이), f : 주파수

표피효과는 표피효과 깊이와 반비례한다. 즉, 표피효과 깊이가 작을수록 표피효과가 큰 것이다. 그러므로 투자율이 작으면 표피효과 깊이가 크고, 표피효과는 작아지는 것이다. 쉽게 말하면 주파수(f)나 도전율(k)이나 투자율(μ)에 표피효과는 비례하고 표피효과 깊이는 반비례한다.

【정답】④

4. 비투자율 μ_s는 역자성체에서 다음 중 어느 값을 갖는가?

① $\mu_s = 0$ 　　　② $\mu_s < 1$

③ $\mu_s > 1$ 　　　④ $\mu_s = 1$

|정|답|및|해|설|..................

[자성체] 자계 내에 놓았을 때 자석화 되는 물질을 자성체라 한다.

·상자성체 $\mu_s > 1$, $\chi > 0$

·역자성체 $\mu_s < 1$, $\chi < 0$

　여기서, χ : 자화율, μ_s : 비투자율)

【정답】②

5. 자계와 전류계의 대응으로 틀린 것은?

① 자속↔전류

② 기자력↔기전력

③ 투자율↔유전율

④ 자계의 세기↔전계의 세기

[자기회로와 전기회로의 대응]

자기회로	전기회로
자속 $\phi[Wb]$	전류 $I[A]$
자계 $H[A/m]$	전계 $E[V/m]$
기자력 $F[AT]$	기전력 $V[V]$
자속 밀도 $B[Wb/m^2]$	전류 밀도 $i[A/m^2]$
투자율 $\mu[H/m]$	도전율 $k[\mho/m]$
자기 저항 $R_m[AT/Wb]$	전기 저항 $R[\Omega]$

【정답】 ③

6. 다음의 관계식 중 성립할 수 없는 것은? (단, μ는 투자율, μ_0는 진공의 투자율 χ는 자화율, J는 자화의 세기이다.)

① $\mu = \mu_0 + \chi$ ② $J = \chi B$

③ $\mu_s = 1 + \dfrac{\chi}{\mu_0}$ ④ $B = \mu H$

① $\mu = \mu_0 + \chi[H/m]$

② $J = \chi H[Wb/m^2]$

③ $\mu_s = \dfrac{\mu}{\mu_0} = \dfrac{\mu_0 + \chi}{\mu_0} = 1 + \dfrac{\chi}{\mu_0}$

④ $B = \mu_0 H + J = \mu_0 H + \chi H = (\mu_0 + \chi)H = \mu_0 \mu_s H[Wb/m^2]$

【정답】 ②

7. 베이클라이트 중의 전속 밀도가 $D[C/m^2]$일 때의 분극의 세기는 몇 $[C/m^2]$인가? (단, 베이클라이트의 비유전율은 ϵ_r이다.)

① $D(\epsilon_r - 1)$ ② $D\left(1 + \dfrac{1}{\epsilon_r}\right)$

③ $D\left(1 - \dfrac{1}{\epsilon_r}\right)$ ④ $D(\epsilon_r + 1)$

[분극의 세기]

$$P = D - \epsilon_0 E = D - \epsilon_0 \times \dfrac{D}{\epsilon_0 \epsilon_r} = D\left(1 - \dfrac{1}{\epsilon_r}\right)[C/m^2]$$

여기서, P : 분극의 세기, E : 유전체 내부의 전계

ϵ_0 : 진공시의 유전율($= 8.855 \times 10^{-12}[F/m]$)

ϵ_r : 비유전율(진공시 $\epsilon_s = 1$), D : 전속밀도($= \epsilon E$)

【정답】 ③

8. 철심의 평균길이가 l_2, 공극의 길이가 l_1, 단면적이 S인 자기회로이다. 자속밀도를 $B[Wb/m^2]$로 하기 위한 기자력[AT]은?

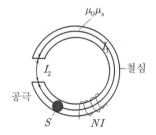

① $\dfrac{\mu_0}{B}\left(l_1 + \dfrac{\mu_s}{l_2}\right)$ ② $\dfrac{B}{\mu_0}\left(l_2 + \dfrac{l_1}{\mu_s}\right)$

③ $\dfrac{\mu_0}{B}\left(l_2 + \dfrac{\mu_s}{l_1}\right)$ ④ $\dfrac{B}{\mu_0}\left(l_1 + \dfrac{l_2}{\mu_s}\right)$

철심부의 자기 저항 : R_1, 공극의 자기 저항 : R_2

R_1, R_2는 직렬

합성 자기 저항 $R = R_1 + R_2 = \dfrac{l_1}{\mu_0 S} + \dfrac{l_2}{\mu S}[AT/Wb]$

기자력 $F = NI = R\phi = RBS$

$\qquad = \left(\dfrac{l_1}{\mu_0 S} + \dfrac{l_2}{\mu S}\right)BS = \dfrac{B}{\mu_0}\left(l_1 + \dfrac{l_2}{\mu_s}\right)[AT]$

【정답】 ④

9. 자성체의 자화의 세기 $J = 8[kwb/m^2]$, 자화율 $\chi_m = 0.02$일 때 자속밀도는 약 몇 [T]인가?

① 7000   ② 7500

③ 8000   ④ 8500

|정|답|및|해|설|

[자속밀도] $B = \mu_0 H + J \rightarrow (J = \chi_m H \rightarrow H = \dfrac{J}{\chi_m})$

$$B = \dfrac{\mu_0 J}{\chi_m} + J = J\left(1 + \dfrac{\mu_0}{\chi_m}\right)$$

$$B = J\left(1 + \dfrac{\mu_0}{\chi_m}\right) = 8000\left(1 + \dfrac{4\pi \times 10^{-7}}{0.02}\right)$$

$\therefore B \fallingdotseq 8000[Wb/m^2] = 8000[T] \rightarrow (1[Wb/m^2] = 1[T]$이므로)

【정답】③

10. 진공중의 자계 10[AT/m]인 점에 $5 \times 10^{-3}[Wb]$의 자극을 놓으면 그 자극에 작용하는 힘[N]은?

① 5×10^{-2} ② 5×10^{-3}

③ 2.5×10^{-2} ④ 2.5×10^{-3}

|정|답|및|해|설|

[자극에 작용하는 힘] $F = mH = 5 \times 10^{-3} \times 10 = 5 \times 10^{-2}[N]$

【정답】①

11. 전계와 자계와의 관계에서 고유임피던스는?

① $\sqrt{\epsilon\mu}$ ② $\sqrt{\dfrac{\mu}{\epsilon}}$

③ $\sqrt{\dfrac{\epsilon}{\mu}}$ ④ $\dfrac{1}{\sqrt{\epsilon\mu}}$

|정|답|및|해|설|

[고유임피던스] $Z_0 = \dfrac{E}{H} = \sqrt{\dfrac{\mu}{\epsilon}} = \sqrt{\dfrac{\mu_0}{\epsilon_0}} \cdot \sqrt{\dfrac{\mu_s}{\epsilon_0}}[\Omega]$

여기서, E : 전계, H : 자계

ϵ : 유전율($= \epsilon_0 \epsilon_s$) $\rightarrow$ $(\epsilon_0 = 8.855 \times 10^{-12})$

μ : 투자율($= \mu_0 \mu_s$) $\rightarrow$ $(\mu_0 = 4\pi \times 10^{-7})$

$$Z_0 = \sqrt{\dfrac{\mu_0}{\epsilon_0}} \cdot \sqrt{\dfrac{\mu_s}{\epsilon_0}} = \sqrt{\dfrac{4\pi \times 10^{-7}}{8.855 \times 10^{-12}}} \cdot \sqrt{\dfrac{\mu_s}{\epsilon_s}} = 377\sqrt{\dfrac{\mu_s}{\epsilon_s}}[\Omega]$$

【정답】②

12. 자성체 $3 \times 4 \times 20[cm^3]$가 자속밀도 $B = 130[mT]$로 자화되었을 때 자기모멘트가 $48[A \cdot m^2]$이었다면 자화의 세기(M)은 몇 [A/m]인가?

① 10^4 ② 10^5

③ 2×10^4 ④ 2×10^5

|정|답|및|해|설|

[자화의 세기] $J = \dfrac{M}{V}[A/m]$

여기서, J : 자화의 세기, M : 단위 체적당의 자기모멘트

V : 자성체의 체적[m³]

$J = \dfrac{M}{V} = \dfrac{48}{3 \times 4 \times 20 \times 10^{-6}} = 2 \times 10^5[A/m]$

cm³을 m³으로 수정

【정답】④

13. 그림과 같은 평행판 콘덴서에 극판의 면적이 $S[m^2]$, 진전하밀도를 $\sigma[C/m^2]$, 유전율이 각각 $\epsilon_1 = 4$ $\epsilon_2 = 2$인 유전체를 채우고 a, b양단에 $V[V]$의 전압을 인가할 때 ϵ_1, ϵ_2인 유전체 내부의 전계의 식 E_1, E_2와의 관계식은?

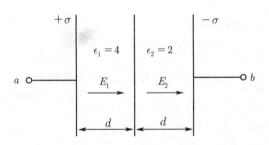

① $E_1 = 2E_2$ ② $E_1 = 4E_2$

③ $2E_1 = E_2$ ④ $E_1 = E_2$

|정|답|및|해|설|

$D_1 \cos\theta_1 = D_2 \cos\theta_2$ 에서 경계면에 수직($\theta_1 = \theta_2 = 0°$)

$D_1 = D_2 \;\rightarrow\; \epsilon_1 E_1 = \epsilon_2 E_2 \;\rightarrow\; (D = \epsilon E)$

$E_1 = \dfrac{\epsilon_2}{\epsilon_1} E_2 = \dfrac{2}{4} \times E_2 = \dfrac{1}{2} E_2 \quad \therefore 2E_1 = E_2$

여기서, E : 전계, D : 전속밀도, ϵ : 유전율

【정답】③

$E_1 = E_2$

$\dfrac{1}{4\pi\epsilon_0 x^2} = \dfrac{2}{4\pi\epsilon_0 (x+2)^2} \rightarrow \dfrac{1}{x^2} = \dfrac{2}{(x+2)^2}$

$2x^2 = (x+2)^2 \rightarrow \sqrt{2}\,x = x+2$

$x = \dfrac{2}{\sqrt{2}-1} = 2 + 2\sqrt{2}$

$\therefore$ 좌표$(-2-2\sqrt{2},\ 0)$

【정답】③

---

14. 쌍극자 모멘트가 $M[C \cdot m]$인 전기쌍극자에 의한 임의의 점 P에서의 전계의 크기는 전기쌍극자의 중심에서 축방향과 점 P를 잇는 선분 사이의 각이 얼마일 때 최대가 되는가?

① 0
② $\dfrac{\pi}{2}$
③ $\dfrac{\pi}{3}$
④ $\dfrac{\pi}{4}$

|정|답|및|해|설|

[전계의 세기] $E = \dfrac{M}{4\pi\epsilon_0 r^3}(\sqrt{1 + 3\cos^2\theta})$

점 P의 전계는 $\theta = 0°$ 일 때 최대이고
$\theta = 90°$ 일 때 최소가 된다.

【정답】①

---

16. 유전율이 ϵ_1, ϵ_2인 유전체 경계면에 수직으로 전계가 작용할 때 단위면적당에 작용하는 수직력은?

① $2\left(\dfrac{1}{\epsilon_2} - \dfrac{1}{\epsilon_1}\right)E^2$
② $2\left(\dfrac{1}{\epsilon_2} - \dfrac{1}{\epsilon_1}\right)D^2$
③ $\dfrac{1}{2}\left(\dfrac{1}{\epsilon_2} - \dfrac{1}{\epsilon_1}\right)E^2$
④ $\dfrac{1}{2}\left(\dfrac{1}{\epsilon_2} - \dfrac{1}{\epsilon_1}\right)D^2$

|정|답|및|해|설|

[단위 면적당 작용하는 힘]

$f_n = w_2 - w_1 = \dfrac{1}{2}E_2 D_2 - \dfrac{1}{2}E_1 D_1 [N/m^2]$

경계면에 수직으로 입사되므로 $D_1 = D_2 \rightarrow D = \epsilon E$

여기서, D : 전속밀도, E : 전계

$\therefore f_n = \dfrac{1}{2}(E_2 - E_1)D = \dfrac{1}{2}\left(\dfrac{1}{\epsilon_2} - \dfrac{1}{\epsilon_1}\right)D^2 [N/m^2]$

【정답】④

---

15. 원점에 +1[C], 점(2, 0)에 −2[C]의 점전하가 있을 때 전계의 세기가 0인 점은?

① $(-3 - 2\sqrt{3},\ 0)$
② $(-3 + 2\sqrt{3},\ 0)$
③ $(-2 - 2\sqrt{2},\ 0)$
④ $(-2 + 2\sqrt{2},\ 0)$

|정|답|및|해|설|

두 전하의 부호가 다르므로 전계의 세기가 0이 되는 점은 전하의 절대값이 적은 측의 외측에 존재

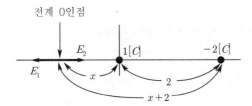

---

17. 진공 중에서 $+q[C]$과 $-q[C]$의 점전하가 미소거리 $a[m]$만큼 떨어져 있을 때 이 쌍극자가 P점에 만드는 전계[V/m]와 전위[V]의 크기는?

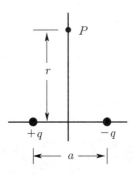

① $E = \dfrac{qa}{4\pi\epsilon_0 r^2}$, $V = 0$

② $E = \dfrac{qa}{4\pi\epsilon_0 r^3}$, $V = 0$

③ $E = \dfrac{qa}{4\pi\epsilon_0 r^2}$, $V = \dfrac{qa}{4\pi\epsilon_0 r}$

④ $E = \dfrac{qa}{4\pi\epsilon_0 r^3}$, $V = \dfrac{qa}{4\pi\epsilon_0 r^2}$

|정|답|및|해|설|

[전기쌍극자 모멘트] $M = qa\,[C \cdot m]$

여기서, q : 전하, a : 판의 두께

· P점에서의 전계의 세기 $E = \dfrac{M}{4\pi\epsilon_0 r^3}\sqrt{1 + 3\cos\theta^2}$

$\theta = 90° \rightarrow \cos 90° = 0$

∴ 전계 $E = \dfrac{M}{4\pi\epsilon_0 r^3} = \dfrac{qa}{4\pi\epsilon_0 r^3}\,[V/m]$

· P점에서의 전위 $V = \dfrac{M}{4\pi\epsilon_0 r^2}\cos\theta \rightarrow \theta = 90° \rightarrow \cos 90° = 0$

∴ 전위 $V = 0\,[V]$ 【정답】②

18. 반지름 2[mm], 간격 1[m]의 평행 왕복 도선이 있다. 도체 간에 전압 6[kV]를 가했을 때 단위 길이 당 작용하는 힘은 몇 [N/m]인가?

① 8.06×10^{-5}
② 8.06×10^{-6}
③ 6.87×10^{-5}
④ 6.87×10^{-6}

|정|답|및|해|설|

$C = \dfrac{\pi\epsilon_0}{\ln\dfrac{d}{r}}\,[F/m]$

$W = \dfrac{1}{2}CV^2 = \dfrac{1}{2}\dfrac{\pi\epsilon_0}{\ln\dfrac{d}{r}}V^2 = \dfrac{1}{2}\pi\epsilon_0 V^2\left(\ln\dfrac{d}{r}\right)^{-1}\,[J/m]$

$f = \dfrac{\partial W}{\partial d} = \dfrac{\partial}{\partial d}\left[\dfrac{1}{2}\pi\epsilon_0 V^2\left(\ln\dfrac{d}{r}\right)^{-1}\right] = \dfrac{1}{2}\pi\epsilon_0 V^2\dfrac{\partial}{\partial d}\left(\ln\dfrac{d}{r}\right)^{-1}$

$= \dfrac{1}{2}\pi\epsilon_0 V^2(-1)\left(\ln\dfrac{d}{r}\right)^{-2}\dfrac{\dfrac{1}{r}}{\dfrac{d}{r}} = -\dfrac{\pi\epsilon_0 V^2}{2d\left(\ln\dfrac{d}{r}\right)^2}\,[J/m]$

∴ $f = \dfrac{\pi\epsilon_0 V^2}{2d\left(\ln\dfrac{d}{r}\right)^2} = \dfrac{\pi \times 8.855 \times 10^{-12} \times 6000^2}{2 \times 1 \times \left(\log_e \dfrac{1}{0.002}\right)^2} = 1.30 \times 10^{-5}\,[N/m]$

【정답】답이 없음

19. 반지름 $a[m]$인 원형 코일에 전류 $I[A]$가 흘렀을 때 코일 중심에서의 자계의 세기[AT/m]는?

① $\dfrac{I}{4\pi a}$
② $\dfrac{I}{2\pi a}$
③ $\dfrac{I}{4a}$
④ $\dfrac{I}{2a}$

|정|답|및|해|설|

[원형 코일 중심점 자계의 세기($x = 0$)] $H = \dfrac{NI}{2a}\,[AT/m]$

여기서, a : 반지름, x ; 원형 코일 중심으로부터 거리

N : 권수(원형 $N = 1$, 반원 $N = \dfrac{1}{2}$)

$H_0 = \dfrac{I}{2a}\,[AT/m]$ 【정답】④

20. 손실 유전체에서 전자파에 관한 전파정수 γ로서 옳은 것은?

① $j\omega\sqrt{\mu\epsilon}\sqrt{j\dfrac{\sigma}{\omega\epsilon}}$

② $j\omega\sqrt{\mu\epsilon}\sqrt{1 - j\dfrac{\sigma}{2\omega\epsilon}}$

③ $j\omega\sqrt{\mu\epsilon}\sqrt{1 - j\dfrac{\sigma}{\omega\epsilon}}$

④ $j\omega\sqrt{\mu\epsilon}\sqrt{1 - j\dfrac{\omega\epsilon}{\sigma}}$

|정|답|및|해|설|

[전파정수]

$rot H = J + \dfrac{\partial D}{\partial t} = \sigma E + j\omega\epsilon E = E(\sigma + j\omega\epsilon)$

$r^2 = j\omega\mu(\sigma + j\omega\epsilon) \rightarrow r = \pm\sqrt{j\omega\mu(\sigma + j\omega\epsilon)}$

∴ $r = \sqrt{j\omega\mu(\sigma + j\omega\epsilon)} = j\omega\sqrt{\epsilon\mu}\sqrt{1 - j\dfrac{\sigma}{\omega\epsilon}}$

【정답】③

Memo

Memo